U0370016

力学丛书·典藏版 21

弹性和塑性力学中的变分法

〔日〕鹫津久一郎 著

老亮 郝松林 译

科学出版社

1984

内 容 简 介

本书系统地论述变分原理及其在弹塑性力学问题中的应用．第一、二章阐述小位移弹性理论；第三、四章用直角和曲线坐标讨论有限位移弹性理论；第五章把虚功原理和变分原理推广到动力学等问题；第六至十章论述虚功原理和变分原理在杆的扭转、梁、板、壳以及结构分析中的应用；第十一和十二章讨论塑性理论中的变分原理．附录详细介绍了变分原理在有限元素法中的最新发展．

本书可供航空、土建、机械、造船等方面的力学工作者、工程技术人员、大专院校师生参考．

图书在版编目 (CIP) 数据

弹性和塑性力学中的变分法／(日)鹫津久一郎著；老亮，郝松林译．—北京：科学出版社，2016.1

(力学名著译丛)

书名原文：Variational methods in elasticity and plasticity

ISBN 978-7-03-046972-4

I. ①弹… II. ①鹫… ②老… ③郝… III. ①弹性力学—变分法—研究 ②塑性力学—变分法—研究 IV. ① 0343 ② 0344

中国版本图书馆 CIP 数据核字 (2016) 第 006927 号

Kyuichiro Washizu

VARIATIONAL METHODS IN ELASTICITY AND PLASTICITY

Second edition

Pergamon Press, 1975

力学名著译丛

弹性和塑性力学中的变分法

〔日〕鹫津久一郎 著

老 亮 郝松林 译

责任编辑 魏茂乐

科学出版社 出版

北京东黄城根北街 16 号

北京京华虎彩印刷有限公司印刷

新华书店北京发行所发行 各地新华书店经售

*

1984 年第一版 开本：850×1168 1/32

2016 年印刷 印张：14 3/8

插页：精 2

字数：375,000

定价：118.00元

译者的话

东京大学鹫津久一郎教授的这部名著，从1968年初版以来，深受各国固体力学与结构力学界的欢迎，经常为有关文献所引证和推荐．作者用一套条理清楚的方法和简洁明了的语言，系统地阐述了弹性和塑性理论中各种变分原理的推导及其相互间的关系，从理论上明确提出用拉格朗日乘子法来建立广义变分原理的观点，并结合杆、梁、板、壳、桁架和框架等结构的具体应用进行了论述．各章附有一定难度的习题，以帮助读者进一步掌握有关内容．在1975年修订的第二版中，又增加了几十页附录，专门论述变分原理在有限元素法中的最新发展．

我们确信，不论就掌握变分原理来说，还是对领会弹性和塑性理论中的有限位移理论、增量理论、曲线坐标、板壳理论以及有限元素法而言，读者都会从本书的论述中得到有益的启示．

原著中的许多数学名词，大都是按《英汉数学词汇》译出，间或参照了《数学名词》及其补编和国内某些惯用的译法．鉴于国外作者的译名并无统一规定，所以这里一律采用原文．原著中参考文献均用英文书写．为读者查阅方便，这里尽量改用原出版的文种书写．此外，原著中存在的笔误或印刷错误，一经发现均已更正，译本中不再一一注明．

翻译工作始终是在周鸣瀛教授的热情关怀和具体指导下进行的．华天瑞和周之桢两位副教授也参加了部分翻译工作．在此谨致谢意．

限于水平，译文中不当之处在所难免，欢迎批评指正．

译　者

1981年8月

第一版序言

作者写这本书的目的是为高年级工科学生提供一本论述弹性和塑性力学变分公式推导的教科书. 重点放在表明虚功原理和有关的变分原理在系统地推导控制方程和相应边界条件时的功用.

本书大致分为三个部分. 第一部分, 从第一章到第五章, 涉及弹性理论的基础. 第一章和第二章讨论小位移弹性理论. 第三章讨论有限位移理论——都是采用直角笛卡儿坐标系. 第四章系统地阐述了用曲线坐标系表示的有限位移弹性理论. 第五章把虚功原理和有关的变分原理推广到初应力、初应变和动力学方面的若干问题.

第二部分, 从第六章到第十章, 讨论了虚功原理和变分原理在弹性力学中一些特殊问题的应用. 这些问题包括杆的扭转、梁、板、壳和结构的分析, 并表明了这些原理在获得近似控制方程和相应边界条件时的功用.

第三部分, 第十一章和第十二章, 讨论了塑性理论中的变分原理. 第十一章论述塑性力学变形理论. 第十二章论述塑性力学流动理论, 讨论了有关的变分原理和极限分析法.

设想读者们都具有一定的弹性力学、塑性力学和变分学的知识. 由于篇幅的限制, 本书略去了变分学原理的叙述. 作者仅在绪论的末尾列出几本有关变分学的书籍, 以便读者参阅.

(下略)

鹫津久一郎

1965年9月

第二版序言

变分原理和它在许多力学分支包括弹性力学和塑性力学等方面的应用，已有一段很长的发展历史. 但是，这个原理的重要性由于近年来大量发展了有限元素法的应用而更加突出起来. 自从 M. J. Turner 等人的先驱著作于 1956 年在 *Journal of Aeronautical Sciences*, Vol. 23, No.9 发表以来，有限元素法已经被广泛地应用于结构分析. 从那时起，已经反复证明，在有限元素法的数学推导中变分原理提供了一个强有力的工具. 反过来，有限元素法的迅速发展也对变分原理的进展，给以很大的促进. 在过去的十年里，已经发展了若干变分原理的新形式，在本书附录 I 的第一节里有简要的介绍.

鹫津久一郎教授著作的第一版（书名是 Variational Methods in Elasticity and Plasticity, 出版于 1968 年）深受从事固体力学和结构力学的工程师、教师和学生的欢迎. 这本书的出版是适时的，因为它和有限元素法之应用的迅速发展时期正好切合. 第一版的基本特点是，提供了一套有条不紊的方法，用来推导弹性和塑性力学的一些变分原理，以及把一个变分原理变换到另一个变分原理，同时对有限元素法的数学推导提供了一个系统的基础. 在有关有限元素法的文献里，本书得到广泛的应用并经常被它们所引证.

现在，鹫津教授已编撰好增加一个新附录 I 的修订版. 这个新的附录介绍了一些变分原理的概要，这些原理在弹性和塑性力学中，包括与有限元素法有关的新发展的变分原理，常常被用作数学推导的基础. 如同第一版那样，附录 I 用明了、简洁和优雅的文体写成，在这方面鹫津教授是负有盛名的. 这个修订版应该成为图书馆和所有对固体力学和结构力学有兴趣的人们参考书架上一本很有价值的新添读物.

国家科学基金会 R. L. Bisplinghoff
于华盛顿

目　　录

第一版序言 ……………………………………………………… ii
第二版序言 ……………………………………………………… iii
绪论 ……………………………………………………… 1
第一章　用直角笛卡儿坐标表示的小位移弹性理论 ……………… 9
1.1　小位移理论问题的提出 ……………………………………… 9
1.2　相容条件 ……………………………………………………… 12
1.3　应力函数 ……………………………………………………… 14
1.4　虚功原理 ……………………………………………………… 15
1.5　基于虚功原理的近似解法 ………………………………… 17
1.6　余虚功原理 …………………………………………………… 19
1.7　基于余虚功原理的近似解法 ……………………………… 21
1.8　相容条件和应力函数之间的关系 ………………………… 24
1.9　几点讨论 ……………………………………………………… 26
第二章　小位移弹性理论中的变分原理 …………………………… 30
2.1　最小势能原理 ………………………………………………… 30
2.2　最小余能原理 ………………………………………………… 33
2.3　最小势能原理的推广 ………………………………………… 34
2.4　派生的变分原理 ……………………………………………… 37
2.5　Rayleigh–Ritz 法(1) ………………………………………… 41
2.6　边界条件的变化和 Castigliano 定理 ……………………… 43
2.7　弹性体的自由振动 …………………………………………… 46
2.8　Rayleigh–Ritz 法(2) ………………………………………… 49
2.9　几点讨论 ……………………………………………………… 52
第三章　用直角笛卡儿坐标表示的有限位移弹性理论 …………… 57
3.1　应变分析 ……………………………………………………… 57
3.2　应力分析和平衡方程 ………………………………………… 61
3.3　应力张量的变换 ……………………………………………… 64

3.4 应力-应变关系 ······65
3.5 问题的提出 ······66
3.6 虚功原理 ······69
3.7 应变能函数 ······70
3.8 驻值势能原理 ······73
3.9 驻值势能原理的推广 ······74
3.10 稳定性的能量判据 ······76
3.11 稳定性问题的 Euler 法 ······78
3.12 几点讨论 ······80
第四章 用曲线坐标表示的弹性理论 ······83
4.1 变形前的几何关系 ······83
4.2 应变分析和相容条件 ······87
4.3 应力分析和平衡方程 ······90
4.4 应变张量和应力张量的变换 ······91
4.5 用曲线坐标表示的应力-应变关系 ······94
4.6 虚功原理 ······95
4.7 驻值势能原理及其推广 ······97
4.8 用正交曲线坐标表示的小位移理论的一些说明 ······98
第五章 虚功原理及其有关变分原理的推广 ······102
5.1 初应力问题 ······102
5.2 带有初应力物体的稳定性问题 ······105
5.3 初应变问题 ······107
5.4 热应力问题 ······109
5.5 准静力问题 ······111
5.6 动力学问题 ······114
5.7 无约束物体的动力学问题 ······117
第六章 杆的扭转 ······125
6.1 扭转的 St. Venant 理论 ······125
6.2 最小势能原理及其变换 ······128
6.3 有一个孔的杆的扭转 ······131
6.4 带有初应力的杆的扭转 ······134
6.5 扭转刚度的上界和下界 ······138

第七章 梁 ……146
7.1 梁的初等理论 ……146
7.2 梁的弯曲 ……148
7.3 最小势能原理及其变换 ……152
7.4 梁的自由横向振动 ……153
7.5 梁的大挠度 ……156
7.6 梁的屈曲 ……158
7.7 包括横向剪变形影响的梁理论 ……161
7.8 几点讨论 ……164
第八章 板 ……168
8.1 板的伸展和弯曲 ……168
8.2 板的伸展和弯曲问题 ……170
8.3 用于板伸展的最小势能原理及其变换 ……176
8.4 用于板弯曲的最小势能原理及其变换 ……178
8.5 板在伸展和弯曲时的大挠度 ……180
8.6 板的屈曲 ……183
8.7 板内的热应力 ……187
8.8 包括横向剪变形影响的薄板理论 ……189
8.9 扁薄壳 ……193
8.10 几点讨论 ……198
第九章 壳 ……203
9.1 变形前的几何关系 ……203
9.2 应变分析 ……208
9.3 Kirchhoff-Love 假说下的应变分析 ……211
9.4 Kirchhoff-Love 假说下的线性化薄壳理论 ……212
9.5 简化的公式推导 ……217
9.6 Kirchhoff-Love 假说下的简化线性理论 ……219
9.7 Kirchhoff-Love 假说下的非线性薄壳理论 ……220
9.8 包括横向剪变形影响的线性化薄壳理论 ……222
9.9 几点讨论 ……225
第十章 结构 ……229
10.1 有限次超静定 ……229

10.2 桁架构件的变形特性和桁架问题的提出 ……230
10.3 桁架问题的变分公式推导 ……233
10.4 应用于桁架问题的力法 ……234
10.5 桁架结构的一个简单例子 ……237
10.6 框架构件的变形特性 ……239
10.7 应用于框架问题的力法 ……241
10.8 关于应用于半硬壳式结构的力法的注释 ……246
10.9 关于应用于半硬壳式结构的刚度矩阵法的注释 ……250
第十一章 塑性力学变形理论 ……257
11.1 塑性力学变形理论 ……257
11.2 应变硬化材料 ……259
11.3 理想塑性材料 ……261
11.4 Hencky 材料的一种特殊情况 ……264
第十二章 塑性力学流动理论 ……266
12.1 塑性力学流动理论 ……266
12.2 应变硬化材料 ……268
12.3 理想塑性材料 ……271
12.4 Prandtl-Reuss 方程 ……272
12.5 St. Venant-Levy-Mises 方程 ……274
12.6 极限分析 ……277
12.7 几点讨论 ……280
附录 A 带有一个约束条件的函数的极值 ……282
附录 B 薄板的应力-应变关系 ……285
附录 C 包括横向剪变形影响的梁理论 ……287
附录 D 包括横向剪变形影响的板弯曲理论 ……290
附录 E 关于几种壳体的专门说明 ……293
附录 F 关于 Haar-Kármán 原理的注释 ……297
附录 G 蠕变理论中的变分原理 ……298
附录 H 习题 ……300
附录 I 作为有限元素法一项基础的变分原理 ……379
第一节 引言 ……379
第二节 用于弹性静力学小位移理论的传统变分原理 ……381

第三节　从最小势能原理进行修正变分原理的推导 ……385
第四节　从最小余能原理进行修正变分原理的推导 ……391
第五节　用于薄板弯曲的传统变分原理 ……394
第六节　用于薄板弯曲的修正变分原理的推导 ……399
第七节　用于弹性动力学小位移理论的变分原理 ……407
第八节　弹性静力学有限位移理论 ……413
第九节　两种增量理论 ……420
第十节　关于离散分析的几点讨论 ……434
附录 J　关于虚功原理的注释 ……444

绪 论

变分学是数学的一个分支，它研究一些函数的函数(即泛函)的驻值性质. 这样，变分学的目的就不是求含有有限个变量的函数的极值，而是在一组容许函数*中选定一个函数，使给定的泛函取驻值[1]. 一个熟悉的例子是，在指定空间内连接两点的各容许曲线*中，选定这样的曲线，使两点间沿该曲线的距离为最短. 而寻求以最小周长包围给定面积的曲线的问题，则是另一个典型的例子.

变分学在数学物理中有着广泛的应用. 这是因为一个物理系统的性状常常使得与其性状有关的某种泛函取驻值. 换句话说，我们往往发现物理现象所遵循的方程，就是某些变分问题的驻值条件. 光学中的 Fermat 原理可以作为一个典型的例子. 这个原理指出，光线在两点间沿需时最短的路径传播. 由此立即导致在任何均匀介质中光线按直线传播的结论.

力学是数学物理的领域之一，其中对变分方法已经广泛地研究过. 我们将以质点系的问题为例，来回顾一下它的变分公式的推导[2].

首先，我们来考虑一个质点系在外力和内力作用下处于静力平衡的问题. 众所周知，变分公式推导的基础是虚功原理[3]，这个原理可叙述如下：假定一个力学系统在作用力和给定的几何约束下处于平衡状态. 那么，存在于系统内的外力和内力在满足给定几何约束的任意无限小虚位移上所作的全部虚功之和(用 $\delta'W$ 表示)为零:

---

* 这里将 admissible 一词译作“容许”，也常译为可取的、可能的等等. ——译者注

1) 关于变分学的详细论述，见参考文献[1—8].

2) 关于在力学中变分法的详细论述，见参考文献[2, 9, 10, 11].

3) 这个原理亦称为虚位移原理.

$$\delta' W = 0. \tag{1}$$[1]

这个原理也可改述如下：如果对于满足给定几何约束的任意无限小虚位移，力系所作的虚功之和$\delta' W$为零，则此力学系统处于平衡状态．这样，虚功原理就等价于系统的平衡方程．然而，对于力学问题的公式推导来说，前者的应用领域比后者更为广泛．当所有外力和内力都可由位势函数U(它是质点系坐标的函数)导出[2]，从而使

$$\delta' W = -\delta U, \tag{2}$$

则由虚功原理可以导致驻值势能原理的建立：在所有的容许位形中，平衡状态是由势能U的驻值性质来表征的：

$$\delta U = 0. \tag{3}$$

上面的论述可以推广到质点系的动力学问题中去，这时系统所受的作用力和几何约束都与时间有关．d'Alembert 原理指出，如果考虑了惯性力就可以把系统看作是处于平衡状态的．运用这个原理，只要把表明惯性力所作虚功的各项包括在内，就可以象静力学问题那样导出动力学问题的虚功原理．把这样得到的原理在两个界限$t=t_1$和$t=t_2$内对时间t积分．通过分部积分并利用在界限处没有虚位移的约定，我们最后得到动力学问题的虚功原理如下：

$$\delta \int_{t_1}^{t_2} T dt + \int_{t_1}^{t_2} \delta' W dt = 0, \tag{4}$$

式中T是系统的动能．由于从这样得到的虚功原理可以导出系统的 Lagrange 运动方程，所以很显然，这个原理对于推导具有几何约束的质点系运动方程是非常有用的．

当进一步确认可以由位势函数U导出所有的外力和内力时，我们就得到 Hamilton 原理，其中位势函数的定义和方程(2)相同，而且是坐标和时间的函数[3]．这个原理指出，只要在界限$t=t_1$

1) $\delta' W$不是某状态函数W的变分，而只表示总虚功．

2) 这种类型的力称为保守力．

3) 如果U与时间无关，这个力就称为保守力．在参考文献[2]中，对于可从纯量导出的力给予"单演"的名称，在最一般的情况下这个纯量是质点的速度和坐标以及时间的函数．

和 $t=t_2$ 处给定系统的位形，则在系统的所有容许位形中，真实的运动状态使量

$$\int_{t_1}^{t_2}(T-U)dt \tag{5}$$

取驻值. Hamilton 原理可以用数学形式表示如下：

$$\delta\int_{t_1}^{t_2}Ldt=0, \tag{6}$$

式中 $L=T-U$ 是系统的 Lagrange 函数. 众所周知，利用 Legendre 变换可以把 Hamilton 原理变换为一个新的等价的原理，而 Lagrange 运动方程则简化为所谓的典型方程. 对 Hamilton 原理的变换已经有过广泛的研究，并已建立起一个通称为典型变换的完善的理论.

本书的主要目的是系统地导出弹性力学和塑性力学中的虚功原理和有关的变分原理[1]. 我们将以类似于质点系问题的方式来推导这些原理. 其梗概如下：讨论一个固体在体力作用和在物体表面上给定的力学和几何边界条件下保持静力平衡的问题. 我们从推导虚功原理开始. 这个原理等价于固体的平衡方程和力学边界条件，而且是为小位移理论和有限位移理论导出的[2]. 在小位移理论的范围内我们得到另一个原理，称为余虚功原理[3]. 特别值得提出的是，虚功原理和余虚功原理在各种坐标变换中均保持不变，而且它们和物体材料的应力-应变关系无关. 然而，在推导变分原理的公式时必须考虑应力-应变关系，而且对弹性和塑性理论也必须分别处理.

小位移弹性理论为变分法提供了最有成效的应用领域之一. 当确认了应变能函数的存在，又假定在位移变化的过程中外力

---

1) 关于弹性力学和塑性力学中的变分原理，见参考文献[11—20].

2) 在小位移理论中，假定位移小到允许固体的所有控制方程（应力-应变关系除外）线性化. 因而在小位移理论中，平衡方程、应变-位移关系式和边界条件都简化为线性化的形式.

3) 这个原理亦称为虚应力原理，虚力原理或应力状态虚变化原理.

保持不变时，虚功原理就可导致最小势能原理的建立. 通过引进 Lagrange 乘子把变分原理加以推广，就产生一整族的变分原理，包括 Hellinger–Reissner 原理，最小余能原理，等等.

另一方面，当应力-应变关系保证余能函数的存在，又假定在应力变化的过程中几何边界条件保持不变时，余虚功原理就可导致最小余能原理的建立. 通过引进 Lagrange 乘子把最小余能原理加以推广，就产生 Hellinger–Reissner 原理，最小势能原理，等等. 由此可见，对小位移弹性理论来说，这两条推导变分原理的途径是彼此可逆和等价的.

在有限位移弹性理论中，当确认了物体材料的应变能函数和外力的位势函数的存在时，虚功原理就可导致驻值势能原理的建立. 一旦这样地建立了驻值势能原理，就可以通过利用 Lagrange 乘子来把它推广.

将惯性力考虑进去，可以把上述方法推广到弹性体的动力学问题. 于是，引入动能的概念，我们可导出动力学问题的虚功原理. 在假定应变能函数和外力的位势函数存在的前提下，虚功原理就转换成为变分原理. 新得到的变分原理可以看作是推广到弹性体动力学问题的 Hamilton 原理，而且可以通过利用 Lagrange 乘子把它推广.

弹性力学问题的变分原理通过驻值条件提供问题的控制方程，并在此意义上和控制方程等价. 然而，用变分公式表示有几个优点. 第一，经受变分的泛函通常具有明确的物理意义，而且在坐标变换中保持不变. 因而，一旦变分原理按某一坐标系列出了公式，就可以得到用另一坐标系表示的控制方程，只要首先写出新坐标系内的不变量，然后应用变分方法即可. 例如，一旦变分原理按直角笛卡儿坐标系列出了公式，通过上述方法就可以得到用柱面坐标系或极坐标系表示的控制方程. 可以看出，这一属性使变分法在结构分析中非常有效.

第二，用变分公式表示有助于实现一个通用的数学步骤，这就是说，把给定的问题变换成为一个比原来更易于求解的等价问题.

在带有一些约束条件* 的变分问题中，用 Lagrange 乘子法可以完成这一变换，这是一种非常有效而有条理的方法．于是，我们就可以推导出一整族彼此等价的变分原理．

第三，变分原理有时可以得出所研究问题精确解的上界或下界公式．就像第六章将要表明的那样，同时运用两个变分原理可以给杆的扭转刚度提供上界和下界公式．另一个例子是，从驻值势能原理导出一个弹性体自由振动最低频率的上界公式．

第四，当弹性力学问题不能精确求解时，变分法常常给问题提供一种近似的公式表示，由此得到与所采用的近似度相适应的解．在这里，变分法不仅提供近似的控制方程，而且也提供了近似边界条件的提示．因为除若干特殊情形外，几乎不大可能得到弹性力学问题的精确解，所以为了实用的目的，我们必须满足于近似解．梁、板、壳和多元结构的理论就是这种用近似公式表示的典型例子，它们显示出虚功原理和有关的变分法的效能．然而，在信赖这样得到的近似解的精确度时，我们应当慎重．例如，考虑 Rayleigh-Ritz 法结合驻值势能原理的应用．如果容许函数选择得当，这个方法可以为物体的位移提供一个良好的近似解．但是，从近似位移算出的应力分布，其精确度就不是那样可靠了．这是明显的，只要我们记得在近似法所得的控制方程中，精确的平衡方程和力学边界条件已经为它们的加权平均值所代替，而且近似解的精确度随着取微分而降低．因此，在近似解中，通常平衡方程和力学边界条件至少是局部地遭到了破坏．在理解这样得到的近似解时，St. Venant原理有时是有帮助的．它指出[14]："如果作用在弹性体表面微小部位上的力系，由作用在同一表面部位上的另一静力等效的力系所代替，则这种载荷的重新分布会局部地引起应力的显著变化，但在距离大于力系被更换表面的线性尺寸的各点处，对应力的影响就可以忽略不计．"

由于作者的偏爱，弹性力学问题的近似控制方程将常常从虚

---

* subsidiary condition，日文为付带条件，《英汉数学词汇》为附加条件或辅助条件．这里按国内有关论著采用的名词译出．——译者注

功原理而不是从变分原理推导出来,因为前者与物体的应力-应变关系以及位势函数的存在与否无关. 利用虚功原理的一种近似解法称为广义 Галёркин 法[1]. 就弹性力学中的保守问题来说, 联合运用虚功原理和广义 Галёркин 法所得的结果,等价于联合运用驻值势能原理和 Rayleigh-Ritz 法所得的结果.

在塑性理论中, 使虚功原理成为建立变分原理的基础是很自然的. 如果把问题限于小位移理论, 则余虚功原理也可以用作另一个基础. 由于塑性理论中的应力-应变关系比弹性理论中的更为复杂, 因而可以想象, 在塑性力学中建立变分原理是较为困难的. 已经建立的关于塑性理论的若干变分原理表明, 是可以按照类似于弹性理论的形式导出的,但对于这些变分原理的正确性,应该附以严格的证明.

在塑性力学流动理论中, 变分公式推导最成功的应用是对于一种理想塑性体的极限分析理论, 这种物体的组成材料服从 Prandtl-Reuss 理想塑性方程. 极限分析涉及到确定所谓物体极限载荷的特征值. 两个变分原理提供了确定极限载荷的上界和下界公式.

由于已经有了大量按变分法论述弹性和塑性力学问题的文章, 所以本书的文献目录并不想面面俱到. 作者仅满足于列举少量论著以供读者参考. 为了查阅这个课题新近的进展, 参考文献 [22, 23] 可能是有用的.

变分法当然可以用于这里没有提到的许多其他问题. 例如, 它曾被应用到流体力学、热传导等等问题之中[24-26]. 作为工程中一项新的应用, 我们可以加上文献中常见的用最优化技术论述飞行器性能的问题[27].

参考文献

[1] R. Courant and D. Hilbert, *Methods of Mathematical Physics*, Vol. 1,

1) 这个方法亦称为加权函数法. 它是称为加权残余法这种近似解法的一种特殊情形[21].

Interscience, New York, 1953.(«数学物理方法», 卷 I,科学出版社,1958 年)

[2] C. Lanczos, *The Variational Principles of Mechanics*, University of Toronto Press, 1949.

[3] O. Bolza, *Lectures on the Calculus of Variations*, The University of Chicago Press, 1946.

[4] G. A. Bliss, *Lectures on the Calculus of Variations*, The University of Chicago Press, 1946.

[5] C. Fox, *An Introduction to the Calculus of Variations*, Oxford University Press, London, 1950.

[6] R. Weinstock, *Calculus of Variations with Application to Physics and Engineering*, McGraw-Hill, 1952.

[7] P. M. Morse and H. Feshbach, *Methods of Theoretical Physics*, Vols. 1 and 2, McGraw-Hill, 1953.

[8] S. G. Mikhlin, *Variational Methods in Mathematical Physics*, Pergamon Press, 1964.

[9] H. Goldstein, *Classical Mechanics*, Addison-Wesley, 1953.

[10] J. L. Synge and B. A. Griffith, *Principles of Mechanics*, McGraw-Hill, 1959.

[11] H. L. Langhaar, *Energy Methods in Applied Mechanics*, John Wiley, 1962.

[12] C. B. Biezeno and R. Grammel, *Technische Dynamik*, Springer, Berlin, 1939. (该书的一部分有中译本: «工程动静力学», 第四卷, 科学出版社, 1959 年)

[13] R. V. Southwell, *Introduction to the Theory of Elasticity*, Clarendon Press, Oxford, 1941.

[14] S. Timoshenko and J.N. Goodier, *Theory of Elasticity*, McGraw-Hill, 1951. («弹性理论», 人民教育出版社, 1964 年)

[15] N. J. Hoff, *The Analysis of Structures*, John Wiley, 1956.

[16] C. E. Pearson, *Theoretical Elasticity*, Harvard University Press, 1959.

[17] J. H. Argyris and S. Kelsey, *Energy Theorems and Structural Analysis*, Butterworth, 1960. («能量原理与结构分析», 科学出版社, 1978 年)

[18] В. В. Новожилов, *Теория упругости*, Судпромгиз, 1958.

[19] J. H. Greenberg, *On the Variational Principles of Plasticity*, Brown University, ONR, NR-041-032, March 1949.

[20] R. Hill, *Mathematical Theory of Plasticity*, Oxford, 1950. («塑性数学理论», 科学出版社, 1966 年)

[21] M. Becker, *The Principles and Applications of Variational Methods*, The Massachusetts Institute of Technology Press, 1964.

[22] *Applied Mechanics Reviews*, published monthly by the American Society of Mechanical Engineers.

[23] И. М. Рабинович, *Строительная механика в СССР* 1917—1957, Архистройиздат, 1957.

[24] J. Serrin, Mathematical Principles of Classical Fluid Mechanics, *Handbuch der Physik*, Band VII/I. Strömungsmechanik I. pp.125—265, Springer, 1959.

[25] M. A. Biot, Lagrangian Thermodynamics of Heat Transfer in Systems including Fluid Motion, *Journal of the Aeronautical Sciences*, Vol. 25, No 5, pp.568—77, May 1962.

[26] K. Washizu, *Variational Principles in Continuum Mechanics*, University of Washington, College of Engineering, Department of Aeronautical Engineering, Report 62-2, June 1962.

[27] G. Leitmann, editor, *Optimization Techniques with Applications to Aerospace Systems*, Academic Press, 1962.

第一章　用直角笛卡儿坐标表示的小位移弹性理论

1.1　小位移理论问题的提出

Love 在他的经典著作[1]的开端指出："数学弹性理论致力于研究某一受平衡力系作用或处于轻微的内部相对运动状态下的固体，试图把它的内部应变状态或相对位移纳入计算，并努力为建筑、工程以及所有构造材料为固体的工艺方面，求得实用上重要的结果."这似乎已经成为弹性理论的一个规准性的定义.

在本书第一章和第二章中，我们将针对在体力和给定的边界条件下处于平衡状态的弹性体问题，探讨小位移理论并推导虚功原理和有关的变分原理[1,2]. 用直角笛卡儿坐标 (x, y, z) 来定义容纳该物体的三维空间. 在小位移弹性理论中，假定物体内一点的位移分量 u, v, w 小到我们有充分理由把控制问题的方程线性化. 这些线性化的控制方程可以综述如下：

(a) 应力. 在物体的一点处，其内力状态由九个应力分量来定义：

$$\begin{matrix} \sigma_x & \tau_{yx} & \tau_{zx}, \\ \tau_{xy} & \sigma_y & \tau_{zy}, \\ \tau_{xz} & \tau_{yz} & \sigma_z, \end{matrix} \tag{1.1}$$

它们必须满足平衡方程：

$$\begin{aligned} &\frac{\partial \sigma_x}{\partial x}+\frac{\partial \tau_{yx}}{\partial y}+\frac{\partial \tau_{zx}}{\partial z}+\overline{X}=0, \\ &\frac{\partial \tau_{xy}}{\partial x}+\frac{\partial \sigma_y}{\partial y}+\frac{\partial \tau_{zy}}{\partial z}+\overline{Y}=0, \\ &\frac{\partial \tau_{xz}}{\partial x}+\frac{\partial \tau_{yz}}{\partial y}+\frac{\partial \sigma_z}{\partial z}+\overline{Z}=0, \end{aligned} \tag{1.2}$$ [1)]

1) 在这整本书中，除非另有说明，字母上加一横线表示这个量是给定的.

和

$$\tau_{yz}=\tau_{zy}, \quad \tau_{zx}=\tau_{xz}, \quad \tau_{xy}=\tau_{yx}, \tag{1.3}$$

式中 $\bar{X}, \bar{Y}$ 和 $\bar{Z}$ 是每单位体积的体力分量．我们将利用方程(1.3)消去 τ_{zy}, τ_{xz} 和 τ_{yx}，并用六个分量 $(\sigma_x, \sigma_y, \sigma_z, \tau_{yz}, \tau_{zx}, \tau_{xy})$ 确定物体内一点的应力状态．于是，方程(1.2)变成：

$$\begin{aligned}
&\frac{\partial \sigma_x}{\partial x}+\frac{\partial \tau_{xy}}{\partial y}+\frac{\partial \tau_{zx}}{\partial z}+\bar{X}=0, \\
&\frac{\partial \tau_{xy}}{\partial x}+\frac{\partial \sigma_y}{\partial y}+\frac{\partial \tau_{yz}}{\partial z}+\bar{Y}=0, \\
&\frac{\partial \tau_{zx}}{\partial x}+\frac{\partial \tau_{yz}}{\partial y}+\frac{\partial \sigma_z}{\partial z}+\bar{Z}=0.
\end{aligned} \tag{1.4}$$

(b) 应变．在物体的一点处，其应变状态由六个应变分量 $(\varepsilon_x, \varepsilon_y, \varepsilon_z, \gamma_{yz}, \gamma_{zx}, \gamma_{xy})$ 来定义．

(c) 应变-位移关系．在小位移理论中，应变-位移关系式给出如下：

$$\begin{aligned}
&\varepsilon_x=\frac{\partial u}{\partial x}, \qquad \varepsilon_y=\frac{\partial v}{\partial y}, \qquad \varepsilon_z=\frac{\partial w}{\partial z}, \\
&\gamma_{yz}=\frac{\partial w}{\partial y}+\frac{\partial v}{\partial z}, \ \gamma_{zx}=\frac{\partial u}{\partial z}+\frac{\partial w}{\partial x}, \ \gamma_{xy}=\frac{\partial v}{\partial x}+\frac{\partial u}{\partial y}.
\end{aligned} \tag{1.5}$$

(d) 应力-应变关系．在小位移理论中，应力-应变关系以线性、齐次的形式给出：

$$\begin{bmatrix} \sigma_x \\ \sigma_y \\ \sigma_z \\ \tau_{yz} \\ \tau_{zx} \\ \tau_{xy} \end{bmatrix}=\begin{bmatrix} a_{11} & a_{12} & a_{13} & a_{14} & a_{15} & a_{16} \\ a_{21} & a_{22} & a_{23} & a_{24} & a_{25} & a_{26} \\ a_{31} & a_{32} & a_{33} & a_{34} & a_{35} & a_{36} \\ a_{41} & a_{42} & a_{43} & a_{44} & a_{45} & a_{46} \\ a_{51} & a_{52} & a_{53} & a_{54} & a_{55} & a_{56} \\ a_{61} & a_{62} & a_{63} & a_{64} & a_{65} & a_{66} \end{bmatrix}\begin{bmatrix} \varepsilon_x \\ \varepsilon_y \\ \varepsilon_z \\ \gamma_{yz} \\ \gamma_{zx} \\ \gamma_{xy} \end{bmatrix}. \tag{1.6}$$

这些方程的系数称为弹性常数．它们之间存在如下形式的关系：

$$a_{rs}=a_{sr}, \quad (r, s=1, 2, \cdots, 6). \tag{1.7}$$

可以对方程(1.6)求逆而得出：

$$
\begin{bmatrix} \varepsilon_x \\ \varepsilon_y \\ \varepsilon_z \\ \gamma_{yz} \\ \gamma_{zx} \\ \gamma_{xy} \end{bmatrix} = \begin{bmatrix} b_{11} & b_{12} & b_{13} & b_{14} & b_{15} & b_{16} \\ b_{21} & b_{22} & b_{23} & b_{24} & b_{25} & b_{26} \\ b_{31} & b_{32} & b_{33} & b_{34} & b_{35} & b_{36} \\ b_{41} & b_{42} & b_{43} & b_{44} & b_{45} & b_{46} \\ b_{51} & b_{52} & b_{53} & b_{54} & b_{55} & b_{56} \\ b_{61} & b_{62} & b_{63} & b_{64} & b_{65} & b_{66} \end{bmatrix} \begin{bmatrix} \sigma_x \\ \sigma_y \\ \sigma_z \\ \tau_{yz} \\ \tau_{zx} \\ \tau_{xy} \end{bmatrix}, \tag{1.8}
$$

式中

$$
b_{rs} = b_{sr}, \quad (r, s = 1, 2, \cdots, 6). \tag{1.9}
$$

对于各向同性材料，独立弹性常数的数目减少到二个，相应的应力-应变关系由下式给出：

$$
\begin{aligned}
\sigma_x &= 2G\left[\varepsilon_x + \frac{\nu}{1-2\nu}(\varepsilon_x+\varepsilon_y+\varepsilon_z)\right], \quad \tau_{yz} = G\gamma_{yz}, \\
\sigma_y &= 2G\left[\varepsilon_y + \frac{\nu}{1-2\nu}(\varepsilon_x+\varepsilon_y+\varepsilon_z)\right], \quad \tau_{zx} = G\gamma_{zx}, \\
\sigma_z &= 2G\left[\varepsilon_z + \frac{\nu}{1-2\nu}(\varepsilon_x+\varepsilon_y+\varepsilon_z)\right], \quad \tau_{xy} = G\gamma_{xy},
\end{aligned} \tag{1.10}
$$
[1]

或者反转过来，

$$
\begin{aligned}
E\varepsilon_x &= \sigma_x - \nu(\sigma_y+\sigma_z), \quad G\gamma_{yz} = \tau_{yz}, \\
E\varepsilon_y &= \sigma_y - \nu(\sigma_z+\sigma_x), \quad G\gamma_{zx} = \tau_{zx}, \\
E\varepsilon_z &= \sigma_z - \nu(\sigma_x+\sigma_y), \quad G\gamma_{xy} = \tau_{xy}.
\end{aligned} \tag{1.11}
$$
[1]

(e) 边界条件．按照边界条件的观点，物体的表面可以分为两部分：在 S_1 部分，边界条件是用外力来给定的；而在 S_2 部分，边界条件是用位移来给定的．显然，$S=S_1+S_2$．用 $\overline{X}_\nu$, $\overline{Y}_\nu$ 和 $\overline{Z}_\nu$ 表示边界表面上给定的每单位面积的外力分量，相应的力学边界条件由下式给出：

$$
\text{在 } S_1 \text{ 上}, \quad X_\nu = \overline{X}_\nu, \ Y_\nu = \overline{Y}_\nu, \ Z_\nu = \overline{Z}_\nu, \tag{1.12}
$$

式中

$$
\begin{aligned}
X_\nu &= \sigma_x l + \tau_{xy} m + \tau_{zx} n, \\
Y_\nu &= \tau_{xy} l + \sigma_y m + \tau_{yz} n, \\
Z_\nu &= \tau_{zx} l + \tau_{yz} m + \sigma_z n,
\end{aligned} \tag{1.13}
$$

1) Young 模量 E, Poisson 比 ν 和刚性模量 G 的关系由方程 $E=2G(1+\nu)$ 表示．因而只有两个独立的弹性常数．

l, m, n 是边界上外向单位法线 ν 的方向余弦[1)]：$l=\cos(x, \nu)$，$m=\cos(y, \nu)$ 和 $n=\cos(z, \nu)$. 另一方面，用 $\bar{u}$, $\bar{v}$ 和 $\bar{w}$ 表示给定的位移分量，相应的几何条件由下式给出：

$$\text{在 } S_2 \text{ 上}, \; u=\bar{u}, \; v=\bar{v}, \; w=\bar{w}. \tag{1.14}$$

这样，我们就得到小位移理论弹性力学问题的全部控制方程：在物体的内部 V 中，平衡方程(1.4)，应变-位移关系(1.5)和应力-应变关系(1.6)；在物体的表面 S 上，力学和几何边界条件(1.12)和(1.14). 上述条件表明，在十五个方程(1.4), (1.5)和(1.6)中，我们有十五个未知数，即六个应力分量、六个应变分量和三个位移分量. 于是我们的问题就是在边界条件(1.12)和(1.14)下求解这十五个方程. 由于全部控制方程具有线性形式，所以在求解问题时可以应用叠加原理. 这样，我们就得到给定的量(例如作用在 S_1 上的载荷)和所引起的量(例如在物体内产生的应力和位移)之间的线性关系式.

1.2 相容条件

我们从方程(1.5)看到，当一个连续体变形时，六个应变分量 $(\varepsilon_x, \varepsilon_y, \varepsilon_z, \gamma_{yz}, \gamma_{zx}, \gamma_{xy})$ 不能独立地呈现，而必须由三个函数 u, v 和 w 导出，如该式所示. 这个论点可以用不同的方法表示如下：把所考虑的连续体在变形前分割成大量无限小的长方体元素. 假定对每个元素给定任意大小的六个应变分量 $(\varepsilon_x, \cdots, \gamma_{xy})$. 然后，设想试图把这些元素重新聚合成一个连续体. 一般地说，这种尝试是不会成功的. 为了使重新聚合能够成功，应变分量之间在量值上必须存在某种关系. 这样，就会出现一个问题，可以叙述如下：**将这些元素重新聚合成一个连续物体的必要和充分条件是什么？**

六个应变分量可以象方程(1.5)给出的那样由三个单值函数导出的必要和充分条件，称为**相容条件**，就象在参考文献[1]到[5]所表明的，用矩阵形式给出的相容条件如下所示：

1) 请注意，在本书中符号 ν 既用于表示 Poisson 比又表示边界上外向单位法线.

$$[R]=\begin{bmatrix} R_x & U_z & U_y \\ U_z & R_y & U_x \\ U_y & U_x & R_z \end{bmatrix}=0, \tag{1.15}$$

式中

$$\begin{aligned}
R_x&=\frac{\partial^2 \varepsilon_z}{\partial y^2}+\frac{\partial^2 \varepsilon_y}{\partial z^2}-\frac{\partial^2 \gamma_{yz}}{\partial y \partial z}, \\
R_y&=\frac{\partial^2 \varepsilon_x}{\partial z^2}+\frac{\partial^2 \varepsilon_z}{\partial x^2}-\frac{\partial^2 \gamma_{zx}}{\partial z \partial x}, \\
R_z&=\frac{\partial^2 \varepsilon_y}{\partial x^2}+\frac{\partial^2 \varepsilon_x}{\partial y^2}-\frac{\partial^2 \gamma_{xy}}{\partial x \partial y}, \\
U_x&=-\frac{\partial^2 \varepsilon_x}{\partial y \partial z}+\frac{1}{2} \frac{\partial}{\partial x}\left(-\frac{\partial \gamma_{yz}}{\partial x}+\frac{\partial \gamma_{zx}}{\partial y}+\frac{\partial \gamma_{xy}}{\partial z}\right), \\
U_y&=-\frac{\partial^2 \varepsilon_y}{\partial z \partial x}+\frac{1}{2} \frac{\partial}{\partial y}\left(\frac{\partial \gamma_{yz}}{\partial x}-\frac{\partial \gamma_{zx}}{\partial y}+\frac{\partial \gamma_{xy}}{\partial z}\right), \\
U_z&=-\frac{\partial^2 \varepsilon_z}{\partial x \partial y}+\frac{1}{2} \frac{\partial}{\partial z}\left(\frac{\partial \gamma_{yz}}{\partial x}+\frac{\partial \gamma_{zx}}{\partial y}-\frac{\partial \gamma_{xy}}{\partial z}\right).
\end{aligned} \tag{1.16}$$

要证明条件(1.15)是必要的，可立即从方程(1.5)的直接微分获得．要证明它们是充分的，则相当冗长，这里就不给出了．建议有兴趣的读者阅读所列举的参考文献．

在本节的末尾来注明一下，在 R_x, R_y, $\cdots$, U_z 之间存在一些恒等式：

$$\begin{aligned}
&\frac{\partial R_x}{\partial x}+\frac{\partial U_z}{\partial y}+\frac{\partial U_y}{\partial z}=0, \\
&\frac{\partial U_z}{\partial x}+\frac{\partial R_y}{\partial y}+\frac{\partial U_x}{\partial z}=0, \\
&\frac{\partial U_y}{\partial x}+\frac{\partial U_x}{\partial y}+\frac{\partial R_z}{\partial z}=0.
\end{aligned} \tag{1.17}$$

这些恒等式不难用直接计算加以证明．它们表明，量 R_x, R_y, $\cdots$, 和 U_z 不是相互独立的，而且相容条件(1.15)可由下式来代替[6]：

$$\text{在}\ V\ \text{内}, \quad R_x=R_y=R_z=0, \tag{1.18a}$$

和

$$\text{在}\ S\ \text{上}, \quad R_x=R_y=R_z=U_x=U_y=U_z=0, \tag{1.18b}$$

或者由下式代替：

$$\text{在}\ V\ \text{内}, \quad U_x=U_y=U_z=0, \tag{1.19a}$$

和

$$\text{在} S \text{上}, \quad R_x = R_y = R_z = U_x = U_y = U_z = 0. \tag{1.19b}$$

1.3 应力函数

由方程(1.4)可知，当体力不存在时，可以把平衡方程写成：

$$\begin{aligned}
&\frac{\partial \sigma_x}{\partial x} + \frac{\partial \tau_{xy}}{\partial y} + \frac{\partial \tau_{zx}}{\partial z} = 0, \\
&\frac{\partial \tau_{xy}}{\partial x} + \frac{\partial \sigma_y}{\partial y} + \frac{\partial \tau_{yz}}{\partial z} = 0, \\
&\frac{\partial \tau_{zx}}{\partial x} + \frac{\partial \tau_{yz}}{\partial y} + \frac{\partial \sigma_z}{\partial z} = 0.
\end{aligned} \tag{1.20}$$

当应力分量用 Maxwell 或 Morera 应力函数表示时，上列方程都恒等地得到满足. Maxwell 应力函数 χ_1, χ_2 和 χ_3 由下式定义：

$$\begin{aligned}
&\sigma_x = \frac{\partial^2 \chi_3}{\partial y^2} + \frac{\partial^2 \chi_2}{\partial z^2}, \quad \tau_{yz} = -\frac{\partial^2 \chi_1}{\partial y \partial z}, \\
&\sigma_y = \frac{\partial^2 \chi_1}{\partial z^2} + \frac{\partial^2 \chi_3}{\partial x^2}, \quad \tau_{zx} = -\frac{\partial^2 \chi_2}{\partial z \partial x}, \\
&\sigma_z = \frac{\partial^2 \chi_2}{\partial x^2} + \frac{\partial^2 \chi_1}{\partial y^2}, \quad \tau_{xy} = -\frac{\partial^2 \chi_3}{\partial x \partial y},
\end{aligned} \tag{1.21}$$

Morera 应力函数 ψ_1, ψ_2 和 ψ_3 由下式定义：

$$\begin{aligned}
&\sigma_x = \frac{\partial^2 \psi_1}{\partial y \partial z}, \quad \tau_{yz} = -\frac{1}{2} \frac{\partial}{\partial x}\left(-\frac{\partial \psi_1}{\partial x} + \frac{\partial \psi_2}{\partial y} + \frac{\partial \psi_3}{\partial z}\right), \\
&\sigma_y = \frac{\partial^2 \psi_2}{\partial z \partial x}, \quad \tau_{zx} = -\frac{1}{2} \frac{\partial}{\partial y}\left(\frac{\partial \psi_1}{\partial x} - \frac{\partial \psi_2}{\partial y} + \frac{\partial \psi_3}{\partial z}\right), \\
&\sigma_z = \frac{\partial^2 \psi_3}{\partial x \partial y}, \quad \tau_{xy} = -\frac{1}{2} \frac{\partial}{\partial z}\left(\frac{\partial \psi_1}{\partial x} + \frac{\partial \psi_2}{\partial y} - \frac{\partial \psi_3}{\partial z}\right).
\end{aligned} \tag{1.22}$$

有趣的是，当把这两种应力函数组合起来，使得

$$\begin{aligned}
&\sigma_x = \frac{\partial^2 \chi_3}{\partial y^2} + \frac{\partial^2 \chi_2}{\partial z^2} - \frac{\partial^2 \psi_1}{\partial y \partial z}, \cdots, \cdots, \\
&\tau_{yz} = -\frac{\partial^2 \chi_1}{\partial y \partial z} + \frac{1}{2} \frac{\partial}{\partial x}\left(-\frac{\partial \psi_1}{\partial x} + \frac{\partial \psi_2}{\partial y} + \frac{\partial \psi_3}{\partial z}\right), \cdots, \cdots,
\end{aligned} \tag{1.23}$$

则式(1.16)和(1.23)具有相似的形式.

在二维应力问题中，平衡方程是

$$\frac{\partial \sigma_x}{\partial x}+\frac{\partial \tau_{xy}}{\partial y}=0,\quad \frac{\partial \tau_{xy}}{\partial x}+\frac{\partial \sigma_y}{\partial y}=0, \tag{1.24}$$

由

$$\sigma_x=\frac{\partial^2 F}{\partial y^2},\quad \sigma_y=\frac{\partial^2 F}{\partial x^2},\quad \tau_{xy}=-\frac{\partial^2 F}{\partial x \partial y} \tag{1.25}$$

定义的所谓 Airy 应力函数恒等地满足上列的平衡方程.

1.4 虚功原理

在本节中我们将为第 1.1 节所定义的问题导出虚功原理. 我们所研究的物体在给定的体力和边界条件下处于平衡状态, 并用 σ_x, σ_y, …, 和 τ_{xy} 来表示应力分量. 显然,

$$\text{在 } V \text{ 内},\ \frac{\partial \sigma_x}{\partial x}+\frac{\partial \tau_{xy}}{\partial y}+\frac{\partial \tau_{zx}}{\partial z}+\overline{X}=0,\ \cdots,\ \cdots, \tag{1.26}$$

和

$$\text{在 } S_1 \text{ 上},\ X_\nu-\overline{X}_\nu=0,\ \cdots,\ Z_\nu-\overline{Z}_\nu=0. \tag{1.27}$$

现在, 假定从这个平衡位形对物体施加一组任意的无限小虚位移 δu, δv 和 δw. 于是, 我们有

$$\begin{aligned} &-\iiint_V \Big[\Big(\frac{\partial \sigma_x}{\partial x}+\frac{\partial \tau_{xy}}{\partial y}+\frac{\partial \tau_{zx}}{\partial z}+\overline{X}\Big)\delta u+(\cdots)\delta v \\ &+\Big(\frac{\partial \tau_{zx}}{\partial x}+\frac{\partial \tau_{yz}}{\partial y}+\frac{\partial \sigma_z}{\partial z}+\overline{Z}\Big)\delta w\Big]dV+\iint_{S_1}[(X_\nu-\overline{X}_\nu)\delta u \\ &+(\cdots)\delta v+(Z_\nu-\overline{Z}_\nu)\delta w]\,dS=0, \end{aligned} \tag{1.28}$$

式中 $dV=dx\,dy\,dz$ 和 dS 分别是物体内的体积元素和物体表面的面积元素.

这里, 我们要选择不违背 S_2 上的几何边界条件的任一组虚位移. 换句话说, 它们的选择要满足下列方程:

$$\text{在 } S_2 \text{ 上},\quad \delta u=0,\ \delta v=0,\ \delta w=0. \tag{1.29}$$

然后, 利用在边界上成立的几何关系

$$dy\,dz=\pm l\,dS,\quad dz\,dx=\pm m\,dS,\quad dx\,dy=\pm n\,dS, \tag{1.30}$$

并通过分部积分, 使得

$$\iiint_V \frac{\partial \sigma_x}{\partial x}\delta u\,dx\,dy\,dz=\iint_S \sigma_x l\,\delta u\,dS-\iiint_V \sigma_x\frac{\partial \delta u}{\partial x}dx\,dy\,dz, \tag{1.31}$$ [1]

我们就可以把方程(1.28)变换成

$$\iiint_V (\sigma_x\delta\varepsilon_x+\sigma_y\delta\varepsilon_y+\sigma_z\delta\varepsilon_z+\tau_{yz}\delta\gamma_{yz}+\tau_{zx}\delta\gamma_{zx}+\tau_{xy}\delta\gamma_{xy})dV$$

$$-\iiint_V (\overline{X}\,\delta u+\overline{Y}\,\delta v+\overline{Z}\,\delta w)\,dV$$

$$-\iint_{S_1}(\overline{X}_\nu\delta u+\overline{Y}_\nu\delta v+\overline{Z}_\nu\delta w)\,dS=0, \tag{1.32}$$

式中

$$\delta\varepsilon_x=\frac{\partial\delta u}{\partial x},\qquad \delta\varepsilon_y=\frac{\partial\delta v}{\partial y},\qquad \delta\varepsilon_z=\frac{\partial\delta w}{\partial z},$$

$$\delta\gamma_{yz}=\frac{\partial\delta w}{\partial y}+\frac{\partial\delta v}{\partial z},\ \delta\gamma_{zx}=\frac{\partial\delta u}{\partial z}+\frac{\partial\delta w}{\partial x},\ \delta\gamma_{xy}=\frac{\partial\delta v}{\partial x}+\frac{\partial\delta u}{\partial y}. \tag{1.33}$$

这就是对于第 1.1 节所定义的问题的虚功原理. 对于能满足给定几何边界条件的任意无限小虚位移,这个原理是成立的[2].

其次,如果要求虚功原理对任何容许虚位移都成立,我们来研究将会得出什么样的关系式. 颠倒上述推导过程, 可以从方程(1.32)得到方程(1.28). 由于 δu, δv 和 δw 在 V 内和 S_1 上是任意选择的,所以方程(1.28)中的所有系数都必须为零. 这样,我们就得到虚功原理的另一种提法: 将应变-位移关系(1.5)和几何边界条件(1.14)引入虚功原理就得到平衡方程(1.4)和力学边界条件(1.12). 因此, 一旦把应变-位移关系式推导出来, 平衡方程就可以从虚功原理获得. 特别值得指出的是,不管材料的应力-应变关系怎样,虚功原理都成立.

---

1) 这是下列方程所表示的 Gauss 散度定理的一项应用,

$$\iiint_V\left(\frac{\partial L}{\partial x}+\frac{\partial M}{\partial y}+\frac{\partial N}{\partial z}\right)dx\,dy\,dz=\iint_S(Ll+Mm+Nn)\,dS.$$

2) 关于这个原理的物理解释,见附录 J.

1.5 基于虚功原理的近似解法

一种近似的解题方法可以用虚功原理系统地推导出来[5]. 这种方法称为广义 Галёркин 法[1]. 方法的第一步是假定位移分量 u, v 和 w 可以近似地表示如下:

$$
\begin{aligned}
u(x, y, z) &= u_0(x, y, z) + \sum_{r=1}^{n} a_r u_r(x, y, z), \\
v(x, y, z) &= v_0(x, y, z) + \sum_{r=1}^{n} b_r v_r(x, y, z), \\
w(x, y, z) &= w_0(x, y, z) + \sum_{r=1}^{n} c_r w_r(x, y, z),
\end{aligned}
\tag{1.34}
$$

[2]

式中 u_0, v_0 和 w_0 是这样来选择的:

$$
\text{在 } S_2 \text{ 上}, \quad u_0 = \bar{u},\ v_0 = \bar{v},\ w_0 = \bar{w}, \tag{1.35}
$$

而且 u_r, v_r, w_r $(r=1, 2, \cdots, n)$ 都是线性无关函数, 它们满足下列条件:

$$
\text{在 } S_2 \text{ 上}, \quad u_r = 0,\ v_r = 0,\ w_r = 0, \quad (r=1, 2, \cdots, n). \tag{1.36}
$$

所有的常数 a_r, b_r 和 c_r 都是任意的. 由此我们有

$$
\delta u = \sum_{r=1}^{n} \delta a_r u_r, \quad \delta v = \sum_{r=1}^{n} \delta b_r v_r, \quad \delta w = \sum_{r=1}^{n} \delta c_r w_r. \tag{1.37}
$$

将方程(1.34)引入原理(1.32), 得到

$$
\sum_{r=1}^{n} (L_r \delta a_r + M_r \delta b_r + N_r \delta c_r) = 0, \tag{1.38}
$$

式中

$$
\begin{aligned}
L_r = &\iiint_V \left(\sigma_x \frac{\partial u_r}{\partial x} + \tau_{xy} \frac{\partial u_r}{\partial y} + \tau_{zx} \frac{\partial u_r}{\partial z} - \bar{X} u_r \right) dV \\
&- \iint_{S_1} \bar{X}_\nu u_r dS,
\end{aligned}
$$

1) 这是所谓 Галёркин 法的一个推广, Галёркин 法要求方程(1.34)的近似位移选择得不仅满足 S_2 上的几何边界条件, 而且通过代入应力-应变关系还要满足 S_1 上的力学边界条件. 关于 Галёркин 法, 例如可见参考文献[5, 7—11].

2) 这里要指出, 三个连加号下的项数不一定彼此相同. 换句话说, 在 u_r, v_r 和 w_r 当中可以缺少某些项.

$$M_r=\iiint\limits_V\left(\tau_{xy}\frac{\partial v_r}{\partial x}+\sigma_y\frac{\partial v_r}{\partial y}+\tau_{yz}\frac{\partial v_r}{\partial z}-\overline{Y}v_r\right)dV \tag{1.39}$$
$$-\iint\limits_{S_1}\overline{Y}_\nu v_r dS,$$
$$N_r=\iiint\limits_V\left(\tau_{zx}\frac{\partial w_r}{\partial x}+\tau_{yz}\frac{\partial w_r}{\partial y}+\sigma_z\frac{\partial w_r}{\partial z}-\overline{Z}w_r\right)dV$$
$$-\iint\limits_{S_1}\overline{Z}_\nu w_r dS.$$

由于 δa_r, δb_r 和 δc_r 是任意的，所以我们得到下列方程：

$$L_r=0,\ M_r=0,\ N_r=0,\quad (r=1,\ 2,\ \cdots,\ n). \tag{1.40}$$

顺便提一下，式(1.39)经分部积分后变成

$$L_r=-\iiint\limits_V\left(\frac{\partial\sigma_x}{\partial x}+\frac{\partial\tau_{xy}}{\partial y}+\frac{\partial\tau_{zx}}{\partial z}+\overline{X}\right)u_r dV$$
$$+\iint\limits_{S_1}(X_\nu-\overline{X}_\nu)u_r dS,$$
$$M_r=-\iiint\limits_V\left(\frac{\partial\tau_{xy}}{\partial x}+\frac{\partial\sigma_y}{\partial y}+\frac{\partial\tau_{yz}}{\partial z}+\overline{Y}\right)v_r dV$$
$$+\iint\limits_{S_1}(Y_\nu-\overline{Y}_\nu)v_r dS, \tag{1.41}$$
$$N_r=-\iiint\limits_V\left(\frac{\partial\tau_{zx}}{\partial x}+\frac{\partial\tau_{yz}}{\partial y}+\frac{\partial\sigma_z}{\partial z}+\overline{Z}\right)w_r dV$$
$$+\iint\limits_{S_1}(Z_\nu-\overline{Z}_\nu)w_r dS.$$

方法的第二步是利用方程(1.5)和应力-应变关系式，算出由方程(1.34)表示的应力分量．我们在这里假定材料为各向同性，从而得出下列应力-位移关系式：

$$\sigma_x=2G\left\{\frac{\partial u_0}{\partial x}+\sum_{r=1}^n a_r\frac{\partial u_r}{\partial x}+\frac{\nu}{1-2\nu}\left[\frac{\partial u_0}{\partial x}+\frac{\partial v_0}{\partial y}+\frac{\partial w_0}{\partial z}\right.\right.$$
$$\left.\left.+\sum_{r=1}^n\left(a_r\frac{\partial u_r}{\partial x}+b_r\frac{\partial v_r}{\partial y}+c_r\frac{\partial w_r}{\partial z}\right)\right]\right\}, \tag{1.42}$$
$$\sigma_y=\cdots,\ \cdots.$$

将方程(1.42)引入方程(1.40),我们就得到对应于 $3n$ 个未知数 a_r, b_r 和 $c_r(r=1, 2, \cdots, n)$ 的一组具有 $3n$ 个联立线性方程的方程组. 解出这个方程组, 就确定了 a_r, b_r 和 c_r 的值. 将这样确定的常数代入式(1.34),就得到位移分量的一个近似解答.

适当选择函数 $u_0, v_0, w_0, u_r, v_r, w_r$ $(r=1, 2, \cdots n)$ 以及数目 n, 就有可能得到物体变形的良好的近似解. 可是用这样确定的 a_r, b_r 和 c_r 的值,通过方程(1.42)算出的应力分量,其精确度一般就不象变形那么好. 这是明显的,只要我们记得,已经用方程(1.41)表示的 $3n$ 个加权表达式代替了平衡条件(1.4)和力学边界条件(1.12),而且近似解的精确度随着取微分而降低了. 一般地说,在近似解中, 通常平衡方程和力学边界条件至少是局部地遭到了破坏.

近似解的精确度可通过增加项数 n 加以改善. 如果 n 趋向于无穷大时,方程(1.34)就代表全部容许函数的集合,那么我们可以预料, 对于一个足够大的 n, 近似解会接近于精确解, 并且当项数无限增加时趋向于精确解.然而,如果想要得到一个准确的近似解而在方程(1.34)中只保留少数几项,那就需要经验和直觉的知识.

常常采用上述方法的一些修改形式. 例如,我们可以选择

$$
\begin{aligned}
u(x, y, z) &= \sum_{m=0}^{n} u_m(x, y) g_m(z), \\
v(x, y, z) &= \sum_{m=0}^{n} v_m(x, y) g_m(z), \\
w(x, y, z) &= \sum_{m=0}^{n} w_m(x, y) g_m(z),
\end{aligned}
\tag{1.43}
$$

式中 $g_m(z)$, $(m=0, 1, 2, \cdots, n)$ 是 z 的给定函数, 而 u_m, v_m 和 w_m 则是待定的. 控制 u_m, v_m 和 w_m 的方程是由虚功原理导出的. 在第七、八和九章中我们将引述这种方法的常见例子.

1.6 余虚功原理

在小位移理论的范围内,我们可以导出另一个原理,这个原理

和定义第1.1节中所提出的问题的虚功原理是互补的．我们考虑物体在给定的体力和边界条件下保持平衡，并用 $\varepsilon_x, \cdots, \gamma_{xy}$ 和 u, v, w 分别表示应变分量和位移分量．显然，

$$\text{在}V\text{内，}\quad \varepsilon_x-\frac{\partial u}{\partial x}=0,\ \cdots,\quad \gamma_{xy}-\frac{\partial u}{\partial y}-\frac{\partial v}{\partial x}=0, \tag{1.44}$$

$$\text{在}S_2\text{上，}\quad u-\bar{u}=0,\ \cdots,\qquad w-\bar{w}=0. \tag{1.45}$$

现在，假定物体从这个平衡位形接受了一组任意的、无限小的应力分量虚变分 $(\delta\sigma_x, \delta\sigma_y, \cdots, \delta\tau_{xy})$．于是我们有

$$\begin{aligned}&\iiint_V\left[\left(\varepsilon_x-\frac{\partial u}{\partial x}\right)\delta\sigma_x+\left(\varepsilon_y-\frac{\partial v}{\partial y}\right)\delta\sigma_y+\cdots\right.\\&\quad\left.+\left(\gamma_{xy}-\frac{\partial u}{\partial y}-\frac{\partial v}{\partial x}\right)\delta\tau_{xy}\right]dV\\&\quad+\iint_{S_2}[(u-\bar{u})\delta X_\nu+(v-\bar{v})\delta Y_\nu+(w-\bar{w})\delta Z_\nu]dS=0,\end{aligned} \tag{1.46}$$

经过分部积分，上式改变成

$$\begin{aligned}&\iiint_V\left[\varepsilon_x\delta\sigma_x+\varepsilon_y\delta\sigma_y+\cdots+\gamma_{xy}\delta\tau_{xy}\right.\\&\quad\left.+\left(\frac{\partial\delta\sigma_x}{\partial x}+\frac{\partial\delta\tau_{xy}}{\partial y}+\frac{\partial\delta\tau_{zx}}{\partial z}\right)u+(\cdots)v+(\cdots)w\right]dV\\&\quad-\iint_{S_1}(u\,\delta X_\nu+v\,\delta Y_\nu+w\,\delta Z_\nu)dS\\&\quad-\iint_{S_2}(\bar{u}\,\delta X_\nu+\bar{v}\,\delta Y_\nu+\bar{w}\,\delta Z_\nu)dS=0.\end{aligned} \tag{1.47}$$

这里，我们要选择不违背平衡方程和力学边界条件的任一组虚应力．换句话说，它们的选择要满足下列方程：在物体 V 内部，

$$\begin{aligned}&\frac{\partial\delta\sigma_x}{\partial x}+\frac{\partial\delta\tau_{xy}}{\partial y}+\frac{\partial\delta\tau_{zx}}{\partial z}=0,\\&\frac{\partial\delta\tau_{xy}}{\partial x}+\frac{\partial\delta\sigma_y}{\partial y}+\frac{\partial\delta\tau_{yz}}{\partial z}=0,\\&\frac{\partial\delta\tau_{zx}}{\partial x}+\frac{\partial\delta\tau_{yz}}{\partial y}+\frac{\partial\delta\sigma_z}{\partial z}=0,\end{aligned} \tag{1.48}$$

而在 S_1 上，

$$
\begin{aligned}
\delta X_\nu &= \delta\sigma_x l + \delta\tau_{xy} m + \delta\tau_{zx} n = 0, \\
\delta Y_\nu &= \delta\tau_{xy} l + \delta\sigma_y m + \delta\tau_{yz} n = 0, \\
\delta Z_\nu &= \delta\tau_{zx} l + \delta\tau_{yz} m + \delta\sigma_z n = 0.
\end{aligned}
\tag{1.49}
$$

于是，方程(1.47)简化为

$$
\begin{aligned}
&\iiint_V (\varepsilon_x \delta\sigma_x + \varepsilon_y \delta\sigma_y + \cdots + \gamma_{xy} \delta\tau_{xy})\, dV \\
&\quad - \iint_{S_1} (\bar{u}\delta X_\nu + \bar{v}\delta Y_\nu + \bar{w}\delta Z_\nu)\, dS = 0.
\end{aligned}
\tag{1.50}
$$

公式(1.50)称为余虚功原理．对于满足平衡方程和给定力学边界条件的任意无限小的虚应力变分，这个原理是成立的．可以看出，余虚功原理具有一种与方程(1.32)给出的虚功原理互补的形式．

其次，我们来考虑，如果要求余虚功原理对任一组容许的虚应力变分都成立，则会得出怎样的情况．对这种系统推理，Lagrange 乘子法提供了一套完整的工具[1)]．我们准备把方程(1.48)和(1.49)当作约束条件，而把位移 u, v 和 w 用作和这些条件相联系的 Lagrange 乘子，这样，颠倒上述推导过程，我们就会从方程(1.50)得到方程(1.46)．由于引用了 Lagrange 乘子使虚变分 $\delta\sigma_x, \delta\sigma_y, \cdots, \delta\tau_{xy}$ 彼此无关，这就要求方程(1.46)中所有的系数均为零．由此导致余虚功原理的另一种提法：将平衡方程(1.4)和力学边界条件(1.12)引入余虚功原理就得到应变-位移关系(1.5)和几何边界条件(1.14)．因此，一旦把小位移理论的平衡方程推导出来，应变-位移关系式就可以从余虚功原理获得．特别值得指出的是，不管材料的应力-应变关系怎样，余虚功原理都可成立．

1.7 基于余虚功原理的近似解法

一种近似的解题方法可以用余虚功原理推导出来．这种方法和第 1.5 节提到的方法相类似，也可以称为广义 Галёркин 法．为

1) 关于 Lagrange 乘子法，见参考文献[12]的第四章以及参考文献[13]的第二章和第五章．

简便起见，我们来考虑一个单连通物体的二维弹性力学问题[1]．物体的侧面边界是母线平行于 z 轴的柱面，并假定物体的变形与 z 无关．假定应力分量 σ_z，τ_{zx} 和 τ_{yz} 均为零．其余的应力分量 σ_x，σ_y 和 τ_{xy} 假定仅为 (x, y) 的函数，它们同应变分量的关系如下：

$$E\varepsilon_x=\sigma_x-\nu\sigma_y,\ E\varepsilon_y=-\nu\sigma_x+\sigma_y,\ G\gamma_{xy}=\tau_{xy}. \tag{1.51}$$

式中

$$\varepsilon_x=\frac{\partial u}{\partial x},\quad \varepsilon_y=\frac{\partial v}{\partial y},\quad \gamma_{xy}=\frac{\partial u}{\partial y}+\frac{\partial v}{\partial x}. \tag{1.52}$$

在不存在体力的假设下，平衡方程简化为方程(1.24)，从而暗示了应用由方程(1.25)定义的 Airy 应力函数．

侧面上的边界条件必须规定得与 z 无关，并且为简便起见，假定只由给定外力来表示，这就是说，在侧面边界 C 上，

$$X_\nu=\overline{X}_\nu,\quad Y_\nu=\overline{Y}_\nu, \tag{1.53}$$

式中

$$X_\nu=\sigma_x l+\tau_{xy}m,\quad Y_\nu=\tau_{xy}l+\sigma_y m, \tag{1.54}$$

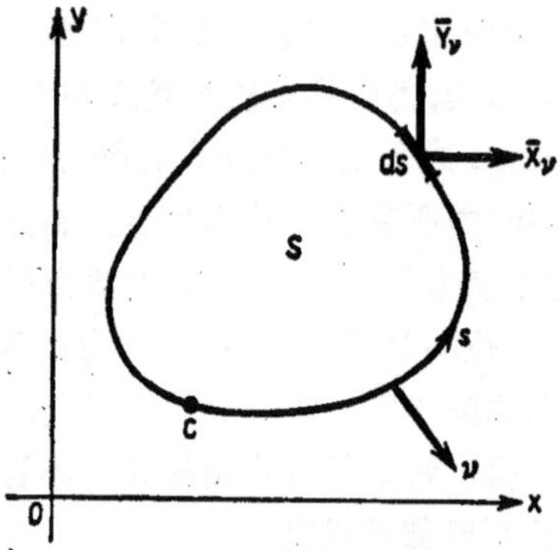

图 1.1　一个二维问题

上式中 l 和 m 是边界 C 外向法线 ν 的方向余弦．如果侧边 C 的外形用沿 C 量取的弧长 s 的参数形式表示，即

$$x=x(s),\ y=y(s), \tag{1.55}$$

则我们有

$$l=dy/ds,\ m=-dx/ds. \tag{1.56}$$

弧长 s 按图 1.1 所示量取．把 Airy 应力函数 F 和方程(1.56)引入方程(1.54)，就得到用 F 表示的 X_ν 和 Y_ν：

---

1) 这里所定义的二维弹性力学问题非常接近于一个上下表面不受力的各向同性薄板的所谓平面应力问题．在平面应力问题中我们假定 $\sigma_z=0$，从而得到 $E\varepsilon_z=-\nu(\sigma_x+\sigma_y)$ [2]．另一方面，这个二维弹性力学问题可以表明在数学上等价于一个各向同性体的平面应变问题，只要在方程(1.51)中分别用

$$E'[=E/(1-\nu^2)]\quad 和\quad \nu'[=\nu/(1-\nu)]$$

代替 E 和 ν，并采用 $\varepsilon_z=0$ 和 $\sigma_z=\nu(\sigma_x+\sigma_y)$ 的假设[2]．

$$X_{\nu}=\frac{\partial^2 F}{\partial y^2}\frac{dy}{ds}+\frac{\partial^2 F}{\partial x\partial y}\frac{dx}{ds}=\frac{d}{ds}\left(\frac{\partial F}{\partial y}\right),$$
$$Y_{\nu}=-\frac{\partial^2 F}{\partial x\partial y}\frac{dy}{ds}-\frac{\partial^2 F}{\partial x^2}\frac{dx}{ds}=-\frac{d}{ds}\left(\frac{\partial F}{\partial x}\right). \tag{1.57}$$

我们假定一个下列形式的应力函数的表达式:

$$F(x, y)=F_0(x, y)+\sum_{r=1}^{n} a_r F_r(x, y), \tag{1.58}$$

式中 F_0 和 F_r 的选择,要使得在边界 C 上

$$\frac{d}{ds}\left(\frac{\partial F_0}{\partial y}\right)=\overline{X}_{\nu},\quad -\frac{d}{ds}\left(\frac{\partial F_0}{\partial x}\right)=\overline{Y}_{\nu},$$
$$\frac{d}{ds}\left(\frac{\partial F_r}{\partial y}\right)=0,\quad -\frac{d}{ds}\left(\frac{\partial F_r}{\partial x}\right)=0,\quad (r=1, 2, \cdots, n), \tag{1.59}$$

而 $a_r (r=1, 2, \cdots, n)$ 是任意常数. 方程(1.59)提示 $\partial F_r/\partial x$ 和 $\partial F_r/\partial y$ 沿 C 都保持不变. 就单连通物体来说,由于给应力函数 F 加上函数 $ax+by+c$(式中 a, b 和 c 是任意常数)是无关紧要的,所以我们可以在 C 上取

$$F_r=0,\quad \frac{\partial F_r}{\partial x}=0,\quad \frac{\partial F_r}{\partial y}=0,\quad (r=1, 2, \cdots, n) \tag{1.60}$$

而不失其普遍性.

将方程(1.58)代入方程(1.25), 就得到下列应力分量的表达式:

$$\sigma_x=\frac{\partial^2 F}{\partial y^2}=\frac{\partial^2 F_0}{\partial y^2}+\sum_{r=1}^{n} a_r\frac{\partial^2 F_r}{\partial y^2},$$
$$\sigma_y=\frac{\partial^2 F}{\partial x^2}=\frac{\partial^2 F_0}{\partial x^2}+\sum_{r=1}^{n} a_r\frac{\partial^2 F_r}{\partial x^2}, \tag{1.61}$$
$$\tau_{xy}=-\frac{\partial^2 F}{\partial x\partial y}=-\frac{\partial^2 F_0}{\partial x\partial y}-\sum_{r=1}^{n} a_r\frac{\partial^2 F_r}{\partial x\partial y}.$$

于是一组容许虚应力变分由下式给出:

$$\delta\sigma_x=\sum_{r=1}^{n}\frac{\partial^2 F_r}{\partial y^2}\delta a_r,\quad \delta\sigma_y=\sum_{r=1}^{n}\frac{\partial^2 F_r}{\partial x^2}\delta a_r,$$
$$\delta\tau_{xy}=-\sum_{r=1}^{n}\frac{\partial^2 F_r}{\partial x\partial y}\delta a_r. \tag{1.62}$$

将方程(1.62)代入原理(1.50), 同时不要忘记所有侧面的边界条件都只是按力的方式给出的,我们有

$$\sum_{r=1}^{n} L_r \delta a_r = 0, \tag{1.63}$$

式中

$$L_r = \iint_S \left(\varepsilon_x \frac{\partial^2 F_r}{\partial y^2} + \varepsilon_y \frac{\partial^2 F_r}{\partial x^2} - \gamma_{xy} \frac{\partial^2 F_r}{\partial x \partial y} \right) dx dy. \tag{1.64}$$

在方程(1.64)中，物体在 z 轴方向上的长度取为单位长，而积分遍及于物体在(x, y)平面内的整个区域．由于常数的变分 δa_r 是任意的，我们得到下列方程：

$$L_r = 0, \quad (r = 1, 2, \cdots, n). \tag{1.65}$$

值得注意，利用方程(1.60)并进行分部积分，式(1.64)就变成

$$L_r = \iint_S \left(\frac{\partial^2 \varepsilon_x}{\partial y^2} + \frac{\partial^2 \varepsilon_y}{\partial x^2} - \frac{\partial^2 \gamma_{xy}}{\partial x \partial y} \right) F_r \, dx \, dy. \tag{1.66}$$

利用方程 (1.51)和 (1.61)，可以把方程 (1.65) 简化为对应于 a_r $(r=1, 2, \cdots, n)$的 n 个联立方程．解这些方程，a_r 的值即可确定．将这样确定的 a_r 值代入方程(1.61)，我们就得到这些应力的一个近似解．审填地选择 $F_0, F_1, \cdots, F_n$，可以得到相当精确的近似解．控制近似解精确度的一些因素，和第 1.5 节末尾提到的相似．

这里要注明，从近似的应力解和应力-应变关系算出的应变，一般并不满足相容条件，除非 n 的数目无限增加．例如，就象式(1.66)所表明的那样，方程(1.65)是一些加权平均值，所以它们是二维问题相容条件的近似解．尽管我们举二维问题作为一个例子，但是推广到三维问题是直截了当的．

1.8 相容条件和应力函数之间的关系[1)]

我们在第 1.4 节中看到，平衡方程可以从虚功原理(1.32)求得．鉴于第 1.4 节的推理，我们可以追问，如果不用 u, v 和 w，而是借助于 Lagrange 乘子，把相容条件(1.15)引入原理(1.32)，那将会得到什么样的关系式．目前的讨论，全都假定体力不存在．

1) 见参考文献[14—18]．

我们将采用方程 (1.18a) 作为相容的场条件，并将虚功原理(1.32)列出如下：

$$\iiint\limits_V [\sigma_x \delta\varepsilon_x + \sigma_y \delta\varepsilon_y + \cdots + \tau_{xy} \delta\gamma_{xy}$$

$$- \chi_1 \delta R_x - \chi_2 \delta R_y - \chi_3 \delta R_z] dV + (\text{表面各项}) = 0, \quad (1.67)$$

式中 χ_1, χ_2 和 χ_3 是 Lagrange 乘子. 经过包括分部积分在内的若干计算，方程(1.67)改变成

$$\iiint\limits_V \left\{ \left[\sigma_x - \left(\frac{\partial^2 \chi_3}{\partial y^2} + \frac{\partial^2 \chi_2}{\partial z^2} \right) \right] \delta\varepsilon_x + \left[\sigma_y - \left(\frac{\partial^2 \chi_1}{\partial z^2} + \frac{\partial^2 \chi_3}{\partial x^2} \right) \right] \delta\varepsilon_y \right.$$

$$\left. + \cdots + \left[\tau_{xy} + \frac{\partial^2 \chi_3}{\partial x \partial y} \right] \delta\gamma_{xy} \right\} dV + (\text{表面各项}) = 0. \quad (1.68)$$

由于量 $\delta\varepsilon_x$, $\delta\varepsilon_y$, $\cdots$, 和 $\delta\gamma_{xy}$ 都是任意的，所以我们有

$$\sigma_x = \frac{\partial^2 \chi_3}{\partial y^2} + \frac{\partial^2 \chi_2}{\partial z^2}, \quad \sigma_y = \frac{\partial^2 \chi_1}{\partial z^2} + \frac{\partial^2 \chi_3}{\partial x^2},$$

$$\cdots, \quad \tau_{xy} = -\frac{\partial^2 \chi_3}{\partial x \partial y}, \quad (1.69)$$

这就证明 Lagrange 乘子 χ_1, χ_2 和 χ_3 都是 Maxwell 应力函数. 通过一个类似的步骤，采用方程(1.19a)作为相容的场条件，就导致 Morera 应力函数. 现有的这个确定应力函数的方法可应用于已导出虚功原理和相容条件公式的任何问题.

另一方面，我们在第 1.6 节中看到，如果平衡方程已经建立，那么应变-位移关系式可以从余虚功原理求得. 现在，我们要问，如果用应力函数代替平衡方程和有关余虚功原理的 Lagrange 乘子，会得到什么情况.

作为一个例子，我们采用由方程(1.21)定义的 Maxwell 应力函数. 现在可以把原理(1.50)列出如下：

$$\iiint\limits_V \left[\varepsilon_x \left(\frac{\partial^2 \delta\chi_3}{\partial y^2} + \frac{\partial^2 \delta\chi_2}{\partial z^2} \right) + \cdots - \gamma_{xy} \frac{\partial^2 \delta\chi_3}{\partial x \partial y} \right] dx\, dy\, dz$$

$$+ (\text{表面各项}) = 0. \quad (1.70)$$

经过包括分部积分在内的若干计算，方程(1.70)改变成

$$\begin{aligned}\iiint_V \Big[& \left(\frac{\partial^2 \varepsilon_z}{\partial y^2}+\frac{\partial^2 \varepsilon_y}{\partial z^2}-\frac{\partial^2 \gamma_{yz}}{\partial y \partial z}\right)\delta\chi_1 \\ & +\left(\frac{\partial^2 \varepsilon_x}{\partial z^2}+\frac{\partial^2 \varepsilon_z}{\partial x^2}-\frac{\partial^2 \gamma_{zx}}{\partial z \partial x}\right)\delta\chi_2 \\ & +\left(\frac{\partial^2 \varepsilon_y}{\partial x^2}+\frac{\partial^2 \varepsilon_x}{\partial y^2}-\frac{\partial^2 \gamma_{xy}}{\partial x \partial y}\right)\delta\chi_3\Big] dx\,dy\,dz \\ & +(\text{表面各项})=0. \end{aligned} \tag{1.71}$$

由于 $\delta\chi_1$, $\delta\chi_2$ 和 $\delta\chi_3$ 都是任意的，所以我们有

$$R_x=R_y=R_z=0, \tag{1.72}$$

同时得出结论，方程(1.71)提供了方程(1.18a)作为相容的场条件．通过一个类似的步骤，采用 Morera 应力函数就导致由方程(1.19a)给出的相容条件．

读者在第1.7节已经看到，把 Airy 应力函数引进余虚功原理就导致二维问题的相容条件．

这里要注明，对于一个多连通物体(例如一个多孔体)，通过余虚功原理和应力函数相结合而进行的公式推导，就提供了其他的几何条件，即所谓**广泛的**相容条件(conditions of compatibility in the large)[19,20]．在第6.3节中将描述这些条件的一个简单例子．在第十章中我们还要指出，广泛的相容条件在结构理论中起着重要的作用．

1.9 几点讨论

我们在第1.4和1.6节中看到，虚功原理和余虚功原理在定义弹性力学问题时是彼此互补的．这里，我们来考虑这两个原理的一些推广．

在推导虚功原理时曾经假定，虚位移要选择得满足方程(1.29)．可以把这个限制取消，得出虚功原理的一个推广如下：

$$\iiint_V (\sigma_x \delta\varepsilon_x + \sigma_y \delta\varepsilon_y + \cdots + \tau_{xy} \delta\gamma_{xy}) dV$$

$$-\iiint_V (\bar{X} \delta u + \bar{Y} \delta v + \bar{Z} \delta w) dV - \iint_{S_1} (\bar{X}_\nu \delta u + \bar{Y}_\nu \delta v + \bar{Z}_\nu \delta w) dS$$

$$-\iint_{S_2} (X_\nu \delta u + Y_\nu \delta v + Z_\nu \delta w) dS = 0. \tag{1.73}$$

另一方面，在推导余虚功原理时曾经假定，应力分量的虚变分要选择得满足方程(1.48)和(1.49)．可以把这些限制取消，得出余虚功原理的一个推广如下：

$$\iiint_V (\varepsilon_x \delta\sigma_x + \varepsilon_y \delta\sigma_y + \cdots + \gamma_{xy} \delta\tau_{xy}) dV$$

$$-\iiint_V (u \delta X + v \delta Y + w \delta Z) dV - \iint_{S_1} (u \delta X_\nu + v \delta Y_\nu + w \delta Z_\nu) dS$$

$$-\iint_{S_2} (\bar{u} \delta X_\nu + \bar{v} \delta Y_\nu + \bar{w} \delta Z_\nu) dS = 0, \tag{1.74}$$

式中 δX, δY 和 δZ 由下式给出：

$$\begin{aligned}
&\frac{\partial \delta\sigma_x}{\partial x} + \frac{\partial \delta\tau_{xy}}{\partial y} + \frac{\partial \delta\tau_{zx}}{\partial z} + \delta X = 0, \\
&\frac{\partial \delta\tau_{xy}}{\partial x} + \frac{\partial \delta\sigma_y}{\partial y} + \frac{\partial \delta\tau_{yz}}{\partial z} + \delta Y = 0, \\
&\frac{\partial \delta\tau_{zx}}{\partial x} + \frac{\partial \delta\tau_{yz}}{\partial y} + \frac{\partial \delta\sigma_z}{\partial z} + \delta Z = 0.
\end{aligned} \tag{1.75}$$

鉴于上面的这些推理，我们发现这些原理都是下列散度定理的一些特殊情形，

$$\iiint_V (\sigma_x \varepsilon_x + \sigma_y \varepsilon_y + \cdots + \tau_{xy} \gamma_{xy}) dV$$

$$= \iiint_V (\bar{X} u + \bar{Y} v + \bar{Z} w) dV + \iint_{S_1} (X_\nu u + Y_\nu v + Z_\nu w) dS$$

$$+ \iint_{S_2} (X_\nu u + Y_\nu v + Z_\nu w) dS, \tag{1.76}$$

式中$(\sigma_x, \sigma_y, \cdots, \tau_{xy})$是满足平衡方程(1.4)的一组任意的应力分量，$(X_\nu, Y_\nu, Z_\nu)$是利用方程(1.13)从应力分量推导出来的；而$(u, v, w)$是一组任意的位移分量，$(\varepsilon_x, \varepsilon_y, \cdots, \gamma_{xy})$是利用方程(1.5)从位移分量推导出来的. 定理(1.76)的证明是按照第1.4和1.6节所叙述的类似方式给出的. 在这里应该指出，$(\sigma_x, \sigma_y, \cdots, \tau_{xy}; \bar{X}, \bar{Y}, \bar{Z})$和$(\varepsilon_x, \varepsilon_y, \cdots, \gamma_{xy}; u, v, w)$这两组分量是互不相关的. 这就是说，并没有假定这两组分量之间存在什么关系. 散度定理在连续介质力学中有广泛的用场. 我们看到，这个定理构成了单位位移法和单位载荷法[1)]的基础，这两种方法在结构分析中起着重要的作用[11].

我们注意到，为了推导散度定理曾经假定应力和位移的连续性. 如果在应力和(或)位移中存在某些不连续性，那么方程(1.76)应该包括一些附加项. 例如，考虑应力分量$(\sigma_x, \cdots, \tau_{xy})$是连续的，而位移分量$(u, v, w)$沿界面$S_{(12)}$是不连续的. 这里，$S_{(12)}$把物体$V$划分为$V_{(1)}$和$V_{(2)}$两部分. 于是，应该在方程(1.76)的右边加上下列的项：

$$\iint_{S_{(12)}} \{X_\nu[u] + Y_\nu[v] + Z_\nu[w]\} dS, \tag{1.77}$$

式中(X_ν, Y_ν, Z_ν)是定义在界面$S_{(12)}$上的，该面的单位法线从$V_{(1)}$指向$V_{(2)}$；而方括号表明越过界面时u, v和w的跳跃：$[u] = u_{(1)} - u_{(2)}$, $[v] = v_{(1)} - v_{(2)}$, $[w] = w_{(1)} - w_{(2)}$. 当应力分量表现出不连续性时应作类似的处理.

参 考 文 献

[1] A. E. H. Love, *A Treatise on the Mathematical Theory of Elasticity*, Cambridge University Press, 4th edition, 1927.

[2] S. Timoshenko and J. N. Goodier, *Theory of Elasticity*, McGraw-Hill,1951. (《弹性理论》,人民教育出版社,1964年)

[3] 森口繁一,弾性体の喰違ひの基礎理論,応用数学力学,第1卷,第2号,第87—90頁,1947年.

1) 这种方法亦称为虚载荷法[10].

[4] C. Pearson, *Theoretical Elasticity*, Harvard University Press, 1959.

[5] В. В. Новожилов, *Теория упругости*, Судпромгиз, 1958.

[6] K. Washizu, A. Note on the Conditions of Compatibility, *Journal of Mathematics and Physics*, Vol. 36, No. 4, pp. 306—12, January 1958.

[7] W. J. Duncan, *Galerkin's Method in Mechanics and Differential Equations*, Aeronautical Research Committee, Report and Memoranda No.1798, 1937.

[8] C. Biezeno and R. Grammel, *Technische Dynamik*, Springer-Verlag, 1939. (该书的一部分有中译本:《工程动静力学》,第四卷,科学出版社,1959年)

[9] L. Collatz, *Numerische Behandlung von Differentialgleichungen*, Springer-Verlag, 1951.

[10] N. J. Hoff, *The Analysis of Structures*, John Wiley, 1956.

[11] J. H. Argyris and S. Kelsey, *Energy Theorems and Structural Analysis*, Butterworth, 1960. (《能量原理与结构分析》,科学出版社, 1978年)

[12] R. Courant and D. Hilbert, *Methods of Mathematical Physics*, Vol. 1, Interscience, New York, 1953. (《数学物理方法》,卷I,科学出版社,1958年)

[13] C. Lanczos, *The Variational Principles of Mechanics*, University of Toronto Press, 1949.

[14] R. V. Southwell, Castigliano's Principle of Minimum Strain Energy, *Proceedings of the Royal Society*, Vol. 154, No. 881, pp.4—21, March 1936.

[15] R. V. Southwell, Castigliano's Principle of Minimum Strain Energy and Conditions of Compatibility for Strains, *S. Timoshenko 60th Aniversary Volume*, pp.211—17, 1938.

[16] W. S. Dorn and A. Schild, A Converse to the Virtual Work Theorem for Deformable Solids, *Quarterly of Applied Mathematics*, Vol. 14, No. 2, pp. 209—13, July 1956.

[17] C. Truesdell, General Solution for the Stresses in a Curved Membrane, *Proceedings of the National Academy of Science*, Washington, Vol. 43, No. 12, pp.1070—2, December 1957.

[18] C. Truesdell, Invariant and Complete Stress Functions for General Continua, *Archives for Rational Mechanics and Analysis*, Vol.4, No.1, pp.1—29, November 1959.

[19] S. Moriguti, On Castigliano's Theorem in Three-Dimensional Elastostatics (in Japanese), *Journal of the Society of Applied Mechanics of Japan*, Vol. 1, No.6, pp.175—80, 1948.

[20] Y. C. Fung, *Foundations of Solid Mechanics*, Prentice-Hall Inc., 1965.

[21] W. Prager and P. G. Hodge, Jr., *Theory of Perfectly Plastic Solids*, John Wiley & Sons, 1951. (《理想塑性固体理论》,科学出版社,1964年)

第二章　小位移弹性理论中的变分原理

2.1　最小势能原理

在本章里，我们来讨论小位移弹性理论中的变分原理．这一节将从第 1.4 节所建立的虚功原理来推导最小势能原理．

首先，注意到从应力-应变关系(1.6)可以导出一个状态函数 $A(\varepsilon_x, \varepsilon_y, \cdots, \gamma_{xy})$，使得

$$\delta A=\sigma_x\delta\varepsilon_x+\sigma_y\delta\varepsilon_y+\cdots+\tau_{xy}\delta\gamma_{xy}, \tag{2.1}$$

其中

$$\begin{aligned}2A=&(a_{11}\varepsilon_x+a_{12}\varepsilon_y+\cdots+a_{16}\gamma_{xy})\varepsilon_x\\&+\cdots\\&+(a_{61}\varepsilon_x+a_{62}\varepsilon_y+\cdots+a_{66}\gamma_{xy})\gamma_{xy}.\end{aligned} \tag{2.2}$$

对于各向同性材料的应力-应变关系，即方程(1.10)，我们有

$$\begin{aligned}A=&\frac{E\nu}{2(1+\nu)(1-2\nu)}(\varepsilon_x+\varepsilon_y+\varepsilon_z)^2+G(\varepsilon_x^2+\varepsilon_y^2+\varepsilon_z^2)\\&+\frac{G}{2}(\gamma_{yz}^2+\gamma_{zx}^2+\gamma_{xy}^2).\end{aligned} \tag{2.3}$$

我们把 A 叫做应变能函数[1)]．根据第三章将要给出的物理方面的考虑，可以假定应变能函数是应变分量的正定函数．这个假设涉及到各弹性常数之间的一些不等式关系[1]．为了今后的方便，我们利用应变-位移关系式(1.5)，引入记号 $A(u, v, w)$ 来表明用位移分量表示的应变能函数．例如，对于各向同性材料，有

$$\begin{aligned}A(u, v, w)=&\frac{E\nu}{2(1+\nu)(1-2\nu)}\left(\frac{\partial u}{\partial x}+\frac{\partial v}{\partial y}+\frac{\partial w}{\partial z}\right)^2\\&+G\left[\left(\frac{\partial u}{\partial x}\right)^2+\left(\frac{\partial v}{\partial y}\right)^2+\left(\frac{\partial w}{\partial z}\right)^2\right]\end{aligned}$$

1) 量 A 亦称为单位体积的应变能或应变能密度。

$$+\frac{G}{2}\left[\left(\frac{\partial v}{\partial z}+\frac{\partial w}{\partial y}\right)^2+\left(\frac{\partial w}{\partial x}+\frac{\partial u}{\partial z}\right)^2+\left(\frac{\partial u}{\partial y}+\frac{\partial v}{\partial x}\right)^2\right]. \tag{2.4}$$

当这样确认了应变能函数存在时,虚功原理(1.32)就可变换成

$$\delta\iiint_V A(u,\ v,\ w)dV-\iiint_V(\overline{X}\,\delta u+\overline{Y}\,\delta v+\overline{Z}\,\delta w)dV$$

$$-\iint_{S_1}(\overline{X}_\nu\,\delta u+\overline{Y}_\nu\,\delta v+\overline{Z}_\nu\,\delta w)dS=0. \tag{2.5}$$

这个表达式在那些不能从位势函数导出外力的弹性力学问题中是有用的.

其次, 假定体力和面力均可从位势函数 $\Phi(u,\ v,\ w)$ 和 $\Psi(u,\ v,\ w)$导出,使得

$$-\delta\Phi=\overline{X}\delta u+\overline{Y}\delta v+\overline{Z}\delta w, \tag{2.6}$$

$$-\delta\Psi=\overline{X}_\nu\delta u+\overline{Y}_\nu\delta v+\overline{Z}_\nu\delta w. \tag{2.7}$$

于是,原理(2.5)可变换成

$$\delta\Pi=0, \tag{2.8}$$

式中

$$\Pi=\iiint_V[A(u,\ v,\ w)+\Phi(u,\ v,\ w)]dV$$

$$+\iint_{S_1}\Psi(u,\ v,\ w)dS \tag{2.9}$$

是体系的总势能. 原理(2.8)指出,在所有满足给定几何边界条件的容许位移 u, v 和 w 中, 真实的位移使总势能取驻值.

此后,我们将限于讨论这样的弹性力学问题,即假定体力($\overline{X}$, $\overline{Y}$, $\overline{Z}$),面力($\overline{X}_\nu$, $\overline{Y}_\nu$, $\overline{Z}_\nu$)和表面位移($\overline{u}$, $\overline{v}$, $\overline{w}$)均已给定,而且它们的大小和方向在变分时保持不变. 那么,对于这些外力,可导出其势能函数如下:

$$-\Phi=\overline{X}u+\overline{Y}v+\overline{Z}w, \tag{2.10}$$

$$-\Psi=\overline{X}_\nu u+\overline{Y}_\nu v+\overline{Z}_\nu w, \tag{2.11}$$

而且我们得到一个变分原理,称为最小势能原理:在所有的容许位移函数中,真实的位移使总势能

$$\Pi=\iiint_V A(u,\ v,\ w)dV-\iiint_V(\overline{X}u+\overline{Y}v+\overline{Z}w)dV$$

$$-\iint_{S_1}(\overline{X}_\nu u+\overline{Y}_\nu v+\overline{Z}_\nu w)dS \tag{2.12}$$

取绝对极小值.

为了证明最小势能原理，分别用 $u,\ v,\ w$ 和 $u^*,\ v^*,\ w^*$ 表示真实解的位移分量和一组容许的、任意选择的位移分量，并令 $u^*=u+\delta u,\ v^*=v+\delta v$ 和 $w^*=w+\delta w$. 于是我们有

$$\Pi(u^*,\ v^*,\ w^*)=\Pi(u,\ v,\ w)+\delta\Pi+\delta^2\Pi, \tag{2.13}$$

式中 $\delta\Pi$ 和 $\delta^2\Pi$ 是总势能的一次变分和二次变分. 一次变分和二次变分对 $\delta u,\ \delta v,\ \delta w$ 及其导数分别是线性的和二次的，即

$$\delta\Pi=\iiint_V\left[\sigma_x\left(\frac{\partial\delta u}{\partial x}\right)+\cdots+\tau_{xy}\left(\frac{\partial\delta u}{\partial y}+\frac{\partial\delta v}{\partial x}\right)\right.$$

$$\left.-(\overline{X}\,\delta u+\cdots+\overline{Z}\,\delta w)\right]dV$$

$$-\iint_{S_1}(\overline{X}_\nu\,\delta u+\cdots+\overline{Z}_\nu\,\delta w)dS, \tag{2.14}$$

$$\delta^2\Pi=\iiint_V A(\delta u,\ \delta v,\ \delta w)dV, \tag{2.15}$$

式中 $\sigma_x,\ \cdots,$ 和 τ_{xy} 是真实解的应力分量. 由于在 S_2 上 $\delta u=\delta v=\delta w=0$, 而且应力分量是属于真实解的，所以一次变分[方程(2.14)]为零：

$$\delta\Pi=0. \tag{2.16}$$

此外，由于 A 是一个正定函数，所以必定有

$$\delta^2\Pi\geqslant 0, \tag{2.17}$$

式中的等号仅当从 $\delta u,\ \delta v$ 和 δw 导出的所有应变分量均为零时才成立. 从而我们得到

$$\Pi_{\text{容许的}}\geqslant\Pi_{\text{真实的}}. \tag{2.18}$$

在上述的证明中，由于对 $\delta u,\ \delta v$ 和 δw 的大小未加限制，所以我们断定：真实解使总势能取绝对极小值.

2.2 最小余能原理

现在来说明，从余虚功原理[方程(1.50)]可以导出另一个变分原理。我们看到，状态函数 $B(\sigma_x, \sigma_y, \cdots, \tau_{xy})$ 可以从应力-应变关系(1.8)导出，使得

$$\delta B=\varepsilon_x\delta\sigma_x+\varepsilon_y\delta\sigma_y+\cdots+\gamma_{xy}\delta\tau_{xy}, \tag{2.19}$$

其中

$$\begin{aligned}2B=&(b_{11}\sigma_x+b_{12}\sigma_y+\cdots+b_{16}\tau_{xy})\sigma_x\\&+\cdots\\&+(b_{61}\sigma_x+b_{62}\sigma_y+\cdots+b_{66}\tau_{xy})\tau_{xy}.\end{aligned} \tag{2.20}$$

对于各向同性材料的应力-应变关系，即方程(1.11)，我们有

$$\begin{aligned}B=&\frac{1}{2E}\{(\sigma_x+\sigma_y+\sigma_z)^2\\&+2(1+\nu)(\tau_{yz}^2+\tau_{zx}^2+\tau_{xy}^2-\sigma_y\sigma_z-\sigma_z\sigma_x-\sigma_x\sigma_y)\}.\end{aligned} \tag{2.21}$$

我们把 B 叫做余能函数[1)]。显然，由方程(2.2)定义的应变能函数 A，等于由方程(2.20)定义的余能函数 B，而且如果前者是正定的，那么后者也是正定的。当这样确认了余能函数存在时，余虚功原理就可变换成

$$\begin{aligned}&\delta\iiint_V B(\sigma_x, \sigma_y, \cdots, \tau_{xy})dV\\&\quad-\iint_{S_2}(\bar{u}\,\delta X_\nu+\bar{v}\,\delta Y_\nu+\bar{w}\,\delta Z_\nu)dS=0.\end{aligned} \tag{2.22}$$

采用量 $\bar{u}$, $\bar{v}$ 和 $\bar{w}$ 在变分时保持不变的假设，可以从方程(2.22)导出一个变分原理，称为最小余能原理：在所有满足平衡方程和 S_1 上给定的力学边界条件的各组容许的应力 $\sigma_x, \sigma_y, \cdots$, 和 τ_{xy} 中，真实的应力分量使

$$\Pi_c=\iiint_V B(\sigma_x, \sigma_y, \cdots, \tau_{xy})dV-\iint_{S_2}(\bar{u}X_\nu+\bar{v}Y_\nu+\bar{w}Z_\nu)dS \tag{2.23}$$

定义的总余能 Π_c 取绝对极小值。

1) 量 B 亦称为单位体积的余能，余能密度或单位体积的应力能。

作为证明，分别用 $\sigma_x, \sigma_y, \cdots, \tau_{xy}$ 和 $\sigma_x^*, \sigma_y^*, \cdots, \tau_{xy}^*$ 表示真实解的应力分量和一组容许的任意选择的应力分量，并令 $\sigma_x^*=\sigma_x+\delta\sigma_x, \sigma_y^*=\sigma_y+\delta\sigma_y, \cdots, \tau_{xy}^*=\tau_{xy}+\delta\tau_{xy}$. 然后用类似于前一节的推演方法，可以得知，对于真实解总余能的一次变分为零，而由于 B 是一个正定函数，总余能的二次变分是非负数. 这样，我们就肯定了最小余能原理的正确性[1)].

我们看到，A 的自变量是应变分量，而 B 的自变量是应力分量. 对于线性的应力-应变关系，方程(1.6)和(1.8)，B就等于 A，并且具有相同的物理意义：储存在弹性体单位体积内的应变能. 但应当注意，当应力-应变关系是非线性时，由方程(2.19)定义的 B 与由方程(2.1)定义的 A 就不同了. 例如，在杆受拉伸的简单情况下，我们有

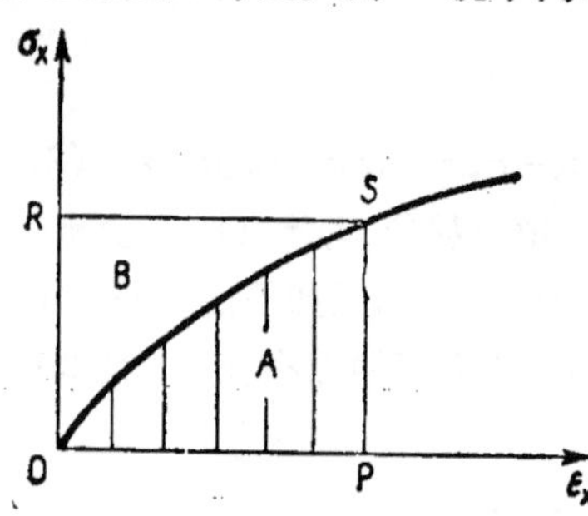

图 2.1 单向拉伸的应变能和余能

$$\sigma_x=\sigma_x(\varepsilon_x), \quad \varepsilon_x=\varepsilon_x(\sigma_x). \tag{2.24}$$

这时函数 A 和 B 就由下式给出：

$$A=\int_0^{\varepsilon_x}\sigma_x d\varepsilon_x, \quad B=\int_0^{\sigma_x}\varepsilon_x d\sigma_x. \tag{2.25}$$

它们分别用图 2.1 中的阴影面积OPS和无阴影面积OSR表示. 可以看出，A和B在面积$OPSR$中是彼此互补的，亦即 $A+B=\sigma_x\varepsilon_x$.

2.3 最小势能原理的推广

在本节中，我们将研究最小势能原理的一个推广. 首先来总

---

1) 对于边界的 S_2 部分保持刚性固定(即 $\bar{u}=\bar{v}=\bar{w}=0$) 的弹性力学问题，泛函 Π_c 简化为

$$\Pi_c=\iiint_V B(\sigma_x, \sigma_y, \cdots, \tau_{xy})dV,$$

从而给出最小功原理[2].

结一下从虚功原理导出最小势能原理的步骤. 我们曾经假定: (1)有可能从给定的应力-应变关系式导出一个正定的状态函数 $A(\varepsilon_x, \varepsilon_y, \cdots, \gamma_{xy})$; (2)上述的应变分量满足相容条件, 即它们可以按照方程(1.5)的各关系式从 u, v 和 w 导出; (3)这样定义的位移分量 u, v 和 w 满足几何边界条件(1.14); (4)体力和面力可以从方程(2.10)和(2.11)所给出的位势函数 Φ 和 Ψ 导出. 基于上述假设, 最小势能原理于是断定, 体系的真实变形可以从方程(2.12)所定义的泛函 Π 的极小化条件求得.

现在我们来说明, 引用 Lagrange 乘子[1], 可以把上述假设(2)和(3)中的约束条件并入变分表达式的骨架内, 并可推广最小势能原理[4,5]. 通过引进分别定义在 V 内和 S_2 上的九个 Lagrange 乘子 σ_x, σ_y, $\cdots$, τ_{xy} 和 p_x, p_y, p_z, 广义原理可表达如下: 问题的真实解可以由如下定义的泛函 Π_I 的驻值条件给出[2],

$$\begin{aligned}\Pi_I=&\iiint_V [A(\varepsilon_x, \varepsilon_y, \cdots, \gamma_{xy})-(\bar{X}u+\bar{Y}v+\bar{Z}w)]dV\\&-\iiint_V \Big[\left(\varepsilon_x-\frac{\partial u}{\partial x}\right)\sigma_x+\left(\varepsilon_y-\frac{\partial v}{\partial y}\right)\sigma_y+\left(\varepsilon_z-\frac{\partial w}{\partial z}\right)\sigma_z\\&+\left(\gamma_{yz}-\frac{\partial w}{\partial y}-\frac{\partial v}{\partial z}\right)\tau_{yz}+\left(\gamma_{zx}-\frac{\partial u}{\partial z}-\frac{\partial w}{\partial x}\right)\tau_{zx}\\&+\left(\gamma_{xy}-\frac{\partial v}{\partial x}-\frac{\partial u}{\partial y}\right)\tau_{xy}\Big]dV\\&-\iint_{S_1}(\bar{X}_\nu u+\bar{Y}_\nu v+\bar{Z}_\nu w)dS\\&-\iint_{S_2}[(u-\bar{u})p_x+(v-\bar{v})p_y+(w-\bar{w})p_z]dS. \qquad (2.26)\end{aligned}$$

在泛函(2.26)中, 经受变分的独立量是十八个, 即 ε_x, ε_y, $\cdots$, γ_{xy}; u, v, w; σ_x, σ_y, $\cdots$, τ_{xy}; p_x, p_y 和 p_z, 而没有约束条件. 对这些量

1) 关于 Lagrange 乘子法和对合变换, 见参考文献[3]第四章§9. 也可见附录A.

2) 应当注意, 一旦采用了 Lagrange 乘子, 在最小势能原理中所用的"极小化条件"一词就必须用"驻值条件"来代替.

取变分，我们有

$$\delta\Pi_I=\iiint_V\left[\left(\frac{\partial A}{\partial\varepsilon_x}-\sigma_x\right)\delta\varepsilon_x+\cdots+\left(\frac{\partial A}{\partial\gamma_{xy}}-\tau_{xy}\right)\delta\gamma_{xy}\right.$$

$$-\left(\varepsilon_x-\frac{\partial u}{\partial x}\right)\delta\sigma_x-\cdots-\left(\gamma_{xy}-\frac{\partial v}{\partial x}-\frac{\partial u}{\partial y}\right)\delta\tau_{xy}$$

$$\left.-\left(\frac{\partial\sigma_x}{\partial x}+\frac{\partial\tau_{xy}}{\partial y}+\frac{\partial\tau_{zx}}{\partial z}+\overline{X}\right)\delta u-\cdots-(\cdots)\delta w\right]dV$$

$$+\iint_{S_1}[(X_\nu-\overline{X}_\nu)\delta u+\cdots+(Z_\nu-\overline{Z}_\nu)\delta w]dS$$

$$-\iint_{S_2}[(u-\overline{u})\delta p_x+\cdots+(w-\overline{w})\delta p_z]dS$$

$$+\iint_{S_2}[(X_\nu-p_x)\delta u+\cdots+(Z_\nu-p_z)\delta w]dS, \tag{2.27}$$

而驻值条件则可表明为：

在 V 内，　$\sigma_x=a_{11}\varepsilon_x+a_{12}\varepsilon_y+\cdots+a_{16}\gamma_{xy},\ \cdots,$ (2.28)

在 V 内，　$\varepsilon_x=\dfrac{\partial u}{\partial x},\ \cdots,\ \gamma_{xy}=\dfrac{\partial v}{\partial x}+\dfrac{\partial u}{\partial y},$ (2.29)

在 V 内，　$\dfrac{\partial\sigma_x}{\partial x}+\dfrac{\partial\tau_{xy}}{\partial y}+\dfrac{\partial\tau_{zx}}{\partial z}+\overline{X}=0,\ \cdots,$ (2.30)

在 S_1 上，　$X_\nu=\overline{X}_\nu,\ \cdots,\ Z_\nu=\overline{Z}_\nu,$ (2.31)

在 S_2 上，　$u=\overline{u},\ \cdots,\ w=\overline{w},$ (2.32)

在 S_2 上，　$p_x=X_\nu,\ \cdots,\ p_z=Z_\nu.$ (2.33)

可以看出，方程(2.28)和(2.33)确定了 Lagrange 乘子 $\sigma_x, \sigma_y, \cdots, \tau_{xy}, p_x, p_y$ 和 p_z 的物理意义，而使 Π_I 取驻值的关系式就是第1.1节所叙述的定义弹性力学问题的那些方程. 如果把方程(2.29)和(2.32)当作约束条件，那么 Π_I 重新简化为方程(2.12)所定义的 Π.

消去式中的 Lagrange 乘子 p_x, p_y 和 p_z，我们可以得到这个变分原理的另一表达式. 为此，可以令式(2.27)在 S_2 上的积分项中 $\delta u, \delta v$ 和 δw 的系数为零. 这样，采用方程(2.33)，可将泛函(2.26)变换成

$$
\begin{aligned}
\Pi_{II} = & \iiint_V \Big[A(\varepsilon_x, \varepsilon_y, \cdots, \gamma_{xy}) - (\bar{X}u + \bar{Y}v + \bar{Z}w) \\
& - \left(\varepsilon_x - \frac{\partial u}{\partial x} \right) \sigma_x - \cdots - \left(\gamma_{xy} - \frac{\partial v}{\partial x} - \frac{\partial u}{\partial y} \right) \tau_{xy} \Big] dV \\
& - \iint_{S_1} (\bar{X}_\nu u + \bar{Y}_\nu v + \bar{Z}_\nu w) dS \\
& - \iint_{S_2} [(u - \bar{u}) X_\nu + (v - \bar{v}) Y_\nu + (w - \bar{w}) Z_\nu] dS,
\end{aligned} \tag{2.34}
$$

或者，经分部积分变换成

$$
\begin{aligned}
\Pi_{III} = & - \iiint_V \Big[(\sigma_x \varepsilon_x + \sigma_y \varepsilon_y + \cdots + \tau_{xy} \gamma_{xy}) - A(\varepsilon_x, \varepsilon_y, \cdots, \gamma_{xy}) \\
& + \left(\frac{\partial \sigma_x}{\partial x} + \frac{\partial \tau_{xy}}{\partial y} + \frac{\partial \tau_{zx}}{\partial z} + \bar{X} \right) u + (\cdots) v + (\cdots) w \Big] dV \\
& + \iint_{S_1} [(X_\nu - \bar{X}_\nu) u + (Y_\nu - \bar{Y}_\nu) v + (Z_\nu - \bar{Z}_\nu) w] dS \\
& + \iint_{S_2} (X_\nu \bar{u} + Y_\nu \bar{v} + Z_\nu \bar{w}) dS.
\end{aligned} \tag{2.35}
$$

在泛函(2.34)或(2.35)中，经受变分的独立量是十五个，即 ε_x, ε_y, $\cdots$, γ_{xy}; u, v, w; σ_x, σ_y, $\cdots$, 和τ_{xy}，而没有约束条件. 对这十五个量取变分时，我们发现，驻值条件是由方程(2.28)到(2.32)给出的.

2.4 派生的变分原理

本节将要说明 Hellinger-Reissner 原理和最小余能原理可以表述为广义原理 (2.26) 的特殊情形. 令 $\delta\Pi_I$ 式中 $\delta\varepsilon_x$, $\delta\varepsilon_y$, $\cdots$, $\delta\gamma_{xy}$ 的系数为零. 这意味着 ε_x, ε_y, $\cdots$ 和 γ_{xy} 不再是独立的，而必须代之以通过条件(2.28)建立的新关系式来确定，即

$$
\begin{aligned}
& \varepsilon_x = b_{11}\sigma_x + \cdots + b_{16}\tau_{xy}, \\
& \cdots\cdots\cdots\cdots\cdots\cdots, \\
& \gamma_{xy} = b_{61}\sigma_x + \cdots + b_{66}\tau_{xy}.
\end{aligned} \tag{2.36}
$$

应用方程(2.36)，可以从泛函(2.26)中消去应变分量，得出这个原理的另一泛函 Π_R 如下：

$$
\begin{aligned}
\Pi_R = & \iiint_V \left[\sigma_x \frac{\partial u}{\partial x} + \sigma_y \frac{\partial v}{\partial y} + \cdots + \tau_{xy}\left(\frac{\partial v}{\partial x} + \frac{\partial u}{\partial y}\right)\right. \\
& \left. - B(\sigma_x, \sigma_y, \cdots, \tau_{xy}) - (\bar{X}u + \bar{Y}v + \bar{Z}w)\right] dV \\
& - \iint_{S_1} (\bar{X}_\nu u + \bar{Y}_\nu v + \bar{Z}_\nu w) dS \\
& - \iint_{S_2} [(u-\bar{u})p_x + (v-\bar{v})p_y + (w-\bar{w})p_z] dS,
\end{aligned} \tag{2.37}
$$

[1]

如上述推导所示，式中量 B 定义如下：

$$
B = \sigma_x \varepsilon_x + \sigma_y \varepsilon_y + \cdots + \tau_{xy}\gamma_{xy} - A, \tag{2.38}
$$

上式中的应变分量，可通过引用应力-应变关系(2.36)而被消去．借助于方程(2.1)，我们有

$$
\begin{aligned}
\delta B &= \sigma_x \delta\varepsilon_x + \cdots + \tau_{xy}\delta\gamma_{xy} + \varepsilon_x \delta\sigma_x + \cdots + \gamma_{xy}\delta\tau_{xy} - \delta A \\
&= \varepsilon_x \delta\sigma_x + \cdots + \gamma_{xy}\delta\tau_{xy},
\end{aligned} \tag{2.39}
$$

由此可以看出，由方程(2.38)定义的 B 就是由(2.19)定义的余能函数．泛函(2.37)就等价于 Hellinger–Reissner 原理的泛函[6,7]．

由于消去了应变分量，泛函 Π_R 中经受变分的独立量减少到十二个，即 $u, v, w; \sigma_x, \sigma_y, \cdots, \tau_{xy}; p_x, p_y, p_z$，而没有约束条件．对这些量取变分，我们得到驻值条件为

$$
\begin{aligned}
&\frac{\partial u}{\partial x} = b_{11}\sigma_x + \cdots + b_{16}\tau_{xy}, \\
&\cdots\cdots\cdots\cdots\cdots\cdots\cdots\cdots\cdots\cdots, \\
&\frac{\partial v}{\partial x} + \frac{\partial u}{\partial y} = b_{61}\sigma_x + \cdots + b_{66}\tau_{xy},
\end{aligned} \tag{2.40}
$$

以及方程(2.30)到(2.33)．

通过分部积分，泛函(2.37)也可写成如下形式：

---

1) 这是变分学中 Legendre 变换的特殊情况．对于正确的变换，方程(2.28)的唯一逆关系应当存在．

$$
\begin{aligned}
-\Pi_R^* = \iiint_V \Big[& B(\sigma_x, \sigma_y, \cdots, \tau_{xy}) \\
& + \left(\frac{\partial \sigma_x}{\partial x} + \frac{\partial \tau_{xy}}{\partial y} + \frac{\partial \tau_{zx}}{\partial z} + \bar{X}\right) u \\
& + \left(\frac{\partial \tau_{xy}}{\partial x} + \frac{\partial \sigma_y}{\partial y} + \frac{\partial \tau_{yz}}{\partial z} + \bar{Y}\right) v \\
& + \left(\frac{\partial \tau_{zx}}{\partial x} + \frac{\partial \tau_{yz}}{\partial y} + \frac{\partial \sigma_z}{\partial z} + \bar{Z}\right) w \Big] dV \\
& - \iint_{S_1} [(X_\nu - \bar{X}_\nu) u + (Y_\nu - \bar{Y}_\nu) v + (Z_\nu - \bar{Z}_\nu) w] dS \\
& - \iint_{S_2} [X_\nu \bar{u} + Y_\nu \bar{v} + Z_\nu \bar{w}] dS,
\end{aligned} \tag{2.41}
$$

式中已经用方程(2.33)来消去 p_x, p_y 和 p_z. 在泛函(2.41)中，经受变分的量是 $u, v, w; \sigma_x, \sigma_y, \cdots$ 和 τ_{xy},而没有约束条件.

现在我们对广义泛函中独立函数的数目加以进一步的限制. 令 $\delta\Pi_I$ 式中 $\delta\varepsilon_x, \delta\varepsilon_y, \cdots, \delta\gamma_{xy}$; δu, δv 和 δw 的所有系数都为零. 这样,通过方程(2.28), (2.30), (2.31)和(2.33)而消去应变和位移,泛函 Π_I 就变换为下式所定义的泛函 $\tilde{\Pi}_c$:

$$
\tilde{\Pi}_c = -\iiint_V B(\sigma_x, \sigma_y, \cdots, \tau_{xy}) dV + \iint_{S_2} (X_\nu \bar{u} + Y_\nu \bar{v} + Z_\nu \bar{w}) dS, \tag{2.42}
$$

式中经受变分的量是 $\sigma_x, \sigma_y, \cdots$ 和 τ_{xy}, 而带有约束条件(2.30)和(2.31).考虑到函数 B 的正定性,我们可以把这个新的原理叙述如下:在满足方程(2.30)和(2.31)的所有容许函数 $\sigma_x, \sigma_y, \cdots$ 和 τ_{xy} 中,真实解的应力分量使泛函 $\tilde{\Pi}_c$ 取绝对极大值. 我们看到,原理(2.42)等价于第 2.2 节所导出的最小余能原理. 在颠倒上述的推导过程中, 可以看到泛函(2.41)中的函数 u, v, w, 起着把约束条件(2.30)和(2.31)引入变分表达式的作用.

我们已经看到, 在 Π 的表达式中, 选择容许函数要满足相容条件,方程(1.5),和 S_2 上的几何边界条件,方程(1.14);而在 $\widetilde{\Pi}_c$ 的表达式中,选择容许函数则要满足平衡方程,方程(1.4),和 S_1 上的力学边界条件,方程(1.12). 所以,在定义弹性力学问题中,Π 和 $\widetilde{\Pi}_c$ 是彼此互补的. 由 Π 到 $\widetilde{\Pi}_c$ 的变换称为 Friedrichs 变换[3,8];以 Π 的极小性为特征的真实解也可由 $\widetilde{\Pi}_c$ 的极大性给出.

至此已经表明,一旦从虚功原理建立起了最小势能原理,就可以引用 Lagrange 乘子把它推广,产生一整族的变分原理,包括 Hellinger-Reissner 原理,最小余能原理,等等. 表 2.1 用图形表明了这种公式推导的途径.

表2.1 小位移弹性理论中的变分原理

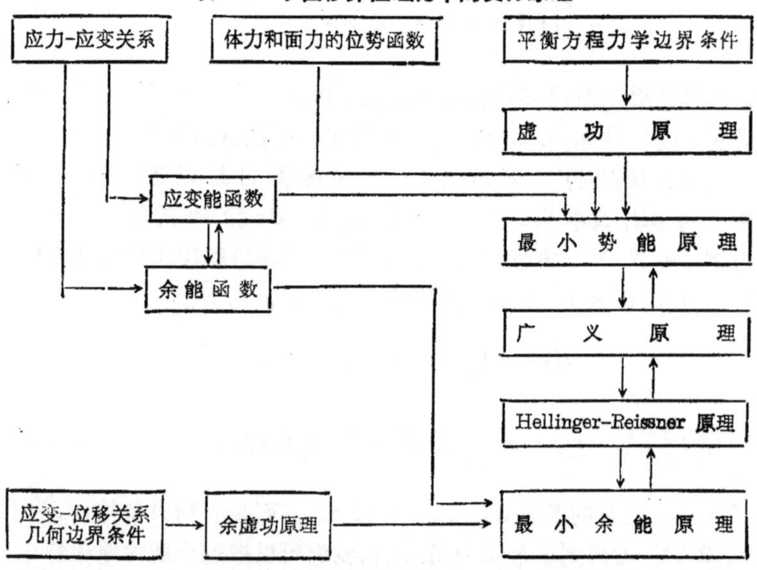

在第 2.2 节中,最小余能原理是从余虚功原理导出的. 不难证明,最小势能原理可以从最小余能原理推导出来,只要把本节和前一节中的推导过程反转过来即可.对小位移弹性理论来说,这两种途径之间的等价性是很明显的. 但是,我们将强调由虚功原理导出最小势能原理以及其他有关变分原理的途径,因为这种选择对于固体力学问题的系统处理看来是有利的.

在这里要指出，这些变分原理可以应用于几种不同材料组成的弹性体，如果每种材料的应力-应变关系都保证有一个应变能函数或余能函数存在的话．例如，如果物体由 n 种不同材料组成，其中第 i 种材料的应变能函数由 A_i 表示，那么，用 $\sum_{i=1}^{n}\iiint_{V_i} A_i dV$ 代替 $\iiint_V A\,dV$ 就可以列出最小势能原理的公式．如果假定既没有滑移又没有撕裂的话，就必须满足在各种材料之间交界面上位移分量的连续性．对于其他的变分原理也可以作类似的叙述．这里还要指出，在参考文献[9]，[10]和[11]中提出了其他几个有关的弹性力学的变分原理．

2.5 Rayleigh-Ritz 法(1)

前面已经表明，在三个函数 A, Φ 和 Ψ 都存在的前提下，小位移理论的弹性力学问题可以用变分法列出公式．于是利用总势能及有关泛函的驻值性质就给出定义这个问题的恰当微分方程和边界条件．然而，变分方法的最大优点之一，就是它在求得近似解方面的用途．所谓 Rayleigh-Ritz 法就是应用变分法来求得近似解的最成熟的方法[1)]．我们将用两个例子来说明 Rayleigh-Ritz 法．

首先让我们考虑把最小势能原理应用于第 1.5 节中弹性力学问题．假定一组容许位移函数 u, v 和 w，就象方程(1.34)，(1.35)和(1.36)列出的那样．把方程(1.34)代入方程(2.12)，并进行体积积分和表面积分，就可用 a_r, b_r 和 c_r $(r=1, 2, \cdots, n)$ 来表示 Π．Rayleigh-Ritz 法通过 $\delta\Pi=0$ 的要求来确定这些常数的值，在目前的情况下，这就变成

$$\frac{\partial \Pi}{\partial a_r}=0,\ \frac{\partial \Pi}{\partial b_r}=0,\ \frac{\partial \Pi}{\partial c_r}=0,\qquad (r=1, 2, \cdots, n). \tag{2.43}$$

方程(2.43)给出一组 $3n$ 个联立的线性代数方程，其中 $3n$ 个未知

1) 见参考文献[2, 3, 12—17]．

数是 a_r, b_r 和 $c_r(r=1, 2, \cdots, n)$. 看来，这样得到的 $3n$ 个方程等价于第 1.5 节所得到的那些方程.

其次，我们来考虑应用于第 1.7 节中二维问题的最小余能原理，注意到方程(1.61)所表示的应力构成一组容许函数，将它们代入

$$\Pi_c=\iint\frac{1}{2E}[(\sigma_x+\sigma_y)^2+2(1+\nu)(\tau_{xy}^2-\sigma_x\sigma_y)]dx\,dy, \quad (2.44)$$

经过积分后，上式可以用 $a_r(r=1, 2, \cdots, n)$ 的形式列出. Rayleigh-Ritz 法断定，通过

$$\frac{\partial \Pi_c}{\partial a_r}=0 \quad (r=1, 2, \cdots, n) \quad (2.45)$$

的要求，就可以近似地满足精确解的驻值性质. 这样得到的 n 个联立方程确定了 $a_r(r=1, 2, \cdots, n)$ 的值，将这些值代入方程(1.61)，就得到应力分量的近似解. 还可以看出，这样导出的 n 个方程等价于第 1.7 节所得到的那些方程.

由此看来，对小位移理论弹性力学问题来说，Rayleigh-Ritz 法导出的公式等价于第 1.5 和 1.7 节所导出的近似法的公式. 但是，应用到弹性力学以外的一些问题时，两种方法就各有利弊. 不论所用的应力-应变关系和外力的位势函数如何，这些近似方法都是有效的，但是要证明近似解将随着 n 的增加而收敛于精确解，则往往是困难的. 另一方面，如果应用 Rayleigh-Ritz 法推导变分公式，则所有的应力-应变关系、体力和面力都必须保证状态函数 A, B, Φ 和 Ψ 的存在. 然而收敛性的证明就不太困难，尤其是当变分表达式的极大性或极小性已经确立之后.

当弹性力学的边值问题只能近似求解时，获得精确解的上界和下界是合乎需要的. 然而，这个要求不常得到答案，因为求得界限往往要比近似解困难得多. Trefftz 提出了同时用最小势能原理和最小余能原理来推导杆件扭转刚度的上、下界公式的方法(见参考文献[18]和第 6.5 节). 自从他的论文发表以来，在弹性力学的领域中出现了与这个课题有关的许多论文. 其中有个显著的贡献值得一提，那就是 W. Prager 和 J. L. Synge创立的函数空间的

概念[19].

在函数空间中,用方程(1.6)把一组应力分量$(\sigma_x, \sigma_y, \cdots, \tau_{xy})$和一组应变分量$(\varepsilon_x, \varepsilon_y, \cdots, \gamma_{xy})$联系起来,并把它看作是一个向量.用 $\mathbf{N}$ 和 $\mathbf{N}^*$ 表示两个任意的向量,它们的应力分量和应变分量分别用$(\sigma_x, \cdots, \tau_{xy})$, $(\varepsilon_x, \cdots, \gamma_{xy})$和$(\sigma_x^*, \cdots, \tau_{xy}^*)$, $(\varepsilon_x^*, \cdots, \gamma_{xy}^*)$表示,在函数空间中,我们用下式定义这两个向量的纯量积:

$$(\mathbf{N}, \mathbf{N}^*)=\iiint_V(\sigma_x\varepsilon_x^*+\sigma_y\varepsilon_y^*+\cdots+\tau_{xy}\gamma_{xy}^*)dV, \tag{2.46}$$

其积分遍及整个物体. 由于应变能函数是一正定型,所以立即得出下列关系式:

$$(\mathbf{N}, \mathbf{N})\geqslant 0, \tag{2.47}$$

$$(\mathbf{N}, \mathbf{N}^*)\leqslant(\mathbf{N}, \mathbf{N})^{\frac{1}{2}}(\mathbf{N}^*, \mathbf{N}^*)^{\frac{1}{2}}. \tag{2.48}$$

这样定义的函数空间可以帮助我们直观地掌握一些近似解法及其收敛性,并估计近似解的误差[20]. 限于篇幅,这里就不来说明函数空间的界限公式的推导方法了. 关于函数空间概念的详细论述,建议有兴趣的读者查阅参考文献[21].

2.6 边界条件的变化和 Castigliano 定理

到这里为止,所推导的最小势能原理和它的一族原理,都是以变分过程中 S_1 和 S_2 上的边界条件保持不变的假设为前提的. 现在,我们要考虑边界条件的变化. 假定第 1.1 节中所定义的问题已经解出,而且真实解的应力和应变分量以及函数 A 和 B,都已经用给定的体力,S_1 上的面力和 S_2 上的表面位移来表示. 在本节中,分别用 $\sigma_x, \sigma_y, \cdots; \varepsilon_x, \varepsilon_y, \cdots; u, v, w$ 表示真实解的应力、应变和位移分量.

我们首先来考虑几何边界条件的变化. 对 S_2 上的位移分量给以无限小的增量 $d\bar{u}$, $d\bar{v}$ 和 $d\bar{w}$,同时体力和 S_1 上的力学边界条件却保持不变. 假定位移增量造成了一种新的位形,并且用 du, dv 和 dw 表示物体内引起的位移增量. 于是我们有

$$
\begin{aligned}
dU=&\iiint_V (\overline{X}\,du+\overline{Y}\,dv+\overline{Z}\,dw)\,dV\\
&+\iint_{S_1}(\overline{X}_\nu\,du+\overline{Y}_\nu\,dv+\overline{Z}_\nu\,dw)\,dS\\
&+\iint_{S_2}(X_\nu\,d\overline{u}+Y_\nu\,d\overline{v}+Z_\nu\,d\overline{w})\,dS,
\end{aligned}
\tag{2.49}
$$

式中

$$
U=\iiint_V A\,dV \tag{2.50}
$$

是弹性体的应变能.我们曾经用类似于推导散度定理[方程(1.76)]的方式导出了方程(2.49),其中考虑了

$$
dA=\sigma_x d\varepsilon_x+\sigma_y d\varepsilon_y+\cdots+\tau_{xy}d\gamma_{xy}, \tag{2.51}
$$

并注意到应力分量 σ_x, … 和应变增量 $d\varepsilon_x$, … 分别满足平衡方程和相容条件. 我们将在第三章里看到,方程(2.49)对于有限位移弹性理论也是成立的.

在确定边界 S_2 上 X_ν, Y_ν 和 Z_ν 的值时,公式(2.49)是有用的. 作为一个例子,我们来考虑由两根相同的等截面杆组成的桁架结构,如图 2.2 所示. 问题被定义为:结点处的位移 δ 是给定的,而由此引起的力 P 是待求的. 分别用 l_0 和 l 表示构件在变形前后的长度,用 ε 表示杆的应变. 通过几何方面的考虑,我们有 $l^2=a^2+(b+\delta)^2$ 和 $l_0^2=a^2+b^2$,并得到

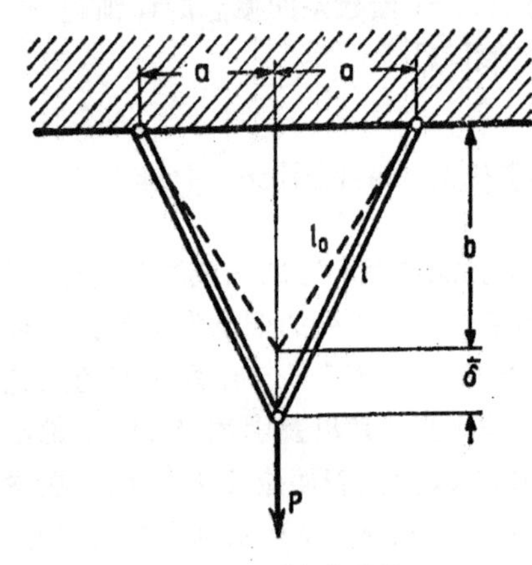

图 2.2 一个桁架结构

$$
\varepsilon=(l-l_0)/l_0=(b\delta)/l_0^2, \tag{2.52}
$$

上式已略去了各高阶项. 由此得到

$$U=[(1/2)EA_0l_0\varepsilon^2]\times 2=EA_0b^2(\delta)^2/l_0^3, \tag{2.53}$$

式中 A_0 是构件的截面积. 应用方程(2.49), 得

$$P=\partial U/\partial\delta=(2EA_0b^2/l_0^3)\delta. \tag{2.54}$$

其次, 我们来考虑体力和力学边界条件的变化. 对体力和 S_1 上的外力分别给以无限小的增量 $d\overline{X}$, $d\overline{Y}$, $d\overline{Z}$ 和 $d\overline{X}_\nu$, $d\overline{Y}_\nu$, $d\overline{Z}_\nu$, 同时 S_2 上的几何边界条件却保持不变. 假定这些力的增量造成了一种新的位形, 并且用 $d\sigma_x$, $d\sigma_y$, $\cdots$ 和 $d\tau_{xy}$ 表示物体内引起的应力增量. 于是我们有

$$\begin{aligned}dV=&\iiint_V(u\,d\overline{X}+v\,d\overline{Y}+w\,d\overline{Z})dV\\&+\iint_{S_1}(u\,d\overline{X}_\nu+v\,d\overline{Y}_\nu+w\,d\overline{Z}_\nu)dS\\&+\iint_{S_2}(\overline{u}\,dX_\nu+\overline{v}\,dY_\nu+\overline{w}\,dZ_\nu)dS,\end{aligned} \tag{2.55}$$ *

式中

$$V=\iiint_V B\,dV \tag{2.56}$$ *

是弹性体的余能. 我们曾经用类似于推导散度定理的方式导出了方程(2.55), 其中考虑了

$$dB=\varepsilon_x d\sigma_x+\varepsilon_y d\sigma_y+\cdots+\gamma_{xy}d\tau_{xy}, \tag{2.57}$$

并注意到应变分量 ε_x, $\cdots$ 和应力增量 $d\sigma_x$, $\cdots$ 分别满足相容条件和平衡方程.

在确定边界 S_1 上 u, v 和 w 的值时, 公式(2.55)是有用的. 作为一个例子, 我们来考虑一个在边界 S_2 上保持刚性固定的物体, 它在边界 S_1 上受有 n 个集中载荷 $\overline{P}_1$, $\overline{P}_2$, $\cdots$, $\overline{P}_n$. 为简便起见, 假定这些集中载荷互不相关. 换句话说, 可以假定给其中任一个力以一定的增量, 而不会影响其余的力. 用 Δ_i 表示着力点 i 处沿载荷 $\overline{P}_i$ 方向的位移分量, 从方程(2.55)得到

$$dV=\sum_{i=1}^{n}\Delta_i d\overline{P}_i. \tag{2.58}$$

---

* 这里符号 V 既表示体积, 又表示余能. ——译者注

由于V是外力的函数，所以我们有

$$dV=\sum_{i=1}^{n}(\partial V/\partial \bar{P}_i)d\bar{P}_i. \tag{2.59}$$

结合这两个方程，得到

$$\sum_{i=1}^{n}\left(\frac{\partial V}{\partial \bar{P}_i}-\Delta_i\right)d\bar{P}_i=0. \tag{2.60}$$

由于假定这些力是互不相关的，所以我们有

$$\frac{\partial V}{\partial \bar{P}_i}=\Delta_i,\quad (i=1, 2, \cdots, n). \tag{2.61}$$

公式(2.55)及其同类统称为Castigliano定理——一种分析小位移弹性理论问题的有力工具(例如，可见参考文献[12—15]).

2.7 弹性体的自由振动

到这里为止，所推导的变分原理都是针对弹性力学的边值问题. 在本章的最后两节，我们按照小位移理论来考虑一个弹性体自由振动问题的变分公式推导. 这个问题规定，使物体在S_1上是力学上自由的，而在S_2上是几何上固定的. 由于问题限于小位移理论，所以定义这个问题的全部方程都是线性的，而且物体内的位移和应力随时间按正弦变化. 这样，如果我们用$\sigma_x, \cdots, \varepsilon_x, \cdots$和$u, v, w$分别表示应力、应变和位移的幅值，那么，有关的运动方程是

$$\begin{aligned}
&\frac{\partial \sigma_x}{\partial x}+\frac{\partial \tau_{xy}}{\partial y}+\frac{\partial \tau_{zx}}{\partial z}+\lambda\rho u=0,\\
&\frac{\partial \tau_{xy}}{\partial x}+\frac{\partial \sigma_y}{\partial y}+\frac{\partial \tau_{yz}}{\partial z}+\lambda\rho v=0,\\
&\frac{\partial \tau_{zx}}{\partial x}+\frac{\partial \tau_{yz}}{\partial y}+\frac{\partial \sigma_z}{\partial z}+\lambda\rho w=0.
\end{aligned} \tag{2.62}$$

在方程(2.62)中，$\lambda=\omega^2$，这里ω是固有圆频率，ρ是材料的密度. 边界条件由下式给出：

$$\text{在 } S_1 \text{ 上}，\quad X_\nu=0,\ Y_\nu=0,\ Z_\nu=0 \tag{2.63}$$

和

在 S_2 上，　　$u=0,\ v=0,\ w=0.$　　(2.64)

根据方程(2.62)和(2.63)，我们有

$$-\iiint_V\left[\left(\frac{\partial\sigma_x}{\partial x}+\frac{\partial\tau_{xy}}{\partial y}+\frac{\partial\tau_{zx}}{\partial z}+\lambda\rho u\right)\delta u+(\cdots)\delta v\right.$$

$$\left.+(\cdots)\delta w\right]dV+\iint_{S_1}(X_\nu\delta u+Y_\nu\delta v+Z_\nu\delta w)dS=0. \tag{2.65}$$

这里我们要选择不违背几何边界条件的任一组虚位移 δu, δv 和 δw，这就是说，在 S_2 上，$\delta u=\delta v=\delta w=0$. 于是，我们可以把方程(2.65)变换成

$$\iiint_V(\sigma_x\delta\varepsilon_x+\sigma_y\delta\varepsilon_y+\cdots+\tau_{xy}\delta\gamma_{xy})dV$$

$$-\lambda\iiint_V(u\delta u+v\delta v+w\delta w)\rho dV=0. \tag{2.66}$$

这就是用于自由振动问题的虚功原理.

如果应力和应变的幅值之间的关系由下式给出：

$$\sigma_x=a_{11}\varepsilon_x+a_{12}\varepsilon_y+\cdots+a_{16}\gamma_{xy},\ \cdots \tag{2.67}$$

式中

$$a_{ij}=a_{ji},\quad (i,\ j=1,\ 2,\ \cdots,\ 6),$$

那么，由方程(2.2)定义的应变能函数的存在就得到保证. 而且，体力 $\lambda\rho u$, $\lambda\rho v$ 和 $\lambda\rho w$ 都可以由方程(2.6)定义的一个位势函数 Φ 导出，使得

$$-\Phi=\frac{1}{2}\lambda\rho(u^2+v^2+w^2). \tag{2.68}$$

由此，我们从方程(2.66)得到如下的驻值势能原理：在所有满足给定的几何边界条件的容许位移函数 u, v 和 w 中，真实的位移使总势能

$$\Pi=\iiint_V A(u,\ v,\ w)dV-\frac{1}{2}\lambda\iiint_V(u^2+v^2+w^2)\rho dV \tag{2.69}$$

取驻值. 在泛函(2.69)中，经受变分的量是 u, v 和 w，带有约束条件(2.64)，而 λ 作为一个参数来处理，不经受变分.

驻值势能原理可以通过 Lagrange 乘子的运用而作如下推广：

$$\Pi_I=\iiint_V\Big[A(\varepsilon_x,\ \varepsilon_y,\ \cdots,\ \gamma_{xy})-\frac{1}{2}\lambda\rho(u^2+v^2+w^2)$$
$$-\Big(\varepsilon_x-\frac{\partial u}{\partial x}\Big)\sigma_x-\cdots-\Big(\gamma_{xy}-\frac{\partial v}{\partial x}-\frac{\partial u}{\partial y}\Big)\tau_{xy}\Big]dV$$
$$-\iint_{S_2}(p_xu+p_yv+p_zw)dS,\tag{2.70}$$

式中经受变分的独立量是 $\varepsilon_x,\ \cdots;\ u,\ \cdots;\ \sigma_x,\ \cdots;\ p_x,\ \cdots$ 和 p_z. 驻值条件表示为方程(2.67); 方程(2.62), (2.63)和

$$\text{在 } S_2 \text{ 上},\quad p_x=X_\nu,\ \cdots,\ p_z=Z_\nu;\tag{2.71}$$

$$\varepsilon_x=\frac{\partial u}{\partial x},\ \cdots,\ \gamma_{xy}=\frac{\partial v}{\partial x}+\frac{\partial u}{\partial y};\tag{2.72}$$

以及方程(2.64).

若干变分原理可以从这个广义原理导出[22]. 这里, 我们来推导驻值余能原理的泛函. 可以表明, 利用方程(2.67)消去应变分量,并利用方程(2.62), (2.63)和(2.71)作一简单计算, 就导致泛函(2.70)的变换形式如下:

$$\Pi_c=\iiint_V B(\sigma_x,\ \sigma_y,\ \cdots,\ \tau_{xy})dV$$
$$-\frac{1}{2}\lambda\iiint_V(u^2+v^2+w^2)\rho dV,\tag{2.73}$$

式中经受变分的量是 $u,\ \cdots;\ \sigma_x,\ \cdots$ 和 τ_{xy}, 而带有约束条件(2.62)和(2.63), 并可证明驻值条件等价于方程(2.64)和(2.72). 泛函(2.73)就是用于自由振动问题的驻值余能原理的一种表达式. 这里注明,可以用方程(2.62)从泛函(2.73)中消去 u, v 和 w, 得出驻值余能原理的另一表达式, 从而仅用 $\sigma_x,\ \sigma_y,\ \cdots$ 和 τ_{xy} 表示这个泛函.

在参考文献 [23] 和 [24] 里已经证实, 驻值余能原理可以推广运用到象弹性体的自由振动和稳定性等特征值问题中. E. Reissner 在参考文献[25]中对于载荷、应力和位移都是时间的简谐函数的问题, 曾引入并证明了这个原理. 泛函(2.73)就等价

于 E. Reissner 所引入的泛函.

早经证实,驻值势能原理(2.69)等价于下述条件,即在满足给定几何边界条件的容许函数 u, v 和 w 中,找出使商

$$\lambda = U/T \tag{2.74}$$

取驻值的函数,式中

$$U = \iiint_V A(u, v, w) dV, \tag{2.75}$$

$$T = \frac{1}{2} \iiint_V (u^2 + v^2 + w^2) \rho dV, \tag{2.76}$$

而 λ 的驻值给出解的特征值. 作为证明,我们看到

$$\delta\lambda = \frac{\delta U}{T} - \frac{U\delta T}{T^2} = \frac{1}{T}(\delta U - \lambda\delta T), \tag{2.77}$$

式中变分是对 u, v 和 w 进行的. 由此可见,使商 λ 取驻值的条件就等价于驻值势能原理. 式(2.74)是用于自由振动问题的 Rayleigh 商[16, 26].

人们也都熟悉,驻值势能原理(2.69)等价于下述问题,即在满足几何边界条件的容许函数 u, v 和 w 中,找出在满足约束条件

$$T(u, v, w) - 1 = 0 \tag{2.78}$$

的前提下使 U 取驻值的函数. 作为证明,我们看到,这个问题等价于求出由

$$U - \lambda(T - 1) \tag{2.79}$$

定义的泛函的驻值条件,式中 λ 起着 Lagrange 乘子的作用,而变分是在满足约束条件(2.64)的前提下,对 u, v, w 和 λ 进行的.

2.8 Rayleigh-Ritz 法(2)

我们在前一节已经看到了为自由振动问题而建立的变分原理. 当可利用这样给出的变分表达式时, Rayleigh-Ritz 法就提供一个求取近似特征值的有力工具. 作为一个例子,我们来考虑一根梁的自由振动问题,并顺着这个方法的要点进行讨论.

取一端($x=0$)固定另一端($x=l$)简支的梁，如图 7.5 所示. 本问题的驻值势能原理的泛函由下式给出：

$$\Pi=\frac{1}{2}\int_0^l EI(w'')^2dx-\frac{1}{2}\lambda\int_0^l mw^2\,dx, \qquad (2.80)^{1)}$$

式中 EI, w 和 m 分别是梁的弯曲刚度、挠度和每单位跨长的质量，而$(\ )'=d(\ )/dx$. 在泛函(2.80)中，经受变分的量是 w，而带有约束条件

$$w(0)=w(l)=w'(0)=0. \qquad (2.81)$$

我们用

$$\lambda_i,\ (i=1,\ 2,\ 3,\ \cdots) \qquad (2.82)$$

表示精确的特征值，λ_i 按大小递增的顺序排列，即 $0<\lambda_1<\lambda_2<\cdots$.

我们可以把泛函(2.80)变换成驻值余能原理的泛函

$$\Pi_c=\frac{1}{2}\int_0^l \frac{M^2}{EI}\,dx-\frac{1}{2}\lambda\int_0^l mw^2\,dx, \qquad (2.83)^{1)}$$

式中经受变分的量是 M 和 w，而带有约束条件

$$M''+\lambda mw=0, \qquad (2.84)$$

和

$$M(l)=0. \qquad (2.85)$$

我们首先来考虑应用于驻值势能原理的 Rayleigh-Ritz 法. 按照该法拟定的熟知步骤，通过选择 n 个线性无关的容许函数 $w_i(x)$，即一组满足方程(2.81)的所谓坐标函数，并假定 w 是这些坐标函数的线性组合，即

$$w=\sum_{i=1}^n c_iw_i, \qquad (2.86)$$

式中 $c_i(i=1,2,\cdots,n)$是任意常数. 把方程(2.86)代入方程(2.80)，并令

$$\partial\Pi/\partial c_i=0, \quad (i=1,\ 2,\ \cdots,\ n), \qquad (2.87)$$

我们就得到一组 n 个齐次方程. 根据非平凡解的要求即方程组的行列式必须为零，就提供了另一个代数方程，称为方程组的特征方程，其形式为

$$\det\,(m_{ij}-\lambda n_{ij})=0. \qquad (2.88)$$

如果我们用 $\Lambda_i(i=1,\ 2,\ \cdots,\ n)$表示特征方程(2.88)的根，$\Lambda_i$ 按大

1) 关于这些泛函的推导，见第 7.4 节.

小递增的顺序排列，即 $\Lambda_1<\Lambda_2\cdots<\Lambda_n$，则有

$$\lambda_i\leqslant\Lambda_i,\quad (i=1,\ 2,\ \cdots,\ n). \tag{2.89}$$[1]

其次，我们来考虑应用于驻值余能原理的方法．这个方法有时称为修正 Rayleigh-Ritz 法[13]，它的要点如下：我们选择 w 如方程(2.86)所示，式中坐标函数 $w_i(x)$ 是在满足方程(2.81)的前提下选定的．把方程(2.86)代入方程(2.84)，并结合边界条件方程(2.85)进行积分，得到

$$(1/\lambda)M=c(x-l)-\sum_{i=1}^{n}c_i\int_x^l\left[\int_\eta^l m(\xi)w_i(\xi)d\xi\right]d\eta, \tag{2.90}$$

式中 c 是一个积分常数．把方程(2.86)和(2.90)代入泛函(2.83)，并要求

$$\partial\Pi_c/\partial c=0, \tag{2.91}$$

和

$$\partial\Pi_c/\partial c_i=0,\quad i=1,\ 2,\ \cdots,\ n, \tag{2.92}$$

我们就得到确定近似特征值的一个特征方程．为了今后的方便，用 $\Lambda_i^*(i=1,\ 2,\ \cdots,\ n)$表示这些近似特征值，$\Lambda_i^*$ 按大小递增的顺序排列，即 $\Lambda_1^*<\Lambda_2^*<\cdots<\Lambda_n^*$.

我们看到，在方程(2.90)中包含 $c(x-l)$ 这一项以及方程(2.91)的要求，等价于求出由惯性力 $\lambda m\sum c_iw_i$ 引起的梁的精确挠度．因此，这个方法就等价于 Grammel 法，后者用 Green 函数或所谓影响函数来求出由惯性力引起的精确挠度[28,29]．在参考文献[28]中讲到，如果用同样假定的模态(2.86)，我们就有下列的不等式关系：

$$\lambda_i\leqslant\Lambda_i^*\leqslant\Lambda_i,\quad i=1,\ 2,\ \cdots,\ n. \tag{2.93}$$

这样，Rayleigh-Ritz 法就给每一个特征值提供了一个上界．早已充分证明，如果坐标函数选择得当的话，这样得到的近似特征值的精确度是良好的，并且有时是极好的．但是，由于近似解法是用在那种得不到精确解的问题上，所以我们通常不能设想事先会有精确特征值的资料．因此，为了判定精确特征值，提供下界的公式是必不可少的．

已经提出了几种判定特征值下界的理论．在这些理论中，可

1) 其证明见参考文献[3, 26, 27]．

以举 Temple-加藤理论和 Weinstein 的方法作为典型. 当特征值 λ_{n+1} 或其下界为已知时, Temple-加藤理论就给特征值 λ_n 提供一个下界[1]. 实践证明这个理论往往是判定特征值的一个有效工具. 另一方面, Weinstein 的方法采用了 Rayleigh 的几项原理之一作为一个基础, 这就是说, 如果给定的边界条件被部分地放松, 那么全部特征值都会减小[2]. 即是说, 如果我们用 $\tilde{\lambda}_i(i=1, 2, \cdots)$ 表示一个放松了的或过渡问题的特征值, $\tilde{\lambda}_i$ 按大小递增的顺序排列, 即 $\tilde{\lambda}_1<\tilde{\lambda}_2<\cdots$, 那么我们有

$$\tilde{\lambda}_i \leqslant \lambda_i, \quad (i=1, 2, \cdots). \tag{2.94}$$

所以, 如果我们求得过渡问题的精确特征值, 那么, 它们就给原来问题的特征值提供了下界.

上面叙述了自由振动问题的 Rayleigh-Ritz 法. 显然, 这个方法在其他特征值问题方面也有其应用的园地. 有关应用于特征值问题的 Rayleigh-Ritz 法的细节和数字实例, 建议读者查阅参考文献[13, 16, 26].

2.9 几点讨论

在第 1.9 节里, 我们曾给虚功原理和余虚功原理作过一些推广. 显然, 对于弹性力学问题, 方程(1.73)和(1.74)的首项可以分别用 δU 和 δV 代替, 而从这些方程可以得出原理(2.5)和(2.22)的种种推广. 例如, 对一个弹性力学问题, 我们有

$$\delta V-\iiint_V (u\delta X+v\delta Y+w\delta Z)dV=0, \tag{2.95}$$

有关问题的边界条件给定如下:

$$\text{在 } S_1 \text{ 上}, \quad \overline{X}_\nu=\overline{Y}_\nu=\overline{Z}_\nu=0, \tag{2.96}$$

$$\text{在 } S_2 \text{ 上}, \quad \overline{u}=\overline{v}=\overline{w}=0, \tag{2.97}$$

而应力的变分要选择得满足方程(1.75)和边界条件

1) 见参考文献[30—35].

2) 见参考文献[36—38].

$$\text{在 } S_1 \text{ 上}, \quad \delta X_\nu = \delta Y_\nu = \delta Z_\nu = 0. \tag{2.98}$$

其次，提一下第 1.5 节讨论过的广义 Галёркин 法. 其目的是要注明，对于弹性力学问题，可用来代替原理(1.32)的原理(2.5)提出了广义 Галёркин 法的一个修改形式如下：由于

$$\delta U = \sum_{r=1}^{n} [(\partial U/\partial a_r)\delta a_r + (\partial U/\partial b_r)\delta b_r + (\partial U/\partial c_r)\delta c_r], \tag{2.99}$$

我们看到原理(2.5)导致一个近似的解法，其中确定未知常数 a_r, b_r 和 $c_r(r=1, 2, \cdots, n)$ 的方程由下式给出：

$$L_r = 0,\ M_r = 0,\ N_r = 0, \quad (r=1, 2, \cdots, n), \tag{2.100}$$

式中

$$\begin{aligned} L_r &= \frac{\partial U}{\partial a_r} - \iiint_V \overline{X} u_r\, dV - \iint_{S_1} \overline{X}_\nu u_r\, dS, \\ M_r &= \frac{\partial U}{\partial b_r} - \iiint_V \overline{Y} v_r\, dV - \iint_{S_1} \overline{Y}_\nu v_r\, dS, \\ N_r &= \frac{\partial U}{\partial c_r} - \iiint_V \overline{Z} w_r\, dV - \iint_{S_1} \overline{Z}_\nu w_r\, dS. \end{aligned} \tag{2.101}$$

我们将在第 5.6 节看到，这个近似解法，和推导动力学问题的 Lagrange 运动方程所用的方法是等价的. 显而易见，原理(2.22)为第 1.7 节所讨论的广义 Галёркин 法提出了一个类似的修改形式.

上面提到的近似解法也可应用于弹性体的一些特征值问题，其中外力是不能由位势函数导出的. 这样的应用通常是建立在虚功原理，即方程(2.5)的基础上，正如参考文献[39]和[40]里所说明的. 作为基于余虚功原理应用的一个实例，可以参考 E. Reissner 关于颤振计算的论著[41]. 研究一下他的论文就清楚，如果把空气动力和惯性力当作体力，那就可以把他的方法看成是原理(2.95)的一项应用.

参 考 文 献

[1] A. E. H. Love, *A Treatise on the Mathematical Theory of Elasticity*, Cam-

bridge University Press, 4th edition, 1927.

[2] S. Timoshenko and J. N. Goodier, *Theory of Elasticity*, McGraw-Hill, 1951. («弹性理论», 人民教育出版社, 1964 年)

[3] R. Courant and D. Hilbert, *Methods of Mathematical Physics*, Vol.1, Interscience, New York, 1953. («数学物理方法», 卷I, 科学出版社, 1958 年)

[4] K. Washizu, *On the Variational Principles of Elasticity and Plasticity*, Aeroelastic and Structures Research Laboratory, Massachusetts Institute of Technology, Technical Report 25—18, March 1955.

[5] Hu Hai-chang, On Some Variational Principles in the Theory of Elasticity and the Theory of Plasticity. *Scientia Sinica* (中国科学), Vol. 4, No. 1, pp. 33—54, March 1955. (胡海昌, 论弹性体力学与受范性体力学中的一般变分原理, 首次发表在物理学报, 第 10 卷, 第 3 期, 1954 年)

[6] E. Hellinger, Der allgemeine Ansatz der Mechanik der Kontinua, *Encyclopädie der Mathematischen Wissenschaften*, Vol. 4, Part 4, pp. 602—94, 1914.

[7] E. Reissner, On a Variational Theorem in Elasticity, *Journal of Mathematics and Physics*, Vol. 29, No. 2, pp. 90—95, July 1950.

[8] K. Friedrichs, Ein Verfahren der Variationsrechnung das Minimum eines Integrals als das Maximum eines anderen Ausdruckes darzustellen, *Nachrichten der Academie der Wissenschaften in Göttingen*, pp. 13—20, 1929.

[9] 井合毅, 極大エネルギの定理による弾性問題の解法, 日本航空学会誌, 第 10 卷, 第 96 号, 1943 年 4 月.

[10] E. Reissner, On Variational Principles in Elasticity, *Proceedings of Symposia in Applied Mathematics*, Vol. 8, pp. 1—6, McGraw-Hill, 1958.

[11] P. M. Naghdi, On a Variational Theorem in Elasticity and its Application to Shell Theory, *Journal of Applied Mechanics*, Vol. 31, No. 4, pp. 647—53, December 1964.

[12] C. Biezeno and R. Grammel, *Technische Dynamik*, Springer Verlag, 1939. (该书的一部分有中译本: «工程动静力学», 第四卷, 科学出版社, 1959 年)

[13] R. L. Bisplinghoff, H. Ashley and R. L. Halfman, *Aeroelasticity*, Addison-Wesley, 1955.

[14] N. J. Hoff, *The Analysis of Structures*, John Wiley, 1956.

[15] J. H. Argyris and S. Kelsey, *Energy Theorems and Structural Analysis*, Butterworth, 1960. («能量原理与结构分析», 科学出版社, 1978 年)

[16] G. Temple and W. G. Bickley, *Rayleigh's Principle and its Applications to Engineering*, Oxford University Press, 1933.

[17] S. G. Mikhlin, *Variational Methods in Mathematical Physics*, Pergamon Press, 1964.

[18] E. Trefftz, Ein Gegenstück zum Ritzschen Verfahren, *Proceedings of the 2nd International Congress for Applied Mechanics*, Zürich, pp. 131—7, 1926.

[19] W. Prager and J. L. Synge, Approximations in Elasticity Based on the Concept of Function Space, *Quarterly of Applied Mathematics*, Vol. 5, No. 3, pp. 241—69, October 1947.

[20] K. Washizu, Bounds for Solutions of Boundary Value Problems in Elasticity, *Journal of Mathematics and Physics*, Vol. 32, No. 2—3, pp. 117—28, July—October 1953.

[21] J. L. Synge, *The Hypercircle in Mathematical Physics*, Cambridge University Press, 1957.

[22] K. Washizu, Note on the Principle of Stationary Complementary Energy Applied to Free Vibration of an Elastic Body, *International Journal of Solids and Structures*, Vol. 2, No. 1, pp. 27—35, January 1966.

[23] S. Timoshenko, *Theory of Elastic Stability*, McGraw-Hill, 1936.(«弹性稳定理论»,科学出版社,1958 年)

[24] H. M. Westergaard, On the Method of Complementary Energy and Its Application to Structures Stressed Beyond the Proportional Limit, to Buckling and Vibrations, and to Suspension Bridges, *Proceedings of American Society of Civil Engineers*, Vol. 67,No. 2, pp. 199—227, February 1941.

[25] E. Reissner, Note on the Method of Complementary Energy, *Journal of Mathematics and Physics*, Vol. 27, pp. 159—60, 1948.

[26] L. Collatz, *Eigenwertaufgaben mit technischen Anwendungen*, Akademische Verlagsgesellschaft, Leipzig, 1949.

[27] S. H. Gould, *Variational Methods for Eigenvalue Problems*, University of Toronto Press, 1957.

[28] R. Grammel, Ein neues Verfahren zur Lösung technischer Eigenwertprobleme, *Ingenieur Archiv*, Vol. 10, pp.35—46, 1939.

[29] A. I.van de Vooren and J. H. Greidanus, Complementary Energy Method in Vibration Analysis, Reader's Forum, *Journal of Aeronautical Sciences*, Vol. 17, No. 7, pp. 454—5, July 1950.

[30] G. Temple, The Calculation of Characteristic Numbers and Characteristic Functions, *Proceedings of London Mathematical Society*, Vol. 29, Series 2, No. 1690, pp. 257—80, 1929.

[31] W. Kohn, A Note on Weinstein's Variational Method, *Physical Review*, Vol. 71, No. 12, pp.902—4,June 1947.

[32] T. Kato, On the Upper and Lower Bounds of Eigenvalues, *Journal of Physical Society of Japan*, Vol. 4, No. 4—6, pp. 334—9, July—December 1949.

[33] G. Temple, The Accuracy of Rayleigh's Method of Calculating the Natural Frequencies of Vibrating Systems, *Proceedings of Royal Society*, Vol. A211, No. 1105, pp. 204—24, February 1950.

[34] R. V. Southwell, Some Extensions of Rayleigh's Principle, *Quarterly Jour-*

nal of Mechanics and Applied Mathematics, Vol. 6, Part 3, pp. 257—72. October 1953.

[35] K. Washizu, On the Bounds of Eigenvalues, *Quarterly Journal of Mechanics and Applied Mathematics*, Vol. 8, Part 3, pp. 311—25, September 1955.

[36] A. Weinstein, Étude des spectres des équations aux derivées partielles de la théorie des plaques élastiques, *Memorial des Sciences Mathematiques*, Vol. 88 Paris, 1937.

[37] N. Aronszajn and A. Weinstein, On the Unified Theory of Eigenvalues of Plates and Membranes, *American Journal of Mathematics*, Vol. 64, No. 4, pp. 623—45, December 1942.

[38] J. B. Diaz, Upper and Lower Bounds for Eigenvalues, *Proceedings of Symposia in Applied Mathematics*, Vol. 8, pp. 53—78, McGraw-Hill, 1958.

[39] R. L. Bisplinghoff and H. Ashley, *Principles of Aeroelasticity*, John Wiley, 1962.

[40] B. B. Болотин, *Неконсервативные задачи теории упругой устойчивости*, Физматгиз, 1961.

[41] E. Reissner, Complementary Energy Procedure for Flutter Calculations, Reader's Forum, *Journal of Aeronautical Sciences*, Vol. 16, No. 5, pp. 316—17, May 1949.

[42] F. R. Gantmacher, *The Theory of Matrices*, Chelsea Publishing Company, 1959.

[43] B. M. Fraeijs de Veubeke, Upper and Lower Bounds in Matrix Structural Analysis, in *Matrix Methods of Structural Analysis*, edited by B. M. F. de Veubeke and published by Pergamon Press, 1964.

第三章　用直角笛卡儿坐标表示的有限位移弹性理论

3.1　应 变 分 析

在本章里，我们来讨论用直角笛卡儿坐标表示的有限位移弹性理论[1)]. 在有限位移理论的公式推导中，不能过分强调空间变量和材料变量之间的差别. 除非另有说明，我们都将采用 Lagrange 法，在这个方法中，利用变形前确定物体内一点的坐标，来决定该点在随后变形中的位置[2)].

把直角笛卡儿坐标(x^1, x^2, x^3)固定在空间，而变形前物体任一点 $P^{(0)}$的位置向量用下式表示：

$$\mathbf{r}^{(0)}=\mathbf{r}^{(0)}(x^1, x^2, x^3), \tag{3.1}$$

如图 3.1 所示，式中上标(0)意味着这个量是属于变形前的状态的[3)]. 今后我们用一组值(x^1, x^2, x^3)，它们是点 $P^{(0)}$ 在变形前所据有的位置，作为表明质点在变形中位置的几个参数.

这个坐标系的基向量由下式给出：

$$\mathbf{i}_\lambda=\frac{\partial \mathbf{r}^{(0)}}{\partial x^\lambda}=\mathbf{r}^{(0)}_{,\lambda}\quad(\lambda=1, 2, 3), \qquad (3.2)^{4)}$$

式中以及这一整章中，记号$(\ )_{,\lambda}$ 表示对于 x^λ 的微分，即

$$(\ )_{,\lambda}=\partial(\ )/\partial x^\lambda.$$

$\mathbf{i}_\lambda$ 是沿坐标轴方向的一些单位向量，而且它们是互相正交的：

$$\mathbf{i}_\lambda\cdot\mathbf{i}_\mu=\delta_{\lambda\mu}, \qquad (3.3)^{5)}$$

---

1) 见参考文献[1—6].

2) 另一方面，在 Euler 法中，则采用与已变形物体相联系的坐标.

3) 不应把上标误解为指数.

4) 在第三、四和五章中，将选定一个希腊字母的角标来代替(1, 2, 3).

5) 符号 $\mathbf{a}\cdot\mathbf{b}$ 表示两个向量 $\mathbf{a}$ 和 $\mathbf{b}$ 的纯量积.

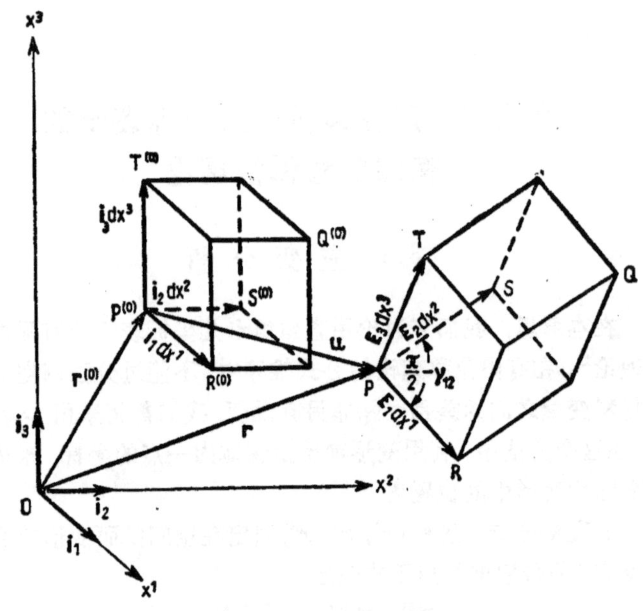

图 3.1 无限小平行六面体的几何图形
(a) 变形前 (b) 变形后

式中 $\delta_{\lambda\mu}$ 是由下式定义的 Kronecker 符号：

$$\begin{aligned}\delta_{\lambda\mu}&=1 \quad (\lambda=\mu),\\ \delta_{\lambda\mu}&=0 \quad (\lambda\neq\mu).\end{aligned} \tag{3.4}$$

我们在点 $P^{(0)}$ 附近取一点 $Q^{(0)}$，并用 $(x^1+dx^1,\ x^2+dx^2,\ x^3+dx^3)$ 来表示 $Q^{(0)}$ 的坐标. 于是这两点之间的位置向量 $d\mathbf{r}^{(0)}$ 和距离 $ds^{(0)}$ 可分别表示为

$$d\mathbf{r}^{(0)}=\mathbf{r}^{(0)}_{,\lambda}\,dx^\lambda=\mathbf{i}_\lambda\,dx^\lambda \tag{3.5}$$[1]

---

1) 在第三、四和五章中，将采用求和的约定. 所以在同一项里，一个希腊字母角标出现两次时，就表明要对(1, 2, 3)求和. 例如：

$$x^\lambda\mathbf{i}_\lambda=\sum_{\lambda=1}^{3}x^\lambda\mathbf{i}_\lambda=x^1\mathbf{i}_1+x^2\mathbf{i}_2+x^3\mathbf{i}_3.$$

$$\begin{aligned}\sigma^{\lambda\mu}e_{\lambda\mu}=\sum_{\lambda=1}^{3}\sum_{\mu=1}^{3}\sigma^{\lambda\mu}e_{\lambda\mu}=&\sigma^{11}e_{11}+\sigma^{12}e_{12}+\sigma^{13}e_{13}\\&+\sigma^{21}e_{21}+\sigma^{22}e_{22}+\sigma^{23}e_{23}\\&+\sigma^{31}e_{31}+\sigma^{32}e_{32}+\sigma^{33}e_{33}.\end{aligned}$$

和

$$(ds^{(0)})^2=d\mathbf{r}^{(0)}\cdot d\mathbf{r}^{(0)}=\delta_{\lambda\mu}dx^\lambda dx^\mu, \tag{3.6}$$

为了今后的方便，在物体上固定一个无限小的长方体，它由以下六个表面所围成：

$$x^\lambda=常数,\quad x^\lambda+dx^\lambda=常数,\quad (\lambda=1,\ 2,\ 3).$$

线元素 $P^{(0)}Q^{(0)}$ 是它的主对角线之一，而以 $R^{(0)}$，$S^{(0)}$，和 $T^{(0)}$ 作为邻近 $P^{(0)}$ 点的顶点.

现在假定物体已因变形而处于应变位形. $P^{(0)}$, $Q^{(0)}$, $R^{(0)}$, $S^{(0)}$ 和 $T^{(0)}$ 各点分别移动到由 P, Q, R, S 和 T 表示的新位置，而且无限小的长方体变形成一个平行六面体，一般来说，它不再是长方体了. 我们用

$$\mathbf{r}=\mathbf{r}(x^1,\ x^2,\ x^3) \tag{3.7}$$

表示点 P 的位置向量，并引入由下式定义的格向量(lattice vertor)：

$$\mathbf{E}_\lambda=\frac{\partial\mathbf{r}}{\partial x^\lambda}=\mathbf{r}_{,\lambda}\quad(\lambda=1,\ 2,\ 3). \tag{3.8}$$

于是，从点 P 引出的平行六面体的三个边可由 $\mathbf{E}_1dx^1$，$\mathbf{E}_2dx^2$ 和 $\mathbf{E}_3dx^3$ 给出. 因而，P 和 Q 之间的位置向量 $d\mathbf{r}$ 和距离 ds，就可以分别由下式表示：

$$d\mathbf{r}=\mathbf{r}_{,\lambda}dx^\lambda=\mathbf{E}_\lambda dx^\lambda, \tag{3.9}$$

和

$$(ds)^2=d\mathbf{r}\cdot d\mathbf{r}=E_{\lambda\mu}dx^\lambda dx^\mu, \tag{3.10}$$

式中

$$E_{\lambda\mu}=\mathbf{E}_\lambda\cdot\mathbf{E}_\mu=E_{\mu\lambda}. \tag{3.11}$$

让我们来研究 $E_{\lambda\mu}$ 的几何意义. 无限小线元素 $P^{(0)}R^{(0)}$ 在变形前后的长度分别是

$$(ds^{(0)})^2=(dx^1)^2\quad 和\quad (ds)^2=E_{11}(dx^1)^2.$$

因此，$P^{(0)}R^{(0)}$ 的伸长率由下式给出：

$$(ds-ds^{(0)})/ds^{(0)}=\sqrt{E_{11}}-1. \tag{3.12}$$

E_{22} 和 E_{33} 的几何意义与此相似.

其次，考虑两个无限小的线元素 $P^{(0)}R^{(0)}$ 和 $P^{(0)}S^{(0)}$，它们在变形前是正交的. 变形后，这两个线元素移动到新的位置 PR 和 PS，它们的相对位置分别由向量 $\mathbf{E}_1 dx^1$ 和 $\mathbf{E}_2 dx^2$ 给出. 如果用 $\left(\frac{\pi}{2}-\gamma_{12}\right)$ 表示 PR 和 PS 之间的锐角，那么我们有

$$\mathbf{E}_1 dx^1 \cdot \mathbf{E}_2 dx^2 = |\mathbf{E}_1||\mathbf{E}_2| dx^1 dx^2 \cos\left(\frac{\pi}{2}-\gamma_{12}\right).$$

或

$$E_{12}=\sqrt{E_{11}E_{22}}\sin\gamma_{12}. \tag{3.13}$$[1)]

这就给出了 E_{12} 的几何意义. E_{23} 和 E_{31} 的意义与此相似.

因此，我们可以断定，一个无限小的长方体变形之后变成一个斜平行六面体，而它的变形几何形状可以用一组量 $E_{\lambda\mu}(\lambda, \mu=1, 2, 3)$ 的值来决定. 因此，我们用

$$e_{\lambda\mu}=\frac{1}{2}(E_{\lambda\mu}-\delta_{\lambda\mu})=e_{\mu\lambda} \quad (\lambda, \mu=1, 2, 3) \tag{3.14}$$

来定义平行六面体的应变，并采用九个分量 $e_{\lambda\mu}$，处在对称条件 $e_{\lambda\mu}=e_{\mu\lambda}$ 之下，作为决定平行六面体应变的一些量.

我们把点 P 的位置向量表示成为

$$\mathbf{r}=\mathbf{r}^{(0)}+\mathbf{u}, \tag{3.15}$$

式中 $\mathbf{u}$ 是位移向量，其分量 (u^1, u^2, u^3) 由下式定义：

$$\mathbf{u}=u^\lambda \mathbf{i}_\lambda. \tag{3.16}$$

从方程(3.8)和(3.15)，我们有

$$\mathbf{E}_\lambda=(\delta^\varkappa_\lambda+u^\varkappa_{,\lambda})\mathbf{i}_\varkappa, \tag{3.17}$$

式中 $\delta^\varkappa_\lambda$ 是 Kronecker 符号. 利用方程(3.14)和(3.17)，这些应变可以通过各位移分量计算如下：

$$e_{\lambda\mu}=\frac{1}{2}(u^\lambda_{,\mu}+u^\mu_{,\lambda}+u^\varkappa_{,\lambda}u^\varkappa_{,\mu})=e_{\mu\lambda}. \tag{3.18}$$

如果用 u, v, w 分别代替 u^1, u^2, u^3，并用 x, y, z 分别代替1, 2, 3或 x^1, x^2, x^3，那么方程(3.18)可写成如下：

1) $|\mathbf{a}|=(\mathbf{a}\cdot\mathbf{a})^{1/2}$.

$$e_{xx}=\frac{\partial u}{\partial x}+\frac{1}{2}\left[\left(\frac{\partial u}{\partial x}\right)^2+\left(\frac{\partial v}{\partial x}\right)^2+\left(\frac{\partial w}{\partial x}\right)^2\right],$$

$$e_{yy}=\frac{\partial v}{\partial y}+\frac{1}{2}\left[\left(\frac{\partial u}{\partial y}\right)^2+\left(\frac{\partial v}{\partial y}\right)^2+\left(\frac{\partial w}{\partial y}\right)^2\right],$$

$$e_{zz}=\frac{\partial w}{\partial z}+\frac{1}{2}\left[\left(\frac{\partial u}{\partial z}\right)^2+\left(\frac{\partial v}{\partial z}\right)^2+\left(\frac{\partial w}{\partial z}\right)^2\right],$$

$$2e_{yz}=\frac{\partial w}{\partial y}+\frac{\partial v}{\partial z}+\frac{\partial u}{\partial y}\frac{\partial u}{\partial z}+\frac{\partial v}{\partial y}\frac{\partial v}{\partial z}+\frac{\partial w}{\partial y}\frac{\partial w}{\partial z} \qquad (3.19)^{1)}$$
$$=2e_{zy},$$

$$2e_{zx}=\frac{\partial u}{\partial z}+\frac{\partial w}{\partial x}+\frac{\partial u}{\partial z}\frac{\partial u}{\partial x}+\frac{\partial v}{\partial z}\frac{\partial v}{\partial x}+\frac{\partial w}{\partial z}\frac{\partial w}{\partial x}$$
$$=2e_{xz},$$

$$2e_{xy}=\frac{\partial v}{\partial x}+\frac{\partial u}{\partial y}+\frac{\partial u}{\partial x}\frac{\partial u}{\partial y}+\frac{\partial v}{\partial x}\frac{\partial v}{\partial y}+\frac{\partial w}{\partial x}\frac{\partial w}{\partial y}$$
$$=2e_{yx}.$$

这里我们要指出，当应变分量是足够小时，对于这些应变可以把方程(3.12)和(3.13)线性化，从而得到下列近似关系式：

$$(ds-ds^{(0)})/ds^{(0)}=\sqrt{1+2e_{11}}-1\approx e_{11}, \qquad (3.20)$$

$$\gamma_{12}=\sin^{-1}(E_{12}/\sqrt{E_{11}E_{22}})\approx 2e_{12}. \qquad (3.21)$$

类似的一些关系式适用于其他的应变分量.

3.2 应力分析和平衡方程

在前一节已经阐明，一个无限小的长方体变形之后变成一个斜平行六面体．我们现在来研究变了形的平行六面体的平衡[1]．

作用在变了形的平行六面体上的力是，物体相邻部分通过六个侧面作用的内力以及体力，如图 3.2 所示．用 $-\boldsymbol{\sigma}^1 dx^2 dx^3$ 表示作用在一个侧面上的内力，这个侧面在变形前的面积是 $dx^2 dx^3$，而变形后其边长是 $\mathbf{E}_2 dx^2$ 和 $\mathbf{E}_3 dx^3$．用类似的方法定义量 $\boldsymbol{\sigma}^2$ 和 $\boldsymbol{\sigma}^3$．作用在六个侧面上的内力分列如下：

1) 试与方程(1.5)作一比较。

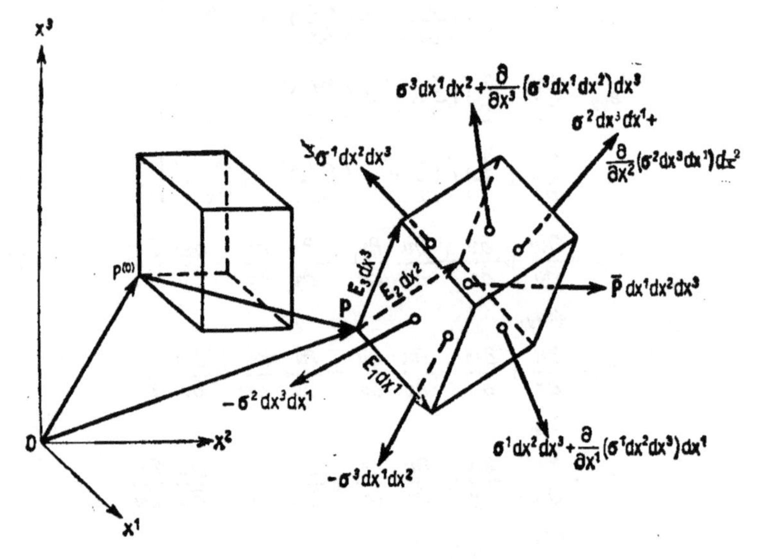

图 3.2　无限小平行六面体的平衡

(a) 变形前　(b) 变形后

$$-\boldsymbol{\sigma}^1 dx^2 dx^3, \qquad \boldsymbol{\sigma}^1 dx^2 dx^3+\frac{\partial}{\partial x^1}(\boldsymbol{\sigma}^1 dx^2 dx^3)dx^1,$$

$$-\boldsymbol{\sigma}^2 dx^3 dx^1, \qquad \boldsymbol{\sigma}^2 dx^3 dx^1+\frac{\partial}{\partial x^2}(\boldsymbol{\sigma}^2 dx^3 dx^1)dx^2,$$

$$-\boldsymbol{\sigma}^3 dx^1 dx^2, \qquad \boldsymbol{\sigma}^3 dx^1 dx^2+\frac{\partial}{\partial x^3}(\boldsymbol{\sigma}^3 dx^1 dx^2)dx^3.$$

作用在变了形的平行六面体内的体力用 $\overline{\mathbf{P}}\,dx^1 dx^2 dx^3$ 表示．于是，变了形的平行六面体的力的平衡方程由下式给出

$$\boldsymbol{\sigma}^\lambda_{,\lambda}+\overline{\mathbf{P}}=0. \tag{3.22}$$

我们沿格向量的方向分解来定义 $\boldsymbol{\sigma}^\lambda$ 的分量：

$$\boldsymbol{\sigma}^\lambda=\sigma^{\lambda\mu}\mathbf{E}_\mu, \tag{3.23}$$ [1)]

如图 3.3 所示．于是，变了形的平行六面体的力矩平衡方程由下式给出：

1) 方程(3.23)所定义的量 $\sigma^{\lambda\mu}$ 称为伪应力(pseudo-stress) 或广义应力．但在以后的公式推导中仍采用应力这种习惯的名称．

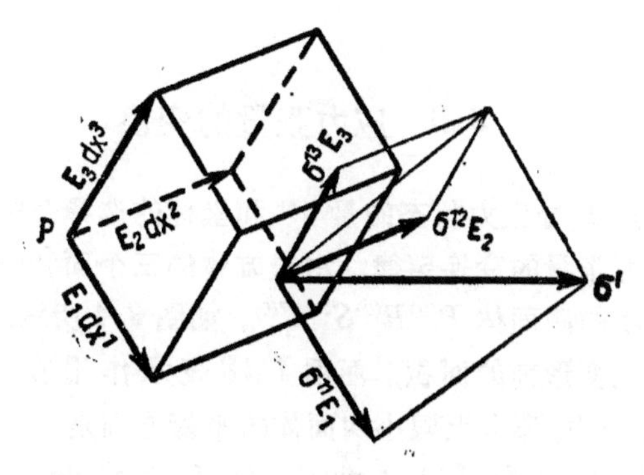

图 3.3　$\boldsymbol{\sigma}^1 = \sigma^{1\lambda}\mathbf{E}_\lambda$

$$
\begin{aligned}
(\boldsymbol{\sigma}^1 dx^2 dx^3) \times \mathbf{E}_1 dx^1 + (\boldsymbol{\sigma}^2 dx^3 dx^1) \times \mathbf{E}_2 dx^2 \\
+ (\boldsymbol{\sigma}^3 dx^1 dx^2) \times \mathbf{E}_3 dx^3 \\
= (\boldsymbol{\sigma}^\lambda \times \mathbf{E}_\lambda) dx^1 dx^2 dx^3 = 0,
\end{aligned}
\qquad (3.24)^{1)}
$$

式中略去了各高阶项．利用方程(3.23)，我们从方程(3.24)得出下列关系式：

$$
\sigma^{\lambda\mu} = \sigma^{\mu\lambda}. \qquad (3.25)^{2)}
$$

我们将采用九个分量 $\sigma^{\lambda\mu}$，处在对称条件 $\sigma^{\lambda\mu} = \sigma^{\mu\lambda}$ 之下，作为决定无限小平行六面体上应力状态的一些量．

方程(3.22)是一个向量方程．用纯量形式表达这个方程的方法之一，是把它沿 $\mathbf{i}_\lambda$ 方向分解．把体力的分量定义为

$$
\overline{\mathbf{P}} = \overline{P}^\lambda \mathbf{i}_\lambda, \qquad (3.26)
$$

我们就从方程(3.22)得到下列纯量方程组：

$$
[(\delta^\lambda_\mu + u^\lambda_{,\mu})\sigma^{\kappa\mu}]_{,\kappa} + \overline{P}^\lambda = 0, \quad (\lambda = 1, 2, 3). \qquad (3.27)^{3)}
$$

这里要注意，$\boldsymbol{\sigma}^\lambda$ 是按每单位面积定义的，$\overline{\mathbf{P}}$ 是按每单位体积定义的，而面积和体积都是对未变形的状态来说的．

---

1) 符号 $\mathbf{a} \times \mathbf{b}$ 表示两个向量 $\mathbf{a}$ 和 $\mathbf{b}$ 的向量积．

2) 要注意：

$$
\begin{aligned}
\boldsymbol{\sigma}^\lambda \times \mathbf{E}_\lambda = \sigma^{\lambda\mu}\mathbf{E}_\mu \times \mathbf{E}_\lambda = (\sigma^{21} - \sigma^{12})\mathbf{E}_1 \times \mathbf{E}_2 \\
+ (\sigma^{32} - \sigma^{23})\mathbf{E}_2 \times \mathbf{E}_3 + (\sigma^{13} - \sigma^{31})\mathbf{E}_3 \times \mathbf{E}_1,
\end{aligned}
$$

而三个向量 $\mathbf{E}_1 \times \mathbf{E}_2$, $\mathbf{E}_2 \times \mathbf{E}_3$ 和 $\mathbf{E}_3 \times \mathbf{E}_1$ 是互不相关的．

3) 试与方程(1.2)作一比较．

3.3 应力张量的变换

定义点 P 处应力状态的量 $\sigma^{\lambda\mu}$ 和坐标的选择有关. 我们现在来寻找应力张量的变换定律. 由长方体的三个面和一个斜面围成一个无限小的四面体 $P^{(0)}R^{(0)}S^{(0)}T^{(0)}$, 如图 3.4 所示. 如果用 $d\Sigma$ 表明斜面在变形前的面积, 而用 $\mathbf{F}\,d\Sigma$ 表示作用在变形后表面 RST 上的内力, 那么无限小四面体的平衡方程是

$$\mathbf{F}\,d\Sigma=\boldsymbol{\sigma}^1(dx^2\,dx^3/2)+\boldsymbol{\sigma}^2(dx^3\,dx^1/2)+\boldsymbol{\sigma}^3(dx^1\,dx^2/2). \tag{3.28}$$

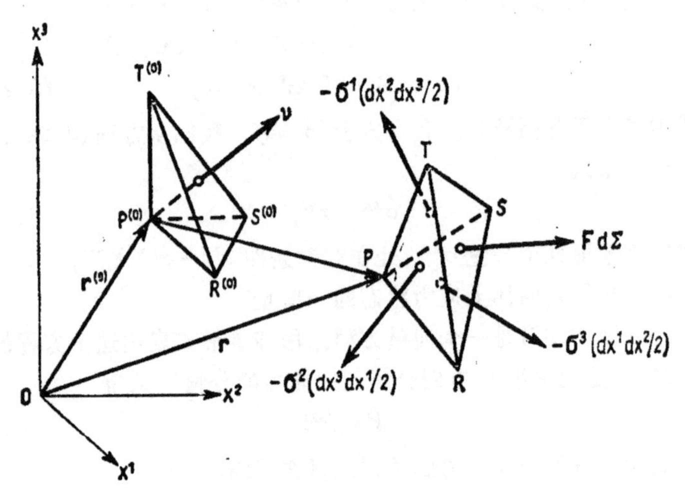

图 3.4 无限小四面体的平衡

(a) 变形前 (b) 变形后

从变形前的几何形状, 我们有

$$dx^2\,dx^3=2(\mathbf{i}_1\cdot\boldsymbol{\nu})\,d\Sigma,\qquad dx^3\,dx^1=2(\mathbf{i}_2\cdot\boldsymbol{\nu})\,d\Sigma,$$

$$dx^1\,dx^2=2(\mathbf{i}_3\cdot\boldsymbol{\nu})\,d\Sigma, \qquad (3.29)^{1)}$$

式中 $\boldsymbol{\nu}$ 是变形前斜面 $R^{(0)}S^{(0)}T^{(0)}$ 上的外向单位法线向量. 把关系式(3.29)代入方程(3.28), 我们得到

1) 见方程(4.63)的脚注.

$$\mathbf{F}=(\mathbf{i}_\kappa\cdot\boldsymbol{\nu})\sigma^{\kappa}. \tag{3.30}$$

这就给出了作用在斜面上的内力 $\mathbf{F}$ 的大小和方向. 沿基向量的方向把 $\mathbf{F}$ 分解成为

$$\mathbf{F}=F^{\lambda}\mathbf{i}_\lambda, \tag{3.31}$$

我们就得到用纯量形式表示的方程(3.30):

$$F^{\lambda}=\sigma^{\kappa\mu}n_\kappa(\delta^\lambda_\mu+u^\lambda_{,\mu}), \tag{3.32}$$

式中 $n_\kappa=\mathbf{i}_\kappa\cdot\boldsymbol{\nu}$.

3.4 应力-应变关系

在本章里我们将假定,变形是在等温或是绝热情况下发生的,同时假定用应变表达应力的一些函数存在,使得[1]

$$\sigma^{\lambda\mu}=\sigma^{\lambda\mu}(e_{11}, e_{12}, \cdots, e_{33}), \quad (\lambda, \mu=1, 2, 3), \quad (3.33)^{1)}$$

其中零应力状态对应着零应变状态,也就是说,

$$\sigma^{\lambda\mu}(0, 0, \cdots, 0)=0.$$

我们还假定用应力表达应变的唯一的反函数存在:

$$e_{\lambda\mu}=e_{\lambda\mu}(\sigma^{11}, \sigma^{12}, \cdots, \sigma^{33}), \quad (\lambda, \mu=1, 2, 3). \quad (3.34)^{1)}$$

当应变分量假定为足够小时, 我们可以把方程(3.33)展开成 $e_{\alpha\beta}$ 的幂级数,并略去其中各高阶项,以便得出下列线性的应力-应变关系:

$$\sigma^{\lambda\mu}=a^{\lambda\mu\alpha\beta}e_{\alpha\beta}. \quad (3.35)^{2)}$$

显然,由于应力张量和应变张量的对称性,各系数之间存在着下列关系:

$$a^{\lambda\mu\alpha\beta}=a^{\mu\lambda\alpha\beta}=a^{\lambda\mu\beta\alpha}.$$

可以对方程(3.35)求逆而得出

$$e_{\lambda\mu}=b_{\lambda\mu\alpha\beta}\sigma^{\alpha\beta}, \quad (3.36)^{2)}$$

式中

$$b_{\lambda\mu\alpha\beta}=b_{\mu\lambda\alpha\beta}=b_{\lambda\mu\beta\alpha}.$$

---

1) 在方程(3.33)中, 实际上只有六个方程是独立的. 但是, 我们可以象方程(3.33)和(3.34)那样用对称形式的九个方程分别写出它们和它们的逆关系.

2) 试分别与方程(1.6)和(1.8)作一比较.

当材料是各向同性时，$a^{\lambda\mu\alpha\beta}$ 的数值应该同定义应力和应变的坐标系无关．由此得出结论，$a^{\lambda\mu\alpha\beta}$ 是一个四阶各向同性张量，并由下式给出[8,5]：

$$a^{\lambda\mu\alpha\beta}=\frac{E\nu}{(1+\nu)(1-2\nu)}\delta^{\lambda\mu}\delta^{\alpha\beta}+G(\delta^{\lambda\alpha}\delta^{\mu\beta}+\delta^{\lambda\beta}\delta^{\mu\alpha}), \quad (3.37)$$

而方程(3.35)和(3.36)则分别简化为

$$\sigma^{\lambda\mu}=\frac{E}{(1-2\nu)}e\,\delta_{\lambda\mu}+2Ge'_{\lambda\mu}, \quad (3.38)^{1)}$$

和

$$e_{\lambda\mu}=\frac{(1-2\nu)}{E}\sigma\delta^{\lambda\mu}+\frac{1}{2G}\sigma^{\lambda\mu'}, \quad (3.39)^{1)}$$

式中 $E=2(1+\nu)G$．量 $\sigma^{\lambda\mu'}$ 和 $e'_{\lambda\mu}$ 是应力偏量和应变偏量，分别由 $\sigma^{\lambda\mu'}=\sigma^{\lambda\mu}-\sigma\,\delta^{\lambda\mu}$ 和 $e'_{\lambda\mu}=e_{\lambda\mu}-e\,\delta_{\lambda\mu}$ 来定义，其中

$$\sigma=(1/3)\sigma^{\lambda\lambda}=(1/3)(\sigma^{11}+\sigma^{22}+\sigma^{33})$$

和

$$e=(1/3)e_{\lambda\lambda}=(1/3)(e_{11}+e_{22}+e_{33}).$$

3.5 问题的提出

有了上面的预备知识，我们现在来定义有限位移弹性理论中的边值问题．考虑一个弹性体承受如下的各边界条件和体力：

(1) 在 S_1 上的力学边界条件，

$$\mathbf{F}=\overline{\mathbf{F}}, \quad (3.40)$$

式中 $\mathbf{F}$ 由方程(3.30)给出，其条件是向量 $\boldsymbol{\nu}$ 在这里是边界上的外向单位法线，而 $\overline{\mathbf{F}}$ 是给定的外力．$\mathbf{F}$ 和 $\overline{\mathbf{F}}$ 都是按照变形前每单位面积来定义的．把 $\overline{\mathbf{F}}$ 沿基向量的各方向分解，

$$\overline{\mathbf{F}}=\overline{F}^{\lambda}\mathbf{i}_{\lambda}, \quad (3.41)$$

我们从方程(3.40)就得到如下的纯量方程：

$$F^{\lambda}=\overline{F}^{\lambda} \quad (\lambda=1,2,3). \quad (3.42)^{2)}$$

(2) 在 S_2 上的几何边界条件，

$$u^{\lambda}=\overline{u}^{\lambda} \quad (\lambda=1,2,3). \quad (3.43)^{2)}$$

1) 试分别与方程(1.10)和(1.11)作一比较．

2) 试分别与方程(1.12)和(1.14)作一比较．

(3) 体力

$$\overline{P}^{\lambda} \quad (\lambda=1, 2, 3). \tag{3.44}$$

于是我们的问题就是利用应力-应变关系式(3.33)求出存在于变形后物体中的应力和位移.

结合方程(3.18)和(3.33),我们可以用 u^{κ} 来表示 $\sigma^{\lambda\mu}$. 把这样表达的 $\sigma^{\lambda\mu}$ 引进方程(3.27)和(3.42),就得到用 u^{κ} 表示的三个联立微分方程和一些力学边界条件. 如果能在满足 S_1 和 S_2 上的边界条件下解出这些微分方程,我们就可以得到所需的平衡位形. 一旦求出了位移分量 u^{κ}, 就可以从方程(3.18)和(3.33)确定在物体内引起的应力状态.

由于问题是非线性的,如果解答能够求得的话,在外加载荷和所引起的变形之间一般就会产生非线性关系. 图 3.5, 3.6, 3.7 和 3.8 中描绘了若干非线性关系的典型例子. 图中的纵坐标表示外加载荷,横坐标表示着力点沿外载方向发生的位移[7]. 在图 3.5 描绘的例子中, 曲线的斜率 $d\overline{P}/d\delta$ 随着变位的增加而增大. 这就表明,只要物体呈弹性,在外载作用下它是稳定的. 反之,在图 3.6 描绘的例子中,斜率 $d\overline{M}/d\varphi$ 随着变形的增加而减小,载荷 $\overline{M}$ 最后达到它的极大值 M_{cr}. 这就表明, 在 M_{cr} 下物体不再是稳定的,超过 M_{cr} 以后, 它就会弹性失效[8,9]. 在图 3.7 中所描绘的现象(这里载荷-挠度曲线具有 S 形的特点) 称为跳越(durchschlag)* 或突越(snap-through)[10]. 如果 $\overline{P}$ 是静载, 而当它从零增加到 P_{cr} 时, 挠度将从 δ_{cr} 跳跃到 δ_1, 并带有一定的动能, 如图中阴影面积所表示. 在卸载的情况下,在 P^*_{cr} 处发生另一次跳跃. 如果载荷-变位关系如图 3.8 所示, 在 P_{cr} 处存在一个分叉点,那么当载荷超过临界载荷时, 这个系统就具有两种平衡状态. 物体倾向于一种稳定的位形,在外界小干扰的刺激下,它的变位就会突然从不稳定改变到稳定的位形. 这后面三个图所表明的现象, 构成了弹性稳定理论的主要部分[11-13].

* durchschlag 为德文,日文译为飛移.——译者注

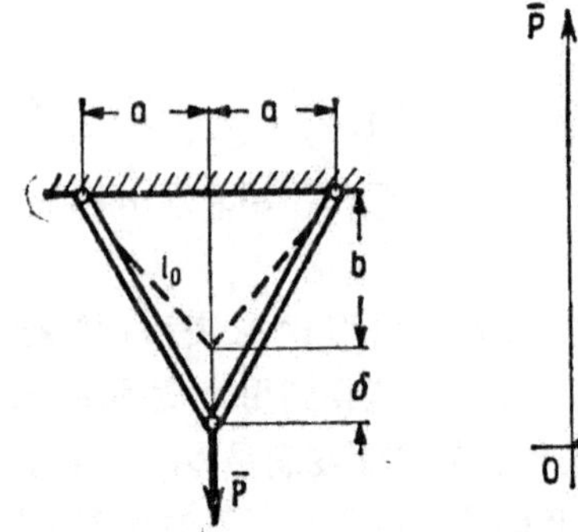

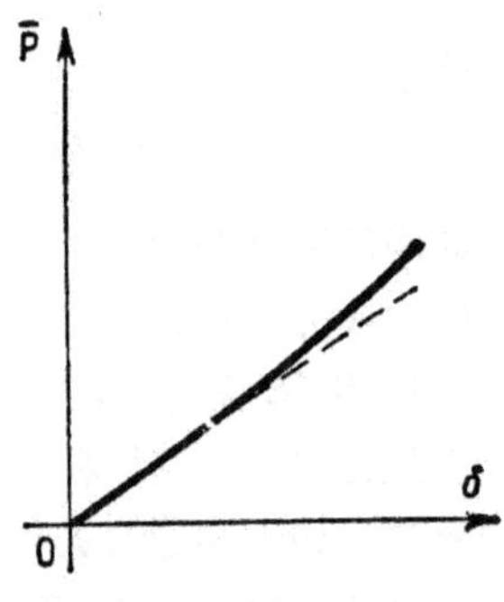

图 3.5　桁架结构的载荷-变位曲线

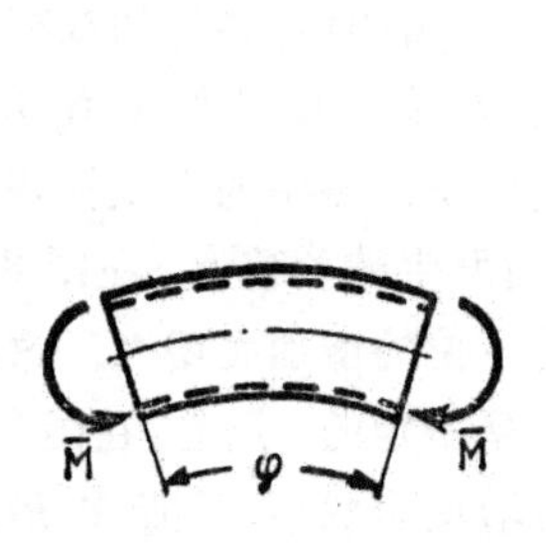

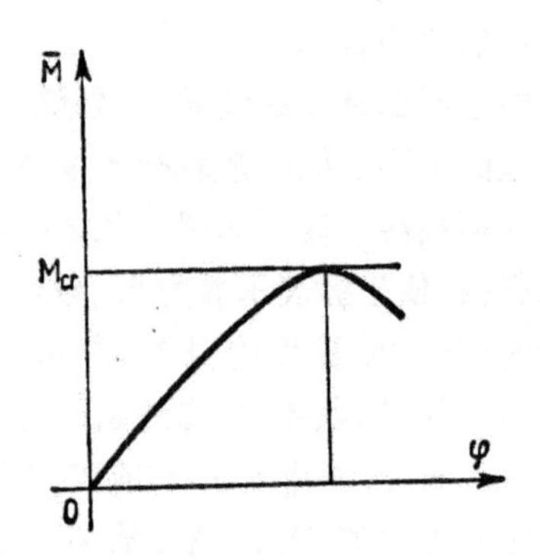

图 3.6　薄壁圆管在弯曲下变扁的不稳定性

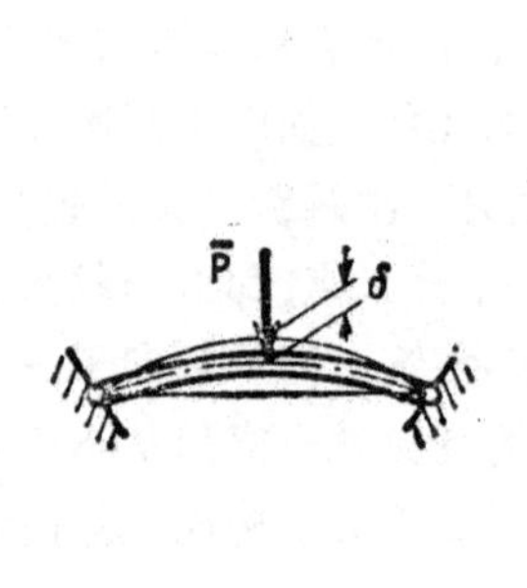

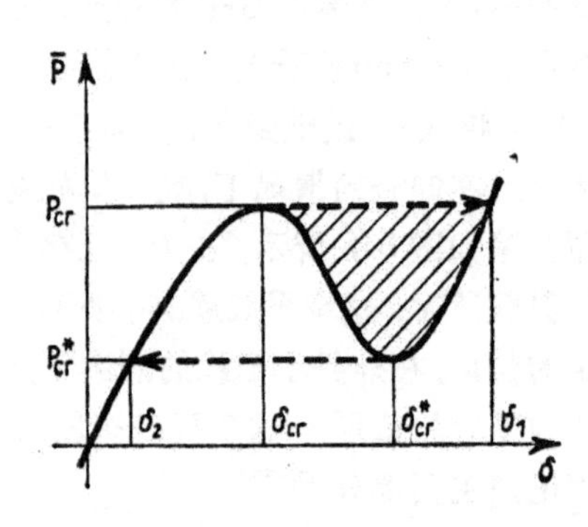

图 3.7　曲梁的跳越或突越

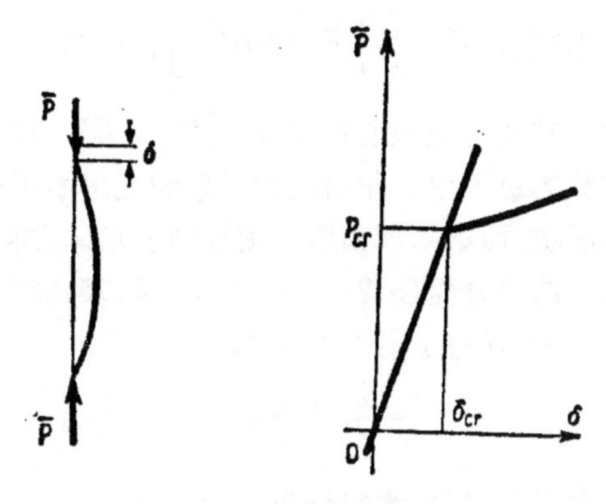

图 3.8　受压杆件的分叉点

3.6　虚功原理

在这一节里，我们来推导所研究连续体的虚功原理．假定物体在体力，S_1 上作用的外力和 S_2 上给定的几何边界条件下保持平衡．现在，在不违反 S_2 上给定的边界条件的前提下，假定从这个平衡位形对物体施加一无限小的虚位移 $\delta\mathbf{u}$．那么，利用平衡方程(3.22)和力学边界条件(3.40)，并考虑到 $\delta\mathbf{u}=\delta\mathbf{r}$，我们得到

$$-\iiint_V(\boldsymbol{\sigma}^{\lambda}_{,\lambda}+\bar{\mathbf{P}})\cdot\delta\mathbf{r}\,dV+\iint_{S_1}(\mathbf{F}-\bar{\mathbf{F}})\cdot\delta\mathbf{r}\,dS=0, \tag{3.45}$$

式中 $dV=dx^1dx^2dx^3$ 和 dS 分别是变形前平行六面体的体积元素和物体表面上的面积元素．利用在物体表面上成立的几何关系：

$$dx^2dx^3=\pm n_1dS,\quad dx^3dx^1=\pm n_2dS,\quad dx^1dx^2=\pm n_3dS, \qquad (3.46)^{1)}$$

方程(3.45)的首项就可变换成

$$-\iiint_V\boldsymbol{\sigma}^{\lambda}_{,\lambda}\cdot\delta\mathbf{r}\,dV=-\iint_{S_1+S_2}\mathbf{F}\cdot\delta\mathbf{r}\,dS+\iiint_V\boldsymbol{\sigma}^{\lambda}\cdot(\delta\mathbf{r})_{,\lambda}dV.$$

把上式代入方程(3.45)，并考虑到在 S_2 上 $\delta\mathbf{r}=0$，我们得到

1) 见方程(4.79)的脚注。

$$\iiint\limits_V \boldsymbol{\sigma}^\lambda \cdot (\delta\mathbf{r})_{,\lambda}\, dV - \iiint\limits_V \overline{\mathbf{P}} \cdot \delta\mathbf{r}\, dV - \iint\limits_{S_1} \overline{\mathbf{F}} \cdot \delta\mathbf{r}\, dS = 0. \tag{3.47}$$

方程(3.47)中首项的被积表达式 $\boldsymbol{\sigma}^\lambda \cdot (\delta\mathbf{r})_{,\lambda} dV$，可以解释为施加无限小虚位移的过程中，作用在变了形的无限小平行六面体上的内力所作的虚功，而第二项和第三项分别表示体力和 S_1 上的外力所作的虚功．结合方程(3.23)，(3.11)，(3.25)和(3.14)，得出

$$\begin{aligned} \boldsymbol{\sigma}^\lambda \cdot (\delta\mathbf{r})_{,\lambda} &= \sigma^{\lambda\mu} \mathbf{r}_{,\mu} \cdot (\delta\mathbf{r})_{,\lambda} \\ &= \frac{1}{2} \sigma^{\lambda\mu}\, \delta E_{\lambda\mu} = \sigma^{\lambda\mu}\, \delta e_{\lambda\mu}. \end{aligned}$$

把上式代入方程(3.47)，我们得到

$$\iiint\limits_V \sigma^{\lambda\mu}\, \delta e_{\lambda\mu}\, dV - \iiint\limits_V \overline{\mathbf{P}} \cdot \delta\mathbf{r}\, dV - \iint\limits_{S_1} \overline{\mathbf{F}} \cdot \delta\mathbf{r}\, dS = 0. \tag{3.48}$$

这就是用于有限位移理论弹性力学问题的虚功原理．利用方程(3.16)，(3.26)和(3.41)，这个原理可以按另一方式表达如下：

$$\iiint\limits_V (\sigma^{\lambda\mu}\, \delta e_{\lambda\mu} - \overline{P}^\lambda\, \delta u^\lambda)\, dV - \iint\limits_{S_1} \overline{F}^\lambda\, \delta u^\lambda\, dS = 0. \tag{3.49}$$ [1)]

把上面的推导颠倒过来，在假定了应变-位移关系(3.18)，应力分量的对称性(3.25)和给定的几何边界条件(3.43)之后，我们就从这个原理得到平衡方程(3.27)和力学边界条件(3.42)．顺便提一下，不管物体的应力-应变关系采取什么形式，这个原理总是成立的．

3.7 应变能函数

我们来考虑物体的一个长方形元素，它在变形前占有一单位体积．当这个元素沿着一条加载途径，变形到由(e_{11}, e_{12}, …, e_{33})

---

1) 试与方程(1.32)作一比较．

为了与张量符号一致，最好把 $\overline{P}^\lambda \delta u^\lambda$ 写成 $\delta_{\lambda\mu}\overline{P}^\lambda \delta u^\mu$ 或 $\overline{P}^\lambda \delta u_\lambda$，这里 $\delta_{\lambda\mu}$ 是 Kronecker 符号，而 $\delta u_\lambda = \delta_{\lambda\mu} \delta u^\mu$．但是，为简便起见，每当采用直角笛卡儿坐标系时我们都用比较简单的表达式．

表示的应变状态时，我们就可以利用应力-应变关系(3.33)沿着加载途径算出下列积分：

$$\int_{(0,\cdots,0)}^{(e_{11},\cdots,e_{33})} \sigma^{\lambda\mu} de_{\lambda\mu}. \tag{3.50}$$

这样得出的积分值一般与加载途径有关．可是，如果该积分值与加载途径无关，而仅依赖于最终应变的话，那么量 $\sigma^{\lambda\mu}de_{\lambda\mu}$ 就称为全微分，而且状态函数 $A(e_{11}, e_{12}, \cdots, e_{33})$ 的存在就得到保证，使得

$$dA = \sigma^{\lambda\mu} de_{\lambda\mu}, \tag{3.51}$$

或等价地写成

$$\frac{\partial A}{\partial e_{\lambda\mu}} = \sigma^{\lambda\mu} \quad (\lambda, \mu = 1, 2, 3). \tag{3.52}$$

这样定义的状态函数就是有限位移弹性理论中的应变能函数．

本节考虑使量 $\sigma^{\lambda\mu}de_{\lambda\mu}$ 作为一个全微分的条件．在任何偏微分方程的书里，都可以找到有关这些条件的详细讨论．不过，我们可以把它们概括如下：

如果应力-应变关系(3.33)满足方程组

$$\frac{\partial \sigma^{\lambda\mu}}{\partial e_{\alpha\beta}} = \frac{\partial \sigma^{\alpha\beta}}{\partial e_{\lambda\mu}} \quad (\lambda, \mu, \alpha, \beta = 1, 2, 3), \tag{3.53}$$

则可证明量 $\sigma^{\lambda\mu}de_{\lambda\mu}$ 是一个全微分．

因此，如果应力-应变关系(3.35)满足方程组

$$a^{\lambda\mu\alpha\beta} = a^{\alpha\beta\lambda\mu}, \tag{3.54}$$

我们就有

$$A = \frac{1}{2} a^{\lambda\mu\alpha\beta} e_{\lambda\mu} e_{\alpha\beta}. \tag{3.55}$$[1]

当材料是各向同性的，而且可以采用方程(3.38)所给出的应力-应变关系时，我们有

$$A = \frac{3E}{2(1-2\nu)} e^2 + G e'_{\lambda\mu} e'_{\lambda\mu}. \tag{3.56}$$[1]

到这里为止，已经从数学上研究了应变能函数存在的条件．我们现在要从物理意义上表明，当弹性体在可逆过程中等温地或绝

1) 试分别与方程(2.2)和(2.3)作一比较．

热地发生变形时，确实存在这样一个函数[2,14,15].

我们再次取用弹性体的一个单位体积，并称它为一个元素.对这个元素引用热力学第一定律，当应变增加了 $de_{\lambda\mu}$ 时，输入元素的总能量是

$$dU_0 = d'Q + \sigma^{\lambda\mu}\, de_{\lambda\mu}, \tag{3.57}$$

式中 dU_0 和 $d'Q$ 分别是输入元素的内能和热能增量. 量 dU_0 是内能 U_0 的微分，U_0 是温度和元素瞬时应变状态的单值函数. 从物理上说，内能 U_0 是分子在其相互作用力下的平均位置以及它们相对于自身平均位置的动能这两者的函数[16]. 然而，Q 并不是一种状态函数，$d'Q$ 只表示输入的一个无限小量的热能. 所以，这里使用了专门的记号 d' 以免混淆. 量 $\sigma^{\lambda\mu}de_{\lambda\mu}$ 是输入的一个无限小量的机械能. 在这两类能量输入该元素后，由 $d'Q$ 和 $\sigma^{\lambda\mu}\, de_{\lambda\mu}$ 所提供的 dU_0 的部分之间，就再也不会有什么差别了.

热力学第二定律确认了状态函数 S(称为熵)的存在，使得

$$d'Q = TdS, \tag{3.58}$$

式中 T 是元素的绝对温度. 结合方程(3.57)和(3.58)，我们得到

$$dU_0 = T\, dS + \sigma^{\lambda\mu}\, de_{\lambda\mu}. \tag{3.59}$$

方程(3.57)表明，在一个可逆过程中，如果变形在绝热情况下发生，就有

$$dU_0 = \sigma^{\lambda\mu}\, de_{\lambda\mu}. \tag{3.60}$$

因此，机械能以内能的形式储存在元素中，并且得到

$$A = U_0 + 常数. \tag{3.61}$$

另一方面，在一个可逆过程中，如果变形在等温情况下发生，则从方程(3.59)得到

$$dF_0 = \sigma^{\lambda\mu}\, de_{\lambda\mu}, \tag{3.62}$$

式中

$$F_0 = U_0 - TS \tag{3.63}$$

是 Helmholtz 自由能函数. 这就表明，机械能以 Helmholtz 自由能的形式储存在元素中，并且得到

$$A = F_0 + 常数. \tag{3.64}$$

因此，可以断言，对于这两种特殊情况，量 $\sigma^{\lambda\mu}\, de_{\lambda\mu}$ 是一个全微分，

而且应变能函数的存在是确实的.

从数学公式推导来看，绝热变形和等温变形的假设之间的区别仅在于绝热和等温弹性常数间的差异. 一般来说，这些弹性常数间的差异，实验已经证明是可以忽略的. 因此，在弹性理论中，通常都假定应变能函数存在，尽管变形过程可能介于等温和绝热过程之间.

我们从实验资料中知道，当应变足够小时，弹性体的元素是稳定的. 这就要求对于小应变，应变能函数必须是应变分量的一种正定函数. 由于我们也已发现，当应变足够小时，可以用方程(3.55)来表达应变能函数. 所以可以断定，应变能函数(3.55)是应变分量的正定函数.

3.8 驻值势能原理

我们在前节中研究了应变能函数能够存在的条件. 当应变能函数确实存在时，虚功原理(3.49)可以写出如下：

$$\delta\iiint_V A(u^\lambda)\,dV-\iiint_V \bar{P}^\lambda\,\delta u^\lambda\,dV-\iint_{S_1}\bar{F}^\lambda\,\delta u^\lambda\,dS=0, \qquad (3.65)^{1)}$$

式中应变能函数 $A(u^\lambda)$ 是通过方程(3.18)用 u^λ 列出的. 在外力不能从位势函数导出的弹性力学问题中，原理(3.65)非常有用.

其次，我们要进一步假定，外加力系是保守的，这就是说，它们可以从位势函数 $\Phi(u^\lambda)$ 和 $\Psi(u^\lambda)$ 按下列方式导出：

$$\delta\Phi=-\bar{P}^\lambda\,\delta u^\lambda,\qquad \delta\Psi=-\bar{F}^\lambda\,\delta u^\lambda. \qquad (3.66)$$

如果在虚位移的过程中，外加力系的大小和方向都不改变，即如果把它们当作静载处理的话，我们就可得到

$$\Phi=-\bar{P}^\lambda u^\lambda,\qquad \Psi=-\bar{F}^\lambda u^\lambda. \qquad (3.67)$$

假定应变能函数 A 和两个位势函数 Φ 和 Ψ 都存在，虚功原理(3.49)就给出如下的驻值势能原理：

$$\delta\Pi=0, \qquad (3.68)$$

1) 试与方程(2.5)作一比较.

式中

$$\Pi=\iiint_V[A(u^\lambda)+\Phi(u^\lambda)]dV+\iint_{S_1}\Psi(u^\lambda)dS \tag{3.69}$$[1]

称为所研究的力学系统的总势能，它是一个泛函，包含一些经受变分的独立变量 u^λ. 变量 u^λ 应当选择得满足必需的连续性和可微性准则以及在 S_2 上的边界条件. 原理(3.68)可叙述如下：在所有的容许位移函数 u^λ 中，真实的位移函数使总势能取驻值. 回顾第3.6节后半部分的推导，我们不难证明，使总势能取驻值的一些条件给出平衡方程和 S_1 上的力学边界条件. 可是，在这些方程和条件中所有的应力分量都是用位移分量表示的，并且我们得到用 u^λ 表示的在 V 内的三个联立平衡微分方程和在 S_1 上的三个边界条件方程. 如第3.5节末尾所述，这样得到的公式也可以通过关系式(3.18)和(3.33)，从平衡方程和力学边界条件中直接消去应力分量来求得.

3.9 驻值势能原理的推广

显然，第3.8节所建立的驻值势能原理可以利用 Lagrange 乘子而加以推广. 通过熟悉的步骤，我们得到一个广义的泛函如下：

$$\begin{aligned}\Pi_I=\iiint_V\Big\{&A(e_{\lambda\mu})+\Phi(u^\kappa)\\&-\sigma^{\lambda\mu}\Big[e_{\lambda\mu}-\frac{1}{2}(u^\lambda_{,\mu}+u^\mu_{,\lambda}+u^\kappa_{,\lambda}u^\kappa_{,\mu})\Big]\Big\}dV\\&+\iint_{S_1}\Psi(u^\kappa)dS-\iint_{S_2}p^\lambda(u^\lambda-\bar{u}^\lambda)dS,\end{aligned} \tag{3.70}$$[2]

式中经受变分的独立量是 $e_{\lambda\mu}$, u^λ, $\sigma^{\lambda\mu}$ 和 p^λ，而没有约束条件. 通过消去 $e_{\lambda\mu}$ 可以从泛函(3.70)导出 Reissner 原理[17]的泛函如下：

$$\Pi_R=\iiint_V\Big[\frac{1}{2}(u^\lambda_{,\mu}+u^\mu_{,\lambda}+u^\kappa_{,\lambda}u^\kappa_{,\mu})\sigma^{\lambda\mu}$$

1) 试与方程(2.9)作一比较.

2) 试与泛函(2.26)作一比较.

$$
-B(\sigma^{\lambda\mu})+\Phi(u^{\kappa})\Big]dV
$$

$$
+\iint_{S_1}\Psi(u^{\kappa})dS-\iint_{S_2}p^{\lambda}(u^{\lambda}-\bar{u}^{\lambda})dS, \tag{3.71}
$$

[1]

式中经受变分的独立量是 u^{λ}, $\sigma^{\lambda\mu}$ 和 p^{λ}, 而没有约束条件.

在方程(3.71)中出现的量 $B(\sigma^{\lambda\mu})$ 就是余能函数. 正如上面的推导表明, 它由下式定义:

$$
B=\sigma^{\lambda\mu}e_{\lambda\mu}-A. \tag{3.72}
$$

把应力-应变关系(3.34)引入方程(3.72), 使 B 完全由应力分量表示. 从方程(3.51)和(3.72), 我们有

$$
dB=e_{\lambda\mu}d\sigma^{\lambda\mu}, \tag{3.73}
$$

或等价地写成

$$
\frac{\partial B}{\partial\sigma^{\lambda\mu}}=e_{\lambda\mu} \quad (\lambda,\ \mu=1,\ 2,\ 3). \tag{3.74}
$$

这里要指出, 如果方程(3.34)满足方程组

$$
\frac{\partial e_{\lambda\mu}}{\partial\sigma^{\alpha\beta}}=\frac{\partial e_{\alpha\beta}}{\partial\sigma^{\lambda\mu}} \quad (\lambda,\ \mu,\ \alpha,\ \beta=1,\ 2,\ 3), \tag{3.75}
$$

函数 B 就肯定存在, 并可以由方程(3.73)来确定, 而与函数 A 无关. 因此, 如果方程(3.36)满足方程组

$$
b_{\lambda\mu\alpha\beta}=b_{\alpha\beta\lambda\mu} \quad (\lambda,\ \mu,\ \alpha,\ \beta=1,\ 2,\ 3), \tag{3.76}
$$

我们就有

$$
B=\frac{1}{2}b_{\lambda\mu\alpha\beta}\sigma^{\lambda\mu}\sigma^{\alpha\beta}. \tag{3.77}
$$

[2]

当引用方程(3.39)时, 对各向同性材料可得出

$$
B=\frac{3(1-2\nu)}{2E}\sigma^{2}+\frac{1}{4G}\sigma^{\lambda\mu\prime}\sigma^{\lambda\mu\prime}. \tag{3.78}
$$

[2]

在小位移理论的假设下, 最小余能原理可以仅用应力分量表示, 如第 2.2 节所示. 可是, 在有限位移问题中, 把应力分量和位移耦合起来, 从 Π_R 推导驻值余能原理就复杂化了; 这个原理不能再单纯用应力分量表达了.

---

1) 试与泛函(2.37)作一比较.

2) 试分别与方程(2.20)和(2.21)作一比较.

3.10 稳定性的能量判据

我们知道，只要外加载荷都足够小，就得到载荷与所引起的变形之间的线性关系．但是，随着载荷的加大，变形特征就逐渐偏离了线性关系．这种趋势在细长或单薄的物体中往往是明显的，并且对于某些加载条件，最后会达到这样一点，超过该点物体就不再是稳定的，如图 3.6, 3.7 和 3.8 中描绘的一些实例所示．在本节中，我们将研究在保守的外力作用下确定弹性体平衡位形的稳定性和临界载荷的能量判据[1)]．

假定在第 3.5 节所定义的问题中，物体的平衡位形已经求得，并称之为原始位形．然后，对原始位形给予一些微小的虚位移，而不违背几何边界条件，由此得到一种新的位形．如果各外力所作的虚功不超过所储存应变能的增量，那么可认为这个物体是稳定的．如果这个条件对于某些虚位移未能满足，那么过剩的能量将作为动能出现．这就表明了原始位形对于这组虚位移的一种不稳定性．

由上述的这些考虑可导致下列的数学公式推导．让 u^λ 和 $u^\lambda+\delta u^\lambda$ 分别表示原始平衡位形和新位形的位移分量．用 $\Pi(u^\lambda)$ 和 $\Pi(u^\lambda+\delta u^\lambda)$ 分别表示原始位形和新位形的总势能，我们有

$$\Pi(u^\lambda+\delta u^\lambda)=\Pi(u^\lambda)+\delta\Pi+\delta^2\Pi+\delta^3\Pi+\cdots, \qquad (3.79)$$

式中 $\delta\Pi$, $\delta^2\Pi$, $\delta^3\Pi$, $\cdots$ 是总势能的一次、二次、三次……变分．对于 δu^λ 及其导数来说，它们是一次的、二次的、……，而且它们的系数包含了原始位形的一些位移分量作为若干参数[2)]．由于原始位

---

1) 见参考文献[1, 18—22]．

2) 当所有作用的外力都是静载，而且它们的位势函数都由方程(3.67)给出时，我们有

$$\delta^2\Pi=\frac{1}{2}\iiint_V[(\partial^2A/\partial e_{\lambda\mu}\partial e_{\alpha\beta})\delta e_{\lambda\mu}\delta e_{\alpha\beta}+\sigma^{\lambda\mu}\delta u^\varkappa_{,\lambda}\delta u^\varkappa_{,\mu}]dV,$$

式中 $\sigma^{\lambda\mu}$ 是原始位形的应力分量，而

$$2\delta e_{\lambda\mu}=(\delta^\varkappa_\lambda+u^\varkappa_{,\lambda})\delta u^\varkappa_{,\mu}+(\delta^\varkappa_\mu+u^\varkappa_{,\mu})\delta u^\varkappa_{,\lambda}.$$

形是平衡的，所以我们有

$$\delta\Pi=0. \tag{3.80}$$

有了这些初步讨论，我们现在可以断定，原始位形在其邻域的稳定性，可根据二次变分 $\delta^2\Pi$ 的符号确定如下：

(1) 如果 $\delta^2\Pi>0$ 对于所有的容许虚位移都成立，那么这个位形是稳定的[1)]。

(2) 如果 $\delta^2\Pi<0$ 至少对于一组容许虚位移成立，那么这个位形是不稳定的。

仿效 Trefftz[18]，我们来考虑确定物体的最低临界载荷，超过了这一载荷，物体就在加载过程中首次丧失稳定。我们已经知道，只要 $\delta^2\Pi>0$ 对于所有的容许虚位移都成立，这个原始位形就是稳定的。现在用另一种方式表达这个判据。引入一个适当选择的泛函 N，它是正定的和对于 δu^λ 及其导数是二次的[2)]，然后在满足

$$\text{在 } S_2 \text{ 上，}\quad \delta u^\lambda=0 \tag{3.81}$$

的所有容许虚位移中，寻找使商

$$\lambda=\delta^2\Pi/N \tag{3.82}$$

取极小值的虚位移。于是判据表示：如果求出商的极小值是正的，那么原始位形就是稳定的。

我们知道，由于

$$\hat{\delta}\lambda=\hat{\delta}(\delta^2\Pi/N)=\hat{\delta}(\delta^2\Pi-\lambda N)/N, \tag{3.83}$$

式中 $\hat{\delta}$ 表示对于 δu^λ 取变分，所以商的驻值条件由下式给出：

$$\hat{\delta}(\delta^2\Pi-\lambda N)=0. \tag{3.84}$$

方程(3.84)给出若干微分方程和力学边界条件，它们连同几何边界条件(3.81)，就确定出商的驻值作为特征值。因此，稳定性判据可以表达如下：如果求出极小特征值是正的，那么原始位形就是稳定的。

上面的考虑引出一个确定最低临界载荷的结论：当极小特征

---

1) 这个论点与第 2.1 节导出的最小势能原理结合起来，对小位移弹性理论的问题来说就保证了不存在不稳定的位形。

2) 这里引入泛函 N 是为了使虚位移规范化，它并不影响最后的结果，即方程(3.85)。

值达到零值时，作用在原始位形上的外载荷就被看成是临界的；于是变分方程

$$\delta(\delta^2 \Pi)=0 \tag{3.85}$$

加上约束条件(3.81)就给出一些确定最低临界载荷的控制方程。在这里我们要指出，这些控制方程确定所有的临界位形，这些位形在由方程(3.84)导出的特征值问题中，都至少有一个特征值为零，而相应于最低临界载荷的位形就是这些临界位形之一．这样确定的最低临界载荷，在外载荷的进一步增加下，往往接着出现不稳定状态，而对于充分性的证明，还应当考虑高阶变分的符号．

3.11 稳定性问题的 Euler 法

确定临界载荷的另一种方法涉及到这样的问题，在与原始位形很邻近的邻域内，是否至少存在着另一个不同的平衡位形．如果这样一种邻近的平衡位形存在的话，那么在外界小干扰的刺激下，物体就会从一个平衡位形突然改变到另一个平衡位形．我们将通过这样的方法为非保守外力作用下的物体推导出稳定性问题的公式，这种方法有时称为 Euler 法[21, 23] 1)．

我们假定存在一个临界原始位形，并建立一种线性化理论来确定邻近的位形．用下列符号分别表示原始和邻近平衡位形的应力、应变、位移和外力：

$$\sigma^{\lambda\mu},\ e_{\lambda\mu},\ u^\lambda,\ \bar{P}^\lambda,\ \bar{F}^\lambda$$

和

$$\sigma^{\lambda\mu}+\sigma_*^{\lambda\mu},\ e_{\lambda\mu}+e_{\lambda\mu}^*,\ u^\lambda+u_*^\lambda,\ \bar{P}^\lambda+\bar{P}_*^\lambda,\ \bar{F}^\lambda+\bar{F}_*^\lambda,$$

其中

$$\text{在 } S_2 \text{ 上,}\quad u_\lambda^*=0, \tag{3.86}$$

因为两种位形的几何边界条件是相同的．用 $\sigma^{\lambda\mu}+\sigma_*^{\lambda\mu}$, $u^\lambda+u_*^\lambda$, … 分别代替 $\sigma^{\lambda\mu}$, u^λ, …，我们就可以从方程(3.49)推导出邻近平衡

1) 参考文献[23]强调，对非保守系统的稳定性问题，不仅应该用 Euler 法研究系统的静力不稳定性，而且还应该用动力学方法研究系统对于原始平衡位形微小振动的动力不稳定性．

位形的虚功原理:

$$\iiint_V (\sigma^{\lambda\mu}+\sigma_*^{\lambda\mu})\,\delta(e_{\lambda\mu}+e_{\lambda\mu}^*)\,dV-\iiint_V(\overline{P}^\lambda+\overline{P}_*^\lambda)\,\delta u_*^\lambda\,dV$$

$$-\iint_{S_1}(\overline{F}^\lambda+\overline{F}_*^\lambda)\,\delta u_*^\lambda\,dS=0, \tag{3.87}$$

式中

$$2(e_{\lambda\mu}+e_{\lambda\mu}^*)=(u^\lambda+u_*^\lambda)_{,\mu}+(u^\mu+u_*^\mu)_{,\lambda}$$
$$+(u^\varkappa+u_*^\varkappa)_{,\lambda}(u^\varkappa+u_*^\varkappa)_{,\mu}, \tag{3.88}$$

而变分是对 u_*^λ 进行的. 方程(3.87)是用于弹性力学增量理论的虚功原理.

因为我们对线性化的理论感兴趣, 所以可假定 $\sigma_*^{\lambda\mu}$, $\overline{P}_*^\lambda$ 和 $\overline{F}_*^\lambda$ 是 $u_*^\varkappa$ 及其导数的一些线性函数. 考虑到原始位形是平衡的, 可以把原理(3.87)简化成如下形式:

$$\iiint_V(\sigma_*^{\lambda\mu}\,\delta\varepsilon_{\lambda\mu}^*+\sigma^{\lambda\mu}u_{*,\lambda}^\varkappa\,\delta u_{*,\mu}^\varkappa)\,dV$$

$$-\iiint_V\overline{P}_*^\lambda\,\delta u_*^\lambda\,dV-\iint_{S_1}\overline{F}_*^\lambda\,\delta u_*^\lambda\,dS=0, \tag{3.89}$$

式中

$$2\varepsilon_{\lambda\mu}^*=(\delta_\lambda^\varkappa+u_{,\lambda}^\varkappa)u_{*,\mu}^\varkappa+(\delta_\mu^\varkappa+u_{,\mu}^\varkappa)u_{*,\lambda}^\varkappa, \tag{3.90}$$

而各高阶项已经略去. 方程(3.89)给出了 V 内的微分方程和 S_1 上的力学边界条件:

$$[\sigma_*^{\varkappa\mu}(\delta_\mu^\lambda+u_{,\mu}^\lambda)+\sigma^{\varkappa\mu}u_{*,\mu}^\lambda]_{,\varkappa}+\overline{P}_*^\lambda=0, \tag{3.91}$$

$$\sigma_*^{\varkappa\mu}n_\varkappa(\delta_\mu^\lambda+u_{,\mu}^\lambda)+\sigma^{\varkappa\mu}n_\varkappa u_{*,\mu}^\lambda=\overline{F}_*^\lambda. \tag{3.92}$$

因而, 如果应力增量和应变增量之间的关系由下列线性化的形式给出:

$$\sigma_*^{\lambda\mu}=a^{\lambda\mu\alpha\beta}\varepsilon_{\alpha\beta}^*, \tag{3.93}$$

那么我们就有了用于确定临界载荷和邻近平衡位形的全部控制方程.

当方程(3.93)满足对称关系

$$a^{\lambda\mu\alpha\beta}=a^{\alpha\beta\lambda\mu} \tag{3.94}$$

时, 这个原理就可以写出如下:

$$\delta\left\{\frac{1}{2}\iiint\limits_V [a^{\lambda\mu\alpha\beta}\varepsilon^*_{\lambda\mu}\varepsilon^*_{\alpha\beta}+\sigma^{\lambda\mu}u^{\varkappa}_{*,\lambda}u^{\varkappa}_{*,\mu}]\,dV\right\}$$

$$-\iiint\limits_V \overline{P}^{\lambda}_* \delta u^{\lambda}_* dV - \iint\limits_{S_1} F^{\lambda}_* \delta u^{\lambda}_* dS = 0, \qquad (3.95)$$

式中已代入了方程(3.90)，以便用 $u^{\varkappa}_*$ 来表达 $\varepsilon^*_{\lambda\mu}$.

当物体是弹性的而外力是保守力系时，我们会看到原理(3.89)就简化成原理(3.85).

上述的公式推导表明，临界载荷取决于从原始位形计量的应力增量与应变增量间的关系，而不取决于以前的应力-应变关系. 这就暗示，临界载荷问题可以更一般地作为一种具有初始应力和初始变形的物体的不稳定性问题来处理. 一个具有初应力的物体的稳定性问题将在第5.2节讨论，那里假定一直到发生了失稳，物体几何位形的改变始终可以忽略不计.

3.12 几点讨论

到此为止，已经对有限位移理论弹性力学问题写出了虚功原理及其有关的变分原理. 这里要指出，若干近似解法，诸如第1.4节所讲的广义 Галёркин 法和第2.5节所讲的 Rayleigh–Ritz 法，都可以类似地应用于有限位移理论弹性力学问题. 还要指出，对于 S_2 上几何边界条件的一个变化 $d\bar{u}^{\varkappa}$，我们有

$$dU = \iiint\limits_V \overline{P}^{\lambda} du^{\lambda} dV + \iint\limits_{S_1} F^{\lambda} du^{\lambda} dS + \iint\limits_{S_2} F^{\lambda} d\bar{u}^{\lambda} dS, \qquad (3.96)$$

上式就是方程(2.49)对有限位移理论弹性力学问题的一个推广.

在第1.2节里，我们导出了用直角笛卡儿坐标表示的小位移理论的相容条件. 对于应变 $e_{\lambda\mu}$ 可以从纯量函数 u^{λ} 导出的情况，也可以推出有限位移理论的同类条件. 不过在本章里我们就不去阐述它，而满足于在后面第4.2节中用一般的曲线坐标为有限位移理论导出这种条件.

这里要提一下余虚功原理和最小余能原理. 我们已经看到，

这些原理在小位移弹性理论中起着重要的作用．可是把这些原理推广到有限位移弹性理论却未获成功，这是因为位移和应力分量是耦合的，正如第 3.9 节所述．

参 考 文 献

[1] R. Kappus, Zur Elastizitätstheorie endlicher Verschiebungen, *Zeitschrift für Angewandte Mathematik und Mechanik*, Vol. 19, pp. 271—85, October 1939 and pp. 344—61, December 1939.

[2] В. В. Новожилов, *Теория упругости*, Судпромгиз, 1958.

[3] A. E. Green and W. Zerna, *Theoretical Elasticity*, Oxford University Press, 1954.

[4] I. S. Sokolnikoff, *Mathematical Theory of Elasticity*, McGraw-Hill, 1956.

[5] C. E. Pearson, *Theoretical Elasticity*, Harvard University Press, 1959.

[6] C. Truesdell, editor, *Problems of Non-linear Elasticity*, Gordon and Breach, Science Publishers, 1965.

[7] C. Biezeno and R. Grammel, *Technische Dynamik*, Springer, 1939. (该书的一部分有中译本:《工程动静力学》,第四卷,科学出版社,1959 年)

[8] L. G. Brazier, The Flexure of Thin Cylindrical Shells and Other Thin Sections, *R. & M.* No. 1081, British Aeronautical Research Council, 1926.

[9] L. G. Brazier, On the Flexure of Thin Cylindrical Shells and Other Thin Sections, *Proceedings of the Royal Society of London*, Series A, Vol. 116, pp. 104—14, November 1927.

[10] C. B. Biezeno, Das Durchschlagen eines schwach gekrümmten Stabes, *Zeitschrift für Angewandte Mathematik und Mechanik*, Vol. 18, No. 1, pp. 21—30, February 1938.

[11] S. Timoshenko, *Theory of Elastic Stability*, McGraw-Hill, 1936. (《弹性稳定理论》,科学出版社,1958 年)

[12] H. L. Langhaar, General Theory of Buckling, *Applied Mechanics Reviews*, Vol. 11, No. 11, pp. 585—8, November 1958.

[13] 吉識雅夫等,弾性安定要覧,長柱研究委員會編,コロナ社,東京,改訂版,1960 年.

[14] A. E. H. Love, *A Treatise on the Mathematical Theory of Elasticity*, Cambridge University Press, 4th edition, 1927.

[15] Y. C. Fung, *Foundations of Solid Mechanics*, Prentice-Hall, 1965.

[16] R. L. Bisplinghoff, Some Structural and Aeroelastic Considerations of High Speed Flight, *Journal of the Aeronautical Sciences*, Vol. 23, No. 4, pp. 289—327, April 1956.

[17] E. Reissner, On a Variational Theorem for Finite Elastic Deformations,

Journal of Mathematics and Physics, Vol. 32, No. 2—3, pp. 129—35, July—October 1953.

[18] E. Trefftz, Über die Ableitung der Stabilitäts-Kriterien des elastischen Gleichgewichtes aus der Elastizitätstheorie endlicher Deformationen, *Proceedings of the 3rd International Congress for Applied Mechanics*, pp. 44—50, Stockholm, 1930.

[19] K. Marguerre, Die Behandlung von Stabilitätsproblemen mit Hilfe der energetischen Methoden, *Zeitschrift für Angewandte Mathematik und Mechanik*, Vol. 18, No. 1, pp. 57—73, February 1938.

[20] K. Marguerre, Über die Anwendung der energetischen Methode auf Stabilitätsprobleme, *Jahrbuch der Deutschen Luftfahrtforschung, Flugwerk*, pp. 433—43, 1938.

[21] В, В. Новожилов, *Основы нелинейной теории упругости*, Гостехиздат, 1948. («非线性弹性力学基础», 科学出版社, 1958 年)

[22] H. L. Langhaar, *Energy Methods in Applied Mechanics*, John Wiley, 1962.

[23] В. В. Болотин, *Неконсервативные задачи теории упругой устойчивости*, Физматгиз, 1961.

第四章　用曲线坐标表示的弹性理论

4.1　变形前的几何关系

我们把这一章专门用来讨论由一般曲线坐标表示的弹性理论[1]. 设变形前空间坐标由三个参数$(\alpha^1, \alpha^2, \alpha^3)$确定. 我们将采用给变形前物体内任一点$P^{(0)}$定位的一组值$(\alpha^1, \alpha^2, \alpha^3)$, 作为变形过程中描述该点的一组参数. 所以, 变形前这点$P^{(0)}$的位置向量由下式给出:

$$\mathbf{r}^{(0)}=\mathbf{r}^{(0)}(\alpha^1, \alpha^2, \alpha^3). \tag{4.1}$$

直角笛卡儿坐标(x^1, x^2, x^3)和曲线坐标$(\alpha^1, \alpha^2, \alpha^3)$之间的关系通常写成

$$x^\lambda=x^\lambda(\alpha^1, \alpha^2, \alpha^3), \quad (\lambda=1, 2, 3). \tag{4.2}$$

曲线坐标系的一个简单例子是柱面坐标, 在该坐标系中, 关系式(4.2)是

$$x^1=r\cos\theta, \quad x^2=r\sin\theta, \quad x^3=z, \tag{4.3}$$

其中$\alpha^1=r$, $\alpha^2=\theta$, $\alpha^3=z$. 引入与直角笛卡儿坐标系中的x^λ轴有关的单位向量$\mathbf{i}_\lambda$, 我们可以为本例列出方程(4.1)如下:

$$\mathbf{r}^{(0)}=r\cos\theta\,\mathbf{i}_1+r\sin\theta\,\mathbf{i}_2+z\,\mathbf{i}_3. \tag{4.4}$$

我们来概括一下几何关系, 这对以后的公式推导是有用的. 有关它们的详细推导, 建议读者参阅张量分析和微分几何方面的书籍[2]. 首先, 用下式定义与点$P^{(0)}$关联的协变基向量:

$$\mathbf{g}_\lambda=\frac{\partial\mathbf{r}^{(0)}}{\partial\alpha^\lambda}=\mathbf{r}^{(0)}_{,\lambda}, \tag{4.5}$$

如图 4.1 所示, 式中以及这一整章里, 记号$(\ )_{,\lambda}$表示对α^λ的微分, 即$(\ )_{,\lambda}=\partial(\ )/\partial\alpha^\lambda$. 利用协变基向量, 我们用下式定义协变

1) 见参考文献[1—6].

2) 见参考文献[7—11].

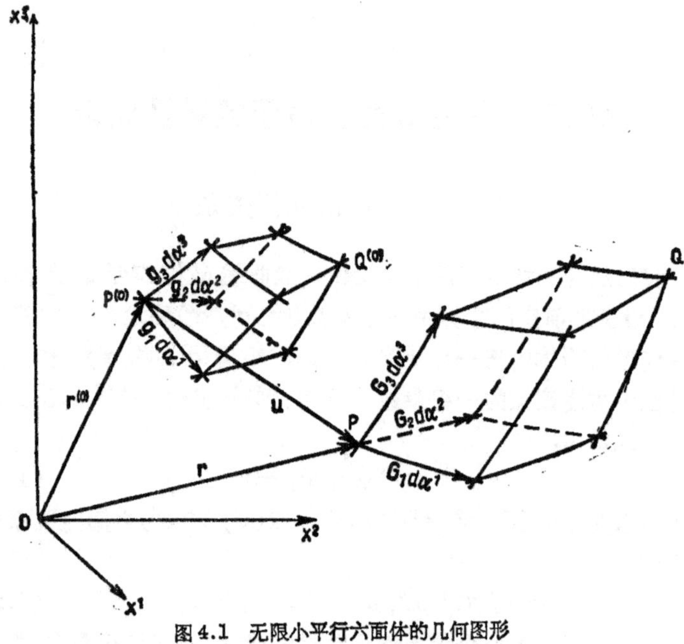

图 4.1　无限小平行六面体的几何图形
(a)变形前　(b)变形后

度量张量 $g_{\lambda\mu}$:

$$g_{\lambda\mu}=\mathbf{g}_\lambda\cdot\mathbf{g}_\mu=\mathbf{g}_\mu\cdot\mathbf{g}_\lambda=g_{\mu\lambda}, \tag{4.6}$$

用下式定义逆变度量张量 $g^{\lambda\mu}$:

$$g^{\lambda\varkappa}g_{\varkappa\mu}=\delta^\lambda_\mu, \tag{4.7}$$

式中 δ^λ_μ 是 Kronecker 符号,并用下式定义逆变基向量 $\mathbf{g}^\lambda$:

$$\mathbf{g}^\lambda=g^{\lambda\mu}\mathbf{g}_\mu. \tag{4.8}$$

从这些关系式,得到

$$\mathbf{g}_\lambda=g_{\lambda\mu}\mathbf{g}^\mu, \tag{4.9}$$

$$\mathbf{g}^\lambda\cdot\mathbf{g}_\mu=\delta^\lambda_\mu. \tag{4.10}$$

其次,我们来考虑协变基向量 $\mathbf{g}_\mu$ 对 α^ν 的导数. 由于这个导数仍然是一个向量,可写作

$$\mathbf{g}_{\mu,\nu}=\left\{\begin{matrix}\lambda\\ \mu\nu\end{matrix}\right\}\mathbf{g}_\lambda, \tag{4.11}$$

式中记号$\begin{Bmatrix}\lambda\\ \mu\nu\end{Bmatrix}$与$\mathbf{g}_{\mu,\nu}$在$\mathbf{g}_\lambda$方向上的分量的大小有关. 由于

$$\mathbf{g}_{\mu,\nu}=(\mathbf{r}^{(0)}_{,\mu})_{,\nu}=(\mathbf{r}^{(0)}_{,\nu})_{,\mu}=\mathbf{g}_{\nu,\mu},$$

我们得到

$$\begin{Bmatrix}\lambda\\ \mu\nu\end{Bmatrix}=\begin{Bmatrix}\lambda\\ \nu\mu\end{Bmatrix}. \tag{4.12}$$

把式$\mathbf{g}_\mu\cdot\mathbf{g}_\nu=g_{\mu\nu}$的两边对$\alpha^\varkappa$微分, 有

$$\mathbf{g}_{\mu,\varkappa}\cdot\mathbf{g}_\nu+\mathbf{g}_\mu\cdot\mathbf{g}_{\nu,\varkappa}=g_{\mu\nu,\varkappa}.$$

将 (4.11) 代入上式, 得出

$$\begin{Bmatrix}\rho\\ \mu\varkappa\end{Bmatrix}g_{\rho\nu}+\begin{Bmatrix}\rho\\ \nu\varkappa\end{Bmatrix}g_{\rho\mu}=g_{\mu\nu,\varkappa}. \tag{a}$$

在式(a)中将$\varkappa$和ν互换, 我们有

$$\begin{Bmatrix}\rho\\ \mu\nu\end{Bmatrix}g_{\rho\varkappa}+\begin{Bmatrix}\rho\\ \varkappa\nu\end{Bmatrix}g_{\rho\mu}=g_{\mu\varkappa,\nu}. \tag{b}$$

在式(a)中将$\varkappa$和μ作另一次互换, 导得

$$\begin{Bmatrix}\rho\\ \varkappa\mu\end{Bmatrix}g_{\rho\nu}+\begin{Bmatrix}\rho\\ \nu\mu\end{Bmatrix}g_{\rho\varkappa}=g_{\varkappa\nu,\mu}. \tag{c}$$

于是, 由(b)与(c)之和减去(a)得出

$$2\begin{Bmatrix}\rho\\ \mu\nu\end{Bmatrix}g_{\rho\varkappa}=g_{\varkappa\mu,\nu}+g_{\varkappa\nu,\mu}-g_{\mu\nu,\varkappa}.$$

将上式的两边同乘以$g^{\lambda\varkappa}$并对$\varkappa$求和, 最后得到

$$\begin{Bmatrix}\lambda\\ \mu\nu\end{Bmatrix}=\frac{1}{2}g^{\lambda\varkappa}(g_{\varkappa\mu,\nu}+g_{\varkappa\nu,\mu}-g_{\mu\nu,\varkappa}). \tag{4.13}$$

量$\begin{Bmatrix}\lambda\\ \mu\nu\end{Bmatrix}$称为第二类 Christoffel 三指标符号. Christoffel 符号是曲线坐标轴线的曲率的一种量度, 在张量分析中起着重要的作用. 从方程(4.8)和(4.11), 得到逆变基向量$\mathbf{g}^\mu$对α^ν的导数如下:

$$\mathbf{g}^{\mu}_{,\nu}=-\begin{Bmatrix}\mu\\ \lambda\nu\end{Bmatrix}\mathbf{g}^\lambda. \tag{4.14}$$

下面让我们来考虑一个空间向量场, 并用$\mathbf{u}(\alpha^1, \alpha^2, \alpha^3)$表示

这个向量．我们定义向量 $\mathbf{u}$ 的分量，把它在点 $P^{(0)}$ 处沿 $\mathbf{g}_\lambda$ 方向分解如下：

$$\mathbf{u}=v^\lambda \mathbf{g}_\lambda, \tag{4.15}$$

式中 v^λ 称为向量 $\mathbf{u}$ 的逆变分量．将 $\mathbf{u}$ 对 α^ν 取微分，并引用方程(4.11)，得到

$$\mathbf{u}_{,\nu}=(v^\lambda \mathbf{g}_\lambda)_{,\nu}=v^\lambda_{,\nu}\mathbf{g}_\lambda+v^\lambda \mathbf{g}_{\lambda,\nu}=v^\lambda_{;\nu}\mathbf{g}_\lambda, \tag{4.16}$$

式中 $v^\lambda_{;\nu}$ 称为 v^λ 的协变导数，并由下式给出：

$$v^\lambda_{;\nu}=v^\lambda_{,\nu}+\begin{Bmatrix}\lambda\\ \rho\nu\end{Bmatrix}v^\rho. \tag{4.17}$$

向量 $\mathbf{u}$ 的分量也可以由另一方法表示，把它在点 $P^{(0)}$ 处沿 $\mathbf{g}^\lambda$ 方向分解：

$$\mathbf{u}=v_\lambda \mathbf{g}^\lambda, \tag{4.18}$$

式中 v_λ 称为向量 $\mathbf{u}$ 的协变分量，并从方程(4.9)，(4.15)和(4.18)给出如下：

$$v_\lambda=g_{\lambda\mu}v^\mu. \tag{4.19}$$

将 $\mathbf{u}$ 对 α^ν 取微分，我们得到

$$\mathbf{u}_{,\nu}=(v_\lambda \mathbf{g}^\lambda)_{,\nu}=v_{\lambda;\nu}\mathbf{g}^\lambda, \tag{4.20}$$

式中 $v_{\lambda;\nu}$ 称为 v_λ 的协变导数，并由下式给出：

$$v_{\lambda;\nu}=v_{\lambda,\nu}-\begin{Bmatrix}\rho\\ \lambda_\nu\nu\end{Bmatrix}v_\rho. \tag{4.21}$$

在张量分析理论中，张量 $T^{\lambda_1\cdots\lambda_r}_{\mu_1\cdots\mu_s}$ 对 α^ν 的协变导数定义为

$$T^{\lambda_1\cdots\lambda_r}_{\mu_1\cdots\mu_s;\nu}=T^{\lambda_1\cdots\lambda_r}_{\mu_1\cdots\mu_s,\nu}+\sum_{i=1}^{r}T^{\lambda_1\cdots\lambda_{i-1}\rho\lambda_{i+1}\cdots\lambda_r}_{\mu_1\cdots\cdots\cdots\cdots\mu_s}\begin{Bmatrix}\lambda_i\\ \rho\nu\end{Bmatrix}$$

$$-\sum_{j=1}^{s}T^{\lambda_1\cdots\cdots\cdots\cdots\lambda_r}_{\mu_1\cdots\mu_{j-1}\rho\mu_{j+1}\cdots\mu_s}\begin{Bmatrix}\rho\\ \mu_j\nu\end{Bmatrix}. \tag{4.22}$$

这些关系式对于向量的一种应用，已经在方程(4.17)和(4.21)中表明了．作为另一种应用，我们可以证明，协变和逆变度量张量 $g_{\lambda\mu}$ 和 $g^{\lambda\mu}$ 的协变导数为零：

$$g_{\lambda\mu;\nu}=0,\qquad g^{\lambda\mu}_{;\nu}=0. \tag{4.23}$$

此外，对于两个张量 $S^{\lambda\cdots}_{\mu\cdots}$ 和 $T^{\varkappa\cdots}_{\rho\cdots}$ 的张量乘积，其协变导数具有下列

的公式:

$$(S^{\lambda\cdots}_{\mu\cdots}T^{\varkappa\cdots}_{\rho\cdots})_{;\nu}=S^{\lambda\cdots}_{\mu\cdots;\nu}T^{\varkappa\cdots}_{\rho\cdots}+S^{\lambda\cdots}_{\mu\cdots}T^{\varkappa\cdots}_{\rho\cdots;\nu}. \tag{4.24}$$

在进行下节讨论之前，这里再列出两个几何关系. 如果我们在点 $P^{(0)}$ 的邻域取一点 $Q^{(0)}$，并用 $(\alpha^1+d\alpha^1,\ \alpha^2+d\alpha^2,\ \alpha^3+d\alpha^3)$ 表明 $Q^{(0)}$ 的坐标，那么 $P^{(0)}$ 和 $Q^{(0)}$ 之间的距离可用下式表示:

$$\begin{aligned}(ds^{(0)})^2&=d\mathbf{r}^{(0)}\cdot d\mathbf{r}^{(0)}=(\mathbf{g}_\lambda d\alpha^\lambda)\cdot(\mathbf{g}_\mu d\alpha^\mu)\\&=g_{\lambda\mu}d\alpha^\lambda d\alpha^\mu.\end{aligned} \tag{4.25}$$

其次，如果我们取一个无限小的平行六面体，由 $\alpha^\lambda=$ 常数，$\alpha^\lambda+d\alpha^\lambda=$ 常数 $(\lambda=1,\ 2,\ 3)$ 这六个表面包围而成，那么它的体积是

$$dV=\sqrt{g}\,d\alpha^1 d\alpha^2 d\alpha^3, \tag{4.26}$$

式中

$$\sqrt{g}=\mathbf{g}_1\cdot(\mathbf{g}_2\times\mathbf{g}_3)=\mathbf{g}_2\cdot(\mathbf{g}_3\times\mathbf{g}_1)=\mathbf{g}_3\cdot(\mathbf{g}_1\times\mathbf{g}_2), \tag{4.27}$$

还有

$$g=|g_{\lambda\mu}|=\begin{vmatrix}g_{11}&g_{12}&g_{13}\\g_{21}&g_{22}&g_{23}\\g_{31}&g_{32}&g_{33}\end{vmatrix}. \tag{4.28}$$

有了这些变形前几何方面的预备知识，我们来进行应力和应变的分析.

4.2 应变分析和相容条件

变形后，点 $P^{(0)}$ 移动到一个新的位置 P，它的位置向量将由下式表示:

$$\mathbf{r}=\mathbf{r}(\alpha^1,\ \alpha^2,\ \alpha^3). \tag{4.29}$$

我们用下式定义变形后的协变基向量

$$\mathbf{G}_\lambda=\mathbf{r}_{,\lambda}, \tag{4.30}$$

而把变形后的协变和逆变度量张量分别定义为

$$G_{\lambda\mu}=\mathbf{G}_\lambda\cdot\mathbf{G}_\mu=G_{\mu\lambda} \tag{4.31}$$

和

$$G^{\lambda\varkappa}G_{\varkappa\mu}=\delta^\lambda_\mu, \tag{4.32}$$

式中 δ_μ^λ 是 Kronecker 符号. $\mathbf{G}_\mu$ 对 α^ν 的微分给出

$$\mathbf{G}_{\mu,\nu}=\left\{\left\{\begin{matrix}\lambda\\ \mu\nu\end{matrix}\right\}\right\}\mathbf{G}_\lambda, \tag{4.33}$$

这和方程(4.11)相类似,式中

$$\left\{\left\{\begin{matrix}\lambda\\ \mu\nu\end{matrix}\right\}\right\}=\frac{1}{2}G^{\lambda\kappa}(G_{\kappa\mu,\nu}+G_{\kappa\nu,\mu}-G_{\mu\nu,\kappa})=\left\{\left\{\begin{matrix}\lambda\\ \nu\mu\end{matrix}\right\}\right\}. \tag{4.34}$$

变形后 P 和 Q 两点之间的距离由下式给出:

$$\begin{aligned}(ds)^2&=d\mathbf{r}\cdot d\mathbf{r}=(\mathbf{G}_\lambda d\alpha^\lambda)\cdot(\mathbf{G}_\mu d\alpha^\mu)\\&=G_{\lambda\mu}d\alpha^\lambda d\alpha^\mu.\end{aligned} \tag{4.35}$$

引用关系式(4.25)和(4.35), 我们可以用一般曲线坐标来定义应变张量的分量如下:

$$f_{\lambda\mu}=\frac{1}{2}(G_{\lambda\mu}-g_{\lambda\mu})=f_{\mu\lambda}. \tag{4.36}$$

方程(4.36)是定义(3.14)对曲线坐标的一种自然推广. 量 $f_{\lambda\mu}$ 确定变形前无限小平行六面体(由 $\alpha^\lambda=$常数和 $\alpha^\lambda+d\alpha^\lambda=$常数这六个表面包围而成)的应变状态.

让我们来考虑应变-位移关系. 用下式定义位移向量 $\mathbf{u}(\alpha^1, \alpha^2, \alpha^3)$:

$$\mathbf{r}=\mathbf{r}^{(0)}+\mathbf{u}, \tag{4.37}$$

而它的分量由下式定义:

$$\mathbf{u}=v^\lambda\mathbf{g}_\lambda, \tag{4.38}$$

[1)]

我们有

$$\mathbf{G}_\lambda=(\delta_\lambda^\kappa+v^\kappa{}_{;\lambda})\mathbf{g}_\kappa. \tag{4.39}$$

将方程(4.39)代入方程(4.36), 就得到用位移分量表示应变的表达式如下:

$$f_{\lambda\mu}=\frac{1}{2}(g_{\lambda\kappa}v^\kappa{}_{;\mu}+g_{\kappa\mu}v^\kappa{}_{;\lambda}+g_{\kappa\rho}v^\kappa{}_{;\lambda}v^\rho{}_{;\mu}). \tag{4.40}$$

引用方程(4.19), (4.23)和(4.24), 上面的关系式也可以改写为

---

1) 这里我们要指出,关系式(4.38)并不是定义 $\mathbf{u}$ 的分量的唯一方式. 例如, $\mathbf{u}$ 可以分解到 $\mathbf{i}_\lambda$ 的方向上, 如方程(3.16)所示; 或分解到 $\mathbf{g}^\lambda$ 的方向上,如方程(4.18)所示. 不管分量的定义是怎样的,应变的定义(4.36)保持不变.

$$f_{\lambda\mu}=\frac{1}{2}(v_{\lambda;\mu}+v_{\mu;\lambda}+v_{\varkappa;\lambda}v^{\varkappa}{}_{;\mu}). \tag{4.41}$$

其次,我们来考虑用曲线坐标系表示的相容条件,即应变分量 $f_{\lambda\mu}$ 可从单值的向量函数 $\mathbf{r}(\alpha^1, \alpha^2, \alpha^3)$ 导出的必要和充分条件. 从张量分析理论可知,相容条件由下式给出

$$R^{\lambda}_{\cdot\mu\nu\omega}=0, \tag{4.42}$$

式中 $R^{\lambda}_{\cdot\mu\nu\omega}$ 是 Riemann-Christoffel 曲率张量,其定义是

$$R^{\lambda}_{\cdot\mu\nu\omega}=\frac{\partial\left\{\begin{Bmatrix}\lambda\\ \mu\omega\end{Bmatrix}\right\}}{\partial\alpha^{\nu}}-\frac{\partial\left\{\begin{Bmatrix}\lambda\\ \mu\nu\end{Bmatrix}\right\}}{\partial\alpha^{\omega}}$$
$$+\left\{\begin{Bmatrix}\varkappa\\ \mu\omega\end{Bmatrix}\right\}\left\{\begin{Bmatrix}\lambda\\ \varkappa\nu\end{Bmatrix}\right\}-\left\{\begin{Bmatrix}\varkappa\\ \mu\nu\end{Bmatrix}\right\}\left\{\begin{Bmatrix}\lambda\\ \varkappa\omega\end{Bmatrix}\right\}. \tag{4.43}$$

要证明条件(4.42)是必要的, 用下列关系式和式(4.33)就不难给出

$$\frac{\partial}{\partial\alpha^{\omega}}\left(\frac{\partial\mathbf{G}_{\mu}}{\partial\alpha^{\nu}}\right)=\frac{\partial^3\mathbf{r}}{\partial\alpha^{\omega}\partial\alpha^{\nu}\partial\alpha^{\mu}}=\frac{\partial^3\mathbf{r}}{\partial\alpha^{\nu}\partial\alpha^{\omega}\partial\alpha^{\mu}}=\frac{\partial}{\partial\alpha^{\nu}}\left(\frac{\partial\mathbf{G}_{\mu}}{\partial\alpha^{\omega}}\right). \tag{4.44}$$

可是,要证明它们是充分的却相当冗长,这里就不给出了. 对此证明感兴趣的读者,可参考张量分析或高等弹性力学方面的书籍. 这里要指出,由下式定义的协变曲率张量 $R_{\lambda\mu\nu\omega}$:

$$R_{\lambda\mu\nu\omega}=G_{\lambda\varkappa}R^{\varkappa}_{\cdot\mu\nu\omega} \tag{4.45}$$

常常用来代替 $R^{\lambda}_{\cdot\mu\nu\omega}$, 而相容条件(4.42)可以改写为

$$R_{\lambda\mu\nu\omega}=0, \tag{4.46}$$

可以证明

$$R_{\lambda\mu\nu\omega}=\frac{1}{2}\left(\frac{\partial^2 G_{\lambda\omega}}{\partial\alpha^{\mu}\partial\alpha^{\nu}}+\frac{\partial^2 G_{\mu\nu}}{\partial\alpha^{\lambda}\partial\alpha^{\omega}}-\frac{\partial^2 G_{\mu\omega}}{\partial\alpha^{\lambda}\partial\alpha^{\nu}}-\frac{\partial^2 G_{\lambda\nu}}{\partial\alpha^{\mu}\partial\alpha^{\omega}}\right)$$
$$+G_{\alpha\beta}\left(\left\{\begin{Bmatrix}\alpha\\ \mu\nu\end{Bmatrix}\right\}\left\{\begin{Bmatrix}\beta\\ \lambda\omega\end{Bmatrix}\right\}-\left\{\begin{Bmatrix}\alpha\\ \mu\omega\end{Bmatrix}\right\}\left\{\begin{Bmatrix}\beta\\ \lambda\nu\end{Bmatrix}\right\}\right). \tag{4.47}$$

在方程(4.42)中的希腊字母是用来代替(1, 2, 3)的. 所以, 这里总共包含 $3^4=81$ 个关系式. 可是, 在 $R^{\lambda}_{\cdot\mu\nu\omega}$ 的分量中存在着如下的一些关系:

$$R^{\lambda}_{\cdot\mu\nu\omega}=-R^{\lambda}_{\cdot\mu\omega\nu},$$

而且可以证明,对于三维空间的独立相容条件,数目减至六个. 此外,我们还可以证明在一些 Riemann-Christoffel 曲率张量中,存在有 Bianchi 恒等式

$$R^{\alpha}_{\cdot\lambda\mu\nu;\omega}+R^{\alpha}_{\cdot\lambda\nu\omega;\mu}+R^{\alpha}_{\cdot\lambda\omega\mu;\nu}=0. \tag{4.48}$$

当上述关系式被线性化, 并用于直角笛卡儿坐标表示的小位移理论时,我们看到

$$\begin{aligned}&R_x=-R_{2323}, \quad R_y=-R_{3131}, \quad R_z=-R_{1212},\\ &U_x=-R_{1231}, \quad U_y=-R_{2312}, \quad U_z=-R_{3123},\end{aligned} \tag{4.49}$$

而相容条件(4.46)和 Bianchi 恒等式(4.48)就分别简化为方程(1.15)和(1.17).

4.3 应力分析和平衡方程

我们来考虑无限小平行六面体的平衡(图 4.2), 它在变形前由 $\alpha^{\lambda}=$常数和 $\alpha^{\lambda}+d\alpha^{\lambda}=$常数这六个表面包围而成. 设作用在变形后某一表面(其边长为 $\mathbf{G}_2 d\alpha^2$ 和 $\mathbf{G}_3 d\alpha^3$)上的内力用 $-\boldsymbol{\tau}^1\sqrt{g}\,d\alpha^2 d\alpha^3$ 表示, 其中 g 是由方程(4.28)定义的. 量 $\boldsymbol{\tau}^2$ 和 $\boldsymbol{\tau}^3$ 也是用类似方式定义的. 把 $\boldsymbol{\tau}^{\lambda}$ 按下式分解:

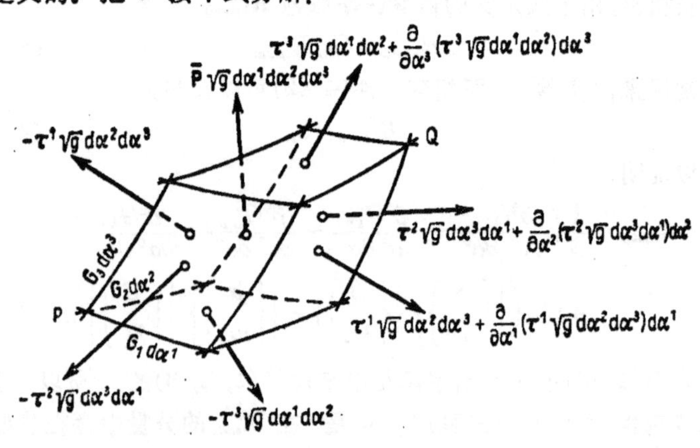

图 4.2 无限小平行六面体的平衡

$$\boldsymbol{\tau}^{\lambda}=\tau^{\lambda\mu}\mathbf{G}_{\mu},\tag{4.50}$$

对于变形后的无限小平行六面体，我们得出如下的平衡方程：

$$(\sqrt{g}\ \boldsymbol{\tau}^{\varkappa})_{,\varkappa}+\overline{\mathbf{P}}\sqrt{g}=0,\tag{4.51}$$

$$\tau^{\lambda\mu}=\tau^{\mu\lambda},\tag{4.52}$$

式中 $\overline{\mathbf{P}}$ 定义为变形前物体每单位体积的体力向量(用直角笛卡儿坐标表示的类似推导，见第 3.2 节).

方程(4.51)是一个向量方程，把它表示成纯量形式的方法之一是，把它沿 $\mathbf{g}_{\lambda}$ 方向分解. 引用方程(4.11)和(4.39)，我们得到

$$[\sqrt{g}\ (\delta^{\lambda}_{\mu}+v^{\lambda}{}_{;\mu})\tau^{\varkappa\mu}]_{,\varkappa}+\sqrt{g}\,(\delta^{\rho}_{\mu}+v^{\rho}{}_{;\mu})\tau^{\varkappa\mu}\begin{Bmatrix}\lambda\\ \varkappa\rho\end{Bmatrix}$$

$$+\sqrt{g}\ \overline{P}^{\lambda}_{g}=0,\quad(\lambda=1,\ 2,\ 3),\tag{4.53}$$

式中

$$\overline{\mathbf{P}}=\overline{P}^{\lambda}_{g}\mathbf{g}_{\lambda},\tag{4.54}$$

下标($)_g$ 表明这些分量是沿着广义坐标系的基向量 $\mathbf{g}_{\lambda}$ 方向选取的.

4.4 应变张量和应力张量的变换

让我们假定从变形前的点 $P^{(0)}$ 引出一个局部的直角笛卡儿坐标系(y^1, y^2, y^3)，如图 4.3 所示，并用 $\mathbf{j}_{\lambda}$ 表示 y^{λ} 轴方向的单位向量. 由于

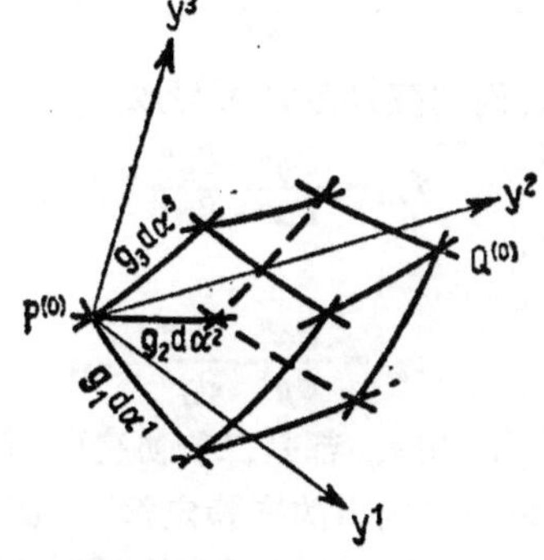

图 4.3 局部的直角笛卡儿坐标系(y^1, y^2, y^3)

$$\partial(\quad)/\partial\alpha^{\lambda}=[\partial(\quad)/\partial y^{\mu}][\partial y^{\mu}/\partial\alpha^{\lambda}],$$

$$\partial(\quad)/\partial y^{\lambda}=[\partial(\quad)/\partial\alpha^{\mu}][\partial\alpha^{\mu}/\partial y^{\lambda}],$$

我们有

$$\mathbf{g}_{\mu}=\partial\mathbf{r}^{(0)}/\partial\alpha^{\mu}=(\partial y^{\lambda}/\partial\alpha^{\mu})\mathbf{j}_{\lambda},\tag{4.55}$$

和

$$\mathbf{j}_{\lambda}=\partial\mathbf{r}^{(0)}/\partial y^{\lambda}=(\partial\alpha^{\mu}/\partial y^{\lambda})\mathbf{g}_{\mu}.\tag{4.56}$$

用 $\mathbf{j}_{\lambda}$ 数乘方程(4.55)得出

$$\frac{\partial y^{\lambda}}{\partial\alpha^{\mu}}=\mathbf{j}_{\lambda}\cdot\mathbf{g}_{\mu}.\tag{4.57}$$

同样,用 $\mathbf{g}_{\varkappa}$ 数乘方程(4.56)得出

$$\frac{\partial\alpha^{\lambda}}{\partial y^{\mu}}=g^{\lambda\varkappa}(\mathbf{j}_{\mu}\cdot\mathbf{g}_{\varkappa}),\tag{4.58}$$

式中指标 λ 和 μ 已经互换了.

现在我们可以来导出应变的变换定律. 设对应于局部的直角笛卡儿坐标的应变张量由 $e_{\lambda\mu}$ 来表示,即

$$2e_{\lambda\mu}=\frac{\partial\mathbf{r}}{\partial y^{\lambda}}\cdot\frac{\partial\mathbf{r}}{\partial y^{\mu}}-\frac{\partial\mathbf{r}^{(0)}}{\partial y^{\lambda}}\cdot\frac{\partial\mathbf{r}^{(0)}}{\partial y^{\mu}}.\tag{4.59}$$

于是,从方程(4.36)我们有

$$\begin{aligned}2f_{\lambda\mu}&=\frac{\partial\mathbf{r}}{\partial\alpha^{\lambda}}\cdot\frac{\partial\mathbf{r}}{\partial\alpha^{\mu}}-\frac{\partial\mathbf{r}^{(0)}}{\partial\alpha^{\lambda}}\cdot\frac{\partial\mathbf{r}^{(0)}}{\partial\alpha^{\mu}}\\&=\left[\frac{\partial\mathbf{r}}{\partial y^{\varkappa}}\cdot\frac{\partial\mathbf{r}}{\partial y^{\rho}}-\frac{\partial\mathbf{r}^{(0)}}{\partial y^{\varkappa}}\cdot\frac{\partial\mathbf{r}^{(0)}}{\partial y^{\rho}}\right]\frac{\partial y^{\varkappa}}{\partial\alpha^{\lambda}}\frac{\partial y^{\rho}}{\partial\alpha^{\mu}}\\&=2e_{\varkappa\rho}\frac{\partial y^{\varkappa}}{\partial\alpha^{\lambda}}\frac{\partial y^{\rho}}{\partial\alpha^{\mu}}.\end{aligned}$$

因此,$f_{\lambda\mu}$ 和 $e_{\varkappa\rho}$ 之间的变换定律可写成

$$f_{\lambda\mu}=\frac{\partial y^{\varkappa}}{\partial\alpha^{\lambda}}\frac{\partial y^{\rho}}{\partial\alpha^{\mu}}e_{\varkappa\rho},\tag{4.60}$$

或者反转过来,

$$e_{\lambda\mu}=\frac{\partial\alpha^{\varkappa}}{\partial y^{\lambda}}\frac{\partial\alpha^{\rho}}{\partial y^{\mu}}f_{\varkappa\rho}.\tag{4.61}$$

这些关系式表明 $f_{\lambda\mu}$ 和 $e_{\lambda\mu}$ 都是二阶协变张量.

其次,我们来导出应力的变换定律. 截取一个无限小的四面体 $P^{(0)}R^{(0)}S^{(0)}T^{(0)}$,它是由变形前的点 $P^{(0)}$ 引出的三条边 $\mathbf{g}_1d\alpha^1$,

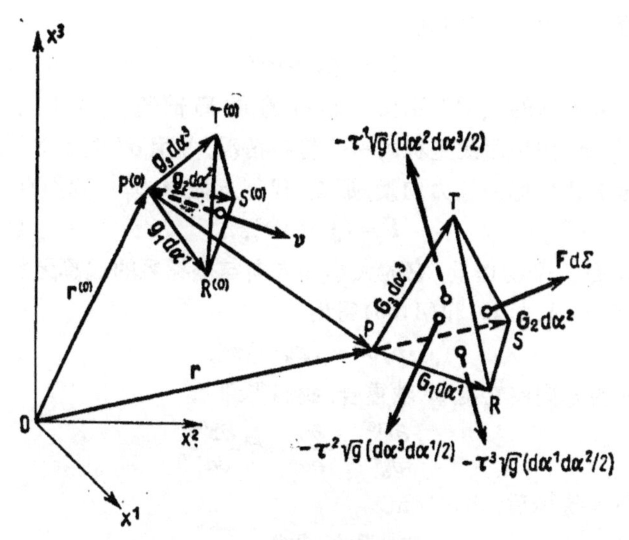

图 4.4 无限小四面体的平衡

(a)变形前 (b)变形后

$\mathbf{g}_2 d\alpha^2$ 和 $\mathbf{g}_3 d\alpha^3$ 确定的，再来考虑它在变形后的平衡，如图 4.4 所示．用 $\mathbf{F}\,d\Sigma$ 表示作用在四面体斜面上的内力，其中 $d\Sigma$ 是变形前斜面的面积．作用在四面体上内力的平衡条件是

$$\mathbf{F}\,d\Sigma=\boldsymbol{\tau}^1\sqrt{g}\,(d\alpha^2 d\alpha^3/2)+\boldsymbol{\tau}^2\sqrt{g}\,(d\alpha^3 d\alpha^1/2)+\boldsymbol{\tau}^3\sqrt{g}\,(d\alpha^1 d\alpha^2/2). \tag{4.62}$$

从无限小四面体在变形前的几何关系，我们有

$$\begin{aligned}\sqrt{g}\,d\alpha^2 d\alpha^3&=2(\mathbf{g}_1\cdot\boldsymbol{\nu})d\Sigma,\\ \sqrt{g}\,d\alpha^3 d\alpha^1&=2(\mathbf{g}_2\cdot\boldsymbol{\nu})d\Sigma,\\ \sqrt{g}\,d\alpha^1 d\alpha^2&=2(\mathbf{g}_3\cdot\boldsymbol{\nu})d\Sigma,\end{aligned} \qquad (4.63)^{1)}$$

式中 $\boldsymbol{\nu}$ 是变形前斜面上的外向单位法线向量．将关系式(4.63)代

---

1) 在图 4.4 中，我们有

$$\begin{aligned}2\boldsymbol{\nu}\,d\Sigma&=\overrightarrow{R^{(0)}S^{(0)}}\times\overrightarrow{R^{(0)}T^{(0)}}=(\mathbf{g}_2 d\alpha^2-\mathbf{g}_1 d\alpha^1)\times(\mathbf{g}_3 d\alpha^3-\mathbf{g}_1 d\alpha^1)\\&=\mathbf{g}_1\times\mathbf{g}_2 d\alpha^1 d\alpha^2+\mathbf{g}_2\times\mathbf{g}_3 d\alpha^2 d\alpha^3+\mathbf{g}_3\times\mathbf{g}_1 d\alpha^3 d\alpha^1.\end{aligned}$$

把这个方程与方程(4.27)和下式

$$\mathbf{g}_i\cdot(\mathbf{g}_i\times\mathbf{g}_j)=0,\quad (\text{不对 } i \text{ 求和})$$

结合起来，就得到关系式(4.63)．

入方程(4.62)，我们得到

$$\mathbf{F}=(\mathbf{g}_\varkappa\cdot\boldsymbol{\nu})\boldsymbol{\tau}^\varkappa. \tag{4.64}$$

如果从变形前的点 $P^{(0)}$ 引出一组任意的局部直角笛卡儿坐标 (y^1, y^2, y^3) 作为曲线坐标的一个特殊情况，并用 $\boldsymbol{\sigma}^\lambda$ 表示对于局部直角笛卡儿坐标的应力向量，那么，代替方程(4.64)，我们有

$$\mathbf{F}=(\mathbf{j}_\lambda\cdot\boldsymbol{\nu})\boldsymbol{\sigma}^\lambda. \tag{4.65}$$

由于 $\mathbf{F}$ 是一个物理量，它的大小和方向与坐标系的选择无关. 所以，结合方程(4.64)和(4.65)得出

$$(\mathbf{j}_\lambda\cdot\boldsymbol{\nu})\boldsymbol{\sigma}^\lambda=(\mathbf{g}_\mu\cdot\boldsymbol{\nu})\boldsymbol{\tau}^\mu. \tag{4.66}$$

选定 $\boldsymbol{\nu}$ 的方向使它与 $y^\varkappa$ 轴重合，我们得到

$$\sigma^{\varkappa\rho}\frac{\partial\mathbf{r}^{(0)}}{\partial y^\rho}=\frac{\partial y^\varkappa}{\partial\alpha^\mu}\tau^{\mu\lambda}\frac{\partial\mathbf{r}^{(0)}}{\partial\alpha^\lambda},$$

在互换其指标后，此式导出

$$\sigma^{\lambda\mu}=\frac{\partial y^\lambda}{\partial\alpha^\varkappa}\frac{\partial y^\mu}{\partial\alpha^\rho}\tau^{\varkappa\rho}, \tag{4.67}$$

或者反转过来，

$$\tau^{\lambda\mu}=\frac{\partial\alpha^\lambda}{\partial y^\varkappa}\frac{\partial\alpha^\mu}{\partial y^\rho}\sigma^{\varkappa\rho}. \tag{4.68}$$

这些关系式表明，这样定义的 $\sigma^{\lambda\mu}$ 和 $\tau^{\lambda\mu}$ 都是二阶逆变张量.

为了以后的方便，我们指出，$\mathbf{F}$ 沿着基向量方向分解读作

$$\mathbf{F}=\tau^{\varkappa\mu}\nu_\varkappa(\delta^\lambda_\mu+v^\lambda{}_{;\mu})\mathbf{g}_\lambda, \tag{4.69}$$

式中 $\nu_\varkappa$ 由下式定义：

$$\boldsymbol{\nu}=\nu_\varkappa\mathbf{g}^\varkappa. \tag{4.70}$$

4.5 用曲线坐标表示的应力-应变关系

按照第3.4节的公式推导，我们假定用局部直角笛卡儿坐标系表示的应力-应变关系是

$$\sigma^{\lambda\mu}=\sigma^{\lambda\mu}(e_{\alpha\beta}), \tag{4.71}$$

而当应变分量足够小时，由下式给出：

$$\sigma^{\lambda\mu}=a^{\lambda\mu\alpha\beta}e_{\alpha\beta}. \tag{4.72}$$

当一个弹性力学问题必须用曲线坐标求解时,应力-应变关系就必须表示成

$$\tau^{\lambda\mu}=\tau^{\lambda\mu}(f_{\alpha\beta}),\tag{4.73}$$

或用线性化形式表示成

$$\tau^{\lambda\mu}=c^{\lambda\mu\alpha\beta}f_{\alpha\beta}.\tag{4.74}$$

由于应力以及应变的变换定律已经导出[方程(4.60), (4.61), (4.67)和(4.68)], 所以要推导所需的关系式就相当容易. 例如, 方程(4.72)可以写成

$$\frac{\partial y^{\lambda}}{\partial\alpha^{\kappa}}\frac{\partial y^{\mu}}{\partial\alpha^{\rho}}\tau^{\kappa\rho}=a^{\lambda\mu\alpha\beta}\frac{\partial\alpha^{\nu}}{\partial y^{\alpha}}\frac{\partial\alpha^{\omega}}{\partial y^{\beta}}f_{\nu\omega},$$

或经过求积、求和以及指标互换后写成

$$\tau^{\lambda\mu}=a^{\kappa\rho\nu\omega}\frac{\partial\alpha^{\lambda}}{\partial y^{\kappa}}\frac{\partial\alpha^{\mu}}{\partial y^{\rho}}\frac{\partial\alpha^{\alpha}}{\partial y^{\nu}}\frac{\partial\alpha^{\beta}}{\partial y^{\omega}}f_{\alpha\beta},\tag{4.75}$$

上式表明

$$c^{\lambda\mu\alpha\beta}=\frac{\partial\alpha^{\lambda}}{\partial y^{\kappa}}\frac{\partial\alpha^{\mu}}{\partial y^{\rho}}\frac{\partial\alpha^{\alpha}}{\partial y^{\nu}}\frac{\partial\alpha^{\beta}}{\partial y^{\omega}}a^{\kappa\rho\nu\omega}.\tag{4.76}$$

当材料各向同性时, 方程(3.37)可用作直角笛卡儿坐标系表示的应力-应变关系,而方程(4.76)取下列形式:

$$c^{\lambda\mu\alpha\beta}=\frac{E\nu}{(1+\nu)(1-2\nu)}g^{\lambda\mu}g^{\alpha\beta}+G(g^{\lambda\alpha}g^{\mu\beta}+g^{\lambda\beta}g^{\mu\alpha}).\tag{4.77}$$

4.6 虚功原理

本节所要处理的问题和第3.5节所述相同, 即寻求某一物体的平衡位形, 该物体在边界 S_1 上给定力学边界条件 $\mathbf{F}=\overline{\mathbf{F}}$, 在 S_2 上给定几何边界条件 $\mathbf{u}=\overline{\mathbf{u}}$, 并受到体力 $\mathbf{P}=\overline{\mathbf{P}}$ 的作用. 本节的目的是为这个问题导出用一般曲线坐标表示的虚功原理.

由方程(4.51)以及力学边界条件, 我们有

$$-\iiint_V[(\sqrt{g}\,\boldsymbol{\tau}^{\lambda})_{,\lambda}+\overline{\mathbf{P}}\sqrt{g}]\cdot\delta\mathbf{r}d\alpha^1d\alpha^2d\alpha^3$$

$$+\iint_{S_1}(\mathbf{F}-\overline{\mathbf{F}})\cdot\delta\mathbf{r}dS=0.\tag{4.78}$$

引用在边界上成立的几何关系式

$$\sqrt{g}\,d\alpha^2 d\alpha^3 = \pm\nu_1 dS,\quad \sqrt{g}\,d\alpha^3 d\alpha^1 = \pm\nu_2 dS,\quad \sqrt{g}\,d\alpha^1 d\alpha^2 = \pm\nu_3 dS, \tag{4.79}$$ [1)]

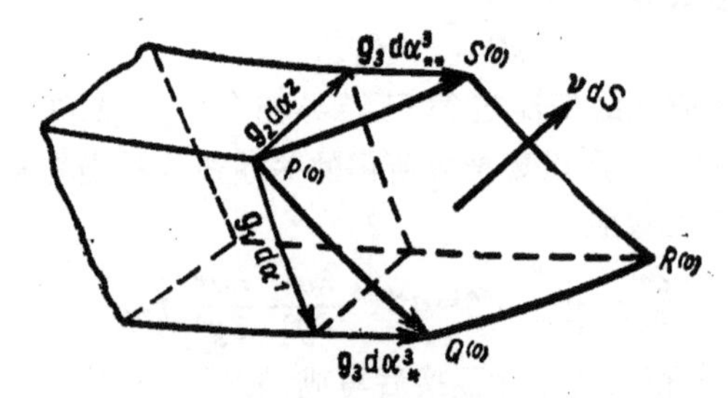

图 4.5　边界上的面积元素 $P^{(0)}Q^{(0)}R^{(0)}S^{(0)}$

并按照类似于第 3.6 节的推导，我们可以把方程(4.78)转换成

$$\iiint\limits_V (\tau^{\lambda\mu}\delta f_{\lambda\mu} - \overline{\mathbf{P}}\cdot\delta\mathbf{r})\,dV - \iint\limits_{S_1} \overline{\mathbf{F}}\cdot\delta\mathbf{r}\,dS = 0, \tag{4.80}$$

式中 dV 由方程(4.26)给出. 这就是用一般曲线坐标系表示的虚功原理. 应用方程(4.18), (4.54)以及

$$\overline{\mathbf{F}} = \overline{F}^\lambda_g \mathbf{g}_\lambda, \tag{4.81}$$

这原理可以改用下式表示:

$$\iiint\limits_V (\tau^{\lambda\mu}\delta f_{\lambda\mu} - \overline{P}^\lambda_g \delta v_\lambda)\,dV - \iint\limits_{S_1} \overline{F}^\lambda_g \delta v_\lambda\,dS = 0. \tag{4.82}$$

由方程(4.60)和(4.68)，我们有

$$\tau^{\lambda\mu}\delta f_{\lambda\mu} = \sigma^{\lambda\mu}\delta e_{\lambda\mu}. \tag{4.83}$$

将方程(4.83)代入方程(4.80)，就得到虚功原理的另一种表达式:

$$\iiint\limits_V (\sigma^{\lambda\mu}\delta e_{\lambda\mu} - \overline{\mathbf{P}}\cdot\delta\mathbf{r})\,dV - \iint\limits_{S_1} \overline{\mathbf{F}}\cdot\delta\mathbf{r}\,dS = 0. \tag{4.84}$$

---

1) 在图 4.5 中，我们有

$$\boldsymbol{\nu}\,dS = \overrightarrow{P^{(0)}Q^{(0)}} \times \overrightarrow{P^{(0)}S^{(0)}} = (\mathbf{g}_1 d\alpha^1 + \mathbf{g}_3 d\alpha^3_*) \times (\mathbf{g}_2 d\alpha^2 + \mathbf{g}_3 d\alpha^3_{**})$$
$$= \mathbf{g}_1\times\mathbf{g}_2\,d\alpha^1 d\alpha^2 - \mathbf{g}_2\times\mathbf{g}_3\,d\alpha^2 d\alpha^3_* - \mathbf{g}_3\times\mathbf{g}_1\,d\alpha^3_{**} d\alpha^1,$$

因此，

$$(\boldsymbol{\nu}\cdot\mathbf{g}_3)\,dS = \mathbf{g}_3\cdot(\mathbf{g}_1\times\mathbf{g}_2)\,d\alpha^1 d\alpha^2 = \sqrt{g}\,d\alpha^1 d\alpha^2,$$

式中 $\boldsymbol{\nu}$ 是斜面上的外向单位法线向量. 方程(4.79)的其他关系可类似地导出.

可能表面上看来原理(4.84)和原理(3.48)是一样的. 可是,它们的物理意义并不相同,因为出现在方程(4.84)中的量 $\sigma^{\lambda\mu}$ 和 $e_{\lambda\mu}$ 是参照局部的直角笛卡儿坐标系定义的,而在方程(3.48)出现的 $\sigma^{\lambda\mu}$ 和 $e_{\lambda\mu}$ 则是参照固定的笛卡儿坐标定义的.

到此为止,已经列出了对应于曲线坐标系的虚功原理.这样的虚功原理一旦建立,第1.5节所述的近似解法和第1.8节所述的知道相容条件寻求应力函数的技巧,都可以类似地应用到曲线坐标的问题中. 就象后面各章即将表明的那样,在能够优先采用曲线坐标的弹性力学问题中,这个原理对于公式推导起着非常重要的作用.

4.7 驻值势能原理及其推广

就象第3.8节那样,我们将假定函数 A, Φ 和 Ψ 存在. 这些都是状态函数,和选用的坐标系无关,也就是说,按方程(3.69)所定义的泛函是不变量.于是,一旦按直角笛卡儿坐标建立了驻值势能原理,那么由一般曲线坐标系表达的这一原理就可用 v^{λ} 来表示,其中已应用了应变的变换定律(4.61),应变-位移关系式(4.40)以及位移分量的变换定律

$$u^{\lambda}=(\mathbf{i}_{\lambda}\cdot\mathbf{g}_{\mu})v^{\mu}, \tag{4.85}$$

其中

$$\mathbf{u}=u^{\lambda}\mathbf{i}_{\lambda}=v^{\mu}\mathbf{g}_{\mu}. \tag{4.86}$$

显然,引用方程(4.19),这原理就可用 v_{λ} 来表示.

驻值势能原理的推广是相当简单明了的. 我们只要写出这类推广式中的一个就足够了. 下面列出这个推广式:

$$\begin{aligned}\Pi_{I}=\iiint_{V}\Big\{&A(f_{\lambda\mu})+\Phi(v_{\lambda})\\&-\tau^{\lambda\mu}\Big[f_{\lambda\mu}-\frac{1}{2}(v_{\lambda;\mu}+v_{\mu;\lambda}+v_{\kappa;\lambda}v^{\kappa}{}_{;\mu})\Big]\Big\}dV\\&+\iint_{S_1}\Psi(v_{\lambda})dS-\iint_{S_2}p^{\lambda}(v_{\lambda}-\bar{v}_{\lambda})dS,\end{aligned} \tag{4.87}$$

式中 $\bar{v}_\lambda$ 是给定的位移分量，由下式定义：

$$\text{在 } S_2 \text{ 上}, \quad \bar{\mathbf{u}} = \bar{v}_\lambda \mathbf{g}^\lambda. \tag{4.88}$$

在泛函(4.87)中，经受变分的独立量是 $f_{\lambda\mu}$, v_λ, $\tau^{\lambda\mu}$ 和 p^λ，而 v^λ 是依赖于 v_μ 的，即

$$v^\lambda = g^{\lambda\mu} v_\mu. \tag{4.89}$$

可以证明驻值条件就是问题的控制方程，连同

$$p^\lambda = \tau^{\kappa\mu} \nu_\kappa (\delta^\lambda_\mu + v^\lambda{}_{;\mu}), \tag{4.90}$$

这确定了 S_2 上的 Lagrange 乘子 p^λ.

4.8 用正交曲线坐标表示的小位移理论的一些说明

在本章的结尾，着手把前面得到的某些结果应用于正交曲线坐标系，此时关系式(4.25)简化为

$$(ds^{(0)})^2 = g_{11}(d\alpha^1)^2 + g_{22}(d\alpha^2)^2 + g_{33}(d\alpha^3)^2. \tag{4.91}$$

在这一节，我们虽然要用罗马字母代替数字 1, 2 和 3，但将不再使用求和的约定. 首先，我们注意到，方程(4.28)简化为

$$g = g_{11}\, g_{22}\, g_{33}, \tag{4.92}$$

而由方程(4.13)给出的 Christoffel 符号可简化为[12]

$$\begin{aligned}
&\begin{Bmatrix} i \\ i\ i \end{Bmatrix} = \frac{1}{\sqrt{g_{ii}}} \frac{\partial \sqrt{g_{ii}}}{\partial \alpha^i}, \\
&\begin{Bmatrix} i \\ i\ j \end{Bmatrix} = \begin{Bmatrix} i \\ j\ i \end{Bmatrix} = \frac{1}{\sqrt{g_{ii}}} \frac{\partial \sqrt{g_{ii}}}{\partial \alpha^j}, \\
&\begin{Bmatrix} i \\ j\ j \end{Bmatrix} = -\frac{\sqrt{g_{jj}}}{g_{ii}} \frac{\partial \sqrt{g_{jj}}}{\partial \alpha^i}, \\
&\begin{Bmatrix} i \\ j\ k \end{Bmatrix} = 0 \quad (\text{当 } i,\ j,\ k \text{ 都不相同时}).
\end{aligned} \tag{4.93}$$

我们准备把问题限于小位移理论，并由虚功原理推导平衡方程. 由于假定位移分量很小，所以由方程(4.40)可得到下面的线性应变-位移关系式：

$$2f_{ii}=2g_{ii}\frac{\partial v^i}{\partial\alpha^i}+\sum_{j=1}^{3}\frac{\partial g_{ii}}{\partial\alpha^j}v^j,$$

$$2f_{ij}=g_{ii}\frac{\partial v^i}{\partial\alpha^j}+g_{jj}\frac{\partial v^j}{\partial\alpha^i}\quad(\text{对 } i\neq j).\tag{4.94}$$

其次,我们来考虑在点 $P^{(0)}$ 处与 $\mathbf{g}_i(i=1, 2, 3)$ 方向一致的一组局部直角笛卡儿坐标 $y^i(i=1, 2, 3)$, 并以 $\mathbf{j}_i$ 表示沿 $\mathbf{g}_i$ 方向的单位向量. 于是我们有

$$\mathbf{g}_i=\sqrt{g_{ii}}\,\mathbf{j}_i.\tag{4.95}$$

从方程(4.57), (4.58)和(4.95),得到

$$\frac{\partial y^i}{\partial\alpha^j}=\sqrt{g_{ii}}\,\delta_{ij},\qquad\frac{\partial\alpha^i}{\partial y^j}=\frac{1}{\sqrt{g_{ii}}}\delta_{ij},\tag{4.96}$$

式中 δ_{ij} 是 Kronecker 符号. 对于局部笛卡儿坐标的位移分量和体力分量,可另由下式定义:

$$\mathbf{u}=\sum_{i=1}^{3}u^i\mathbf{j}_i,\tag{4.97}$$

$$\overline{\mathbf{P}}=\sum_{i=1}^{3}\overline{Y}^i\mathbf{j}_i.\tag{4.98}$$

分别用 $\sigma^{11}, \cdots, \sigma^{33}$ 和 $\varepsilon_{11}, \cdots, \varepsilon_{33}$ 表示对于局部直角笛卡儿坐标的应力和应变, 我们可以利用方程(4.38), (4.61), (4.67)和(4.94)而得到

$$u^i=\sqrt{g_{ii}}\,v^i,\tag{4.99}$$

$$\varepsilon_{ij}=\frac{1}{\sqrt{g_{ii}g_{jj}}}f_{ij},\tag{4.100}$$

$$\sigma^{ij}=\sqrt{g_{ii}g_{jj}}\,\tau^{ij},\tag{4.101}$$

和

$$\varepsilon_{ii}=\frac{1}{2g_{ii}}\left[2g_{ii}\frac{\partial}{\partial\alpha^i}\left(\frac{u^i}{\sqrt{g_{ii}}}\right)+\sum_{j=1}^{3}\frac{\partial g_{ii}}{\partial\alpha^j}\frac{u^j}{\sqrt{g_{jj}}}\right],$$

$$\varepsilon_{ij}=\frac{1}{2\sqrt{g_{ii}g_{jj}}}\left[g_{ii}\frac{\partial}{\partial\alpha^j}\left(\frac{u^i}{\sqrt{g_{ii}}}\right)+g_{jj}\frac{\partial}{\partial\alpha^i}\left(\frac{u^j}{\sqrt{g_{jj}}}\right)\right]\quad(\text{对 } i\neq j).\tag{4.102}$$

把方程(4.97), (4.98)和(4.102)代入虚功原理(4.84)后, 我们就

得到下列平衡方程[13]：

$$\frac{\partial(\sigma^{11}\sqrt{g_{22}g_{33}})}{\partial\alpha^1}-\sigma^{22}\sqrt{g_{33}}\frac{\partial\sqrt{g_{22}}}{\partial\alpha^1}-\sigma^{33}\sqrt{g_{22}}\frac{\partial\sqrt{g_{33}}}{\partial\alpha^1}$$

$$+\frac{1}{\sqrt{g_{11}}}\left[\frac{\partial(\sigma^{12}g_{11}\sqrt{g_{33}})}{\partial\alpha^2}+\frac{\partial(\sigma^{31}g_{11}\sqrt{g_{22}})}{\partial\alpha^3}\right]$$

$$+\overline{Y}^1\sqrt{g_{11}g_{22}g_{33}}=0, \tag{4.103}$$

其他两个方程可以通过指标循环置换法得出．显然，方程(4.103)也可以作为正交曲线坐标系表示的小位移理论的一个特殊情况，由方程(4.53)得出．

参考文献

[1] A. E. Green and W. Zerna, *Theoretical Elasticity*, Oxford University Press, 1954.

[2] В. В. Новожилов, *Теория упругости*, Судпромгиз, 1958.

[3] Y. C. Fung, *Foundations of Solid Mechanics*, Prentice-Hall, 1965.

[4] E. Koppe, Methoden der nichtlinearen Elastizitätstheorie mit Anwendun, gen auf die dünne Platte endlicher Durchbiegung, *Zeitschrift für Angewandte Mathematik und Mechanik*, Vol. 36, No. 11/12, pp.455—62, November/December 1956.

[5] K. Kondo, Geometry of Elastic Deformation and Incompatibility, *and* A Theory of Stresses and Stress Densities, *Memoirs of the Unifying Study of the Basic Problems in Engineering Sciences by Means of Geometry*, Vol. 1, pp. 361—73 and 374— 91, Gakujutsu Bunken Fukyu-kai, Tokyo, 1955.

[6] Y. Yoshimura, *Meta-theory of Mechanics of Continua Subject to Deformation of Arbitrary Magnitudes*, Aeronautical Research Institute, University of Tokyo, Report No. 343, May 1959.

[7] L. Brand, *Vector and Tensor Analysis*, John Wiley, 1947.

[8] S. L. Synge and A. Schild, *Tensor Calculus*, University of Toronto Press, 1949.

[9] D. J. Struik, *Lectures on Classical Differential Geometry*, Addison-Wesley 1950.

[10] I. S. Sokolnikoff, *Tensor Analysis*, John Wiley, 1951.

[11] H. D. Block, *Introduction to Tensor Analysis*, Charles E. Merrill, 1962.

[12] P. Morse and H. Feshbach, *Methods of Theoretical Physics*, Parts I and II, McGraw-Hill, 1953.

[13] C. Biezeno and R. Grammel, *Technische Dynamik*, Springer Verlag, 1939.
(该书的一部分有中译本:《工程动静力学》,第四卷,科学出版社,1959 年)
[14] L. S. D. Morley, *Skew Plates and Structures*, Pergamon Press, 1963.

第五章 虚功原理及其有关变分原理的推广

5.1 初应力问题

在第三章里，我们推导了边值问题的虚功原理及其有关的变分原理．这一章准备把这些原理推广到弹性力学的其他问题[1)]．我们将用有限位移理论来阐述每一个问题，必要时把它们特殊地化成小位移理论．准备用直角笛卡儿坐标系来描绘弹性体的性状．可是，由于第四章里所看到的不变量特性，用一般曲线坐标系表示的诸原理的表达式，可以通过坐标变换求得．

本章将全部采用 Lagrange 法．引用参考状态中确定物体任一点位置的一组值(x^1, x^2, x^3)，来说明它随后的性状．参考状态的规定取决于所考虑的具体问题．除非另有说明，位移都是从参考状态计量的．

我们首先来考虑初应力问题[1,2]．所谓初应力是指存在于初始状态物体内的那些应力，也就是说，在所研究的变形发生以前物体内就已存在的应力．我们选择初始状态作为初应力问题的参考状态．

把一直角笛卡儿坐标系(x^1, x^2, x^3)固定在空间．取一个无限小的长方体，它由 $x^\lambda=$常数和 $x^\lambda+dx^\lambda=$常数($\lambda=1, 2, 3$)这六个表面包围而成．用 $-\boldsymbol{\sigma}^{(0)\lambda}$ 表示作用在 $x^\lambda=$常数的面上每单位面积的初内力，我们定义初应力的分量为

$$\boldsymbol{\sigma}^{(0)\lambda}=\sigma^{(0)\lambda\mu}\mathbf{i}_\mu, \tag{5.1}$$

式中 $\mathbf{i}_\mu$ 是沿 x^μ 轴方向的单位向量．初始体力和面力分别用 $\overline{\mathbf{P}}^{(0)}$ 和 $\overline{\mathbf{F}}^{(0)}$ 表示，它们的分量表示为

1) 这里指出，这一章准备推导的某些原理，在弹性力学问题范围之外可以有广泛的用途．

$$\overline{\mathbf{P}}^{(0)}=\overline{P}^{(0)\lambda}\mathbf{i}_{\lambda},\ \overline{\mathbf{F}}^{(0)}=\overline{F}^{(0)\lambda}\mathbf{i}_{\lambda}. \tag{5.2}$$

为简便起见，我们假定这些初应力和力形成一个自相平衡的体系，即在物体内部有

$$\sigma^{(0)\lambda\mu}_{,\mu}+\overline{P}^{(0)\lambda}=0, \tag{5.3}$$

而在物体表面上有

$$\sigma^{(0)\lambda\mu}n_{\mu}=\overline{F}^{(0)\lambda}, \tag{5.4}$$

式中$(\ )_{,\mu}=\partial(\ )/\partial x^{\mu}$.

我们用给定附加体力 $\overline{P}^{\lambda}$，附加在 S_1 上的面力 $\overline{F}^{\lambda}$ 以及在 S_2 上的表面位移 $\overline{u}^{\lambda}$，来定义一个带有初应力物体的边值问题，这里说的位移是从初始状态计量的.

引用类似于第 3.2 节的推演方式来研究无限小平行六面体变形后的平衡. 作用在 $\mathbf{E}_2dx^2$ 和 $\mathbf{E}_3dx^3$ 这两边所组成的面上的内力，用 $-(\sigma^{(0)1\mu}+\sigma^{1\mu})\mathbf{E}_{\mu}dx^2dx^3$表示. 作用在其他面上的内力可用类似的方式定义. 这样定义的量 $\sigma^{\lambda\mu}$ 称为应力增量. 于是，我们看到初应力问题的平衡方程和力学边界条件方程，可以分别用 $\sigma^{(0)\lambda\mu}+\sigma^{\lambda\mu}$, $\overline{P}^{(0)\lambda}+\overline{P}^{\lambda}$ 和 $\overline{F}^{(0)\lambda}+\overline{F}^{\lambda}$ 代替 $\sigma^{\lambda\mu}$, $\overline{P}^{\lambda}$ 和 $\overline{F}^{\lambda}$ 从方程(3.27)和(3.42)推导出来. 因此，按照第 3.6 节的方式推演，就得到如下的初应力问题的虚功原理:

$$\iiint\limits_V[(\sigma^{(0)\lambda\mu}+\sigma^{\lambda\mu})\delta e_{\lambda\mu}-(\overline{P}^{(0)\lambda}+\overline{P}^{\lambda})\delta u^{\lambda}]dV-\iint\limits_{S_1}(\overline{F}^{(0)\lambda}+\overline{F}^{\lambda})\delta u^{\lambda}dS=0, \tag{5.5}$$

式中

$$e_{\lambda\mu}=\frac{1}{2}(u^{\lambda}_{,\mu}+u^{\mu}_{,\lambda}+u^{\varkappa}_{,\lambda}u^{\varkappa}_{,\mu}), \tag{5.6}$$

并且要求 δu^{λ} 在 S_2 上为零. 当初应力是自相平衡时，我们可以采用方程(5.3)和(5.4)把方程(5.5)转换成

$$\iiint\limits_V[\sigma^{\lambda\mu}\delta e_{\lambda\mu}+\sigma^{(0)\lambda\mu}u^{\varkappa}_{,\lambda}\delta u^{\varkappa}_{,\mu}-\overline{P}^{\lambda}\delta u^{\lambda}]dV-\iint\limits_{S_1}\overline{F}^{\lambda}\delta u^{\lambda}dS=0. \tag{5.7}$$

其次，来考虑驻值势能原理及其有关变分原理的公式推导. 第一步，假定应力增量与应变之间存在着如下关系：

$$\sigma^{\lambda\mu}=\sigma^{\lambda\mu}(e_{\alpha\beta};\ \sigma^{(0)\alpha\beta}),\qquad (5.8)^{1)}$$

或者反转过来，

$$e_{\lambda\mu}=e_{\lambda\mu}(\sigma^{\alpha\beta};\ \sigma^{(0)\alpha\beta}),\qquad (5.9)^{1)}$$

这里初应力可以作为一些参数包含在内. 第二步，假定方程(5.8)满足方程(3.53). 那么，由式

$$dA=\sigma^{\lambda\mu}de_{\lambda\mu}\qquad (5.10)$$

定义的应变能函数 $A(e_{\lambda\mu};\ \sigma^{(0)\lambda\mu})$ 的存在就得到确认. 于是方程(5.7)可转换成

$$\delta\iiint_V\left[A(u^{\lambda};\ \sigma^{(0)\lambda\mu})+\frac{1}{2}\sigma^{(0)\lambda\mu}u^{\varkappa}_{,\lambda}u^{\varkappa}_{,\mu}\right]dV$$

$$-\iiint_V\bar{P}^{\lambda}\delta u^{\lambda}dV-\iint_{S_1}\bar{F}^{\lambda}\delta u^{\lambda}dS=0,\qquad (5.11)$$

式中 $A(u^{\lambda};\ \sigma^{(0)\lambda\mu})$ 是从 $A(e_{\lambda\mu};\ \sigma^{(0)\lambda\mu})$ 得来，而且已利用方程(5.6)以 u^{λ} 表示 $e_{\lambda\mu}$；变分是对 u^{λ} 进行的.

如果方程(3.66)所定义的两个位势函数的存在也得到确认，我们就有一个关于驻值势能原理的泛函，由此应用 Lagrange 乘子可以把该原理推广. 这里，我们仅写出 Π_I 的表达式：

$$\Pi_I=\iiint_V\left\{A(e_{\lambda\mu};\ \sigma^{(0)\lambda\mu})+\frac{1}{2}\sigma^{(0)\lambda\mu}u^{\varkappa}_{,\lambda}u^{\varkappa}_{,\mu}+\Phi(u^{\lambda})\right.$$

$$\left.-\sigma^{\lambda\mu}\left[e_{\lambda\mu}-\frac{1}{2}(u^{\lambda}_{,\mu}+u^{\mu}_{,\lambda}+u^{\varkappa}_{,\lambda}u^{\varkappa}_{,\mu})\right]\right\}dV$$

$$+\iint_{S_1}\Psi(u^{\lambda})dS-\iint_{S_2}p^{\lambda}(u^{\lambda}-\bar{u}^{\lambda})dS,\qquad (5.12)$$

式中经受变分的独立量是 $e_{\lambda\mu}$, u^{λ}, $\sigma^{\lambda\mu}$ 和 p^{λ}，而没有约束条件. 可以证明这些驻值条件就是初应力问题的控制方程，连同

$$p^{\lambda}=\sigma^{(0)\varkappa\mu}n_{\varkappa}u^{\lambda}_{,\mu}+\sigma^{\varkappa\mu}n_{\varkappa}(\delta^{\lambda}_{\mu}+u^{\lambda}_{,\mu}),\qquad (5.13)$$

这确定了 S_2 上的 Lagrange 乘子 p^{λ}. 表达式(5.12)提示，相应于

---

1) 除非另有说明，我们假定这一章所有的应力-应变关系都有唯一的逆关系。

$A(e_{\lambda\mu};\sigma^{(0)\lambda\mu})$ 的余能函数 $B(\sigma^{\lambda\mu};\sigma^{(0)\lambda\mu})$ 由下式给出:

$$B=\sigma^{\lambda\mu}e_{\lambda\mu}-A, \tag{5.14}$$

式中应用了以应力表示应变的方程(5.9).

我们将就此对初应力问题的一个线性化公式进行推导，假定位移是无限小量，即 $u^{\lambda}=O(\varepsilon)$[1]，而初应力是有限量，即 $\sigma^{(0)\lambda\mu}=O(1)$. 这一假设导致虚功原理(5.7)的简化,并使应变-位移关系(5.6)和应力-应变关系(5.8)线性化如下:

$$\iiint_V [\sigma^{\lambda\mu}\delta\varepsilon_{\lambda\mu}+\sigma^{(0)\lambda\mu}u^{\varkappa}_{,\lambda}\delta u^{\varkappa}_{,\mu}-\overline{P}^{\lambda}\delta u^{\lambda}]dV$$

$$-\iint_{S_1}\overline{F}^{\lambda}\delta u^{\lambda}dS=0, \tag{5.15}$$

$$\varepsilon_{\lambda\mu}=\frac{1}{2}(u^{\lambda}_{,\mu}+u^{\mu}_{,\lambda}), \tag{5.16}$$

$$\sigma^{\lambda\mu}=a^{\lambda\mu\alpha\beta}\varepsilon_{\alpha\beta}. \tag{5.17}$$

原理(5.15)给出平衡方程

$$\sigma^{\lambda\mu}{}_{,\mu}+(\sigma^{(0)\varkappa\mu}u^{\lambda}_{,\mu})_{,\varkappa}+\overline{P}^{\lambda}=0, \tag{5.18}$$

和力学边界条件

$$\text{在 } S_1 \text{ 上,}\quad \sigma^{\lambda\varkappa}n_{\varkappa}+\sigma^{(0)\varkappa\mu}n_{\varkappa}u^{\lambda}_{,\mu}=\overline{F}^{\lambda}. \tag{5.19}$$

结合方程(5.16), (5.17), (5.18), (5.19)和几何边界条件

$$\text{在 } S_2 \text{ 上,}\quad u^{\lambda}=\overline{u}^{\lambda}, \tag{5.20}$$

我们就可得到所需的线性化的控制方程. 和线性化问题有关的变分原理可按通常的方式加以推导.

5.2 带有初应力物体的稳定性问题

考虑一个带有初应力 $k\sigma^{(0)\lambda\mu}$ 的物体，在 V 内受到体力 $k\overline{P}^{(0)\lambda}$ 和 S_1 上受到面力 $k\overline{F}^{(0)\lambda}$ 的作用，其中 k 是一个单调递增的比例因子. 假定各量 $\sigma^{(0)\lambda\mu}$, $\overline{P}^{(0)\lambda}$ 和 $\overline{F}^{(0)\lambda}$ 是给定的. 当 k 足够小时，平衡位形是稳定的. 可是,随着 k 的增加,就会达到一个临界的状

1) 符号 $O(\varepsilon)$ 代表"ε 的量级",其中 ε 表示一无限小量.

态，超过了它，物体将不再是稳定的．本节准备在下述前提下寻求物体内部临界初应力的分布，即假定不管 k 怎么增加，在物体发生失稳之前几何位形的改变总是可以忽略不计[2,3,4]．我们的问题将限于：假定在失稳期间，物体在 S_2 上刚性固定的同时，给定的体力和 S_1 上的面力，其大小和方向都不改变．不难看出，这个失稳问题可以当作第 3.11 节系统论述的一个特殊情况．

我们将采用第 3.11 节所介绍的关于一个邻近平衡位形的存在作为一种失稳判据．由此显而易见，前节中线性化公式的推导就给出这个失稳问题的控制方程．用 $k\sigma^{(0)\lambda\mu}$ 代替 $\sigma^{(0)\lambda\mu}$，并要求方程(5.15)，(5.18)，(5.19)和(5.20)中增加的体力 $\overline{P}^\lambda$，面力 $\overline{F}^\lambda$ 和位移 $\overline{u}^\lambda$ 均为零，就得到

$$\iiint_V [\sigma^{\lambda\mu}\delta\varepsilon_{\lambda\mu}+k\sigma^{(0)\lambda\mu}u^{\varkappa}_{,\lambda}\delta u^{\varkappa}_{,\mu}]dV=0, \tag{5.21}$$

$$\sigma^{\lambda\mu}{}_{,\mu}+(k\sigma^{(0)\varkappa\mu}u^{\lambda}_{,\mu})_{,\varkappa}=0, \tag{5.22}$$

$$\text{在 } S_1 \text{ 上，}\quad \sigma^{\lambda\varkappa}n_{\varkappa}+k\sigma^{(0)\varkappa\mu}n_{\varkappa}u^{\lambda}_{,\mu}=0, \tag{5.23}$$

$$\text{在 } S_2 \text{ 上，}\quad u^\lambda=0. \tag{5.24}$$

方程(5.16)，(5.17)，(5.22)，(5.23)和(5.24)完全描述了所考虑的失稳问题．这些方程的解简化为一个特征值问题，其中参数 k 的临界值是作为一个特征值来确定的，而邻近的平衡位形则作为相应的特征函数．

当方程(5.17)中各弹性常数满足对称关系 $a^{\lambda\mu\alpha\beta}=a^{\alpha\beta\lambda\mu}$ 时，原理(5.21)就转换为驻值势能原理，它的泛函由下式给出：

$$\Pi=\iiint_V\left[A(u^\lambda;\ \sigma^{(0)\lambda\mu})+\frac{1}{2}k\sigma^{(0)\lambda\mu}u^{\varkappa}_{,\lambda}u^{\varkappa}_{,\mu}\right]dV, \tag{5.25}$$

式中 $A(u^\lambda;\sigma^{(0)\lambda\mu})$ 是从下式得来的：

$$A(\varepsilon_{\lambda\mu};\ \sigma^{(0)\lambda\mu})=\frac{1}{2}a^{\lambda\mu\alpha\beta}\varepsilon_{\lambda\mu}\varepsilon_{\alpha\beta}, \tag{5.26}$$

其中已通过方程(5.16)用 u^λ 表示 $\varepsilon_{\lambda\mu}$．在泛函(5.25)中，变分是在约束条件(5.24)下对 u^λ 进行的，而 k 是当作一个不经受变分的参数．

一旦这样导出了驻值势能原理，就可以应用 Lagrange 乘子把它推广．下面仅写出 Π_I 的表达式：

$$\Pi_I=\iiint_V\{A(\varepsilon_{\lambda\mu};\ \sigma^{(0)\lambda\mu})+\frac{1}{2}k\sigma^{(0)\lambda\mu}u^{\kappa}_{,\lambda}u^{\kappa}_{,\mu}$$

$$-\sigma^{\lambda\mu}[\varepsilon_{\lambda\mu}-\frac{1}{2}(u^{\lambda}_{,\mu}+u^{\mu}_{,\lambda})]\}dV-\iint_{S_2}p^{\lambda}u^{\lambda}dS, \qquad (5.27)$$

式中经受变分的量是 $\sigma^{\lambda\mu}$, $\varepsilon_{\lambda\mu}$, u^{λ} 和 p^{λ}，而没有约束条件．可以证明，这些驻值条件就是失稳问题的控制方程，连同

$$p^{\lambda}=k\sigma^{(0)\kappa\mu}n_{\kappa}u^{\lambda}_{,\mu}+\sigma^{\lambda\kappa}n_{\kappa}, \qquad (5.28)$$

这确定了 S_2 上的 Lagrange 乘子 p^{λ}．

回顾第 2.7 节的推演，就会看到，原理(5.25)等价于在一些容许位移 u^{λ} 中，找出使商

$$k=-\frac{\iiint_V A(u^{\lambda})dV}{\frac{1}{2}\iiint_V\sigma^{(0)\lambda\mu}\,u^{\kappa}_{,\lambda}\,u^{\kappa}_{,\mu}dV} \qquad (5.29)$$

取驻值的位移．当 k 的最小正值和最大负值分别找出为 K^+ 和 K^- 时，只要 k 值处在这两个极端值之间，即 $K^-<k<K^+$，这物体是稳定的．表达式(5.29)和特征值问题中的 Rayleigh 商紧密相关[5, 6]．

5.3 初应变问题

假定有一个物体在参考状态中既无应力又无应变．把这个物体分割成为若干无限小的长方体，并给每块长方体以任意大小的应变．这些应变称为初应变，在下面的公式推导中用 $e^{(0)}_{\lambda\mu}$ 来表示．然后，把这些长方块重新聚合并使之再成为一个连续体．

由于任意初应变的不相容性，所以要重新组成连续体，就必须在初应变之上附加一组应变．这些应变增量引起了一些内应力，尽管并没有外加什么外力或位移．我们将进一步推广这个问题，

同初应变一起，给物体规定体力 $\overline{P}^{\lambda}$, S_1 上的面力 F^{λ} 和 S_2 上的表面位移 $\overline{u}^{\lambda}$, 这里的位移 $\overline{u}^{\lambda}$ 是从参考状态计量的.

把造成最终位形所需的这组应变增量表示为 $\epsilon_{\lambda\mu}$. 一般地说，初应变或者应变增量都不单独满足相容条件. 但它们的总和

$$e_{\lambda\mu}=e_{\lambda\mu}^{(0)}+\epsilon_{\lambda\mu}, \tag{5.30}$$

必须满足相容条件，这就是说，它们应能从 u^{λ} 导出(u^{λ} 从参考状态计量)，使得

$$e_{\lambda\mu}=\frac{1}{2}(u_{,\mu}^{\lambda}+u_{,\lambda}^{\mu}+u_{,\lambda}^{\kappa}u_{,\mu}^{\kappa}). \tag{5.31}$$

于是，回顾第 3.6 节的推演，我们发现初应变问题的虚功原理，也可以利用应变-位移关系(5.31)由方程(3.48)给出.

其次，我们来推导驻值势能原理及其有关变分原理. 第一步，假定应力-应变关系由下式给出：

$$\sigma^{\lambda\mu}=\sigma^{\lambda\mu}(e_{\alpha\beta};e_{\alpha\beta}^{(0)}), \tag{5.32}$$

或者反转过来，

$$e_{\lambda\mu}=e_{\lambda\mu}(\sigma^{\alpha\beta};e_{\alpha\beta}^{(0)}), \tag{5.33}$$

式中初应变作为参数出现，而 $\sigma^{\lambda\mu}(e_{\alpha\beta}^{(0)};e_{\alpha\beta}^{(0)})=0$. 第二步，假定方程(5.32)满足方程(3.53)，这样就确认了存在由下式定义的应变能函数 $A(e_{\lambda\mu};e_{\lambda\mu}^{(0)})$：

$$dA=\sigma^{\lambda\mu}de_{\lambda\mu}. \tag{5.34}$$

第三步，假定两个位势函数 $\Phi(u^{\lambda})$ 和 $\Psi(u^{\lambda})$ 存在. 现在，我们可以来推导初应变问题的驻值势能原理了. 这个原理可以按照下列熟知的方法加以推广. 例如，可以证明 Π_I 是

$$\begin{aligned}\Pi_I=&\iiint_V\{A(e_{\lambda\mu};e_{\lambda\mu}^{(0)})+\Phi(u^{\lambda})\\&-\sigma^{\lambda\mu}[e_{\lambda\mu}-\frac{1}{2}(u_{,\mu}^{\lambda}+u_{,\lambda}^{\mu}+u_{,\lambda}^{\kappa}u_{,\mu}^{\kappa})]\}dV\\&+\iint_{S_1}\Psi(u^{\lambda})dS-\iint_{S_2}p^{\lambda}(u^{\lambda}-\overline{u}^{\lambda})dS,\end{aligned} \tag{5.35}$$

式中经受变分的独立量是 $\sigma^{\lambda\mu}$, $e_{\lambda\mu}$, u^{λ} 和 p^{λ}，而没有约束条件. 表达式(5.35)暗示，相应于 $A(e_{\lambda\mu};e_{\lambda\mu}^{(0)})$ 的余能函数 $B(\sigma^{\lambda\mu};e_{\lambda\mu}^{(0)})$ 是

$$B=\sigma^{\lambda\mu}e_{\lambda\mu}-A, \tag{5.36}$$

式中已应用了以 $\sigma^{\alpha\beta}$ 表示 $e_{\lambda\mu}$ 的方程(5.33).

由此我们可以作出结论，虚功原理及其有关的变分原理可按第三章一样的形式来推导，只是 A 和 B 的表达式有所不同. 关于小位移理论的初应变问题可以作类似的阐述.

5.4 热应力问题

考虑一个弹性体，在参考状态中既无应力又无应变，而具有均匀的绝对温度 T_0. 然后，在体力和表面边界条件象第 3.5 节所给定那样作用的同时，给该物体以一种温度分布 $T(x^1, x^2, x^3)$. 我们的问题是寻求由此在物体内产生的应力分布[1].

我们知道，由于在弹性变形和热传导之间的耦合作用是很弱的，通常可以略去，因而假定温度分布是给定的，而应力-应变关系给出如下：

$$\sigma^{\lambda\mu}=\sigma^{\lambda\mu}(e_{\alpha\beta};\theta), \tag{5.37}$$

式中

$$\sigma^{\lambda\mu}(0;0)=0, \qquad \theta=T-T_0.$$

一旦采用了上述假设，控制热应力问题的各方程就与第三章问题的方程是一样的，只是方程(3.33)现在由方程(5.37)来代替，其中温度 θ 作为一个参数出现. 因此，热应力问题的虚功原理亦由方程(3.48)给出.

回顾第 3.7 节的推演并考虑到温度分布是给定的，我们发现在热弹性问题中，对弹性体的每个元素其应变能函数都是存在的，并等于方程(3.63)所给出的 Helmholtz 自由能. 因此，为了建立驻值势能原理，我们只要假定两个状态函数 Φ 和 Ψ 存在就够了，相应的泛函可证明为

$$\Pi=\iiint_V[A(u^\lambda;\theta)+\Phi(u^\lambda)]dV+\iint_{S_1}\Psi(u^\lambda)dS, \tag{5.38}$$

1) 见参考文献[7—14].

式中经受变分的量是 u^λ, 而带有 S_2 上的几何边界条件, 然而温度 θ 则当作是给定的, 并不经受变分. 由于出现在泛函(5.38)里的应变能函数就等于自由能函数, 所以热弹性问题的驻值势能原理常常被称为驻值自由能原理[9]. 一旦这样建立了变分原理, 它就可以通过 Lagrange 乘子, 用类似于第 3.9 节的推演方式加以推广.

于是我们可以作出结论, 热弹性问题的虚功原理及其有关的变分原理可按第三章一样的形式来表示, 只是 A 和 B 的表达式有所不同. 关于小位移理论的热弹性问题可以作类似的阐述.

要提一下应力-应变关系以及 A 和 B 的表达式. 从方程(3.63)所定义的自由能函数, 我们可以导出如下关系式:

$$dF_0 = dU_0 - TdS - SdT. \tag{5.39}$$

把上式和方程(3.59)结合起来, 得

$$dF_0 = \sigma^{\lambda\mu} de_{\lambda\mu} - SdT, \tag{5.40}$$

从而给出

$$\sigma^{\lambda\mu} = \frac{\partial F_0}{\partial e_{\lambda\mu}}, \qquad S = -\frac{\partial F_0}{\partial T}. \tag{5.41a, b}$$

这意味着, 一旦自由能函数明确地由 $e_{\lambda\mu}$ 和 T 给出, 应力-应变关系式(5.37)就是一些导出函数.

我们将通过下列假设, 为热弹性问题寻求线性的应力-应变关系, 即假定

$$F_0 = a_0 + a_I^{\lambda\mu} e_{\lambda\mu} + \frac{1}{2} a^{\lambda\mu\alpha\beta} e_{\lambda\mu} e_{\alpha\beta}, \tag{5.42}$$

式中 a_0, $a_I^{\lambda\mu}$ 和 $a^{\lambda\mu\alpha\beta}$ 都是 T 的函数, 而且 $a^{\lambda\mu\alpha\beta} = a^{\alpha\beta\lambda\mu}$. 于是, 从方程(5.41a)和(5.42), 有

$$\sigma^{\lambda\mu} = a^{\lambda\mu\alpha\beta} e_{\alpha\beta} + a_I^{\lambda\mu}. \tag{5.43}$$

如果用 $e_{\lambda\mu}^\theta$ 表示热应变, 那么, 由于要求在 $e_{\lambda\mu} = e_{\lambda\mu}^\theta$ 时 $\sigma^{\lambda\mu} = 0$, 我们有

$$a_I^{\lambda\mu} = -a^{\lambda\mu\alpha\beta} e_{\alpha\beta}^\theta, \tag{5.44}$$

方程(5.43)的逆关系式可以求得为

$$e_{\lambda\mu} = b_{\lambda\mu\alpha\beta} \sigma^{\alpha\beta} + e_{\lambda\mu}^\theta. \tag{5.45}$$

方程(5.45)表明,对于线性关系,热应变可以作为初应变看待. 由下式定义的两个函数的表达式:

$$dA=\sigma^{\lambda\mu}de_{\lambda\mu},\qquad dB=e_{\lambda\mu}d\sigma^{\lambda\mu},\tag{5.46}$$

是从方程(5.43)和(5.45)推导出来的:

$$A=\frac{1}{2}a^{\lambda\mu\alpha\beta}e_{\lambda\mu}e_{\alpha\beta}-a^{\lambda\mu\alpha\beta}e^{\theta}_{\alpha\beta}e_{\lambda\mu},\tag{5.47}$$

$$B=\frac{1}{2}b_{\lambda\mu\alpha\beta}\sigma^{\lambda\mu}\sigma^{\alpha\beta}+e^{\theta}_{\lambda\mu}\sigma^{\lambda\mu}.\tag{5.48}$$

当材料在弹性和热的性能方面都是各向同性时, 我们可以选定

$$e^{\theta}_{\lambda\mu}=e^{\theta}\delta_{\lambda\mu},\tag{5.49}$$

并导出下列关系式:

$$\sigma^{\lambda\mu}=\frac{E}{(1-2\nu)}e\delta_{\lambda\mu}+2Ge'_{\lambda\mu}-\frac{E}{(1-2\nu)}e^{\theta}\delta_{\lambda\mu},\tag{5.50}$$

$$e_{\lambda\mu}=\frac{(1-2\nu)}{E}\sigma\delta^{\lambda\mu}+\frac{1}{2G}\sigma^{\lambda\mu\prime}+e^{\theta}\delta^{\lambda\mu},\tag{5.51}$$

$$A=\frac{3E}{2(1-2\nu)}e^{2}+Ge'_{\lambda\mu}e'_{\lambda\mu}-\frac{3E}{(1-2\nu)}e^{\theta}e,\tag{5.52}$$

$$B=\frac{3(1-2\nu)}{2E}\sigma^{2}+\frac{1}{4G}\sigma^{\lambda\mu\prime}\sigma^{\lambda\mu\prime}+3e^{\theta}\sigma,\tag{5.53}$$

式中 $\delta_{\lambda\mu}$ 和 $\delta^{\lambda\mu}$ 是 Kronecker 符号. 如果在热应变 e^{θ} 和温度差 θ 之间假定了线性关系式,我们就可以写出

$$e^{\theta}=\alpha\theta,\tag{5.54}$$

式中 α 是热膨胀系数.

热应力与高速飞行是密切联系的, 近年来已经成为飞行器设计的主要问题之一. 对这个课题已写出了大量的论文, 其中有一些列入了文献目录中,供读者参考.

5.5 准静力问题

考虑一个物体, 在参考状态中既无应力又无应变. 让这个物体承受与时间有关的体力 $\bar{P}^{\lambda}(x^1, x^2, x^3, t)$, 在 S_1 上的面力

$\bar{F}^{\lambda}(x^1, x^2, x^3, t)$以及在 S_2 上的表面位移 $\bar{u}^{\lambda}(x^1, x^2, x^3, t)$，这里的 t 和 $\bar{u}^{\lambda}$ 都是从参考状态计量的. 我们的问题是寻求物体由于运动而引起的变形和应力分布.

在这一节里，我们将考虑上面所提出动力学问题的准静力公式的推导. 所谓准静力(quasi-static)，意思是给定的体力、面力和表面位移等的时间变化率是如此缓慢，以致在运动方程中的各惯性项都可忽略不计. 于是显而易见，虚功原理及其有关的变分原理可按第三章一样的方法导出，只是时间 t 现在作为一个参数出现. 因此，我们对下面用速率来表达的准静力问题将更感兴趣：给定物体在一般瞬时的应力分布 $\sigma^{\lambda\mu}$ 和位移分布 u^{λ}，求出在物体内引起的应力的时间变化率 $\dot{\sigma}^{\lambda\mu}$ 和位移的时间变化率 $\dot{u}^{\lambda}$，这里字母上一点表示对时间的微分.

由于平衡方程和边界条件是用速率表示而写出的：

$$\text{在 } V \text{ 内，} \frac{d}{dt}\{[(\delta^{\lambda}_{\mu}+u^{\lambda}{}_{,\mu})\sigma^{\kappa\mu}]_{,\kappa}+\bar{P}^{\lambda}\}=0, \tag{5.55}$$

$$\text{在 } S_1 \text{ 上，} \quad \dot{F}^{\lambda}=\dot{\bar{F}}^{\lambda}, \tag{5.56}$$

$$\text{在 } S_2 \text{ 上，} \quad \dot{u}^{\lambda}=\dot{\bar{u}}^{\lambda}, \tag{5.57}$$

式中

$$\dot{F}^{\lambda}=\dot{\sigma}^{\kappa\mu}n_{\kappa}(\delta^{\lambda}_{\mu}+u^{\lambda}{}_{,\mu})+\sigma^{\kappa\mu}n_{\kappa}\dot{u}^{\lambda}{}_{,\mu}, \tag{5.58}$$

我们有

$$-\iiint_V \frac{d}{dt}\{[(\delta^{\lambda}_{\mu}+u^{\lambda}{}_{,\mu})\sigma^{\kappa\mu}]_{,\kappa}+\bar{P}^{\lambda}\}\delta\dot{u}^{\lambda}dV + \iint_{S_1}(\dot{F}^{\lambda}-\dot{\bar{F}}^{\lambda})\delta\dot{u}^{\lambda}dS=0. \tag{5.59}$$

经过一些计算，方程(5.59)可简化为

$$\iiint_V [\dot{\sigma}^{\lambda\mu}\delta\dot{e}_{\lambda\mu}+\sigma^{\lambda\mu}\dot{u}^{\kappa}_{,\lambda}\delta\dot{u}^{\kappa}_{,\mu}-\dot{\bar{P}}^{\lambda}\delta\dot{u}^{\lambda}]dV - \iint_{S_1}\dot{\bar{F}}^{\lambda}\delta\dot{u}^{\lambda}dS=0, \tag{5.60}$$

式中 $\delta\dot{e}_{\lambda\mu}$ 仅表示 $\dot{e}_{\lambda\mu}$ 对 $\dot{u}^{\kappa}$ 的变分，即

$$2\dot{e}_{\lambda\mu}=(\delta^{\kappa}_{\lambda}+u^{\kappa}_{,\lambda})\dot{u}^{\kappa}_{,\mu}+(\delta^{\kappa}_{\mu}+u^{\kappa}_{,\mu})\dot{u}^{\kappa}_{,\lambda}, \tag{5.61}$$

$$2\delta\dot{e}_{\lambda\mu}=(\delta_\lambda^\kappa+u_{,\lambda}^\kappa)\delta\dot{u}_{,\mu}^\kappa+(\delta_\mu^\kappa+u_{,\mu}^\kappa)\delta\dot{u}_{,\lambda}^\kappa. \tag{5.62}$$

方程(5.60)就是准静力问题的虚功原理.

其次,我们来考虑准静力问题的变分原理. 第一步,假定应力速率与应变速率之间的关系是

$$\dot{\sigma}^{\lambda\mu}=\dot{\sigma}^{\lambda\mu}(\dot{e}_{\alpha\beta};\sigma^{\alpha\beta},\ e_{\alpha\beta}), \tag{5.63}$$

或者反转过来,

$$\dot{e}_{\lambda\mu}=\dot{e}_{\lambda\mu}(\dot{\sigma}^{\alpha\beta};\sigma^{\alpha\beta},\ e_{\alpha\beta}), \tag{5.64}$$

式中 $\sigma^{\alpha\beta}$ 和 $e_{\alpha\beta}$ 可以作为参数包括进去. 第二步, 假定关系式(5.63)满足下列方程:

$$\frac{\partial\dot{\sigma}^{\lambda\mu}}{\partial\dot{e}_{\alpha\beta}}=\frac{\partial\dot{\sigma}^{\alpha\beta}}{\partial\dot{e}_{\lambda\mu}}, \tag{5.65}$$

从而确认了存在由下式定义的状态函数 $A^*(\dot{e}_{\lambda\mu};\sigma^{\lambda\mu},\ e_{\lambda\mu})$:

$$dA^*=\dot{\sigma}^{\lambda\mu}d\dot{e}_{\lambda\mu}. \tag{5.66}$$

第三步,假定存在着由下式定义的两个状态函数 $\Phi^*(\dot{u}^\lambda)$ 和 $\Psi^*(\dot{u}^\lambda)$,

$$\delta\Phi^*=-\dot{P}^\lambda\delta\dot{u}^\lambda,\qquad \delta\Psi^*=-\dot{F}^\lambda\delta\dot{u}^\lambda. \tag{5.67}$$

于是, 我们可以从方程(5.60)得出关于准静力问题的驻值势能原理. 这样得到的原理可以运用 Lagrange 乘子加以推广; 广义表达式 Π_I 可证明是

$$\begin{aligned}\Pi_I=&\iiint_V[A^*(\dot{e}_{\lambda\mu})+\frac{1}{2}\sigma^{\lambda\mu}\dot{u}_{,\lambda}^\kappa\dot{u}_{,\mu}^\kappa+\Phi^*(\dot{u}^\lambda)]dV\\&-\iiint_V\dot{\sigma}^{\lambda\mu}\{\dot{e}_{\lambda\mu}-\frac{1}{2}[(\delta_\lambda^\kappa+u_{,\lambda}^\kappa)\dot{u}_{,\mu}^\kappa+(\delta_\mu^\kappa+u_{,\mu}^\kappa)\dot{u}_{,\lambda}^\kappa]\}dV\\&+\iint_{S_1}\Psi^*(\dot{u}^\lambda)dS-\iint_{S_2}\dot{p}^\lambda(\dot{u}^\lambda-\dot{\bar{u}}^\lambda)dS,\end{aligned} \tag{5.68}$$

式中经受变分的独立量是 $\dot{\sigma}^{\lambda\mu}$, $\dot{e}_{\lambda\mu}$, $\dot{u}^\lambda$ 和 $\dot{p}^\lambda$, 没有约束条件, 而量 $\sigma^{\lambda\mu}$, $e_{\lambda\mu}$ 和 u^λ 都当作不经受变分的参数. 可以证明这些驻值条件就是准静力问题的控制方程,连同

$$\dot{p}^\lambda=\dot{F}^\lambda, \tag{5.69}$$

这确定了 S_2 上的 Lagrange 乘子 $\dot{p}^\lambda$. 泛函(5.68)等价于 Sanders, McComb 和 Schlechte 等所导出的公式[15].

式(5.68)揭示,与 A^* 对应的函数 $B^*(\dot{\sigma}^{\lambda\mu};\sigma^{\lambda\mu},\ e_{\lambda\mu})$是

$$B^* = \dot{\sigma}^{\lambda\mu}\dot{e}_{\lambda\mu} - A^*, \tag{5.70}$$

式中 $\dot{e}_{\lambda\mu}$ 是通过方程(5.64)用 $\dot{\sigma}^{\alpha\beta}$ 表示的.

当准静力问题限于小位移理论时，对应于方程(5.55), (5.56), (5.57)和(5.61)的控制方程分别是

$$\text{在}\ V\ \text{内},\quad \dot{\sigma}_{ij,j} + \dot{\overline{X}}_i = 0, \tag{5.71}$$

$$\text{在}\ S_1\ \text{上},\quad \dot{\sigma}_{ij}n_j = \dot{\overline{F}}_i, \tag{5.72}$$

$$\text{在}\ S_2\ \text{上},\quad \dot{u}_i = \dot{\bar{u}}_i, \tag{5.73}$$

$$\text{在}\ V\ \text{内},\quad 2\dot{\varepsilon}_{ij} = \dot{u}_{i,j} + \dot{u}_{j,i}. \tag{5.74}$$

这里，应力、应变和位移的分量分别用 σ_{ij}, ε_{ij} 和 u_i 来表示，而量 $\overline{X}_i$, $\overline{F}_i$ 和 $\bar{u}_i$ 分别是给定的体力、面力和表面位移等的分量. 从上列关系式，我们得到用于小位移理论准静力问题的虚功原理如下：

$$\iiint\limits_V (\dot{\sigma}_{ij}\delta\dot{\varepsilon}_{ij} - \dot{\overline{X}}_i\delta\dot{u}_i)dV - \iint\limits_{S_1} \dot{\overline{F}}_i\delta\dot{u}_i dS = 0, \tag{5.75}$$

式中已代入了方程(5.74). 由于方程(5.71)到(5.74)没有点号也是成立的，所以我们得到这原理的混合形式为

$$\iiint\limits_V (\dot{\sigma}_{ij}\delta\varepsilon_{ij} - \dot{\overline{X}}_i\delta u_i)\ dV - \iint\limits_{S_1} \dot{\overline{F}}_i\delta u_i dS = 0, \tag{5.76}$$

$$\iiint\limits_V (\sigma_{ij}\delta\dot{\varepsilon}_{ij} - \overline{X}_i\delta\dot{u}_i)dV - \iint\limits_{S_1} \overline{F}_i\delta\dot{u}_i dS = 0. \tag{5.77}$$

显而易见，我们也可以得到与方程(5.75)对应的余虚功原理为

$$\iiint\limits_V \dot{\varepsilon}_{ij}\,\delta\dot{\sigma}_{ij}\,dV - \iint\limits_{S_2} \delta\dot{\sigma}_{ij}n_j\dot{\bar{u}}_i dS = 0. \tag{5.78}$$

与方程(5.76)和(5.77)对应的表达式可用类似的方式导出. 当应力(或应力速率)与应变(或应变速率)之间的关系能保证象 $\dot{\sigma}_{ij}d\dot{\varepsilon}_{ij}$ 这样一些量是全微分时，上面的一些原理可以导致若干变分公式.

5.6 动力学问题

现在我们来考虑第 5.5 节所定义的动力学问题，不再要求物

体的运动是准静力的. 动力学问题的运动方程可以从方程(3.22)和(3.25)通过用 $\overline{\mathbf{P}}-\rho(d^2\mathbf{r}/dt^2)$ 代替 $\overline{\mathbf{P}}$ 来得出

$$\sigma^{\lambda}_{,\lambda}+\overline{\mathbf{P}}-\rho\frac{d^2\mathbf{r}}{dt^2}=0, \tag{5.79}$$

$$\sigma^{\lambda\mu}=\sigma^{\mu\lambda}, \tag{5.80}$$

式中 ρ 是物体在参考状态中每单位体积的密度. 因此, 如果进行了以上的替换之后, 方程(3.48)就适用于动力学问题了. 对这样替换后的方程在时间 $t=t_1$ 和 $t=t_2$ 之间进行积分, 并且采用约定: 给定在 $t=t_1$ 和 $t=t_2$ 时的 $\mathbf{r}$ 值, 使得 $\delta\mathbf{r}(x^1, x^2, x^3, t_1)=\delta\mathbf{r}(x^1, x^2, x^3, t_2)=0$, 我们最后得到动力学问题的虚功原理如下:

$$\int_{t_1}^{t_2}\Big[\iiint_V\sigma^{\lambda\mu}\delta e_{\lambda\mu}dV-\delta T-\iiint_V\overline{\mathbf{P}}\cdot\delta\mathbf{r}dV-\iint_{S_1}\overline{\mathbf{F}}\cdot\delta\mathbf{r}dS\Big]dt=0, \tag{5.81}$$

式中

$$e_{\lambda\mu}=\frac{1}{2}(u^{\lambda}_{,\mu}+u^{\mu}_{,\lambda}+u^{\kappa}_{,\lambda}u^{\kappa}_{,\mu}), \tag{5.82}$$

而 T 是物体的动能, 由下式定义:

$$T=\frac{1}{2}\iiint_V\left(\frac{d\mathbf{r}}{dt}\right)^2\rho dV=\frac{1}{2}\iiint_V\dot{u}^{\lambda}\dot{u}^{\lambda}\rho dV. \tag{5.83}$$

如果由方程(3.51)定义的应变能函数的存在得到确认, 我们就会发现原理(5.81)变为

$$\int_{t_1}^{t_2}\Big[\delta T-\delta U+\iiint_V\overline{\mathbf{P}}\cdot\delta\mathbf{r}dV+\iint_{S_1}\overline{\mathbf{F}}\cdot\delta\mathbf{r}dS\Big]dt=0, \tag{5.84}$$

式中 U 是弹性体的应变能:

$$U=\iiint_V A(u^{\lambda})dV. \tag{5.85}$$

原理(5.84)在那些不能从位势函数导出外力的弹性体动力学问题的应用中, 是有用的.

如果由方程(3.66)定义的两个位势函数 Φ 和 Ψ 的存在也得到确认, 上述原理就可简化为

$$\delta\int_{t_1}^{t_2}\left[T-U-\iiint_V \Phi dV-\iint_{S_1}\Psi dS\right]dt=0, \tag{5.86}$$

式中变分是对 u^λ 进行的．方程(5.86)就是应用于弹性体动力学问题的 Hamilton 原理．它指出，在所有的满足 S_2 上给定的几何边界条件和在界限 $t=t_1$ 及 $t=t_2$ 处所给定条件的容许位移中，真实解使泛函

$$\int_{t_1}^{t_2}\left[T-U-\iiint_V \Phi dV-\iint_{S_1}\Psi dS\right]dt$$

取驻值．

这是驻值势能原理(3.68)对动力学问题的一个引申．它的推广可用类似于第 3.9 节的推演方式导出．

为了考虑到一些不能从位势函数导出来的外力，我们将在以后的公式推导中采用方程(5.84)，并按下面的假设来考虑问题的一个近似解．这就是假定物体的位移分量可以用若干个独立的广义坐标 $q_r(r=1, 2, \cdots, n)$ 表示如下：

$$u^\lambda=u^\lambda(x^1, x^2, x^3; q_1, q_2, \cdots, q_n, t), \tag{5.87}$$

式中各广义坐标是时间的函数．不管广义坐标的值如何，表达式(5.87)都要选择得满足 S_2 上给定的几何边界条件．从方程(5.87)，我们得到

$$\dot{u}^\lambda=\sum_{r=1}^{n}\frac{\partial u^\lambda}{\partial q_r}\dot{q}_r+\frac{\partial u^\lambda}{\partial t}, \tag{5.88}$$

$$\delta u^\lambda=\sum_{r=1}^{n}\frac{\partial u^\lambda}{\partial q_r}\delta q_r. \tag{5.89}$$

把方程(5.87)和(5.88)引入方程(5.83)和(5.85)，我们就可以用 q_r 和 $\dot{q}_r$ 表示 Lagrange 函数

$$L=T-U. \tag{5.90}$$

有了这些初步讨论，方程(5.84)左边的前两项可转换成

$$\begin{aligned}\int_{t_1}^{t_2}\delta L dt&=\int_{t_1}^{t_2}\left[\sum_{r=1}^{n}\left(\frac{\partial L}{\partial q_r}\delta q_r+\frac{\partial L}{\partial \dot{q}_r}\delta\dot{q}_r\right)\right]dt\\&=\sum_{r=1}^{n}\frac{\partial L}{\partial \dot{q}_r}\delta q_r\Bigg|_{t_1}^{t_2}-\int_{t_1}^{t_2}\sum_{r=1}^{n}\left[\frac{d}{dt}\left(\frac{\partial L}{\partial \dot{q}_r}\right)-\frac{\partial L}{\partial q_r}\right]\delta q_r dt\end{aligned}$$

$$= -\int_{t_1}^{t_2}\sum_{r=1}^{n}\left[\frac{d}{dt}\left(\frac{\partial L}{\partial \dot{q}_r}\right)-\frac{\partial L}{\partial q_r}\right]\delta q_r dt, \tag{5.91}$$

式中采用了 $\delta q_r(t_1)=\delta q_r(t_2)=0(r=1, 2, \cdots, n)$的约定[1]. 引用方程(5.89)并考虑到 $\delta \mathbf{r}=\delta \mathbf{u}$, 我们发现方程(5.84)其余各项变为

$$\iiint_V \overline{\mathbf{P}}\cdot\delta\mathbf{r}dV+\iint_{S_1}\overline{\mathbf{F}}\cdot\delta\mathbf{r}\,dS=\sum_{r=1}^{n}Q_r\delta q_r, \tag{5.92}$$

式中

$$Q_r=\iiint_V \overline{P}^{\lambda}\cdot\frac{\partial u^{\lambda}}{\partial q_r}dV+\iint_{S_1}\overline{F}^{\lambda}\cdot\frac{\partial u^{\lambda}}{\partial q_r}dS, \ (r=1, 2, \cdots, n) \tag{5.93}$$

称为广义力. 把方程(5.91)和(5.92)引入方程(5.84), 我们有

$$\int_{t_1}^{t_2}\sum_{r=1}^{n}\left[\frac{d}{dt}\left(\frac{\partial L}{\partial \dot{q}_r}\right)-\frac{\partial L}{\partial q_r}-Q_r\right]\delta q_r dt=0\ . \tag{5.94}$$

由于 δq_r 是独立的, 所以上述方程给出 n 个联立方程:

$$\frac{d}{dt}\left(\frac{\partial L}{\partial \dot{q}_r}\right)-\frac{\partial L}{\partial q_r}=Q_r, \ \ (r=1, 2, \cdots, n). \tag{5.95}$$

这些就是弹性体的Lagrange运动方程. 关于这些方程在弹性体运动中的应用, 建议读者查阅参考文献[16], [17]和[18]. 上述公式推导是按有限位移理论阐述的. 然而, 它们可以通过熟悉的方法, 即对应变-位移关系式(5.82)的线性化的方法, 特殊地化为小位移理论.

5.7 无约束物体的动力学问题

在本章的最后这一节, 我们来考虑一个无约束物体的动力学问题[18,19,20]. 把一直角笛卡儿坐标系(X^1, X^2, X^3)固定在空间, 并用 $\mathbf{i}_\lambda$ 表示沿 X^λ 轴方向的单位向量, 如图 5.1 所示. 把另一个称为体轴的直角笛卡儿坐标系(x^1, x^2, x^3), 固定在一个处于既无应力又无应变的参考状态中的物体上. 采用 Lagrange 法, 即利用表示物体内任一点相对于参考状态中体轴位置的一组值(x^1, x^2, x^3),

1) 这相应于我们先前的假设: $\delta\mathbf{r}(x^1, x^2, x^3, t_1)=\delta\mathbf{r}(x^1, x^2, x^3, t_2)=0$.

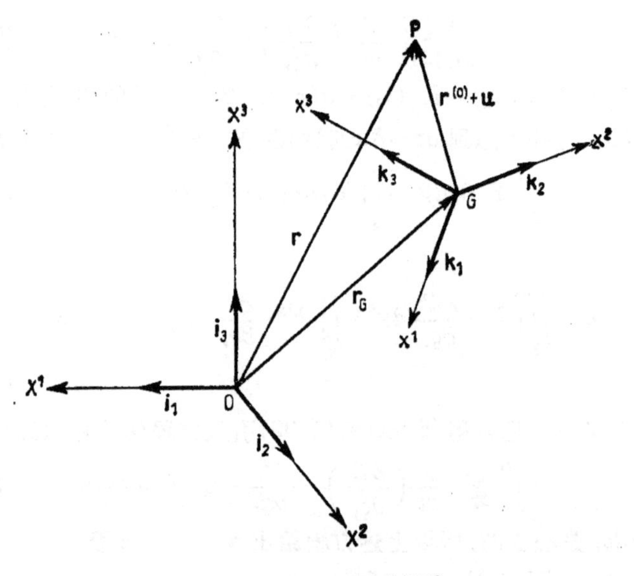

图 5.1 固定的和运动的坐标系

来说明运动的过程. 在一般瞬时 t, 物体内一点的位置向量由下式给出:

$$\mathbf{r}=\mathbf{r}_G+\mathbf{r}^{(0)}+\mathbf{u}. \tag{5.96}$$

这里, $\mathbf{r}_G$ 是从空间固定的坐标原点到体轴原点的位置向量, $\mathbf{r}^{(0)}$ 是从体轴原点到参考状态中的物体内一点的位置向量, $\mathbf{u}$ 是变形向量. 后两个向量对体轴的分量定义如下:

$$\mathbf{r}^{(0)}=x^\lambda\mathbf{k}_\lambda, \qquad \mathbf{u}=u^\lambda\mathbf{k}_\lambda, \tag{5.97}$$

式中 $\mathbf{k}_\lambda$ 是沿 x^λ 轴方向的单位向量. 由于

$$\frac{d\mathbf{k}_\lambda}{dt}=\boldsymbol{\omega}\times\mathbf{k}_\lambda, \tag{5.98}$$

式中

$$\boldsymbol{\omega}=p\mathbf{k}_1+q\mathbf{k}_2+r\mathbf{k}_3 \tag{5.99}$$

是动坐标系的角速度向量, 我们有

$$\frac{d\mathbf{r}^{(0)}}{dt}=\boldsymbol{\omega}\times\mathbf{r}^{(0)}, \tag{5.100}$$

$$\frac{d\mathbf{u}}{dt}=\frac{d^*\mathbf{u}}{dt}+\boldsymbol{\omega}\times\mathbf{u}, \tag{5.101}$$

式中 $d^*(\ )/dt$ 表示一种偏微分，而单位向量 $\mathbf{k}_\lambda(\lambda=1, 2, 3)$ 保持为常数．例如，我们有 $d^*\mathbf{u}/dt=\dot{u}^\lambda\mathbf{k}_\lambda$.

我们将用图 5.2 所示的 Euler 角 ϕ, θ 和 ψ, 来规定体轴相对于空间固定坐标系的方位，从而求得下列几何学和运动学方面的关系式[21,22,23]：

$$\begin{bmatrix}\mathbf{k}_1\\ \mathbf{k}_2\\ \mathbf{k}_3\end{bmatrix}=\begin{bmatrix}\cos\theta\cos\psi, & \cos\theta\sin\psi, & -\sin\theta\\ -\cos\phi\sin\psi+\sin\phi\sin\theta\cos\psi, & \cos\phi\cos\psi+\sin\phi\sin\theta\sin\psi, & \sin\phi\cos\theta\\ \sin\phi\sin\psi+\cos\phi\sin\theta\cos\psi, & -\sin\phi\cos\psi+\cos\phi\sin\theta\sin\psi, & \cos\phi\cos\theta\end{bmatrix}\begin{bmatrix}\mathbf{i}_1\\ \mathbf{i}_2\\ \mathbf{i}_3\end{bmatrix}, \tag{5.102}$$

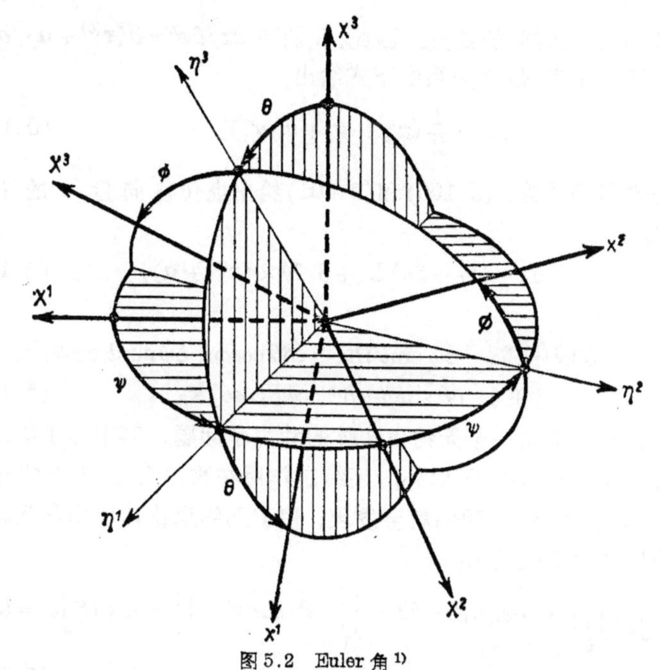

图 5.2　Euler 角 1)

1)　从空间固定轴 (X^1, X^2, X^3) 到动轴 (x^1, x^2, x^3) 的变换是由三个逐次转角决定的．首先，(X^1, X^2, X^3) 轴绕 X^3 轴转动 ψ 角得到 (η^1, η^2, X^3) 轴．其次，(η^1, η^2, X^3) 轴绕 η^2 轴转动 θ 角得到 (x^1, η^2, η^3) 轴．最后，(x^1, η^2, η^3) 轴绕 x^1 轴转动 ϕ 角得到 (x^1, x^2, x^3) 轴．这三个角 ϕ, θ 和 ψ (称为 Euler 角) 唯一地确定了 (x^1, x^2, x^3) 轴的方位．

$$\begin{bmatrix} p \\ q \\ r \end{bmatrix} = \begin{bmatrix} 1 & 0 & -\sin\theta \\ 0 & \cos\phi & \sin\phi\cos\theta \\ 0 & -\sin\phi & \cos\phi\cos\theta \end{bmatrix} \begin{bmatrix} \dot{\phi} \\ \dot{\theta} \\ \dot{\psi} \end{bmatrix}. \tag{5.103}$$

结合方程(5.96)和(5.100)，可以表示物体的动能如下：

$$\begin{aligned} T = & \frac{1}{2}\left(\frac{d\mathbf{r}_G}{dt}\right)^2 \iiint \rho dV + \frac{1}{2}\iiint (\boldsymbol{\omega} \times \mathbf{r}^{(0)})^2 \rho dV \\ & + \frac{1}{2}\iiint \left(\frac{d\mathbf{u}}{dt}\right)^2 \rho\, dV + \left(\frac{d\mathbf{r}_G}{dt} \times \boldsymbol{\omega}\right) \cdot \iiint \mathbf{r}^{(0)} \rho\, dV \\ & + \frac{d\mathbf{r}_G}{dt} \cdot \iiint \frac{d\mathbf{u}}{dt} \rho dV + \boldsymbol{\omega} \cdot \iiint \left(\mathbf{r}^{(0)} \times \frac{d\mathbf{u}}{dt}\right) \rho dV. \end{aligned} \tag{5.104}$$

向量 $\mathbf{r}_G$ 仅是时间的函数．因此，我们有 $\partial\mathbf{r}/\partial x^\lambda = \partial(\mathbf{r}^{(0)} + \mathbf{u})/\partial x^\lambda$，并且发现应变–位移关系由下式给出：

$$e_{\lambda\mu} = \frac{1}{2}(u^\lambda_{,\mu} + u^\mu_{,\lambda} + u^\kappa_{,\lambda} u^\kappa_{,\mu}). \tag{5.105}$$

结合方程(5.96)，(5.100)和(5.101)给出虚位移向量 $\delta\mathbf{r}$ 的下列结果：

$$\delta\mathbf{r} = \delta\mathbf{r}_G + \delta u^\lambda \mathbf{k}_\lambda + \delta'\boldsymbol{\Theta} \times (\mathbf{r}^{(0)} + \mathbf{u}), \tag{5.106}$$

式中

$$\begin{aligned} \delta'\boldsymbol{\Theta} = & (\delta\phi - \delta\psi\sin\theta)\mathbf{k}_1 + (\delta\theta\cos\phi + \delta\psi\sin\phi\cos\theta)\mathbf{k}_2 \\ & + (-\delta\theta\sin\phi + \delta\psi\cos\phi\cos\theta)\mathbf{k}_3. \end{aligned} \tag{5.107}$$

我们来定义一个无约束物体的动力学问题，其中除了给定的体力 $\overline{\mathbf{P}}(x^1, x^2, x^3, t)$ 以外，还给定作用在物体表面 S 上的外力 $\overline{\mathbf{F}}(x^1, x^2, x^3, t)$．我们就会发现，用于无约束物体动力学问题的虚功原理由下式给出：

$$\int_{t_1}^{t_2}\left[\iiint_V \sigma^{\lambda\mu}\delta e_{\lambda\mu} dV - \delta T - \iiint_V \overline{\mathbf{P}} \cdot \delta\mathbf{r} dV - \iint_S \overline{\mathbf{F}} \cdot \delta\mathbf{r} dS\right] dt = 0, \tag{5.108}$$

当应变能函数存在时，就变为

$$\int_{t_1}^{t_2}\left[\delta T - \delta U + \iiint_V \overline{\mathbf{P}} \cdot \delta\mathbf{r}\, dV + \iint_S \overline{\mathbf{F}} \cdot \delta\mathbf{r}\, dS\right] dt = 0. \tag{5.109}$$

由于动力学问题超出了本书的预定范围，所以我们只是简短地讲述两个特殊情况．第一个例子是一个刚体的运动，在这里整个物体的变形向量 $\mathbf{u}$ 为零．取物体的坐标原点与物体的重心重合．于是方程(5.104)，(5.106)和(5.109)就可以分别简化为

$$T=\frac{1}{2}\left(\frac{d\mathbf{r}_G}{dt}\right)^2\iiint_V \rho dV+\frac{1}{2}\iiint_V (\boldsymbol{\omega}\times\mathbf{r}^{(0)})^2\rho\, dV, \tag{5.110}$$

$$\delta\mathbf{r}=\delta\mathbf{r}_G+\delta'\boldsymbol{\Theta}\times\mathbf{r}^{(0)}, \tag{5.111}$$

和

$$\int_{t_1}^{t_2}\left[\delta T+\iiint_V \overline{\mathbf{P}}\cdot\delta\mathbf{r}\, dV+\iint_S \overline{\mathbf{F}}\cdot\delta\mathbf{r}\, dS\right]dt=0, \tag{5.112}$$

由于 $\delta\mathbf{r}_G$, $\delta\phi$, $\delta\theta$ 和 $\delta\psi$ 都是任意的，所以我们从原理(5.112)得到刚体的六个运动方程，并写成如下向量形式：

$$M\frac{d^2\mathbf{r}_G}{dt^2}=\iiint_V \overline{\mathbf{P}}dV+\iint_S \overline{\mathbf{F}}dS, \tag{5.113}$$

和

$$\frac{d\mathbf{H}}{dt}=\iiint_V (\mathbf{r}^{(0)}\times\overline{\mathbf{P}})dV+\iint_S (\mathbf{r}^{(0)}\times\overline{\mathbf{F}})dS, \qquad (5.114)^{1)}$$

在上列方程中，M 和 $\mathbf{H}$ 分别是刚体的总质量和围绕刚体质心的总角动量，由下列关系式定义：

$$M=\iiint_V \rho dV, \tag{5.115}$$

$$\mathbf{H}=H_x\mathbf{k}_1+H_y\mathbf{k}_2+H_z\mathbf{k}_3, \tag{5.116}$$

$$\begin{bmatrix} H_x \\ H_y \\ H_z \end{bmatrix}=\begin{bmatrix} I_x & J_{xy} & J_{xz} \\ J_{xy} & I_y & J_{yz} \\ J_{xz} & J_{yz} & I_z \end{bmatrix}\begin{bmatrix} p \\ q \\ r \end{bmatrix}, \tag{5.117}$$

---

1) 由于 $\delta\iiint_V \frac{1}{2}(\omega\times\mathbf{r}^{(0)})^2\rho dV=H_x\delta p+H_y\delta q+H_z\delta r$ 和 $\delta p=\delta\dot{\phi}-\sin\theta\,\delta\dot{\psi}-\dot{\psi}\delta\theta\cos\theta$, …，我们通过分部积分有 $\delta\int_{t_1}^{t_2}\left[\iiint_V \frac{1}{2}(\omega\times\mathbf{r}^{(0)})^2\rho dV\right]dt=(\quad)\Big|_{t_2}^{t_1}-\int_{t_1}^{t_2}\delta'\boldsymbol{\Theta}\cdot\mathbf{N}dt$，式中 $\mathbf{N}=(\dot{H}_x+qH_z-rH_y)\mathbf{k}_1+(\dot{H}_y+rH_x-pH_z)\mathbf{k}_2+(\dot{H}_z+pH_y-qH_x)\mathbf{k}_3=d\mathbf{H}/dt$[24]。

$$I_x=\iiint_V (y^2+z^2)\rho dV, \qquad I_y=\iiint_V (z^2+x^2)\rho dV,$$

$$I_z=\iiint_V (x^2+y^2)\rho dV,$$

$$J_{xy}=-\iiint_V xy\rho dV, \qquad J_{yz}=-\iiint_V yz\rho dV,$$

$$J_{xz}=-\iiint_V xz\rho dV, \tag{5.118}$$

式中记号 x, y, z 是用来代替 x^1, x^2, x^3 的.

第二个例子是一个弹性体的小干扰运动问题. 我们假定物体在受到外界小干扰以前, 以等速作直线飞行. 把这种定常的飞行状态取作参考状态, 其中体轴的原点就放在物体的重心上. 取 x^1 轴与等速度的方向重合. 各 Euler 角是从一参考轴系量取的, 这些轴的方向与直线飞行中的体轴方向一致.

现在, 假定物体受到外界小干扰. 按照参考文献[18], 我们可以用无约束弹性体的正规模态来表示弹性变形如下:

$$\mathbf{u}=\sum_{i=1}^{\infty} \boldsymbol{\Phi}_i(x^1, x^2, x^3)\xi_i(t), \tag{5.119}$$

式中 $\boldsymbol{\Phi}_i$ 是第 i 个固有模态. 于是, 我们从虚功原理(5.109)得出无约束物体的运动方程, 其中独立量是 $\delta\mathbf{r}_G$, $\delta\phi$, $\delta\theta$, $\delta\psi$ 和 $\delta\xi_i$ $(i=1, 2, \cdots)$. 略去各高阶项后, 最终可以把这些方程简化成线性化形式. 详细说明建议读者查阅参考文献[18].

到这里为止, 我们已经推导了若干弹性力学问题的虚功原理和有关的变分原理. 在此后的五章里, 这些原理将被应用到特殊问题中去, 例如杆的扭转、梁、板、壳和结构等. 在这些应用中, 材料都假定是各向同性和均匀的, 而且除非另有说明, 所有的问题都按小位移理论处理. 此外, 我们将在这些问题里采用习惯的记号. 例如, 在第七、八和九章中, U, V 和 W 将用来代替 u^λ, 而符号 u, v 和 w 将专门用来表示梁的形心轨迹或板和壳的中面之位移分量. 作为第二个例子, 我们指出, 即使在有限位移理论中也将采用 σ_x, σ_y, $\cdots$ 和 τ_{xy}, 而把这些符号理解为现在代表第三章和第五章里定义的 $\sigma^{\lambda\mu}$.

参考文献

[1] E. Trefftz, Zur Theorie der Stabilität des elastischen Gleichgewichts, *Zeitschrift für Angewandte Mathematik und Mechanik*, Vol. 13, No.2, pp.160—5, April 1933.

[2] В. В. Новожилов, *Основы нелинейной теории упругости*, Гостехиздат, 1948. (《非线性弹性力学基础》, 科学出版社, 1958 年)

[3] W. Prager, The General Variational Principle of the Theory of Structural Stability, *Quarterly of Applied Mathematics*, Vol. 4, No. 4, pp. 378—84, January 1947.

[4] J. N. Goodier and H. J. Plass, Energy Theorems and Gritical Load Approximations in the General Theory of Elastic Stability, *Quarterly of Applied Mathematics*, Vol. 9, No. 4, pp.371--80, 1952.

[5] L. Collatz, *Eigenwertaufgaben mit technischen Anwendungen*, Akademische Verlagsgesellschaft, Leipzig, 1949.

[6] G. Temple and W. G. Bickley, *Rayleigh's Principle and its Application to Engineering*, Oxford University Press, London, 1933.

[7] S. Timoshenko and J. N. Goodier, *Theory of Elasticity*, McGraw-Hill, 1951. (《弹性理论》, 人民教育出版社, 1964 年)

[8] W. S. Hemp, Fundamental Principles and Methods of Thermal Elasticity, *Aircraft Engineering*, Vol. 26, No. 302, pp. 126—7, April 1954.

[9] W. S. Hemp, Fundamental Principles and Theorems of Thermoelasticity, *Aeronautical Quarterly*, Vol.7 Part 3, pp.184—92, August 1956.

[10] W. S. Hemp, *Methods for the Theoretical Analysis of Aircraft Structures*, AGARD Lecture Course, April 1957.

[11] B. E. Gatewood, *Thermal Stresses*, McGraw-Hill, 1957. (《热应力》, 科学出版社, 1964 年)

[12] B. A. Boley and J. H. Weiner, *Theory of Thermal Stresses*, John Wiley, 1960.

[13] R. L. Bisplinghoff, Some Structural and Aeroelastic Considerations of High Speed Flight, *Journal of the Aeronautical Sciences*, Vol. 23, No.4, pp. 289—327, April 1956.

[14] N. J. Hoff, editor, *High Temperature Effects in Aircraft Structures*, AGAR Dograph 28, Pergamon Press, 1958.

[15] J. L. Sanders, Jr., H. G. McComb, Jr., and F. R. Schlechte, *A Variational Theorem for Creep with Applications to Plates and Columns*, NACA TN4003, 1957.

[16] Y. C. Fung, *Introduction to the Thcory of Aeroelasticity*, John Wiley, 1955.

[17] R. L. Bisplinghoff, H. Ashley and R. L. Halfman, *Aeroelasticity*, Addison-

Wesley, 1955.

[18] R. L. Bisplinghoff and H. Ashley, *Principles of Aeroelasticity*, John Wiley, 1962.

[19] H. Goldstein, *Classical Mechanics*, Addison-Wesley, 1959.

[20] J. L. Synge and B. A. Griffith, *Principles of Mechanics*, McGraw-Hill, 1959.

[21] R. A. Frazer, W. J. Duncan and A. R. Collar, *Elementary Matrices*, Cambridge University Press, 1938.

[22] M. J. Abzug, Applications of Matrix Operators to the Kinematics of Airplane Motion, *Journal of Aeronautical Sciences*, Vol. 23, No. 7, pp.679—84, July 1956.

[23] B. Etkin, *Dynamics of Flight*, John Wiley, 1959.

[24] B. L. Byrum and E. R. Grady, General Air-frame Dynamics of a Guided Missile, *Journal of Aeronautical Sciences*, Vol. 22, No.8, pp. 534—40, August 1955.

第六章　杆的扭转

6.1　扭转的 St. Venant 理论

在本节中，讨论柱形杆扭转的 St. Venant 理论. 除非另有说明，杆的横截面(用面积 S 表示)假定是单连通的. 取 z 轴沿柱体母线的方向，而把 x 和 y 轴放在截平面内，如图 6.1 所示. 杆的扭转定义为在杆的两端受到扭矩的作用，同时保持杆的侧面不受力. 因此，在 $z=0$ 和 $z=l$ 两端处力学边界条件分别给定为

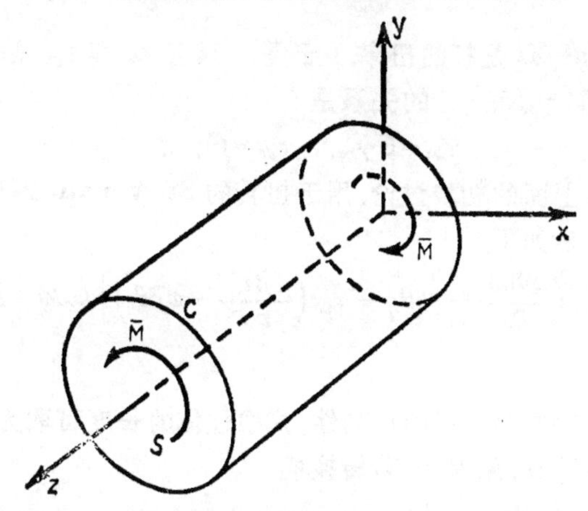

图 6.1　杆的扭转

$$X_\nu=-\overline{X}_z,\quad Y_\nu=-\overline{Y}_z,\quad Z_\nu=0, \tag{6.1}$$

和

$$X_\nu=\overline{X}_z,\quad Y_\nu=\overline{Y}_z,\quad Z_\nu=0, \tag{6.2}$$

用以产生扭转力偶

$$\overline{M}=\iint_S(\overline{Y}_z x-\overline{X}_z y)\,dxdy. \tag{6.3}$$

受扭柱形杆的位移分量 u, v 和 w 假定为[1,2]

$$u=-\vartheta y,\quad v=\vartheta x,\quad w=w(x,\,y,\,z), \tag{6.4}$$

式中 $\vartheta=\vartheta(z)$ 是横截面绕 z 轴转动的扭角,它是 z 的函数. 关系式(6.4)肯定地表明, 只有 ε_z, γ_{xz} 和 γ_{yz} 是非零应变分量, 它们由下式给出

$$\varepsilon_z=\frac{\partial w}{\partial z},\quad \gamma_{xz}=\frac{\partial w}{\partial x}-\frac{d\vartheta}{dz}y,\quad \gamma_{yz}=\frac{\partial w}{\partial y}+\frac{d\vartheta}{dz}x. \tag{6.5}$$ [1)]

在扭转的 St. Venant 理论中, 假定杆的变形与 z 无关. 这就意味着 $w(x,\,y,\,z)$ 和 $d\vartheta/dz$ 均与 z 无关. 因此,我们可以写出

$$u=-\theta yz,\quad v=\theta xz,\quad w=w(x,\,y), \tag{6.6}$$

和

$$\varepsilon_z=0,\quad \gamma_{xz}=\frac{\partial w}{\partial x}-y\theta,\quad \gamma_{yz}=\frac{\partial w}{\partial y}+x\theta, \tag{6.7}$$

式中 $\theta=d\vartheta/dz$ 是杆的扭率. 于是, 只有 τ_{xz} 和 τ_{yz} 是非零应力分量,它们同 γ_{xz} 和 γ_{yz} 的关系是

$$\tau_{xz}=G\gamma_{xz},\quad \tau_{yz}=G\gamma_{yz}. \tag{6.8}$$ [1)]

有了上面的初步讨论,用于扭转的 St. Venant 理论的虚功原理就可表示如下:

$$\iint_S\left[\tau_{xz}\left(\frac{\partial\delta w}{\partial x}-y\delta\theta\right)+\tau_{yz}\left(\frac{\partial\delta w}{\partial y}+x\,\delta\theta\right)\right]dxdy-\overline{M}\delta\theta=0, \tag{6.9}$$ [2)]

由于沿 z 轴方向变形的均匀性,式中柱体的长度可取为一个单位. 经过一些计算,原理(6.9)转换成

$$-\iint_S\left(\frac{\partial\tau_{xz}}{\partial x}+\frac{\partial\tau_{yz}}{\partial y}\right)\delta w\,dx\,dy+\int_C(\tau_{xz}l+\tau_{yz}m)\delta w\,dS$$
$$+\left\{\iint_S(\tau_{yz}x-\tau_{xz}y)\,dxdy-\overline{M}\right\}\delta\theta=0, \tag{6.10}$$

式中 l 和 m 是横截面边界 C 上外向法线 ν 的方向余弦. 如果边

---

1) 在第六、七和八章中,最好用记号 τ_{xz} 和 γ_{xz} 代替 τ_{zx} 和 γ_{zx}.

2) 见方程(1.32).

界 C 的轮廓线是由 $x=x(s)$ 和 $y=y(s)$ 给出的，式中 s 沿轮廓线量取，如图 6.2 所示，那么我们有

$$l=dy/ds, \quad m=-dx/ds. \tag{6.11}$$

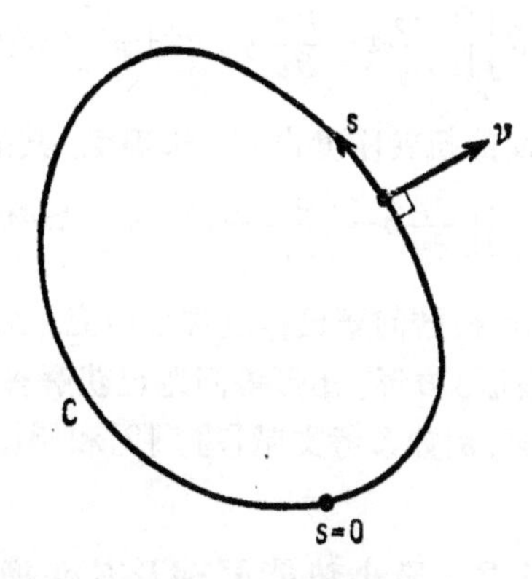

图 6.2　s 和 ν 的方向

由于 δw 和 $\delta\theta$ 是任意的，我们从方程(6.10)得到平衡方程和边界条件如下：

$$在 S 内，\quad \frac{\partial \tau_{xz}}{\partial x}+\frac{\partial \tau_{yz}}{\partial y}=0, \tag{6.12}$$

$$在 C 上，\quad \tau_{xz}l+\tau_{yz}m=0, \tag{6.13}$$

而

$$\overline{M}=\iint_S(\tau_{yz}x-\tau_{xz}y)\,dx\,dy. \tag{6.14}$$

求解的一种方法是从方程(6.7)，(6.8)，(6.12)和(6.13)中消去 τ_{xz}，τ_{yz}，γ_{xz} 和 γ_{yz}. 引用方程(6.11)，消元法最后导致

$$在 S 内，\quad \frac{\partial^2\varphi}{\partial x^2}+\frac{\partial^2\varphi}{\partial y^2}=0, \tag{6.15}$$

$$在 C 上，\quad \frac{\partial\varphi}{\partial\nu}=\frac{1}{2}\,\frac{d}{ds}(x^2+y^2), \tag{6.16}$$

式中

$$w=\theta\varphi(x, y), \tag{6.17}$$

和

$$\frac{\partial\varphi}{\partial\nu}=l\frac{\partial\varphi}{\partial x}+m\frac{\partial\varphi}{\partial y}. \tag{6.18}$$

这样，函数 φ（称为横截面的翘曲函数）是一个满足边界条件(6.16)的平面调和函数．一旦求得了解答，我们从方程(6.14)就有

$$\overline{M}=G\theta\iint_S\left[\frac{\partial\varphi}{\partial y}x-\frac{\partial\varphi}{\partial x}y+x^2+y^2\right]dxdy, \tag{6.19}$$

这里意味着横截面的扭转刚度由 GJ 来确定，其中

$$J=\iint_S\left[\frac{\partial\varphi}{\partial y}x-\frac{\partial\varphi}{\partial x}y+x^2+y^2\right]dx\,dy. \tag{6.20}$$

对 St. Venant 扭转问题已作过许多研究．各种类型的横截面例如圆形、椭圆形、方形、矩形等问题已获解答．建议有兴趣的读者查阅有关文献，例如参考文献[1]，[2]和[3]．

6.2 最小势能原理及其变换

可以看出，结合方程(6.1)，(6.2)，(6.6)和(6.7)，泛函(2.12)就为 St. Venant 扭转问题提供了总势能公式：

$$\Pi=\frac{1}{2}\iint_S G\left[\left(\frac{\partial w}{\partial x}-\theta y\right)^2+\left(\frac{\partial w}{\partial y}+\theta x\right)^2\right]dx\,dy-\theta\overline{M}, \tag{6.21}$$

[1)]

式中柱体的长度取为一个单位，并且对于真实解，总势能的绝对极小性可以得到证明．按照类似于第二章的推导，我们可以把式(6.21)推广如下：

$$\Pi_I=\iint_S\left\{\frac{G}{2}(\gamma_{xz}^2+\gamma_{yz}^2)-\left(\gamma_{xz}-\frac{\partial w}{\partial x}+\theta y\right)\tau_{xz}\right.$$
$$\left.-\left(\gamma_{yz}-\frac{\partial w}{\partial y}-\theta x\right)\tau_{yz}\right\}dxdy-\theta\overline{M}, \tag{6.22}$$

式中经受变分的独立函数和纯量是 γ_{xz}，γ_{yz}，τ_{xz}，τ_{yz}，w 和 θ．由于 Π_I 的一次变分由下式给出：

1) 这个泛函也可以结合方程(6.7)和(6.8)从虚功原理(6.9)得到．

$$\delta\Pi_I=\iint\limits_S\Big[(G\gamma_{xz}-\tau_{xz})\delta\gamma_{xz}+(G\gamma_{yz}-\tau_{yz})\delta\gamma_{yz}$$

$$-\left(\gamma_{xz}-\frac{\partial w}{\partial x}+\theta y\right)\delta\tau_{xz}-\left(\gamma_{yz}-\frac{\partial w}{\partial y}-\theta x\right)\delta\tau_{yz}$$

$$-\left(\frac{\partial\tau_{xz}}{\partial x}+\frac{\partial\tau_{yz}}{\partial y}\right)\delta w\Big]dxdy+\int\limits_C(\tau_{xz}l+\tau_{yz}m)\delta w ds$$

$$-\left\{\overline{M}-\iint\limits_S(\tau_{yz}x-\tau_{xz}y)\,dx\,dy\right\}\delta\theta, \tag{6.23}$$

因此不难证明，确定所研究的扭转问题的全部条件，可以从 Π_I 取驻值的要求来得出.

现在，让我们用下列的驻值条件作为约束条件：

$$G\gamma_{xz}=\tau_{xz}, \qquad G\gamma_{yz}=\tau_{yz}, \tag{6.24}$$

$$在\ S\ 内, \quad \frac{\partial\tau_{xz}}{\partial x}+\frac{\partial\tau_{yz}}{\partial y}=0, \tag{6.25}$$

$$在\ C\ 上, \quad \tau_{xz}l+\tau_{yz}m=0, \tag{6.26}$$

它们意味着从 Π_I 中消去 γ_{xz}, γ_{yz} 和 w. 由于方程(6.25)通过引入由下式定义的应力函数 $\phi(x, y)$ 而自动地满足，

$$\tau_{xz}=\frac{\partial\phi}{\partial y}, \qquad \tau_{yz}=-\frac{\partial\phi}{\partial x}, \tag{6.27}$$

所以在此后的公式推导中，我们将用 ϕ 而不用方程(6.25). 于是，利用关系式(6.11)，在边界 C 上可把方程(6.26)写成为

$$\frac{\partial\phi}{\partial y}\frac{dy}{ds}+\frac{\partial\phi}{\partial x}\frac{dx}{ds}=\frac{d\phi}{ds}=0,$$

或等价地写成

$$\phi=c_0, \tag{6.28}$$

式中 c_0 是一个积分常数. 由于假定杆的横截面是单连通的，所以我们可以令

$$在\ C\ 上, \quad \phi=0, \tag{6.29}$$

而不失其一般性. 这样，通过方程(6.24)消去 γ_{xz} 和 γ_{yz}，并引进由方程(6.27)定义的应力函数 ϕ，就把 Π_I 变换成下式所定义的 Π_{II}：

$$\Pi_{II}=-\iint_S\left\{\frac{1}{2G}\left[\left(\frac{\partial\phi}{\partial x}\right)^2+\left(\frac{\partial\phi}{\partial y}\right)^2\right]-2\theta\,\phi\right\}dxdy$$

$$+\int_C\frac{\partial\phi}{\partial s}wds-\theta\int_C(xl+ym)\phi ds-\theta\overline{M}. \tag{6.30}$$

利用条件(6.29)进一步把方程(6.30)简化为

$$\Pi_{III}=-\iint_S\left\{\frac{1}{2G}\left[\left(\frac{\partial\phi}{\partial x}\right)^2+\left(\frac{\partial\phi}{\partial y}\right)^2\right]-2\theta\phi\right\}dxdy-\theta\overline{M}, \tag{6.31}$$

它是利用关系式(6.24)，(6.25)和(6.26)从 Π_I 通过消去 γ_{xz}，γ_{yz} 和 w 而得出的最后结果.

在上面所推导的 Π_{III} 中，经受变分的独立函数和纯量分别是 ϕ 和 θ，其中 ϕ 满足条件(6.29). 把方程(6.31)进一步简化得出如下的驻值条件：

$$\text{在}\ S\ \text{内},\quad \frac{\partial^2\phi}{\partial x^2}+\frac{\partial^2\phi}{\partial y^2}+2G\theta=0, \tag{6.32}$$

$$\overline{M}=2\iint_S\phi dxdy, \tag{6.33}$$

这里取方程(6.29)作为约束条件. 这样得到的方程(6.32)就是扭转问题的相容条件. 下面将给出一个直接的证明：利用方程(6.7)，(6.8)和(6.27)，我们有

$$\begin{aligned}dw&=\frac{\partial w}{\partial x}dx+\frac{\partial w}{\partial y}dy\\&=(\gamma_{xz}+\theta y)dx+(\gamma_{yz}-\theta x)dy\\&=\left(\frac{1}{G}\frac{\partial\phi}{\partial y}+\theta y\right)dx-\left(\frac{1}{G}\frac{\partial\phi}{\partial x}+\theta x\right)dy.\end{aligned} \tag{6.34}$$

把上列关系式在区域 S 内沿任意闭路积分，得

$$\boxed{w}=\oint\left[\left(\frac{1}{G}\frac{\partial\phi}{\partial y}+\theta y\right)dx-\left(\frac{1}{G}\frac{\partial\phi}{\partial x}+\theta x\right)dy\right]$$

$$=-\frac{1}{G}\iint_S\left(\frac{\partial^2\phi}{\partial x^2}+\frac{\partial^2\phi}{\partial y^2}+2\,G\theta\right)dxdy, \tag{6.35}$$

式中括弧记号 $\boxed{}$ 表示对于一个完整闭路所包围的函数的增值.

记号$\oint$是绕闭路的积分，而面积积分是由闭路所包围的区域来定义的．这样，方程(6.32)确保了位移w不致位错．

此外，如果取条件(6.33)作为另一个约束条件，那么Π_{III}可以转换为如下列出的$\widetilde{\Pi}_c$:

$$\widetilde{\Pi}_c = -\iint_S \frac{1}{2G}\left[\left(\frac{\partial\phi}{\partial x}\right)^2 + \left(\frac{\partial\phi}{\partial y}\right)^2\right] dx\,dy, \tag{6.36}$$

式中经受变分的独立函数是ϕ，而带有约束条件(6.29)和(6.33)．不难证明，在许多容许函数ϕ当中，真实解使泛函$\widetilde{\Pi}_c$取极大值，而且这样得到的变分原理就等价于最小余能原理．如果我们回过头来从$\widetilde{\Pi}_c$追踪到Π_{III}，就容易看出在方程(6.31)中出现的纯量θ起着 Lagrange 乘子的作用，经过它就把约束条件(6.33)引入变分表达式的骨架之中．

最后注明一下，按照杆件扭转的 St. Venant 理论，储存在单位长度杆内的应变能和余能分别给出如下：

$$\frac{1}{2}G\theta^2\iint_S\left[\left(\frac{\partial\varphi}{\partial x} - y\right)^2 + \left(\frac{\partial\varphi}{\partial y} + x\right)^2\right] dx\,dy = \frac{1}{2}GJ\left(\frac{d\vartheta}{dz}\right)^2, \tag{6.37}$$

和

$$\frac{1}{2G}\iint_S\left[\left(\frac{\partial\phi}{\partial x}\right)^2 + \left(\frac{\partial\phi}{\partial y}\right)^2\right] dx\,dy = \frac{1}{2GJ}M^2, \tag{6.38}$$

式中M是横截面上扭转的应力偶．

6.3 有一个孔的杆的扭转

在本节中，我们将为有一个孔的柱形杆(如图 6.3 所示)的扭转问题推导出变分公式．横截面的外边界和内边界分别用C_0和C_i来表示．St. Venant 扭转理论的假设断言，定义这问题的各方程和第 6.1 节所叙述的是相同的，只有在边界C_i上要附加一个条件：

$$\tau_{xz}l + \tau_{yz}m = 0, \tag{6.39}$$

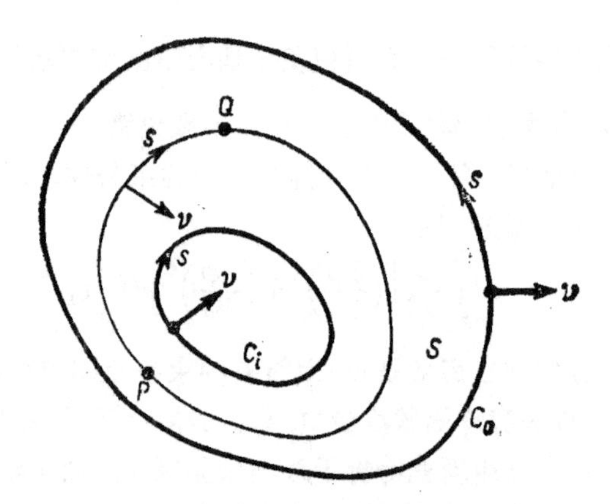

图 6.3 有一个孔的杆

式中 l 和 m 是内边界外向法线(其方向由杆件内部 S 指向孔内)的方向余弦. 利用方程(6.27)所定义的应力函数 ϕ, 条件(6.39)可以写成:

$$\text{在边界 } C_i \text{ 上，} \phi=c_i, \tag{6.40}$$

式中 c_i 是一个任意的积分常数. 前面我们曾经令方程(6.28)所给出的积分常数 c_0 等于零. 可是, 同样的处理对积分常数 c_i 是不适用的. 下面将给出一个决定 c_i 值的公式.

有了上面的初步讨论, 就不难表明, 如果积分遍及曲线 C_0 和 C_i 之间的整个区域, 那么总势能 Π 的表达式和(6.21)是一样的. 可是, 在推广这原理时要多加小心. 除了积分域不同外, 广义化的 Π_I 和(6.22)是一样的. 但是在从 Π_I 引导到 Π_{II} 的过程中, 我们应当注意现在有两个边界. 这样, 就得到

$$\begin{aligned}\Pi_{II}=&-\iint_S\left\{\frac{1}{2G}\left[\left(\frac{\partial\phi}{\partial x}\right)^2+\left(\frac{\partial\phi}{\partial y}\right)^2\right]-2\theta\phi\right\}dxdy-\theta\overline{M}\\&+\int_{C_0}\frac{\partial\phi}{\partial s}w\,ds-\theta\int_{C_0}(xl+ym)\phi\,ds\\&+\int_{C_i}\frac{\partial\phi}{\partial s}w\,ds-\theta\int_{C_i}(xl+ym)\phi\,ds,\end{aligned} \tag{6.41}$$

式中在 C_i 上的 s 和 ν 的方向均示于图 6.3 中. 利用关系式(6.29)和(6.40), Π_{II} 可以简化为

$$\Pi_{III} = -\iint_S \left\{ \frac{1}{2G}\left[\left(\frac{\partial\phi}{\partial x}\right)^2 + \left(\frac{\partial\phi}{\partial y}\right)^2\right] - 2\theta\phi \right\} dxdy - \theta\overline{M}$$

$$-c_i\theta\int_{C'}(xl+ym)ds. \tag{6.42}$$

上式中经受独立变分的量是 ϕ, c_i 和θ, 因而驻值条件和第 6.2 节所得的是相同的,只是要附加一个条件:

$$\int_{C_i}\frac{\partial\phi}{\partial\nu}ds + G\theta\int_{C_i}(xl+ym)ds = 0, \tag{6.43}$$

它是通过要求 $\delta\Pi_{III}$ 中 δc_i 的系数为零而得到的. 注意到在边界 C_i 上 s 的方向按顺时针规定, 我们有

$$\int_{C_i}(xl+ym)ds = \int_{C_i}(xdy - ydx) = -2A_i, \tag{6.44}$$

式中 A_i 是曲线 C_i 所包围的面积. 因而,方程(6.43)简化为[2,3]

$$\int_{C_i}\frac{\partial\phi}{\partial\nu}ds = 2G\theta A_i. \tag{6.45}$$

我们已经表明,对于一根由单连通域所组成的杆,方程(6.32)给出了相容条件. 对于一根有一个孔的杆, 方程(6.45)给出了一个附加的相容条件,它是用来确定 c_i 值的. 为了证明,我们将再次利用关系式(6.34),在沿着任意两点 P 和 Q之间的任一路线积分时,式(6.34)提供了下式:

$$w(Q) - w(P) = -\frac{1}{G}\int_P^Q \frac{\partial\phi}{\partial\nu}ds + \theta\int_P^Q(ydx - xdy), \tag{6.46}$$

式中路线 PQ 上 s 和 ν 的方向均示于图 6.3 中. 由于对位移 w 不容许有位错,这就要求在 C_0 和 C_i 所包围的区域内,对任一闭路的下列积分必须为零,

$$\oint\frac{\partial\phi}{\partial\nu}ds + G\theta\oint(xdy - ydx) = 0. \tag{6.47}$$

如果所取积分的闭路和内边界 C_i 重合,那么可以表明方程(6.47)就简化为方程(6.45). 因此, 方程(6.45)就是沿内边界定义的附加的相容条件. 利用上面导出的关系式,我们可以证明,只要假定关系式(6.32)和(6.45)成立, 方程(6.47)对于横截面上任一闭路

都是成立的．方程(6.45)称为单孔杆扭转的广泛的相容条件．

到这里为止，仅讨论了一些 St. Venant 扭转问题．这就是说，假定杆的应变与 z 无关．显而易见，要完全实现 St. Venant 扭转，两端的力学边界条件[方程(6.1)和(6.2)]必须按一定的方式来给定，使得它们和 St. Venant 解所给出的应力分布完全一致．当一根有限长杆在两端受到按任意方式作用的扭矩时，杆内引起的应力分布就会不同于 St. Venant 扭转理论得出的应力分布．可是，从本书绪论中提到的 St. Venant 原理可以确信，端部约束只是局部地干扰了 St. Venant 理论所导出的应力分布．沿 z 方向扩散的干扰区和杆的横向尺寸是同一量级的，而扭转的 St. Venant 理论可以相当好地应用于离开杆端的区域．许多其他作者通过变分法已经得到受扭杆件端部约束问题的若干近似解[2,4]．

6.4 带有初应力的杆的扭转

下面，我们来考虑带有初应力的杆的扭转问题．为简便起见，假定初应力仅由 $\sigma_z^{(0)}$ 组成，它是一种 (x, y) 的函数而与 z 无关．这类扭转问题的控制方程将通过初应力问题的虚功原理[方程(5.5)]来导出．

仿照参考文献[5]，我们假定位移分量由下式给出：

$$
\begin{aligned}
u&=-x(1-\cos\vartheta)-y\sin\vartheta,\\
v&=x\sin\vartheta-y(1-\cos\vartheta),\\
w&=\theta\,\Phi(x, y)+\varepsilon_0 z,
\end{aligned}
\qquad (6.48)^{1)}
$$

式中 $\vartheta(z)$ 是扭角，$\theta=d\vartheta/dz$ 是扭率．假定发生的变形与 z 无关．这个假设使 θ 和 ε_0 成为常数，并且允许我们把柱体的长度取为一个单位．有待确定的量是 $\Phi(x, y)$ 和两个常数 θ 和 ε_0．由方程(6.48)，得到

1) 试与方程(6.4)和(6.17)作一比较．

$$\frac{\partial u}{\partial x}=-1+\cos\vartheta,\ \frac{\partial u}{\partial y}=-\sin\vartheta,\ \frac{\partial u}{\partial z}=-(x\sin\vartheta+y\cos\vartheta)\theta,$$
$$\frac{\partial v}{\partial x}=\sin\vartheta,\ \frac{\partial v}{\partial y}=-1+\cos\vartheta,\ \frac{\partial v}{\partial z}=(x\cos\vartheta-y\sin\vartheta)\theta,$$
$$\frac{\partial w}{\partial x}=\frac{\partial \Phi}{\partial x}\theta,\quad \frac{\partial w}{\partial y}=\frac{\partial \Phi}{\partial y}\theta,\quad \frac{\partial w}{\partial z}=\varepsilon_0. \tag{6.49}$$

因此,方程(3.19)就提供了下式:

$$\begin{aligned}
e_{xx}&=\frac{1}{2}\left(\frac{\partial \Phi}{\partial x}\right)^2\theta^2, &\quad 2e_{yz}&=\left(\frac{\partial \Phi}{\partial y}+x\right)\theta+\frac{\partial \Phi}{\partial y}\theta\varepsilon_0,\\
e_{yy}&=\frac{1}{2}\left(\frac{\partial \Phi}{\partial y}\right)^2\theta^2, &\quad 2e_{xz}&=\left(\frac{\partial \Phi}{\partial x}-y\right)\theta+\frac{\partial \Phi}{\partial x}\theta\varepsilon_0,\\
e_{zz}&=\varepsilon_0+\frac{1}{2}(x^2+y^2)\theta^2+\frac{1}{2}\varepsilon_0^2, &\quad 2e_{xy}&=\frac{\partial \Phi}{\partial x}\frac{\partial \Phi}{\partial y}\theta^2,
\end{aligned} \tag{6.50}$$

这些应变分量假定与应力增量(用 σ_x, σ_y, …和 τ_{xy} 来表示)有关,如方程(3.38)所示.

我们将侧重于推导纯扭转问题的线性化理论公式,并将沿用第5.1节后半部分的推演方法. 就线性化理论来说,由于常数 ε_0 表现出对所求的最终结果没有影响,所以在下面的公式推导中我们令 ε_0 为零. 首先,就这个问题写出虚功原理,即方程(5.5). 略去各高阶项之后,我们发现来自该原理的体积积分项的贡献变为

$$\iint_S(\tau_{xz}\delta\gamma_{xz}+\tau_{yz}\delta\gamma_{yz}+\sigma_z^{(0)}\delta e_{zz})dx\,dy, \tag{6.51}$$

式中

$$\gamma_{xz}=\left(\frac{\partial \Phi}{\partial x}-y\right)\theta,\qquad \gamma_{yz}=\left(\frac{\partial \Phi}{\partial y}+x\right)\theta, \tag{6.52}$$

和

$$e_{zz}=\frac{1}{2}(x^2+y^2)\theta^2. \tag{6.53}$$

我们把外力 $\overline{\mathbf{F}}$ 的分量定义为

$$\overline{\mathbf{F}}=\overline{F}_x\mathbf{i}_1+\overline{F}_y\mathbf{i}_2+\overline{F}_z\mathbf{i}_3, \tag{6.54}$$

并把它们规定如下:在 $z=0$ 的端面上,

$$\overline{F}_x=-\overline{X}_z,\ \overline{F}_y=-\overline{Y}_z,\ \overline{F}_z=-\sigma_z^{(0)}, \tag{6.55}$$

而在 $z=l$ 的另一端面上,

$$
\begin{aligned}
\bar{F}_x &= \bar{X}_z \cos\theta - \bar{Y}_z \sin\theta, \\
\bar{F}_y &= \bar{X}_z \sin\theta - \bar{Y}_z \cos\theta, \\
\bar{F}_z &= \sigma_z^{(0)}.
\end{aligned} \tag{6.56}
$$

侧面边界是不受力的. 在这里, $\bar{X}_z$ 和 $\bar{Y}_z$ 是作用在两端的外力, 用以产生由方程(6.3)给出的扭矩 $\bar{M}$. 由于虚位移是从方程(6.48)得来的, 即在 $z=0$ 的一端为

$$
\delta u = 0, \quad \delta v = 0, \quad \delta w = \Phi\,\delta\theta + \theta\,\delta\Phi, \tag{6.57}
$$

而在 $z=1$ 的另一端为

$$
\begin{aligned}
\delta u &= -x\,\delta\theta \sin\theta - y\,\delta\theta \cos\theta, \\
\delta v &= x\,\delta\theta \cos\theta - y\,\delta\theta \sin\theta, \\
\delta w &= \Phi\,\delta\theta + \theta\,\delta\Phi,
\end{aligned} \tag{6.58}
$$

来自该原理的面积分项的贡献则简化为

$$
-\bar{M}\,\delta\theta. \tag{6.59}
$$

利用关系式(6.51)和(6.59), 我们就得到用于本问题的虚功原理. 通过分部积分, 该原理变为

$$
\begin{aligned}
&-\theta \iint_S \left(\frac{\partial \tau_{xz}}{\partial x} + \frac{\partial \tau_{yz}}{\partial y} \right) \delta\Phi\, dx\, dy + \theta \int_C (\tau_{xz} l + \tau_{yz} m)\, \delta\Phi\, ds \\
&\quad + \left\{ \iint_S \left[\tau_{xz} \left(\frac{\partial \Phi}{\partial x} - y \right) + \tau_{yz} \left(\frac{\partial \Phi}{\partial y} + x \right) \right] dx\, dy \right. \\
&\quad \left. + \theta \iint_S (x^2 + y^2)\, \sigma_z^{(0)} dx\, dy - \bar{M} \right\} \delta\theta = 0,
\end{aligned} \tag{6.60}
$$

由此给出下列方程:

$$
\text{在 } S \text{ 内}, \quad \frac{\partial \tau_{xz}}{\partial x} + \frac{\partial \tau_{yz}}{\partial y} = 0, \tag{6.61}
$$

$$
\text{在 } C \text{ 上}, \quad \tau_{xz} l + \tau_{yz} m = 0, \tag{6.62}
$$

$$
\bar{M} = \iint_S (\tau_{yz} x - \tau_{xz} y)\, dx\, dy + \theta \iint_S (x^2 + y^2)\, \sigma_z^{(0)}\, dx\, dy. \tag{6.63}
$$

为了完成公式推导, 把应力-应变关系式(3.38)线性化, 我们得到

$$
\tau_{xz} = G\gamma_{xz}, \qquad \tau_{yz} = G\gamma_{yz}. \tag{6.64}
$$

将方程(6.52)和(6.64)代入方程(6.61)和(6.62), 我们发现,

这样确定的函数 Φ 等价于第 6.1 节所定义的翘曲函数 φ. 因此，可以把方程(6.63)写成

$$\overline{M}=\left[GJ+\iint_S(x^2+y^2)\sigma_z^{(0)}\,dx\,dy\right]\theta, \tag{6.65}$$

从而给出了有效扭转刚度

$$GJ_{有效}=GJ+\iint_S(x^2+y^2)\sigma_z^{(0)}dxdy, \tag{6.66}$$

式中 J 由方程(6.20)定义.

方程(6.66)中的末项表示初正应力 $\sigma_z^{(0)}$ 对扭转刚度的影响. 这个影响可以解释如下: 由于杆内任一点的位置向量在变形后是

$$\mathbf{r}=(x+u)\mathbf{i}_1+(y+v)\mathbf{i}_2+(z+w)\mathbf{i}_3, \tag{6.67}$$

借助于方程(6.49), 我们有

$$\begin{aligned}\frac{\partial\mathbf{r}}{\partial z}=&-(x\sin\vartheta+y\cos\vartheta)\theta\mathbf{i}_1\\&+(x\cos\vartheta-y\sin\vartheta)\theta\mathbf{i}_2+(1+\varepsilon_0)\mathbf{i}_3,\end{aligned} \tag{6.68}$$

所以, 应力 $\sigma_z^{(0)}(\partial\mathbf{r}/\partial z)$ 引起一个绕 z 轴的扭矩

$$\begin{aligned}&[(x\cos\vartheta-y\sin\vartheta)(x+u)\\&\quad+(x\sin\vartheta+y\cos\vartheta)(y+v)]\sigma_z^{(0)}\theta=(x^2+y^2)\sigma_z^{(0)}\theta,\end{aligned} \tag{6.69}$$

如图 6.4 所示.

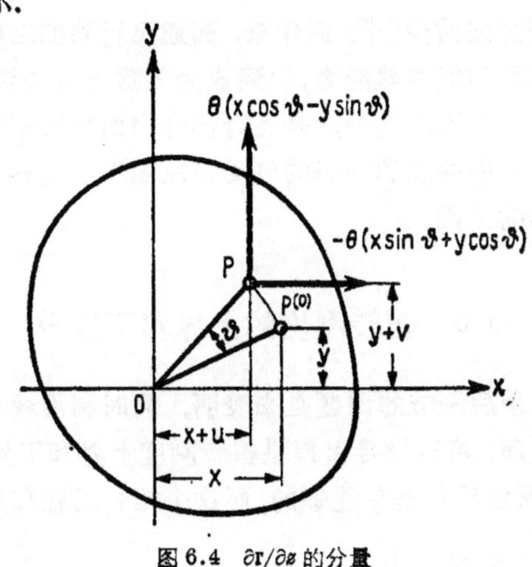

图 6.4 $\partial\mathbf{r}/\partial z$ 的分量

可以看出，除非适当地选择旋转轴，否则在截平面内应力$\sigma_z^{(0)}(\partial \mathbf{r}/\partial z)$的合力可能不等于零，而会造成杆的弯曲．通过包含在方程(6.66)中面积分里的(x^2+y^2)项，可见有效扭转刚度取决于旋转轴的位置．可是，如果给定的初应力$\sigma_z^{(0)}$使

$$\iint\limits_S \sigma_z^{(0)} dx\, dy = \iint\limits_S \sigma_z^{(0)} x\, dx\, dy = \iint\limits_S \sigma_z^{(0)} y\, dx\, dy = 0, \tag{6.70}$$

则这种扭转不会产生弯曲，并且可以用任一位置的旋转轴来计算有效扭转刚度[6]．

我们来指明，对于带有初应力$\sigma_x^{(0)}$，$\sigma_y^{(0)}$，$\sigma_z^{(0)}$，$\tau_{yz}^{(0)}$，$\tau_{xz}^{(0)}$和$\tau_{xy}^{(0)}$的柱体扭转问题，它的一些控制方程可以用类似于上述的推演方式导出．当这些初应力仅为(x, y)的函数并在柱体内自相平衡，而该柱体的侧表面并未受力时，我们就得到代替方程(6.61)的下列方程：

$$\frac{\partial \tau_{xz}}{\partial x} + \frac{\partial \tau_{yz}}{\partial y} + \left[\sigma_x^{(0)} \frac{\partial^2 \Phi}{\partial x^2} + \sigma_y^{(0)} \frac{\partial^2 \Phi}{\partial y^2} + 2\tau_{xy}^{(0)} \frac{\partial^2 \Phi}{\partial x\, \partial y}\right]\theta = 0, \tag{6.71}$$

而方程(6.52)，(6.62)，(6.63)和(6.64)保持不变．

众所周知，轴向拉伸或压缩应力的存在能够使杆的扭转刚度有一定的增加或减少[7,8]．近年来，高速飞行器的结构构件由于空气动力加热而引起的热应力，已经成为工程上最关切的事项之一．由热应力引起的困难之一，是飞行器升力面扭转刚度的减弱[6,9]．对于高速飞行中静态和动态的气动弹性现象，这种减弱是造成安全储备减少的原因．

6.5　扭转刚度的上界和下界 1)

这一章最后一节的课题是来表明，同时利用最小势能原理和最小余能原理，可以推导出提供扭转刚度上界和下界的公式．为简便起见，假定杆件是单连通的，而这个扭转问题和第6.1节所定

1) 见参考文献[10--15]．

义的一样.

首先，让我们采用最小余能原理来推导下界公式. 用ϕ和Π_c表示对应于精确解的应力函数和总余能，而用ϕ^*和Π_c^*表示某一容许函数的有关对应量，这一容许函数满足约束条件：

$$\overline{M}=2\iint_S \phi^* \, dx\, dy, \tag{6.72}$$

和

$$\text{在 } C \text{ 上,} \quad \phi^*=0. \tag{6.73}$$

于是，最小余能原理证实：

$$\Pi_c \leqslant \Pi_c^*, \tag{6.74}$$

式中

$$\Pi_c=\frac{1}{2G}\iint_S \left[\left(\frac{\partial \phi}{\partial x}\right)^2+\left(\frac{\partial \phi}{\partial y}\right)^2\right] dx\, dy=\frac{\overline{M}^2}{2GJ}, \tag{6.75}$$

和

$$\Pi_c^*=\frac{1}{2G}\iint_S \left[\left(\frac{\partial \phi^*}{\partial x}\right)^2+\left(\frac{\partial \phi^*}{\partial y}\right)^2\right] dx\, dy. \tag{6.76}$$

现在，我们来假定ϕ^*是$\phi_i(x, y)\,(i=1, 2, \cdots, m)$的一种线性组合，即

$$\phi^*=\sum_{i=1}^{m} a_i \phi_i(x, y), \tag{6.77}$$

并研究Π_c^*的极小值. 这些函数$\phi_i(x, y)$被选择得满足在域S内要求的连续性和可微性条件以及在C上要求的边界条件$\phi_i(x, y)=0$，而a_i则是一些任意常数. 这样表示的函数ϕ^*必须满足约束条件(6.72). 由于这个约束条件可以通过运用Lagrange乘子λ而引入变分表达式，所以极小值是由下式的极值给出的：

$$\iint_S \left\{\frac{1}{2G}\left[\left(\frac{\partial \phi^*}{\partial x}\right)^2+\left(\frac{\partial \phi^*}{\partial y}\right)^2\right]-2\lambda\phi^*\right\} dx\, dy+\lambda\overline{M}, \tag{6.78}$$

式中经受变分的量是λ和$a_i\,(i=1, 2, \cdots, m)$. 经过一些计算，我们就得到表达式(6.78)对于这些量的驻值条件如下：

$$\sum_{j=1}^{m}\left[\iint_S \left(\frac{\partial \phi_i}{\partial x}\frac{\partial \phi_j}{\partial x}+\frac{\partial \phi_i}{\partial y}\frac{\partial \phi_j}{\partial y}\right) dx\, dy\right] a_j=2G\lambda \iint_S \phi_i \, dx\, dy,$$

$$(i=1,\ 2,\ \cdots,\ m), \tag{6.79}$$

和

$$\overline{M}=2\sum_{i=1}^{m}a_i\iint_S\phi_i\,dx\,dy. \tag{6.80}$$

通过求解这些方程，我们就可以用 $\overline{M}$ 来表示 a_i 和 λ. 将这样得到的 a_i 和 λ 代入方程(6.76)给出：

$$\Pi_c^*=\frac{\overline{M}^2}{2GJ^*}, \tag{6.81}$$

式中

$$GJ^*=\overline{M}/\lambda. \tag{6.82}$$

结合方程(6.74)，(6.75)和(6.81)，得出

$$GJ^*\leqslant GJ, \tag{6.83}$$

上式表明，这样得到的 GJ^* 给扭转刚度提供了一个下界.

其次，我们可以从最小势能原理推导出一个上界公式. 用 w, θ 和 Π 表示对应于精确解的位移、每单位长度的扭角和总势能，而用 w^{**}, θ^{**} 和 Π^{**} 表示某一容许函数的有关对应量. 于是，最小势能原理证实：

$$\Pi\leqslant\Pi^{**}, \tag{6.84}$$

式中

$$\begin{aligned}\Pi&=\frac{1}{2}G\iint_S\left[\left(\frac{\partial w}{\partial x}-\theta y\right)^2+\left(\frac{\partial w}{\partial y}+\theta x\right)^2\right]dx\,dy-\theta\overline{M}\\&=-\frac{\overline{M}^2}{2GJ},\end{aligned} \tag{6.85}$$

和

$$\begin{aligned}\Pi^{**}=&\frac{1}{2}G\iint_S\left[\left(\frac{\partial w^{**}}{\partial x}-\theta^{**}y\right)^2+\left(\frac{\partial w^{**}}{\partial y}+\theta^{**}x\right)^2\right]dx\,dy\\&-\theta^{**}\overline{M}.\end{aligned} \tag{6.86}$$

现在，让我们假定 w^{**} 是 $w_i(x,\ y)$ $(i=1,\ 2,\ \cdots,\ n)$ 的一种线性组合，即

$$w^{**}=\sum_{i=1}^{n}b_iw_i(x,\ y), \tag{6.87}$$

并研究 Π^{**} 的极小值. 这些函数 $w_i(x, y)$ 可以任意选择, 但它们必须满足在域 S 内要求的可微性和连续性条件, 而 b_i 则是一些任意常数. 将方程(6.87)代入方程(6.86), 并对 b_i 和 θ^{**} 取变分, 得到

$$\sum_{j=1}^{n}\left[\iint_S\left(\frac{\partial w_i}{\partial x}\frac{\partial w_j}{\partial x}+\frac{\partial w_i}{\partial y}\frac{\partial w_j}{\partial y}\right)dx\,dy\right]b_j$$

$$=\theta^{**}\iint_S\left(y\frac{\partial w_i}{\partial x}-x\frac{\partial w_i}{\partial y}\right)dx\,dy,\ (i=1,\ 2,\ \cdots,\ n) \tag{6.88}$$

和

$$\overline{M}=G\left\{\sum_{i=1}^{n}\left[\iint_S\left(\frac{\partial w_i}{\partial y}x-\frac{\partial w_i}{\partial x}y\right)dx\,dy\right]b_i\right.$$

$$\left.+\theta^{**}\iint_S(x^2+y^2)\,dx\,dy\right\}. \tag{6.89}$$

通过求解这些方程, 我们就可以用 $\overline{M}$ 来表示 b_i 和 θ^{**}. 将这样得到的 b_i 和 θ^{**} 代入方程(6.86)后, 给出

$$\Pi^{**}=-\frac{\overline{M}^2}{2GJ^{**}}, \tag{6.90}$$

式中

$$GJ^{**}=\overline{M}/\theta^{**}. \tag{6.91}$$

结合方程(6.84), (6.85)和(6.90), 我们就得到为杆的扭转刚度提供一个上界的下列公式:

$$GJ\leqslant GJ^{**}. \tag{6.92}$$

到这里为止, 并没有对容许函数 w_i 规定过什么特定条件. 然而, 由于精确解 w 应该满足 Laplace 方程, 所以选择 w_i 使它们满足 Laplace 方程

$$\frac{\partial^2 w_i}{\partial x^2}+\frac{\partial^2 w_i}{\partial y^2}=0,\quad (i=1,\ 2,\ \cdots,\ n), \tag{6.93}$$

将更为方便. 于是, 方程(6.88)左边的面积分可以用如下的线积分代替

$$\iint_S\left(\frac{\partial w_i}{\partial x}\frac{\partial w_j}{\partial x}+\frac{\partial w_i}{\partial y}\frac{\partial w_j}{\partial y}\right)dx\,dy=\int w_i\frac{\partial w_j}{\partial \nu}\,ds$$

$$= \int w_j \frac{\partial w_i}{\partial \nu} ds, \tag{6.94}$$

式中线积分是沿着杆的轮廓线进行的，而 ν 是沿着轮廓线外向法线的方向.

这样，结合方程(6.83)和(6.92)，我们终于得到了杆的扭转刚度的上界和下界公式：

$$GJ^* \leqslant GJ \leqslant GJ^{**}. \tag{6.95}$$

增加容许函数的数目，可以改善这样得到的界限的精确度.

作为上述方法的一个例子，我们将仿效参考文献[10]的方法，来计算一方形横截面棱柱形杆(如图 6.5 所示)扭转刚度的上下界. 一开始，我们将求得一个下界：通过选择

$$\begin{aligned} \phi_1(x, y) &= a^2(x^2 - a^2)(y^2 - a^2), \\ \phi_2(x, y) &= (x^2 + y^2)(x^2 - a^2)(y^2 - a^2), \end{aligned} \tag{6.96}$$

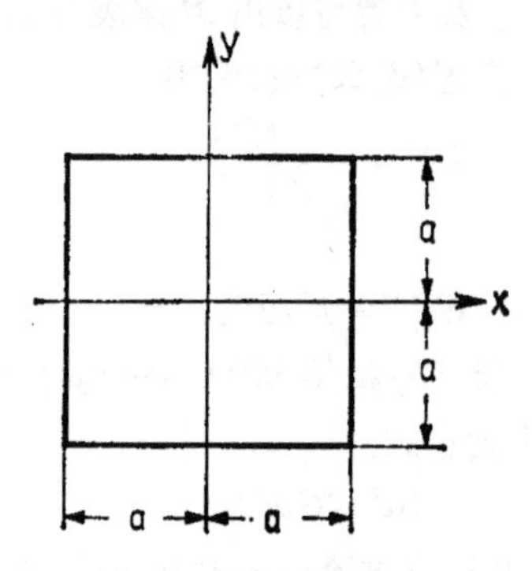

图 6.5　方形截面

从而假定 $\phi^* = a_1\phi_1 + a_2\phi_2$. 然后，经过若干积分并消去一个公因子之后，方程(6.79)和(6.80)可以分别写成为

$$\begin{bmatrix} 26880 & 9216 \\ 9216 & 11264 \end{bmatrix} \begin{bmatrix} a_1 \\ a_2 \end{bmatrix} = \left(\frac{G\lambda}{a^4}\right) \begin{bmatrix} 16800 \\ 6720 \end{bmatrix}, \tag{6.97}$$

和

$$\overline{M} = \frac{32}{45} a^8 (5a_1 + 2a_2), \tag{6.98}$$

由此给出：

$$a_1=(3885/6648)(G\lambda/a^4),$$
$$a_2=(1575/13296)(G\lambda/a^4), \tag{6.99}$$
$$\overline{M}=(5600/2493)Ga^4\lambda.$$

这样,对于下界我们就得到

$$(5600/2493)Ga^4\leqslant GJ. \tag{6.100}$$

其次,我们着手来求得一个上界:通过选择

$$w_1=x^3y-xy^3, \tag{6.101}$$

并仅用 w_1 来表示 w^{**},即 $w^{**}=b_1w_1$. 不难看出,w_1 是$(x+iy)^4$ 的虚部,其中 $i=\sqrt{-1}$, 这就保证 w_1 是一个平面调和函数. 经过进一步计算,方程(6.88)和(6.89)可以写出如下:

$$(96/35)a^8\cdot b_1=(16/15)a^6\theta^{**}, \tag{6.102}$$

$$\overline{M}=G[-(16/15)a^6b_1+(8/3)a^4\theta^{**}], \tag{6.103}$$

由此给出

$$b_1=(7/18)(\theta^{**}/a^2),$$
$$\overline{M}=(304/135)Ga^4\theta^{**}. \tag{6.104}$$

这样,对于上界我们就得到

$$GJ\leqslant(304/135)Ga^4. \tag{6.105}$$

结合方程(6.100)和(6.105),得出下列扭转刚度的上界和下界:

$$(5600/2493)Ga^4\leqslant GJ\leqslant(304/135)Ga^4, \tag{6.106}$$

或

$$2.24629\,Ga^4\leqslant GJ\leqslant 2.25185\,Ga^4 \tag{6.107}$$

如一些弹性理论书籍所示,扭转刚度的精确值是

$$GJ=2.2496\,Ga^4. \tag{6.108}$$

可见上下界的精确度是极好的. 但是应该指出,对于这样近似确定的位移或应力,并不保证它们具有同样的精确度. 为了得出杆件任一点处位移或应力的逐点的界限公式,就需要更复杂的技巧了[16-18].

参考文献

[1] A. E. H. Love, *Mathematical Theory of Elasticity*, Cambridge University

Press, 4th edition, 1927.

[2] S. Timoshenko and J. N. Goodier, *Theory of Elasticity*, McGraw-Hill, 1951. (《弹性理论》,人民教育出版社, 1964年)

[3] I. S. Sokolnikoff, *Mathematical Theory of Elasticity*, McGraw-Hill, 1956.

[4] E. Reissner, On Non-uniform Torsion of Cylindrical Rods, *Journal of Mathematics and Physics*, Vol. 31, No. 2, pp. 214—21, July 1952. Note on Torsion with Variable Twist, *Journal of Applied Mechanics*, Vol. 23, No. 2, p. 315, June 1956. On Torsion with Variable Twist, *Österreichisches Ingenieur-Archiv*, Vol. 9, No. 2—3, pp. 218—24, 1955.

[5] R. Kappus, Zur Elastizitätstheorie endlicher Verschiebungen, *Zeitschrift für Angewandte Mathematik und Mechanik*, Vol. 19, No. 5, pp. 344—61, December 1939.

[6] R. L. Bisplinghoff et al., *Aerodynamic Heating of Aircraft Structures in High Speed Flight*, Notes for a Special Summer Program, Department of Aeronautical Engineering, Massachusetts Institute of Technology, June 25-July 6, 1956.

[7] H. Wagner, *Verdrehung und Knickung von offenen Profilen*, 25th Anniversary Publication, Technische Hochschule Danzig, 1904—29, pp. 329—44 Druck und Verlag von A. W. Kafemann GmbH, Danzig, 1929, Translated in NACA TM807, October 1936.

[8] F. Bleich and H. Bleich, *Buckling Strength of Metal Structures*, McGraw-Hill, 1952.

[9] B. Budiansky and J. Mayers, Influence of Aerodynamic Heating on the Effective Torsional Stiffness of Thin Wings, *Journal of Aeronautical Sciences*, Vol. 23, No. 12, pp. 1081—93, December 1956.

[10] E. Trefftz, Ein Gegenstück zum Ritzschen Verfahren, *Proceedings of the 2nd International Congress for Applied Mechanics*, Zürich, pp. 131—7, 1926.

[11] N. M. Basu, On an Application of the New Methods of Calculus of Variations to Some Problems in the Theory of Elasticity, *Philosophical Magazine*, Vol. 10, No. 66, pp. 886—904, November 1930.

[12] J. B. Diaz and A. Weinstein, The Torsional Rigidity and Variational Methods, *American Journal of Mathematics*, Vol. 70, No. 1, pp. 107—16, January 1948.

[13] A. Weinstein, New Methods for the Estimation of Torsional Rigidity, *Proceedings of Symposia in Applied Mathematics*, Vol. 3, pp. 141—61, McGraw-Hill, 1950.

[14] Lin Hung-sun, On Variational Methods in the Problem of Torsion for Multiply-connected Cross Sections, *Acta Scientia Sinica* (中国科学), Vol. 3, No. 2, pp. 171—86, June 1954. (林鸿荪, 具复联通截面柱体的扭转问题的变分

解法,首次发表在物理学报,第9卷,第4期, 1953年)

[15] S. G. Mikhlin, *Variational Methods in Mathematical Physics*, Pergamon Press, 1964.

[16] H. J. Greenberg, The Determination of Upper and Lower Bounds for Solution of the Dirichlet Problem, *Journal of Mathematics and Physics*, Vol. 27, No. 3, pp. 161—82, October 1948.

[17] J. L. Synge, The Dirichlet Problem: Bound at a Point for the Solution and its Derivatives, *Quarterly of Applied Mathematics*, Vol. 8, No. 3, pp. 213—28, October 1950.

[18] K. Washizu, Bounds for Solutions of Boundary Value Problems in Elasticity, *Journal of Mathematics and Physics*, Vol. 32, No. 2—3, pp. 117—28, July-October 1953.

[19] S. Timoshenko, Theory of Bending, Torsion and Buckling of Thin-walled Members of Open Cross Section, *Journal of the Franklin Institute*, Vol. 239, No. 3, pp. 201—19, March 1945.

第七章　梁

7.1　梁的初等理论

在这一章我们准备讨论细长梁. 假定梁横截面的形心轨迹是一根直线，而且通过形心的主轴所形成的包络面是两个相互垂直的平面. 我们将取 x 轴沿形心轨迹的方向，而使 y 和 z 轴平行于主方向. 这样，x, y 和 z 轴就形成一个右手直角笛卡儿坐标系(见图7.1).

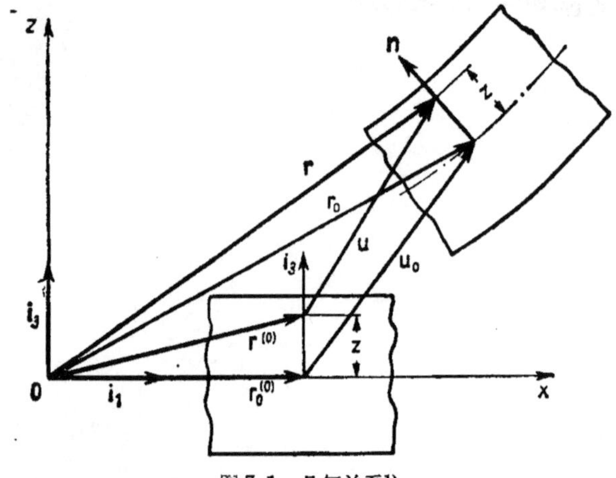

图 7.1　几何关系1)

St. Venant 曾经推导出一种解法，来解决一根等截面柱形悬臂梁在一端载荷作用下的弯曲问题[1,2]. 对于具有圆形、椭圆形、矩形和若干其他横截面的梁，这类问题均已获得解答. 这些结果表明，由于梁端载荷的作用，弯曲和扭转变形同时发生. 因此，为方便起见，定义一个点为横截面的剪心，剪力可以通过它而不产生扭转变形，这样就实现了无扭转的弯曲. 由上述定义可知，一旦

1) 图 7.1 仅表示在 (x, z) 平面上的投影.

得出了无扭转的弯曲在横截面上所引起的剪应力分布，剪心就可以当作剪力合力的作用点来加以确定[1)]. 当横截面有一根对称轴时，剪心就落在该轴上. 当梁具有一种双对称横截面时，剪心就和横截面的形心重合. 对于沿跨度具有任意横截面的梁在任意外载荷作用下的弯曲问题，还没有获得精确的通解.

除非另有说明，本章将按照惯用的假设来讨论梁的初等理论，即横截面沿 x 轴的几何变化是缓慢的，且无扭转的弯曲是通过在 (x, z) 平面内适当地施加外载而实现的. 由于细长梁的纵向尺寸远大于它的横向尺寸，所以在初等理论中一般习惯是采用下面两个假设. 第一，我们假定应力分量 σ_y, σ_z 和 τ_{yz} 跟其他应力分量相比可以忽略不计，从而可令

$$\sigma_y = \sigma_z = \tau_{yz} = 0. \tag{7.1}$$

于是方程(1.10)和方程(3.38)分别简化为

$$\sigma_x = E\varepsilon_x, \quad \tau_{xz} = G\gamma_{xz}, \quad \tau_{xy} = G\gamma_{xy}, \qquad \text{(7.2a, b, c)}$$

和

$$\sigma_x = Ee_{xx}, \quad \tau_{xz} = 2Ge_{xz}, \quad \tau_{xy} = 2Ge_{xy}, \qquad \text{(7.3a, b, c)}$$

第二，我们采用 Bernoulli-Euler 假说，即弯曲前垂直于形心轨迹的横截面仍为平面并垂直于变了形的形心轨迹，而且在它们的平面内没有经受应变.

我们将表明，引用这个假说大大简化了位移的表达式. 考虑梁内任一点在变形前具有坐标 (x, y, z)，并用 $\mathbf{r}^{(0)}$ 和 $\mathbf{r}$ 分别表示该点在变形前和变形后的位置向量，它们和位移向量 $\mathbf{u}$ 的关系是

$$\mathbf{r} = \mathbf{r}^{(0)} + \mathbf{u}, \qquad \text{(7.4)}^{2)}$$

式中 $\mathbf{r}^{(0)} = x\mathbf{i}_1 + y\mathbf{i}_2 + z\mathbf{i}_3$，而 $\mathbf{i}_1$, $\mathbf{i}_2$, $\mathbf{i}_3$ 分别是沿 x, y, z 轴方向的单位向量. 同样，我们用 $\mathbf{r}_0^{(0)}$ 和 $\mathbf{r}_0$ 分别表示变形前和变形后形心轨迹上一点 $(x, 0, 0)$ 的位置向量，它们和位移向量 $\mathbf{u}_0$ 的关系是

1) 剪心的理论确定取决于“无扭转的弯曲”的定义，而后者存在着几种不同的定义(见参考文献[2—6]). 参考文献[7]就剪心、扭心和弹性轴线等作了详尽而透彻的讨论.

2) 在第七、八和九章中使用的上标(0)和下标0分别表明这些量是指变形前的状态和形心轨迹或中面而言的.

$$\mathbf{r}_0=\mathbf{r}_0^{(0)}+\mathbf{u}_0, \tag{7.5}$$[1]

式中 $\mathbf{r}_0^{(0)}=x\mathbf{i}_1$. $\mathbf{u}$ 和 $\mathbf{u}_0$ 的分量定义如下:

$$\mathbf{u}=U\mathbf{i}_1+V\mathbf{i}_2+W\mathbf{i}_3, \tag{7.6}$$

$$\mathbf{u}_0=u\mathbf{i}_1+w\mathbf{i}_3, \tag{7.7}$$

式中 u 和 w 都仅是 x 的函数. 可以看出, 假说允许我们把 $\mathbf{r}$ 表示为

$$\mathbf{r}=\mathbf{r}_0+z\mathbf{n}+y\mathbf{i}_2, \tag{7.8}$$

式中 $\mathbf{n}$ 是变了形的形心轨迹上的单位法线向量,并由下式给出

$$\mathbf{n}=\mathbf{r}_0'\times\mathbf{i}_2/|\mathbf{r}_0'|. \tag{7.9}$$

在方程(7.9)以及这一整章中, 一撇表示对 x 微分, 即是说$(\ )'=d(\ )/dx$. 由于

$$\mathbf{r}_0=(x+u)\mathbf{i}_1+w\mathbf{i}_3, \tag{7.10}$$

所以我们可以用 u 和 w 来表示 $\mathbf{n}$:

$$\mathbf{n}=\frac{-w'\mathbf{i}_1+(1+u')\mathbf{i}_3}{\sqrt{(1+u')^2+(w')^2}}. \tag{7.11}$$

由方程(7.4), (7.5)和(7.8), 得

$$\mathbf{u}=\mathbf{u}_0+z(\mathbf{n}-\mathbf{i}_3). \tag{7.12}$$

这就是在 Bernoulli-Euler 假说下梁的位移表达式. 可以看到, 由方程(7.12)暗示出梁变形的自由度是二个, 即 $u(x)$ 和 $w(x)$.

当梁的问题限于小位移理论时, 可以把方程(7.12)对位移分量加以线性化,从而给出

$$U=u-zw',\quad V=0,\quad W=w. \tag{7.13}$$

这时,我们发现在弯曲的初等理论中仅有的非零应变分量是

$$\varepsilon_x=\frac{\partial U}{\partial x}=u'-zw'', \tag{7.14}$$

它是通过方程(7.2a)和 σ_x 联系起来的.

7.2 梁的弯曲

作为梁弯曲的一个简单例子, 让我们来考虑图 7.2 所示的问

1) 见前一页的脚注 2).

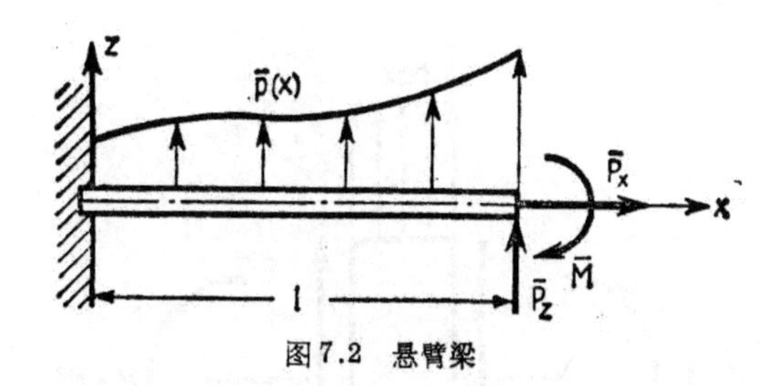

图 7.2 悬臂梁

题：一根跨度为 l 的梁在 $x=0$ 的一端固定，受到沿 z 轴方向每单位跨长为 $\bar{p}(x)$ 的横向分布载荷的作用. 在 $x=l$ 处，受有分别沿 x 和 z 轴方向的梁端力 $\bar{P}_x$ 和 $\bar{P}_z$ 以及梁端外力矩 $\overline{M}$. 我们可以为本问题写出虚功原理如下：

$$\iiint\limits_V \sigma_x \delta\varepsilon_x \, dx\, dy\, dz - \int_0^l \bar{p}\delta w\, dx$$
$$-\bar{P}_x\delta u(l) - \bar{P}_z\delta w(l) + \overline{M}\delta w'(l) = 0, \qquad (7.15)^{1)}$$

式中已代入了方程 (7.14)，而 δu 和 δw 应该分别满足几何边界条件：

$$u(0)=0, \qquad (7.16)$$

和

$$w(0)=w'(0)=0, \qquad (7.17)$$

把方程(7.15)的首项对 y 和 z 积分得

$$\int_0^l (N\delta u' - M\,\partial w'')\,dx - \int_0^l \bar{p}\,\delta w\, dx$$
$$-\bar{P}_x\delta u(l) - \bar{P}_z\delta w(l) + \overline{M}\delta w'(l) = 0, \qquad (7.18)$$

这里我们定义

$$N = \iint\limits_S \sigma_x\, dy\, dz, \qquad (7.19)$$

$$M = \iint\limits_S \sigma_x z\, dy\, dz, \qquad (7.20)$$

积分遍及梁的整个横截面 S. 量 N 和 M 是横截面的轴力和弯矩，如图 7.3 所示.

现在，我们可以着手推导由方程(7.18)隐含的近似平衡方程.

1) 见方程(1.32).

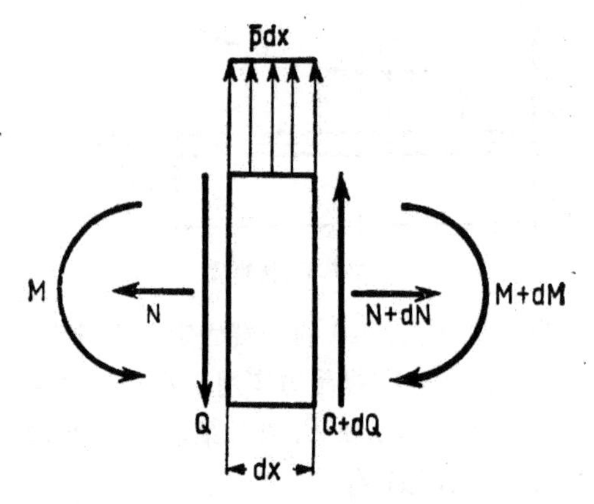

图 7.3 N, Q 和 M 的正方向

利用条件(7.16)和(7.17)并分部积分，得出

$$-\int_0^l [N'\delta u + (M'' + \bar{p})\delta w] dx + (N - \bar{P}_x)\delta u(l) + (M' - \bar{P}_z)\delta w(l) - (M - \bar{M})\delta w'(l) = 0, \qquad (7.21)$$

由此得到

$$0 \leqslant x \leqslant l, \qquad N' = 0, \qquad (7.22)^{1)}$$

$$在\ x = l\ 处, \quad N = \bar{P}_x \qquad (7.23)$$

和

$$0 \leqslant x \leqslant l, \qquad M'' + \bar{p} = 0, \qquad (7.24)^{1)}$$

$$在\ x = l\ 处, \qquad M' = \bar{P}_z, \qquad M = \bar{M}. \qquad (7.25)$$

为了求解这个问题，我们必须利用应力-应变关系(7.2a)，结合方程(7.14)，(7.19)及(7.20)就给出用 u 和 w 表示的 N 和 M 如下：

$$N = EA_0 u', \qquad (7.26)$$

$$M = -EIw'', \qquad (7.27)$$

式中

---

1) 众所周知，这些方程可由另一方法求得，即写出图 7.3 所示梁元素的力和力矩平衡方程

$$N' = 0, \qquad Q' + \bar{p} = 0, \qquad M' - Q = 0,$$

然后消去 Q，式中 Q 是横截面的剪力。

$$A_0=\iint\limits_S dy\,dz, \qquad I=\iint\limits_S z^2\,dy\,dz \tag{7.28}$$

分别是横截面的面积和惯性矩.

利用上面得到的这些关系式，我们就有了梁问题的控制微分方程和边界条件. 结合方程(7.16)，(7.22)，(7.23) 和 (7.26)，得到决定梁伸长的微分方程和边界条件. 另一方面，结合方程(7.17)，(7.24)，(7.25)和(7.27)，就得到决定梁弯曲的微分方程和边界条件. 这样，在梁的小位移理论中，位移分量假定为(7.13)的形式时，梁的伸长和弯曲并不彼此耦合而可分开处理. 由上述关系式可以看到，按照梁弯曲的初等理论，应力 σ_x 和应变能 U 分别由下式给出：

$$\sigma_x=\frac{N}{A_0}+\frac{M}{I}z, \tag{7.29}$$

和

$$\begin{aligned}U&=\frac{1}{2}\iiint\limits_V E\varepsilon_x^2\,dx\,dy\,dz\\&=\frac{1}{2}\int_0^l[EA_0(u')^2+EI(w'')^2]dx.\end{aligned} \tag{7.30}$$

在结束本节之前，我们要指出，如果分布载荷 $\bar{p}(x)$ 沿跨度在某些点处是不连续的话，那么在推导方程(7.21)时应加小心. 例如，假定梁在 $x=\xi$ 处受到沿 z 轴方向作用的集中载荷 $\bar{P}$，方程(7.15)就要附加一项 $-\bar{P}\delta w(\xi)$，从而有

$$\begin{aligned}\int_0^l M\delta w''dx&=\int_0^{\xi-0}M\delta w''dx+\int_{\xi+0}^l M\delta w''dx\\&=\int_0^{\xi-0}M''\delta w\,dx+\int_{\xi+0}^l M''\delta w\,dx+M\delta w'\Big|_0^l-M'\delta w\Big|_0^l\\&\quad+[M(\xi-0)-M(\xi+0)]\delta w'(\xi)\\&\quad-[M'(\xi-0)-M'(\xi+0)]\delta w(\xi).\end{aligned} \tag{7.31}$$

于是，虚功原理就给出了在 $x=\xi$ 处的连接条件如下：

$$\begin{aligned}&w\Big|_{\xi-0}^{\xi+0}=0, \qquad w'\Big|_{\xi-0}^{\xi+0}=0,\\&M\Big|_{\xi-0}^{\xi+0}=0, \qquad M'\Big|_{\xi-0}^{\xi+0}+\bar{P}=0.\end{aligned} \tag{7.32}$$

7.3 最小势能原理及其变换

在这一节我们来考虑图 7.4 所示梁问题的变分原理，这梁在一端是固定的，受到一种横向分布载荷 $\bar{p}(x)$ 作用，而在另一端是简支的，并受有一个梁端力矩 $\overline{M}$. 由于在 x 方向没有外力作用，我们可以取

$$U=-zw', \quad V=0, \quad W=w, \tag{7.33}$$

$$\varepsilon_x=-zw'', \tag{7.34}$$

$$\sigma_x=\frac{M}{I}z. \tag{7.35}$$

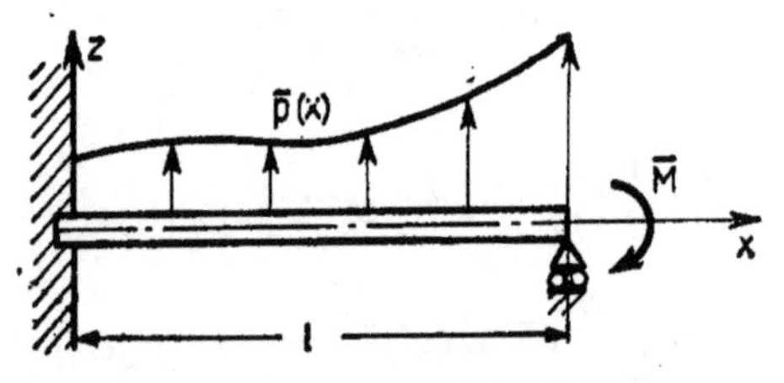

图 7.4 一端固定一端简支的梁

用于这个问题的最小势能原理的泛函，通过前节所推导的关系式的启示可给出如下：

$$\Pi=\frac{1}{2}\int_0^l EI(w'')^2 dx-\int_0^l \bar{p}w\, dx+\overline{M}w'(l), \tag{7.36}$$

式中 w 必须满足几何边界条件：

$$w(0)=w'(0)=w(l)=0. \tag{7.37}$$

其次，我们来考虑最小势能原理的变换. 引入一个由下式定义的辅助函数

$$\varkappa=w'', \tag{7.38}$$

并利用 Lagrange 乘子 $M(x)$, P^*, Q^* 和 R^*, 把泛函 (7.36) 推广如下：

$$\Pi_I=\frac{1}{2}\int_0^l EI\varkappa^2 dx-\int_0^l \bar{p}w\, dx+\overline{M}w'(l)$$

$$+\int_0^l (\varkappa - w'') M\,dx + P^* w(0) + Q^* w'(0) + R^* w(l). \quad (7.39)$$

式中经受变分的量是 $\varkappa$, w, M, P^*, Q^* 和 R^*, 而没有约束条件. 经过若干计算,包括分部积分,一次变分表明为

$$\begin{aligned}\delta \Pi_I = &\int_0^l [(M + EI\varkappa)\delta\varkappa - (M'' + \bar{p})\delta w + (\varkappa - w'')\delta M]\,dx \\ &+ [P^* - M'(0)]\delta w(0) + [Q^* + M(0)]\delta w'(0) \\ &+ [R^* + M'(l)]\delta w(l) - [M(l) - \overline{M}]\delta w'(l) \\ &+ w(0)\delta P^* + w'(0)\delta Q^* + w(l)\delta R^*. \end{aligned} \quad (7.40)$$

从而证明,驻值条件就是定义该问题的控制方程,连同

$$P^* = M'(0), \quad Q^* = -M(0), \quad R^* = -M'(l), \quad (7.41)$$

这确定了 Lagrange 乘子 P^*, Q^* 和 R^*.

常用的技术可导致广义表达式(7.39)的专门化. 例如, 要求方程(7.40)中的 $\delta\varkappa$, δw 和 $\delta w'$ 的系数为零, 由此消去 $\varkappa$ 和 w, 我们就得到最小余能原理的泛函如下:

$$\Pi_c = \frac{1}{2}\int_0^l \frac{M^2}{EI}\,dx, \quad (7.42)$$

式中经受变分的函数是 $M(x)$,而带有约束条件

$$M'' + \bar{p} = 0, \quad (7.43)$$

和

$$M(l) = \overline{M}. \quad (7.44)$$

这里注明一下,梁问题的最小余能原理可以直接从原理(2.23)求得, 只要假定应力分量 σ_x 是由方程 (7.35) 给出的, 而且在建立余能函数时所有其他应力分量只有微不足道的贡献(也可见附录 C).

7.4 梁的自由横向振动[1)]

让我们来研究一根梁的自由横向振动, 这梁在 $x=0$ 端固定, 而在 $x=l$ 端简支, 如图 7.5 所示. 按照第 2.7 节的论述, 可以将自由横向振动问题的总势能表示成

1) 见参考文献[8—11].

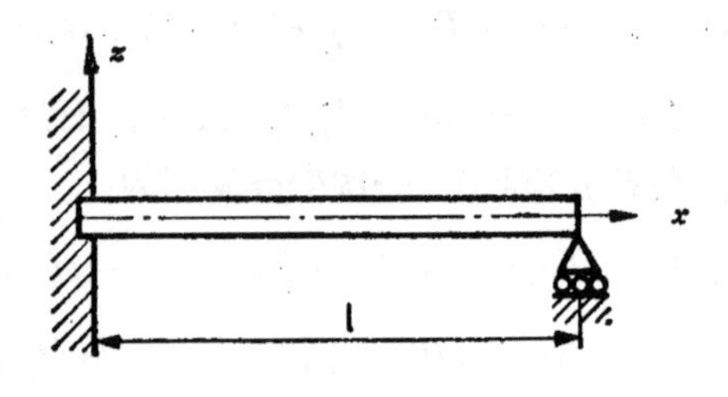

图 7.5　一端固定一端简支的梁

$$\Pi=\frac{1}{2}\int_0^l EI(w'')^2dx-\frac{1}{2}\lambda\int_0^l mw^2\,dx, \tag{7.45}$$[1]

式中 $\lambda=\omega^2$，而

$$m(x)=\iint_S \rho\,dy\,dz \tag{7.46}$$

是每单位跨长的质量．在泛函(7.45)中，经受变分的函数是 w，带有附加边界条件

$$w(0)=w'(0)=w(l)=0, \tag{7.47}$$

而 λ 当作参数，并不经受变分．泛函(7.45)的驻值条件可证明就是运动方程

$$(EIw'')''-\lambda mw=0, \tag{7.48}$$

和边界条件

$$\text{在 } x=l \text{ 处，} EIw''=0. \tag{7.49}$$

所以，这个问题就简化成为一个特征值问题，它所要求的各固有模态和频率是在边界条件(7.47)和(7.49)下，作为微分方程(7.48)的特征函数和特征值而加以确定的．可以看出，这个特征值问题等价于在一些容许函数 w 中，找出使商

$$\lambda=\frac{\frac{1}{2}\int_0^l EI(w'')^2dx}{\frac{1}{2}\int_0^l mw^2\,dx} \tag{7.50}$$

取驻值的函数[12]．

---

1) 利用泛函(2.69)和方程(7.33)来推导方程(7.45)的末项时，由于梁的细长性，与 $\iint_S \rho w^2\,dy\,dz$ 项相比可将 $\iint_S \rho z^2(w')^2\,dy\,dz$ 项略去不计，这是梁横向振动初等理论的共同做法．

其次，我们来考虑驻值势能原理的推广[13]. 通过常用的步骤，可以把泛函(7.45)推广如下：

$$\Pi_I=\frac{1}{2}\int_0^l EI\varkappa^2\,dx-\frac{1}{2}\lambda\int_0^l mw^2\,dx$$

$$+\int_0^l(\varkappa-w'')M\,dx+P^*w(0)+Q^*w'(0)+R^*w(l), \quad (7.51)$$

式中经受变分的量是 $\varkappa$, w, M, P^*, Q^* 和 R^*，而没有约束条件. 对于 $\varkappa$ 和 w 的驻值条件可证明是

$$EI\varkappa+M=0, \quad (7.52)$$

$$M''+\lambda mw=0, \quad (7.53)$$

$$P^*-M'(0)=0, \quad Q^*+M(0)=0, \quad R^*+M'(l)=0, \quad (7.54)$$

$$M(l)=0. \quad (7.55)$$

我们利用方程(7.52), (7.54)和(7.55)消去 $\varkappa$, P^*, Q^* 和 R^*，并借助于方程(7.53)，把泛函(7.51)变换成

$$\Pi_c=\frac{1}{2}\int_0^l\frac{M^2}{EI}\,dx-\frac{1}{2}\lambda\int_0^l mw^2\,dx, \quad (7.56)$$

其中假定 $\lambda\neq 0$. 在泛函(7.56)中，经受变分的量是 M 和 w，而带有约束条件(7.53)和(7.55). 式(7.56)就是自由振动问题驻值余能原理的泛函.

如第2.8节所述，一旦建立了变分表达式，就可以用 Rayleigh-Ritz 法求出自由振动问题的近似特征值. 把这个方法用于驻值势能原理(7.45)时，我们可以假定

$$w=c_1w_1+c_2w_2, \quad (7.57)$$

式中

$$w_1=x^2(x-l), \qquad w_2=x^3(x-l), \quad (7.58)$$

都是满足方程(7.47)的坐标函数. 将方程(7.57)代入该泛函，并要求

$$\frac{\partial\Pi}{\partial c_i}=0, \qquad i=1,\ 2 \quad (7.59)$$

就得到近似特殊值.

对于等截面梁(EI 和 m 不变)已经求得一些数字结果，如表7.1所示.

表 7.1 精确的和近似的特征值

($\omega_i = k_i\sqrt{EI/ml^4}$)

	精确特征值	近似特征值	
		应用于泛函(7.45)的 Rayleigh-Ritz 法	应用于泛函(7.56)的修正 Rayleigh-Ritz 法
k_1	15.42	15.45	15.42
k_2	49.96	75.33	51.93

其次,我们将把修正 Rayleigh-Ritz 法应用于驻值余能原理(7.56). 选定 w 如方程(7.57)所示. 由泛函(7.56)的推导表明,为了建立这个原理,并不一定要求坐标函数 $w_1(x)$ 和 $w_2(x)$ 满足方程(7.47). 可是,这种安排对于改善近似特征值的精确度是值得的,而且对于获得不等式(2.93)是必不可少的. 我们把方程(7.57)代入方程(7.53)并结合边界条件(7.55)来进行积分,可得

$$(1/\lambda)M = c(x-l) - \sum_{i=1}^{2} c_i \int_x^l \left[\int_\eta^l m(\xi)w_i(\xi)d\xi\right]d\eta. \qquad (7.60)$$

式中 c 是一个积分常数. 将方程(7.57)和(7.60)代入原理(7.56),并要求

$$\partial\Pi_c/\partial c = 0. \qquad (7.61)$$

和

$$\partial\Pi_c/\partial c_i = 0, \quad i=1, 2 \qquad (7.62)$$

就得到近似特征值. 对于等截面梁(EI 和 m 不变)已经求得一些数字结果,并列在表 7.1 中. 可以看出,在这些数值之间不等式(2.93)是成立的. 有关 Rayleigh-Ritz 法和修正 Rayleigh-Ritz 法应用于自由振动问题的其他数字例题,可见参考文考[11], [12], [14]和[15].

7.5 梁的大挠度

在这一节我们来考虑弹性梁的大挠度,并取第 7.2 节讨论过的梁问题作为一个例子. 显然,由于位移是由方程(7.12)给出的,而应变 $e_{\lambda\mu}$ 可利用方程(3.19)通过 u 和 w 来计算,所以在 Bernoulli-

Euler 假说下拟定的梁的有限位移理论，可由虚功原理(3.49)导出. 然而，我们将满足于把问题限制在这样的范围，即假定梁的挠度尽管跟梁的高度相比不再是小量，但跟梁的纵向尺寸相比则还是很小的，同时采用下列的位移表达式和应变-位移关系式：

$$U=u-zw', \qquad V=0, \qquad W=w, \tag{7.63}$$ [1)]

$$e_{xx}=u'+\frac{1}{2}(w')^2-zw''. \tag{7.64}$$ [1)]

于是，本问题的虚功原理可以写成

$$\iiint_V \sigma_x \delta e_{xx}\,dx\,dy\,dz-\int_0^l \bar{p}\,\delta w\,dx$$

$$-\bar{P}_x\delta u(l)-\bar{P}_z\delta w(l)+\bar{M}\,\delta w'(l)=0, \tag{7.65}$$ [2)]

式中已将方程(7.64)代入. 通过引入方程(7.19)和(7.20)所定义的应力合力*，可以把原理(7.65)变换成

$$\int_0^l [N(\delta u'+w'\,\delta w')-M\,\delta w''-\bar{p}\,\delta w]\,dx$$

$$-\bar{P}_x\delta u(l)-\bar{P}_z\delta w(l)+\bar{M}\,\delta w'(l)=0, \tag{7.66}$$

式中的独立变量是 δu 和 δw，而带有约束条件(7.16)和(7.17). 经过若干计算，我们从方程(7.66)得到控制微分方程：

$$N'=0, \qquad M''+(Nw')'+\bar{p}=0, \qquad (7.67,\ 7.68)$$

和在 $x=l$ 处的力学边界条件：

$$N=\bar{P}_x, \qquad M=\bar{M}, \qquad Nw'+M'=\bar{P}_z. \qquad (7.69,\ 7.70,\ 7.71)$$

将方程(7.68)，(7.70)和(7.71)跟方程(7.24)和(7.25)加以对比，我们发现，当梁的挠度变大时，由于形心轨迹的倾斜，轴力 N_x 对 z 轴方向的平衡方程有所贡献. 从方程(7.67)和(7.69)，我们有

$$N(x)=\bar{P}_x=\text{常数}. \tag{7.72}$$

结合方程(7.3a)，(7.19)，(7.20)和(7.64)，就得到应力合力-位移

1) 这些方程可以由方程(7.12)和(3.19)推导出来，只要假定 $u'\sim(w')^2\ll 1$，并考虑到假说和梁的细长性，包含 z^2 的各项可以略去不计，式中记号～代表"相同的数量级". 第一个假设表明，斜率的平方以及形心轨迹的应变与 1 相比都是很小的.

2) 见方程(3.49).

* stress resultant 译为内力，或许更好. ——译者注

关系式如下：

$$N = EA_0\left[u' + \frac{1}{2}(w')^2\right], \tag{7.73}$$

$$M = -EIw''. \tag{7.74}$$

方程(7.68)，(7.72)，(7.73)和(7.74)，连同边界条件(7.16)，(7.17)，(7.70)和(7.71)，构成了一组大挠度问题的控制方程. 可以看出，在梁的大挠度理论中，伸长和弯曲相互耦合而必须同时考虑.

这里注明一下，在梁的大挠度理论中，应力 σ_x 是由方程(7.29)给出的，而应变能 U 由下式给出：

$$\begin{aligned} U &= \frac{1}{2}\iiint_V E e_{xx}^2 \, dx\, dy\, dz \\ &= \frac{1}{2}\int_0^l \left\{EA_0\left[u' + \frac{1}{2}(w')^2\right]^2 + EI(w'')^2\right\}dx. \end{aligned} \tag{7.75}$$

7.6 梁的屈曲[1)]

下面，我们来考虑梁的屈曲问题，如图 7.6 所示. 梁的一端固定，另一端简支，并承受沿 x 轴负方向作用的压缩载荷 $\bar{P}$. 当载荷达到临界值(用 P_{cr} 表示)时，这根柱就会屈曲. 我们将把该柱作为一个带有初应力 $\sigma_x^{(0)}$ 的物体来处理，初应力的大小由下列平衡条件给出，

$$N^{(0)\prime} = 0, \quad N^{(0)}(l) = -P_{cr}, \tag{7.76}$$

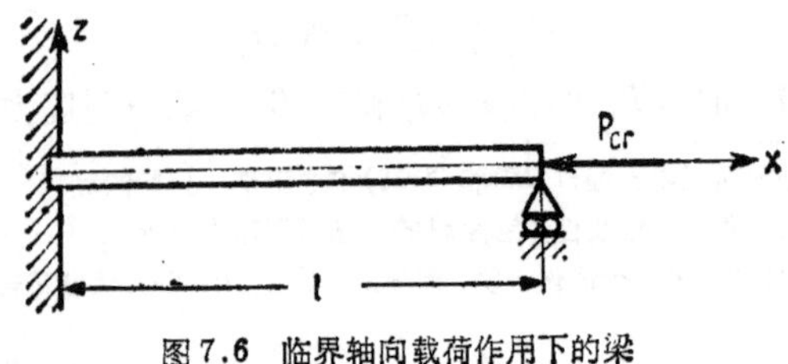

图 7.6 临界轴向载荷作用下的梁

1) 见参考文献[16, 17].

式中 $N^{(0)}=A_0\sigma_x^{(0)}$. 这里假定屈曲时力 P_{cr} 的大小和方向都不改变. 按照第5.1节中的推导,用于本问题的虚功原理可写成

$$\iiint_V(\sigma_x^{(0)}+\sigma_x)\delta e_{xx}\,dx\,dy\,dz+P_{cr}\,\delta u(l)=0, \tag{7.77}$$[1]

式中 σ_x 是应力增量, 而 e_{xx} 则由方程(7.64)给出. 位移的附加边界条件是

$$u(0)=0 \tag{7.78}$$

和

$$w(0)=w'(0)=w(l)=0. \tag{7.79}$$

由于我们对确定临界载荷感兴趣, 所以假定 $\sigma_x^{(0)}=O(1)$ 和 σ_x, u, $w=O(\varepsilon)$, 以便略去虚功原理中高于 $O(\varepsilon^2)$ 的各项(类似的推演见第5.1和5.2节). 于是,通过引入方程(7.19)和(7.20)所定义的应力合力,就有

$$\int_0^l(N^{(0)}\delta u'+N\delta u'+N^{(0)}w'\delta w'-M\delta w'')dx$$
$$+P_{cr}\delta u(l)=0. \tag{7.80}$$

利用方程(7.76)和(7.78)可知,方程(7.80)中与 δu 有关的各项简化为

$$-\int_0^l N'\delta u\,dx+N(l)\delta u(l). \tag{7.81}$$

由此, 我们有 $N'(x)=0$ 和 $N(l)=0$, 并且断定在整个梁上 $N(x)=0$. 于是,原理(7.80)简化为

$$\int_0^l(M\,\delta\,w''+P_{cr}w'\delta w')dx=0, \tag{7.82}$$

或经过一些计算,化为

$$\int_0^l[M''-(P_{cr}w')']\delta w\,dx+M\delta w'|_0^l$$
$$-(M'-P_{cr}w')\delta w|_0^l=0. \tag{7.83}$$

因此,考虑到方程(7.79),我们就从方程(7.83)得到平衡方程

$$M''-P_{cr}\,w''=0, \tag{7.84}$$

和一个边界条件

---

1) 见方程(5.5).

$$M(l)=0. \tag{7.85}$$

结合方程(7.3a), (7.20)和(7.64), 就得到应力合力-位移关系式如下:

$$M=-EIw''. \tag{7.86}$$

方程(7.84)和(7.86),连同边界条件(7.79)和(7.85),构成了一组屈曲问题的控制方程.

当与方程(7.86)结合时, 虚功原理(7.82)可以变换成驻值势能原理,其泛函由下式给出

$$\Pi=\frac{1}{2}\int_0^l EI(w'')^2dx-\frac{1}{2}P_{cr}\int_0^l (w')^2dx, \tag{7.87}$$

式中经受变分的函数是 w,而带有约束条件(7.79). 可以看出,原理(7.87)等价于在一些容许函数 w 中,找出使商

$$P_{cr}=\frac{\frac{1}{2}\int_0^l EI(w'')^2dx}{\frac{1}{2}\int_0^l(w')^2\,dx} \tag{7.88}$$

取驻值的函数[12].

其次,我们来考虑驻值势能原理的推广[18]. 通过常用的步骤,可以把泛函(7.87)推广如下:

$$\Pi_I=\frac{1}{2}\int_0^l EI\varkappa^2\,dx-\frac{1}{2}P_{cr}\int_0^l (w')^2dx+\int_0^l(\varkappa-w'')Mdx$$
$$+P^*w(0)+Q^*w'(0)+R^*w(l), \tag{7.89}$$

式中经受变分的量是 $\varkappa$, w, M, P^*, Q^* 和 R^*, 而没有约束条件. 关于 $\varkappa$ 和 w 的驻值条件可证明是

$$EI\varkappa+M=0, \tag{7.90}$$

$$M-P_{cr}w''=0, \tag{7.91}$$

$$P^*+P_{cr}w'(0)-M'(0)=0,\quad Q^*+M(0)=0,$$
$$R^*-P_{cr}w'(l)+M'(l)=0, \tag{7.92}$$

$$M(l)=0. \tag{7.93}$$

我们利用方程(7.90), (7.92)和(7.93)消去 $\varkappa$, P^*, Q^* 和 R^*, 并借助于方程(7.91),把泛函(7.89)变换成

$$\Pi_{c}=\frac{1}{2}\int_{0}^{l}\frac{M^{2}}{EI}dx-\frac{1}{2}P_{cr}\int_{0}^{l}(w')^{2}dx, \tag{7.94}$$

其中假定 $P_{cr}\neq 0$. 在泛函(7.94)中,经受变分的量是 M 和 w, 而带有约束条件(7.91)和(7.93). 式(7.94)就是用于屈曲问题的驻值余能原理的一个泛函.

一旦这样建立了变分原理, 就可用 Rayleigh-Ritz 法和修正 Rayleigh-Ritz 法求出近似特征值. 这里用一根等 EI 的梁作为一个数字例题,取 w 如方程(7.57)所给. 数字结果列于表 7.2 中,并与精确特征值相比较. 有关应用于屈曲问题的 Rayleigh-Ritz 法和修正 Rayleigh-Ritz 法的其他数字例题,可见参考文献[16]和[17]. 顺便指出,若干有关弹性梁稳定性的非保守问题,在参考文献[19]中已经作了广泛的讨论.

表 7.2 精确的和近似的特征值 $[P_{cr}^{(i)}=k^{(i)}(EI/l^{2})]$

	精确特征值	近似特征值	
		应用于泛函(7.87)的 Rayleigh-Ritz 法	应用于泛函(7.94)的修正 Rayleigh-Ritz法
$k^{(1)}$	20.19	20.92	20.30
$k^{(2)}$	59.69	107.1	67.70

7.7 包括横向剪变形影响的梁理论

前几节讨论过的梁的初等理论是在 Bernoulli-Euler 假说基础上建立的, 在此假说中不容许发生横向剪变形. 我们将在本节对梁的动力学问题进行近似的公式推导, 其中考虑了横向剪变形的影响. 取一个动力学问题作为例子, 它和第 7.2 节所定义的方式类似, 只是外力现在和时间有关. 虚功原理是导出有关近似公式的一条途径.

由于位移向量 $\mathbf{u}$ 是(x, y, z)的函数,我们可把它对 $z=0$ 展开为一个 Taylor 级数:

$$\mathbf{u}(x, y, z)=\mathbf{u}(x, y, 0)$$

$$+\left(\frac{\partial \mathbf{u}}{\partial z}\right)_{z=0} z+\frac{1}{2!}\left(\frac{\partial^2 \mathbf{u}}{\partial z^2}\right)_{z=0} z^2+\cdots. \quad (7.95)$$

因此，包括横向剪变形影响的位移的最简单表达式之一可以通过只保留头两项来给出

$$\mathbf{u}=\mathbf{u}_0+z\,\mathbf{u}_1, \quad (7.96)$$

式中 $\mathbf{u}_1$ 的分量由下式定义:

$$\mathbf{u}_1=u_1\,\mathbf{i}_1+w_1\,\mathbf{i}_3, \quad (7.97)$$

这里 u_1 和 w_1 都仅是 x 的函数. 由方程(7.96)暗示的自由度是四个，即 u, w, u_1 和 w_1. 可是，如果继续引用假设(7.1)，并且用方程(7.3)作为应力-应变关系式，我们就可以取

$$2e_{zz}=u_1^2+(1+w_1)^2-1=0 \quad (7.98)$$

作为一个附加的几何约束，从而把自由度减到三个. 方程(7.96)和(7.98)表明，垂直于未变形的形心轨迹的横截面仍为平面，并且在它们的平面内没有经受应变，尽管它们不再垂直于变了形的形心轨迹了.

我们把问题限于小位移理论. 于是，把方程(7.98)对位移分量加以线性化，从而给出

$$w_1=0. \quad (7.99)$$

因而，包括横向剪变形影响的位移的最简单表达式就是假定

$$U=u+zu_1,\ V=0,\ W=w, \quad (7.100)$$

它们提供了下列的非零应变分量:

$$\varepsilon_x=u'+zu_1',\ \gamma_{xz}=w'+u_1. \quad (7.101)$$ [1]

那么，用于这个动力学问题的虚功原理就写成

$$\int_{t_1}^{t_2}\Bigg\{\iiint_V(\sigma_x\,\delta\varepsilon_x+\tau_{xz}\,\delta\gamma_{xz})\,dx\,dy\,dz$$

$$-\delta\iiint_V\frac{1}{2}[\dot{U}^2+\dot{W}^2]\,\rho\,dx\,dy\,dz-\int_0^l\bar{p}\,\delta w dx$$

$$-\bar{P}_x\delta u(l)-\bar{P}_z\delta w(l)-\bar{M}\delta u_1\Bigg\}dt=0, \quad (7.102)$$ [2]

---

1) 显然，Bernoulli-Euler 假说强加了约束条件 $u_1=-w'$.

2) 见方程(5.81).

式中已代入了方程(7.100)和(7.101). 除了几个由方程(7.19)和(7.20)定义的应力合力以外,这里又引入一些如下定义的新量:

$$Q=\iint_S \tau_{xz}\,dy\,dz, \tag{7.103}$$

$$I_m=\iint_S \rho z^2\,dy\,dz, \tag{7.104}$$

方程(7.103)定义的量是横截面的剪力,如图7.3所示,而方程(7.104)定义的量是横截面的质量惯性矩. 利用这些量,方程(7.102)的头两项可以写出如下:

$$\int_{t_1}^{t_2}\left\{\int_0^l [N\,\delta u'+M\,\delta u_1'+Q(\delta w'+\delta u_1)]\,dx\right.$$
$$\left.-\delta\int_0^l\left[\frac{1}{2}\,m(\dot{u}^2+\dot{w}^2)+\frac{1}{2}\,I_m\,\dot{u}_1^2\right]dx\right\}dt. \tag{7.105}$$

因此,经过若干计算,包括分部积分,原理(7.102)变换成

$$\int_{t_1}^{t_2}\left\{\int_0^l [(m\ddot{u}-N')\,\delta u+(m\ddot{w}-Q'-\bar{p})\,\delta w\right.$$
$$+(I_m\ddot{u}_1-M'+Q)\,\delta u_1]\,dx+[(N-\bar{P}_x)\,\delta u$$
$$+(Q-\bar{P}_z)\,\delta w+(M-\bar{M})\,\delta u_1]_{x=l}$$
$$\left.-[N\,\delta u+Q\,\delta w+M\,\delta u_1]_{x=0}\right\}dt=0, \tag{7.106}$$

由此我们得到运动方程

$$m\ddot{u}=N', \tag{7.107}$$ [1]

$$m\ddot{w}=Q'+\bar{p}, \tag{7.108}$$ [1]

$$I_m\ddot{u}_1=M'-Q, \tag{7.109}$$ [1]

和力学边界条件

$$\text{在 } x=l \text{ 处,}\quad N=\bar{P}_x,\quad Q=\bar{P}_z,\quad M=\bar{M}, \tag{7.110}$$

同时还提示几何边界条件可近似地给定如下:

$$\text{在 } x=0 \text{ 处,}\quad u=0,\quad w=0,\quad u_1=0. \tag{7.111}$$

结合方程(7.2a, b),(7.19),(7.20),(7.101)和(7.103)就有下列应力合力-位移关系式:

---

1) 试与方程(7.22)和(7.24)作一比较.

$$N=EA_0u', \tag{7.112}$$

$$M=EIu_1', \tag{7.113}$$

$$Q=GkA_0(w'+u_1), \tag{7.114}$$

式中 $k=1$. 方程(7.114) 所附加的因子 k 是用来考虑在横截面上 γ_{xz} 的不均匀性和 γ_{yz} 的影响的. 一个为静力平衡下的梁确定 k 值的近似方法，示于附录C中，所采用的是最小余能法. 另一种方法是，确定 k 值使得从上述近似方程求出的某些结果能够和振动或波的传播的精确理论结果相吻合(见参考文献[20]和[21]). 将方程(7.112), (7.113)和(7.114)代入方程(7.107), (7.108)和(7.109), 我们得到

$$m\ddot{u}=(EA_0u')', \tag{7.115}$$

$$m\ddot{w}=[GkA_0(w'+u_1)]'+\bar{p}, \tag{7.116}$$

$$I_m\ddot{u}_1=(EIu_1')'-GkA_0(w'+u_1). \tag{7.117}$$

这些方程构成了用于包括横向剪变形影响的梁动力学问题的控制方程，即所谓 Timoshenko 梁理论[10]. 由上列关系式，可以看出 Timoshenko 梁的应变能由下式给出:

$$U=\frac{1}{2}\int_0^l[EA_0(u')^2+EI(u_1')^2+GkA_0(w'+u_1)^2]dx. \tag{7.118}$$

在冲击加载下梁的振动和动力性能的理论中，剪切柔度和转动惯量的影响起着十分重要的作用(见参考文献[21—25]).

7.8 几点讨论

第7.1节所阐述梁的初等理论是建立在假设(7.1)和 Bernoulli-Euler 假说的基础之上的. 可是, 由方程(7.13)我们得到 $\varepsilon_y=\varepsilon_z=0$, 可见同时引用假设(7.1)和假说满足不了应力-应变关系式(1.10), 因而不能导致正确的结果. 同样的矛盾存在于第7.5和7.7节的公式推导之中. 我们曾经试图近似地解除这个困难，即在三维应力-应变关系式中令 $\sigma_y=\sigma_z=\tau_{yz}=0$, 然后消去 ε_y 和 ε_z.

为了完全解除这种矛盾并改善梁理论的精确度，可以假定

$$
\begin{aligned}
U &= \sum_{m=0,n=0} u_{mn}(x) y^m z^n, \\
V &= \sum_{m=0,n=0} v_{mn}(x) y^m z^n, \\
W &= \sum_{m=0,n=0} w_{mn}(x) y^m z^n,
\end{aligned}
\tag{7.119}
$$

其中分项的数目应该适当选择. 利用虚功原理可以求得 u_{mn}, v_{mn} 和 w_{mn} 的控制方程. 这里要提一下，在参考文献[26]中，对用于杆件问题的位移表达式和应变-位移关系式，曾发展了一套理论.

一根自然弯曲和扭曲的细长梁在弹性力学中提出了一个经典问题[1]. 虚功原理可以提供一条途径，为这个问题导出近似公式，其中为方便起见，不妨采用曲线坐标系来描绘弯曲的形心轨迹，和由形心主轴的包络面所构成的两个曲面[27, 28]. 对这个问题的变分公式推导已经提出，参考文献[29]就是这个领域的许多新贡献之一.

参考文献

[1] A. E. H. Love, *Mathematical Theory of Elasticity*, Cambridge University Press, 4th edition, 1927.

[2] S. Timoshenko and J. N. Goodier, *Theory of Elasticity*, McGraw-Hill,1951. (《弹性理论》，人民教育出版社，1964 年)

[3] E. Trefftz, Über den Schubmittelpunkt in einem durch eine Einzellast gebogenen Balken. *Zeitschrift für Angewandte Mathematik und Mechanik*, Vol. 15, No. 4, pp. 220—5, July 1935.

[4] A. Weinstein, The Center of Shear and the Center of Twist, *Quarterly of Applied Mathematics*, Vol. 5, No. 1, pp. 97—9, 1947.

[5] A. G. Stevenson, Flexure with Shear and Associated Torsion in Prisms of Uni-axial and Asymmetric Cross Section, *Philosophical Transaction of Royal Society*, Vol. A237, No. 2, pp. 161—229, 1938.

[6] J.N.Goodier,A Theorem on the Shearing Stress in Beams with Applications to Multicellular Sections, *Journal of the Aeronautical Sciences*, Vol. 11, No. 3, pp. 272—80, July 1944.

[7] Y. C. Fung, *An Introduction to the Theory of Aeroelasticity*, John Wiley, 1955.

[8] Lord Rayleigh, *Theory of Sound*, Macmillan, 1877.

[9] J. P. Den Hartog, *Mechanical Vibrations*, McGraw-Hill, 1934. («机械振动学»,科学出版社,1961 年——按 1956 年第 4 版译出)

[10] S. Timoshenko, *Vibration Problems in Engineering*, D. Van Nostrand, 1928. («机械振动学»,机械工业出版社,1958 年——按 1955 年第 3 版译出)

[11] R. L. Bisplinghoff, H. Ashley and R. L. Halfman, *Aeroelasticity*, Addison-Wesley, 1955.

[12] L. Collatz, *Eigenwertaufgaben mit technischen Anwendungen*, Akademische, Verlagsgesellschaft, 1949.

[13] K. Washizu, Note on the Principle of Stationary Complementary Energy Applied to Free Vibration of an Elastic Body, *International Journal of Solids and Structures*, Vol. 2, No. 1, pp. 27—35, January 1966.

[14] P. A. Libby and R. C. Sauer, Comparison of the Rayleigh-Ritz and Complementary Energy Methods in Vibration Analysis, Reader's Forum, *Journal of Aeronautical Sciences*, Vol. 16, No. 11, pp. 700—2, November 1949.

[15] S. H. Crandall, *Engineering Analysis*, McGraw-Hill, 1956.

[16] S. Timoshenko, *Theory of Elastic Stability*, McGraw-Hill, 1936. («弹性稳定理论»,科学出版社,1958 年)

[17] N. J. Hoff, *The Analysis of Structures*, John Wiley, 1956.

[18] K. Washizu, Note on the Principle of Stationary Complementary Energy Applied to Buckling of a Column, *Transactions of Japan Society for Aeronautical and Space Sciences*, Vol. 7, No. 12, pp. 18—22, 1965.

[19] В. В. Болотин, *Неконсервативные задачи теории упругой устойчивости*, Физматгиз, 1961.

[20] R. D. Mindlin and G. A. Herrmann, A One-dimensional Theory of Compressional Waves in an Elastic Rod, *Proceedings of the 1st National Congres for Applied Mechanics*, Chicago, pp. 187—91, 1951.

[21] Y. C. Fung, *Foundations of Solid Mechanics*, Prentice-Hall, 1965.

[22] R. W. Trail-Nash and A. R. Collar, Effects of Shear Flexibility and Rotary Inertia on the Bending Vibrations of Beams, *Quarterly Journal of Mechanics and Applied Mathematics*, Vol. 6, No. 2, pp. 186—222, June 1953.

[23] H. N. Abramson, H. J. Plass and E. A. Ripperge, Stress Wave Propagation in Rods and Beams, *Advances in Applied Mechanics*, Vol. 5, pp. 111—94, Academic Press, 1958.

[24] R. W. Leonard and B. Budiansky, *On Travelling Waves in Beams*, NACA Report 1173, 1954.

[25] R. W. Leonard, *On Solutions for the Transient Response of Beams*, NASA, Technical Report R-21, 1959.

[26] В. В. Новожилов, *Основы нелинейной теории упругости*, Гостехиздат, 1948.

(《非线性弹性力学基础》,科学出版社,1958 年)

[27] K.Washizu,Some Considerations on a Naturally Curved and Twisted Slender Beam, *Journal of Mathematics and Physics*, Vol. 43, No. 2, pp. 111—16, June 1964.

[28] K. Washizu, Some Considerations on the Center of Shear, *Transactions of Japan Society for Aeronautical and Space Sciences*, Vol. 9, No. 15, pp. 77—83, 1966.

[29] E. Reissner, Variational Considerations for Elastic Beams and Shells, *Journal of the Engineering Mechanics Division, Proceedings of the American Society of Civil Engineers*, Vol.88, No. EM1, pp. 23—57, February 1962.

[30] R. Kappus, Drillknicken zentrisch gedrückter Stäbe mit offenem Profil im elastischen Bereich, *Luftfahrtforschung*, Vol. 14, pp. 444—57, 1937.

[31] J. N. Goodier, Torsion and Flexural Buckling of a Bar of Thin-walled Open Section under Compression and Bending Loads, *Journal of Applied Mechanics*, Vol. 9, No. 3, pp. A-103—A-107, September 1942.

[32] S. Timoshenko, Theory of Bending, Torsion and Buckling of Thin-walled Members of Open Cross Section, *Journal of the Franklin Institute*, Vol.239, No. 3, pp. 201—19, March 1945; Vol. 239, No. 4, pp. 249—68, April 1945; Vol. 239, No. 5, pp. 343—61, May 1945.

[33] F. Bleich and H. Bleich, *Buckling Strength of Metal Structures*, McGraw-Hill, 1952.

[34] K. Marguerre, Die Durchschlagskraft eines schwach gekrümmten Balkens, *Sitzungsberichte der Berliner Mathematischen Gesellschaft*, pp. 22—40, 1938.

第八章　板

8.1　板的伸展和弯曲

在本章里我们考虑薄板的伸展和弯曲，假定板的中面是平的．关于所采用的坐标系，把 x 和 y 轴取在中面内，而使 z 轴垂直于中面，这样，x, y 和 z 轴就构成一个右手直角笛卡儿坐标系．假定板是单连通的，而且它的侧边界面是柱面，即是平行于 z 轴的，如图 8.1 所示．我们将分别用 S_m 和 C 表示构成板的中面区域和它的周界线．边界 C 上外向法线 ν 的方向余弦用 $(l,\ m,\ 0)$ 表示，即 $l=\cos(x,\ \nu)$ 和 $m=\cos(y,\ \nu)$．沿边界 C 取一坐标 s，使 ν, s 和 z 形成一个右手系．

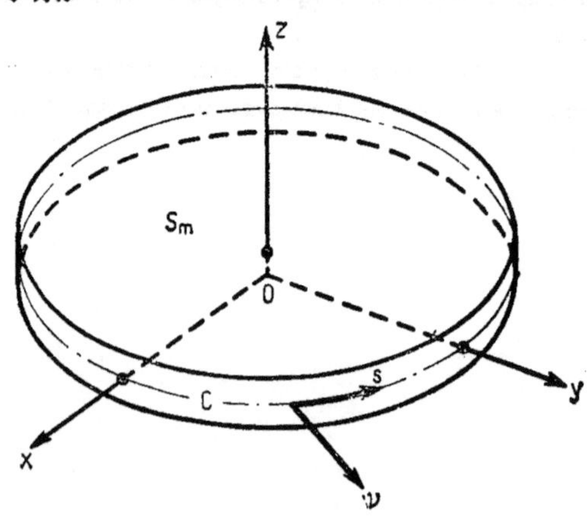

图 8.1　板的坐标系

在薄板伸展和弯曲近似理论的公式推导中，我们将根据板是薄板而采用以下假设．第一，假定横向正应力与其他应力分量相比可以忽略，从而可令

$$\sigma_z=0. \tag{8.1}$$

于是，如附录B所示，我们有用于薄板线性理论的下列应力-应变关系式：

$$\begin{gathered}\sigma_x=\frac{E}{(1-\nu^2)}(\varepsilon_x+\nu\varepsilon_y),\quad \sigma_y=\frac{E}{(1-\nu^2)}(\nu\varepsilon_x+\varepsilon_y),\\ \tau_{xy}=G\gamma_{xy},\quad \tau_{xz}=G\gamma_{xz},\quad \tau_{yz}=G\gamma_{yz}.\end{gathered} \tag{8.2}$$

对于非线性理论，可以有

$$\begin{gathered}\sigma_x=\frac{E}{(1-\nu^2)}(e_{xx}+\nu e_{yy}),\quad \sigma_y=\frac{E}{(1-\nu^2)}(\nu e_{xx}+e_{yy}),\\ \tau_{xy}=2Ge_{xy},\quad \tau_{xz}=2Ge_{xz},\quad \tau_{yz}=2Ge_{yz}.\end{gathered} \tag{8.3}$$

第二，采用Kirchhoff假说，即原来垂直于中面的板的各线性纤维在板变形后仍为直线，并垂直于变了形的中面且不经受伸缩[1,2]1).

我们将在这个假说下推导位移的表达式. 考虑板内任一点在变形前的坐标为(x, y, z)，并分别用$\mathbf{r}^{(0)}$和$\mathbf{r}$表示它在变形前、后的位置向量，这两个向量和位移向量$\mathbf{u}$的关系是

$$\mathbf{r}=\mathbf{r}^{(0)}+\mathbf{u}, \tag{8.4}$$

式中$\mathbf{r}^{(0)}=x\mathbf{i}_1+y\mathbf{i}_2+z\mathbf{i}_3$，而$\mathbf{i}_1$, $\mathbf{i}_2$, $\mathbf{i}_3$分别是沿x, y, z轴方向的单位向量. 同样，我们分别用$\mathbf{r}_0^{(0)}$和$\mathbf{r}_0$表示变形前、后中面上一点$(x, y, 0)$的位置向量，它们和位移向量$\mathbf{u}_0$的关系是

$$\mathbf{r}_0=\mathbf{r}_0^{(0)}+\mathbf{u}_0, \tag{8.5}$$

式中$\mathbf{r}_0^{(0)}=x\mathbf{i}_1+y\mathbf{i}_2$. 把$\mathbf{u}$和$\mathbf{u}_0$的分量定义如下：

$$\mathbf{u}=U\mathbf{i}_1+V\mathbf{i}_2+W\mathbf{i}_3, \tag{8.6}$$

$$\mathbf{u}_0=u\mathbf{i}_1+v\mathbf{i}_2+w\mathbf{i}_3, \tag{8.7}$$

式中u, v和w都仅是(x, y)的函数. 可以看出，该假说允许我们把$\mathbf{r}$表示为

$$\mathbf{r}=\mathbf{r}_0+z\mathbf{n}, \tag{8.8}$$

式中$\mathbf{n}$是垂直于变形后中面的一个单位向量，并由下式给出

---

1) Kirchhoff假说通常理解为包括第一个假设$\sigma_z=0$和第二个假设. 但是，在本书中仅将第二个假设称为Kirchhoff假说.

$$\mathbf{n}=\frac{\partial\mathbf{r}_0}{\partial x}\times\frac{\partial\mathbf{r}_0}{\partial y}\Bigg/\left|\frac{\partial\mathbf{r}_0}{\partial x}\times\frac{\partial\mathbf{r}_0}{\partial y}\right|. \tag{8.9}$$

由于

$$\mathbf{r}_0=(x+u)\mathbf{i}_1+(y+v)\mathbf{i}_2+w\,\mathbf{i}_3, \tag{8.10}$$

就可以用 u, v 和 w 表示 $\mathbf{n}$ 如下:

$$\mathbf{n}=\frac{L\mathbf{i}_1+M\mathbf{i}_2+N\mathbf{i}_3}{\sqrt{L^2+M^2+N^2}}, \tag{8.11}$$

式中

$$\begin{aligned}L&=-\frac{\partial w}{\partial x}+\frac{\partial v}{\partial x}\frac{\partial w}{\partial y}-\frac{\partial v}{\partial y}\frac{\partial w}{\partial x},\\M&=-\frac{\partial w}{\partial y}+\frac{\partial u}{\partial y}\frac{\partial w}{\partial x}-\frac{\partial u}{\partial x}\frac{\partial w}{\partial y},\\N&=1+\frac{\partial u}{\partial x}+\frac{\partial v}{\partial y}+\frac{\partial u}{\partial x}\frac{\partial v}{\partial y}-\frac{\partial u}{\partial y}\frac{\partial v}{\partial x}.\end{aligned} \tag{8.12}$$

从方程(8.4), (8.5)和(8.8), 得到

$$\mathbf{u}=\mathbf{u}_0+z(\mathbf{n}-\mathbf{i}_3). \tag{8.13}$$

这就是板在 Kirchhoff 假说下的位移表达式. 可以看出, 由方程(8.13) 暗示的板变形的自由度是三个, 即 $u(x, y)$, $v(x, y)$ 和 $w(x, y)$. 当把板的问题限于小位移理论时, 方程(8.13)可以对位移进行线性化而得出

$$U=u-z\frac{\partial w}{\partial x},\quad V=v-z\frac{\partial w}{\partial y},\quad W=w. \tag{8.14}$$

因此, 应变分量就由下式给出:

$$\begin{aligned}&\varepsilon_x=\frac{\partial u}{\partial x}-z\frac{\partial^2 w}{\partial x^2},\quad \varepsilon_y=\frac{\partial v}{\partial y}-z\frac{\partial^2 w}{\partial y^2},\\&\gamma_{xy}=\frac{\partial u}{\partial y}+\frac{\partial v}{\partial x}-2z\frac{\partial^2 w}{\partial x\partial y},\\&\varepsilon_z=\gamma_{xz}=\gamma_{yz}=0,\end{aligned} \tag{8.15}$$

它们是通过方程(8.2)和应力分量联系起来的.

8.2 板的伸展和弯曲问题

我们考虑一个板的问题陈述如下: 设板沿 z 轴方向承受每单

位中面面积分布横向载荷 $\bar{p}(x, y)$的作用. 此横向载荷可以由体力和作用在板上、下表面上的外力组成. 在板的一部分侧面边界上(用 S_1 表示) 给定了一些外力. 它们是用侧面边界每单位面积的力来定义的,并且用 $\bar{F}_x$, $\bar{F}_y$ 和 $\bar{F}_z$ 分别表示它们沿 x, y 和 z 轴方向的分量. 在侧面边界的其余部分(用 S_2 表示),给定了几何边界条件.

对于这个问题的虚功原理可以写出如下:

$$\iiint_V (\sigma_x \delta\varepsilon_x + \sigma_y \delta\varepsilon_y + \tau_{xy} \delta\gamma_{xy}) dx\, dy\, dz$$
$$- \iint_{S_m} \bar{p}\, \delta w\, dx\, dy - \iint_{S_1} (\bar{F}\, \delta U + \bar{F}_y \delta V + \bar{F}_z \delta W) ds\, dz = 0, \tag{8.16}$$

(8.16)[1]

式中已将方程(8.14)和(8.15)代入. 在这里, 我们定义如下的一些应力合力:

$$N_x = \int_{-h/2}^{h/2} \sigma_x dz,\ N_y = \int_{-h/2}^{h/2} \sigma_y dz,\ N_{xy} = \int_{-h/2}^{h/2} \tau_{xy} dz,$$
$$M_x = \int_{-h/2}^{h/2} \sigma_x z dz,\ M_y = \int_{-h/2}^{h/2} \sigma_y z dz,\ M_{xy} = \int_{-h/2}^{h/2} \tau_{xy} z dz, \tag{8.17}$$

和

$$\bar{N}_{x\nu} = \int_{-h/2}^{h/2} \bar{F}_x dz,\ \bar{N}_{y\nu} = \int_{-h/2}^{h/2} \bar{F}_y dz,\ \bar{V}_z = \int_{-h/2}^{h/2} \bar{F}_z dz,$$
$$\bar{M}_{x\nu} = \int_{-h/2}^{h/2} \bar{F}_x z\, dz,\ \ \bar{M}_{y\nu} = \int_{-h/2}^{h/2} \bar{F}_y z\, dz, \tag{8.18}$$

并完成方程(8.16)中对 z 的积分, 这里 $h(x, y)$是板的厚度. 于是, 通过分部积分,

$$\iint_{S_m} [M_x \delta w_{,xx} + M_y \delta w_{,yy} + 2 M_{xy} \delta w_{,xy}] dx\, dy$$
$$= \int_{C_1+C_2} [M_{x\nu} \delta w_{,x} + M_{y\nu} \delta w_{,y}] ds$$

1) 见方程(1.32).

$$-\iint_{S_m}[\widetilde{Q}_x \delta w_{,x}+\widetilde{Q}_y \delta w_{,y}]\,dx\,dy, \tag{8.19}$$[1]

并引用在边界 C 上成立的几何条件

$$\frac{\partial}{\partial x}=l\frac{\partial}{\partial \nu}-m\frac{\partial}{\partial s},\quad \frac{\partial}{\partial y}=m\frac{\partial}{\partial \nu}+l\frac{\partial}{\partial s}, \tag{8.20}$$

我们就可以把方程(8.16)变换成

$$\begin{aligned}
&-\iint_{S_m}[(N_{x,x}+N_{xy,y})\delta u+(N_{xy,x}+N_{y,y})\delta v\\
&+(\widetilde{Q}_{x,x}+\widetilde{Q}_{y,y}+\bar{p})\delta w]\,dx\,dy+\int_{C_1}[(N_{x\nu}-\overline{N}_{x\nu})\delta u\\
&+(N_{y\nu}-\overline{N}_{y\nu})\delta v+(V_s-\overline{V}_s)\delta w-(M_\nu-\overline{M}_\nu)\delta w_{,\nu}\\
&-(M_{\nu s}-\overline{M}_{\nu s})\delta w_{,s}]\,ds+\int_{C_2}[N_{x\nu}\delta u+N_{y\nu}\delta v\\
&+V_s\delta w-M_\nu\delta w_{,\nu}-M_{\nu s}\delta w_{,s}]\,ds=0,
\end{aligned} \tag{8.21}$$

式中 C_1 和 C_2 是分别对应于 S_1 和 S_2 的边界 C 的两个部分，并作了如下定义：

$$\widetilde{Q}_x=\frac{\partial M_x}{\partial x}+\frac{\partial M_{xy}}{\partial y},\qquad \widetilde{Q}_y=\frac{\partial M_{xy}}{\partial x}+\frac{\partial M_y}{\partial y}, \tag{8.22}$$

$$N_{x\nu}=N_x l+N_{xy}m,\qquad N_{y\nu}=N_{xy}l+N_y m, \tag{8.23}$$

$$\begin{aligned}
&M_{x\nu}=M_x l+M_{xy}m,\quad M_{y\nu}=M_{xy}l+M_y m,\\
&M_\nu=M_{x\nu}l+M_{y\nu}m=M_x l^2+2M_{xy}lm+M_y m^2,\\
&M_{\nu s}=-M_{x\nu}m+M_{y\nu}l=-(M_x-M_y)lm+M_{xy}(l^2-m^2),
\end{aligned} \tag{8.24}$$

$$V_s=\widetilde{Q}_x l+\widetilde{Q}_y m, \tag{8.25}$$

$$\overline{M}_\nu=\overline{M}_{x\nu}l+\overline{M}_{y\nu}m,\ \overline{M}_{\nu s}=-\overline{M}_{x\nu}m+\overline{M}_{y\nu}l. \tag{8.26}$$

由方程(8.17)定义的量是中面 x 和 y 线上每单位长度的应力合力和力矩，如图 8.2 所示. 量 N_x, N_y 和 N_{xy} 是平面内的应力合力，而 M_x, M_y 和 M_{xy} 是弯矩和扭矩. 方程 (8.22) 所定义的量 $\widetilde{Q}_x$ 和 $\widetilde{Q}_y$ 分别等于中面 x 和 y 线上每单位长度的剪力 Q_x 和 Q_y，这可以

1) 为简便起见，每当适宜时将使用记号 $(\ )_{,x}=\partial(\ )/\partial x$, $(\ )_{,y}=\partial(\ )/\partial y$, $(\ )_{,s}=\partial(\ )/\partial s$ 和 $(\ )_{,\nu}=\partial(\ )/\partial \nu$.

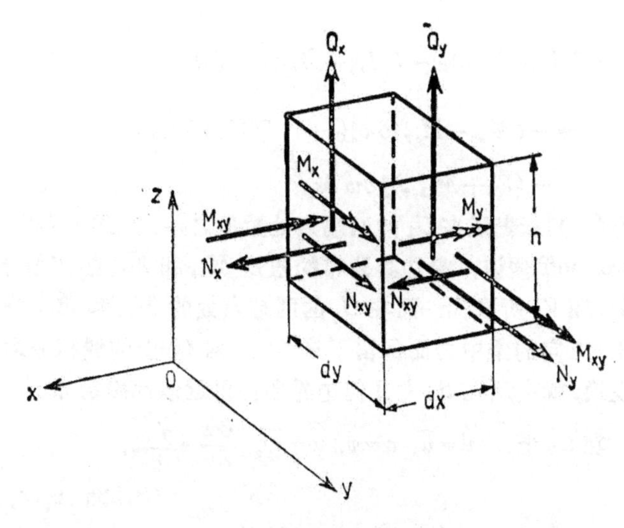

图 8.2 应力合力和力矩

通过考虑图中无限小长方体绕平行于 y 和 x 轴的轴线之力矩平衡条件而得到证明[1]. 方程(8.18)和(8.26)所定义的量是沿边界给定的每单位长度的外力和外力矩. 显然, $\overline{V}_z$ 是沿 z 轴方向作用的剪力, 而 $\overline{M}_\nu$ 和 $\overline{M}_{\nu s}$ 是弯矩和扭矩, 如图 8.3 所示.

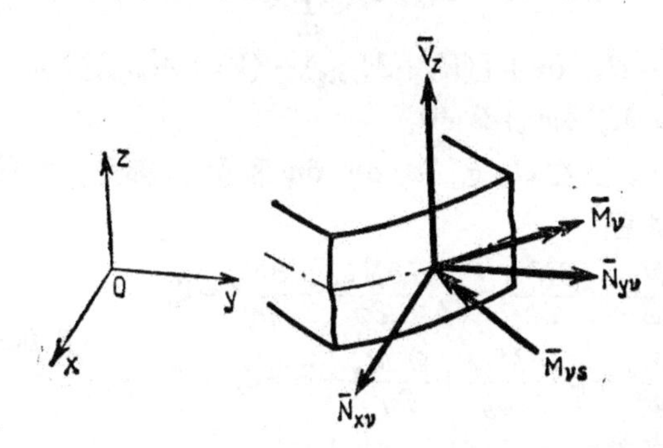

图 8.3 在边界上的合力和合力偶

回到方程(8.21), 我们发现, 某些线积分项必须通过分部积分加以变换. 例如, 我们有

1) 类似的推导见第 7.2 节方程(7.22)和(7.24)的脚注.

$$\int_{C_1} [(V_z-\overline{V}_z)\delta w-(M_{\nu s}-\overline{M}_{\nu s})\delta w_{,s}]ds$$

$$=-(M_{\nu s}-\overline{M}_{\nu s})\delta w|_{C_1}+\int_{C_1}[(V_z+M_{\nu s,s})$$

$$-(\overline{V}_z+\overline{M}_{\nu s,s})]\delta w\, ds, \tag{8.27}$$

式中记号( )$|_{C_1}$ 表示在 C_1 的两端点处数值之差. 上述方程表明, 根据 Kirchhoff 假说, 沿边界分布的扭矩 $M_{\nu s}$ 和 $\overline{M}_{\nu s}$ 的作用分别为剪力 V_z 和 $\overline{V}_z$ 所取代, 而在 C_1 的两端点处的 $M_{\nu s}$ 和 $\overline{M}_{\nu s}$ 分别作为沿 $\pm z$ 方向的集中力而保留下来[1,2]. 对 C_2 上的线积分运用类似的变换, 就提示在 S_2 上几何边界条件可近似地给定如下:

$$在 C_2 上,\quad u=\bar{u},\ v=\bar{v},\ w=\bar{w},\ \frac{\partial w}{\partial \nu}=\overline{\frac{\partial w}{\partial \nu}}. \tag{8.28a, b, c, d}$$

于是, 在 C_2 上可以令 $\delta u=\delta v=\delta w=\partial\,\delta w/\partial\nu=0$.

鉴于上述推演, 虚功原理(8.21)最后简化为

$$-\iint_{S_m}[(N_{x,x}+N_{xy,y})\delta u+(N_{xy,x}+N_{y,y})\delta v$$

$$+(\tilde{Q}_{x,x}+\tilde{Q}_{y,y}+\bar{p})\delta w]\,dx\,dy+\int_{C_1}\{(N_{x\nu}-\overline{N}_{x\nu})\delta u$$

$$+(N_{y\nu}-\overline{N}_{y\nu})\delta v+[(V_z+M_{\nu s,s})-(\overline{V}_z+\overline{M}_{\nu s,s})]\delta w$$

$$-(M_\nu-\overline{M}_\nu)\delta w_{,\nu}\}ds=0. \tag{8.29}$$

由于在 S_m 内以及在 C_1 上, δu, δv, δw 和 $\delta w_{,\nu}$ 都是任意的, 我们就得到平衡方程

$$\frac{\partial N_x}{\partial x}+\frac{\partial N_{xy}}{\partial y}=0,\quad \frac{\partial N_{xy}}{\partial x}+\frac{\partial N_y}{\partial y}=0,$$

$$\frac{\partial^2 M_x}{\partial x^2}+2\frac{\partial^2 M_{xy}}{\partial x\,\partial y}+\frac{\partial^2 M_y}{\partial y^2}+\bar{p}=0, \tag{8.30a, b, c}$$

和力学边界条件

$$在 C_1 上,\quad N_{x\nu}=\overline{N}_{x\nu},\quad N_{y\nu}=\overline{N}_{y\nu},$$

$$V_z+\frac{\partial M_{\nu s}}{\partial s}=\overline{V}_z+\frac{\partial \overline{M}_{\nu s}}{\partial s},\quad M_\nu=\overline{M}_\nu. \tag{8.31a, b, c, d}$$

现在我们来寻求应力合力-位移关系式. 结合方程(8.2), (8.15)

和(8.17)，得出

$$N_x=\frac{Eh}{(1-\nu^2)}\left(\frac{\partial u}{\partial x}+\nu\frac{\partial v}{\partial y}\right),\quad N_y=\frac{Eh}{(1-\nu^2)}\left(\nu\frac{\partial u}{\partial x}+\frac{\partial v}{\partial y}\right),$$

$$N_{xy}=Gh\left(\frac{\partial u}{\partial y}+\frac{\partial v}{\partial x}\right),\tag{8.32}$$

和

$$M_x=-D\left(\frac{\partial^2 w}{\partial x^2}+\nu\frac{\partial^2 w}{\partial y^2}\right),\ M_y=-D\left(\nu\frac{\partial^2 w}{\partial x^2}+\frac{\partial^2 w}{\partial y^2}\right),$$

$$M_{xy}=-D(1-\nu)\frac{\partial^2 w}{\partial x\,\partial y},\tag{8.33}$$

式中 $D=Eh^3/12(1-\nu^2)$ 是板的弯曲刚度.

结合方程(8.28a, b)，(8.30a, b)，(8.31a, b)和(8.32)，就得到用 u 和 v 表示的两个联立微分方程和边界条件．通过求解这个边值问题，我们就可以确定板的伸展．另一方面，结合方程(8.28c, d)，(8.30c)，(8.31c, d)和 (8.33) 给出用 w 表示的一个微分方程和边界条件，由此确定板的弯曲．当板具有等弯曲刚度时，这些关系式取如下形式[1]：

$$D\Delta\Delta w=\bar{p},\tag{8.34}$$

在 C_1 上，

$$-D\left\{\frac{\partial}{\partial\nu}(\Delta w)+(1-\nu)\frac{\partial}{\partial s}\left[\frac{\partial}{\partial\nu}\left(\frac{\partial w}{\partial s}\right)\right]\right\}$$

$$=\bar{V}_s+\frac{\partial\bar{M}_{\nu s}}{\partial s},\tag{8.35}$$

$$-D\left[\frac{\partial^2 w}{\partial\nu^2}+\nu\left(\frac{\partial^2 w}{\partial s^2}+\frac{1}{\rho}\frac{\partial w}{\partial\nu}\right)\right]=\bar{M}_\nu,$$

在 C_2 上，

$$w=\bar{w},\qquad\frac{\partial w}{\partial\nu}=\overline{\frac{\partial w}{\partial\nu}},\tag{8.36}$$

式中 $\Delta(\ )=\partial^2(\ )/\partial x^2+\partial^2(\ )/\partial y^2$ 是二维 Laplace 算子，方程(8.35)中的量 ρ 是周边 C_1 的局部曲率半径，由 $1/\rho=d\vartheta/ds$ 定义，其中 ϑ 是周边的切线与 x 轴之间的夹角，如图 8.4 所示．这样，在板的小位移理论中，假定位移分量采取(8.14)的形式，其伸展和弯曲互不耦合而可分别处理.

应力-应变关系(8.2)确保了应变能函数的存在，如附录 B 所示. 所以，借助于方程(8.15)，可得板的应变能表达式如下：

$$
\begin{aligned}
U=&\frac{1}{2}\iint_{S_m}\left\{\frac{Eh}{(1-\nu^2)}\left(\frac{\partial u}{\partial x}+\frac{\partial v}{\partial y}\right)^2\right.\\
&+Gh\left[\left(\frac{\partial u}{\partial y}+\frac{\partial v}{\partial x}\right)^2\right.\\
&\left.\left.-4\frac{\partial u}{\partial x}\frac{\partial v}{\partial y}\right]\right\}^2 dx\,dy\\
&+\frac{1}{2}\iint_{S_m}D\left\{\left(\frac{\partial^2 w}{\partial x^2}+\frac{\partial^2 w}{\partial y^2}\right)^2\right.\\
&+2(1-\nu)\left[\left(\frac{\partial^2 w}{\partial x\partial y}\right)^2\right.\\
&\left.\left.-\frac{\partial^2 w}{\partial x^2}\frac{\partial^2 w}{\partial y^2}\right]\right\}dx\,dy.
\end{aligned}
\tag{8.37}
$$

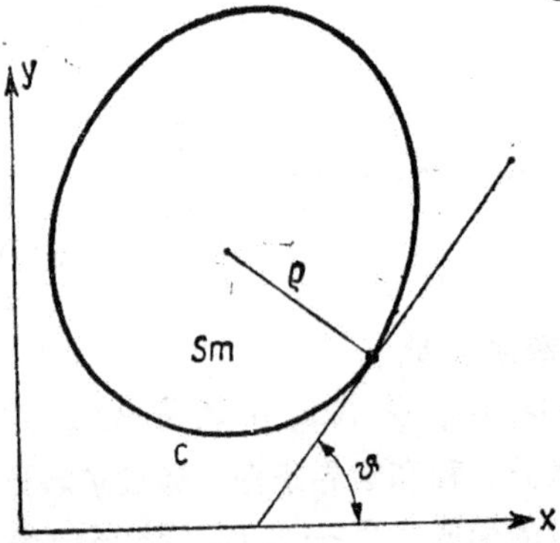

图 8.4 ϑ和ρ

可以看出，方程(8.37)右边的两项分别对应于伸展和弯曲所引起的应变能.

在结束本节之前，我们指出，如果在边界 C_1 上某些点处，周线斜率 ϑ 或量 $\overline{M}_{\nu s}$ 是不连续的，那么在推导方程 (8.27) 时要加小心. 例如，如果 $\overline{M}_{\nu s}$ 在点 $s=s^*$ 处不连续，就应该有

$$
\begin{aligned}
&\int_{C_1}(-\overline{V}_z\delta w+\overline{M}_{\nu s}\delta w_{,s})ds\\
&=\overline{M}_{\nu s}\delta w|_{C_1}-[\overline{M}_{\nu s}(s^*+0)-\overline{M}_{\nu s}(s^*-0)]\delta w(s^*)\\
&\quad-\int_{C_1}(\overline{V}_z+\overline{M}_{\nu s,s})\delta w\,ds.
\end{aligned}
\tag{8.38}
$$

在沿 C_2 边上线积分的变换中，也应同样注意. 可是，在下面各节中，我们将假定在边界上不存在这样的奇点.

8.3 用于板伸展的最小势能原理及其变换

在前一节的公式推导中暗示了板伸展时的总势能表达式是

$$
\Pi=\frac{1}{2}\iint_{S_m}\left\{\frac{Eh}{(1-\nu^2)}\left(\frac{\partial u}{\partial x}+\frac{\partial v}{\partial y}\right)^2+Gh\left[\left(\frac{\partial u}{\partial y}+\frac{\partial v}{\partial x}\right)^2\right.\right.
$$

$$-4\frac{\partial u}{\partial x}\frac{\partial v}{\partial y}\Big]\Big\}dx\,dy-\int_{C_1}(\overline{N}_{x\nu}u+\overline{N}_{y\nu}v)\,ds. \tag{8.39}$$

式中经受变分的独立量是 u 和 v, 而带有约束条件(8.28a, b). 通过引用三个辅助函数, 其定义为

$$\varepsilon_{x0}=\frac{\partial u}{\partial x},\quad \varepsilon_{y0}=\frac{\partial v}{\partial y},\quad \gamma_{xy0}=\frac{\partial u}{\partial y}+\frac{\partial v}{\partial x}, \tag{8.40}$$

把泛函(8.39)推广为

$$\begin{aligned}\Pi_I=&\iint_{S_m}\Big[\frac{Eh}{2(1-\nu^2)}(\varepsilon_{x0}+\varepsilon_{y0})^2+\frac{Gh}{2}(\gamma_{xy0}^2-4\varepsilon_{x0}\varepsilon_{y0})\\&-\Big(\varepsilon_{x0}-\frac{\partial u}{\partial x}\Big)N_x-\Big(\varepsilon_{y0}-\frac{\partial v}{\partial y}\Big)N_y\\&-\Big(\gamma_{xy0}-\frac{\partial u}{\partial y}-\frac{\partial v}{\partial x}\Big)N_{xy}\Big]dx\,dy\\&-\int_{C_1}(\overline{N}_{x\nu}u+\overline{N}_{y\nu}v)\,ds\\&-\int_{C_2}[(u-\overline{u})N_{x\nu}+(v-\overline{v})N_{y\nu}]\,ds.\end{aligned} \tag{8.41}$$

如果通过利用驻值条件:

$$N_x=\frac{Eh}{(1-\nu^2)}(\varepsilon_{x0}+\nu\varepsilon_{y0}),\quad N_y=\frac{Eh}{(1-\nu^2)}(\nu\varepsilon_{x0}+\varepsilon_{y0}),$$
$$N_{xy}=Gh\gamma_{xy0}, \tag{8.42}$$

在 S_m 内,

$$N_{x,x}+N_{xy,y}=0,\quad N_{xy,x}+N_{y,y}=0, \tag{8.43}$$

在 C_1 上,

$$N_{x\nu}=\overline{N}_{x\nu},\quad N_{y\nu}=\overline{N}_{y\nu}, \tag{8.44}$$

消去 ε_{x0}, ε_{y0}, γ_{xy0}, u 和 v, 泛函(8.41)就简化为

$$\begin{aligned}\Pi_c=&\frac{1}{2}\iint_{S_m}\Big[\frac{1}{Eh}(N_x+N_y)^2+\frac{1}{Gh}(N_{xy}^2-N_xN_y)\Big]dxdy\\&-\int_{C_2}(\overline{u}N_{x\nu}+\overline{v}N_{y\nu})\,ds,\end{aligned} \tag{8.45}$$

式中经受变分的函数是 N_x, N_y 和 N_{xy}, 而带有约束条件(8.43)和(8.44). 如果采用如下定义的 Airy 应力函数 $F(x, y)$,

$$N_x=\frac{\partial^2 F}{\partial y^2},\quad N_y=\frac{\partial^2 F}{\partial x^2},\quad N_{xy}=-\frac{\partial^2 F}{\partial x\partial y},\tag{8.46}$$

泛函(8.45)就可以写成

$$\begin{aligned}\Pi_c^*=&\frac{1}{2}\iint_{S_m}\left\{\frac{1}{Eh}\left(\frac{\partial^2 F}{\partial x^2}+\frac{\partial^2 F}{\partial y^2}\right)^2\right.\\&\left.+\frac{1}{Gh}\left[\left(\frac{\partial^2 F}{\partial x\partial y}\right)^2-\frac{\partial^2 F}{\partial x^2}\frac{\partial^2 F}{\partial y^2}\right]\right\}dx\,dy\\&-\int_{C_2}\left[\bar{u}\;\frac{d}{ds}\left(\frac{\partial F}{\partial y}\right)-\bar{v}\frac{d}{ds}\left(\frac{\partial F}{\partial x}\right)\right]ds,\end{aligned}\tag{8.47}$$

式中经受变分的独立函数是 F，而带有附加边界条件(8.44)，即

在 C_1 上，

$$\frac{d}{ds}\left(\frac{\partial F}{\partial y}\right)=\bar{N}_{x\nu},\quad -\frac{d}{ds}\left(\frac{\partial F}{\partial x}\right)=\bar{N}_{y\nu}.\tag{8.48}$$

泛函 (8.47) 的驻值条件是在 S_m 内的一个方程和在 C_2 上的一些边界条件. S_m 内的一些方程组成了应变分量 ε_{x0}, ε_{y0} 和 γ_{xy0} 之间的相容条件. 当板为等厚度时，该方程变为

在 S_m 内，

$$\Delta\Delta F=0,\tag{8.49}$$

式中 Δ 是二维 Laplace 算子. 显而易见，在 C_2 上的边界条件等价于方程 (8.28a, b). 在这里注明，泛函 (8.45) 可以直接从泛函(2.23)得出，只要假定

$$\sigma_x=\frac{N_x}{h},\quad \sigma_y=\frac{N_y}{h},\quad \tau_{xy}=\frac{N_{xy}}{h},\tag{8.50}$$

并令所有的其他应力分量为零即可.

板的伸展问题已经广泛地研究过，在这个课题上已发表了大量的论文(例如，见参考文献[3—6]). 有人结合使用变分原理和 Rayleigh-Ritz 法得出了板的伸展分析的近似解答(例如，见参考文献[3]，[7—8]).

8.4 用于板弯曲的最小势能原理及其变换

如第 8.2 节所述，板弯曲时的总势能由下式给出：

$$\Pi=\frac{1}{2}\iint_{S_m}D\left\{\left(\frac{\partial^2 w}{\partial x^2}+\frac{\partial^2 w}{\partial y^2}\right)^2+2(1-\nu)\left[\left(\frac{\partial^2 w}{\partial x\,\partial y}\right)^2\right.\right.$$

$$\left.\left.-\frac{\partial^2 w}{\partial x^2}\frac{\partial^2 w}{\partial y^2}\right]\right\}dx\,dy-\iint_{S_m}\bar{p}w dx dy$$

$$+\int_{C_1}\left[\overline{M}_\nu\frac{\partial w}{\partial \nu}-\left(\overline{V}_z+\frac{\partial \overline{M}_{\nu s}}{\partial s}\right)w\right]ds, \tag{8.51}$$

式中经受变分的独立函数是 w，而带有约束条件(8.28c，d)．通过引用三个辅助函数，其定义为

$$\varkappa_x=\frac{\partial^2 w}{\partial x^2},\quad \varkappa_y=\frac{\partial^2 w}{\partial y^2},\quad \varkappa_{xy}=\frac{\partial^2 w}{\partial x\,\partial y}, \tag{8.52}$$

泛函(8.51)可推广如下：

$$\Pi_I=\iint_{S_m}\left\{\frac{D}{2}[(\varkappa_x+\varkappa_y)^2+2(1-\nu)(\varkappa_{xy}^2-\varkappa_x\varkappa_y)]\right.$$

$$+\left(\varkappa_x-\frac{\partial^2 w}{\partial x^2}\right)M_x+\left(\varkappa_y-\frac{\partial^2 w}{\partial y^2}\right)M_y$$

$$\left.+2\left(\varkappa_{xy}-\frac{\partial^2 w}{\partial x\,\partial y}\right)M_{xy}-\bar{p}w\right\}dx\,dy$$

$$+\int_{C_1}\left[\overline{M}_\nu\frac{\partial w}{\partial \nu}-\left(\overline{V}_z+\frac{\partial \overline{M}_{\nu s}}{\partial s}\right)w\right]ds$$

$$+\int_{C_2}\left[\left(\frac{\partial w}{\partial \nu}-\overline{\frac{\partial w}{\partial \nu}}\right)P^*-(w-\bar{w})Q^*\right]ds, \tag{8.53}$$

式中 M_x, M_y, M_{xy}, P^* 和 Q^* 都是 Lagrange 乘子．通过利用驻值条件：

$$M_x=-D(\varkappa_x+\nu\varkappa_y),\ M_y=-D(\nu\varkappa_x+\varkappa_y),$$
$$M_{xy}=-D(1-\nu)\varkappa_{xy}, \tag{8.54}$$

$$M_{x,xx}+2M_{xy,xy}+M_{y,yy}+\bar{p}=0, \tag{8.55}$$

在 C_1 上，

$$M_\nu=\overline{M}_\nu,\quad V_z+M_{\nu s,s}=\overline{V}_z+\overline{M}_{\nu s,s}, \tag{8.56}$$

和在 C_2 上，

$$P^*=M_\nu,\quad Q^*=V_z+M_{\nu s,s}, \tag{8.57}$$

消去 $\varkappa_x$, $\varkappa_y$, $\varkappa_{xy}$ 和 w，这个广义泛函就给出了下列的最小余能原理的泛函：

$$\Pi_c=\frac{1}{2}\iint_{S_m}\left(\frac{12}{Eh^3}\right)[(M_x+M_y)^2$$

$$+2(1+\nu)(M_{xy}^2-M_xM_y)]\,dx\,dy$$

$$+\int_{C_1}\left[M_\nu\overline{\frac{\partial w}{\partial\nu}}-\left(V_s+\frac{\partial M_{\nu s}}{\partial s}\right)\overline{w}\right]ds, \tag{8.58}$$

式中经受变分的量是 M_x, M_y 和 M_{xy}, 而带有约束条件 (8.55) 和 (8.56). 已经证明, 泛函 (8.58) 的驻值条件就是相容条件(它们和方程(8.52)等价)以及几何边界条件(8.28c, d). 值得指出, 泛函(8.58)的首项可从泛函(2.23)的首项求出,只要假定

$$\sigma_x=\frac{M_x}{(h^2/6)}\frac{z}{(h/2)},\quad \sigma_y=\frac{M_y}{(h^2/6)}\frac{z}{(h/2)},$$
$$\tau_{xy}=\frac{M_{xy}}{(h^2/6)}\frac{z}{(h/2)}, \tag{8.59}$$

并令所有的其他应力分量为零即可(也可见附录 D).

上面推导的这些变分原理可以用于求解板弯曲的问题. 最小势能原理(8.51) 和 Rayleigh-Ritz 法相结合, 已经成功地用来求出板弯曲挠度的近似解答 (例如, 见参考文献[2], [9] 和 [10]).

8.5 板在伸展和弯曲时的大挠度

我们将考虑 T. v. Kármán 所提出的板的大挠度理论[1], 把板的问题按第 8.2 节同样的方式加以规定. 这里假定, 虽然板的挠度跟板的厚度相比不再是小量, 但跟板的横向尺寸相比则还是很小的, 同时可以采用下列的表达式来表明位移 U, V 和 W 以及应变-位移关系式,

$$U=u-z\frac{\partial w}{\partial x},\quad V=v-z\frac{\partial w}{\partial y},\quad W=w, \tag{8.60}$$ [2]

1) 见参考文献[2, 11, 12].

2) 根据假定 $u_{,x}\sim u_{,y}\sim v_{,x}\sim v_{,y}\sim(w_{,x})^2\sim(w_{,y})^2\ll 1$ 以及含有 z^2 的各项可以略去,这些方程可从方程(8.13)和(8.19)导出。前一个假设指出,量$(w_{,x})^2$, $(w_{,y})^2$, 中面的应变以及板绕 z 轴的转角与 1 相比都非常小[12].

$$
\begin{aligned}
e_{xx} &= \frac{\partial u}{\partial x}+\frac{1}{2}\left(\frac{\partial w}{\partial x}\right)^2 - z\frac{\partial^2 w}{\partial x^2},\\
e_{yy} &= \frac{\partial v}{\partial y}+\frac{1}{2}\left(\frac{\partial w}{\partial y}\right)^2 - z\frac{\partial^2 w}{\partial y^2},\\
2e_{xy} &= \frac{\partial u}{\partial y}+\frac{\partial v}{\partial x}+\frac{\partial w}{\partial x}\frac{\partial w}{\partial y}-2z\frac{\partial^2 w}{\partial x\partial y},
\end{aligned}
\tag{8.61}
$$

[1]

其中各高阶项已经略去.

由于我们正在讨论大挠度理论，所以必须采用方程(3.49)来为本问题建立虚功原理,并得到

$$
\begin{aligned}
&\iiint\limits_V(\sigma_x\delta e_{xx}+\sigma_y\delta e_{yy}+2\tau_{xy}\delta e_{xy})\,dx\,dy\,dz-\iint\limits_{S_m}\bar{p}\,\delta w\,dx\,dy\\
&\quad-\iint\limits_{S_1}[\bar{F}_x\delta U+\bar{F}_y\delta V+\bar{F}_z\delta W]\,dz\,ds=0,
\end{aligned}
\tag{8.62}
$$

式中已将(8.60)和(8.61)代入. 经过一些计算和引入第 8.2 节所定义的一些量以后,我们发现方程(8.62)简化为一个方程,它也可以从方程(8.29)通过以下的替换求得

$$
\begin{aligned}
&\text{用 } \tilde{Q}_x+N_x w_{,x}+N_{xy}w_{,y} \text{ 代替 } \tilde{Q}_x,\\
&\text{用 } \tilde{Q}_y+N_{xy} w_{,x}+N_{y}w_{,y} \text{ 代替 } \tilde{Q}_y.
\end{aligned}
\tag{8.63}
$$

这些替换意味着，当板的挠度变大时，由于中面的倾斜，平面内的应力合力 N_x, N_y 和 N_{xy} 对 z 轴方向的平衡方程有所献贡.这样,就得到平衡方程

$$
\begin{aligned}
&\frac{\partial N_x}{\partial x}+\frac{\partial N_{xy}}{\partial y}=0,\quad \frac{\partial N_{xy}}{\partial x}+\frac{\partial N_y}{\partial y}=0,\\
&\frac{\partial^2 M_x}{\partial x^2}+2\frac{\partial^2 M_{xy}}{\partial x\,\partial y}+\frac{\partial^2 M_y}{\partial y^2}+\frac{\partial z}{\partial x}\left(N_x\frac{\partial w}{\partial x}+N_{xy}\frac{\partial w}{\partial y}\right)\\
&\quad+\frac{\partial}{\partial y}\left(N_{xy}\frac{\partial w}{\partial x}+N_y\frac{\partial w}{\partial y}\right)+\bar{p}=0,
\end{aligned}
\tag{8.64}
$$

和 C_1 上的力学边界条件

$$
\begin{aligned}
&N_{x\nu}=\bar{N}_{x\nu},\quad N_{y\nu}=\bar{N}_{y\nu},\\
&\tilde{Q}_x l+\tilde{Q}_y m+N_{x\nu}\frac{\partial w}{\partial x}+N_{y\nu}\frac{\partial w}{\partial y}+\frac{\partial M_{\nu s}}{\partial s}=\bar{V}_z+\frac{\partial \bar{M}_{\nu s}}{\partial s},\\
&M_\nu=\bar{M}_\nu.
\end{aligned}
\tag{8.65}
$$

1) 见上页注脚 2)

结合方程(8.3)，(8.17)和(8.61)，就得到平面内应力合力-位移关系式如下：

$$N_x=\frac{Eh}{(1-\nu^2)}(e_{xx0}+\nu e_{yy0}),\quad N_y=\frac{Eh}{(1-\nu^2)}(\nu e_{xx0}+e_{yy0}),$$
$$N_{xy}=2Ghe_{xy0},\tag{8.66}$$

式中

$$e_{xx0}=\frac{\partial u}{\partial x}+\frac{1}{2}\left(\frac{\partial w}{\partial x}\right)^2,\quad e_{yy0}=\frac{\partial v}{\partial y}+\frac{1}{2}\left(\frac{\partial w}{\partial y}\right)^2,$$
$$2e_{xy0}=\frac{\partial u}{\partial y}+\frac{\partial v}{\partial x}+\frac{\partial w}{\partial x}\frac{\partial w}{\partial y},\tag{8.67}$$

而弯矩-曲率关系式仍由方程 (8.33) 给出. 这样得到的一系列方程和几何边界条件(8.28a, b, c, d)，系统地给出了平板大挠度问题的公式. 可以看出，在大挠度理论中，伸展和弯曲相互耦合，并不能分别地加以处理.

其次，让我们来考虑这个问题的变分公式推导. 按照类似于小位移理论的推演，可以写出驻值势能原理，由此得到下列广义形式的泛函 Π_I:

$$\begin{aligned}\Pi_I=&\iint_{S_m}\Big\{\frac{Eh}{2(1-\nu^2)}[(e_{xx0}+e_{yy0})^2+2(1-\nu)(e_{xy0}^2-e_{xx0}e_{yy0})]\\&+\frac{D}{2}[(\varkappa_x+\varkappa_y)^2+2(1-\nu)(\varkappa_{xy}^2-\varkappa_x\varkappa_y)]-\bar{p}w\\&-\left[e_{xx0}-\left(\frac{\partial u}{\partial x}+\frac{1}{2}\left(\frac{\partial w}{\partial x}\right)^2\right)\right]N_x\\&-\left[e_{yy0}-\left(\frac{\partial v}{\partial y}+\frac{1}{2}\left(\frac{\partial w}{\partial y}\right)^2\right)\right]N_y-\Big[2e_{xy0}\\&-\left(\frac{\partial u}{\partial y}+\frac{\partial v}{\partial x}+\frac{\partial w}{\partial x}\frac{\partial w}{\partial y}\right)\Big]N_{xy}+\left(\varkappa_x-\frac{\partial^2 w}{\partial x^2}\right)M_x\\&+\left(\varkappa_y-\frac{\partial^2 w}{\partial y^2}\right)M_y+2\left(\varkappa_{xy}-\frac{\partial^2 w}{\partial x\partial y}\right)M_{xy}\Big\}dx\,dy\\&+(\text{在 }C_1\text{ 和 }C_2\text{ 上的各项}).\end{aligned}\tag{8.68}$$

我们将利用对应于应变分量 e_{xx0}, e_{yy0} 和 e_{xy0} 的驻值条件来消去这些量，而把方程 (8.52)代入上式用以消去 $\varkappa_x$, $\varkappa_y$, $\varkappa_{xy}$, M_x, M_y和 M_{xy}. 这些量消去以后，引入方程(8.46)所定义的 Airy 应力函数,

从而允许我们把式(8.68)变换成

$$\Pi^* = \iint_{S_m} \left\{ -\frac{1}{2Eh} \left[\left(\frac{\partial^2 F}{\partial x^2} + \frac{\partial^2 F}{\partial y^2} \right)^2 + 2(1+\nu) \left(\left(\frac{\partial^2 F}{\partial x \partial y} \right)^2 - \frac{\partial^2 F}{\partial x^2} \frac{\partial^2 F}{\partial y^2} \right) \right] + \frac{D}{2} \left[\left(\frac{\partial^2 w}{\partial x^2} + \frac{\partial^2 w}{\partial y^2} \right)^2 + 2(1-\nu) \left(\left(\frac{\partial^2 w}{\partial x \partial y} \right)^2 - \frac{\partial^2 w}{\partial x^2} \frac{\partial^2 w}{\partial y^2} \right) \right] + \frac{1}{2} \left[\frac{\partial^2 F}{\partial y^2} \left(\frac{\partial w}{\partial x} \right)^2 + \frac{\partial^2 F}{\partial x^2} \left(\frac{\partial w}{\partial y} \right)^2 - 2 \frac{\partial^2 F}{\partial x \partial y} \frac{\partial w}{\partial x} \frac{\partial w}{\partial y} \right] - \bar{p} w \right\} dx\, dy + (\text{在 } C_1 \text{ 和 } C_2 \text{ 上的积分}), \tag{8.69}$$

式中经受变分的函数是 F 和 w. 为简便起见, 假定厚度 h 是常量, 作为泛函 Π^* 的驻值条件, 我们得到 S_m 内的下列两个方程:

$$D \Delta \Delta w = \bar{p} + \frac{\partial^2 F}{\partial y^2} \frac{\partial^2 w}{\partial x^2} + \frac{\partial^2 F}{\partial x^2} \frac{\partial^2 w}{\partial y^2} - 2 \frac{\partial^2 F}{\partial x \partial y} \frac{\partial^2 w}{\partial x \partial y}, \tag{8.70}$$

和

$$\Delta \Delta F = Eh \left[\left(\frac{\partial^2 w}{\partial x \partial y} \right)^2 - \frac{\partial^2 w}{\partial x^2} \frac{\partial^2 w}{\partial y^2} \right], \tag{8.71}$$

式中 Δ 是二维 Laplace 算子. 可以看出, 方程 (8.70) 就是 z 轴方向的平衡方程, 而方程(8.71)则构成应变分量 e_{xx0}, e_{yy0} 和 e_{xy0} 之间的相容条件. 有关平板大挠度理论的若干论文已列举在文献目录中(参考文献[13—18]).

8.6 板的屈曲

现在我们来推导平板屈曲问题的公式[19]. 假定在发生屈曲之前, 板受有一种二维应力系 $k\sigma_x^{(0)}$, $k\sigma_y^{(0)}$ 和 $k\tau_{xy}^{(0)}$, 其中 k 是一个单调递增的比例因子, 而应力 $\sigma_x^{(0)}$, $\sigma_y^{(0)}$ 和 $\tau_{xy}^{(0)}$ 的分布是给定的. 把这种应力系当作初应力看待, 它满足下列平衡方程和力学边界条件:

在 S_m 内,

$$\frac{\partial N_x^{(0)}}{\partial x}+\frac{\partial N_{xy}^{(0)}}{\partial y}=0, \quad \frac{\partial N_{xy}^{(0)}}{\partial x}+\frac{\partial N_y^{(0)}}{\partial y}=0, \tag{8.72a}$$

在 C_1 上,

$$N_{xv}^{(0)}=\overline{N}_{xv}^{(0)}, \quad N_{yv}^{(0)}=\overline{N}_{yv}^{(0)}, \tag{8.72b}$$

式中

$$N_x^{(0)}=h\sigma_x^{(0)}, \quad N_y^{(0)}=h\sigma_y^{(0)}, \quad N_{xy}^{(0)}=h\tau_{xy}^{(0)},$$

$$N_{xv}^{(0)}=N_x^{(0)}l+N_{xy}^{(0)}m, \quad N_{yv}^{(0)}=N_{xy}^{(0)}l+N_y^{(0)}m.$$

我们将从屈曲刚发生前的状态来计量位移分量 U, V 和 W, 并假定它们是由方程(8.60)给出的. 我们还假定作用在 C_1 边上的外力 $kN_{xv}^{(0)}$ 和 $kN_{yv}^{(0)}$ 在屈曲时其大小和方向都不改变, 而在 C_2 边上, 板是固定的, 即要求

在 C_2 上,

$$u=0, \quad v=0, \quad w=0, \quad \frac{\partial w}{\partial v}=0. \tag{8.73a, b, c, d}$$

由于我们正在讨论初应力问题, 所以在虚功原理中必须采用应变分量的非线性表达式(8.61),对于本问题虚功原理可写出如下:

$$\iiint_V [(k\sigma_x^{(0)}+\sigma_x)\delta e_{xx}+(k\sigma_y^{(0)}+\sigma_y)\delta e_{yy}$$
$$+2(k\tau_{xy}^{(0)}+\tau_{xy})\delta e_{xy}]\,dx\,dy\,dz$$
$$-\int_{C_1}(k\overline{N}_{xv}^{(0)}\delta u+k\overline{N}_{yv}^{(0)}\delta v)\,ds=0, \tag{8.74}$$ [1)]

式中 σ_x, σ_y 和 τ_{xy} 是应力增量. 由于我们所关心的仅仅是屈曲时的位形和临界载荷, 所以原理(8.74)中的各高阶项必须略去. 同理, 在应力增量-应变关系中, 应变对于位移分量也加以线性化. 在本问题中, 假定应力增量-应变关系是由方程(8.2)给出的. 于是, 采用方程(8.17)定义的应力合力, 我们发现应力合力增量-位移关系可由方程(8.32)和(8.33)给出.

回到原理(8.74)并引用方程(8.72a, b)和(8.73a, b), 就可以发现, 来自方程(8.74)中 δu 和 δv 各项的贡献提供了:

在 S_m 内,

---

1) 见方程(5.5).

$$N_{x,x}+N_{xy,y}=0,\quad N_{xy,x}+N_{y,y}=0,\tag{8.75a}$$

和

在 C_1 上，

$$N_{x\nu}=0,\quad N_{y\nu}=0.\tag{8.75b}$$

把这些方程和方程(8.32)及(8.73a, b) 结合起来，就可以断定在整块板中 $N_x=N_y=N_{xy}=0$. 因此，我们可以把这个原理简化为下列形式：

$$\begin{aligned}&-\iint_{S_m}\left[M_x\frac{\partial^2\delta w}{\partial x^2}+M_y\frac{\partial^2\delta w}{\partial y^2}+2M_{xy}\frac{\partial^2\delta w}{\partial x\,\partial y}\right]dx\,dy\\&+k\iint_{S_m}\left[\left(N_x^{(0)}\frac{\partial w}{\partial x}+N_{xy}^{(0)}\frac{\partial w}{\partial y}\right)\frac{\partial\delta w}{\partial x}\right.\\&\left.+\left(N_{xy}^{(0)}\frac{\partial w}{\partial x}+N_y^{(0)}\frac{\partial w}{\partial y}\right)\frac{\partial\delta w}{\partial y}\right]dx\,dy=0,\end{aligned}\tag{8.76}$$

通过熟悉的步骤，上式提供了在 S_m 内的平衡方程

$$\begin{aligned}&\frac{\partial^2M_x}{\partial x^2}+2\frac{\partial^2M_{xy}}{\partial x\,\partial y}+\frac{\partial^2M_y}{\partial y^2}\\&\quad+k\left[\frac{\partial}{\partial x}\left(N_x^{(0)}\frac{\partial w}{\partial x}+N_{xy}^{(0)}\frac{\partial w}{\partial y}\right)\right.\\&\quad\left.+\frac{\partial}{\partial y}\left(N_{xy}^{(0)}\frac{\partial w}{\partial x}+N_y^{(0)}\frac{\partial w}{\partial y}\right)\right]=0,\end{aligned}\tag{8.77}$$

和在 C_1 上的力学边界条件

$$\begin{gathered}\tilde{Q}_xl+\tilde{Q}_ym+k\left[\overline{N}_{x\nu}^{(0)}\frac{\partial w}{\partial x}+\overline{N}_{y\nu}^{(0)}\frac{\partial w}{\partial y}\right]+\frac{\partial M_{\nu s}}{\partial s}=0,\\M_\nu=0.\end{gathered}\tag{8.78}$$

方程(8.77)和(8.78)，连同方程(8.33)和(8.73c, d)一起，列出了所考虑屈曲问题的公式. 在等弯曲刚度情况下，这些方程可以写成

在 S_m 内，

$$\begin{aligned}D\Delta\Delta w=k&\left[\frac{\partial}{\partial x}\left(N_x^{(0)}\frac{\partial w}{\partial x}+N_{xy}^{(0)}\frac{\partial w}{\partial y}\right)\right.\\&\left.+\frac{\partial}{\partial y}\left(N_{xy}^{(0)}\frac{\partial w}{\partial x}+N_y^{(0)}\frac{\partial w}{\partial y}\right)\right],\end{aligned}\tag{8.79}$$

在 C_1 上，

$$-D\left\{\frac{\partial}{\partial\nu}(\Delta w)+(1-\nu)\frac{\partial}{\partial s}\left[\frac{\partial}{\partial\nu}\left(\frac{\partial w}{\partial s}\right)\right]\right\}$$

$$+k\left(\overline{N}_{x\nu}^{(0)}\frac{\partial w}{\partial x}+\overline{N}_{y\nu}^{(0)}\frac{\partial w}{\partial y}\right)=0,$$

$$-D\left[\frac{\partial^2 w}{\partial \nu^2}+\nu\left(\frac{\partial^2 w}{\partial s^2}+\frac{1}{\rho}\frac{\partial w}{\partial \nu}\right)\right]=0, \tag{8.80}$$

和

在 C_2 上,

$$w=0,\quad \frac{\partial w}{\partial \nu}=0. \tag{8.81}$$

因此,可以在边界条件(8.80)和(8.81)下通过求解微分方程(8.79)来确定屈曲位形和临界载荷.

当原理(8.76)和方程(8.33)相结合时，就得到用于屈曲问题的驻值势能原理如下:

$$\delta\Pi=0, \tag{8.82}$$

式中

$$\Pi=\frac{1}{2}\iint_{S_m}D\left\{\left(\frac{\partial^2 w}{\partial x^2}+\frac{\partial^2 w}{\partial y^2}\right)^2+2(1-\nu)\left[\left(\frac{\partial^2 w}{\partial x\partial y}\right)^2-\frac{\partial^2 w}{\partial x^2}\frac{\partial^2 w}{\partial y^2}\right]\right\}dx\,dy+\frac{1}{2}k\iint_{S_m}\left[N_x^{(0)}\left(\frac{\partial w}{\partial x}\right)^2+N_y^{(0)}\left(\frac{\partial w}{\partial y}\right)^2+2N_{xy}^{(0)}\frac{\partial w}{\partial x}\frac{\partial w}{\partial y}\right]dx\,dy, \tag{8.83}$$

而经受变分的独立函数是 w,带有约束条件(8.73c, d). 引用方程(8.52)所定义的辅助函数,可以按类似于通常的推演方式来推广原理(8.82),得出驻值余能原理. 限于篇幅,推导就不在这里给出了.

这里要注明，原理(8.82)等价于从容许函数 w 中，求出使下式定义的商

$$k=-\frac{\frac{1}{2}\iint_{S_m}D\left\{\left(\frac{\partial^2 w}{\partial x^2}+\frac{\partial^2 w}{\partial y^2}\right)^2+2(1-\nu)\left[\left(\frac{\partial^2 w}{\partial x\partial y}\right)^2-\frac{\partial^2 w}{\partial x^2}\frac{\partial^2 w}{\partial y^2}\right]\right\}dx\,dy}{\frac{1}{2}\iint_{S_m}\left[N_x^{(0)}\left(\frac{\partial w}{\partial x}\right)^2+N_y^{(0)}\left(\frac{\partial w}{\partial y}\right)^2+2N_{xy}^{(0)}\frac{\partial w}{\partial x}\frac{\partial w}{\partial y}\right]dx\,dy} \tag{8.84}$$

取驻值的函数.

8.7 板内的热应力[1)]

现在,我们来考虑受到一种温度分布$\theta(x, y, z)$作用的平板内的热应力问题.温度θ是从一种均匀温度分布的参考状态计量的,在这种状态中板既没有应力也没有应变.把问题限于小位移弹性理论并引用附录B的结果,就可以采用下列的应力-应变关系式:

$$\sigma_x = \frac{E}{(1-\nu^2)}(\varepsilon_x + \nu\varepsilon_y) - \frac{Ee^\theta}{(1-\nu)},$$

$$\sigma_y = \frac{E}{(1-\nu^2)}(\nu\varepsilon_x + \varepsilon_y) - \frac{Ee^\theta}{(1-\nu)}, \tag{8.85}$$

$$\tau_{xy} = G\gamma_{xy}, \quad \tau_{xz} = G\gamma_{xz}, \quad \tau_{yz} = G\gamma_{yz},$$

式中e^θ表示热应变. 假定从参考状态计量的位移分量可以用方程(8.14)表示. 为简便起见,把边界S规定为固定的,即

在C上,

$$u=0, \quad v=0, \quad w=0, \quad \frac{\partial w}{\partial \nu}=0, \tag{8.86a, b, c, d}$$

而假定在表面$z=\pm h/2$上不受力.

热应力问题控制方程的推导,按类似于第8.2节的推演方式进行,热膨胀的影响已在含有e^θ的应力-应变关系中得到考虑. 结合方程(8.85)和(8.17),我们有

$$N_x = \frac{Eh}{(1-\nu^2)}\left(\frac{\partial u}{\partial x} + \nu\frac{\partial v}{\partial y}\right) - \frac{N_T}{(1-\nu)},$$

$$N_y = \frac{Eh}{(1-\nu^2)}\left(\nu\frac{\partial u}{\partial x} + \frac{\partial v}{\partial y}\right) - \frac{N_T}{(1-\nu)}, \tag{8.87}$$

$$N_{xy} = Gh\left(\frac{\partial u}{\partial y} + \frac{\partial v}{\partial x}\right),$$

和

$$M_x = -D\left(\frac{\partial^2 w}{\partial x^2} + \nu\frac{\partial^2 w}{\partial y^2}\right) - \frac{M_T}{(1-\nu)},$$

$$M_y = -D\left(\nu\frac{\partial^2 w}{\partial x^2} + \frac{\partial^2 w}{\partial y^2}\right) - \frac{M_T}{(1-\nu)}, \tag{8.88}$$

1) 见参考文献[20].

$$M_{xy}=-D(1-\nu)\frac{\partial^2 w}{\partial x\,\partial y},$$

式中

$$N_T=\int_{-h/2}^{h/2}Ee^\theta dz,\quad M_T=\int_{-h/2}^{h/2}Ee^\theta zdz. \tag{8.89}$$

这些关系式表明，按小位移理论，热伸展和弯曲是彼此分离的，这理论中的位移分量由方程(8.14)给出.

现在让我们来考虑这个问题的变分公式推导. 借助于方程(8.15)和附录 B 的一些结果，可将板的应变能表示如下：

$$U=\frac{1}{2}\iint_{S_m}\left\{\frac{Eh}{(1-\nu^2)}\left(\frac{\partial u}{\partial x}+\frac{\partial v}{\partial y}\right)^2+Gh\left[\left(\frac{\partial u}{\partial y}+\frac{\partial v}{\partial x}\right)^2-4\frac{\partial u}{\partial x}\frac{\partial v}{\partial y}\right]-\frac{2N_T}{(1-\nu)}\left(\frac{\partial u}{\partial x}+\frac{\partial v}{\partial y}\right)\right\}dx\,dy$$
$$+\frac{1}{2}\iint_{S_m}\left\{D\left[\left(\frac{\partial^2 w}{\partial x^2}+\frac{\partial^2 w}{\partial y^2}\right)^2+2(1-\nu)\left(\left(\frac{\partial^2 w}{\partial x\,\partial y}\right)^2-\frac{\partial^2 w}{\partial x^2}\frac{\partial^2 w}{\partial y^2}\right)\right]+\frac{2M_T}{(1-\nu)}\left(\frac{\partial^2 w}{\partial x^2}+\frac{\partial^2 w}{\partial y^2}\right)\right\}dx\,dy. \tag{8.90}$$

因此，板的热伸展的总势能由下式给出：

$$\Pi=\iint_{S_m}\left\{\frac{Eh}{2(1-\nu^2)}\left(\frac{\partial u}{\partial x}+\frac{\partial v}{\partial y}\right)^2+\frac{Gh}{2}\left[\left(\frac{\partial u}{\partial y}+\frac{\partial v}{\partial x}\right)^2-4\frac{\partial u}{\partial x}\frac{\partial v}{\partial y}\right]-\frac{N_T}{(1-\nu)}\left(\frac{\partial u}{\partial x}+\frac{\partial v}{\partial y}\right)\right\}dx\,dy, \tag{8.91}$$

式中经受变分的函数是 u 和 v，而带有约束条件(8.86a, b).

泛函 (8.91) 是按照类似于第 8.3 节的推演方式加以推广的，我们还得到下面有关驻值余能原理的泛函：

$$\Pi_c=\iint_{S_m}\frac{1}{2Eh}\{[(N_x+N_y)^2+2(1+\nu)(N_{xy}^2-N_xN_y)]+2N_T(N_x+N_y)\}dxdy, \tag{8.92}$$

式中经受变分的函数是 N_x, N_y 和 N_{xy}，而带有约束条件(8.43). 引用方程 (8.46) 定义的 Airy 应力函数把上述泛函进一步简化为

$$\Pi_c^*=\iint_{S_m}\frac{1}{2Eh}\left\{\left(\frac{\partial^2 F}{\partial x^2}+\frac{\partial^2 F}{\partial y^2}\right)^2+2(1+\nu)\left[\left(\frac{\partial^2 F}{\partial x\,\partial y}\right)^2\right.\right.$$

$$-\frac{\partial^2 F}{\partial x^2}\frac{\partial^2 F}{\partial y^2}\Big]+2N_T\left(\frac{\partial^2 F}{\partial x^2}+\frac{\partial^2 F}{\partial y^2}\right)\Big\}\,dx\,dy, \qquad (8.93)$$

式中唯一经受变分的函数是$F(x, y)$，而没有约束条件.

到此为止，已经完成了对热伸展的变分公式推导. 采用方程(8.90)右边的后半部并按照类似于第 8.4 节的方式，也可以完成对热弯曲的变分公式推导. 按照类似于第 8.5 节推演的方式，可把上述公式推导推广到板在大挠度下的热应力问题. 这些变分原理曾经和 Rayleigh-Ritz 法结合起来用于求得热应力问题的近似解答[21,22]. 板内热应力是造成某些现象的原因，例如板的热屈曲或板的刚度和振动频率的变化等[23,24].

8.8 包括横向剪变形影响的薄板理论

到此为止，薄板的一些理论都是在 Kirchhoff 假说的基础上建立的. 这一节里，将考虑一种包括横向剪变形影响的薄板小位移理论. 在进行这一引伸时，我们不得不抛弃上述假说，而必须代之以适当选择的假设.

由于位移向量 $\mathbf{u}$ 是一个(x, y, z)的函数，我们可以把它展开为 z 的幂级数：

$$\mathbf{u}(x, y, z)=\mathbf{u}(x, y, 0)+\left(\frac{\partial \mathbf{u}}{\partial z}\right)_{z=0} z+\frac{1}{2!}\left(\frac{\partial^2 \mathbf{u}}{\partial z^2}\right)_{z=0} z^2+\cdots. \qquad (8.94)$$

因此，包括横向剪变形影响的位移最简单的表达式之一，可由仅保留前两项而给出

$$\mathbf{u}=\mathbf{u}_0+z\mathbf{u}_1, \qquad (8.95)$$

式中 $\mathbf{u}_1$ 的分量由下式定义：

$$\mathbf{u}_1=u_1\mathbf{i}_1+v_1\mathbf{i}_2+w_1\mathbf{i}_3, \qquad (8.96)$$

而 u_1, v_1, w_1 都仅是 (x, y) 的函数. 方程(8.95)暗示的自由度是六个，即 u, v, w, u_1, v_1 和 w_1. 然而，如果继续应用假设(8.1)，并采用方程(8.3)作为应力-应变关系式，就可以取

$$2e_{zz}=u_1^2+v_1^2+(1+w_1)^2-1=0 \tag{8.97}$$

作为一个附加的几何约束而使自由度减到五个. 方程(8.95)和(8.97)表明,垂直于未变形中面的线性纤维变形后仍为直线,并不经受应变,尽管它们不再垂直于变了形的中面.

由于我们的兴趣在于小位移理论[1],方程(8.97)经过对位移线性化后给出

$$w_1=0. \tag{8.98}$$

由此我们看到,包括横向剪变形影响的最自然和最简单的表达式就是假定

$$U=u+zu_1,\quad V=v+zv_1,\quad W=w. \tag{8.99}$$

用类似于第8.2节的推演方式,可以证明函数 u 和 v 与板的伸展有关,而函数 u_1, v_1 和 w 则与板的弯曲有关,并且这两个问题可以分别处理. 所以,我们把下面的注意力只限于弯曲问题,假定

$$U=zu_1,\quad V=zv_1,\quad W=w, \tag{8.100}$$

并得到

$$\begin{aligned}&\varepsilon_x=z\frac{\partial u_1}{\partial x},\qquad \varepsilon_y=z\frac{\partial v_1}{\partial y},\qquad \varepsilon_z=0,\\&\gamma_{xy}=z\left(\frac{\partial v_1}{\partial x}+\frac{\partial u_1}{\partial y}\right),\\&\gamma_{xz}=\frac{\partial w}{\partial x}+u_1,\quad \gamma_{yz}=\frac{\partial w}{\partial y}+v_1.\end{aligned} \tag{8.101}$$

从方程(8.15)和(8.101)可看出,Kirchhoff 假说强加了约束条件

$$u_1=-\frac{\partial w}{\partial x},\qquad v_1=-\frac{\partial w}{\partial y}. \tag{8.102}$$

我们来考虑一个动力学问题,按类似于第8.2节表示的方式定义,只是现在的外力和几何边界条件随时间而变化. 关于这个动力学问题虚功原理的形式,由方程(5.81)提出为

$$\int_{t_1}^{t_2}\left\{\iiint_V(\sigma_x\delta\varepsilon_x+\sigma_y\delta\varepsilon_y+\tau_{xy}\delta\gamma_{xy}+\tau_{xz}\delta\gamma_{xz}+\tau_{yz}\delta\gamma_{yz})dx\,dy\,dz\right.$$

1) 关于有限位移理论见参考文献[12],这理论中采用方程(8.95)作为位移表达式.

$$-\delta\iiint_V \frac{1}{2}(\dot{U}^2+\dot{V}^2+\dot{W}^2)\rho dx\,dy\,dz-\iint_{S_m}\bar{p}\,\delta w\,dx\,dy$$

$$-\iint_{S_1}[\bar{F}_x\delta U+\bar{F}_y\delta V+\bar{F}_z\delta W]\,ds\,dz\}\,dt=0, \tag{8.103}$$

式中已将方程(8.100)和(8.101)代入. 在这里, 我们要引入新的合成量,定义如下:

$$Q_x=\int_{-h/2}^{h/2}\tau_{xz}dz, \qquad Q_y=\int_{-h/2}^{h/2}\tau_{yz}dz, \tag{8.104}$$

$$m=\int_{-h/2}^{h/2}\rho dz, \qquad I_m=\int_{-h/2}^{h/2}\rho z^2dz. \tag{8.105}$$

方程 (8.104) 所定义的量是沿 z 轴方向作用的每单位长度的剪力[1]. 方程(8.105)所定义的量是每单位中面面积的质量和质量惯性矩. 通过这些初步讨论和包括分部积分在内的一些计算, 方程(8.103)最后简化为

$$\begin{aligned}\int_{t_1}^{t_2}\Big\{\iint_{S_m}&[(I_m\ddot{u}_1-M_{x,x}-M_{xy,y}+Q_x)\delta u_1\\&+(I_m\ddot{v}_1-M_{xy,x}-M_{y,y}+Q_y)\delta v_1\\&+(m\ddot{w}-Q_{x,x}-Q_{y,y}-\bar{p})\delta w]\,dx\,dy\\&+\int_{C_1}[(M_{xv}-\overline{M}_{xv})\delta u_1+(M_{yv}-\overline{M}_{yv})\delta v_1\\&+(Q_xl+Q_ym-\bar{V}_z)\delta w]\,ds+\int_{C_2}[M_{xv}\delta u_1\\&+M_{yv}\delta v_1+(Q_xl+Q_ym)\delta w]\,ds\Big\}\,dt=0.\end{aligned} \tag{8.106}$$

这样,原理就提供了运动方程

$$I_m\ddot{u}_1=\frac{\partial M_x}{\partial x}+\frac{\partial M_{xy}}{\partial y}-Q_x, \tag{8.107}$$

$$I_m\ddot{v}_1=\frac{\partial M_{xy}}{\partial x}+\frac{\partial M_y}{\partial y}-Q_y, \tag{8.108}$$

$$m\ddot{w}=\frac{\partial Q_x}{\partial x}+\frac{\partial Q_y}{\partial y}+\bar{p}, \tag{8.109}$$

1) 这样,在包括横向剪变形影响的薄板理论中,剪力 Q_x 和 Q_y 是作为独立量出现的. 试将方程(8.104), (8.107)和(8.108)与方程(8.22)作一比较.

和在 C_1 上的力学边界条件

$$M_{x\nu}=\overline{M}_{x\nu},\quad M_{y\nu}=\overline{M}_{y\nu},\quad Q_x l+Q_y m=\overline{V}_z, \tag{8.110}$$

同时还提示在 C_2 上几何边界条件可近似地给定为

$$u_1=\overline{u}_1,\quad v_1=\overline{v}_1,\quad w=\overline{w}. \tag{8.111}$$

应力合力-位移关系式可从方程 (8.2), (8.17), (8.101) 和 (8.104)得出为

$$\begin{aligned}
M_x&=D\left(\frac{\partial u_1}{\partial x}+\nu\frac{\partial v_1}{\partial y}\right),\\
M_y&=D\left(\nu\frac{\partial u_1}{\partial x}+\frac{\partial v_1}{\partial y}\right),\\
M_{xy}&=\frac{1}{2}D(1-\nu)\left(\frac{\partial v_1}{\partial x}+\frac{\partial u_1}{\partial y}\right),
\end{aligned} \tag{8.112}$$

和

$$Q_x=Gkh\left(\frac{\partial w}{\partial x}+u_1\right),\quad Q_y=Gkh\left(\frac{\partial w}{\partial y}+v_1\right), \tag{8.113}$$

式中 $k=1$. 方程(8.113)中包含了因子 k 是用以考虑在整个横截面上剪应变的不均匀性. 在附录 D 中, 按照E. Reissner 的论文[1)]介绍了以最小余能原理为基础的薄板理论, 并对各向同性板找出其 k 值为 5/6. 另一方面, 从一个薄板振动问题所得的结果, Mindlin[29]建议 $k=\pi^2/12$, 这和 5/6 很接近, 后者是从余能原理为基础的公式推导得出的. 把方程 (8.112) 和 (8.113) 引入方程 (8.107)到(8.109), 就得到用 u_1, v_1 和 w 表示的三个联立微分方程. 因此, 该动力学问题就简化为在边界条件(8.110)和(8.111)下求解这些微分方程.

从上述的公式推导中可以看出, 在包括横向剪变形影响的薄板理论中, 在 C_1 上有三个力学边界条件(8.110)和在 C_2 上有三个几何边界条件(8.111). 在 Kirchhoff 假说下的薄板理论中, 我们曾经通过分部积分法用 $\overline{V}_z$ 和 V_z 分别取代了 $\overline{M}_{\nu s}$ 和 $M_{\nu s}$ 的作用. 可是, 在包括横向剪变形影响的薄板理论中, 这种替换就不再是必要的了.

---

1) 见参考文献[25—28].

8.9 扁 薄 壳

在本节我们将研究扁薄壳的一种非线性理论，它是由 K. Marguerre 提出的[30]. 令固定在空间的直角笛卡儿坐标为 (x, y, z)，并令扁薄壳的中面表示为

$$z=z(x, y), \tag{8.114}$$

如图 8.5 所示. 未变形中面内任一点 $P_0^{(0)}$ 的位置向量由下式给出

$$\mathbf{r}_0^{(0)}=x\mathbf{i}_1+y\mathbf{i}_2+z(x, y)\mathbf{i}_3, \tag{8.115}$$

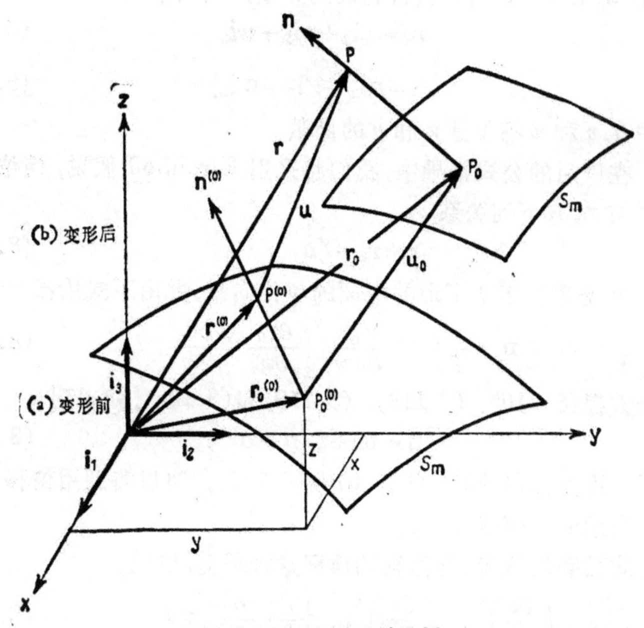

图 8.5 带有微小初挠度的板

式中 $\mathbf{i}_1$, $\mathbf{i}_2$ 和 $\mathbf{i}_3$ 分别是沿 x, y 和 z 轴方向的单位向量. 于是，变形前中面外任一点 $P^{(0)}$ 的位置向量可由下式给出

$$\mathbf{r}^{(0)}=\mathbf{r}_0^{(0)}+\zeta\mathbf{n}^{(0)}, \tag{8.116}$$

式中 $\mathbf{n}^{(0)}$ 是垂直于未变形中面的一个单位向量，并由下式计算：

$$\mathbf{n}^{(0)}=\frac{\partial \mathbf{r}_0^{(0)}}{\partial x}\times\frac{\partial \mathbf{r}_0^{(0)}}{\partial y}\Bigg/\left|\frac{\partial \mathbf{r}_0^{(0)}}{\partial x}\times\frac{\partial \mathbf{r}_0^{(0)}}{\partial y}\right|, \tag{8.117}$$

而ζ是从中面到该点的距离．方程(8.116)表示，壳内任一点可以用坐标(x, y, ζ)确定，它形成一个曲线坐标系．因此，通过取$\alpha^1=x$, $\alpha^2=y$, $\alpha^3=\zeta$，我们就可以应用第四章展开的公式推导．

现在假定壳体受到了变形，而且P_0和P两点在变形后的位置向量分别表示为

$$\mathbf{r}_0=\mathbf{r}_0^{(0)}+\mathbf{u}_0 \tag{8.118}$$

和

$$\mathbf{r}=\mathbf{r}^{(0)}+\mathbf{u}, \tag{8.119}$$

式中$\mathbf{u}_0$和$\mathbf{u}$是位移向量，它们的分量分别由下式定义：

$$\mathbf{u}_0=u\mathbf{i}_1+v\mathbf{i}_2+w\mathbf{i}_3 \tag{8.120}$$

和

$$\mathbf{u}=U\mathbf{i}_1+V\mathbf{i}_2+W\mathbf{i}_3, \tag{8.121}$$

式中u, v和w都仅是x和y的函数．

在以后的公式推导中，我们将采用 Kirchhoff 假说，使位置向量$\mathbf{r}$与$\mathbf{r}_0$有下列关系：

$$\mathbf{r}=\mathbf{r}_0+\zeta\mathbf{n}, \tag{8.122}$$

式中$\mathbf{n}$是垂直于变了形的中面的单位向量，并由下式给出

$$\mathbf{n}=\frac{\partial \mathbf{r}_0}{\partial x}\times\frac{\partial \mathbf{r}_0}{\partial y}\Bigg/\left|\frac{\partial \mathbf{r}_0}{\partial x}\times\frac{\partial \mathbf{r}_0}{\partial y}\right|. \tag{8.123}$$

结合方程(8.116)，(8.118)，(8.119)和(8.122)，就得到

$$\mathbf{u}=\mathbf{u}_0+\zeta(\mathbf{n}-\mathbf{n}^{(0)}). \tag{8.124}$$

然后应用方程(4.36)，(8.116)和(8.122)，可以得到用位移u, v和w表示的应变张量$f_{\lambda\mu}$．

此后我们假定，壳体扁和薄到这种程度，以致

$$\left(\frac{\partial z}{\partial x}\right)^2,\quad \left(\frac{\partial z}{\partial y}\right)^2,\quad \left|\frac{\partial z}{\partial x}\frac{\partial z}{\partial y}\right|\ll 1, \tag{8.125}$$

$$\left|\zeta\frac{\partial^2 z}{\partial x^2}\right|,\quad \left|\zeta\frac{\partial^2 z}{\partial y^2}\right|,\quad \left|\zeta\frac{\partial^2 z}{\partial x\,\partial y}\right|\ll 1, \tag{8.126}$$

而含有ζ^2的各项均可忽略不计．于是，我们有

$$\mathbf{n}^{(0)}=-\frac{\partial z}{\partial x}\mathbf{i}_1-\frac{\partial z}{\partial y}\mathbf{i}_2+\mathbf{i}_3, \tag{8.127}$$

我们还注意到，(x, y, ζ)坐标系可以近似地取作局部直角笛卡儿坐标. 除上述假设外，对中面位移的数量级也作了限制. 假定初挠度$z(x, y)$和位移$w(x, y)$是属于同一数量级的. 由此得到下列近似表达式[1]：

$$\mathbf{n} = -\left(\frac{\partial z}{\partial x} + \frac{\partial w}{\partial x}\right)\mathbf{i}_1 - \left(\frac{\partial z}{\partial y} + \frac{\partial w}{\partial y}\right)\mathbf{i}_2 + \mathbf{i}_3, \tag{8.128}$$

$$\mathbf{u} = \left(u - \frac{\partial w}{\partial x}\zeta\right)\mathbf{i}_1 + \left(v - \frac{\partial w}{\partial y}\zeta\right)\mathbf{i}_2 + w\mathbf{i}_3, \tag{8.129}$$

$$\begin{gathered} f_{11} = \hat{e}_{xx0} - \zeta\varkappa_x, \quad f_{22} = \hat{e}_{yy0} - \zeta\varkappa_y, \\ f_{12} = \hat{e}_{xy0} - \zeta\varkappa_{xy}, \end{gathered} \tag{8.130}$$

式中

$$\begin{aligned} \hat{e}_{xx0} &= \frac{\partial u}{\partial x} + \frac{\partial z}{\partial x}\frac{\partial w}{\partial x} + \frac{1}{2}\left(\frac{\partial w}{\partial x}\right)^2, \\ \hat{e}_{yy0} &= \frac{\partial v}{\partial y} + \frac{\partial z}{\partial y}\frac{\partial w}{\partial y} + \frac{1}{2}\left(\frac{\partial w}{\partial y}\right)^2, \\ 2\hat{e}_{xy0} &= \frac{\partial u}{\partial y} + \frac{\partial v}{\partial x} + \frac{\partial z}{\partial x}\frac{\partial w}{\partial y} + \frac{\partial z}{\partial y}\frac{\partial w}{\partial x} + \frac{\partial w}{\partial x}\frac{\partial w}{\partial y}, \end{aligned} \tag{8.131}$$

和

$$\varkappa_x = \frac{\partial^2 w}{\partial x^2}, \quad \varkappa_y = \frac{\partial^2 w}{\partial y^2}, \quad \varkappa_{xy} = \frac{\partial^2 w}{\partial x \partial y}, \tag{8.132}$$

各高阶项均已略去.

我们可象第四章那样，对(x, y, ζ)坐标定义应力张量$\tau^{\lambda\mu}$，并采用方程(4.74)和(4.77)作为应力-应变关系式. 可是，由于壳是薄而扁的，所以横向正应力σ_ζ可以忽略不计，而(x, y, ζ)坐标系可以近似地看做局部直角笛卡儿坐标. 因此，可以得到

$$\begin{aligned} \tau^{11} &= \frac{E}{(1-\nu^2)}(f_{11} + \nu f_{22}), \\ \tau^{22} &= \frac{E}{(1-\nu^2)}(\nu f_{11} + f_{22}), \quad \tau^{12} = 2Gf_{12}. \end{aligned} \tag{8.133}$$

一个扁薄壳问题可叙述如下. 外力按照(x, y)平面的每单位面积给定，它们沿x，y和z轴方向的分量分别用$\bar{X}$，$\bar{Y}$和$\bar{Z}$表示. 由垂直于中面的法线包络面所形成的侧边界划分为S_1和S_2

1) 这些方程可以通过假定$u_{,x} \sim u_{,y} \sim v_{,x} \sim v_{,y} \sim (w_{,x})^2 \sim (w_{,y})^2 \ll 1$并可略去含有$\zeta^2$的各项而导出[31].

两部分. 在 S_1 上给定每单位面积的外力,其分量为 $\overline{F}_x, \overline{F}_y$ 和 $\overline{F}_z$,而在 S_2 上给定了几何边界条件.

有了上面的初步讨论,我们就得到下列虚功原理的表达式:

$$\iiint\limits_V [\tau^{11}\delta f_{11}+\tau^{22}\delta f_{22}+2\tau^{12}\delta f_{12}]\,dx\,dy\,d\zeta$$
$$-\iint\limits_{S_m^*}[\overline{X}\delta u+\overline{Y}\delta v+\overline{Z}\,\delta w]\,dx\,dy$$
$$-\iint\limits_{S_1}\Big[\overline{F}_x\left(\delta u-\zeta\frac{\partial \delta w}{\partial x}\right)+\overline{F}_y\left(\delta v-\zeta\frac{\partial\delta w}{\partial y}\right)$$
$$+\overline{F}_z\,\delta w\Big]\,ds\,d\zeta=0. \tag{8.134}$$ [1]

在这里,我们引入如下定义的应力合力:

$$\begin{aligned}N_x&=\int\tau^{11}d\zeta,\quad N_y=\int\tau^{22}d\zeta,\ N_{xy}=\int\tau^{12}d\zeta,\\ M_x&=\int\tau^{11}\zeta d\zeta,\quad M_y=\int\tau^{22}\zeta d\zeta,\ M_{xy}=\int\tau^{12}\zeta d\zeta,\end{aligned}\tag{8.135}$$

$$N_{x\nu}=N_xl+N_{xy}m,\ N_{y\nu}=N_{xy}l+N_ym, \tag{8.136}$$

$$\begin{aligned}M_\nu&=M_xl^2+2M_{xy}lm+M_ym^2,\\ M_{\nu s}&=-(M_x-M_y)lm+M_{xy}(l^2-m^2),\end{aligned}\tag{8.137}$$

$$\begin{aligned}\overline{N}_{x\nu}&=\int\overline{F}_xd\zeta,\ \overline{N}_{y\nu}=\int\overline{F}_yd\zeta,\ \overline{V}_z=\int\overline{F}_zd\zeta,\\ \overline{M}_{x\nu}&=\int\overline{F}_x\zeta d\zeta,\quad \overline{M}_{y\nu}=\int\overline{F}_y\zeta d\zeta,\end{aligned}\tag{8.138}$$

$$\overline{M}_\nu=\overline{M}_{x\nu}l+\overline{M}_{y\nu}m,\ \overline{M}_{\nu s}=-\overline{M}_{x\nu}m+\overline{M}_{y\nu}l, \tag{8.139}$$

式中积分遍及壳体厚度. 按照通常的步骤,我们看到原理(8.134)提供了平衡方程

$$\frac{\partial N_x}{\partial x}+\frac{\partial N_{xy}}{\partial y}+\overline{X}=0,\quad \frac{\partial N_{xy}}{\partial x}+\frac{\partial N_y}{\partial y}+\overline{Y}=0,$$

$$\frac{\partial^2 M_x}{\partial x^2}+2\frac{\partial^2 M_{xy}}{\partial x\,\partial y}+\frac{\partial^2 M_y}{\partial y^2}+\frac{\partial}{\partial x}\Big[\left(\frac{\partial z}{\partial x}+\frac{\partial w}{\partial x}\right)N_x$$
$$+\left(\frac{\partial z}{\partial y}+\frac{\partial w}{\partial y}\right)N_{xy}\Big]+\frac{\partial}{\partial y}\Big[\left(\frac{\partial z}{\partial x}+\frac{\partial w}{\partial x}\right)N_{xy} \tag{8.140}$$

1) 见方程(4.80). S_m^* 为中面 S_m 在 (x, y) 平面上的投影.

$$+\left(\frac{\partial z}{\partial y}+\frac{\partial w}{\partial y}\right)N_y\Bigg]+\bar{Z}=0,$$

和 C_1 上的力学边界条件

$$\begin{gathered}N_{x\nu}=\overline{N}_{x\nu},\quad N_{y\nu}=\overline{N}_{y\nu},\\ \left(\frac{\partial M_x}{\partial x}+\frac{\partial M_{xy}}{\partial y}\right)l+\left(\frac{\partial M_{xy}}{\partial x}+\frac{\partial M_y}{\partial y}\right)m+\left(\frac{\partial z}{\partial x}+\frac{\partial w}{\partial x}\right)N_{x\nu}\\ +\left(\frac{\partial z}{\partial y}+\frac{\partial w}{\partial y}\right)N_{y\nu}+\frac{\partial M_{\nu s}}{\partial s}=\overline{V}_z+\frac{\partial \overline{M}_{\nu s}}{\partial s},\\ M_\nu=\overline{M}_\nu,\end{gathered}\tag{8.141}$$

它还启示，在 C_2 上的几何边界条件由下式给出：

$$u=\bar{u},\quad v=\bar{v},\quad w=\bar{w},\quad \frac{\partial w}{\partial \nu}=\overline{\frac{\partial w}{\partial \nu}}.\tag{8.142}$$

结合方程(8.130)，(8.133)和(8.135)，就得到下列应力合力和应变之间的关系式：

$$\begin{aligned}N_x&=\frac{Eh}{(1-\nu^2)}(\hat{e}_{xx0}+\nu\hat{e}_{yy0}),\\ N_y&=\frac{Eh}{(1-\nu^2)}(\nu\,\hat{e}_{xx0}+\hat{e}_{yy0}),\\ N_{xy}&=2\,Gh\,\hat{e}_{xy0},\end{aligned}\tag{8.143}$$

和

$$\begin{aligned}&M_x=-D(\varkappa_x+\nu\,\varkappa_y),\ M_y=-D(\nu\,\varkappa_x+\varkappa_y),\\ &M_{xy}=-D(1-\nu)\varkappa_{xy}.\end{aligned}\tag{8.144}$$

这些方程简洁地表达了扁薄壳的非线性理论. 可以看出，本问题的总势能由下式给出：

$$\begin{aligned}\Pi=&\frac{1}{2}\iint_{S_m^*}\left\{\frac{Eh}{(1-\nu^2)}[(\hat{e}_{xx0}+\hat{e}_{yy0})^2+2(1-\nu)(\hat{e}_{xy0}^2-\hat{e}_{xx0}\hat{e}_{yy0})]\right.\\ &\left.+D[(\varkappa_x+\varkappa_y)^2+2(1-\nu)(\varkappa_{xy}^2-\varkappa_x\varkappa_y)]\right\}dx\,dy\\ &-\iint_{S_m^*}(\overline{X}u+\overline{Y}v+\bar{Z}w)dx\,dy-\int_{C_1}\Bigg[\overline{N}_{x\nu}u+\overline{N}_{y\nu}v\\ &+\left(\overline{V}_z+\frac{\partial \overline{M}_{\nu s}}{\partial s}\right)w-\overline{M}_\nu\frac{\partial w}{\partial \nu}\Bigg]ds,\end{aligned}\tag{8.145}$$

式中已将方程(8.131)和(8.132)代入. 泛函 (8.145) 的推广和变

换可以按通常的方式进行推导.

到这里为止, 我们完成了扁薄壳非线性理论的推演. 在这方面可以指出, 把应变-位移表达式(8.130)线性化为

$$
\begin{aligned}
f_{11}&=\frac{\partial u}{\partial x}+\frac{\partial z}{\partial x}\frac{\partial w}{\partial x}-\zeta\frac{\partial^2 w}{\partial x^2},\\
f_{22}&=\frac{\partial v}{\partial y}+\frac{\partial z}{\partial y}\frac{\partial w}{\partial y}-\zeta\frac{\partial^2 w}{\partial y^2},\\
2f_{12}&=\frac{\partial u}{\partial y}+\frac{\partial v}{\partial x}+\frac{\partial z}{\partial x}\frac{\partial w}{\partial y}+\frac{\partial z}{\partial y}\frac{\partial w}{\partial x}-2\zeta\frac{\partial^2 w}{\partial x\partial y},
\end{aligned}
\tag{8.146}
$$

就可得出一个线性理论, 并可用类似于推演非线性理论的方式导出有关方程. 一些有关的论文已列举在文献目录中[1].

8.10 几点讨论

这一章叙述的薄板理论是基于下述假设, 即应力-应变关系中横向正应力可以忽略不计. 严格地说, 在板中是要引起横向应力 σ_z 的. 可是, 正如附录 D 的研究指出, 除非面力高度集中, 应力 σ_z 通常要比 σ_x 和 σ_y 的数量级为小. 因此, 在应力-应变关系中包括 σ_z 的各项通常略去不计. 另一方面, 按照 Kirchhoff 假说, 我们从方程(8.15)看到 $\varepsilon_z=0$. 三维应力-应变关系即方程 (1.10) 表明, 同时包含 $\sigma_z=0$ 和 $\varepsilon_z=0$ 的理论不可能产生正确的结果. 在第 8.5 和 8.8 节的公式推导中存在同样的矛盾. 我们曾经试图避免这个困难, 即在三维应力-应变关系式中令 $\sigma_z=0$, 然后消去 ε_z. 为了完全解除这种矛盾, 那就需要采用

$$
W(x,\ y,\ z)=w(x,\ y)+w_1(x,\ y)z+w_2(x,\ y)z^2, \tag{8.147}
$$

以代替方程(8.14)或(8.99)中的最后一个方程. 可是, 就薄板的小位移理论来说, 这些附加的线性和二次项与首项相比通常是微小的, 并可在首次近似理论中略去. 本章所推演的薄板理论中已经作了上述的考虑, 它主要引自参考文献[37]. 这些板理论的精确度可以通过假定如下的位移分量而加以改善,

1) 见参考文献[32—36].

$$U=\sum_{m=0}^{n} u_m(x, y)z^m, \quad V=\sum_{m=0}^{n} v_m(x, y)z^m,$$
$$W=\sum_{m=0}^{n} w_m(x, y)z^m, \tag{8.148}$$

这样就增加了 z 的高次项. 在这里提一下，包括横向剪变形影响的薄板理论，已由 Yi-Yuan Yu 应用广义 Hamilton 原理推导出来了，在该原理中变分是对位移、应变和应力进行的[38].

当然，对弹性板的自由振动问题也可以导出变分公式，尽管这一章并没有提到这个课题[30,40,41]. 变分法已经应用在各向异性、矩形、AT 切割的石英板的自由振动问题[42]. 我们还要提出，由于空气动力引起板的自激振动或强迫振动，已经成为气动弹性理论中的中心问题之一[43,44].

参 考 文 献

[1] A. E. H. Love, *Mathematical Theory of Elasticity*, Cambridge University Press, 4th edition, 1927.

[2] S. Timoshenko and S. Woinowsky-Krieger, *Theory of Plates and Shells*, McGraw-Hill, 1959. (《板壳理论》,科学出版社,1977 年)

[3] S. Timoshenko and J. N. Goodier, *Theory of Elasticity*, McGraw-Hill, 1951. (《弹性理论》,人民教育出版社,1964 年)

[4] I. S. Sokolnikoff, *Mathematical Theory of Elasticity*, McGraw-Hill, 1956.

[5] N. I. Muschelišvili, Praktische Lösung der fundamentalen Randwertaufgaben der Elastizitäts-Theorie in der Ebene für einige Berandungsformen, *Zeitschrift für Angewandte Mathematik und Mechanik*, Vol. 13, No. 4, pp. 264—82, August 1933.

[6] 森口繁一,2 次元弾性論,现代応用数学講座,岩波書店,1957 年.(《平面弹性论》,上海科学技术出版社,1962 年)

[7] E. Reissner, Least Work Solutions of Shear Lag Problems, *Journal of the Aeronautical Sciences*, Vol. 8, No. 7, pp. 284—91, May 1941.

[8] E. Reissner, Analysis of Shear Lag in Box Beams by the Principle of Minimum Potential Energy, *Quarterly of Applied Mathematics*, Vol. 4, No. 3, pp. 268—78, October 1946.

[9] E. Reissner and M. Stein, *Torsion and Transverse Bending of Cantilever Plates*, NACA TN 2369, June 1951.

[10] R. L. Bisplinghoff, H. Ashley and R. L. Halfman, *Aeroelasticity*, Addison-

Wesley, 1955.

[11] T. v. Kármán, Festigkeitsprobleme im Maschinenbau, *Encyklopädie der Mathematischen Wissenschaften*, Vol. 4, pp.314—85, 1910.

[12] В. В. Новожилов, *Основы нелинейной теории упругости*, Гостехиздат, 1948. (《非线性弹性力学基础》,科学出版社,1958 年)

[13] K. Marguerre, Die über die Ausbeulgrenze belastete Platte, *Zeitschrift für Angewandte Mathematik und Mechanik*, Vol. 16,No. 6,pp. 353—5, December 1936.

[14] K. Marguerre and E. Trefftz, Über die Tragfähigkeit eines längsbelasteten Plattenstreifens nach Überschreiten der Beullast, *Zeitschrift für Angewandte Mathematik und Mechanik*, Vol. 17, No. 2, pp. 85—100, April 1937.

[15] A. Fromm and K.Marguerre,Verhalten eines von Schub-und Druckkräften beanspruchten Plattenstreifens oberhalb der Beulgrenze,*Luftfahrtforschung*, Vol. 14, No. 12, pp. 627—39, December 1937.

[16] C. T. Wang, *Principle and Application of Complementary Energy Method for Thin Homogeneous and Sandwich Plates and Shells with Finite Deflections*. NACA TN 2620, 1952.

[17] E. Reissner, Finite Twisting and Bending of Thin Rectangular Elastic Plates, *Journal of Applied Mechanics*, Vol. 24, No. 3, pp. 391—6,September 1957.

[18] R. L. Bisplinghoff, *The Finite Twisting and Bending of Heated Elastic Lifting Surfaces*, Mitteilung Nr.4 aus dem Institut für Flugzeugstatik und Leikhtbau, E. T. H., Zürich, 1957.

[19] S. Timoshenko, *Theory of Elastic Stability*, McGraw-Hill, 1936. (《弹性稳定理论》,科学出版社, 1958 年)

[20] B. A. Boley and J. H. Weiner, *Theory of Thermal Stresses*, John Wiley, 1960.

[21] R. R. Heldenfels and W. M. Roberts, *Experimental and Theoretical Determination of Thermal Stresses in a Flat Plate*, NACA TN 2769, 1952.

[22] M. L. Gossard, P. Seide and W. M. Roberts, *Thermal Buckling of Plates*, NACA TN 2771, 1952.

[23] R. L. Bisplinghoff et al., *Aerodynamic Heating of Aircraft Structures in High-Speed Flight*, Notes for a Special Summer Program, Department of Aeronautical Engineering, Massachusetts Institute of Technology, June 25—July 6, 1956.

[24] N. J. Hoff, editor, *High Temperature Effects in Aircraft Structures*, AGARD ograph 28, Pergamon Press, 1958.

[25] E. Reissner, On the Theory of Bending of Elastic Plates, *Journal of Mathematics and Physics*, Vol. 23, No. 4, pp. 184—91, November 1944.

[26] E. Reissner, The Effect of Transverse-Shear Deformation on the Bending of Elastic Plates, *Journal of Applied Mechanics*, Vol. 12, No. 2,pp. 69—77, June 1945.

[27] E. Reissner, On Bending of Elastic Plates, *Quarterly of Applied Mathematics*, Vol. 5, No. 1, pp. 55—68, April 1947.

[28] E. Reissner, On a Variational Theorem in Elasticity, *Journal of Mathematics and Physics*, Vol. 29, No. 2, pp. 90—5, July 1950.

[29] R. D. Mindlin, Thickness-Shear and Flexural Vibrations of Crystal Plates, *Journal of Applied Physics*, Vol. 23, No. 3, pp. 316—23, March 1951.

[30] K. Marguerre, Zur Theorie der gekrümmten Platte großer Formänderung, *Proceedings of the 5th International Congress for Applied Mechanics*, pp. 93—101, 1938.

[31] E. Reissner, On Some Aspects of the Theory of Thin Elastic Shells, *Journal of the Boston Society for Civil Engineers*, Vol. 13, No. 2, pp. 100—33, April 1955.

[32] E. Reissner,On Transverse Vibrations of Thin Shallow Elastic Shells,*Quarterly of Applied Mathematics*, Vol. 13, No. 2, pp.169—76, July 1955.

[33] R. R. Heldenfels and L. F. Vosteen, *Approximate Analysis of Effects of Large Deflections and Initial Twist on Torsional Stiffness of a Cantilever Plate Subjected to Thermal Stresses*, NACA TN 4067, 1959.

[34] E. L. Reiss, H. J. Greenberg and H. B. Keller, Nonlinear Deflections of Shallow Spherical Shells, *Journal of the Aeronautical Sciences*, Vol. 24, No. 7, pp. 533—43, July 1957.

[35] E. L. Reiss, Axially Symmetric Buckling of Shallow Spherical Shells under External Pressure, *Journal of Applied Mechanics*, Vol. 25, No. 4, pp. 556—60, December 1958.

[36] H. B. Keller and E. L. Reiss, Spherical Cap Snapping, *Journal of the Aero/Space Sciences*, Vol. 26, No. 10, pp. 643—52, October 1959.

[37] F. B. Hildebrand, E. Reissner and G. B. Thomas, *Notes on the Foundations of the Theory of Small Displacements of Orthotropic Shells*, NACA TN 1833, 1949.

[38] Y. Y. Yu, Generalized Hamilton's Principle and Variational Equation of Motion in Nonlinear Elasticity Theory, with Application to Plate Theory, *Journal of the Acoustical Society of America*, Vol. 36, No. 1, pp. 111—19, January 1964.

[39] R. Weinstock, *Calculus of Variations with Applications to Physics and Engineering*, McGraw-Hill, 1952.

[40] M.V.Barton,Vibration of Rectangular and Skew Cantilever Plates, *Journal of Applied Mechanics*, Vol. 18, No. 2, pp. 129—34,June 1951.

[41] H. J. Plass, Jr., J. H. Gaines and C. D. Newsom, Application of Reissner's Variational Principle to Cantilever Plate Deflection and Vibration Problems, *Journal of Applied Mechanics*, Vol. 29, No. 1, pp. 127—35, March 1962.

[42] I.Koga, Radio-Frequency Vibrations of Rectangular AT-Cut Quartz Plates, *Journal of Applied Physics*, Vol. 34, No. 8, pp. 2357—65, August 1963.

[43] R. L. Bisplinghoff and H. Ashley, *Principles of Aeroelasticity*, John Wiley, 1962.

[44] В. В. Болотин, *Неконсервативные задачи теории упругой устойчивости*, Физматгив, 1961.

[45] S. G. Mikhlin, *Variational Methods in Mathematical Physics*, Pergamon Press, 1964.

[46] K. Washizu, Variational Methods Applied to Free Lateral Vibrations of a Plate with Initial Stresses, *Transactions of Japan Society for Aeronautical and Space Sciences*, Vol. 6, No. 9, pp. 36—42, 1963.

[47] L. S. D. Morley, *Skew Plates and Structures*, Pergamon Press. 1963.

第九章 壳

9.1 变形前的几何关系

在这一章我们将考虑薄壳理论． 取壳的中面(用 S_m 表示)作为参考曲面，它是用两个曲线坐标 α 和 β 定义的，由此，在 S_m 内任一点 $P_0^{(0)}$ 的位置向量可用下式表示：

$$\mathbf{r}_0^{(0)}=\mathbf{r}_0^{(0)}(\alpha,\ \beta), \tag{9.1}$$

如图 9.1 所示． 坐标 α 和 β 要选择得与中面的曲率线相重合，而沿 α 和 β 方向的单位向量分别用 $\mathbf{a}^{(0)}$ 和 $\mathbf{b}^{(0)}$ 表示如下：

$$\mathbf{a}^{(0)}=\frac{1}{A}\frac{\partial \mathbf{r}_0^{(0)}}{\partial \alpha}, \quad \mathbf{b}^{(0)}=\frac{1}{B}\frac{\partial \mathbf{r}_0^{(0)}}{\partial \beta}, \tag{9.2}$$

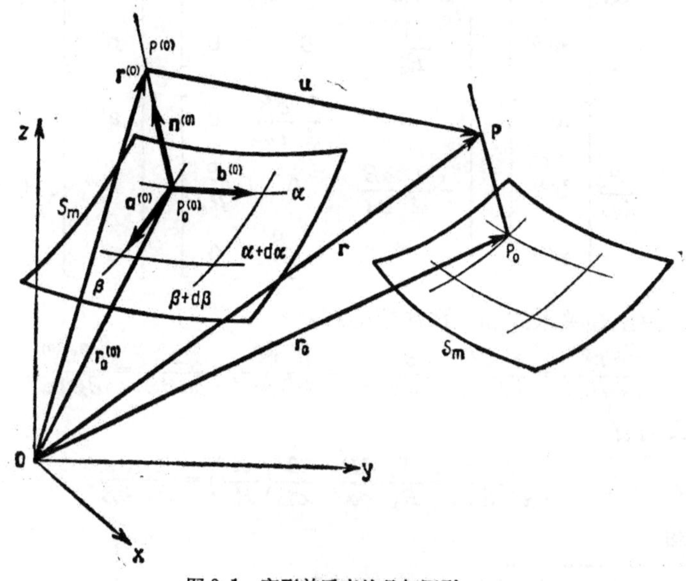

图 9.1 变形前后壳的几何图形

(a) 变形前 (b) 变形后

式中

$$A^2=\frac{\partial \mathbf{r}_0^{(0)}}{\partial \alpha}\cdot\frac{\partial \mathbf{r}_0^{(0)}}{\partial \alpha},\qquad B^2=\frac{\partial \mathbf{r}_0^{(0)}}{\partial \beta}\cdot\frac{\partial \mathbf{r}_0^{(0)}}{\partial \beta}. \tag{9.3}$$

在 S_m 内两相邻点[坐标分别为 $(\alpha,\ \beta)$ 和 $(\alpha+d\alpha,\ \beta+d\beta)$]之间线元素的长度由下式给出：

$$(ds_0^{(0)})^2=d\mathbf{r}_0^{(0)}\cdot d\mathbf{r}_0^{(0)}=A^2(d\alpha)^2+B^2(d\beta)^2. \tag{9.4}$$[1]

垂直于 S_m 的单位向量用 $\mathbf{n}^{(0)}$ 表示，把它选择得使 $\mathbf{a}^{(0)}$，$\mathbf{b}^{(0)}$ 和 $\mathbf{n}^{(0)}$ 形成一个右手正交系：

$$\mathbf{n}^{(0)}=\mathbf{a}^{(0)}\times\mathbf{b}^{(0)}. \tag{9.5}$$

沿 α 和 β 方向的曲率半径用 R_α 和 R_β 来表示，而把曲率中心在 $\mathbf{n}^{(0)}$ 的正方向一边的曲率半径取为正值．中面的几何引出了下列的矩阵关系式[2]：

$$\frac{\partial}{\partial \alpha}\begin{bmatrix}\mathbf{a}^{(0)}\\ \mathbf{b}^{(0)}\\ \mathbf{n}^{(0)}\end{bmatrix}=\begin{bmatrix}0 & -\dfrac{1}{B}\dfrac{\partial A}{\partial \beta} & \dfrac{A}{R_\alpha}\\ \dfrac{1}{B}\dfrac{\partial A}{\partial \beta} & 0 & 0\\ -\dfrac{A}{R_\alpha} & 0 & 0\end{bmatrix}\begin{bmatrix}\mathbf{a}^{(0)}\\ \mathbf{b}^{(0)}\\ \mathbf{n}^{(0)}\end{bmatrix}, \tag{9.6a}$$

$$\frac{\partial}{\partial \beta}\begin{bmatrix}\mathbf{a}^{(0)}\\ \mathbf{b}^{(0)}\\ \mathbf{n}^{(0)}\end{bmatrix}=\begin{bmatrix}0 & \dfrac{1}{A}\dfrac{\partial B}{\partial \alpha} & 0\\ -\dfrac{1}{A}\dfrac{\partial B}{\partial \alpha} & 0 & \dfrac{B}{R_\beta}\\ 0 & -\dfrac{B}{R_\beta} & 0\end{bmatrix}\begin{bmatrix}\mathbf{a}^{(0)}\\ \mathbf{b}^{(0)}\\ \mathbf{n}^{(0)}\end{bmatrix}. \tag{9.6b}$$

利用上述关系式和下面的恒等式：

$$\frac{\partial^2\mathbf{a}^{(0)}}{\partial\alpha\partial\beta}=\frac{\partial^2\mathbf{a}^{(0)}}{\partial\beta\partial\alpha},\quad \frac{\partial^2\mathbf{b}^{(0)}}{\partial\alpha\partial\beta}=\frac{\partial^2\mathbf{b}^{(0)}}{\partial\beta\partial\alpha},\quad \frac{\partial^2\mathbf{n}^{(0)}}{\partial\alpha\partial\beta}=\frac{\partial^2\mathbf{n}^{(0)}}{\partial\beta\partial\alpha},$$

我们有

$$\frac{\partial}{\partial\alpha}\left(\frac{B}{R_\beta}\right)=\frac{1}{R_\alpha}\frac{\partial B}{\partial\alpha},\quad \frac{\partial}{\partial\beta}\left(\frac{A}{R_\alpha}\right)=\frac{1}{R_\beta}\frac{\partial A}{\partial\beta}, \tag{9.7}$$

和

1) 附录 E 给出了几种壳体的专门说明．

2) 见参考文献[1,2]．也可见附录 H 中第四章习题 5．

$$\frac{\partial}{\partial\alpha}\left(\frac{1}{A}\frac{\partial B}{\partial\alpha}\right)+\frac{\partial}{\partial\beta}\left(\frac{1}{B}\frac{\partial A}{\partial\beta}\right)+\frac{AB}{R_\alpha R_\beta}=0. \tag{9.8}$$

这些关系式通常分别称为 Codazzi 条件和 Gauss 条件.

其次，我们来考虑壳体中面以外的任一点 $P^{(0)}$. 把它的位置向量表示为

$$\mathbf{r}^{(0)}=\mathbf{r}_0^{(0)}(\alpha,\ \beta)+\zeta\mathbf{n}^{(0)}(\alpha,\ \beta), \tag{9.9}$$

式中 ζ 是从中面到该点的距离. 关系式(9.9)表明,壳体内的任一点，可以由一组可用作正交曲线坐标的$(\alpha,\ \beta,\ \zeta)$来确定. 因此，第四章所推导的公式在这里是适用的，而且在方便时将使用记号 $\alpha^1=\alpha,\ \alpha^2=\beta,\ \alpha^3=\zeta$. 从方程(9.9),我们有局部基向量如下:

$$\begin{gathered}\mathbf{g}_1=\frac{\partial\mathbf{r}^{(0)}}{\partial\alpha}=A\left(1-\frac{\zeta}{R_\alpha}\right)\mathbf{a}^{(0)},\\ \mathbf{g}_2=\frac{\partial\mathbf{r}^{(0)}}{\partial\beta}=B\left(1-\frac{\zeta}{R_\beta}\right)\mathbf{b}^{(0)},\quad \mathbf{g}_3=\frac{\partial\mathbf{r}^{(0)}}{\partial\zeta}=\mathbf{n}^{(0)}.\end{gathered} \tag{9.10}$$

连接两相邻点 $P^{(0)}(\alpha,\ \beta,\ \zeta)$和 $Q^{(0)}(\alpha+d\alpha,\ \beta+d\beta,\ \zeta+d\zeta)$的位置向量是

$$\begin{aligned}d\mathbf{r}^{(0)}&=\mathbf{r}_{,\alpha}^{(0)}\,d\alpha+\mathbf{r}_{,\beta}^{(0)}\,d\beta+\mathbf{r}_{,\zeta}^{(0)}\,d\zeta\\ &=A\left(1-\frac{\zeta}{R_\alpha}\right)\mathbf{a}^{(0)}\,d\alpha+B\left(1-\frac{\zeta}{R_\beta}\right)\mathbf{b}^{(0)}d\beta+\mathbf{n}^{(0)}d\zeta,\end{aligned} \tag{9.11}$$

而它的长度(用 $ds^{(0)}$ 表示)由下式给出:

$$(ds^{(0)})^2=d\mathbf{r}^{(0)}\cdot d\mathbf{r}^{(0)}=\sum_{\lambda,\mu=1}^{3}g_{\lambda\mu}\,d\alpha^\lambda\,d\alpha^\mu, \tag{9.12}$$

式中

$$\begin{gathered}g_{11}=A^2\left(1-\frac{\zeta}{R_\alpha}\right)^2,\quad g_{22}=B^2\left(1-\frac{\zeta}{R_\beta}\right)^2,\\ g_{33}=1,\qquad g_{23}=g_{31}=g_{12}=0.\end{gathered} \tag{9.13}$$

一个无限小的平行六面体,由下列六个表面围成: $\alpha=$常数,$\beta=$常数,$\zeta=$常数,$\alpha+d\alpha=$常数,$\beta+d\beta=$常数,$\zeta+d\zeta=$常数, 它的体积由下式给出:

$$dV=AB\left(1-\frac{\zeta}{R_\alpha}\right)\left(1-\frac{\zeta}{R_\beta}\right)d\alpha\,d\beta\,d\zeta. \tag{9.14}$$

为了以后方便，将在点 $P^{(0)}$ 处设置一局部直角笛卡儿坐标系

(y^1, y^2, y^3)，其中各坐标轴的方向分别取得和点 $P_0^{(0)}$ 处的单位向量 $\mathbf{a}^{(0)}$，$\mathbf{b}^{(0)}$ 和 $\mathbf{n}^{(0)}$ 相一致，如图 9.2 所示．于是，从方程(4.57)和(9.10)就得到下列几何关系式：

$$dy^1 = A\left(1-\frac{\zeta}{R_\alpha}\right)d\alpha,\ dy^2 = B\left(1-\frac{\zeta}{R_\beta}\right)d\beta,\ dy^3 = d\zeta. \quad (9.15)$$

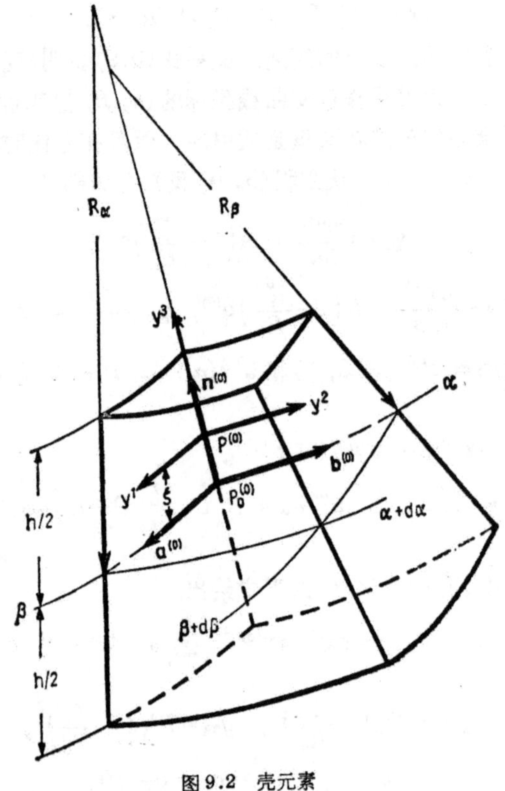

图 9.2　壳元素

现在让我们来考虑壳的侧表面．假定中面是单连通的，而侧表面(用 S 表示)是由垂直于中面 S_m 的法线的包络面而形成．设 S_m 与 S 的相交曲线用 C 表示，而把画在 C 上并垂直于 S 的外向单位向量用 $\boldsymbol{\nu}$ 表示，如图 9.3 所示．于是，我们得到 S 上的无限小矩形的面积为

$$dS=\sqrt{\left[m\left(1-\frac{\zeta}{R_{\alpha}}\right)\right]^{2}+\left[l\left(1-\frac{\zeta}{R_{\beta}}\right)\right]^{2}}\,ds\,d\zeta, \qquad (9.16)$$

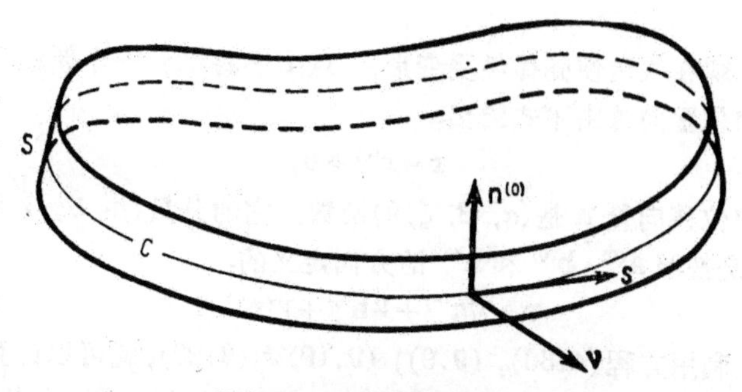

图 9.3 $\boldsymbol{\nu}$, $\mathbf{s}$ 和 $\mathbf{n}^{(0)}$ 的方向

式中 $l=\mathbf{a}^{(0)}\cdot\boldsymbol{\nu}$, $m=\mathbf{b}^{(0)}\cdot\boldsymbol{\nu}$, 而 s 是沿曲线 C 来量取的. 在边界 C 上有下列关系式:

$$A\,d\alpha=\pm m\,ds, \quad B\,d\beta=\pm l\,ds, \qquad (9.17)$$

如图 9.4 所示. 如果 s 增大的方向选择得使局部向量 $\boldsymbol{\nu}$, $\mathbf{s}$ 和 $\mathbf{n}^{(0)}$ 形成一个右手系,如图 9.3 所示,就得到

$$\frac{1}{A}\frac{\partial}{\partial\alpha}=l\frac{\partial}{\partial\nu}-m\frac{\partial}{\partial s}, \quad \frac{1}{B}\frac{\partial}{\partial\beta}=m\frac{\partial}{\partial\nu}+l\frac{\partial}{\partial s}, \qquad (9.18)$$

这里 $\mathbf{s}$ 是单位切向量,指向 s 增大的方向.

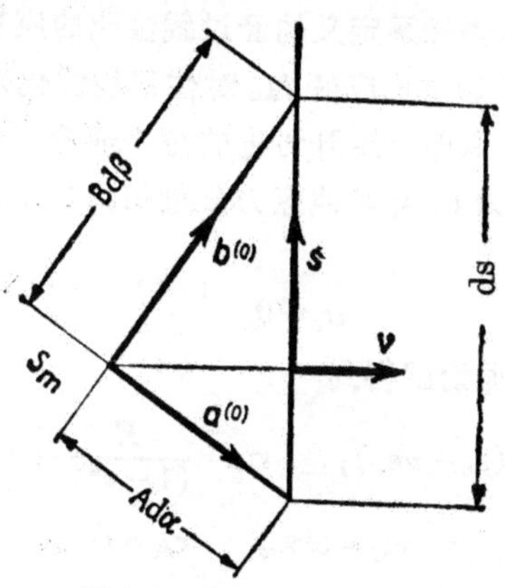

图 9.4 边界 C 上的几何关系

9.2 应变分析

现在假定使壳体经受变形．点 $P^{(0)}$ 移动到一个新的位置 P，它的位置向量由下式给出：

$$\mathbf{r}=\mathbf{r}^{(0)}+\mathbf{u}, \tag{9.19}$$

式中位移向量 $\mathbf{u}$ 是(α, β, ζ)的函数，它的分量(用 U, V 和 W 表示)是按照 $\mathbf{a}^{(0)}$, $\mathbf{b}^{(0)}$ 和 $\mathbf{n}^{(0)}$ 的方向定义的：

$$\mathbf{u}=U\mathbf{a}^{(0)}+V\mathbf{b}^{(0)}+W\mathbf{n}^{(0)}. \tag{9.20}$$

利用方程(4.36), (9.9), (9.19)和(9.20)，就可以计算用 U, V 和 W 表示并由(α, β, ζ)坐标系定义的应变 $f_{\lambda\mu}$．于是，按(y^1, y^2, y^3)坐标系定义的应变 $e_{\lambda\mu}$ 可以通过变换定律(4.61)和几何关系式(9.15)求得：

$$\begin{aligned}
&e_{\alpha\alpha}=\frac{f_{\alpha\alpha}}{A^2(1-\zeta/R_\alpha)^2}, \quad e_{\beta\beta}=\frac{f_{\beta\beta}}{B^2(1-\zeta/R_\beta)^2},\\
&e_{\zeta\zeta}=f_{\zeta\zeta}, \qquad\qquad e_{\alpha\beta}=\frac{f_{\alpha\beta}}{AB(1-\zeta/R_\alpha)(1-\zeta/R_\beta)},\\
&e_{\alpha\zeta}=\frac{f_{\alpha\zeta}}{A(1-\zeta/R_\alpha)}, \qquad e_{\beta\zeta}=\frac{f_{\beta\zeta}}{B(1-\zeta/R_\beta)}.
\end{aligned} \tag{9.21}$$

显然，按(y^1, y^2, y^3)坐标系定义的经过线性化的应变$(\varepsilon_\alpha, \varepsilon_\beta, \varepsilon_\zeta, \cdots)$，可以从方程(9.21)通过把应变 $f_{\lambda\mu}$ 对位移线性化来求得．

现在我们为本章即将展开讨论的薄壳理论引入两个假设．第一，假定横向正应力 σ_ζ 与其他应力分量相比为小量，从而在应力-应变关系中可令

$$\sigma_\zeta=0, \tag{9.22}$$

这样，对于线性化理论就得到

$$\begin{aligned}
&\sigma_\alpha=\frac{E}{(1-\nu^2)}(\varepsilon_\alpha+\nu\varepsilon_\beta), \qquad \sigma_\beta=\frac{E}{(1-\nu^2)}(\nu\varepsilon_\alpha+\varepsilon_\beta),\\
&\tau_{\alpha\beta}=G\gamma_{\alpha\beta}, \quad \tau_{\alpha\zeta}=G\gamma_{\alpha\zeta}, \quad \tau_{\beta\zeta}=G\gamma_{\beta\zeta},
\end{aligned} \tag{9.23}$$

而对于非线性理论为

$$\sigma_\alpha = \frac{E}{(1-\nu^2)}(e_{\alpha\alpha} = \nu e_{\beta\beta}), \quad \sigma_\beta = \frac{E}{(1-\nu^2)}(\nu e_{\alpha\alpha} + e_{\beta\beta}),$$
$$\tau_{\alpha\beta} = 2Ge_{\alpha\beta}, \quad \tau_{\alpha\zeta} = 2Ge_{\alpha\zeta}, \quad \tau_{\beta\zeta} = 2Ge_{\beta\zeta}, \tag{9.24}$$

式中应力和应变都是按局部直角笛卡儿坐标定义的. 第二, 假定位移向量 $\mathbf{u}$ 是由下式加以近似的:

$$\mathbf{u} = \mathbf{u}_0 + \zeta \mathbf{u}_1, \tag{9.25}$$

式中 $\mathbf{u}_0$ 和 $\mathbf{u}_1$ 都仅是(α, β)的函数, 它们的分量定义如下:

$$\mathbf{u}_0 = u\mathbf{a}^{(0)} + v\mathbf{b}^{(0)} + w\mathbf{n}^{(0)}, \tag{9.26}$$

$$\mathbf{u}_1 = u_1\mathbf{a}^{(0)} + v_1\mathbf{b}^{(0)} + w_1\mathbf{n}^{(0)}, \tag{9.27}$$

这里还引进了一个几何约束, 它要求

$$e_{\zeta\zeta} = u_1^2 + v_1^2 + (1 + w_1)^2 - 1 = 0. \tag{9.28}$$

可以看出, 遵循约束条件(9.28)的方程(9.25)给位移提供了一个最简单的包括横向剪变形影响的表达式(类似的推演见第8.8节).

把方程(9.25)代入方程(9.19), 并按熟悉的步骤, 可以为有限位移理论得出应变-位移关系式. 可是, 在这一节的余下部分, 我们将满足于推导小位移理论的那些关系式. 首先, 我们看到由于小位移的假设, 方程(9.28)经过对位移线性化后给出

$$w_1 = 0, \tag{9.29}$$

因而, 方程(9.25)简化为

$$U = u + \zeta u_1, \quad V = v + \zeta v_1, \quad W = w. \tag{9.30}$$

结合方程(9.19), (9.20)和(9.30), 得到

$$\mathbf{r} = \mathbf{r}^{(0)} + (u + \zeta u_1)\mathbf{a}^{(0)} + (v + \zeta v_1)\mathbf{b}^{(0)} + w\mathbf{n}^{(0)}. \tag{9.31}$$

可以看出, 方程(9.30)是薄板方程(8.99)向薄壳的自然引申.

其次, 我们将得出应变-位移关系式. 从方程(9.31)有下列关系式:

$$\frac{1}{A}\frac{\partial \mathbf{r}}{\partial \alpha} = \left[\left(1 - \frac{\zeta}{R_\alpha}\right) + l_{11} + m_{11}\zeta\right]\mathbf{a}^{(0)} + (l_{21} + m_{21}\zeta)\mathbf{b}^{(0)} + (l_{31} + m_{31}\zeta)\mathbf{n}^{(0)},$$
$$\frac{1}{B}\frac{\partial \mathbf{r}}{\partial \beta} = (l_{12} + m_{12}\zeta)\mathbf{a}^{(0)} + \left[\left(1 - \frac{\zeta}{R_\beta}\right) + l_{22} + m_{22}\zeta\right]\mathbf{b}^{(0)} + (l_{32} + m_{32}\zeta)\mathbf{n}^{(0)}, \tag{9.32}$$

$$\frac{\partial \mathbf{r}}{\partial \zeta}=u_1\mathbf{a}^{(0)}+v_1\mathbf{b}^{(0)}+\mathbf{n}^{(0)},$$

式中定义

$$\begin{aligned}
&l_{11}=\frac{1}{A}\frac{\partial u}{\partial \alpha}+\frac{v}{AB}\frac{\partial A}{\partial \beta}-\frac{w}{R_\alpha}, \quad l_{12}=\frac{1}{B}\frac{\partial u}{\partial \beta}-\frac{v}{AB}\frac{\partial B}{\partial \alpha},\\
&l_{21}=\frac{1}{A}\frac{\partial v}{\partial \alpha}-\frac{u}{AB}\frac{\partial A}{\partial \beta}, \quad l_{22}=\frac{1}{B}\frac{\partial v}{\partial \beta}+\frac{u}{AB}\frac{\partial B}{\partial \alpha}-\frac{w}{R_\beta},\\
&l_{31}=\frac{1}{A}\frac{\partial w}{\partial \alpha}+\frac{u}{R_\alpha}, \qquad l_{32}=\frac{1}{B}\frac{\partial w}{\partial \beta}+\frac{v}{R_\beta},
\end{aligned} \tag{9.33}$$

和

$$\begin{aligned}
&m_{11}=\frac{1}{A}\frac{\partial u_1}{\partial \alpha}+\frac{v_1}{AB}\frac{\partial A}{\partial \beta}, \quad m_{12}=\frac{1}{B}\frac{\partial u_1}{\partial \beta}-\frac{v_1}{AB}\frac{\partial B}{\partial \alpha},\\
&m_{21}=\frac{1}{A}\frac{\partial v_1}{\partial \alpha}-\frac{u_1}{AB}\frac{\partial A}{\partial \beta}, \quad m_{22}=\frac{1}{B}\frac{\partial v_1}{\partial \beta}+\frac{u_1}{AB}\frac{\partial B}{\partial \alpha},\\
&m_{31}=\frac{u_1}{R_\alpha}, \qquad m_{32}=\frac{v_1}{R_\beta}.
\end{aligned} \tag{9.34}$$

利用方程(9.9)和(9.31)，并借助于上述关系式，就可以算出应变$f_{\lambda\mu}$。然后把这样得到的应变对位移线性化，并代入方程(9.21)，从而为小位移理论得出下列包括横向剪变形影响的应变-位移关系式：

$$\begin{aligned}
&\varepsilon_\alpha=\frac{\varepsilon_{\alpha 0}-\zeta k_\alpha}{1-\zeta/R_\alpha}, \qquad \varepsilon_\beta=\frac{\varepsilon_{\beta 0}-\zeta k_\beta}{1-\zeta/R_\beta},\\
&\gamma_{\alpha\beta}=\frac{\gamma_{\alpha\beta 0}-2\zeta k_{\alpha\beta}+\zeta^2 k_{\alpha\beta}^*}{(1-\zeta/R_\alpha)(1-\zeta/R_\beta)},\\
&\gamma_{\alpha\zeta}=\frac{\gamma_{\alpha\zeta 0}}{1-\zeta/R_\alpha}, \qquad \gamma_{\beta\zeta}=\frac{\gamma_{\beta\zeta 0}}{1-\zeta/R_\beta},
\end{aligned} \tag{9.35}$$

式中

$$\varepsilon_{\alpha 0}=l_{11}, \quad \varepsilon_{\beta 0}=l_{22}, \quad \gamma_{\alpha\beta 0}=l_{12}+l_{21}, \tag{9.36}$$

$$\begin{aligned}
&k_\alpha=-m_{11}, \quad k_\beta=-m_{22},\\
&2k_{\alpha\beta}=-m_{21}-m_{12}+\frac{l_{12}}{R_\alpha}+\frac{l_{21}}{R_\beta},\\
&k_{\alpha\beta}^*=-\frac{m_{12}}{R_\alpha}-\frac{m_{21}}{R_\beta},
\end{aligned} \tag{9.37}$$

$$\gamma_{\alpha\zeta 0}=u_1+l_{31}, \quad \gamma_{\beta\zeta 0}=v_1+l_{32}. \tag{9.38}$$

9.3 Kirchhoff-Love 假说下的应变分析

上一节进行了包括横向剪变形影响的应变分析．现在我们来进行另一类应变分析，它接受如下的 Kirchhoff-Love 假说：变形前垂直于中面的壳体各直线纤维在壳变形后仍为直线，并垂直于变了形的中面且不经受伸缩[1]．这是薄板 Kirchhoff 假说向薄壳的一个引申．我们看到，遵循该假说的壳体理论就是基于方程(9.25)和(9.28)的理论的一种特殊情况．

我们来考虑变形前中面上的任一点，其坐标为$(\alpha, \beta, 0)$，它在变形前后的位置向量分别用 $\mathbf{r}_0^{(0)}$ 和 $\mathbf{r}_0$ 表示，这两个向量与方程(9.25)所引入的位移向量 $\mathbf{u}_0$ 的关系如下：

$$\mathbf{r}_0=\mathbf{r}_0^{(0)}+\mathbf{u}_0. \tag{9.39}$$

于是，可以看出，该假说允许我们把 $\mathbf{r}$ 表示为

$$\mathbf{r}=\mathbf{r}_0+\zeta\mathbf{n}, \tag{9.40}$$

式中 $\mathbf{n}$ 是垂直于变了形中面的一个单位向量，并由下式给出

$$\mathbf{n}=\frac{\partial\mathbf{r}_0}{\partial\alpha}\times\frac{\partial\mathbf{r}_0}{\partial\beta}\Big/\left|\frac{\partial\mathbf{r}_0}{\partial\alpha}\times\frac{\partial\mathbf{r}_0}{\partial\beta}\right|. \tag{9.41}$$

由于

$$\mathbf{r}_0=\mathbf{r}_0^{(0)}+u\mathbf{a}^{(0)}+v\mathbf{b}^{(0)}+w\mathbf{n}^{(0)}, \tag{9.42}$$

就可以用 u, v 和 w 表示 $\mathbf{n}$ 如下：

$$\mathbf{n}=\frac{L\mathbf{a}^{(0)}+M\mathbf{b}^{(0)}+N\mathbf{n}^{(0)}}{\sqrt{L^2+M^2+N^2}}, \tag{9.43}$$

式中

$$\begin{aligned}L&=-l_{31}+l_{21}l_{32}-l_{22}l_{31},\\M&=-l_{32}+l_{12}l_{31}-l_{11}l_{32},\\N&=1+l_{11}+l_{22}+l_{11}l_{22}-l_{12}l_{21}.\end{aligned} \tag{9.44}$$

从方程(9.9)，(9.19)，(9.39)和(9.40)，得到

$$\mathbf{u}=\mathbf{u}_0+\zeta(\mathbf{n}-\mathbf{n}_0). \tag{9.45}$$

我们从方程(9.25)和(9.45)看到，这个假说对 $\mathbf{u}_1$ 强加了下列条件：

---

1) Kirchhoff-Love 假说通常理解为也包括 $\sigma_\zeta=0$ 的假设．但是，在本书中仅将这里所描述的内容称为 Kirchhoff-Love 假说．

$$\mathbf{u}_1=\mathbf{n}-\mathbf{n}^{(0)}, \tag{9.46}$$

并把壳体变形的自由度减少到仅有 u, v 和 w.

当把壳的问题限于小位移理论时,方程(9.46)就简化为

$$u_1=-l_{31}, \quad v_1=-l_{32}. \tag{9.47}$$

这样,该假说允许我们将位移分量表示为

$$U=u-l_{31}\zeta, \quad V=v-l_{32}\zeta, \quad W=w, \tag{9.48}$$

而把应变-位移关系表示为

$$\begin{aligned} &\varepsilon_\alpha=\frac{\varepsilon_{\alpha 0}-\zeta\varkappa_\alpha}{1-\zeta/R_\alpha}, \quad \varepsilon_\beta=\frac{\varepsilon_{\beta 0}-\zeta\varkappa_\beta}{1-\zeta/R_\beta}, \\ &\gamma_{\alpha\beta}=\frac{\gamma_{\alpha\beta 0}-2\zeta\varkappa_{\alpha\beta}+\zeta^2\varkappa^*_{\alpha\beta}}{(1-\zeta/R_\alpha)(1-\zeta/R_\beta)}, \end{aligned} \tag{9.49}$$

式中

$$\begin{aligned} &\varkappa_\alpha=-\hat{m}_{11}, \quad \varkappa_\beta=-\hat{m}_{22}, \\ &2\varkappa_{\alpha\beta}=-\hat{m}_{21}-\hat{m}_{12}+\frac{l_{12}}{R_\alpha}+\frac{l_{21}}{R_\beta}, \\ &\varkappa^*_{\alpha\beta}=-\frac{\hat{m}_{12}}{R_\alpha}-\frac{\hat{m}_{21}}{R_\beta}, \end{aligned} \tag{9.50}$$

$$\begin{aligned} &-\hat{m}_{11}=\frac{1}{A}\frac{\partial l_{31}}{\partial\alpha}+\frac{l_{32}}{AB}\frac{\partial A}{\partial\beta}, \quad -\hat{m}_{12}=\frac{1}{B}\frac{\partial l_{31}}{\partial\beta}-\frac{l_{32}}{AB}\frac{\partial B}{\partial\alpha}, \\ &-\hat{m}_{21}=\frac{1}{A}\frac{\partial l_{32}}{\partial\alpha}-\frac{l_{31}}{AB}\frac{\partial A}{\partial\beta}, \quad -\hat{m}_{22}=\frac{1}{B}\frac{\partial l_{32}}{\partial\beta}+\frac{l_{31}}{AB}\frac{\partial B}{\partial\alpha}. \end{aligned} \tag{9.51}$$

这里提一下在以后公式推导中有用的几个公式:

$$\varkappa_{\alpha\beta}=-\hat{m}_{21}+\frac{l_{12}}{R_\alpha}=-\hat{m}_{12}+\frac{l_{21}}{R_\beta}, \tag{9.52}$$

$$\gamma_{\alpha\beta}=\frac{l_{21}+\zeta\hat{m}_{21}}{1-\zeta/R_\alpha}+\frac{l_{12}+\zeta\hat{m}_{12}}{1-\zeta/R_\beta}, \tag{9.53}$$

$$\varkappa^*_{\alpha\beta}=\left(\frac{1}{R_\alpha}+\frac{1}{R_\beta}\right)\varkappa_{\alpha\beta}-\frac{1}{R_\alpha R_\beta}\gamma_{\alpha\beta 0}, \tag{9.54}$$

其中已引用 Codazzi 条件来推证方程(9.52).

9.4 Kirchhoff-Love 假说下的线性化薄壳理论

我们将从定义下面的薄壳问题来开始这一节. 体力连同作用

在壳体上、下表面上的外力都按照中面 S_m 的每单位面积定义，而它们的分量由下式定义：

$$\overline{\mathbf{Y}}=\overline{Y}_\alpha\mathbf{a}^{(0)}+\overline{Y}_\beta\mathbf{b}^{(0)}+\overline{Y}_n\mathbf{n}^{(0)}. \tag{9.55}$$

外力 $\overline{\mathbf{F}}$ 作用在侧边界 S 的 S_1 部分，它的分量由下式定义：

$$\overline{\mathbf{F}}=\overline{F}_\alpha\mathbf{a}^{(0)}+\overline{F}_\beta\mathbf{b}^{(0)}+\overline{F}_n\mathbf{n}^{(0)}. \tag{9.56}$$

在侧边界 S 的余下部分 S_2 上，位移分量是给定的.

我们将在 Kirchhoff-Love 假说的前提下为这个问题推导一个线性化的薄壳理论. 这个问题的虚功原理可以写成

$$\begin{aligned}&\iiint_V(\sigma_\alpha\delta\varepsilon_\alpha+\sigma_\beta\delta\varepsilon_\beta+\tau_{\alpha\beta}\delta\gamma_{\alpha\beta})dV\\&-\iint_{S_m}(\overline{Y}_\alpha\delta u+\overline{Y}_\beta\delta v+\overline{Y}_n\delta w)ABd\alpha d\beta\\&-\iint_{S_1}(\overline{F}_\alpha\delta U+\overline{F}_\beta\delta V+\overline{F}_n\delta W)dS=0,\end{aligned} \tag{9.57}$$[1]

式中已代入了方程 (9.48) 和 (9.49) 以及几何关系 (9.14) 和 (9.16). 在进行方程(9.57)的简化以前，引入下列关于应力合力的记号：

$$\begin{aligned}&N_\alpha=\int\sigma_\alpha\Big(1-\frac{\zeta}{R_\beta}\Big)d\zeta, \qquad N_\beta=\int\sigma_\beta\Big(1-\frac{\zeta}{R_\alpha}\Big)d\zeta,\\&N_{\alpha\beta}=\int\tau_{\alpha\beta}\Big(1-\frac{\zeta}{R_\beta}\Big)d\zeta, \qquad N_{\beta\alpha}=\int\tau_{\beta\alpha}\Big(1-\frac{\zeta}{R_\alpha}\Big)d\zeta,\end{aligned} \tag{9.58}$$

$$\begin{aligned}&M_\alpha=\int\sigma_\alpha\Big(1-\frac{\zeta}{R_\beta}\Big)\zeta d\zeta, \qquad M_\beta=\int\sigma_\beta\Big(1-\frac{\zeta}{R_\alpha}\Big)\zeta d\zeta,\\&M_{\alpha\beta}=\int\tau_{\alpha\beta}\Big(1-\frac{\zeta}{R_\beta}\Big)\zeta d\zeta, \qquad M_{\beta\alpha}=\int\tau_{\beta\alpha}\Big(1-\frac{\zeta}{R_\alpha}\Big)\zeta d\zeta,\end{aligned} \tag{9.59}$$

$$\begin{aligned}&AB\widetilde{Q}_\alpha=\frac{\partial}{\partial\alpha}(BM_\alpha)+\frac{\partial}{\partial\beta}(AM_{\beta\alpha})+\frac{\partial A}{\partial\beta}M_{\alpha\beta}-\frac{\partial B}{\partial\alpha}M_\beta,\\&AB\widetilde{Q}_\beta=\frac{\partial}{\partial\beta}(AM_\beta)+\frac{\partial}{\partial\alpha}(BM_{\alpha\beta})+\frac{\partial B}{\partial\alpha}M_{\beta\alpha}-\frac{\partial A}{\partial\beta}M_\alpha,\end{aligned} \tag{9.60}$$

$$N_{\alpha\nu}=N_\alpha l+N_{\beta\alpha}m, \qquad N_{\beta\nu}=N_{\alpha\beta}l+N_\beta m, \tag{9.61}$$

1) 见方程(4.84).

$$
\begin{aligned}
M_{\alpha\nu} &= M_\alpha l + M_{\beta\alpha} m, \qquad M_{\beta\nu} = M_{\alpha\beta} l + M_\beta m, \\
M_\nu &= M_{\alpha\nu} l + M_{\beta\nu} m, \qquad M_{\nu s} = -M_{\alpha\nu} m + M_{\beta\nu} l,
\end{aligned} \tag{9.62}
$$

$$
V_n = \widetilde{Q}_\alpha l + \widetilde{Q}_\beta m \tag{9.63}
$$

和

$$
\begin{aligned}
&\overline{N}_{\alpha\nu} = \int \overline{F}_\alpha H d\zeta, \quad \overline{N}_{\beta\nu} = \int \overline{F}_\beta H d\zeta, \quad \overline{V}_n = \int \overline{F}_n H d\zeta, \\
&\overline{M}_{\alpha\nu} = \int \overline{F}_\alpha H \zeta d\zeta, \qquad \overline{M}_{\beta\nu} = \int \overline{F}_\beta H \zeta d\zeta, \\
&\overline{M}_\nu = \overline{M}_{\alpha\nu} l + \overline{M}_{\beta\nu} m, \qquad \overline{M}_{\nu s} = -\overline{M}_{\alpha\nu} m + \overline{M}_{\beta\nu} l.
\end{aligned} \tag{9.64}
$$

这里 $H(\zeta)$ 是从方程(9.16)得到的，即

$$
H(\zeta) = \sqrt{[m(1-\zeta/R_\alpha)]^2 + [l(1-\zeta/R_\beta)]^2}. \tag{9.65}
$$

在方程(9.58)，(9.59)和(9.64)以及这一整节中，对于 ζ 的积分都是从 $\zeta=-h/2$ 积到 $\zeta=h/2$，其中 h 表示壳的厚度. 方程(9.58)和(9.59)所定义的量是一些作用在中面坐标曲线 α 和 β 每单位长度上的应力合力和力矩，如图 9.5 所示. 量 N_α, N_β, $N_{\alpha\beta}$ 和 $N_{\beta\alpha}$ 是中面内的应力合力，而 M_α, M_β, $M_{\alpha\beta}$ 和 $M_{\beta\alpha}$ 是弯矩和扭矩. 研究图中壳元素对力矩的平衡条件，就可证明方程(9.60)所定义的量 $\widetilde{Q}_\alpha$ 和 $\widetilde{Q}_\beta$，等于按中面曲线 α 和 β 每单位长度定义的剪力 Q_α 和 Q_β[1). 方程(9.64)所定义的量是沿边界每单位长度上给定的外力和外力矩. 可以看出，$\overline{V}_n$ 是沿法线 $\mathbf{n}^{(0)}$ 方向的剪力，而 $\overline{M}_\nu$ 和 $\overline{M}_{\nu s}$ 是边界上的弯矩和扭矩. 借助于这些关系式，我们有

$$
\begin{aligned}
&\iiint_V (\sigma_\alpha \delta\varepsilon_\alpha + \sigma_\beta \delta\varepsilon_\beta + \tau_{\alpha\beta} \delta\gamma_{\alpha\beta}) AB \left(1 - \frac{\zeta}{R_\alpha}\right)\left(1 - \frac{\zeta}{R_\beta}\right) d\alpha d\beta d\zeta \\
&= \iint_{S_m} [N_\alpha \delta l_{11} + N_{\alpha\beta} \delta l_{21} + \widetilde{Q}_\alpha \delta l_{31} + N_{\beta\alpha} \delta l_{12} + N_\beta \delta l_{22} \\
&\quad + \widetilde{Q}_\beta \delta l_{32}] AB d\alpha d\beta - \int_{C_1+C_2} [M_{\alpha\nu} \delta l_{31} + M_{\beta\nu} \delta l_{32}] ds.
\end{aligned} \tag{9.66}
$$

将方程(9.66)代入方程(9.57)，并应用方程(9.18)，最后得到

$$
-\iint_{S_m} \left\{ \left[(BN_\alpha)_{,\alpha} + (AN_{\beta\alpha})_{,\beta} + \frac{\partial A}{\partial \beta} N_{\alpha\beta} - \frac{\partial B}{\partial \alpha} N_\beta - \frac{AB}{R_\alpha} \widetilde{Q}_\alpha \right.\right.
$$

---

1) 类似的推导见第 7.2 和 8.2 节的脚注。

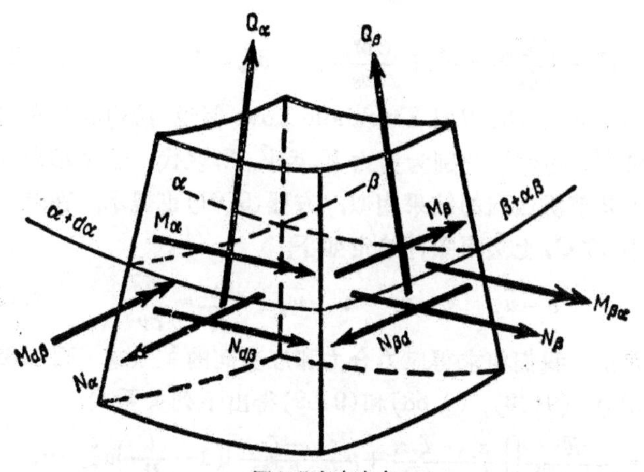

图 9.5 应力合力

$$+\overline{Y}_{\alpha}AB\Big]\delta u+[\cdots]\delta v+\Big[(B\widetilde{Q}_{\alpha})_{,\alpha}+(A\widetilde{Q}_{\beta})_{,\beta}+AB\Big(\frac{N_{\alpha}}{R_{\alpha}}+\frac{N_{\beta}}{R_{\beta}}\Big)$$

$$+\overline{Y}_{n}AB\Big]\delta w\Big\}d\alpha d\beta+\oint_{C_1}\Big\{\Big[\Big(N_{\alpha\nu}-\frac{M_{\alpha\nu}}{R_{\alpha}}\Big)-\Big(\overline{N}_{\alpha\nu}-\frac{\overline{M}_{\alpha\nu}}{R_{\alpha}}\Big)\Big]\delta u$$

$$+[\cdots]\delta v+[(V_{n}+M_{\nu s,s})-(\overline{V}_{n}+\overline{M}_{\nu s,s})]\delta w$$

$$-(M_{\nu}-\overline{M}_{\nu})\delta w_{,\nu}\Big\}ds+(\text{在 } C_2 \text{ 上的积分})=0. \tag{9.67}$$

所以,平衡方程是

$$\begin{aligned}&\frac{\partial}{\partial\alpha}(BN_{\alpha})+\frac{\partial}{\partial\beta}(AN_{\beta\alpha})+\frac{\partial A}{\partial\beta}N_{\alpha\beta}-\frac{\partial B}{\partial\alpha}N_{\beta}-\frac{AB}{R_{\alpha}}\widetilde{Q}_{\alpha}\\&\qquad+\overline{Y}_{\alpha}AB=0,\\&\frac{\partial}{\partial\beta}(AN_{\beta})+\frac{\partial}{\partial\alpha}(BN_{\alpha\beta})+\frac{\partial B}{\partial\alpha}N_{\beta\alpha}-\frac{\partial A}{\partial\beta}N_{\alpha}-\frac{AB}{R_{\beta}}\widetilde{Q}_{\beta}\\&\qquad+\overline{Y}_{\beta}AB=0,\\&\frac{\partial}{\partial\alpha}(B\widetilde{Q}_{\alpha})+\frac{\partial}{\partial\beta}(A\widetilde{Q}_{\beta})+AB\Big(\frac{N_{\alpha}}{R_{\alpha}}+\frac{N_{\beta}}{R_{\beta}}\Big)+\overline{Y}_{n}AB=0.\end{aligned} \tag{9.68}$$

在 C_1 上的边界条件变为

$$\begin{aligned}&N_{\alpha\nu}-\frac{M_{\alpha\nu}}{R_{\alpha}}=\overline{N}_{\alpha\nu}-\frac{\overline{M}_{\alpha\nu}}{R_{\alpha}},\\&N_{\beta\nu}-\frac{M_{\beta\nu}}{R_{\beta}}=\overline{N}_{\beta\nu}-\frac{\overline{M}_{\beta\nu}}{R_{\beta}},\end{aligned} \tag{9.69a, b}$$

$$V_n+\frac{\partial M_{\nu s}}{\partial s}=\overline{V}_n+\frac{\partial \overline{M}_{\nu s}}{\partial s}, \qquad M_\nu=\overline{M}_\nu. \tag{9.69c, d}$$

方程(9.69c)表明，根据 Kirchhoff-Love 假说，沿边界分布的扭矩 $M_{\nu s}$ 和 $\overline{M}_{\nu s}$ 的作用分别为剪力 V_n 和 $\overline{V}_n$ 所取代．这个结果和我们在第 8.2 节所遇到的结果相似．方程(9.67)也提示，在这个近似理论中，在 C_2 上边界条件给定如下：

$$u=\overline{u}, \quad v=\overline{v}, \quad w=\overline{w}, \quad \frac{\partial w}{\partial \nu}=\overline{\frac{\partial w}{\partial \nu}}. \tag{9.70}$$

其次，我们将求得应力合力和应变间的关系式．可以结合方程(9.23)，(9.49)，(9.58)和(9.59)得出下列关系式：

$$\begin{aligned}
N_\alpha&=\frac{E}{(1-\nu^2)}\int\left[\frac{\varepsilon_{\alpha0}-\zeta\varkappa_\alpha}{1-\zeta/R_\alpha}+\nu\frac{\varepsilon_{\beta0}-\zeta\varkappa_\beta}{1-\zeta/R_\beta}\right]\left(1-\frac{\zeta}{R_\beta}\right)d\zeta, \ \cdots,\\
M_{\beta\alpha}&=G\int\frac{\left(1-\dfrac{\zeta^2}{R_\alpha R_\beta}\right)\gamma_{\alpha\beta0}-2\left[1-\dfrac{\zeta}{2}\left(\dfrac{1}{R_\alpha}+\dfrac{1}{R_\beta}\right)\right]\zeta\varkappa_{\alpha\beta}}{1-\zeta/R_\beta}\zeta d\zeta.
\end{aligned} \tag{9.71}$$

由于这些积分的精确计算导致非常烦琐的应力合力-应变关系式，Lur'e 建议把方程(9.71)各积分的被积函数按 ζ 的幂级数展开，并在积分前抛弃高于 ζ^2 的各项，这样得到[1]：

$$\begin{aligned}
N_\alpha&=\frac{Eh}{(1-\nu^2)}\left[\varepsilon_{\alpha0}+\nu\varepsilon_{\beta0}+\frac{h^2}{12}\left(\frac{1}{R_\alpha}-\frac{1}{R_\beta}\right)\left(\frac{\varepsilon_{\alpha0}}{R_\alpha}-\varkappa_\alpha\right)\right],\\
N_\beta&=\frac{Eh}{(1-\nu^2)}\left[\varepsilon_{\beta0}+\nu\varepsilon_{\alpha0}+\frac{h^2}{12}\left(\frac{1}{R_\beta}-\frac{1}{R_\alpha}\right)\left(\frac{\varepsilon_{\beta0}}{R_\beta}-\varkappa_\beta\right)\right],\\
N_{\alpha\beta}&=Gh\left[\gamma_{\alpha\beta0}+\frac{h^2}{12}\left(\frac{1}{R_\alpha}-\frac{1}{R_\beta}\right)\left(\frac{\gamma_{\alpha\beta0}}{R_\alpha}-\varkappa_{\alpha\beta}\right)\right],\\
N_{\beta\alpha}&=Gh\left[\gamma_{\alpha\beta0}+\frac{h^2}{12}\left(\frac{1}{R_\beta}-\frac{1}{R_\alpha}\right)\left(\frac{\gamma_{\alpha\beta0}}{R_\beta}-\varkappa_{\alpha\beta}\right)\right],
\end{aligned} \tag{9.72}$$

$$\begin{aligned}
M_\alpha&=-D\left[\varkappa_\alpha+\nu\varkappa_\beta-\left(\frac{1}{R_\alpha}-\frac{1}{R_\beta}\right)\varepsilon_{\alpha0}\right],\\
M_\beta&=-D\left[\varkappa_\beta+\nu\varkappa_\alpha-\left(\frac{1}{R_\beta}-\frac{1}{R_\alpha}\right)\varepsilon_{\beta0}\right],\\
M_{\alpha\beta}&=-D(1-\nu)\left(\varkappa_{\alpha\beta}-\frac{\gamma_{\alpha\beta0}}{2R_\alpha}\right),\\
M_{\beta\alpha}&=-D(1-\nu)\left(\varkappa_{\alpha\beta}-\frac{\gamma_{\alpha\beta0}}{2R_\beta}\right),
\end{aligned} \tag{9.73}$$

式中 $D=Eh^3/12(1-\nu^2)$ 是壳的弯曲刚度. 壳的应变能可借助于方程(9.49)和附录 B 的方程(3)计算出来,并按 Lur'e 的近似精确度表达如下:

$$U=\frac{1}{2}\iint_{S_m}[N_\alpha\varepsilon_{\alpha0}+N_\beta\varepsilon_{\beta0}+S_{\alpha\beta}^*\gamma_{\alpha\beta0}-M_\alpha\varkappa_\alpha-M_\beta\varkappa_\beta-2M_{\alpha\beta}^*\varkappa_{\alpha\beta}]ABd\alpha d\beta, \tag{9.74}$$

式中,已代入了方程(9.72), (9.73)和

$$\begin{bmatrix} S_{\alpha\beta}^* \\ M_{\alpha\beta}^* \end{bmatrix}=\begin{bmatrix} C_{11} & C_{12} \\ C_{21} & C_{22} \end{bmatrix}\begin{bmatrix} \gamma_{\alpha\beta0} \\ -2\varkappa_{\alpha\beta} \end{bmatrix}, \tag{9.75}$$

$$\begin{aligned} C_{11}&=Gh\left[1+\frac{h^2}{12}\left(\frac{1}{R_\alpha^2}-\frac{1}{R_\alpha R_\beta}+\frac{1}{R_\beta^2}\right)\right], \\ C_{12}&=C_{21}=\frac{1}{4}D(1-\nu)\left(\frac{1}{R_\alpha}+\frac{1}{R_\beta}\right), \\ C_{22}&=\frac{1}{2}D(1-\nu), \end{aligned} \tag{9.76}$$

以便用位移表示应力合力. 这里要指出, 如果我们考虑作为这个薄壳理论基础的一些假设和假说, 方程(9.72)和(9.73)的精确度是显而易见的[1,2]: 方程(9.72)中含有 $h^2/12$ 的各项以及方程(9.73)中含有 $\varepsilon_{\alpha0}$, $\varepsilon_{\beta0}$ 或 $\gamma_{\alpha\beta0}$ 的各项通常都很小, 而与它们前面的那些项相比均可忽略不计. 所以,为了实用的目的,很少按照这些关系式的原有形式使用它们.

9.5 简化的公式推导

由于第 9.4 节所导出的薄壳理论导致壳体问题的相当烦琐的公式, 所以在本章的余下部分将注重于较简单的公式推导. 我们将采用一个简化假设,即壳体是如此之薄,以致在几何的以及应变-位移的关系中数量级较小的各项均可忽略不计. 在这个简化假设下, 量 h/R_α 和 h/R_β 与 1 相比可以考虑略去不计. 首先, 我们就认为方程(9.14)和(9.16)可以分别简化为

$$dV=ABd\alpha d\beta d\zeta, \tag{9.77}$$

$$dS = ds d\zeta, \tag{9.78}$$

同理，方程(9.64)中的因子 $H(\zeta)$ 可以取作等于1.

其次，我们来着手把应变-位移关系化简为较简单的形式，并整理出若干值得考虑的结果如下：

(a) 包括横向剪变形影响的线性化薄壳理论．我们可把方程(9.35)简化为

$$\begin{aligned}&\varepsilon_\alpha = \varepsilon_{\alpha 0} - \zeta k_\alpha, \qquad \varepsilon_\beta = \varepsilon_{\beta 0} - \zeta k_\beta,\\&\gamma_{\alpha\beta} = \gamma_{\alpha\beta 0} - 2\zeta k_{\alpha\beta},\\&\gamma_{\alpha\zeta} = \gamma_{\alpha\zeta 0}, \qquad \gamma_{\beta\zeta} = \gamma_{\beta\zeta 0},\end{aligned} \tag{9.79}$$

而位移分量仍由方程(9.30)给出.

(b) Kirchhoff-Love 假说下的线性化薄壳理论．我们可把方程(9.49)简化为

$$\begin{aligned}&\varepsilon_\alpha = \varepsilon_{\alpha 0} - \zeta \varkappa_\alpha, \qquad \varepsilon_\beta = \varepsilon_{\beta 0} - \zeta \varkappa_\beta,\\&\gamma_{\alpha\beta} = \gamma_{\alpha\beta 0} - 2\zeta \varkappa_{\alpha\beta},\end{aligned} \tag{9.80}$$

而位移分量仍由方程(9.48)给出.

我们将在这方面，引用 Kirchhoff-Love 假说和上述简化假设进行非线性应变-位移关系式的推导．精确的关系式可以用方程(9.45)作为一种位移表达式，并按类似于第9.2节的推演方式计算应变张量而求得．可是，我们将满足于得出近似的应变-位移关系式：在中面的应变表达式中将保留非线性的各项，而在曲率公式推导中只保留线性的各项．这样，我们可把非线性应变-位移关系简化为

$$\begin{aligned}&e_{\alpha\alpha} = e_{\alpha\alpha 0} - \zeta \varkappa_\alpha, \qquad e_{\beta\beta} = e_{\beta\beta 0} - \zeta \varkappa_\beta,\\&e_{\alpha\beta} = e_{\alpha\beta 0} - \zeta \varkappa_{\alpha\beta},\end{aligned} \tag{9.81}$$

式中

$$\begin{aligned}2e_{\alpha\alpha 0} &= (1+l_{11})^2 + l_{21}^2 + l_{31}^2 - 1,\\2e_{\beta\beta 0} &= l_{12}^2 + (1+l_{22})^2 + l_{32}^2 - 1,\\2e_{\alpha\beta 0} &= (1+l_{11})l_{12} + l_{21}(1+l_{22}) + l_{31}l_{32},\end{aligned} \tag{9.82}$$

而位移仍由方程(9.48)给出．显而易见，方程(9.81)中各曲率项的线性化以及方程(9.48)的引用，限制了建立在这些关系式上的非线性理论的适用范围．然而，这种选择看来对于象壳的屈曲或

振动等类问题的应用是有效的，这类问题的小位移运动是围绕带有初始膜应力的平衡位形进行的．关于薄壳有限位移理论较详细的讨论，见参考文献[3]．

9.6 Kirchhoff–Love 假说下的简化线性理论

我们将重新考虑第 9.4 节所提出的薄壳问题，并利用方程(9.48)，(9.77)，(9.78)和(9.80)为它推导出一种线性理论．采用虚功原理来进行控制方程的推导．这个原理提出采用下列应力合力的定义：

$$\begin{aligned}&N_\alpha=\int\sigma_\alpha d\zeta, \qquad N_\beta=\int\sigma_\beta d\zeta,\\&S_{\alpha\beta}=\int\tau_{\alpha\beta}d\zeta, \qquad S_{\beta\alpha}=\int\tau_{\beta\alpha}d\zeta,\end{aligned}\tag{9.83}$$

$$\begin{aligned}&M_\alpha=\int\sigma_\alpha\zeta d\zeta, \qquad M_\beta=\int\sigma_\beta\zeta d\zeta,\\&M_{\alpha\beta}=\int\tau_{\alpha\beta}\zeta d\zeta, \qquad M_{\beta\alpha}=\int\tau_{\beta\alpha}\zeta d\zeta,\end{aligned}\tag{9.84}$$

$$N_{\alpha\beta}=S_{\alpha\beta}-\frac{M_{\alpha\beta}}{R_\beta}, \qquad N_{\beta\alpha}=S_{\beta\alpha}-\frac{M_{\beta\alpha}}{R_\alpha}.\tag{9.85}$$

(9.83)–(9.85) 均带脚注 1)．

经过一些计算后，可以发现，在这个简化的薄壳线性理论中，平衡方程以及力学和几何边界条件的推导，与第 9.4 节的形式相同．可是，应力合力-应变关系式和壳的应变能表达式现在则以下列较简单的形式给出：

$$\begin{aligned}&N_\alpha=\frac{Eh}{(1-\nu^2)}[\varepsilon_{\alpha0}+\nu\varepsilon_{\beta0}],\ N_\beta=\frac{Eh}{(1-\nu^2)}[\nu\varepsilon_{\alpha0}+\varepsilon_{\beta0}),\\&S_{\alpha\beta}=S_{\beta\alpha}=Gh\gamma_{\alpha\beta0}.\end{aligned}\tag{9.86}$$

$$\begin{aligned}&M_\alpha=-D[\varkappa_\alpha+\nu\varkappa_\beta], \qquad M_\beta=-D[\nu\varkappa_\alpha+\varkappa_\beta],\\&M_{\alpha\beta}=M_{\beta\alpha}=-D(1-\nu)\varkappa_{\alpha\beta}.\end{aligned}\tag{9.87}$$

$$\begin{aligned}&N_{\alpha\beta}=S_{\alpha\beta}-M_{\alpha\beta}/R_\beta=Gh[\gamma_{\alpha\beta0}+(h^2/6R_\beta)\varkappa_{\alpha\beta}],\\&N_{\beta\alpha}=S_{\beta\alpha}-M_{\beta\alpha}/R_\alpha=Gh[\gamma_{\alpha\beta0}+(h^2/6R_\alpha)\varkappa_{\alpha\beta}].\end{aligned}\tag{9.88}$$

(9.86)–(9.88) 均带脚注 2)．

1) 试将这些方程与方程(9.58)和(9.59)作一比较．

2) 试将这些方程与方程(9.72)和(9.73)作一比较．

$$U=\frac{1}{2}\iint_{S_m}\left\{\frac{Eh}{(1-\nu^2)}\left[(\varepsilon_{\alpha0}+\varepsilon_{\beta0})^2+2(1-\nu)\left(\frac{1}{4}\gamma_{\alpha\beta0}^2-\varepsilon_{\alpha0}\varepsilon_{\beta0}\right)\right]\right.$$
$$\left.+D[(\varkappa_\alpha+\varkappa_\beta)^2+2(1-\nu)(\varkappa_{\alpha\beta}^2-\varkappa_\alpha\varkappa_\beta)]\right\}ABd\alpha d\beta. \quad (9.89)$$

这里要指出，方程(9.88)右边的第二项和首项相比通常可以忽略不计，从而得到下列较简单的关系式：

$$N_{\alpha\beta}=N_{\beta\alpha}=Gh\gamma_{\alpha\beta0}. \quad (9.90)$$[1]

如果我们记住作为现有薄壳理论基础的各个假设，为了实用的目的，就可以认为利用方程(9.90)是正当的．然而，方程(9.88)仍被用作理论表示形式，因为这个选择与虚功原理或最小势能原理所推导出来的结果是一致的．

9.7 Kirchhoff-Love 假说下的非线性薄壳理论

我们来考虑第 9.4 节所提出的薄壳问题，并引用方程(9.81)为它推导出一种在 Kirchhoff-Love 假说下的非线性理论．这个问题的虚功原理可以写成

$$\iiint_V(\sigma_\alpha\delta e_{\alpha\alpha}+\sigma_\beta\delta e_{\beta\beta}+2\tau_{\alpha\beta}\delta e_{\alpha\beta})dV$$
$$-\iint_{S_m}(\overline{Y}_\alpha\delta u+\overline{Y}_\beta\delta v+\overline{Y}_n\delta w)ABd\alpha d\beta$$
$$-\iint_{S_1}(\overline{F}_\alpha\delta U+\overline{F}_\beta\delta V+\overline{F}_n\delta W)dS=0, \quad (9.91)$$[2]

式中已代入了方程(9.48)，(9.77)，(9.78)和(9.81)．借助于方程(9.83)，(9.84)和(9.85)所定义的应力合力，我们有

$$\iiint_V(\sigma_\alpha\delta e_{\alpha\alpha}+\sigma_\beta\delta e_{\beta\beta}+2\tau_{\alpha\beta}\delta e_{\alpha\beta})ABd\alpha d\beta d\zeta$$
$$=\iint_{S_m}[(N_\alpha+N_\alpha l_{11}+S_{\alpha\beta}l_{12})\delta l_{11}+(N_{\beta\alpha}+S_{\beta\alpha}l_{11}+N_\beta l_{12})\delta l_{12}$$

---

1) 试将这些方程与方程(9.72)和(9.73)作一比较。

2) 见方程(4.84)。

$$
\begin{aligned}
&+(N_{\alpha\beta}+N_\alpha l_{21}+S_{\alpha\beta}l_{22})\delta l_{21}+(N_\beta+S_{\beta\alpha}l_{21}+N_\beta l_{22})\delta l_{22}\\
&+(\tilde{Q}_\alpha+N_\alpha l_{31}+S_{\alpha\beta}l_{32})\delta l_{31}+(\tilde{Q}_\beta+S_{\beta\alpha}l_{31}\\
&+N_\beta l_{32})\delta l_{32}]ABd\alpha d\beta-\int_{C_1+C_2}[M_{\alpha\nu}\delta l_{31}+M_{\beta\nu}\delta l_{32}]ds. \quad (9.92)
\end{aligned}
$$

将方程(9.92)与方程(9.66)进行比较，就可发现，下面的替换为非线性理论给出所要求的平衡方程和力学边界条件

$$
\left.
\begin{aligned}
&用\ N_\alpha+N_\alpha l_{11}+S_{\alpha\beta}l_{12}\ 替换\ N_\alpha,\\
&用\ N_{\beta\alpha}+S_{\beta\alpha}l_{11}+N_\beta l_{12}\ 替换\ N_{\beta\alpha},\\
&用\ N_{\alpha\beta}+N_\alpha l_{21}+S_{\alpha\beta}l_{22}\ 替换\ N_{\alpha\beta},\\
&用\ N_\beta+S_{\beta\alpha}l_{21}+N_\beta l_{22}\ 替换\ N_\beta,\\
&用\ \tilde{Q}_\alpha+N_\alpha l_{31}+S_{\alpha\beta}l_{32}\ 替换\ \tilde{Q}_\alpha,\\
&用\ \tilde{Q}_\beta+S_{\beta\alpha}l_{31}+N_\beta l_{32}\ 替换\ \tilde{Q}_\beta.
\end{aligned}
\right\} \quad (9.93)
$$

这样，我们就得到 S_m 内的平衡方程

$$
\begin{aligned}
&\frac{\partial}{\partial\alpha}\{B[N_\alpha+N_\alpha l_{11}+S_{\alpha\beta}l_{12}]\}+\frac{\partial}{\partial\beta}\{A[N_{\beta\alpha}+S_{\beta\alpha}l_{11}+N_\beta l_{12}]\}\\
&\quad+\frac{\partial A}{\partial\beta}[N_{\alpha\beta}+N_\alpha l_{21}+S_{\alpha\beta}l_{22}]-\frac{\partial B}{\partial\alpha}[N_\beta+S_{\beta\alpha}l_{21}+N_\beta l_{22}]\\
&\quad-\frac{AB}{R_\alpha}[\tilde{Q}_\alpha+N_\alpha l_{31}+S_{\alpha\beta}l_{32}]+\overline{Y}_\alpha AB=0,\\
&\frac{\partial}{\partial\beta}\{A[N_\beta+S_{\beta\alpha}l_{21}+N_\beta l_{32}]\}+\frac{\partial}{\partial\alpha}\{B[N_{\alpha\beta}+N_\alpha l_{21}+S_{\alpha\beta}l_{22}]\}\\
&\quad+\frac{\partial B}{\partial\alpha}[N_{\beta\alpha}+S_{\beta\alpha}l_{11}+N_\beta l_{12}]-\frac{\partial A}{\partial\beta}[N_\alpha+N_\alpha l_{11}+S_{\alpha\beta}l_{12}] \quad (9.94)\\
&\quad-\frac{AB}{R_\beta}[\tilde{Q}_\beta+S_{\beta\alpha}l_{31}+N_\beta l_{32}]+\overline{Y}_\beta AB=0,\\
&\frac{\partial}{\partial\alpha}\{B[\tilde{Q}_\alpha+N_\alpha l_{31}+S_{\alpha\beta}l_{32}]\}+\frac{\partial}{\partial\beta}\{A[\tilde{Q}_\beta+S_{\beta\alpha}l_{31}+N_\beta l_{32}]\}\\
&\quad+\frac{AB}{R_\alpha}[N_\alpha+N_\alpha l_{11}+S_{\alpha\beta}l_{12}]+\frac{AB}{R_\beta}[N_\beta+S_{\beta\alpha}l_{21}+N_\beta l_{22}]\\
&\quad+\overline{Y}_n AB=0
\end{aligned}
$$

和 C_1 上的力学边界条件

$$
[N_\alpha+N_\alpha l_{11}+S_{\alpha\beta}l_{12}]l+[N_{\beta\alpha}+S_{\beta\alpha}l_{11}+N_\beta l_{12}]m-\frac{M_{\alpha\nu}}{R_\alpha}
$$

$$=\overline{N}_{\alpha\nu}-\frac{\overline{M}_{\alpha\nu}}{R_\alpha},$$

$$[N_{\alpha\beta}+N_\alpha l_{21}+S_{\alpha\beta}l_{22}]l+[N_\beta+S_{\beta\alpha}l_{21}+N_\beta l_{22}]m-\frac{M_{\beta\nu}}{R_\beta}$$

$$=\overline{N}_{\beta\nu}-\frac{\overline{M}_{\beta\nu}}{R_\beta}, \tag{9.95}$$

$$[\widetilde{Q}_\alpha+N_\alpha l_{31}+S_{\alpha\beta}l_{32}]l+[\widetilde{Q}_\beta+S_{\beta\alpha}l_{31}+N_\beta l_{32}]m+\frac{\partial M_{\nu s}}{\partial s}$$

$$=\overline{V}_n+\frac{\partial\overline{M}_{\nu s}}{\partial s},$$

$$M_\nu=\overline{M}_\nu.$$

几何边界条件仍由方程(9.70)给出．应力合力-应变关系式和用于非线性理论的应变能表达式，可以从方程(9.86)，(9.87)，(9.88)和(9.89)中用 $e_{\alpha\alpha0}$，$e_{\beta\beta0}$ 和 $2e_{\alpha\beta0}$ 分别替换 $\varepsilon_{\alpha0}$，$\varepsilon_{\beta0}$ 和 $\gamma_{\alpha\beta0}$ 来求得[1)]．

9.8 包括横向剪变形影响的线性化薄壳理论

我们将重新考虑第 9.4 节所给定的问题，并为它推导出一种包括横向剪变形影响的线性化薄壳理论，其中所有给定的力和边界条件都假定是与时间有关的．这个动力学问题的虚功原理可以写成

$$\int_{t_1}^{t_2}\Big\{\iiint_V[\sigma_\alpha\delta\varepsilon_\alpha+\sigma_\beta\delta\varepsilon_\beta+\tau_{\alpha\beta}\delta\gamma_{\alpha\beta}+\tau_{\alpha\zeta}\delta\gamma_{\alpha\zeta}+\tau_{\beta\zeta}\delta\gamma_{\beta\zeta}]dV$$

$$-\delta\iiint_V\frac{1}{2}\rho(\dot{U}^2+\dot{V}^2+\dot{W}^2)dV$$

$$-\iint_{S_m}(\overline{Y}_\alpha\delta u+\overline{Y}_\beta\delta v+\overline{Y}_n\delta w)\,ABd\alpha d\beta$$

---

1) 如上节末尾所述，在方程(9.94)和(9.95)中可用 $N_{\alpha\beta}$ 和 $N_{\beta\alpha}$ 分别替换 $S_{\alpha\beta}$ 和 $S_{\beta\alpha}$，并为实用的目的采用较简单的关系式 $N_{\alpha\beta}=N_{\beta\alpha}=S_{\alpha\beta}=S_{\beta\alpha}=2Ghe_{\alpha\beta0}$．

$$-\iint_{S_1}[F_\alpha\delta U+F_\beta\delta V+F_n\delta W]\,dS\Big\}dt=0. \qquad (9.96)^{1)}$$

我们将采用第 9.5 节所介绍的简化假设，并引用方程(9.30)，(9.77)，(9.78)和(9.79)进行公式推导. 在这里，除方程(9.83)，(9.84)和(9.85)外，还要引入下列新的定义：

$$Q_\alpha=\int\tau_{\alpha\zeta}d\zeta, \qquad Q_\beta=\int\tau_{\beta\zeta}d\zeta, \qquad (9.97)$$

$$m=\rho hAB, \qquad I_m=\frac{1}{12}\rho h^3AB, \qquad (9.98)$$

方程(9.97)所定义的量是中面坐标曲线每单位长度的剪力，如图 9.5 所示. 方程(9.98)所定义的量是与同一图中所示壳元素的质量和质量惯性矩有关的. 借助于这样定义的应力合力，我们有

$$\iiint_V[\sigma_\alpha\delta\varepsilon_\alpha+\sigma_\beta\delta\varepsilon_\beta+\tau_{\alpha\beta}\delta\gamma_{\alpha\beta}+\tau_{\alpha\zeta}\delta\gamma_{\alpha\zeta}+\tau_{\beta\zeta}\delta\gamma_{\beta\zeta}]dV$$
$$=\iint_{S_m}[N_\alpha\delta l_{11}+N_{\alpha\beta}\delta l_{21}+Q_\alpha\delta l_{31}+Q_\alpha\delta u_1+N_{\beta\alpha}\delta l_{12}+N_\beta\delta l_{22}$$
$$+Q_\beta\delta l_{32}+Q_\beta\delta v_1+M_\alpha\delta m_{11}+M_{\alpha\beta}\delta m_{21}+M_{\beta\alpha}\delta m_{12}$$
$$+M_\beta\delta m_{22}]ABd\alpha d\beta. \qquad (9.99)$$

将方程(9.99)代入方程(9.96)，并利用位移分量的方程(9.30)，就得到运动方程：

$$\frac{\partial}{\partial\alpha}(BN_\alpha)+\frac{\partial}{\partial\beta}(AN_{\beta\alpha})+\frac{\partial A}{\partial\beta}N_{\alpha\beta}-\frac{\partial B}{\partial\alpha}N_\beta-\frac{AB}{R_\alpha}Q_\alpha+\overline{Y}_\alpha AB$$
$$=m\ddot{u},$$

$$\frac{\partial}{\partial\beta}(AN_\beta)+\frac{\partial}{\partial\alpha}(BN_{\alpha\beta})+\frac{\partial B}{\partial\alpha}N_{\beta\alpha}-\frac{\partial A}{\partial\beta}N_\alpha-\frac{AB}{R_\beta}Q_\beta+\overline{Y}_\beta AB$$
$$=m\ddot{v},$$

$$\frac{\partial}{\partial\alpha}(BQ_\alpha)+\frac{\partial}{\partial\beta}(AQ_\beta)+AB\left(\frac{N_\alpha}{R_\alpha}+\frac{N_\beta}{R_\beta}\right)+\overline{Y}_nAB$$
$$=m\ddot{w}, \qquad (9.100)$$

$$\frac{\partial}{\partial\alpha}(BM_\alpha)+\frac{\partial}{\partial\beta}(AM_{\beta\alpha})+\frac{\partial A}{\partial\beta}M_{\alpha\beta}-\frac{\partial B}{\partial\alpha}M_\beta-ABQ_\alpha=I_m\ddot{u}_1,$$

1) 见方程(5.81).

$$\frac{\partial}{\partial\beta}(AM_\beta)+\frac{\partial}{\partial\alpha}(BM_{\alpha\beta})+\frac{\partial B}{\partial\alpha}M_{\beta\alpha}-\frac{\partial A}{\partial\beta}M_\alpha-ABQ_\beta=I_m\ddot{v}_1,$$

和 C_1 上的边界条件

$$\begin{aligned}&N_{\alpha\nu}=\overline{N}_{\alpha\nu}, \quad N_{\beta\nu}=\overline{N}_{\beta\nu}, \quad Q_\alpha l+Q_\beta m=\overline{V}_n,\\&M_{\alpha\nu}=\overline{M}_{\alpha\nu}, \quad M_{\beta\nu}=\overline{M}_{\beta\nu},\end{aligned} \tag{9.101}$$

同时还提示在 C_2 上边界条件可近似地给定为:

$$u=\bar{u},\ v=\bar{v}, \quad w=\bar{w}, \quad u_1=\bar{u}_1, \quad v_1=\bar{v}_1. \tag{9.102}$$

应力合力-应变关系式和应变能表达式是从方程(9.23), (9.79), (9.83), (9.84), (9.85)和(9.97), 并借助于附录B的方程(3)求得的, 结果如下:

$$\begin{aligned}&N_\alpha=\frac{Eh}{(1-\nu^2)}(\varepsilon_{\alpha0}+\nu\varepsilon_{\beta0}), \quad N_\beta=\frac{Eh}{(1-\nu^2)}(\nu\varepsilon_{\alpha0}+\varepsilon_{\beta0}),\\&S_{\alpha\beta}=S_{\beta\alpha}=Gh\gamma_{\alpha\beta0},\end{aligned} \tag{9.103}$$

$$\begin{aligned}&M_\alpha=-D(k_\alpha+\nu k_\beta), \quad M_\beta=-D(\nu k_\alpha+k_\beta),\\&M_{\alpha\beta}=M_{\beta\alpha}=-D(1-\nu)k_{\alpha\beta},\end{aligned} \tag{9.104}$$

$$N_{\alpha\beta}=Gh\left[\gamma_{\alpha\beta0}+\frac{h^2}{6R_\beta}k_{\alpha\beta}\right],\ N_{\beta\alpha}=Gh\left[\gamma_{\alpha\beta0}+\frac{h^2}{6R_\alpha}k_{\alpha\beta}\right], \tag{9.105}$$

$$Q_\alpha=Gkh\gamma_{\alpha\zeta0}, \quad Q_\beta=Gkh\gamma_{\beta\zeta0}, \tag{9.106}$$

$$\begin{aligned}U=\frac{1}{2}\iint_{S_m}\Big\{&\frac{Eh}{(1-\nu^2)}\left[(\varepsilon_{\alpha0}+\varepsilon_{\beta0})^2+2(1-\nu)\left(\frac{1}{4}\gamma_{\alpha\beta0}^2-\varepsilon_{\alpha0}\varepsilon_{\beta0}\right)\right]\\&+D[(k_\alpha+k_\beta)^2+2(1-\nu)(k_{\alpha\beta}^2-k_\alpha k_\beta)]\\&+Gkh(\gamma_{\alpha\zeta0}^2+\gamma_{\beta\zeta0}^2)\Big\}ABd\alpha d\beta.\end{aligned} \tag{9.107}$$

方程(9.106)和(9.107)中添上了因子 k 是用以考虑在整个横截面上剪应变 $\gamma_{\alpha\zeta}$ 和 $\gamma_{\beta\zeta}$ 的不均匀性. 对于各向同性壳体, 因子 k 可以假定与第8.8节所提到的数值相同[4].

从上述的公式推导可以看出, 在 C_1 上有五个力学边界条件, 在 C_2 上有相同数目的几何边界条件, 而这些条件与假定的位移分量的自由度(即 u, v, w, u_1 和 v_1)是相适应的. 在 Kirchhoff-Love 假说下的薄壳理论中, 我们曾经用 V_n 和 $\overline{V}_n$ 取代了 $M_{\nu s}$ 和 $\overline{M}_{\nu s}$ 的作用. 可是, 在包括横向剪变形影响的薄壳理论中, 这种替换就不再是必要的了. 这类似于我们在第 8.8 节所遇到过的结果.

9.9 几点讨论

自从 Love 的近似理论问世以来,在薄壳理论方面已经写出了许多专著(例如,见参考文献[1—11]). 还发表了大量有关壳体问题的论文;广泛的文献目录列举在参考文献[12]中,而参考文献[13]对这个课题的进展提供了一篇述评. 许多作者在论著中提出了若干薄壳理论,而在它们当中发现了一些矛盾. 在参考文献[4],[9],[14],[15]和[16]中已对各种理论进行了比较.

这一章叙述的薄壳理论是建立在第 9.2 节所提出的假设的基础之上的. 就象我们在第 8.10 节讨论过的那样,同时引用第 9.2 节所提出的第一和第二个假设,就会在应力-应变关系上引起矛盾. 为了改善薄壳理论的精确度以及完全解除这种矛盾,必须放弃这些假设并假定位移分量为

$$
\begin{gathered}
U=\sum_{m=0}^{n} u_m(\alpha,\ \beta)\zeta^m, \qquad V=\sum_{m=0}^{n} v_m(\alpha,\ \beta)\zeta^m, \\
W=\sum_{m=0}^{n} w_m(\alpha,\ \beta)\zeta^m,
\end{gathered}
\tag{9.108}
$$

式中的项数必须适当地选取.

Hildebrand, Reissner 和 Thomas 提出过一种壳体理论[17],在这个理论中,U, V 和 W 是用 ζ 的二次函数逼近的,即在方程(9.108)中 $m=2$. Naghdi 使用过下列近似值

$$
U=u_0+\zeta u_1, \quad V=v_0+\zeta v_1, \quad W=w_0+\zeta w_1+\zeta^2 w_2, \tag{9.109}
$$

并利用 Reissner 的变分原理推出了一个理论[18,19]. 他把这个理论应用到筒壳中波的传播问题[20],并且断定,如果所探求的理论仅保留横向剪变形和转动惯量的影响,则方程(9.30)的位移形式并不需要改进[13]. 这里我们列出了两篇有关薄壳理论变分公式推导的论文[21,22].

壳体理论中的变分原理和 Rayleigh-Ritz 法相结合,为近似

求解壳体问题提供了一些强有力的工具(例如，见参考文献[23—26])．Donnell 提出过一种筒形薄壳理论[27]，在分析筒形薄壳的问题中得到了广泛的应用．壳的屈曲和屈曲后之特性的问题，在壳体理论中曾经是两大中心问题[28,29]．Kármán 和钱学森为筒壳和球壳的屈曲提出了一种突越理论[30,31,32]．作为工程技术极为重视的其他问题，我们还可以提到壳的热应力和热屈曲[33,34]，以及壳的振动[16,35,36,37]．

参 考 文 献

[1] В. В. Новожилов, *Теория тонких оболочек*, Судпромгиз, 1951. («薄壳理论»，科学出版社，1959 年)

[2] A. L. Gol'denveizer, *Theory of Elastic Thin Shells*, Translated by G. Hermann, Pergamon Press, 1961.

[3] В. В. Новожилов, *Основы нелинейной теории упругости*, Гостехиздат, 1948. («非线性弹性力学基础»，科学出版社，1958 年)

[4] P. M. Naghdi, Foundations of Elastic Shell Theory, *Progress in Solid Mechanics*, edited by I. N. Sneddon and R. Hill, Vol. IV, Chapter 1, North-Holland, 1963.

[5] A. E. H. Love, *Mathematical Theory of Elasticity*, Cambridge University Press, 4th edition, 1927.

[6] S. Timoshenko and S. Woinowsky-Krieger, *Theory of Plates and Shells*, McGraw-Hill, 1959. («板壳理论»，科学出版社，1977 年)

[7] W. Flügge, *Statik und Dynamik der Schalen*, Springer Verlag, 1934.

[8] A. E. Green and W. Zerna, *Theoretical Elasticity*, Oxford University Press, 1954.

[9] В. З. Власов, *Общая теория оболочек и её приложения в технике*, Гостехиздат, 1949. («壳体的一般理论»，人民教育出版社，1960 年)

[10] W. Flügge, *Stresses in Shells*, Springer Verlag, 1960. («壳体中的应力»，中国工业出版社，1965 年)

[11] Х. М. Муштари и К. З. Галимов, *Нелинейная теория упругих оболочек*, Таткнигоиздат, 1957.

[12] W. A. Nash, *Bibliography on Shells and Shell-like Structures*, David Taylor Model Basin Report 863, 1954. *Bibliography on Shells and Shell-like Structures* (1954—1956), Engineering and Industrial Experimental Station, University of Florida, 1957.

[13] P. M. Naghdi, A Survey of Recent Progress in the Theory of Elastic

Shells, *Applied Mechanics Reviews*, Vol. 9, No. 9, pp. 365—8, September 1956.

[14] W. T. Koiter, A Consistent First Approximation in the General Theory of Thin Elastic Shells, *Proceedings of the Symposium on the Theory of Thin Elastic Shells*, I. U. T. A. M., Delft, pp. 12-33, North-Holland, Amsterdam, 1960.

[15] D. S. Houghton and D. J. Johns, A Comparison of the Characteristic Equations in the Theory of Circular Cylindrical Shells, *The Aeronautical Quarterly*, Vol. 12, Part 3, pp. 228—36, August 1961.

[16] R. L. Bisplinghoff and H. Ashley, *Principles of Aeroelasticity*, John Wiley, 1962.

[17] F. B. Hildebrand, E. Reissner and G. B. Thomas, *Notes on the Foundations of the Theory of Small Displacements of Orthotropic Shells*, NACA TN 1833, 1949.

[18] P. M. Naghdi, On the Theory of Thin Elastic Shells, *Quarterly of Applied Mathematics*, Vol. 14, No. 4, pp. 369—80, January 1957.

[19] P. M. Naghdi, The Effect of Transverse Shear Deformation on the Bending of Elastic Shells of Revolution, *Quarterly of Applied Mathematics*, Vol. 15, No. 1, pp. 41—52, April 1957.

[20] P. M. Naghdi and P. M. Cooper, Propagation of Elastic Waves in Cylindrical Shells, including the Effects of Transverse Shear and Rotary Inertia, *Journal of Acoustical Society of America*, Vol. 28, No. 1, pp. 56—63, January 1956.

[21] E. Trefftz, Ableitung der Schalenbiegungsgleichungen mit dem Castiglianoschen Prinzip, *Zeitschrift für Angewandte Mathematik und Mechanik*, Vol. 15, No 1/2, pp. 102—8, February 1935.

[22] E. Reissner, Variational Considerations for Elastic Beams and Shells, *Journal of the Engineering Mechanics Division, Proceedings of the American Society of Civil Engineers*, Vol. 88, No. EM 1, pp. 23—57, February 1962.

[23] R. Schmidt and G. A. Wempner, The Nonlinear Conical Spring, *Transactions of the American Society for Mechanical Engineers*, Series E, Vol. 26, No. 4, pp. 681—2, December 1959.

[24] N. C. Dahl, Toroidal-Shell Expansion Joints, *Journal of Applied Mechanics*, Vol. 20, No. 4, pp. 497—503, December 1953.

[25] C. E. Turner and H. Ford, Stress and Deflection Studies of Pipeline Expansion Bellows, *Proceedings of the Institute of Mechanical Engineers*, Vol. 171, No. 15, pp. 526—52, 1957.

[26] P. G. Kafka and M. B. Dunn, Stiffness of Curved Circular Tubes with Internal Pressure, *Journal of Applied Mechanics*, Vol. 23, No. 2, pp.247—

54, June 1956.

[27] L. H. Donnell, A New Theory for the Buckling of Thin Cylinders under Axial Compression and Bending, *Transactions of American Society for Mechanical Engineers*, Vol. 56, No.11, pp. 795—806, November 1934.

[28] S. Timoshenko,*Theory of Elastic Stability*, McGraw-Hill, 1936. («弹性稳定理论»,科学出版社, 1958 年)

[29] H. L. Langhaar, General Theory of Buckling, *Applied Mechanics Review*, Vol. 11, No. 11, pp. 585—8, November 1958.

[30] T. von Kármán and H. S. Tsien, The Buckling of Spherical Shells by External Pressure, *Journal of the Aeronautical Sciences*, Vol. 7, No. 2, pp. 43—50, December 1939.

[31] T. von Kármán and H. S. Tsien, The Buckling of Thin Cylindrical Shells Under Axial Compression, *Journal of the Aeronautical Sciences*, Vol. 8, No. 8, pp. 303—12, June 1941.

[32] H. S. Tsien, A Theory for the Buckling of Thin Shells, *Journal of the Aeronautical Sciences*, Vol. 9, No. 10, pp. 373—83, August 1942.

[33] N. J. Hoff, Buckling of Thin Cylindrical Shell under Hoop Stresses Varying in Axial Direction, *Journal of Applied Mechanics*, Vol. 24, No. 3, pp. 405—12, September 1957.

[34] D. J. Johns, D. S. Houghton and J. P. H. Webber, *Buckling due to Thermal Stress of Cylindrical Shells subjected to Axial Temperature Distributions*, College of Aeronautics, Cranfield, CoA Report No. 147, 1961.

[35] R. N. Arnold and G. B. Warburton, The Flexural Vibrations of Thin Cylinders, *Proceedings of the Institute of Mechanical Engineers*, Vol. 167, No. 1, pp. 62—74, 1953.

[36] J. B. Berry and E. Reissner, The Effect of an Internal Compressible Fluid Column on the Breathing Vibrations of a Thin Pressurized Cylindrical Shell, *Journal of the Aeronautical Sciences*, Vol. 25, No. 5, pp. 288—94, May 1958.

[37] J. S. Mixson and R. W. Herr, *An Investigation of the Vibration Characteristics of Pressurized Thin-walled Circular Cylinders Partly Filled with Liquid*, NASA TR R-145, 1962.

第十章 结　构

10.1 有限次超静定

到这里为止，已经为单连通连续体推导了变分公式，第6.3节里讨论的有孔杆的扭转则是唯一的例外．本章将要表明，把这些公式稍加修正就可以适用于一些结构：由许多基本构件或元件拼造成的一些多连通连续体．为简便起见，我们将把这一研究限制在结构的小位移理论．

我们将假定，可以假想地把所研究的结构分割成为若干单连通构件，借助于单连通物体的分析方法已经导出这些构件的变形特性．于是，涉及到整个结构的问题，就简化为确定存在于这些构件结点处和结构支承点处的内力了．

如果平衡方程不足以确定所有的内力，那么这个结构就称为超静定的或静不定的：超静定的次数就是未知内力的数目与结构的独立平衡方程数目之差．按照这一术语，一般应把结构看作是具有无限次超静定的多连通连续体．分析这类结构必将导致十分庞大的计算工作．可是，实验数据和设计经验都已表明，我们有充分理由用有限个自由度的系统来逼近构件的变形，以简化结构的分析．换句话说，可以把结构看作是在特定环境下具有有限次超静定的物体．

桁架和框架都是结构中允许这样简化的实例．假定桁架的所有构件都是铰接的，它们只能传递轴向拉伸或压缩载荷，同时假定框架的构件则能够传递轴向力、弯矩和扭矩．为了使这样的简化切实有效，每一个构件都必须是细长的，并在结点处适当地连接，而且必须审慎地施加外力．象桁架或框架这一类结构，根据模拟其电的对应物，有时称为集聚参数线路：

在分析经这样简化的结构中，已发现虚功原理及其有关的变分原理是非常有效的．利用最小势能原理的一种方法通常称为位移法[1)]，而利用最小余能原理的另一种方法称为力法[1)]．这两种方法已经成为结构分析的指导原理．由于篇幅限制，我们将主要集中进行桁架和框架的分析，并着重于变分公式推导．有关数字例题和其他结构应用方面的实际细节，我们将满足于列出文献目录中的有关书刊，供读者参阅(参考文献[1—14])．

10.2 桁架构件的变形特性和桁架问题的提出

我们来考虑在两个端力 P 作用下的桁架构件，如图 10.1 所示，并假定已得出端力-伸长关系式：

$$P=P(\delta), \tag{10.1}$$

或者反转过来，

$$\delta=\delta(P). \tag{10.2}$$

图 10.1 受端力的桁架构件

伸长 δ 可以看成是构件的一端沿端力 P 方向的位移，这时构件的另一端是固定的．储存在构件中的应变能和余能分别是

$$U=\int_0^\delta P(\delta)d\delta \tag{10.3}$$

和

$$V=\int_0^P \delta(P)dP. \tag{10.4}$$

对于一根具有等截面积 A_0 和原始长度 l 的弹性构件，我们有

$$P=\frac{EA_0}{l}\delta, \tag{10.5}$$

$$\delta=\frac{l}{EA_0}P, \tag{10.6}$$

---

1) 这两种方法也分别叫作刚度法和柔度法．

$$U=\frac{EA_0}{2l}\delta^2, \tag{10.7}$$

$$V=\frac{l}{2EA_0}P^2. \tag{10.8}$$

显然，从方程(10.3)和(10.4)可得下列关系式：

$$\frac{\partial U}{\partial \delta}=P, \qquad \frac{\partial V}{\partial P}=\delta. \tag{10.9, 10.10}$$

当该杆对一组笛卡儿参考轴取任意方位时，我们要求出杆的伸长和它的位移之间的一种关系式．杆两端变形前、后的位置向量分别用 $\mathbf{r}_1^{(0)}$, $\mathbf{r}_2^{(0)}$ 和 $\mathbf{r}_1$, $\mathbf{r}_2$ 表示，它们与杆两端的位移向量 $\mathbf{u}_1$ 和 $\mathbf{u}_2$ 之间的关系是

$$\mathbf{r}_1=\mathbf{r}_1^{(0)}+\mathbf{u}_1, \qquad \mathbf{r}_2=\mathbf{r}_2^{(0)}+\mathbf{u}_2. \tag{10.11}$$

这样，杆的伸长 δ_{12} 可以用位移表达如下：

$$\begin{aligned}\delta_{12}&=|\mathbf{r}_2-\mathbf{r}_1|-|\mathbf{r}_2^{(0)}-\mathbf{r}_1^{(0)}|\\&=(\mathbf{u}_2-\mathbf{u}_1)\cdot(\mathbf{r}_2^{(0)}-\mathbf{r}_1^{(0)})/|\mathbf{r}_2^{(0)}-\mathbf{r}_1^{(0)}|,\end{aligned} \tag{10.12}$$

由于小位移假设，式中各高阶项均已略去．

现在让我们来考虑一个由 m 根构件和 n 个结点组成的桁架结构，它所在的三维空间用直角笛卡儿坐标作为参考系．令 i 表示桁架的结点($i=1, 2, \cdots, n$)，用双下标 ij 表明连接 i 和 j 两结点的构件($ij=1, 2, \cdots, m$)．第 ij 根构件变形前的方向余弦用 λ_{ij}, μ_{ij}, ν_{ij} 表示，其中从第 j 个结点到第 i 点的方向取为正．显然，

$$\lambda_{ij}=-\lambda_{ji}, \quad \mu_{ij}=-\mu_{ji}, \quad \nu_{ij}=-\nu_{ji}. \tag{10.13}$$

用 δ_{ij} 表示第 ij 根构件的伸长，第 i 和第 j 个结点的位移分量分别用 u_i, v_i, w_i 和u_j, v_j, w_j 来表示．利用方程(10.12)，就得到下列伸长-位移关系式：

$$\delta_{ij}=(u_i-u_j)\lambda_{ij}+(v_i-v_j)\mu_{ij}+(w_i-w_j)\nu_{ij}. \tag{10.14}$$ [1]

我们将给定桁架结构的边界条件如下．作用在桁架结构上的所有外力，是加在总共 n 个结点之中的 k 个结点上：

1) 不要把这一章到处使用的符号 δ_{ij} 与前几章所定义的 Kronecker 符号相混淆．

$$X_i=\overline{X}_i,\quad Y_i=\overline{Y}_i,\quad Z_i=\overline{Z}_i,\quad (i=1,\ 2,\ \cdots,\ k) \qquad (10.15)^{1)}$$

如图 10.2 所示，式中

$$X_i=\sum_j P_{ij}\lambda_{ij},\ Y_i=\sum_j P_{ij}\mu_{ij},\ Z_i=\sum_j P_{ij}\nu_{ij}. \qquad (10.16)$$

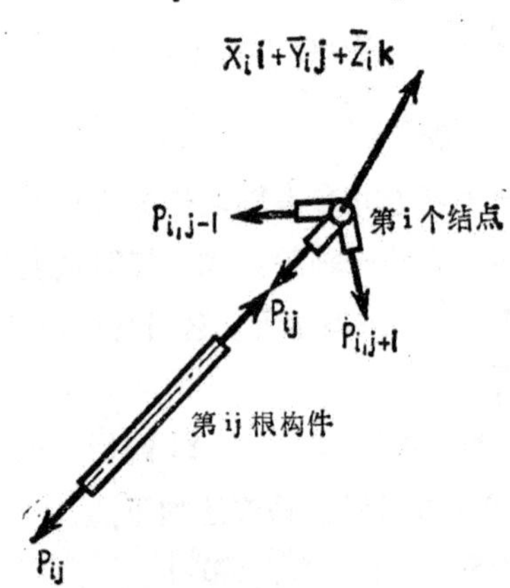

图 10.2 第 i 个结点和第 ij 根构件

在方程(10.16)中，P_{ij} 是第 ij 根构件的内端力，而对 j 求和要遍及同第 i 个结点直接相连的所有构件. 为简便起见，我们假定这桁架结构在其余的$(n-k)$个结点处是刚性固定的：

$$u_i=0,\quad v_i=0,\quad w_i=0,\quad (i=k+1,\quad \cdots,\ n). \qquad (10.17)^{2)}$$

为了进一步简化问题，我们假定几何边界条件足以使各外力彼此独立.

假定已经得出每一根构件的内力-伸长关系式为

$$P_{ij}=P_{ij}(\delta_{ij}), \qquad (10.18)$$

或者反转过来，

$$\delta_{ij}=\delta_{ij}(P_{ij}). \qquad (10.19)$$

把方程(10.14)和(10.18)与边界条件 (10.15) 和 (10.17) 结合起

1) 没有必要在一个结点上规定外力或位移的所有三个分量，而只需要 $\overline{X}_i$ 与 $\overline{u}_i$, $\overline{Y}_i$ 与 $\overline{v}_i$, $\overline{Z}_i$ 与 $\overline{w}_i$ 之间的补充关系式. 但为了简化后面的公式推导，我们就把问题规定如上.

2) 可以直截了当地把桁架问题推广到这样的情形，即几何边界条件由下式给出：

$$u_i=\overline{u}_i,\quad v_i=\overline{v}_i,\quad w_i=\overline{w}_i,\quad (i=k+1,\ \cdots,\ n).$$

来，就得到必要而充分的方程数目，来确定$(2m+3k)$个未知量P_{ij}, δ_{ij}, u_i, v_i和w_i(其中$ij=1, 2, \cdots, m$而$i=1, 2, \cdots, k$)。

10.3 桁架问题的变分公式推导

我们来考虑用于桁架问题的虚功原理. 用δu_i, δv_i和δw_i表示第i个结点的虚位移,并引用方程(10.15),我们有

$$\sum_{i=1}^{k}[(X_i-\overline{X}_i)\delta u_i+(Y_i-\overline{Y}_i)\delta v_i+(Z_i-\overline{Z}_i)\delta w_i]=0. \quad (10.20)$$

由此,考虑到方程(10.17),就可以把方程(10.20)变换为

$$\sum_{ij=1}^{m}P_{ij}\delta\delta_{ij}-\sum_{i=1}^{k}(\overline{X}_i\delta u_i+\overline{Y}_i\delta v_i+\overline{Z}_i\delta w_i)=0, \quad (10.21)$$

式中已将方程(10.14)代入. 这就是用于桁架问题的虚功原理.

原理(10.21)提示,用于桁架问题的最小势能原理的函数由下式给出:

$$\Pi=\sum_{ij=1}^{m}U_{ij}(\delta_{ij})-\sum_{i=1}^{k}(\overline{X}_iu_i+\overline{Y}_iv_i+\overline{Z}_iw_i), \quad (10.22)$$

式中

$$U_{ij}(\delta_{ij})=\int_0^{\delta_{ij}}P_{ij}(\delta_{ij})d\delta_{ij}, \quad (10.23)$$

并且已将方程(10.14)代入. 在上式中, 经受变分的量是u_i, v_i和w_i, 而带有约束条件(10.17). 函数(10.22)可以用通常的步骤变换成广义的形式:

$$\begin{aligned}\Pi_I=&\sum_{ij=1}^{m}U_{ij}(\delta_{ij})-\sum_{i=1}^{k}(\overline{X}_iu_i+\overline{Y}_iv_i+\overline{Z}_iw_i)\\&-\sum_{ij=1}^{m}P_{ij}\{\delta_{ij}-[(u_i-u_j)\lambda_{ij}+(v_i-v_j)\mu_{ij}+(w_i-w_j)\nu_{ij}]\}\\&-\sum_{i=k+1}^{n}(X_iu_i+Y_iv_i+Z_iw_i),\end{aligned} \quad (10.24)$$

式中经受变分的量是δ_{ij}, P_{ij}, u_i, v_i和w_i ($ij=1, 2, \cdots, m$而$i=1, 2, \cdots, n$),而没有约束条件.

用于最小余能原理的函数,可以按通常的办法从方程(10.24)

导出如下：

$$\Pi_c=\sum_{ij=1}^{m}V_{ij}(P_{ij}),\tag{10.25}$$

式中

$$V_{ij}(P_{ij})=\int_0^{P_{ij}}\delta_{ij}(P_{ij})dP_{ij}.\tag{10.26}$$

在方程(10.25)中，经受变分的独立变量是 P_{ij} $(ij=1, 2, \cdots, m)$，而带有约束条件(10.15)。

这样，我们就从最小势能原理导出了最小余能原理．可是，显而易见，最小余能原理也可以改由下列余虚功原理推导出来，

$$\sum_{ij=1}^{m}\delta_{ij}\delta P_{ij}=0,\tag{10.27}$$

式中 δ_{ij} 和 δP_{ij} 要选择得能够分别满足方程(10.14)和(10.17)以及

$$\delta X_i=0,\quad \delta Y_i=0,\quad \delta Z_i=0,\ (i=1, 2, \cdots, k).\tag{10.28}$$

这里要指出，如果方程(10.27)对于满足方程(10.28)的 δP_{ij} 的任何组合是成立的，那么伸长 δ_{ij} 必须从u_i, v_i 和 w_i 导出，如方程(10.14)和(10.27)所示．

我们现在来推导有外力作用的结点的位移分量方程．假定这桁架问题已经解出，而作用在第 i 个结点处的外力增加了量$d\overline{X}_i$, $d\overline{Y}_i$ 和 $d\overline{Z}_i(i=1, 2, \cdots, k)$，同时几何边界条件保持不变．于是，按类似于第 2.6 节的推演方式，我们有

$$\sum_{ij=1}^{m}\delta_{ij}dP_{ij}=\sum_{i=1}^{k}(u_i d\overline{X}_i+v_i d\overline{Y}_i+w_i d\overline{Z}_i).\tag{10.29}$$

方程(10.29)等价于应用到桁架结构的通常所说的 Castigliano 定理．

10.4 应用于桁架问题的力法

我们注意到方程(10.15)共有 $3k$ 个方程，一般不足以确定 m 个未知量 P_{ij}．换句话说，桁架结构是超静定的，并且按照定义，超

静定的次数是 $R=m-3k$. 我们准备从最小余能原理 (10.25) 获得其余的 R 个方程. 首先是求得方程(10.15)的通解:

$$P_{ij}=\sum_{p=1}^{R}a_{ijp}\chi_p+\sum_{l=1}^{k}(\alpha_{ijl}\overline{X}_l+\beta_{ijl}\overline{Y}_l+\gamma_{ijl}\overline{Z}_l),$$

$$(ij=1,\ 2,\ \cdots,\ m). \tag{10.30}$$

方程(10.30)右边的首项构成下列齐次方程的通解,

$$\sum_j P_{ij}\lambda_{ij}=0,\quad \sum_j P_{ij}\mu_{ij}=0,\quad \sum_j P_{ij}\nu_{ij}=0,$$

$$(i=1,\ 2,\ \cdots,\ k), \tag{10.31}$$

这就定义了一种内端力的自相平衡体系. 方程 (10.30) 可写成矩阵形式如下:

$$\{P\}=[a]\{\chi\}+[\alpha]\{\overline{X}\}, \tag{10.32}$$

式中记号 { } 和 [ ] 分别表示列矩阵和矩阵, 而且

$$\{P\}=\begin{bmatrix}P_{12}\\ \vdots\\ P_{n-1,n}\end{bmatrix},\quad [a]=\begin{bmatrix}a_{12,1} & \cdots & a_{12,R}\\ \vdots & & \vdots\\ a_{n-1,n,1} & \cdots & a_{n-1,n,R}\end{bmatrix},\quad \{\chi\}=\begin{bmatrix}\chi_1\\ \vdots\\ \chi_R\end{bmatrix},$$

$$[\alpha]=\begin{bmatrix}\alpha_{12,1} & \cdots & \alpha_{12,k} & \beta_{12,1} & \cdots & \beta_{12,k} & \gamma_{12,1} & \cdots & \gamma_{12,k}\\ \vdots & & \vdots & \vdots & & \vdots & \vdots & & \vdots\\ \alpha_{n-1,n,1} & \cdots & \alpha_{n-1,n,k} & \beta_{n-1,n,1} & \cdots & \beta_{n-1,n,k} & \gamma_{n-1,n,1} & \cdots & \gamma_{n-1,n,k}\end{bmatrix},$$

$$\{\overline{X}\}=\{\overline{X}_1,\ \cdots,\ \overline{X}_k,\ \overline{Y}_1,\ \cdots,\ \overline{Y}_k,\ \overline{Z}_1,\ \cdots,\ \overline{Z}_k\}. \tag{10.33}$$ [1]

把方程(10.30)引入最小余能原理(10.25), 并对 χ_p 取变分, 我们得到

$$\sum_{ij=1}^{m}a_{ijp}\delta_{ij}=0,\qquad (p=1,\ 2,\ \cdots,\ R) \tag{10.34}$$

或者按矩阵形式为

$$[a]'\{\delta\}=0, \tag{10.35}$$

---

1) 列矩阵可用下列两种符号之一表示:

$$\{x_1,\ x_2,\ \cdots,\ x_n\},\quad \begin{bmatrix}x_1\\ x_2\\ \vdots\\ x_n\end{bmatrix},$$

为节省篇幅起见, 常常使用前者。

式中[ ]′表示矩阵[ ]的转置，而 $\{\delta\}=\{\delta_{12},\ \cdots,\ \delta_{n-1,n}\}$。显而易见，从余虚功原理(10.27)可以求得等价于方程(10.34)的关系式。方程(10.34)提供了各构件伸长之间必须存在的条件，用以确保桁架各构件之间的连接没有一处在变形后是不相连续的。它们是几何关系式，而且不管采用什么内端力-伸长关系式都必须成立。也就是说，它们是桁架结构的广泛的相容条件，并和有孔杆扭转时所导出的方程(6.45)有着同样的几何意义。利用方程(10.30)，就把方程(10.34)简化为关于 $\chi_p(p=1,\ 2\cdots,\ R)$ 的联立代数方程，求解这些方程，我们就得到 χ_p 的值，然后通过方程(10.30)和(10.19)依次定出 P_{ij} 和 δ_{ij}。

当所有构件都呈弹性时，内端力和伸长之间的关系式用矩阵形式给出如下：

$$\{\delta\}=[C]\{P\}. \tag{10.36}$$

在桁架结构中，$[C]$是一个对角矩阵，如方程(10.6)所示。利用方程(10.32)和(10.36)，我们发现，方程(10.35)提供了确定 χ_p 的公式：

$$\{\chi\}=-[G]^{-1}[H]\{\bar{X}\}, \tag{10.37}$$

式中

$$\begin{aligned}[G]&=[a]'[C][a],\\ [H]&=[a]'[C][\alpha].\end{aligned} \tag{10.38}$$

把方程(10.37)代入方程(10.32)，就得到

$$\{P\}=[[\alpha]-[a][G]^{-1}[H]]\{\bar{X}\}. \tag{10.39}$$

利用方程(10.36)和(10.39)，我们就可以确定桁架结构所有构件的伸长。

下面，我们来推导有外力作用的结点的位移分量方程。把方程(10.32)引入方程(10.29)，并记得已假定外力是彼此独立的，就得到

$$u_l=\sum_{ij=1}^{m}\alpha_{ijl}\delta_{ij},\qquad v_l=\sum_{ij=1}^{m}\beta_{ijl}\delta_{ij},\qquad w_l=\sum_{ij=1}^{m}\gamma_{ijl}\delta_{ij},$$
$$(l=1,\ 2,\ \cdots,\ k), \tag{10.40}$$

或者按矩阵形式为

$$\{u\}=[\alpha]'\{\delta\}, \tag{10.41}$$

式中

$$\{u\}=\{u_1, \cdots, u_k, v_1, \cdots, v_k, w_1, \cdots, w_k\}.$$

利用方程(10.36), (10.39)和(10.41), 我们就得到有外力作用的结点的位移分量, 并可导出结构影响系数的矩阵. 上述方法构成了力法的主要部分.

这里对用于桁架问题的位移法作一点说明. 一个熟悉的方法是把方程(10.14), (10.17)和(10.18)代入方程(10.15), 并求解这 $3k$ 个方程来确定一些未知的位移分量 u_i, v_i 和 $w_i(i=1, 2, \cdots, k)$. 一旦求得了这些位移分量, 桁架结构的变形和内力就可以利用方程(10.14)和(10.18)来确定.

10.5 桁架结构的一个简单例子

作为上述公式的一个应用, 我们来考虑图 10.3 中表示的平面

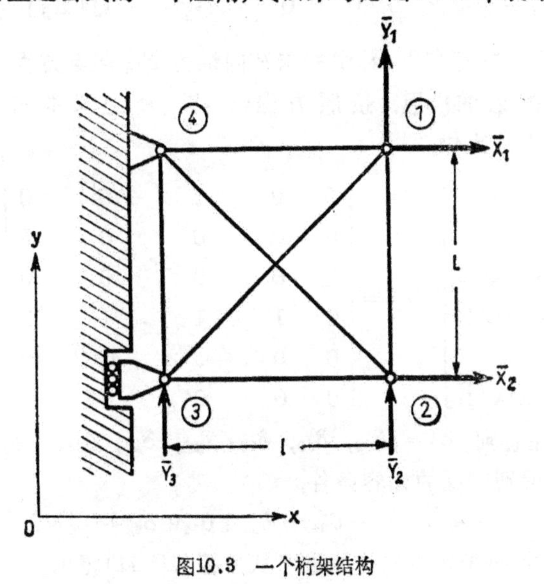

图10.3 一个桁架结构

桁架结构. 这个桁架共有六根构件和四个结点, 即 $m=6$ 和 $n=4$. 外力沿着 x 和 y 轴的方向作用在结点 ① 和 ② 上, 而在结点 ③ 上只有沿 y 方向作用的外力. 这些结点上的平衡方程是

$$\begin{aligned}
&P_{14}+(1/\sqrt{2})P_{13}=\overline{X}_1, \quad P_{12}+(1/\sqrt{2})P_{13}=\overline{Y}_1,\\
&P_{23}+(1/\sqrt{2})P_{24}=\overline{X}_2, \quad P_{12}+(1/\sqrt{2})P_{24}=-\overline{Y}_2,\\
&P_{34}+(1/\sqrt{2})P_{13}=-\overline{Y}_3.
\end{aligned} \tag{10.42}$$

在结点 ③ 和 ④ 处给定了几何边界条件, 它们是

$$u_3=0, \quad u_4=0, \quad v_4=0. \tag{10.43}$$

由于对六个未知内端力我们有五个平衡方程(10.42), 所以桁架的超静定次数是 $6-5=1$, 方程(10.42)可写成矩阵形式为

$$\begin{bmatrix} P_{12}\\ P_{13}\\ P_{14}\\ P_{23}\\ P_{24}\\ P_{34} \end{bmatrix}=\begin{bmatrix} -1/\sqrt{2} & 0 & 0 & 1 & 0 & 0\\ 1 & 0 & 0 & 0 & 0 & 0\\ -1/\sqrt{2} & 1 & 0 & 0 & 0 & 0\\ -1/\sqrt{2} & 0 & 1 & 1 & 1 & 0\\ 1 & 0 & 0 & -\sqrt{2} & -\sqrt{2} & 0\\ -1/\sqrt{2} & 0 & 0 & 0 & 0 & -1 \end{bmatrix}\begin{bmatrix} P_{13}\\ \overline{X}_1\\ \overline{X}_2\\ \overline{Y}_1\\ \overline{Y}_2\\ \overline{Y}_3 \end{bmatrix}. \tag{10.44}$$

我们看到, 方程(10.44)中的未知内端力 P_{13} 起着方程(10.30)中所定义的 χ_1 的作用. 按照方程(10.33)所定义的符号, 方程(10.44)右边提供:

$$[a]=\begin{bmatrix} -1/\sqrt{2}\\ 1\\ -1/\sqrt{2}\\ -1/\sqrt{2}\\ 1\\ -1/\sqrt{2} \end{bmatrix}, \; [\alpha]=\begin{bmatrix} 0 & 0 & 1 & 0 & 0\\ 0 & 0 & 0 & 0 & 0\\ 1 & 0 & 0 & 0 & 0\\ 0 & 1 & 1 & 1 & 0\\ 0 & 0 & -\sqrt{2} & -\sqrt{2} & 0\\ 0 & 0 & 0 & 0 & -1 \end{bmatrix}. \tag{10.45}$$

因此, 注意到 $\{\delta\}=\{\delta_{12}, \delta_{13}, \delta_{14}, \delta_{23}, \delta_{24}, \delta_{34}\}$, 我们从方程(10.35)得到广泛的相容条件:

$$-\sqrt{2}(\delta_{13}+\delta_{24})+\delta_{12}+\delta_{14}+\delta_{23}+\delta_{34}=0. \tag{10.46}$$

结点①, ②和③处的位移分量可从方程(10.41)得出:

$$u_1=\delta_{14},\qquad v_1=\delta_{12}+\delta_{23}-\sqrt{2}\,\delta_{24},$$
$$u_2=\delta_{23},\qquad v_2=\delta_{23}-\sqrt{2}\,\delta_{24},\tag{10.47}$$
$$v_3=-\delta_{34}.$$

10.6 框架构件的变形特性

下面，我们来讨论框架结构. 首先，考虑一框架构件的变形特性. 为简便起见，我们采用图 10.4 中表示的一根梁，在它的一端①处刚性固定，而在另一端②受有端力 N_{12}, Q_{12} 和端力矩 M_{12}, 同时在跨度中央作用有一个集中载荷 $\overline{P}$. 在这些力和力矩作用下的变形分量表示如下：

δ_{12}^{N}=端点②沿 N_{12} 方向的位移，

δ_{12}^{Q}=端点②沿 Q_{12} 方向的位移，

δ_{12}^{M}=端点②沿 M_{12} 方向的转角，

$\delta_{12}^{\overline{P}}$=外力 $\overline{P}$ 作用点沿 $\overline{P}$ 方向的位移.

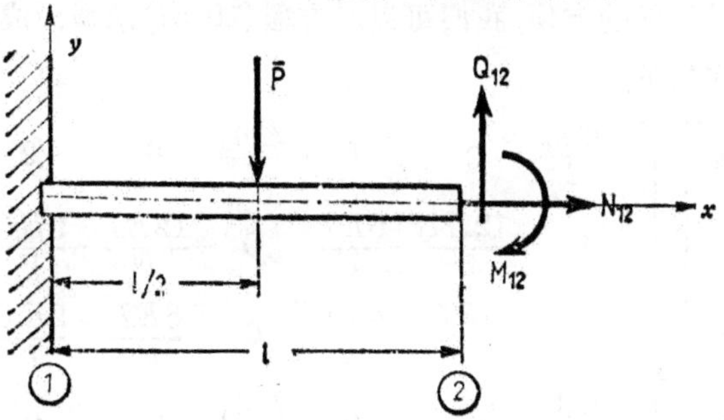

图 10.4 悬臂梁

这些量可以由 Castigliano 定理算出：

$$\delta_{12}^{N}=\frac{\partial V_{12}}{\partial N_{12}},\quad \delta_{12}^{Q}=\frac{\partial V_{12}}{\partial Q_{12}},\quad \delta_{12}^{M}=\frac{\partial V_{12}}{\partial M_{12}},\quad \delta_{12}^{\overline{P}}=\frac{\partial V_{12}}{\partial \overline{P}}.\tag{10.48}$$

上式中，量 V_{12} 是储存在梁⑫内的余能. 如果采用初等梁理论来分析框架构件，它由下式给出：

$$V_{12}=\frac{1}{2}\int_0^l\left(\frac{N^2}{EA_0}+\frac{M^2}{EI}\right)dx,\tag{10.49}$$

式中

$$N = N_{12}, \tag{10.50a}$$

和

$$M = \begin{cases} M_{12} - (l-x)Q_{12} + \left(\dfrac{l}{2} - x\right)\bar{P}, & 0 \leqslant x \leqslant \dfrac{l}{2}, \\ M_{12} - (l-x)Q_{12}, & \dfrac{l}{2} \leqslant x \leqslant l. \end{cases} \tag{10.50b}$$

当梁沿跨度具有等截面时，就得到梁 ⑫ 的柔度矩阵如下：

$$\begin{bmatrix} \delta_{12}^{N} \\ \delta_{12}^{Q} \\ \delta_{12}^{M} \\ \delta_{12}^{\bar{P}} \end{bmatrix} = \begin{bmatrix} \dfrac{l}{EA_0} & 0 & 0 & 0 \\ 0 & \dfrac{1}{3}\dfrac{l^3}{EI} & -\dfrac{1}{2}\dfrac{l^2}{EI} & -\dfrac{5}{48}\dfrac{l^3}{EI} \\ 0 & -\dfrac{1}{2}\dfrac{l^2}{EI} & \dfrac{l}{EI} & \dfrac{1}{8}\dfrac{l^2}{EI} \\ 0 & -\dfrac{5}{48}\dfrac{l^3}{EI} & \dfrac{1}{8}\dfrac{l^2}{EI} & \dfrac{1}{24}\dfrac{l^3}{EI} \end{bmatrix} \begin{bmatrix} N_{12} \\ Q_{12} \\ M_{12} \\ \bar{P} \end{bmatrix}. \tag{10.51}$$

为了后面的方便，我们可以对方程(10.51)求逆而成为刚度矩阵的形式如下：

$$\begin{bmatrix} N_{12}^{①} \\ Q_{12}^{①} \\ M_{12}^{①} \\ N_{12}^{②} \\ Q_{12}^{②} \\ M_{12}^{②} \end{bmatrix} = \begin{bmatrix} \dfrac{EA_0}{l} & 0 & 0 & -\dfrac{EA_0}{l} & 0 & 0 & 0 \\ 0 & \dfrac{12EI}{l^3} & -\dfrac{6EI}{l^2} & 0 & -\dfrac{12EI}{l^3} & -\dfrac{6EI}{l^2} & \dfrac{1}{2}\bar{P} \\ 0 & -\dfrac{6EI}{l^2} & \dfrac{4EI}{l} & 0 & \dfrac{6EI}{l^2} & \dfrac{2EI}{l} & -\dfrac{1}{8}\bar{P}l \\ -\dfrac{EA_0}{l} & 0 & 0 & \dfrac{EA_0}{l} & 0 & 0 & 0 \\ 0 & -\dfrac{12EI}{l^3} & \dfrac{6EI}{l^2} & 0 & \dfrac{12EI}{l^3} & \dfrac{6EI}{l^2} & \dfrac{1}{2}\bar{P} \\ 0 & -\dfrac{6EI}{l^2} & \dfrac{2EI}{l} & 0 & \dfrac{6EI}{l^2} & \dfrac{4EI}{l} & \dfrac{1}{8}\bar{P}l \end{bmatrix} \begin{bmatrix} u_1 \\ v_1 \\ \theta_1 \\ u_2 \\ v_2 \\ \theta_2 \\ 1 \end{bmatrix}, \tag{10.52}$$

式中 u_1, v_1, θ_1 和 u_2, v_2, θ_2 分别是结点 ① 和 ② 沿 x 和 y 方向的位移分量以及顺时针方向的转角，如图 10.5 所示．由于梁处于静力平衡状态，所以在外力和外力矩之间有下列关系式：

$$
\begin{gathered}
N_{12}^{①}+N_{12}^{②}=0, \qquad Q_{12}^{①}+Q_{12}^{②}-\bar{P}=0, \\
M_{12}^{①}+M_{12}^{②}-Q_{12}^{②}l+\frac{1}{2}\bar{P}l=0.
\end{gathered} \tag{10.53}
$$

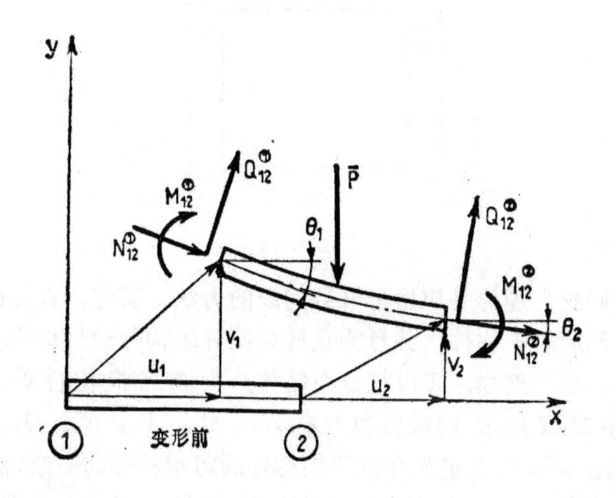

图 10.5 梁元素

当一根曲梁对一组笛卡儿参考轴取任意方位，并受到轴向、剪切等端力和弯曲、扭转等端力矩以及沿跨度分布的外载荷的综合作用，这时外力与所引起的变形之间的关系就变得相当复杂了。用于直梁的这些关系式已经按柔度矩阵和刚度矩阵的形式得出，并在结构分析中得到了广泛的应用[1]。

10.7 应用于框架问题的力法

有了上面的一些初步探讨，现在我们来着手分析框架结构。与其试图去推导三维框架结构的普遍公式，我们倒宁愿只考虑示于图 10.6 中的一个平面框架的简单例子，而且发现其变分公式推导的过程和桁架结构的推导相类似。

1) 关于刚度矩阵，见参考文献 [15]。

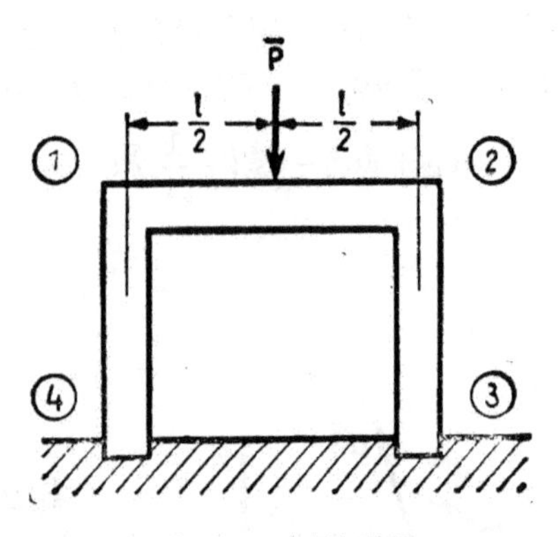

图 10.6 一个框架结构

我们感兴趣的是应用于框架问题的力法．首先，设想把框架结构分割成若干构件，并且为这些分割开的构件适当地定义其内端力和力矩．例如，可以把这个结构分割成三根构件 ⑫，㉓ 和 ⑭，如图 10.7 所示．内端力和力矩：N_{12}，Q_{12}，M_{12}；N_{23}，Q_{23}，M_{23}；N_{14}，Q_{14}，M_{14} 可以定义在这三根构件的每根构件的一端，而带星号的量 N_{12}^{*}，Q_{12}^{*}，M_{12}^{*} 则定义在构件 ⑫ 的另一端．由构件 ⑫ 的平衡条件，我们得到诸量之间的下列关系式：

$$N_{12}^{*}=N_{12},\ Q_{12}^{*}=Q_{12}-\overline{P},\ M_{12}^{*}=M_{12}-Q_{12}l+\frac{1}{2}\overline{P}l. \quad (10.54)$$

我们给这些构件的变形几何量定义如下．对于 ⑫，假定带有星号诸量的一端保持固定，并按前节定义，用 δ_{12}^{N}，δ_{12}^{Q}，δ_{12}^{M} 和 δ_{12}^{P} 表示变形分量．同样，对于 ㉓，沿 N_{23}，Q_{23} 和 M_{23} 的指向分别定义量 δ_{23}^{N}，δ_{23}^{Q} 和 δ_{23}^{M}；对于 ⑭，沿N_{14}，Q_{14} 和 M_{14} 的指向分别定义量 δ_{14}^{N}，δ_{14}^{Q} 和 δ_{14}^{M}．把构件 ⑫，㉓ 和 ⑭ 的余能分别用 $V_{12}(N_{12},\ Q_{12},\ M_{12},\ \overline{P})$，$V_{23}(N_{23},\ Q_{23},\ M_{23})$和$V_{14}(N_{14},\ Q_{14},\ M_{14})$表示，于是我们有

$$\delta_{12}^{N}=\frac{\partial V_{12}}{\partial N_{12}},\ \cdots,\ \delta_{14}^{M}=\frac{\partial V_{14}}{\partial M_{14}}. \quad (10.55)$$

现在让我们来考虑把这三根构件重新装配成一个框架结构．首先，必须满足结点 ①和 ② 的平衡条件(见图 10.7)：

$$-N_{14}+Q_{12}^{*}=0,\quad Q_{14}+N_{12}^{*}=0,\ -M_{14}+M_{12}^{*}=0, \quad (10.56)$$

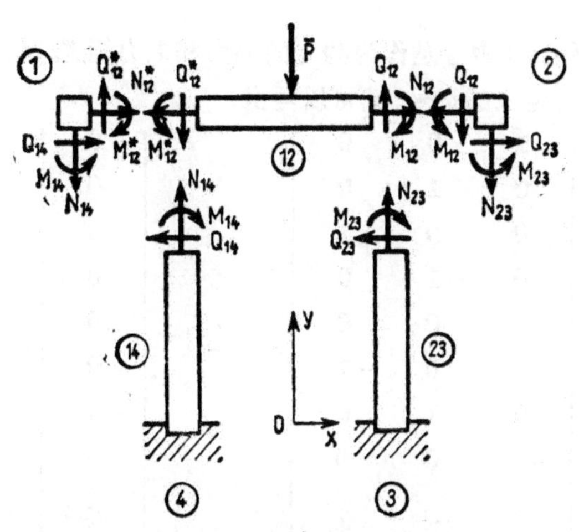

图 10.7 框架结构的自由体图

$$-N_{12}+Q_{23}=0,\ -Q_{12}-N_{23}=0,\ -M_{12}-M_{23}=0. \tag{10.57}$$

利用方程(10.54)从方程(10.56)中消去带星号的量，就得到

$$N_{12}+Q_{14}=0, \qquad Q_{12}-N_{14}-\bar{P}=0,$$
$$M_{12}-M_{14}-Q_{12}l+\frac{1}{2}\bar{P}l=0. \tag{10.58}$$

方程(10.57)和(10.58)包含了联系九个内端力和力矩的六个平衡方程，这就表明超静定次数是 $9-6=3$[1]．这些平衡方程可以写成矩阵形式如下：

$$\begin{bmatrix} N_{12} \\ Q_{12} \\ M_{12} \\ N_{23} \\ Q_{23} \\ M_{23} \\ N_{14} \\ Q_{14} \\ M_{14} \end{bmatrix} = \begin{bmatrix} 1 & 0 & 0 & 0 \\ 0 & 1 & 0 & 0 \\ 0 & 0 & 1 & 0 \\ 0 & -1 & 0 & 0 \\ 1 & 0 & 0 & 0 \\ 0 & 0 & -1 & 0 \\ 0 & 1 & 0 & -1 \\ -1 & 0 & 0 & 0 \\ 0 & -l & 1 & \frac{1}{2}l \end{bmatrix} \begin{bmatrix} N_{12} \\ Q_{12} \\ M_{12} \\ \bar{P} \end{bmatrix}, \tag{10.59}$$

1) 由于问题的对称性，我们可以进一步减少超静定次数．但由于我们的目的是阐明力法的步骤，所以这里不去考虑这种性质．

式中 N_{12}, Q_{12} 和 M_{12} 是作为独立的端力和端力矩选定的. 利用第10.4节所定义的记号,就可以写出

$$[a]=\begin{bmatrix}1&0&0\\0&1&0\\0&0&1\\0&-1&0\\1&0&0\\0&0&-1\\0&1&0\\-1&0&0\\0&-l&1\end{bmatrix},\qquad [\alpha]=\begin{bmatrix}0\\0\\0\\0\\0\\0\\-1\\0\\\frac{1}{2}l\end{bmatrix}. \tag{10.60}$$

为了求解本问题, 我们必须引入三个广泛的相容条件. 它们是由下式定义的 Π_c 的驻值条件给出的,

$$\Pi_c=V_{12}+V_{23}+V_{14}, \tag{10.61}$$

式中经受变分的独立量是 N_{12}, …, 和 M_{14}, 而带有约束条件(10.57)和(10.58). 经过一番仔细研究表明, 广泛的相容条件是由下式给出的,

$$[a]'\{\delta\}=0, \tag{10.62}$$

式中

$$\{\delta\}=\{\delta_{12}^N,\ \delta_{12}^Q,\ \delta_{12}^M,\ \delta_{23}^N,\ \delta_{23}^Q,\ \delta_{23}^M,\ \delta_{14}^N,\ \delta_{14}^Q,\ \delta_{14}^M\}.$$

当写成明显形式时,方程(10.62)变为

$$\begin{gathered}\delta_{12}^N+\delta_{23}^Q-\delta_{14}^Q=0,\qquad \delta_{12}^Q-\delta_{23}^N+\delta_{14}^N-\delta_{14}^M l=0,\\ \delta_{12}^M-\delta_{23}^M+\delta_{14}^M=0.\end{gathered} \tag{10.63}$$

这些就是框架结构的广泛的相容条件.结合方程(10.55),(10.59)和(10.63),我们就有了必要和充分的方程以确定九个未知的内端力和力矩.

下面,我们来确定着力点沿外力 $\overline{P}$ 方向的位移 δ_P. 设想我们已解出了这个框架问题, 并且给外力 $\overline{P}$ 增加一个微量 $d\overline{P}$. 然后按第2.6节中的类似推理,得到

$$\delta_{12}^{N} dN_{12} + \delta_{12}^{Q} dQ_{12} + \cdots + \delta_{12}^{P} d\overline{P} = \delta_{P} d\overline{P}. \tag{10.64}$$

从上式可得

$$\delta_{P} = [\alpha]'\{\delta\} + \delta_{12}^{P} = -\delta_{14}^{N} + \frac{1}{2}\delta_{14}^{M} l + \delta_{12}^{P}. \tag{10.65}$$

这里我们指出，如果通过 Lagrange 乘子把约束条件(10.57)和(10.58)引入 Π_c 的骨架，那么表达式(10.61)就变换成如下定义的 Π_c^*:

$$\begin{aligned} \Pi_c^* = & V_{12} + V_{23} + V_{14} + (N_{12} + Q_{14}) u_1 \\ & + (Q_{12} - N_{14} - \overline{P}) v_1 + (M_{12} - M_{14} - Q_{12} l + \frac{1}{2}\overline{P} l)\theta_1 \\ & - (N_{12} - Q_{23}) u_2 - (Q_{12} + N_{23}) v_2 - (M_{12} + M_{23})\theta_2, \end{aligned} \tag{10.66}$$

式中经受变分的量是 N_{12}, Q_{12}, M_{12}, N_{14}, Q_{14}, M_{14}, N_{23}, Q_{23}, M_{23}, u_1, v_1, θ_1, u_2, v_2 和 θ_2, 而没有约束条件. u_1, v_1, θ_1 和 u_2, v_2, θ_2 的物理意义分别是结点①和②沿 x 和 y 方向的位移分量以及顺时针方向的转角. 可以把表达式(10.66)看成是 Hellinger-Reissner 原理对于框架结构的推广. 通过利用驻值条件，使得

$$\frac{\partial V_{12}}{\partial N_{12}} + u_1 - u_2 = 0, \ \cdots, \tag{10.67}$$

以便从表达式(10.66)中消去力学量 N_{12}, Q_{12}, $\cdots$ 和 M_{23}, 我们就得到最小势能原理的函数

$$\begin{aligned} \Pi = & U_{12} + U_{14} + U_{23} - \frac{1}{384}\frac{\overline{P}^2 l^3}{EI} \\ & + \overline{P}\left[\frac{1}{2}(v_1 + v_2) + \frac{l}{8}(\theta_2 - \theta_1)\right], \end{aligned} \tag{10.68}$$

式中 $U_{12}(u_1, v_1, \theta_1, u_2, v_2, \theta_2)$, $U_{14}(u_1, v_1, \theta_1)$ 和 $U_{23}(u_2, v_2, \theta_2)$ 是储存在这些构件内的应变能，经受变分的量是 u_1, v_1, θ_1, u_2, v_2 和 θ_2, 而没有约束条件[1].

我们看到，对方程(10.67)求逆可提供一个与方程(10.52)形式相同的刚度矩阵. 我们还看到，利用前面定义的一些记号，可以把方程(10.67)写成

1) 关于 U_{12}, U_{14} 和 U_{23} 的明显表达式，见附录 H 里第十章的习题 3 和 4.

$$
\begin{aligned}
&\delta_{12}^N = u_2 - u_1, \quad \delta_{12}^Q = v_2 + \theta_1 l - v_1, \quad \delta_{12}^M = \theta_2 - \theta_1,\\
&\delta_{23}^N = v_2, \qquad \delta_{23}^Q = -u_2, \qquad \delta_{23}^M = \theta_2,\\
&\delta_{14}^N = v_1, \qquad \delta_{14}^Q = -u_1, \qquad \delta_{14}^M = \theta_1,
\end{aligned} \tag{10.69}
$$

而广泛的相容条件(10.63)在它们之间是成立的.

这里提一下用于框架结构分析的刚度矩阵法[14]. 正规的步骤是，首先以刚度矩阵的形式推导出所有框架构件的变形特性. 然后进行坐标变换，把构件坐标转换为整体坐标，用后者表示所有的刚度矩阵. 其次，为所有结点推导出关于力和力矩的平衡方程，并通过变换了的刚度矩阵，用属于各结点的变形量(如位移和转角)来表示这些方程. 可以看出，这样导出的平衡方程等价于那些应用最小势能原理而得到的结果. 求解这些方程，我们就可确定所有结点的变形量. 此后，利用刚度矩阵求出所有结点处的内力和内力矩，于是框架结构的变形和应力均可确定.

不难看出，在应用刚度矩阵法时，必须努力对付大量以结点变形量为未知数的线性联立代数方程. 发展中的高速数字计算机的惊人进步，已使这类计算成为一种程序计算了[15].

10.8 关于应用于半硬壳式结构的力法的注释

半硬壳式结构在轻结构(例如飞机、船舶等等)中有着广泛的用途. 一个半硬壳式结构通常由板和桁条组成，其中板用来传递平面力、特别是作为承剪的构件，而桁条则用来传递轴力. 已经广泛地导出了许多变分原理的公式，用来分析这种简化成有限个变形度数或有限次超静定体系的结构.

我们将对应用于半硬壳式结构分析的力法作一些探讨[1)]，并扼要地回顾它的变分背景. 在力法中，通常假想地把一个半硬壳式结构分割为包含有许多桁条和矩形板元素的集合体. 为简便起见，假定每根桁条都是等截面的，而每块板都是等厚度的. 对于这

1) 关于应用于半硬壳式结构的力法，见参考文献 [1—13] 的专著和参考文献 [16—24]的论文.

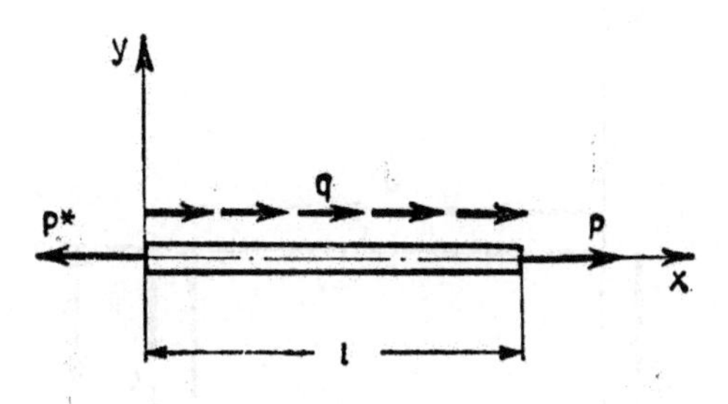

图 10.8 轴力和分布剪力作用下的桁条

些构件中应力分布的最简单的假设之一是：假定桁条受到端力 P 和 P^* 以及均布载荷 q 的作用，如图 10.8 所示．根据静力平衡，我们有

$$P^*=P+ql. \tag{10.70}$$

桁条的余能 V_s 是

$$V_s=\int_0^l \frac{1}{2EA_0}[P+(l-x)q]^2dx. \tag{10.71}$$

对于具有等 EA_0 的桁条，我们得到

$$V_s=\frac{1}{2EA_0}\left[P^2l+Pql^2+\frac{1}{3}q^2l^3\right]. \tag{10.72}$$

假定矩形板在剪流 q 的作用下处于均匀剪应力状态，剪流 q 是沿四边均匀分布的，如图 10.9 所示，其中 $q=\tau t$，τ 是剪应力，t 是板的厚度．板的余能 V_p 是

$$V_p=\int_0^a\int_0^b \frac{1}{2G}\tau^2 tdxdy=\frac{1}{2Gt}q^2ab. \tag{10.73}$$

把所有构件的余能加到一起，我们就得到半硬壳式结构的总余能．于是，力法要求在满足约束条件的前提下，总余能对于内边力的变分取绝对极小值，这些约束条件是：两相邻构件间的内边力要连续，而且在接头或结点处必须满足平衡条件．上述步骤构成了力法的主要部分．

我们已经看到，在桁架和框架中，变形量（例如伸长和转角等）都是通过构件的余能而与内端力和力矩发生联系的，如方程

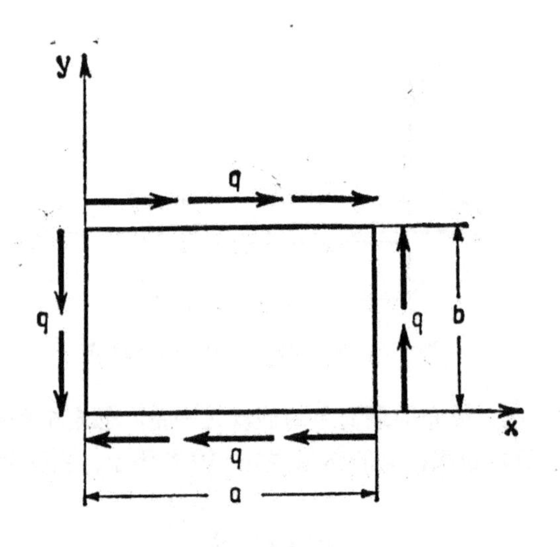

图 10.9 承剪板

(10.10)和(10.48)所示，而最小余能原理则提供了存在于这些变形量之间的广泛的相容条件. 可是，对处于较复杂的内载荷作用下的结构构件，通过构件的余能而与广义内力相联系的变形量，其几何意义就变得不那么清楚了，尽管公式推导的一般过程仍然相同. 例如，我们来考虑图 10.8 所示的桁条，它的余能由方程(10.71)给出. 用 $u(x)$表示沿 x 轴方向的位移，并采用关系式

$$P+(l-x)q=EA_0(du/dx), \tag{10.74}$$

我们得到

$$\frac{\partial V_s}{\partial P}=\int_0^l \frac{du}{dx}\,dx=u(l)-u(0), \tag{10.75}$$

$$\frac{\partial V_s}{\partial q}=\int_0^l \frac{du}{dx}(l-x)\,dx=\int_0^l [u(x)-u(0)]\,dx, \tag{10.76}$$

从而认清了这些导数的物理意义. 可以这样说，尽管从余能导出的变形量的几何意义可能变得模糊，但只要无限制地增加超静定的次数，通过力法逐次求得的近似解序列必然收敛到问题的真实解.

这里要指出，尽管利用某一变分原理可以得到一个解答，可是它通常是一个近似解. 例如，应用力法，我们可以得到与建立总余能时化简程度相一致的广泛的相容条件. 可是, 它们一般是精确相容条件的一些近似. 构件间位移的局部连续性在近似解中一般是遭到了破坏的. 例如, 我们来考虑应用到一个由板和桁条组成的平面半硬壳式结构(如图 10.10 所示)的力法. 假定这些构件的内边力分布如图 10.8 和 10.9 所示, 并用力法来确定这些内边力的值. 由于矩形板受到均匀剪流 q 作用产生变形, 如图 10.11 所示, 图中 γ 是剪应变, 由下式给出

$$\gamma=q/Gt. \tag{10.77}$$

对于图 10.10 中由四块板 ①, ②, ③ 和 ④形成的结点来说, 为了保证板间的连接在变形后不致裂开, 就要求必须保持几何关系

$$\gamma_{①}-\gamma_{②}+\gamma_{③}-\gamma_{④}=0. \tag{10.78}$$

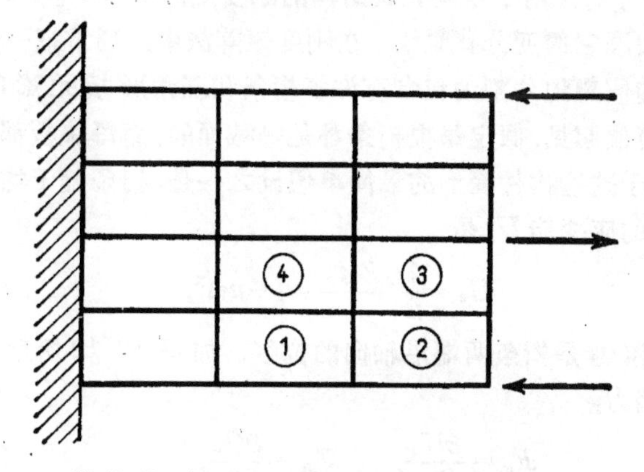

图 10.10 由矩形板和桁条组成的半硬壳式平面结构

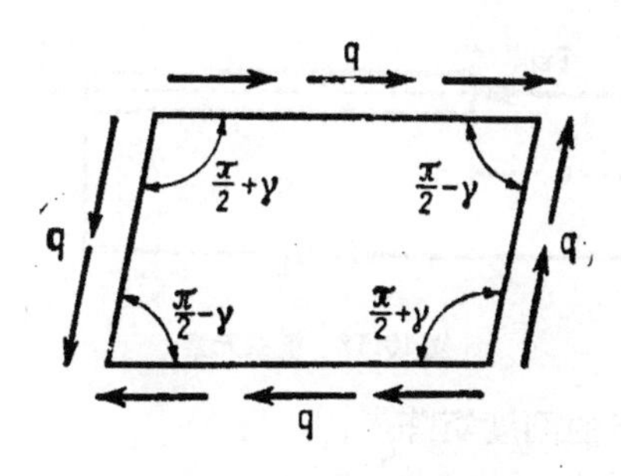

图 10.11 剪应变 γ

然而，这种条件一般是得不到满足的．这样，如果我们用力法确定的内力值来分别算出各构件的位移分量，就会在构件之间的边界上发现位移的不连续性．为了改善近似解的精确度，必须采用较复杂的内边力来代替均布的剪流．显然，最小余能原理为实现这种改进提供了一个有效的工具．

10.9 关于应用于半硬壳式结构的刚度矩阵法的注释

下面，我们将参照 Turner, Clough, Martin 和 Topp 的先驱性工作[25]，对应用于半硬壳式结构的刚度矩阵法作一些探讨，并扼要地回顾它的变分背景1)．在刚度矩阵法中，通常把一个半硬壳式结构假想地分割为包含有许多桁条和三角形板元素的集合体．为简便起见，假定每根桁条都是等截面的，而每块板都是等厚度的．对于这些构件变形的最简单假设之一是：桁条处于均匀应变状态，它的应变能 U_s 是

$$U_s=\frac{1}{2}\frac{EA_0}{l}(u_2-u_1)^2, \tag{10.79}$$

式中 u_1 和 u_2 是桁条两端沿轴向的位移，如图 10.12 所示．用下式定义端力：

$$F_{x_1}=\frac{\partial U_s}{\partial u_1}, \qquad F_{x_2}=\frac{\partial U_s}{\partial u_2}, \tag{10.80}$$

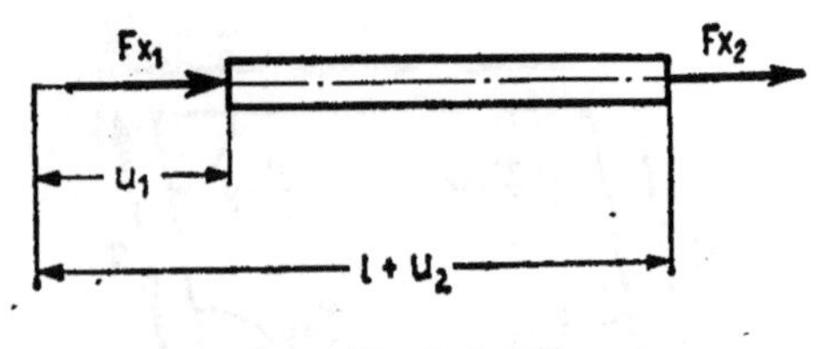

图 10.12 桁条元素

我们就得到桁条的刚度矩阵

1) 关于应用于半硬壳式结构的刚度矩阵法，也可见参考文献[10—13]的专著．

$$\begin{bmatrix} F_{x_1} \\ F_{x_2} \end{bmatrix} = \frac{EA_0}{l} \begin{bmatrix} 1 & -1 \\ -1 & 1 \end{bmatrix} \begin{bmatrix} u_1 \\ u_2 \end{bmatrix}. \tag{10.81}$$

假定三角形板处于均匀应变状态:

$$\varepsilon_x = \frac{\partial u}{\partial x} = a, \qquad \varepsilon_y = \frac{\partial v}{\partial y} = b,$$
$$\gamma_{xy} = \frac{\partial u}{\partial y} + \frac{\partial v}{\partial x} = c, \tag{10.82}$$

由此得到

$$u = ax + Ay + B,$$
$$v = by + (c - A)x + C, \tag{10.83}$$

式中 A, B 和 C 是积分常数，由三角形的刚体移动和转动来决定. 用 (u_1, v_1), (u_2, v_2) 和 (u_3, v_3) 分别表示三角形三个顶点的位移分量, 我们有六个常数 a, b, c, A, B 和 C, 从而板的应力分量是

$$\sigma_x = \frac{E}{(1-\nu^2)} \left(\frac{\partial u}{\partial x} + \nu \frac{\partial v}{\partial y} \right) = \frac{E}{(1-\nu^2)} (a + \nu b).$$
$$\sigma_y = \frac{E}{(1-\nu^2)} \left(\nu \frac{\partial u}{\partial x} + \frac{\partial v}{\partial y} \right) = \frac{E}{(1-\nu^2)} (\nu a + b), \tag{10.84}$$
$$\tau_{xy} = G\gamma_{xy} = Gc,$$

而板的应变能用 u_1, v_1, u_2, v_2, u_3 和 v_3 表示,

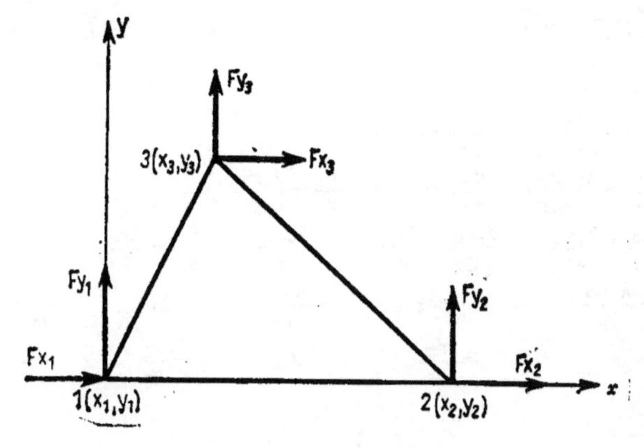

图 10.13 三角形板元素

$$U_p=\frac{1}{2}\iint\left[\frac{E}{(1-\nu^2)}(\varepsilon_x+\varepsilon_y)^2+G(\gamma_{xy}^2-4\varepsilon_x\varepsilon_y)\right]tdxdy$$

$$=\frac{1}{4}\left[\frac{E}{(1-\nu^2)}(a+b)^2+G(c^2-4ab)\right]tx_2y_3, \tag{10.85}$$

式中 t 是板的厚度. 可以看出,由方程(10.84)所给出的应力分量 σ_x, σ_y 和 τ_{xy} 满足平衡方程:

$$\frac{\partial\sigma_x}{\partial x}+\frac{\partial\tau_{xy}}{\partial y}=0, \qquad \frac{\partial\tau_{xy}}{\partial x}+\frac{\partial\sigma_y}{\partial y}=0. \tag{10.86}$$

用下式定义顶点处的结点力:

$$F_{x_1}=\frac{\partial U_p}{\partial u_1}, \quad F_{y_1}=\frac{\partial U_p}{\partial v_1}, \cdots, \quad F_{y_3}=\frac{\partial U_p}{\partial v_3}, \tag{10.87}$$

我们就得到

$$\begin{bmatrix} F_{x_1} \\ F_{y_1} \\ F_{x_2} \\ F_{y_2} \\ F_{x_3} \\ F_{y_3} \end{bmatrix}=[K]\begin{bmatrix} u_1 \\ v_1 \\ u_2 \\ v_2 \\ u_3 \\ v_3 \end{bmatrix}, \tag{10.88}$$

式中 $[K]$ 是对称矩阵,由下式给出:

$$[K]=\frac{Et}{2(1-\nu^2)}$$

$$\times\begin{bmatrix}
\frac{y_3}{x_2}+\frac{\lambda_1x_{23}^2}{x_2y_3} & & & & & \\
-\frac{\lambda_2x_{32}}{x_2} & \frac{x_{23}^2}{x_2y_3}+\frac{\lambda_1y_3}{x_2} & & & & \\
-\frac{y_3}{x_2}+\frac{\lambda_1x_3x_{23}}{x_2y_3} & \frac{\nu x_{32}}{x_2}+\frac{\lambda_1x_3}{x_2} & \frac{y_3}{x_2}+\frac{\lambda_1x_3^2}{x_2y_3} & & & \\
\frac{\nu x_3}{x_2}+\frac{\lambda_1x_{32}}{x_2} & \frac{x_3x_{23}}{x_2y_3}-\frac{\lambda_1y_3}{x_2} & -\frac{\lambda_2x_3}{x_2} & \frac{x_3^2}{x_2y_3}+\frac{\lambda_1y_3}{x_2} & & \\
-\frac{\lambda_1x_{23}}{y_3} & -\lambda_1 & -\frac{\lambda_1x_3}{y_3} & \lambda_1 & \frac{\lambda_1x_2}{y_3} & \\
-\nu & -\frac{x_{23}}{y_3} & \nu & -\frac{x_3}{y_3} & 0 & \frac{x_2}{y_3}
\end{bmatrix}, \tag{10.89}$$

其中 $x_{ij}=x_i-x_j$, $\lambda_1=(1-\nu)/2$ 和 $\lambda_2=(1+\nu)/2$.

根据上面这些初步讨论，用刚度矩阵法分析半硬壳式结构的步骤如下：首先，从构件坐标变换到整体坐标，用后者表示所有的刚度矩阵．其次，利用这些刚度矩阵得出用结点位移分量表示的所有结点的平衡条件．由于把两结点间的位移限于线性变化，使沿两元素间的假想分割边的位移连续性得到满足，因而可以发现，这样导出的平衡方程等价于那些应用最小势能原理而得的结果．求解这些方程，我们就可确定所有结点的位移．然后，就可以算出桁条和三角形板的应力．上述步骤构成了刚度法的主要部分．可以看出，每一个三角形内应力分量(σ_x, σ_y, τ_{xy})是均布的，而从一个三角形到另一个三角形则是不连续地变化的．在相邻的三角形和桁条之间也存在着类似的不连续性．关于使这种应力不连续性平滑的办法，建议读者查阅 Turner 和 Martin 的论文[12]．

我们要记住，尽管利用位移法可以得到一个解答，可是它通常是一个近似解．利用刚度矩阵法，可以得到与建立总势能时所采取的化简程度相一致的平衡方程．可是，它们一般是精确平衡方程的一些近似．如上所述，沿两元素间的假想分割边或分割面内力的局部连续性一般是遭到了破坏的．例如，我们来考虑板的一

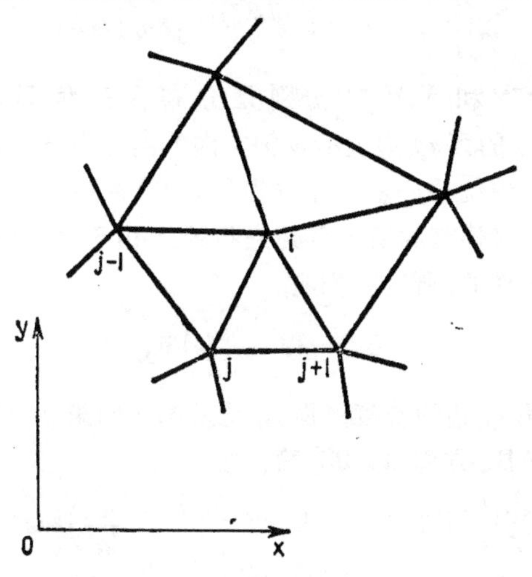

图 10.14　三角形板元素的集合体

部分，把它假想地分割成若干个子元素，如图 10.14 所示，并得出由刚度矩阵法所提供的平衡方程的一种解释．为简便起见，假定在第 i 个结点上没有外力作用．

第 i 个结点沿 x 轴方向的平衡方程由下式给出：

$$\frac{\partial \Pi}{\partial u_i}=0, \tag{10.90}$$

式中 Π 是总势能，u_i 是第 i 个结点沿 x 方向的位移分量．显然，从这个问题的虚功原理

$$\sum_{\Delta}\iint(\sigma_x\delta\varepsilon_x+\sigma_y\delta\varepsilon_y+\tau_{xy}\delta\gamma_{xy})tdxdy+\cdots=0, \tag{10.91}$$

通过要求 δu_i 的系数必须为零，也可以得到等价于方程(10.90)的结果，上式中记号 $\sum_{\Delta}$ 意味着对于所有的三角形求和，而 ε_x，ε_y 和 γ_{xy} 得自连续函数 u 和 v，即是

$$\varepsilon_x=\frac{\partial u}{\partial x},\qquad \varepsilon_y=\frac{\partial v}{\partial y},\qquad \gamma_{xy}=\frac{\partial u}{\partial y}+\frac{\partial v}{\partial x}. \tag{10.92}$$

由于 σ_x，σ_y 和 τ_{xy} 是按满足方程(10.86)来选择的，所以原理(10.91)中由 δu_i 所作的贡献，通过分部积分简化为

$$\sum_j\int_i^j[X_\nu^{(i,j,j-1)}+X_\nu^{(i,j,j+1)}]\delta u_{ij}tds=0, \tag{10.93}$$

式中 $X_\nu^{(i,j,j-1)}$ 和 $X_\nu^{(i,j,j+1)}$ 分别是分布在三角形 $(i,\ j,\ j-1)$ 和 $(i,\ j,\ j+1)$ 的第 ij 边上沿 x 轴方向的内应力分量，而 u_{ij} 是第 ij 边沿 x 方向的位移分量．在方程(10.93)中，对 j 求和是遍及与第 i 个结点直接连接的所有各边进行的．由于 u_{ij} 是沿第 ij 边成线性变化来选择的，所以我们有

$$\delta u_{ij}=\left(1-\frac{s_{ij}}{l_{ij}}\right)\delta u_i, \tag{10.94}$$

式中 l_{ij} 是第 ij 边的长度，而 s_{ij} 是从第 i 向第 j 个结点量取的一个坐标．于是，方程(10.93)简化成

$$\sum_j\int_i^j[X_\nu^{(i,j,j-1)}+X_\nu^{(i,j,j+1)}]\left(1-\frac{s_{ij}}{l_{ij}}\right)tds=0, \tag{10.95}$$

该式要求沿着与第 i 个结点直接连接的各边上，不平衡内应力的

加权平均值应当为零．方程(10.95)提供了对于方程(10.90)的一种解释．

这样，通过刚度矩阵法所求出的变形和应力是近似的．为了改善近似解的精确度，我们可以有两种方法[25]．第一，可采用三角形的刚度矩阵，并通过用足够数量的子元素来获得预期的精确度；或者，第二，可采用较一般的板刚度矩阵，而用较少的子元素．显然，最小势能原理给第二种方法提供了一个有效的工具．

参考文献

[1] A. S. Niles and J. S. Newell, *Airplane Structures*, John Wiley, 1943.（参见《飞机结构学》，商务印书馆，1954、1955年）

[2] D. J. Peery, *Aircraft Structures*, McGraw-Hill, 1949.

[3] N. J. Hoff, *The Analysis of Structures*, John Wiley, 1956.

[4] P. Kuhn, *Stresses in Aircraft and Shell Structures*, McGraw-Hill, 1956.

[5] R. L. Bisplinghoff, H. Ashley and R. L. Halfman, *Aeroelasticity*, Addison-Wesley, 1955.

[6] W. S. Hemp, *Methods for the Theoretical Analysis of Aircraft Structures*, AGARD Lecture Course, April 1957.

[7] J. H. Argyris, On the Analysis of Complex Elastic Structures, *Applied Mechanics Reviews*, Vol. 11, No. 7, pp. 331—8, July 1958.

[8] J. H. Argyris and S. Kelsey, *Energy Theorems and Structural Analysis*, Butterworth, 1960.（《能量原理与结构分析》，科学出版社，1978年）

[9] E. C. Pestel and F. A. Leckie, *Matrix Methods in Elastomechanics*, McGraw-Hill, 1963.

[10] J. H. Argyris, *Recent Advances in Matrix Methods of Structural Analysis*, Pergamon Press, 1964.

[11] R. H. Gallagher, *A Correlation Study of Methods of Matrix Structural Analysis*, Pergamon Press, 1964.

[12] F. de Veubeke, editor, *Matrix Methods of Structural Analysis*, Pergamon Press, 1964.

[13] O. C. Zienkiewicz and G. S. Holister, editor, *Stress Analysis*, John Wiley, 1965.

[14] H. C. Martin, *Introduction to Matrix Methods of Structural Analysis*, McGraw-Hill, 1966.

[15] *IBM 7090/7094 FRAN Framed Structure Analysis Program*, International Business Machine Corporation, August 21, 1964.

[16] H. Ebner and H. Köller, Über die Einleitung von Längskraften in Versteiften Zylinderschalen, *Jahrbuch der Deutschen Luftfahrtforschung*, pp. 464—73, 1937.

[17] E. Ebner and H. Köller, Zur Berechnung des Kraftverlaufs in Versteiften Zylinderschalen, *Luftfahrtforschung*, Vol. 14, No. 12, pp. 607—26, December 1937.

[18] E. Ebner and H. Köller, Über den Kraftverlauf in Längs-und-querversteiften Scheiben, *Luftfahrtforschung*, Vol. 15, No. 11, pp. 527—42, October 1938.

[19] S. Levy, Computations of Influence Coefficients for Aircraft Structures with Discontinuities and Sweepback, *Journal of the Aeronautical Sciences*, Vol. 14, No. 10, pp. 547—60, October 1947.

[20] A. L. Lang and R. L. Bisplinghoff, Some Results of Sweptback Wing Structural Studies, *Journal of the Aeronautical Sciences*, Vol. 18, No. 11, pp. 705—17, November 1951.

[21] B. Langefors, *Structural Analysis of Swept-back Wings by Matrix-Transformations*, SAAB Aircraft Company, Linköping, Sweden, SAAB TN 3, 1951.

[22] B. Langefors, Analysis of Elastic Structures by Matrix Transformation with Special Regard to Semi-monocoque Structures, *Journal of the Aeronautical Sciences*, Vol. 19, No. 8, pp. 451—8, July 1952.

[23] T. Rand, An Approximate Method for the Calculation of Stresses in Sweptback Wings, *Journal of the Aeronautical Sciences*, Vol. 18, No. 1, pp. 61—3, January 1951.

[24] L. B. Wehle and W. A. Lansing, A Method for Reducing the Analysis of Complex Redundant Structures to a Routine Procedure, *Journal of the Aeronautical Sciences*, Vol. 19, No. 10, pp. 677—84, October 1952.

[25] M. J. Turner, R. W. Clough, H. C. Martin and L. J. Topp, Stiffness and Deflection Analysis of Complex Structures, *Journal of the Aeronautical Sciences*, Vol. 23, No. 9, pp. 805—23, September 1956.

第十一章　塑性力学变形理论

11.1　塑性力学变形理论

这一章将讨论基于塑性力学变形理论的一些变分原理[1]. 在各种塑性理论中，变形理论是以假定一种瞬态的应力和应变关系为特征的，即在给定了应变后，应力就可以唯一地确定，反之亦真. 但是，这种确定关系的唯一性可能是双向的，也可能不是双向的. 例如，如果应力用应变表示给出如下：

$$\sigma^{\lambda\mu}=\sigma^{\lambda\mu}(e_{\alpha\beta}), \tag{11.1}$$

那么，在确定用应力表示应变时，其逆关系可能是唯一的，也可能不是唯一的.

本章在推导变分原理时，将假定在加载过程中应力-应变关系是不变的. 这个假设把我们可以用公式推导的变形理论问题，限制在单调加载的情况. 因此，除了材料服从屈服条件以外，上述假设实际上使塑性力学变形理论和第三章里讨论的非线性弹性理论没有什么区别. 此外，我们将采用小位移假设，并按下列方式定义一个塑性力学变形理论的问题[2]：

(1) 平衡方程

$$\sigma_{ij,j}=0, \tag{11.2}$$

这里为简便起见，假定不存在体力；

(2) 应变-位移关系

1) 早已证实，塑性力学变形理论并不适合于完整地描述金属的塑性性质，而必须由塑性力学流动理论来代替，详见随后的第十二章. 但是由于历史上的原因和数学上简单而经常得到应用，所以在这简短的一章里仍将专门讨论塑性力学变形理论.

2) 在第十一和十二章全都采用了求和的约定. 这样，一个重复的罗马字母下标意味着对数值(1, 2, 3)求和.

$$2\varepsilon_{ij}=u_{i,j}+u_{j,i};\tag{11.3}$$

(3) 应力-应变关系

$$\sigma_{ij}=\sigma_{ij}(\varepsilon_{mn}),\tag{11.4}$$

或者反转过来,

$$\varepsilon_{mn}=\varepsilon_{mn}(\sigma_{ij});\tag{11.5}$$

(4) 边界条件

$$\text{在 } S_1 \text{ 上,}\quad \sigma_{ij}n_j=\overline{F}_i,\tag{11.6}$$

$$\text{在 } S_2 \text{ 上,}\quad u_i=\bar{u}_i.\tag{11.7}$$

于是,按第一章所取的同样步骤,我们就得到下列虚功原理和余虚功原理的表达式:

$$\iiint_V \sigma_{ij}\delta\varepsilon_{ij}dV-\iint_{S_1}\overline{F}_i\delta u_i dS=0,\tag{11.8}$$

和

$$\iiint_V \varepsilon_{ij}\delta\sigma_{ij}dV-\iint_{S_2}\delta\sigma_{ij}n_j\bar{u}_i dS=0.\tag{11.9}$$

我们重复说明一下,这两个原理的成立与应力-应变关系是无关的.

如果方程(11.4)是一些解析函数,它们确保下式所定义的状态函数 A 的存在,

$$\delta A=\sigma_{ij}\delta\varepsilon_{ij},\tag{11.10}$$ [1)]

那么原理(11.8)就可导致驻值势能原理[2)]:

$$\delta\Pi=0,\tag{11.11}$$

式中

$$\Pi=\iiint_V A(u_i)dV-\iint_{S_1}\overline{F}_i u_i dS.\tag{11.12}$$

另一方面,如果方程(11.5)是一些解析函数,它们确保存在由

1) 当所考虑的应力系是单向时(例如受拉杆),则对于塑性力学变形理论,状态函数 A 和 B 的存在是肯定的.这就表明,如果结构中应力可以假定为单向的,而且塑性力学变形理论可供采用,那么在分析结构时变分法将是非常有效的[1,2,3].

2) 在塑性理论中,“势能”和“余能”的名称看来是不准确的. 但我们仍将使用它们,因为其数学定义和在弹性理论中是一样的.

下式定义的状态函数 B,

$$\delta B=\varepsilon_{ij}\delta\sigma_{ij}, \tag{11.13}$$ [1]

那么原理(11.9)就可导致驻值余能原理[2]:

$$\delta\Pi_c=0, \tag{11.14}$$

式中

$$\Pi_c=\iiint_V B(\sigma_{ij})dV-\iint_{S_2}\sigma_{ij}n_j\bar{u}_i dS. \tag{11.15}$$

如果进一步假定方程(11.5)是方程(11.4)的唯一逆关系，并且反之亦真，那么我们可以用类似于第二章的推演方式把驻值势能原理变换成驻值余能原理,亦可作相反的变换.

这样,在上述假设的前提下,两个泛函(11.12)和(11.15)的驻值性质是确定的. 但是,这些泛函的极大性或极小性却不能保证,除非对应力-应变关系作更详细的规定. 按照参考文献[4]，我们将回顾几个与塑性力学变形理论有关的变分原理.

11.2 应变硬化材料

本节将讨论变形理论的一种类型,称为割线模量理论,其中应力-应变关系由下式表示:

$$\sigma'_{ij}=\mu\varepsilon'_{ij}. \tag{11.16}$$

这里 σ'_{ij} 和 ε'_{ij} 是应力偏量和应变偏量,定义为

$$\sigma'_{ij}=\sigma_{ij}-\sigma\delta_{ij} \text{ 和 } \varepsilon'_{ij}=\varepsilon_{ij}-e\delta_{ij},$$

其中 $\sigma=(1/3)\,\sigma_{ii}$, $e=(1/3)\,\varepsilon_{ii}$, 而 δ_{ij} 是 Kronecker 符号. 方程(11.16)中量 μ 假定是一个正的量,它一般取决于应变状态. 由方程(11.16)立即得到

$$S=\mu\Gamma, \tag{11.17}$$

式中

$$S=\sqrt{\sigma'_{ij}\sigma'_{ij}}, \quad \Gamma=\sqrt{\varepsilon'_{ij}\varepsilon'_{ij}}, \tag{11.18}$$

1) 见前一页的注 1).

2) 见前一页的注 2).

因此

$$SdS=\sigma'_{ij}d\sigma'_{ij},\quad \Gamma d\Gamma=\varepsilon'_{ij}d\varepsilon'_{ij}. \tag{11.19}$$

假定S是Γ的一种单值连续函数，如图11.1所示，即

$$S=S(\Gamma), \tag{11.20}$$

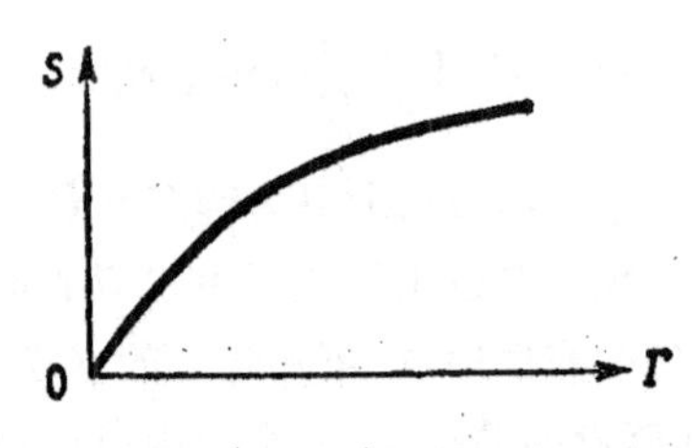

图 11.1　应变硬化材料的S-Γ关系

而且在所考虑的整个Γ和S的范围内下列关系成立：

$$S/\Gamma=\mu>0,\quad dS/d\Gamma>0. \tag{11.21}$$

结合方程(11.16)和(11.17)，可得

$$\sigma'_{ij}=(S(\Gamma)/\Gamma)\varepsilon'_{ij}, \tag{11.22}$$

和

$$\varepsilon'_{ij}=(\Gamma(S)/S)\sigma'_{ij}. \tag{11.23}$$

在方程(11.22)或(11.23)中只有五个关系式是独立的．因此要加进第六个关系式——可压缩性，即

$$\sigma=3Ke, \tag{11.24}$$

式中K是材料的体积模量．在塑性变形不引起体积变化的假设下，K可用 Young 模量E和 Poisson 比ν表示如下：

$$3K=\frac{E}{1-2\nu}. \tag{11.25}$$

有了上述的初步讨论，就可以求得割线模量理论A和B的表达式如下：

$$A=\frac{3E}{2(1-2\nu)}e^2+\int_0^\Gamma S(\Gamma)\,d\Gamma, \tag{11.26}$$

$$B=\frac{3(1-2\nu)}{2E}\sigma^2+\int_0^S \Gamma(S)\,dS. \tag{11.27}$$

将方程(11.26)和(11.27)分别代入方程(11.12)和(11.15)，就为

一种服从割线模量理论的材料的问题得出泛函 Π 和 Π_0 的表达式. 由此, 我们得到称为 Качанов 原理[4,5,6]的两个变分原理, 分别叙述如下:

Качанов 原理 1. 问题的精确解使泛函 Π 对容许位移的变分取极小值[1)].

Качанов 原理 2. 问题的精确解使泛函 Π_0 对容许的应力的变分取极小值[2)].

11.3 理想塑性材料

现在把割线模量理论专门用于服从 Mises 屈服条件的一种理想塑性材料的情况. 假定 S-Γ 的关系如图 11.2 所示: 当 $S<\sqrt{2}k$ 时, 材料呈弹性, 而 $S=\sqrt{2}k$ 时呈流动性, 其中 k 是纯剪的屈服限. 对于理想塑性材料, A和 B的表达式以及应力-应变关系可以按如下形式求得. 我们用折线代替图 11.1 的 S-Γ 曲线, 使得

$$\begin{aligned} &\text{当 } \Gamma<\Gamma_0, && S=2G\Gamma, \\ &\text{当 } \Gamma\geqslant\Gamma_0, && S=S_0+2\beta(\Gamma-\Gamma_0), \end{aligned} \tag{11.28}$$

式中 $S_0=\sqrt{2}k=2G\Gamma_0$, β 是一个正的常数. 我们为方程(11.28)

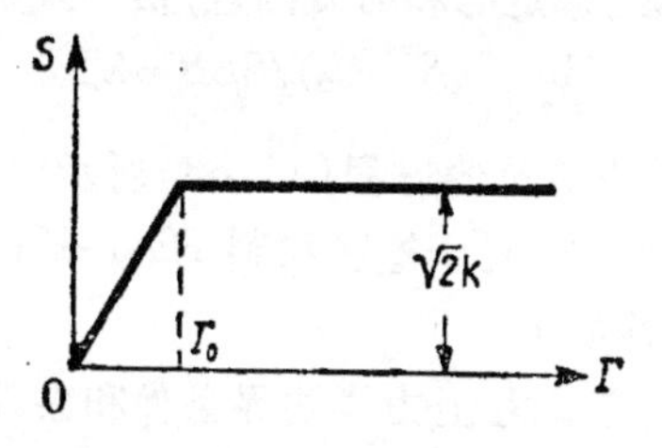

图 11.2 理想塑性材料的S-Γ关系

1) 由于 $2\delta^2 A=[3E/(1-2\nu)](\delta e)^2+(S/\Gamma^3)[\Gamma^2\delta\varepsilon'_{ij}\delta\varepsilon'_{ij}-(\varepsilon'_{ij}\delta\varepsilon'_{ij})^2]+(1/\Gamma^2)(dS/d\Gamma)(\varepsilon'_{ij}\delta\varepsilon'_{ij})^2$, Schwarz 不等式 $\Gamma^2\delta\varepsilon'_{ij}\delta\varepsilon'_{ij}\geqslant(\varepsilon'_{ij}\delta\varepsilon'_{ij})^2$, 以及方程 (11.21) $dS/d\Gamma>0$, 可得 $\delta^2\Pi\geqslant0$.

2) 由于 $2\delta^2 B=[3(1-2\nu)/E](\delta\sigma)^2+(\Gamma/S^3)[S^2\delta\sigma'_{ij}\delta\sigma'_{ij}-(\sigma'_{ij}\delta\sigma'_{ij})^2]+(1/S)^2(d\Gamma/dS)(\sigma'_{ij}\delta\sigma'_{ij})^2$, Schwarz 不等式 $S^2\delta\sigma'_{ij}\delta\sigma'_{ij}\geqslant(\sigma'_{ij}\delta\sigma'_{ij})^2$, 以及方程 (11.21) $d\Gamma/dS>0$, 可得 $\delta^2\Pi_c\geqslant0$.

所给定的关系式计算 A 和 B 的表达式,并由

$$\sigma_{ij}=\partial A/\partial \varepsilon_{ij}, \quad \varepsilon_{ij}=\partial B/\partial \sigma_{ij} \tag{11.29}$$

推导应力-应变关系式. 然后我们令 β 趋近于零. 这样, 就得到理想塑性材料 A 和 B 的表达式如下:

$$\begin{aligned} &\text{当 } \Gamma<\Gamma_0, \quad A=\frac{3E}{2(1-2\nu)}e^2+G\Gamma^2, \\ &\text{当 } \Gamma>\Gamma_0, \quad A=\frac{3E}{2(1-2\nu)}e^2+G\Gamma_0^2+\sqrt{2}k(\Gamma-\Gamma_0), \end{aligned} \tag{11.30}$$

$$B=\frac{3(1-2\nu)}{2E}\sigma^2+\frac{1}{4G}S^2. \tag{11.31}$$

通过上述求极限的方法,可得应力-应变关系式如下:

$$\begin{aligned} &\text{当 } \Gamma<\Gamma_0, \quad \sigma_{ij}=\frac{E}{(1-2\nu)}e\delta_{ij}+2G\varepsilon'_{ij}, \\ &\text{当 } \Gamma\geqslant\Gamma_0, \quad \sigma_{ij}=\frac{E}{(1-2\nu)}e\delta_{ij}+\frac{\sqrt{2}k}{\Gamma}\varepsilon'_{ij}, \end{aligned} \tag{11.32}$$

$$\begin{aligned} &\text{当 } S<\sqrt{2}k, \quad \varepsilon_{ij}=\frac{(1-2\nu)}{E}\sigma\delta_{ij}+\frac{1}{2G}\sigma'_{ij}, \\ &\text{当 } S=\sqrt{2}k, \quad \varepsilon_{ij}=\frac{(1-2\nu)}{E}\sigma\delta_{ij}+\frac{1}{2G}\sigma'_{ij}+\lambda\sigma'_{ij}, \end{aligned} \tag{11.33}$$

式中 λ 是一个正的、未定的和有限的量, 由下式定义:

$$\lim_{\beta\to 0, S\to S_0}(S-S_0)/2\beta S=\lambda. \tag{11.34}$$

具有方程(11.32)或等价的方程(11.33)所示应力-应变关系的材料, 称为 Hencky 材料, 对于这种材料 Haar-Kármán 原理是成立的[7]. 此原理可叙述如下:

在满足平衡方程, S_1 上力学边界条件和条件 $\sigma'_{ij}\sigma'_{ij}\leqslant 2k^2$ 的任意各组容许的应力中, 精确解使

$$\Pi_c=\iiint_V\left[\frac{3(1-2\nu)}{2E}\sigma^2+\frac{1}{4G}\sigma'_{ij}\sigma'_{ij}\right]dV-\iint_{S_2}\sigma_{ij}n_j\bar{v}_i dS \tag{11.35}$$

取绝对极小值.

这里来介绍一下 Greenberg 对 Haar-Kármán 原理的证明[4]. 用 σ_{ij}, ε_{ij} 和 u_i 分别代表精确解的应力、应变和位移, 并用 σ^*_{ij} 表示

某一容许解的应力分量. 另外，把应变分量的弹性和塑性部分分开,写成

$$\varepsilon_{ij}=\varepsilon_{ij}^{e}+\varepsilon_{ij}^{p}. \tag{11.36}$$

于是,注意到物体是由塑性区 V_p 和弹性区 V_e 所组成,我们可以写出 Π_c 的一次变分为

$$\begin{aligned}\delta\Pi_c&=\iiint_V \varepsilon_{ij}^{e}\,\delta\sigma_{ij}\,dV-\iint_{S_2}\delta\sigma_{ij}n_j\bar{u}_i\,dS\\&=\iiint_V(\varepsilon_{ij}-\varepsilon_{ij}^{p})\,\delta\sigma_{ij}\,dV-\iint_{S_2}\delta\sigma_{ij}n_j\bar{u}_i\,dS\\&=-\iiint_V(\delta\sigma_{ij})_{,j}u_i\,dV+\iint_{S_1}\delta\sigma_{ij}n_ju_i\,dS\\&\quad+\iint_{S_2}\delta\sigma_{ij}n_j(u_i-\bar{u}_i)\,dS-\iiint_{V_p}\varepsilon_{ij}^{p}\delta\sigma_{ij}\,dV\\&=-\iiint_{V_p}\varepsilon_{ij}^{p}\delta\sigma_{ij}\,dV.\end{aligned} \tag{11.37}$$

由于从方程(11.33),我们有

$$当\ \lambda>0,\qquad \varepsilon_{ij}^{p}=\lambda\sigma_{ij}', \tag{11.38}$$

从而可以写出

$$\delta\Pi_c=-\iiint_{V_p}\lambda\sigma_{ij}'\delta\sigma_{ij}\,dV. \tag{11.39}$$

在塑性区内，精确解满足 $\sigma_{ij}'\sigma_{ij}'=2k^2$，而容许解则是根据条件 $\sigma_{ij}^{*\prime}\sigma_{ij}^{*\prime}\leqslant 2k^2$ 选定的. 因为 Schwarz 不等式证实了下列关系式:

$$\sigma_{ij}'\sigma_{ij}^{*\prime}\leqslant\sqrt{\sigma_{ij}'\sigma_{ij}'}\sqrt{\sigma_{ij}^{*\prime}\sigma_{ij}^{*\prime}}\leqslant 2k^2, \tag{11.40}$$

于是我们有

$$\sigma_{ij}'\,\delta\sigma_{ij}=\sigma_{ij}'(\sigma_{ij}^{*}-\sigma_{ij})=\sigma_{ij}'\sigma_{ij}^{*\prime}-\sigma_{ij}'\sigma_{ij}'\leqslant 0, \tag{11.41}$$

其中等式仅当 $\sigma_{ij}^{*}=\sigma_{ij}$ 时成立. 因此,可以断定

$$\delta\Pi_c\geqslant 0. \tag{11.42}$$

泛函 Π_c 是关于应力分量的二次型,它的二次变分可以证明是正的. 因此,对于精确解,泛函 Π_c 取绝对极小值.

上述论证表明，当约束条件是以一个不等式的形式给出时，对于一个泛函的绝对极大或极小值，就不再要求它的一次变分

必须为零了．在参考文献[4]中记述了一个例子，表明在约束条件 $0\leqslant x\leqslant 1$ 下，抛物线 $y=x^2$ 是在 $x=1$ 处达到极大值，可是在这一点 $y'(1)\neq 0$. 在附录 F 中，扼要地叙述了怎样对具有不等式形式的约束条件的问题进行变分公式推导.

11.4 Hencky 材料的一种特殊情况

现在针对 Hencky 材料的一种特殊情况，即设想材料是不可压缩的而且各处都呈塑性，来探讨一些变分原理．其 S–Γ 关系如图 11.3 所示．可以看出，对这种特殊情况，表达式(11.30)和(11.31)简化为

$$A=\sqrt{2}\,k\Gamma, \tag{11.43}$$

$$B=0, \tag{11.44}$$

而相应的应力-应变关系是

$$\sigma_{ij}=\frac{\sqrt{2}\,k}{\sqrt{\varepsilon_{mn}\varepsilon_{mn}}}\varepsilon_{ij}. \tag{11.45}$$

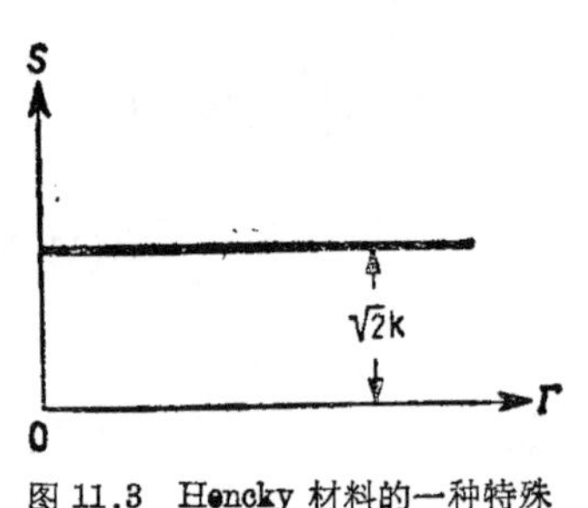

图 11.3　Hencky 材料的一种特殊情况的 S–Γ 关系

于是最小势能原理成立，如下：

在满足相容条件，S_2 上几何边界条件以及不可压缩条件的各个容许解中，真实解[1)]使

$$\Pi=\sqrt{2}\,k\iiint_V\sqrt{\varepsilon_{ij}\varepsilon_{ij}}\,dV-\iint_{S_1}F_i\bar{u}_i\,dS \tag{11.46}$$

取绝对极小值.

这一原理类似于塑性力学流动理论中针对 St. Venant–Levy–Mises 材料的 Марков 原理．另一方面，最小余能原理可表达如下：

在满足平衡方程，屈服条件 $\sigma'_{ij}\sigma'_{ij}=2k^2$ 以及 S_1 上力学边界条件的各个容许解中，真实解[1)]使

$$\Pi_c=-\iint_{S_2}\sigma_{ij}n_j\bar{u}_i\,dS \tag{11.47}$$

1) 把可能未确定的均匀静水应力除外。

取绝对极小值.

这一原理等价于Sadowsky的最大塑性功原理，后者指出，在各个容许解中，真实解使

$$\iint_{S_2} \sigma_{ij} n_j \bar{u}_i dS$$

取绝对极大值[8]. Sadowsky原理类似于塑性力学流动理论中针对St. Venant-Levy-Mises材料的Hill原理. 上述两个原理的证明可在参考文献[4]中找到(也可见本书第12.5节).

参 考 文 献

[1] N. J. Hoff, *The Analysis of Structures*, John Wiley, 1956.

[2] J. H. Argyris and S. Kelsey, *Energy Theorems and Structural Analysis*, Butterworth, 1960. (《能量原理与结构分析》,科学出版社 1978 年)

[3] H. Langhaar, *Energy Methods in Applied Mechanics*, John Wiley, 1962.

[4] H. J. Greenberg, *On the Variational Principles of Plasticity*, Brown University, ONR, NR-041-032, March 1949.

[5] Л. М. Качанов, Вариационные принципы для упруго-пластических Сред, *Прикладная математика и механика*, Т. 6, Вып. 2—3, стр. 187—96, 1942.

[6] А. А. Ильюшин, Вопросы теории пластических деформаций, *Прикладная математика и механика*, Т. 7, Вып. 4, стр. 245—72, 1943.

[7] A. Haar and Th. v. Kármán, Zur Theorie der Spannungszustände in Plastischen und Sandartigen Medien, *Nach. der Wiss. zu Göttingen*, pp. 204—18, 1909.

[8] M. A. Sadowsky, A. Principle of Maximum Plastic Resistance, *Journal of Applied Mechanics*, Vol. 10, No. 2, pp. 65—8, June 1943.

第十二章 塑性力学流动理论

12.1 塑性力学流动理论

早已证实,在塑性区内,应力和应变分量之间一般不存在单一的关系;应变不仅取决于最终的应力状态,而且还与加载的历史有关.因此,发展塑性理论的过程中,弹性理论里惯用的应力-应变关系式必须由应力增量和应变增量之间的关系式来代替.塑性理论的这一途径称为塑性力学应变增量理论或流动理论[1).在上一章里讨论的塑性力学变形理论,只是流动理论的一种特殊情况,并且已经判明,它不适合于完整地描述金属的塑性性质.

一开始,我们注意到塑性力学流动理论采用了 Euler 的描述方法.就是说,用规定所研究物体内任意点一般瞬时所占位置的一组直角笛卡儿坐标值,来表明该点在此后增量变形中的位置.应力分量 σ_{ij} 在一般瞬时是相对于这些坐标来定义的,形式上和第 5.1 节中初应力的定义相似.

仿效 Prager,我们来定义塑性力学流动理论中的一个问题.假定在一个给定的瞬时 t,物体处于静力平衡状态,而且在整个物体内,应力状态 σ_{ij} 和它的加载历史都是已知的.现在,在 S_1 上给定外力增量 $\overline{dF_i}(i=1, 2, 3)$,并在 S_2 上给定位移增量 $d\bar{u}_i(i=1, 2, 3)$.于是,我们的问题就是,在增量是无限小的以及所有控制方程都可以线性化的假设下,确定在物体中所引起的应力增量 $d\sigma_{ij}$ 和位移增量 du_i.这样,我们有[1]:

(1) 平衡方程

1) 见参考文献[1—6]。

$$d\sigma_{ij,j}=0;\tag{12.1}$$
[1]

(2) 应变-位移关系式

$$2d\varepsilon_{ij}=du_{i,j}+du_{j,i};\tag{12.2}$$

(3) 应力增量$d\sigma_{ij}$和应变增量$d\varepsilon_{kl}$之间保持线性关系; (12.3)

(4) 边界条件

$$\text{在 } S_1 \text{ 上,}\quad d\sigma_{ij}n_j=d\overline{F}_i,\tag{12.4}$$

$$\text{在 } S_2 \text{ 上,}\quad du_i=d\overline{u}_i.\tag{12.5}$$

可以看出, 上述问题除了应力-应变关系外, 是按类似于小位移理论弹性力学问题的形式来定义的. 一旦给流动理论中的问题列出上述关系式后, 就可以沿着给定的加载途径积分这些关系式来分析有限塑性变形的问题.

从上述关系式可见, 这个问题的虚功原理和余虚功原理可分别写成

$$\iiint_V d\sigma_{ij}\delta\, d\varepsilon_{ij}\,dV-\iint_{S_1}\overline{dF_i}\delta\, du_i\,dS=0,\tag{12.6}$$

和

$$\iiint_V d\varepsilon_{ij}\delta\, d\sigma_{ij}\,dV-\iint_{S_2}\overline{du_i}\delta\, d\sigma_{ij}n_j\,dS=0.\tag{12.7}$$

上述问题可以看作是准静力的, 并可用速率叙述如下. 在一给定的瞬时, 假定物体处于准静力平衡状态. 现在, 在 S_1 上规定各外力作用的速率 $\dot{\overline{F}}_i(i=1, 2, 3)$, 而在 S_2 上规定表面的速度 $\overline{v}_i$ $(i=1, 2, 3)$. 于是, 我们的问题就是求出物体内部所引起的应力速率 $\dot{\sigma}_{ij}$ 和速度v_i. 这里, 字母上的点号表示对时间的导数, 而 v_i表示相对于直角笛卡儿坐标的一个速度分量.

用 $\dot{\sigma}_{ij}, \dot{\varepsilon}_{ij}, v_i, \dot{\overline{F}}_i$ 和 $\overline{v}_i$ 分别代替方程(12.1)到(12.5)中的 $d\sigma_{ij}$, $d\varepsilon_{ij}$, du_i, $\overline{dF}_i$ 和 $\overline{du}_i$, 就可以得到该问题用速率来表示的控制方程.

1) 这里 $d\sigma_{ij}$ 是 σ_{ij} 在物体的给定元素内的变化(Lagrange 法), 它和固定点处 σ_{ij} 的变化 $d^*\sigma_{ij}$(Euler 法)之差是 $d\sigma_{ij}-d^*\sigma_{ij}=\sigma_{ij,k}du_k$. 原始的和增量的应力分布分别满足平衡方程: $\sigma_{ij,j}=0$ 和 $d^*\sigma_{ij,j}=0$. 因此, 我们有 $d\sigma_{ij,j}-\sigma_{ij,k}du_{k,j}=0$,它在下述假设下导致方程(12.1), 即假定把塑性应变增量限制在 $(1/E)\times$(应力增量)的数量级,其中 E 是材料的 Young 模量 [1].

与方程(12.6)和(12.7)对应的两个原理就可写成

$$\iiint_V \dot{\sigma}_{ij}\,\delta\dot{\varepsilon}_{ij}\,dV-\iint_{S_1}\dot{\bar{F}}_i\,\delta v_i\,dS=0, \tag{12.8}$$

和

$$\iiint_V \dot{\varepsilon}_{ij}\,\delta\dot{\sigma}_{ij}\,dV-\iint_{S_1}\bar{v}_i\,\delta\dot{\sigma}_{ij}n_j\,dS=0. \tag{12.9}$$

由于应力状态 σ_{ij} 在给定瞬间组成一种自相平衡的体系，我们可以加上下列两个原理：

$$\iiint_V \sigma_{ij}\,\delta\dot{\varepsilon}_{ij}\,dV-\iint_{S_1}\bar{F}_i\,\delta v_i\,dS=0, \tag{12.10}$$

和

$$\iiint_V \dot{\varepsilon}_{ij}\,\delta\sigma_{ij}\,dV-\iint_{S_1}\bar{v}_i\delta\sigma_{ij}n_j dS=0, \tag{12.11}$$

式中，在 S_1 上 $\bar{F}_i=\sigma_{ij}n_j$.

有了这些初步讨论，我们将回顾几个与塑性力学流动理论有关的变分原理[1)].

12.2 应变硬化材料

仿照参考文献[1]，对于应变硬化材料，我们将采用

$$d\varepsilon_{ij}=\frac{(1-2\nu)}{E}\,d\sigma\delta_{ij}+\frac{d\sigma'_{ij}}{2G}+\alpha^{**}h\frac{\partial f}{\partial\sigma_{ij}}\,df \tag{12.12}$$

作为应力增量-应变增量关系式，并且把

$$d\varepsilon^e_{ij}=\frac{(1-2\nu)}{E}\,d\sigma\delta_{ij}+\frac{d\sigma'_{ij}}{2G}, \tag{12.13}$$

$$d\varepsilon^p_{ij}=\alpha^{**}h\frac{\partial f}{\partial\sigma_{ij}}\,df \tag{12.14}$$

分别称为弹性和塑性应变分量．这里，$d\sigma$ 和 $d\sigma'_{ij}$ 是平均静水应力的增量和应力偏量的增量：$d\sigma=(1/3)d\sigma_{ii}$ 和 $d\sigma'_{ij}=d\sigma_{ij}-d\sigma\delta_{ij}$. 函数 h 是 σ_{ij} 的一个正定函数．函数 $f(\sigma_{ij})$ 称为屈服条件，而

$$f=c \tag{12.15}$$

1) 见参考文献[1—6]。

的表面称为屈服面.上式中的参数 c 规定了应变硬化的最终状态,它的值在物体内各点可以是变化的. 因为 $df=(\partial f/\partial\sigma_{ij})d\sigma_{ij}$, 涉及一组应力增量 $d\sigma_{ij}$ 时,我们可以规定下列加载术语:

$$
\begin{aligned}
&\text{若 } df>0,\ \text{加载},\\
&\text{若 } df=0,\ \text{中性变载,或定载},\\
&\text{若 } df<0,\ \text{卸载}.
\end{aligned}
\tag{12.16}
$$

方程(12.12)中的量 α^{**} 是通过上述关系式, 按下面的方法规定:

$$
\begin{aligned}
&\text{当 } f(\sigma_{ij})=c \text{ 而} df\geqslant 0 \text{ 时},\quad \alpha^{**}=1,\\
&\text{当 } f(\sigma_{ij})<c,\ \text{或}\\
&\text{当 } f(\sigma_{ij})=c \text{ 而} df<0 \text{ 时},\quad \alpha^{**}=0.
\end{aligned}
\tag{12.17}
$$

参数 c 可作为总塑性功的函数给出:

$$
c=F\left(\int\sigma_{ij}\,d\varepsilon_{ij}^{p}\right),\tag{12.18}
$$

式中 F 是一个单调递增的正函数,而积分是沿着加载途径进行的.从方程(12.14), (12.15)和(12.18),我们发现这三个函数 f, h 和 F 是由 $hF'(\partial f/\partial\sigma_{ij})\sigma_{ij}=1$ 联系起来的.

在方程(12.12)的两边都乘以 $\partial f/\partial\sigma_{ij}$, 并对 i 和 j 求和, 就得到: 对于 $\alpha^{**}=1$,

$$
\frac{\partial f}{\partial\sigma_{ij}}\,d\varepsilon_{ij}=\left(\frac{1}{2Gh}+\frac{\partial f}{\partial\sigma_{ij}}\,\frac{\partial f}{\partial\sigma_{ij}}\right)h\,df.\tag{12.19}
$$

这就暗示, $df>0$ 相当于 $(\partial f/\partial\sigma_{ij})d\varepsilon_{ij}>0$. 有了这些准备知识, 我们就可以从方程(12.12)求得下列用 $d\varepsilon_{ij}$ 表示 $d\sigma_{ij}$ 的逆关系:

$$
d\sigma_{ij}=\frac{E}{(1-2\nu)}de\delta_{ij}+2Gd\varepsilon'_{ij}-\alpha^{*}\frac{2G\left(\dfrac{\partial f}{\partial\sigma_{kl}}\,d\varepsilon_{kl}\right)}{\left(\dfrac{1}{2Gh}+\dfrac{\partial f}{\partial\sigma_{pq}}\,\dfrac{\partial f}{\partial\sigma_{pq}}\right)}\frac{\partial f}{\partial\sigma_{ij}},\tag{12.20}
$$

式中 $de=(1/3)d\varepsilon_{ii}$, $d\varepsilon'_{ij}=d\varepsilon_{ij}-de\delta_{ij}$. 符号 α^{*} 按下面的方法规定:

$$
\begin{aligned}
&\text{当 } f(\sigma_{ij})=c \text{ 而 } (\partial f/\partial\sigma_{kl})d\varepsilon_{kl}\geqslant 0 \text{时},\quad \alpha^{*}=1,\\
&\text{当 } f(\sigma_{ij})<c,\ \text{或}\\
&\text{当 } f(\sigma_{ij})=c \text{ 而} (\partial f/\partial\sigma_{kl})d\varepsilon_{kl}<0 \text{ 时},\quad \alpha^{*}=0.
\end{aligned}
\tag{12.21}
$$

对于应变增量 $d\varepsilon_{ij}$ 和应力增量 $d\sigma_{ij}$ 来说，方程(12.12)或(12.20)是线性的和齐次的．在这个意义上，它们和线性弹性理论中的应力-应变关系相类似，只是它们是成对给出的(一组用于加载，一组用于卸载)，而且和弹性常数相当的一些系数，都是随应力状态和变形增量刚发生前元素的加载历史而定的．

在着手对这个问题进行变分公式推导以前，我们必须查明应力增量-应变增量关系式(12.12)和(12.20)，是否确保由式

$$\delta\mathscr{A}=d\sigma_{ij}\delta d\varepsilon_{ij} \tag{12.22}$$

和

$$\delta\mathscr{B}=d\varepsilon_{ij}\delta d\sigma_{ij} \tag{12.23}$$

定义的状态函数 $\mathscr{A}$ 和 $\mathscr{B}$ 存在．实际上，可发现它们是由下式给出的：

$$\mathscr{A}=\frac{3E}{2(1-2\nu)}(de)^2+Gd\varepsilon'_{ij}d\varepsilon'_{ij}-\alpha^*\frac{G\left(\frac{\partial f}{\partial\sigma_{kl}}d\varepsilon_{kl}\right)^2}{\left(\frac{1}{2Gh}+\frac{\partial f}{\partial\sigma_{pq}}\frac{\partial f}{\partial\sigma_{pq}}\right)}, \tag{12.24}$$

$$\mathscr{B}=\frac{3(1-2\nu)}{2E}(d\sigma)^2+\frac{d\sigma'_{ij}d\sigma'_{ij}}{4G}+\frac{1}{2}\alpha^{**}h(df)^2. \tag{12.25}$$

因此，对于加工硬化材料可以建立两个变分原理．第一个原理陈述如下：

在满足相容条件和几何边界条件的各个容许解中，精确解使泛函

$$\Pi=\iiint_V\mathscr{A}\,dV-\iint_{S_1}\overline{dF_i}\,du_i\,dS \tag{12.26}$$

取绝对极小值．

另一方面，第二个原理陈述如下：

在满足平衡方程和力学边界条件的各个容许解中，精确解使泛函

$$\Pi_0=\iiint_V\mathscr{B}\,dV-\iint_{S_2}d\sigma_{ij}n_j\,d\bar{u}_i\,dS \tag{12.27}$$

取绝对极小值．

这些原理的证明在参考文献[1]中给出，该文献还提供了对建立这些原理有贡献的先驱者们的书目.

12.3 理想塑性材料

将 $h=1/\beta$ 代入方程(12.12)，其中假定 β 是一个正的常数，并令 β 以这样的方式趋近于零：

$$\lim_{\beta\to 0, df\to 0}\frac{df}{\beta}=d\lambda>0 \tag{12.28}$$

式中 $d\lambda$ 是一个正的、未定的和有限的量，于是我们得到下列对于理想塑性材料的应力增量-应变增量关系式：

$$d\varepsilon_{ij}=\frac{1-2\nu}{E}\ d\sigma\delta_{ij}+\frac{1}{2G}d\sigma'_{ij}+\alpha^{**}\frac{\partial f}{\partial\sigma_{ij}}d\lambda. \tag{12.29}$$

这里，

$$\begin{aligned}&\text{当} f(\sigma_{ij})=c \text{ 而 } df=0 \text{ 时，} \alpha^{**}=1,\\&\text{当} f(\sigma_{ij})<c\text{，或}\\&\text{当} f(\sigma_{ij})=c \text{ 而 } df<0 \text{ 时，} \alpha^{**}=0,\end{aligned} \tag{12.30}$$

式中 c 是确定所考虑的材料屈服条件的一个材料常数.

方程组(12.29)的联立求解给出下列逆关系：

$$d\sigma_{ij}=\frac{E}{(1-2\nu)}de\delta_{ij}+2G\,d\varepsilon'_{ij}-\alpha^{*}\frac{2G\left(\dfrac{\partial f}{\partial\sigma_{kl}}d\varepsilon_{kl}\right)}{\left(\dfrac{\partial f}{\partial\sigma_{pq}}\dfrac{\partial f}{\partial\sigma_{pq}}\right)}\frac{\partial f}{\partial\sigma_{ij}}. \tag{12.31}$$

这里，

$$\begin{aligned}&\text{当} f(\sigma_{ij})=c \text{ 而 } (\partial f/\partial\sigma_{kl})d\varepsilon_{kl}\geqslant 0 \text{ 时，} \alpha^{*}=1,\\&\text{当} f(\sigma_{ij})<c\text{，或}\\&\text{当} f(\sigma_{ij})=c \text{ 而 } (\partial f/\partial\sigma_{kl})d\varepsilon_{kl}<0 \text{ 时，} \alpha^{*}=0.\end{aligned} \tag{12.32}$$

现在，对于理想塑性材料 $\mathscr{A}$ 和 $\mathscr{B}$ 的表达式变成

$$\mathscr{A}=\frac{3E}{2(1-2\nu)}(de)^2+G\,d\varepsilon'_{ij}d\varepsilon'_{ij}-\alpha^{*}\frac{G\left(\dfrac{\partial f}{\partial\sigma_{kl}}d\varepsilon_{kl}\right)^2}{\left(\dfrac{\partial f}{\partial\sigma_{pq}}\dfrac{\partial f}{\partial\sigma_{pq}}\right)}, \tag{12.33}$$

$$\mathscr{B}=\frac{3(1-2\nu)}{2E}(d\sigma)^2+\frac{1}{4G}d\sigma'_{ij}d\sigma'_{ij}. \tag{12.34}$$

利用这样导出的 $\mathscr{A}$ 和 $\mathscr{B}$ 的表达式，我们就可以按类似于上一节的推演而得到理想塑性材料的两个变分原理，只是对第二个原理的容许解，现在要经受一个不等式形式的附加约束条件[1)]，即 $df\leqslant 0$. 这些原理的证明在参考文献[1]中给出，该文献还提供了对建立这些原理有贡献的先驱者们的书目.

12.4 Prandtl-Reuss 方程

Prandtl-Reuss 方程是方程(12.12)和(12.29)的应力-应变关系的一个特殊情况，并以假设

$$f=\bar{\sigma} \tag{12.35}$$

为基础，式中

$$\bar{\sigma}=\sqrt{\frac{3}{2}}\left\{\sigma'_{ij}\sigma'_{ij}\right\}^{1/2}. \tag{12.36}$$ [2)]

引入记号 $d\bar{\varepsilon}^p=\sqrt{(2/3)}\{d\varepsilon^p_{ij}\,d\varepsilon^p_{ij}\}^{1/2}$，方程(12.18)可用下式代替，

$$\bar{\sigma}=H\left(\int d\bar{\varepsilon}^p\right), \tag{12.37}$$ [3)]

式中 H 是单调递增的正函数．由于从方程(12.12)，(12.35)和(12.37)可得关系式 $hH'=1$，所以我们就可以用下列方程代替方程(12.12)，

$$d\varepsilon_{ij}=\frac{(1-2\nu)}{E}d\sigma\delta_{ij}+\frac{d\sigma'_{ij}}{2G}+\alpha^{**}\frac{3\sigma'_{ij}d\bar{\sigma}}{2\bar{\sigma}H'}. \tag{12.38}$$

这里，

当 $\bar{\sigma}=c$ 而 $d\bar{\sigma}\geqslant 0$ 时，$\alpha^{**}=1$，

当 $\bar{\sigma}<c$，或

---

1) 这和我们在塑性力学变形理论的 Haar-Kármán原理中所遇到的情形是一样的.

2) 字母上加一横线并不表示记号 $\bar{\sigma}$ 这个量是给定的.（译者注：可参见式(1.2)的注）

3) 字母上加一横线并不表示记号 $d\bar{\varepsilon}^p$ 这个量是给定的.（译者注：可参见式(1.2)的注）

$$\text{当 } \bar{\sigma}=c \text{ 而 } d\bar{\sigma}<0 \text{ 时，} \qquad \alpha^{**}=0. \tag{12.39}$$

方程(12.38)的逆形式可表示成

$$d\sigma_{ij}=\frac{E}{(1-2\nu)}de\,\delta_{ij}+2G\,d\varepsilon'_{ij}-\alpha^{*}\frac{3G(\sigma'_{kl}d\varepsilon_{kl})}{\bar{\sigma}^{2}\left(\frac{H'}{3G}+1\right)}\sigma'_{ij}. \tag{12.40}$$

这里，

$$\begin{aligned}&\text{当 } \bar{\sigma}=c \text{ 而 } \sigma'_{ij}\,d\varepsilon_{ij}\geqslant 0 \text{ 时，} \alpha^{*}=1,\\&\text{当 } \bar{\sigma}<c\text{，或}\\&\text{当 } \bar{\sigma}=c \text{ 而 } \sigma'_{ij}\,d\varepsilon_{ij}<0 \text{ 时，} \alpha^{*}=0.\end{aligned} \tag{12.41}$$

方程(12.38)和(12.40)称为应变硬化材料的Prandtl-Reuss方程. 如果在方程(12.38)和(12.40)的两边同除以dt，我们就得到速率形式的关系式：

$$\dot{\varepsilon}_{ij}=\frac{(1-2\nu)}{E}\dot{\sigma}\delta_{ij}+\frac{\dot{\sigma}'_{ij}}{2G}+\alpha^{**}\frac{3\sigma'_{ij}\dot{\bar{\sigma}}}{2\bar{\sigma}H'}, \tag{12.42}$$

$$\dot{\sigma}_{ij}=\frac{E}{(1-2\nu)}\dot{e}\delta_{ij}+2G\dot{\varepsilon}_{ij}-\alpha^{*}\frac{3G(\sigma'_{kl}\dot{\varepsilon}_{kl})}{\bar{\sigma}^{2}\left(\frac{H'}{3G}+1\right)}\sigma'_{ij}, \tag{12.43}$$

式中α^{**}和α^{*}的定义可以从方程(12.39)和(12.41)中分别用$\dot{\bar{\sigma}}$和$\dot{\varepsilon}_{ij}$代替$d\bar{\sigma}$和$d\varepsilon_{ij}$来得到.

上述关系式可推广到理想塑性材料，这时屈服条件由下式给出：

$$\sigma'_{ij}\sigma'_{ij}=2k^{2}, \tag{12.44}$$

式中k是一个与材料有关的常数. 在方程(12.38)中取

$$\lim_{d\bar{\sigma}\to 0,H'\to 0}\frac{3d\bar{\sigma}}{2\bar{\sigma}H'}=d\lambda>0, \tag{12.45}$$

式中$d\lambda$是一个正的、未定的和有限的量，我们就得到

$$d\varepsilon_{ij}=\frac{(1-2\nu)}{E}d\sigma\,\delta_{ij}+\frac{d\sigma'_{ij}}{2G}+\alpha^{**}\sigma'_{ij}d\lambda. \tag{12.46}$$

这里，

$$\begin{aligned}&\text{当 } \sigma'_{ij}\sigma'_{ij}=2k^{2} \text{ 而 } \sigma'_{ij}d\sigma'_{ij}=0 \text{ 时，} \alpha^{**}=1,\\&\text{当 } \sigma'_{ij}\sigma'_{ij}<2k^{2}\text{，或}\\&\text{当 } \sigma'_{ij}\sigma'_{ij}=2k^{2} \text{ 而 } \sigma'_{ij}d\sigma'_{ij}<0 \text{ 时，} \alpha^{**}=0.\end{aligned} \tag{12.47}$$

方程(12.46)的逆形式可表示成

$$d\sigma_{ij}=\frac{E}{(1-2\nu)}\,de\,\delta_{ij}+2G\,d\varepsilon'_{ij}-\alpha^*\frac{G}{k^2}(\sigma'_{kl}d\varepsilon_{kl})\sigma'_{ij}. \tag{12.48}$$

这里,

$$\begin{aligned}&\text{当 } \sigma'_{ij}\sigma'_{ij}=2k^2 \text{ 而 } \sigma'_{ij}d\varepsilon_{ij}\geqslant 0 \text{ 时}, \quad \alpha^*=1,\\&\text{当 } \sigma'_{ij}\sigma'_{ij}<2k^2, \quad \text{或}\\&\text{当 } \sigma'_{ij}\sigma'_{ij}=2k^2 \text{ 而 } \sigma'_{ij}d\varepsilon_{ij}<0 \text{ 时}, \quad \alpha^*=0.\end{aligned} \tag{12.49}$$

方程(12.46)和(12.48)称为理想塑性材料的 Prandtl-Reuss 方程. 这些方程的速率形式分别是

$$\dot{\varepsilon}_{ij}=\frac{(1-2\nu)}{E}\dot{\sigma}\delta_{ij}+\frac{\dot{\sigma}'_{ij}}{2G}+\alpha^{**}\mu\sigma'_{ij}, \tag{12.50}$$

和

$$\dot{\sigma}_{ij}=\frac{E}{(1-2\nu)}\dot{e}\delta_{ij}+2G\dot{\varepsilon}'_{ij}-\alpha^*\frac{G}{k^2}(\sigma'_{kl}\dot{\varepsilon}_{kl})\sigma'_{ij}, \tag{12.51}$$

式中 $\mu=d\lambda/dt>0$. 在这些方程中, α^{**} 和 α^* 的确定义可以在方程(12.47)和(12.49)中分别用 $\dot{\sigma}'_{ij}$ 和 $\dot{\varepsilon}_{ij}$ 代替 $d\sigma'_{ij}$ 和 $d\varepsilon_{ij}$ 而得到.

对于服从 Prandtl-Reuss 方程的一些材料, 类似于第 12.2 和 12.3 节的那些变分原理已经被推导出来了[1].

12.5 St. Venant-Levy-Mises 方程

在方程(12.50)中, 如果假定弹性应变速率与塑性应变速率相比可以忽略不计, 则我们有

$$\text{当 } \sigma'_{ij}\sigma'_{ij}=2k^2 \text{ 而 } \sigma'_{ij}\dot{\sigma}'_{ij}=0 \text{ 时}, \quad \dot{\varepsilon}_{ij}=\mu\sigma'_{ij}, \tag{12.52a}$$

$$\begin{aligned}&\text{当 } \sigma'_{ij}\sigma'_{ij}<2k^2, \quad \text{或}\\&\text{当 } \sigma'_{ij}\sigma'_{ij}=2k^2 \text{ 而 } \sigma'_{ij}\dot{\sigma}'_{ij}<0 \text{ 时}, \quad \dot{\varepsilon}_{ij}=0.\end{aligned} \tag{12.52b}$$

仅对方程(12.52a)的逆关系是

$$\sigma'_{ij}=\frac{\sqrt{2}\,k}{\sqrt{\dot{\varepsilon}_{kl}\dot{\varepsilon}_{kl}}}\dot{\varepsilon}_{ij}. \tag{12.53}$$

受上列关系式支配的材料称为刚塑性材料. 方程(12.52a, b)称为刚塑性材料的 St. Venant-Levy-Mises 方程.

现在我们来研究对于刚塑性体的变分原理，假定这物体整个都处于塑性状态．在本节中的问题，要用和以前的问题稍微不同的方式来定义：

(1) 平衡方程

$$\sigma_{ij,j}=0; \tag{12.54}$$

(2) 屈服条件

$$\sigma'_{ij}\sigma'_{ij}=2k^2; \tag{12.55}$$

(3) 应力-应变速率关系式：方程(12.53)；

(4) 应变速率-速度关系式

$$2\dot{\varepsilon}_{ij}=v_{i,j}+v_{j,i}; \tag{12.56}$$

(5) 不可压缩性条件

$$\dot{\varepsilon}_{ij}=0; \tag{12.57}$$

(6) 边界条件

$$\text{在 } S_1 \text{ 上,}\quad \sigma_{ij}n_j=\overline{F}_i, \tag{12.58}$$

$$\text{在 } S_2 \text{ 上,}\quad v_i=\overline{v}_i. \tag{12.59}$$

这里得出两个变分原理，其中第一个可叙述如下：

在满足相容条件、不可压缩性条件以及 S_2 上几何边界条件的各个容许解中，真实解[1)]使

$$\Pi=\sqrt{2}\,k\iiint\limits_V\sqrt{\dot{\varepsilon}_{ij}\,\dot{\varepsilon}_{ij}}\,dV-\iint\limits_{S_1}\overline{F}_i v_i dS \tag{12.60}$$

取绝对极小值．

这一原理称为 Марков 原理[7]．其证明如下．用 σ_{ij}, $\dot{\varepsilon}_{ij}$ 和 v_i 分别表示精确解的应力、应变速率和速度，而容许解的应变速率和速度则用 $\dot{\varepsilon}^*_{ij}$ 和 v^*_i 来表示．于是，根据 Schwarz 不等式，

$$\sigma'_{ij}\dot{\varepsilon}^*_{ij}\leqslant\sqrt{\sigma'_{ij}\sigma'_{ij}}\sqrt{\dot{\varepsilon}^*_{ij}\,\dot{\varepsilon}^*_{ij}} \tag{12.61}$$

和不可压缩性条件，

$$\sigma'_{ij}\dot{\varepsilon}^*_{ij}=\sigma_{ij}\dot{\varepsilon}^*_{ij}, \tag{12.62}$$

我们从方程(12.55)，(12.61)和(12.62)就得到下列关系式：

$$\sigma_{ij}\dot{\varepsilon}^*_{ij}\leqslant\sqrt{2}\,k\sqrt{\dot{\varepsilon}^*_{ij}\,\dot{\varepsilon}^*_{ij}}. \tag{12.63}$$

另一方面，方程(12.53)和(12.57)给出

1) 把可能未确定的均匀静水压力除外。

$$\sigma_{ij}\dot{\varepsilon}_{ij}=\sqrt{2}\,k\sqrt{\dot{\varepsilon}_{ij}\dot{\varepsilon}_{ij}}. \tag{12.64}$$

结合方程(12.63)和(12.64)，得到

$$\sqrt{2}\,k\left(\sqrt{\dot{\varepsilon}^*_{ij}\dot{\varepsilon}^*_{ij}}-\sqrt{\dot{\varepsilon}_{ij}\dot{\varepsilon}_{ij}}\right)\geqslant\sigma_{ij}(\dot{\varepsilon}^*_{ij}-\dot{\varepsilon}_{ij}). \tag{12.65}$$

对方程(12.65)就整个物体进行积分，并运用分部积分给出

$$\sqrt{2}\,k\iiint_V\sqrt{\dot{\varepsilon}^*_{ij}\dot{\varepsilon}^*_{ij}}\,dV-\iint_{S_1}\bar{F}_i v^*_i\,dS$$

$$\geqslant\sqrt{2}\,k\iiint_V\sqrt{\dot{\varepsilon}_{ij}\dot{\varepsilon}_{ij}}\,dV-\iint_{S_1}\bar{F}_i v_i\,dS. \tag{12.66}$$

由于v^*_i是一个任意的容许速度，所以方程(12.65)就证明了Марков原理．第二个原理可叙述如下：

在满足平衡方程、屈服条件和S_1上力学边界条件的各个容许解中，真实解[1)]使

$$\Pi_c=-\iint_{S_2}\sigma_{ij}n_j\bar{v}_i\,dS \tag{12.67}$$

取绝对极小值．

这一原理等价于Hill的最大塑性功原理，后者指出，在各个容许解中，真实解使

$$\iint_{S_2}\sigma_{ij}n_j\bar{v}_i\,dS$$

取绝对极大值[1,8]．其证明如下．用σ_{ij}，$\dot{\varepsilon}_{ij}$和v_i分别表示真实解的应力、应变速率和速度，而容许解的应力则用σ^*_{ij}来表示．于是，根据

$$\sigma'_{ij}\sigma'_{ij}=2k^2,\qquad\sigma^{*\prime}_{ij}\sigma^{*\prime}_{ij}=2k^2 \tag{12.68}$$

和

$$\sigma'_{ij}\sigma^{*\prime}_{ij}\leqslant\sqrt{\sigma'_{ij}\sigma'_{ij}}\sqrt{\sigma^{*\prime}_{ij}\sigma^{*\prime}_{ij}}=2k^2, \tag{12.69}$$

我们有

$$(\sigma^{*\prime}_{ij}-\sigma'_{ij})\sigma'_{ij}\leqslant 0. \tag{12.70}$$

将方程(12.53)和(12.57)代入方程(12.70)给出

$$(\sigma^*_{ij}-\sigma_{ij})\dot{\varepsilon}_{ij}\leqslant 0. \tag{12.71}$$

对方程(12.71)就整个物体进行积分，并运用分部积分给出

---

1) 把可能未确定的均匀静水压力除外。

$$\iint_{S_2} \sigma_{ij} n_j \bar{v}_i dS \geqslant \iint_{S_2} \sigma^*_{ij} n_j \bar{v}_i dS. \tag{12.72}$$

由于σ^*_{ij}是一个任意的容许的应力,所以方程(12.72)就证明了 Hill 原理.

对于上面两个原理，可以作出一个弱的提法：将泛函(12.60)和(12.67)分别对容许的速度和应力取变分，会使它们取驻值.例如,可以证明关于对容许位移取变分的精确解使

$$\delta\Pi = 0. \tag{12.73}$$

于是这个原理可以推广为

$$\begin{aligned}\Pi_1 = &\sqrt{2}k\iiint_V \sqrt{\dot{\varepsilon}_{ij}\dot{\varepsilon}_{ij}}\, dV - \iint_{S_1} \bar{F}_i v_i dS \\ &- \iiint_V \left\{\left[\dot{\varepsilon}_{ij} - \frac{1}{2}(v_{i,j} + v_{j,i})\right]\sigma_{ij} - \dot{\varepsilon}_{ij}\delta_{ij}\sigma\right\} dV \\ &- \iint_{S_2} \sigma_{ij} n_j (v_i - \bar{v}_i) dS,\end{aligned} \tag{12.74}$$

式中σ_{ij}和σ是一些 Lagrange 乘子,它们把条件(12.56),(12.57)和(12.59)引进了变分表达式中.泛函(12.74)对$\dot{\varepsilon}_{ij}$的驻值条件可证明是

$$\sigma_{ij} - \sigma\delta_{ij} = \frac{\sqrt{2}k}{\sqrt{\dot{\varepsilon}_{kl}\dot{\varepsilon}_{kl}}}\dot{\varepsilon}_{ij}, \tag{12.75}$$

而泛函(12.67)的表达式可以按一般方式通过消去u_i和ε_{ij}来导出.

12.6 极限分析

在塑性力学流动理论中，变分公式推导最成功的应用之一无疑是极限分析理论[2].考虑一个连续体或结构(此后统称物体),它的组成材料服从理想塑性的 Prandtl-Reuss 方程(12.50).在S_1上的面力$\bar{F}_i$ ($i=1, 2, 3$)是给定的，而在S_2上把位移给定得使$\bar{u}_i=0$ ($i=1, 2, 3$).我们假定面力是按比例增加的,即假定外力可

以由$\varkappa\bar{F}_i(i=1, 2, 3)$给出，其中$\varkappa$是一个单调递增的参数．当$\varkappa$的值足够小时，物体呈弹性．当$\varkappa$增加到一定的值，物体内有一点到达了塑性状态；超过了这个$\varkappa$值，弹性理论就不再适用了．随着$\varkappa$的进一步增加，体内的塑性区域逐步扩展，尽管物体的大部分可能仍处于弹性状态．如果$\varkappa$的值继续增大，将会达到一种临界塑性流动的状态，即在加载过程中，第一次出现了面力不变而塑性应变在增加的可能现象．与临界塑性流动状态相对应的这一组面力称为该物体的极限载荷，而极限载荷与设计载荷的比值称为安全系数，并用S表示．这样，安全系数就是极限载荷时的$\varkappa$值．极限分析的问题就是要在给定的面力作用下，确定物体的安全系数．

我们看到，在极限载荷下，弹性应变速率和应力速率都恒等于零，而物体呈刚塑性[2]．因此，在临界塑性流动状态时的控制方程可给出如下：

(1) 平衡方程

$$\sigma_{ij,j}=0; \tag{12.76}$$

(2) 屈服条件

$$\sigma'_{ij}\sigma'_{ij}\leqslant 2k^2; \tag{12.77}$$

(3) 应力-应变速率关系式

$$当\ \sigma'_{ij}\sigma'_{ij}=2k^2\ 时，\qquad \dot{\varepsilon}_{ij}=\mu\sigma'_{ij}, \tag{12.78a}$$

$$当\ \sigma'_{ij}\sigma'_{ij}<2k^2\ 时，\qquad \dot{\varepsilon}_{ij}=0; \tag{12.78b}$$

(4) 应变速率-速度关系式

$$2\dot{\varepsilon}_{ij}=v_{i,j}+v_{j,i}; \tag{12.79}$$

(5) 不可压缩性条件

$$\dot{\varepsilon}_{ii}+0; \tag{12.80}$$

(6) 边界条件

$$在\ S_1\ 上，\ \sigma_{ij}n_j=S\bar{F}_i, \tag{12.81}$$

$$在\ S_2\ 上，\ v_i=0. \tag{12.82}$$

这些方程构成了一个特征值问题，其中S值作为一种特征值来确定．

极限分析理论把重点放在推导安全系数的上下界公式上．为简便起见，我们把研究对象限制在具有连续的应力场和速度场的问题[1)]，并引进下列术语．一组应力分量 σ_{ij}^* 将被称为静力容许的，如果它满足方程(12.76)，(12.77)以及

$$\text{在 } S_1 \text{ 上，} \quad \sigma_{ij}^* n_j = m_s \overline{F}_i, \tag{12.83}$$

式中 m_s 是一个数，称为静力容许乘子．一组速度分量 u_i^* 将被称为动力容许的，如果它满足方程(12.80)和(12.82)，以及条件

$$\iint_{S_1} \overline{F}_i v_i^* dS > 0. \tag{12.84}$$

由下式定义的数称为动力容许乘子，

$$m_k = \frac{\sqrt{2}\, k \iiint_V \sqrt{\dot{\varepsilon}_{ij}^* \dot{\varepsilon}_{ij}^*}\, dV}{\iint_{S_1} \overline{F}_i v_i^*\, dS}, \tag{12.85}$$

式中 $2\dot{\varepsilon}_{ij}^* = v_{i,j}^* + v_{j,i}^*$．于是我们就得到下列安全系数的上下界公式：

$$m_s \leqslant S \leqslant m_k. \tag{12.86}$$

其证明给出如下：首先，我们看到，对于本问题，方程(12.63)也还是有效的．对方程(12.63)就整个物体进行积分，并运用分部积分给出

$$S \iint_{S_1} \overline{F}_i v_i^*\, dS \leqslant \sqrt{2}\, k \iiint_V \sqrt{\dot{\varepsilon}_{ij}^* \dot{\varepsilon}_{ij}^*}\, dV, \tag{12.87}^*$$

在假设(12.84)之下，这就证明了 $S \leqslant m_k$．其次，我们看到，方程(12.71)对于本问题也还是有效的．对方程(12.71)就整个物体进行积分，并运用分部积分给出

$$(m_s - S) \iint_{S_1} \overline{F}_i v_i\, dS \leqslant 0. \tag{12.88}^*$$

由于对精确解，我们有

$$\iint_{S_1} \overline{F}_i v_i\, dS \geqslant 0,$$

所以方程(12.88)就证明了 $m_s \leqslant S$．

---

1) 推广到非连续速度场的情况可在参考文献 [9] 中找到．

* 这里符号 S 既表示安全系数，又表示面积．——译者注

这样，同时利用两个变分原理就得到了关于安全系数的上下界公式．在这个意义上，方程(12.86)类似于扭转刚度的上下界公式，后者在第6.5节中是用最小势能原理和最小余能原理导出的，尽管扭转刚度的确定是一个边值问题而不是一个特征值问题．在参考文献[10]中，给出了有关界限公式即方程(12.86)的一种变分研究．

关于平面应变问题，已经建立了极限分析理论的公式，并对速度场和应力场的不连续性作了详细的研究(见参考文献[2])．在参考文献[11]中列举了平面应变问题的一个极好的例子：一根具有正方形截面并带有中心圆孔的棱柱杆，处于均匀内压的作用下，通过假定非连续的速度场和应力场而求得其安全系数的上、下界．在板、壳和多元结构的分析中，亦已证明极限理论是非常有效的(见参考文献[12—16])．

12.7 几点讨论

在整个第十一和十二章中，曾假定位移分量都是用三个连续函数给出的．但是我们知道，在塑性区域中变形是由许多无限小的滑移构成的[1]．这就意味着用三个连续函数来表示位移仅仅是一种近似，并且暗示，把位移的不连续性考虑进去，塑性理论可能得到改进．在这方面的进展之一就是大家知道的位错理论，有关的一段精辟阐述写在参考文献[17]中．在附录G中对蠕变理论的变分原理作了一段简短的叙述．

参考文献

[1] R. Hill, *Mathematical Theory of Plasticity*, Oxford, 1950. (《塑性数学理论》，科学出版社，1966年)

[2] W. Prager and P. G. Hodge, Jr., *Theory of Perfectly Plastic Solids*, John Wiley, 1951. (《理想塑性固体理论》，科学出版社，1964年)

[3] W. Prager, *An Introduction to Plasticity*, Addison-Wesley, 1959.

[4] P. G. Hodge, Jr., The Mathematical Theory of Plasticity, in *Elasticity and*

Plasticity by J. N. Goodier and P. G. Hodge, Jr., pp. 51—152, John Wiley, 1958.

[5] D. C. Drucker, Variational Principles in the Mathematical Theory of Plasticity, *Proceedings of Symposia in Applied Mathematics*, Vol. 8, pp. 7—22, McGraw-Hill, 1958.

[6] W. T. Koiter, General Theorems for Elastic-Plastic Solids, *Progress in Solid Mechanics*, Vol. 1, Chapter IV, pp. 167—221, North-Holland, Amsterdam, Interscience, New York, 1960.

[7] А. А. Марков, О вариационных принципах в теории пластичности, *Прикладная математика и механика*, Т. 11, Вып. 3, стр. 339—50, 1947.

[8] R. Hill, A Variational Principle of Maximum Plastic Work in Classical Plasticity, *Quarterly Journal of Mechanics and Applied Mathematics*, Vol. 1 pp. 18—28, 1948.

[9] D. C. Drucker, W. Prager and H. J. Greenberg, Extended Limit Design Theorems for Continuous Media, *Quarterly of Applied Mathematics*, Vol. 9, No. 4, pp. 381—9, 1952.

[10] T. Mura and S. L. Lee, Application of Variational Principles to Limit Analysis, *Quarterly of Applied Mathematics*, Vol. 21, No. 3, pp. 244—8, October 1963.

[11] D. C. Drucker, H. J. Greenberg and W. Prager, The Safety Factor of an Elastic-Plastic Body in Plane Strain, *Journal of Applied Mechanics*, Vol. 18, No. 4, pp. 371—8, December 1951.

[12] Van den Broeck, *Theory of Limit Design*, John Wiley, 1948.

[13] B. G. Neal, *The Plastic Methods of Structural Analysis*, John Wiley, 1956.

[14] L. S. Beedle, *Plastic Design of Steel Frames*, John Wiley, 1958.

[15] P. G. Hodge, Jr., *Plastic Analysis of Structures*, McGraw-Hill, 1959. («结构的塑性分析», 科学出版社, 1966 年)

[16] P. G. Hodge, Jr., *Limit Analysis of Rotationally Symmetric Plates and Shells*, Prentice-Hall, 1963.

[17] B. A. Bilby, Continuous Distributions of Dislocations, *Progress in Solid Mechanics*, Vol. 1, Chapter VII, pp. 329—98, North-Holland, Amsterdam, Interscience, New York, 1960.

附录 A 带有一个约束条件的函数的极值

我们来考虑在一个约束条件下寻求函数的极值的问题. 为简便起见, 准备拿一个简单的例子来说明这个过程.

问题: 试求下列函数的极值,

$$z=f(x, y)=x^2+y^2-2x-4y+6, \tag{1}$$

附带的约束条件是

$$g(x, y)=2x+y-1=0. \tag{2}$$

从几何意义上讲, 这个问题就是在 $z=f(x, y)$ 和 $g(x, y)=0$ 的相交曲线上寻求 z 的极值. 求解这个问题的方法之一, 是利用方程(2)从方程(1)中消去一个变量, 比如说 y, 这样就得到

$$z=f(x, y(x))=f^*(x)=5x^2+2x+3, \tag{3}$$

然后通过下列条件寻求 z 的极值,

$$\frac{df^*}{dx}=10x+2=0, \tag{4}$$

解出方程(4), 我们得到

$$x=-\frac{1}{5}, \tag{5}$$

并找到

$$z_{极值}=\frac{14}{5}, \qquad y=\frac{7}{5}. \tag{6}$$

看来, 这个极值表明是 $f^*(x)$ 的绝对极小值.

Lagrange 乘子法断定, 上述问题等价于寻求由下式定义的函数 z_I 的驻值,

$$z_I=x^2+y^2-2x-4y+6+\lambda(2x+y-1), \tag{7}$$

式中独立变量是 x, y 和 λ, 而驻值条件由下式给出:

$$\frac{\partial z_I}{\partial x}=2x-2+2\lambda=0, \tag{8}$$

$$\frac{\partial z_I}{\partial y}=2y-4+\lambda=0, \tag{9}$$

$$\frac{\partial z_I}{\partial \lambda}=2x+y-1=0. \tag{10}$$

解出这些方程，我们得到

$$x=-\frac{1}{5}, \quad y=\frac{7}{5}, \quad \lambda=\frac{6}{5}, \tag{11}$$

并找出 z_I 的驻值如下：

$$z_{I驻值}=\frac{14}{5}=z_{极值}. \tag{12}$$

如果通过利用方程(8)，从 z_I 中消去独立变量之一，比如说 x，那么函数就变换成

$$z_{II}=y^2+\lambda y-\lambda^2-4y+5, \tag{13}$$

式中仅保留了两个独立变量，即 λ 和 y. 于是驻值条件由下式给出：

$$\frac{\partial z_{II}}{\partial y}=2y+\lambda-4=0, \tag{14}$$

$$\frac{\partial z_{II}}{\partial \lambda}=y-2\lambda+1=0, \tag{15}$$

立即得出

$$y=\frac{7}{5}, \quad \lambda=\frac{6}{5}, \tag{16}$$

因而

$$z_{II驻值}=\frac{14}{5}=z_{极值}, \quad x=-\frac{1}{5}. \tag{17}$$

更进一步，通过利用方程(8)和(9)，我们将从 z_I 中消去 x 和 y. 于是函数变换成

$$z_{III}=-\frac{5}{4}\lambda^2+3\lambda+1, \tag{18}$$

式中 λ 是唯一留下的独立变量. 于是驻值条件由下式给出：

$$\frac{dz_{III}}{d\lambda}=-\frac{5}{2}\lambda+3=0, \tag{19}$$

上式给出

$$\lambda=\frac{6}{5}, \tag{20}$$

因而

$$z_{III\text{驻值}}=\frac{14}{5}=z_{\text{极值}}, \quad x=-\frac{1}{5}, \quad y=\frac{7}{5}. \tag{21}$$

不难看出，$z_{III\text{驻值}}$ 是函数 z_{III} 对于单一变量 λ 的绝对极大值. 显然，如果采用方程(10)作为约束条件，函数 z_I 就简化为原来的函数.

由此表明，对所推导的全部变换公式，驻值都是相同的. 所得的极值在函数(3)中作为极小值给出，而在函数(18)中则作为极大值给出. 但是，$z_{I\text{驻值}}$ 和 $z_{II\text{驻值}}$ 可不再分别是函数 z_I 和 z_{II} 的极大值或极小值了.

参考文献

[1] R. Courant and D. Hilbert, *Methods of Mathematical Physics*, Vol. 1, Interscience, New York, 1953. (《数学物理方法》，卷 I，科学出版社，1958 年)

[2] C. Lanczos, *The Variational Principles of Mechanics*, University of Toronto Press, 1949.

附录 B　薄板的应力-应变关系

当近似地推导薄板问题的公式时，一个通常的习惯是假定在应力-应变关系式中，横向正应力 σ_z 可以忽略不计. 这个假设分别把方程(1.10)和(1.11)简化为

$$\sigma_x=\frac{E}{(1-\nu^2)}(\varepsilon_x+\nu\varepsilon_y),\quad \tau_{yz}=G\gamma_{yz},$$

$$\sigma_y=\frac{E}{(1-\nu^2)}(\nu\varepsilon_x+\varepsilon_y),\quad \tau_{zx}=G\gamma_{zx},\tag{1}$$

$$\sigma_z=0,\quad \tau_{xy}=G\gamma_{xy},$$

和

$$E\varepsilon_x=\sigma_x-\nu\sigma_y,\quad G\gamma_{yz}=\tau_{yz},$$

$$E\varepsilon_y=-\nu\sigma_x+\sigma_y,\quad G\gamma_{zx}=\tau_{zx},\tag{2}$$

$$E\varepsilon_z=-\nu(\sigma_x+\sigma_y),\quad G\gamma_{xy}=\tau_{xy}.$$

对于上述应力-应变关系式，可以证明应变能函数和余能函数的表达式是

$$A=\frac{E}{2(1-\nu^2)}(\varepsilon_x+\varepsilon_y)^2+\frac{G}{2}(\gamma_{yz}^2+\gamma_{zx}^2+\gamma_{xy}^2-4\varepsilon_x\varepsilon_y),\tag{3}$$

$$B=\frac{1}{2E}[(\sigma_x+\sigma_y)^2+2(1+\nu)(\tau_{yz}^2+\tau_{zx}^2+\tau_{xy}^2-\sigma_x\sigma_y)].\tag{4}$$

当方程(3.38)被用作应力-应变关系式以便考虑非线性的应变-位移关系式时，用 e_{xx}, e_{yy}, e_{zz}, $2e_{yz}$, $2e_{zx}$ 和 $2e_{xy}$ 分别代替 ε_x, ε_y, ε_z, γ_{yz}, γ_{zx} 和 γ_{xy}, 我们就得到相应于上述方程(1), (2)和(3)的关系式.

在应力-应变关系式中横向正应力可以忽略不计的假设，也常常被用于薄板的热应力问题，并使方程(5.50)和(5.51)分别简化为

$$\sigma_x=\frac{E}{(1-\nu^2)}(e_{xx}+\nu e_{yy})-\frac{Ee^\theta}{(1-\nu)},\quad \tau_{yz}=2Ge_{yz},$$

$$\sigma_y=\frac{E}{(1-\nu^2)}(\nu e_{xx}+e_{yy})-\frac{Ee^\theta}{(1-\nu)},\qquad \tau_{zx}=2Ge_{zx},\tag{5}$$

$$\sigma_z=0,\qquad \tau_{xy}=2Ge_{xy},$$

和

$$e_{xx}=\frac{1}{E}(\sigma_x-\nu\sigma_y)+e^\theta,\qquad e_{yz}=\frac{1}{2G}\tau_{yz},$$

$$e_{yy}=\frac{1}{E}(-\nu\sigma_x+\sigma_y)+e^\theta,\qquad e_{zx}=\frac{1}{2G}\tau_{zx},\tag{6}$$

$$e_{zz}=-\frac{\nu}{E}(\sigma_x+\sigma_y)+e^\theta,\qquad e_{xy}=\frac{1}{2G}\tau_{xy}.$$

对于上述应力-应变关系式,可以证明应变能函数和余能函数的表达式是

$$A=\frac{E}{2(1-\nu^2)}(e_{xx}+e_{yy})^2+2G(e_{yz}^2+e_{zx}^2+e_{xy}^2-e_{xx}e_{yy})$$

$$-\frac{Ee^\theta}{(1-\nu)}(e_{xx}+e_{yy}),\tag{7}$$

$$B=\frac{1}{2E}[(\sigma_x+\sigma_y)^2+2(1+\nu)(\tau_{yz}^2+\tau_{zx}^2+\tau_{xy}^2-\sigma_x\sigma_y)]$$

$$+e^\theta(\sigma_x+\sigma_y).\tag{8}$$

当采用线性的应变-位移关系式时,用 ε_x, ε_y, ε_z, γ_{yz}, γ_{zx} 和 γ_{xy} 分别代替 e_{xx}, e_{yy}, e_{zz}, $2e_{yz}$, $2e_{zx}$ 和 $2e_{xy}$,我们就得到相应于上述方程(5),(6)和(7)的关系式.

附录C 包括横向剪变形影响的梁理论

我们采用广义的最小余能原理(2.41)，来推导包括横向剪变形影响的梁的近似理论．考虑一根等截面梁，它在 $x=0$ 处固定，而另一端 $x=l$ 处在一些梁端载荷作用下处于静力平衡状态．假定体力和侧边上的面力都不存在，于是在(x, z)平面内实现了一种无扭转的弯曲．关于本问题，原理(2.41)可写成如下形式：

$$-\Pi_R^*=\iiint\limits_V\Big[B(\sigma_x, \sigma_y, \cdots, \tau_{xy})+\left(\frac{\partial\sigma_x}{\partial x}+\frac{\partial\tau_{xy}}{\partial y}+\frac{\partial\tau_{xz}}{\partial z}\right)U$$

$$+\left(\frac{\partial\tau_{xy}}{\partial x}+\frac{\partial\sigma_y}{\partial y}+\frac{\partial\tau_{yz}}{\partial z}\right)V$$

$$+\left(\frac{\partial\tau_{xz}}{\partial x}+\frac{\partial\tau_{yz}}{\partial y}+\frac{\partial\sigma_z}{\partial z}\right)W\Big]dx\,dy\,dz$$

$$+(\text{在边界表面上的各项}), \tag{1}$$

式中 U, V 和 W 是位移分量，并且都是(x, y, z)的函数．我们假定：

$$\sigma_x=\frac{N(x)}{A_0}+\frac{M(x)}{I}z, \tag{2}$$

$$\tau_{xy}=Q(x)\Theta_{xy}(y, z), \qquad \tau_{xz}=Q(x)\Theta_{xz}(y, z), \tag{3}$$

$$\sigma_y=\sigma_z=\tau_{yz}=0. \tag{4}$$

可以看出，方程(2)与方程(7.29)是相同的．在方程(3)中选择的两个函数 Θ_{xy} 和 Θ_{xz}，要在横截面上满足

$$\frac{\partial\Theta_{xy}}{\partial y}+\frac{\partial\Theta_{xz}}{\partial z}=-\frac{z}{I} \tag{5}$$

和在侧边上满足

$$\Theta_{xy}m+\Theta_{xz}n=0, \tag{6}$$

式中 m 和 n 是侧边上的外向法线 ν 的方向余弦，即 $m=\cos(y, \nu)$ 和 $n=\cos(z, \nu)$．这样选定的函数 Θ_{xy} 和 Θ_{xz} 应当是梁内所引起的应力分量 τ_{xy} 和 τ_{xz} 的良好近似．把方程(2)，(3)和(4)代入方程

(1)，并使用关于 B 的表达式方程(2.21)，我们有

$$-\Pi_R^* = \int_0^l \Big[\frac{N^2}{2EA_0} + \frac{M^2}{2EI} + \frac{Q^2}{2GkA_0} + N'U_0 + (M'-Q)U_1 + Q'(V_0+W_0) \Big] dx + (\text{在两端的各项}), \tag{7}$$

式中的一些符号定义如下：

$$\frac{1}{kA_0} = \iint (\Theta_{xy}^2 + \Theta_{xz}^2)\, dy\, dz, \tag{8}$$

和

$$U_0 A_0 = \iint U\, dy\, dz, \qquad U_1 I = \iint Uz\, dy\, dz,$$
$$V_0 = \iint V\Theta_{xy}\, dy\, dz, \qquad W_0 = \iint W\Theta_{xz}\, dy\, dz, \tag{9}$$

积分是遍及梁的整个横截面的．在泛函 (7) 中，经受变分的量是 N, M, Q, U_0, U_1, V_0 和 W_0．我们有下列的一些驻值条件：

$$N = EA_0U_0', \quad M = EIU_1', \quad Q = GkA_0[(V_0+W_0)' + U_1], \tag{10}$$

$$N' = 0, \qquad M' - Q = 0, \qquad Q' = 0. \tag{11}$$

将方程组(10)与方程(7.112)，(7.113)和(7.114)相比较，我们看到，如果把量 u, u_1 和 w 解释为

$$u = U_0, \qquad u_1 = U_1, \qquad w = V_0 + W_0, \tag{12}$$

那么，就这个静力学问题而论，除 k 值外，两种方法提供了等价的公式推导．下面给出三种横截面的横向剪切刚度值．

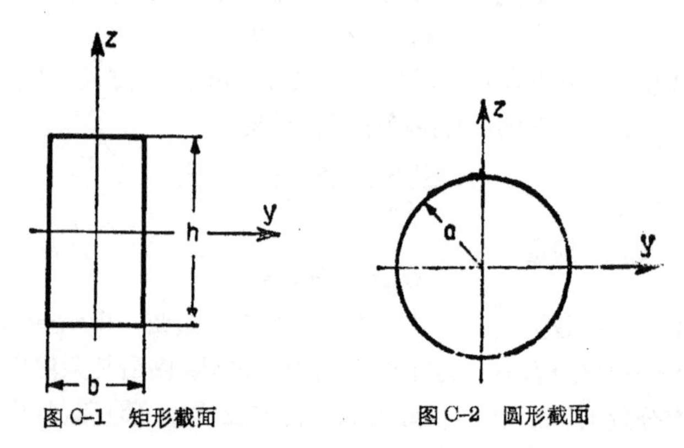

图 C-1　矩形截面　　　图 C-2　圆形截面

(1) 矩形横截面. 设截面的宽和高分别是 b 和 h, 如图 C-1 所示. 于是我们有[1]

$$\Theta_{xy}=0, \quad \Theta_{xz}=(1/2I)\left[(h/2)^2-z^2\right],$$

$$A_0=bh, \quad I=\frac{1}{12}bh^3, \quad k=\frac{5}{6}. \tag{13}$$

(2) 圆形横截面. 设截面的半径是 a, 如图 C-2 所示. 于是我们有[1]

$$\Theta_{xy}=-\frac{(1+2\nu)}{4(1+\nu)}\frac{1}{I}yz,$$

$$\Theta_{xz}=\frac{(3+2\nu)}{8(1+\nu)}\frac{1}{I}\left(a^2-z^2-\frac{1-2\nu}{3+2\nu}y^2\right),$$

$$A_0=\pi a^2, \quad I=\frac{\pi}{4}a^4, \quad \text{当 } \nu=0.3 \text{ 时}, \quad k=0.851. \tag{14}$$

(3) 单孔封闭薄壁圆管. 在一个薄壁管内, 假定横截面上剪应力 τ 是沿着壁的周线方向[2,3]. 对于图 C-3 所示的半径为 a 和等厚度 t 的管, 我们有

$$\tau=(Q/\pi at)\cos\theta,$$

$$\Theta_{xy}=-(1/\pi at)\cos\theta\sin\theta,$$

$$\Theta_{xz}=(1/\pi at)\cos^2\theta,$$

$$A_0=2\pi at, \quad k=\frac{1}{2}. \tag{15}$$

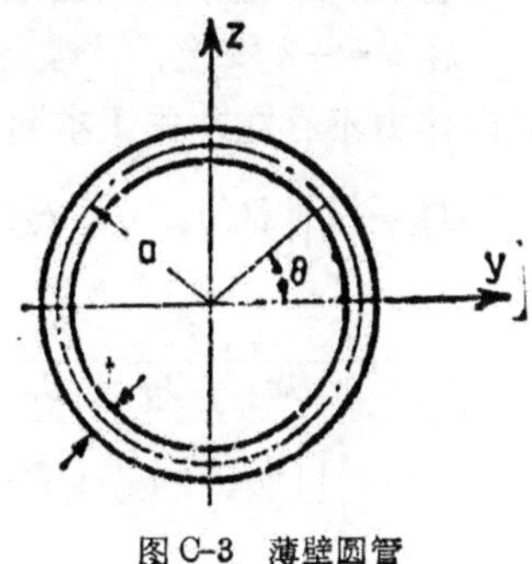

图 C-3 薄壁圆管

参 考 文 献

[1] S. Timoshenko and J. N. Goodier, *Theory of Elasticity*, McGraw-Hill, 1951. («弹性理论», 人民教育出版社, 1964 年)

[2] Y. C. Fung, *An Introduction to the Theory of Aeroelasticity*, John Wiley, 1955.

[3] D. J. Peery, *Aircraft Structures*, McGraw-Hill, 1949.

附录D　包括横向剪变形影响的板弯曲理论

我们采用广义的最小余能原理(2.41)，来推导包括横向剪变形影响的板弯曲的近似理论．我们规定薄板在下列受力和约束情况下处于静力平衡状态，即在 S_1 上有力学边界条件

$$\bar{F}_x, \quad \bar{F}_y, \quad \bar{F}_z \tag{1}$$

和在 S_2 上有几何边界条件

$$\bar{U}, \quad \bar{V}, \quad \bar{W}, \tag{2}$$

而作用在上、下表面的外力由下式给出：

$$\begin{aligned} &\text{在 } z=h/2 \text{ 上}, \quad \tau_{xz}=0, \quad \tau_{yz}=0, \quad \sigma_z=\bar{p}, \\ &\text{在 } z=-h/2 \text{ 上}, \quad \tau_{xz}=0, \quad \tau_{yz}=0, \quad \sigma_z=0. \end{aligned} \tag{3}$$

假定体力不存在．关于本问题，原理(2.41)可写成如下形式：

$$\begin{aligned} -\Pi_R^* = &\iiint_V \left[B(\sigma_x, \cdots, \tau_{xy}) + \left(\frac{\partial \sigma_x}{\partial x} + \frac{\partial \tau_{xy}}{\partial y} + \frac{\partial \tau_{xz}}{\partial z} \right) U \right. \\ &\left. + \left(\frac{\partial \tau_{xy}}{\partial x} + \frac{\partial \sigma_y}{\partial y} + \frac{\partial \tau_{yz}}{\partial z} \right) V + \left(\frac{\partial \tau_{xz}}{\partial x} + \frac{\partial \tau_{yz}}{\partial y} + \frac{\partial \sigma_z}{\partial z} \right) W \right] dx\,dy\,dz \\ &- \iint_{S_2} [(\sigma_x l + \tau_{xy} m)\bar{U} + (\tau_{xy} l + \sigma_y m)\bar{V} + (\tau_{xz} l + \tau_{yz} m)\bar{W}]\,dz\,ds \\ &+ (\text{在 } S_1 \text{ 和 } z=\pm h/2 \text{ 上的各积分项}), \end{aligned} \tag{4}$$

式中 $l=\cos(x, \nu)$，$m=\cos(y, \nu)$．仿效参考文献[1]，[2]，[3]和[4]，我们可以选定

$$\begin{aligned} &\sigma_x = \frac{M_x}{(h^2/6)} \frac{z}{(h/2)}, \quad \sigma_y = \frac{M_y}{(h^2/6)} \frac{z}{(h/2)}, \quad \tau_{xy} = \frac{M_{xy}}{(h^2/6)} \frac{z}{(h/2)}, \\ &\tau_{xz} = \frac{Q_x}{(2h/3)} \left[1 - \left(\frac{z}{h/2} \right)^2 \right], \quad \tau_{yz} = \frac{Q_y}{(2h/3)} \left[1 - \left(\frac{z}{h/2} \right)^2 \right], \\ &\sigma_z = \frac{3}{4} \bar{p} \left[\frac{z}{(h/2)} - \frac{1}{3} \left(\frac{z}{h/2} \right)^3 + \frac{2}{3} \right]. \end{aligned} \tag{5}$$

把这些方程代入方程(4)，并使用关于 B 的表达式方程(2.21)，我

们得到

$$
\begin{aligned}
-\Pi_R^* = & \iint\limits_{S_m} \Big\{ \frac{1}{2}\frac{12}{Eh^3}\big[(M_x+M_y)^2+2(1+\nu)(M_{xy}^2-M_xM_y) \\
& -\frac{\nu}{5}h^2\overline{p}(M_x+M_y)\big]+\frac{1}{2Gkh}(Q_x^2+Q_y^2)+\left(\frac{\partial M_x}{\partial x}+\frac{\partial M_{xy}}{\partial y}-Q_x\right)U_1 \\
& +\left(\frac{\partial M_{xy}}{\partial x}+\frac{\partial M_y}{\partial y}-Q_y\right)V_1+\left(\frac{\partial Q_x}{\partial x}+\frac{\partial Q_y}{\partial y}+\overline{p}\right)W_0\Big\}\,dx\,dy \\
& -\int_{C_2}\big[(M_xl+M_{xy}m)\overline{U}_1+(M_{xy}l+M_ym)\overline{V}_1+(Q_xl+Q_ym)\overline{W}_0\big]ds \\
& +(\text{在 } C_1 \text{ 上的积分项}), \qquad (6)
\end{aligned}
$$

式中 $k=5/6$，而一些符号定义如下：

$$
U_1=\left(\frac{12}{h^3}\right)\int Uz\,dz,\ V_1=\left(\frac{12}{h^3}\right)\int Vz\,dz,\ W_0=\left(\frac{3}{2h}\right)\int W\left[1-\left(\frac{z}{h/2}\right)^2\right]dz,
$$

$$
\overline{U}_1=\left(\frac{12}{h^3}\right)\int \overline{U}z\,dz,\ \overline{V}_1=\left(\frac{12}{h^3}\right)\int \overline{V}z\,dz,\ {}_0=\overline{W}\left(\frac{3}{2h}\right)\int \overline{W}\left[1-\left(\frac{z}{h/2}\right)^2\right]dz.
$$

(7a, b, c, d, e, f)

在泛函(6)中经受变分的量是 M_x, M_y, M_{xy}, Q_x, Q_y, U_1, V_1 和 W_0. 可以证明驻值条件是：平衡方程

$$
\frac{\partial M_x}{\partial x}+\frac{\partial M_{xy}}{\partial y}-Q_x=0,\qquad \frac{\partial M_{xy}}{\partial x}+\frac{\partial M_y}{\partial y}-Q_y=0,
$$

$$
\frac{\partial Q_x}{\partial x}+\frac{\partial Q_y}{\partial y}+\overline{p}=0 \qquad (8a, b, c)
$$

和应力合力-位移关系式

$$
M_x=D\left(\frac{\partial U_1}{\partial x}+\nu\frac{\partial V_1}{\partial y}\right)+\frac{\nu}{10(1-\nu)}h^2\overline{p}, \qquad (9a)
$$

$$
M_y=D\left(\nu\frac{\partial U_1}{\partial x}+\frac{\partial V_1}{\partial y}\right)+\frac{\nu}{10(1-\nu)}h^2\overline{p}, \qquad (9b)
$$

$$
M_{xy}=\frac{Gh^3}{12}\left(\frac{\partial U_1}{\partial y}+\frac{\partial V_1}{\partial x}\right), \qquad (9c)
$$

$$
Q_x=Gkh\left(\frac{\partial W_0}{\partial x}+U_1\right),\qquad Q_y=Gkh\left(\frac{\partial W_0}{\partial y}+V_1\right), \qquad (9d, e)
$$

以及几何边界条件

$$
\text{在 } C_2 \text{ 上},\quad U_1=\overline{U}_1,\quad V_1=\overline{V}_1,\quad W_0=\overline{W}_0. \qquad (10)
$$

上述结果提示，力学边界条件可近似地给定如下：

$$\text{在 } C_1 \text{ 上，} \quad M_x l + M_{xy} m = \int \bar{F}_x z dz,$$

$$M_{xy} l + M_y m = \int \bar{F}_y z dz, \tag{11}$$

$$Q_x l + Q_y m = \int \bar{F}_z dz.$$

除非表面载荷 $\bar{p}$ 是高度集中的，在方程(9a)和(9b)中的末项和前面的项相比就可以忽略不计．然后，将上述方程和第 8.8 节所推导的方程相比较*，我们看到，如果把量 u_1，v_1 和 w 解释为

$$u_1 = U_1, \quad v_1 = V_1, \quad w = W_0, \tag{12}$$

那么，就这个静力学问题而论，除 k 值外，两种方法提供了等价的公式推导．

参 考 文 献

[1] E. Reissner, On the Theory of Bending of Elastic Plates, *Journal of Mathematics and Physics*, Vol. 23, No. 4, pp. 184—91, November 1944.

[2] E. Reissner, The Effect of Transverse-Shear Deformation on the Bending of Elastic Plates, *Journal of Applied Mechanics*, Vol. 12, No. 2, pp. 69—77, June 1945.

[3] E. Reissner, On Bending of Elastic Plates, *Quarterly of Applied Mathematics*, Vol. 5, No. 1, pp. 55—68, April 1947.

[4] E. Reissner, On a Variational Theorem in Elasticity, *Journal of Mathematics and Physics*, Vol. 29, No. 2, pp. 90—5, July 1950.

* 即将方程 (9a)，(9b)，(9c)，(9d, e) 和方程(8.112)，(8.113)相比较．——译者注

附录E 关于几种壳体的专门说明

按照第九章的定义，把几种壳体几何量的明显表达式列举如下：

1．平板(见图 E-1)

$$(ds_0^{(0)})^2=(dx)^2+(dy)^2.$$

$$\alpha=x,\quad \beta=y,\quad A=1,\quad B=1,\quad R_\alpha=\infty,\quad R_\beta=\infty.$$

$$l_{11}=\frac{\partial u}{\partial x},\quad l_{12}=\frac{\partial u}{\partial y},$$

$$l_{21}=\frac{\partial v}{\partial x},\quad l_{22}=\frac{\partial v}{\partial y},$$

$$l_{31}=\frac{\partial w}{\partial x},\quad l_{32}=\frac{\partial w}{\partial y}.$$

$$\varepsilon_x=\frac{\partial u}{\partial x},\quad \varepsilon_y=\frac{\partial v}{\partial y},\quad \gamma_{xy}=\frac{\partial u}{\partial y}+\frac{\partial v}{\partial x},$$

$$\varkappa_x=\frac{\partial^2 w}{\partial x^2},\quad \varkappa_y=\frac{\partial^2 w}{\partial y^2},\quad \varkappa_{xy}=\frac{\partial^2 w}{\partial x\partial y}.$$

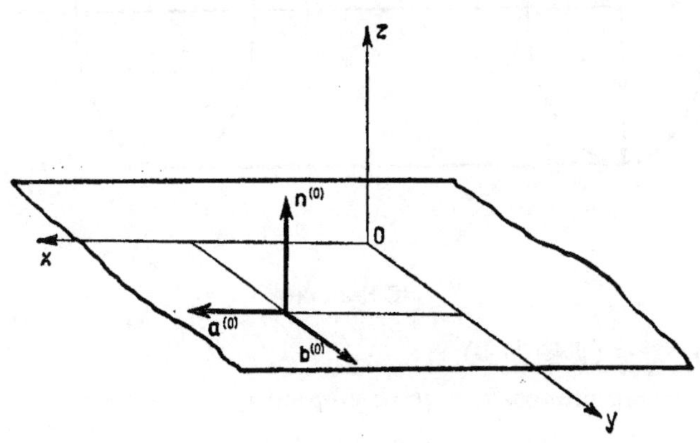

图 E-1 平板

2．筒壳(见图 E-2)

$$x=x,\quad y=a\cos\varphi,\quad z=a\sin\varphi.$$

$$(ds_0^{(0)})^2=(dx)^2+(ad\varphi)^2.$$

$$\alpha=x,\quad \beta=\varphi,\quad A=1,\quad B=a,\quad R_\alpha=\infty,\quad R_\beta=a.$$

$$l_{11}=\frac{\partial u}{\partial x},\quad l_{12}=\frac{1}{a}\frac{\partial u}{\partial \varphi},$$

$$l_{21}=\frac{\partial v}{\partial x},\quad l_{22}=\frac{1}{a}\left(\frac{\partial v}{\partial \varphi}-w\right),$$

$$l_{31}=\frac{\partial w}{\partial x},\quad l_{32}=\frac{1}{a}\left(\frac{\partial w}{\partial \varphi}+v\right).$$

$$\varepsilon_x=\frac{\partial u}{\partial x},\quad \varepsilon_\varphi=\frac{1}{a}\left(\frac{\partial v}{\partial \varphi}-w\right),\quad \gamma_{x\varphi}=\frac{1}{a}\frac{\partial u}{\partial \varphi}+\frac{\partial v}{\partial x}.$$

$$\varkappa_x=\frac{\partial^2 w}{\partial x^2},\quad \varkappa_\varphi=\frac{1}{a^2}\left(\frac{\partial^2 w}{\partial \varphi^2}+\frac{\partial v}{\partial \varphi}\right),\quad \varkappa_{x\varphi}=\frac{1}{a}\left(\frac{\partial^2 w}{\partial x\partial \varphi}+\frac{\partial v}{\partial x}\right).$$

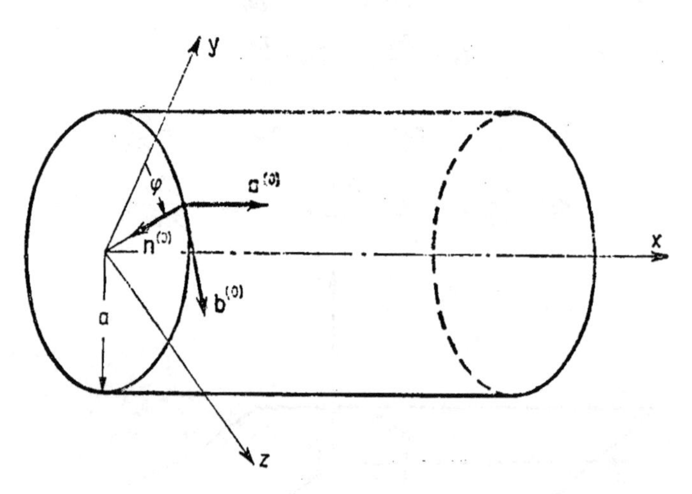

图 E-2　筒壳

3．球壳(见图 E-3)

$$x=a\sin\varphi\cos\theta,\quad y=a\sin\varphi\sin\theta,\quad z=a\cos\varphi.$$

$$(ds_0^{(0)})^2=(a\sin\varphi\, d\theta)^2+(a\, d\varphi)^2.$$

$$\alpha=\theta,\quad \beta=\varphi,\quad A=a\sin\varphi,\quad B=a,\quad R_\alpha=a,\quad R_\beta=a.$$

$$l_{11}=\frac{1}{a}\left(\frac{1}{\sin\varphi}\frac{\partial u}{\partial\theta}+v\operatorname{ctg}\varphi-w\right),\quad l_{12}=\frac{1}{a}\frac{\partial u}{\partial\varphi},$$

$$l_{21}=\frac{1}{a}\left(\frac{1}{\sin\varphi}\frac{\partial v}{\partial\theta}-u\operatorname{ctg}\varphi\right),\qquad l_{22}=\frac{1}{a}\left(\frac{\partial v}{\partial\varphi}-w\right),$$

$$l_{31}=\frac{1}{a}\left(\frac{1}{\sin\varphi}\frac{\partial w}{\partial\theta}+u\right),\qquad l_{32}=\frac{1}{a}\left(\frac{\partial w}{\partial\varphi}+v\right).$$

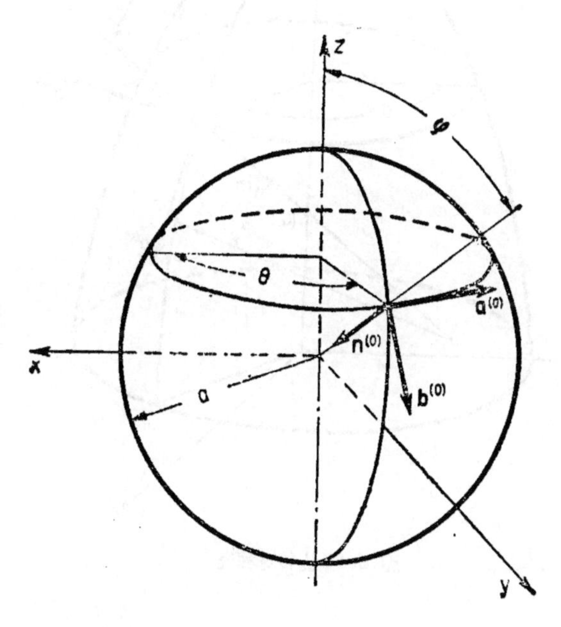

图 E-3　球壳

4．旋转对称壳(见图 E-4)

$$(ds_0^{(0)})^2=(R_\theta\sin\varphi\,d\theta)^2+(R_\varphi\,d\varphi)^2.$$

$$\alpha=\theta,\quad \beta=\varphi,\quad A=R_\theta\sin\varphi,\quad B=R_\varphi.$$

$$l_{11}=\frac{1}{R_\theta}\left(\frac{1}{\sin\varphi}\frac{\partial u}{\partial\theta}+v\operatorname{ctg}\varphi-w\right),\quad l_{12}=\frac{1}{R_\varphi}\frac{\partial u}{\partial\varphi}.$$

$$l_{21}=\frac{1}{R_\theta}\left(\frac{1}{\sin\varphi}\frac{\partial v}{\partial\theta}-u\operatorname{ctg}\varphi\right),\qquad l_{22}=\frac{1}{R_\varphi}\left(\frac{\partial v}{\partial\varphi}-w\right),$$

$$l_{31}=\frac{1}{R_\theta}\left(\frac{1}{\sin\varphi}\frac{\partial w}{\partial\theta}+u\right),\qquad l_{32}=\frac{1}{R_\varphi}\left(\frac{\partial w}{\partial\varphi}+v\right).$$

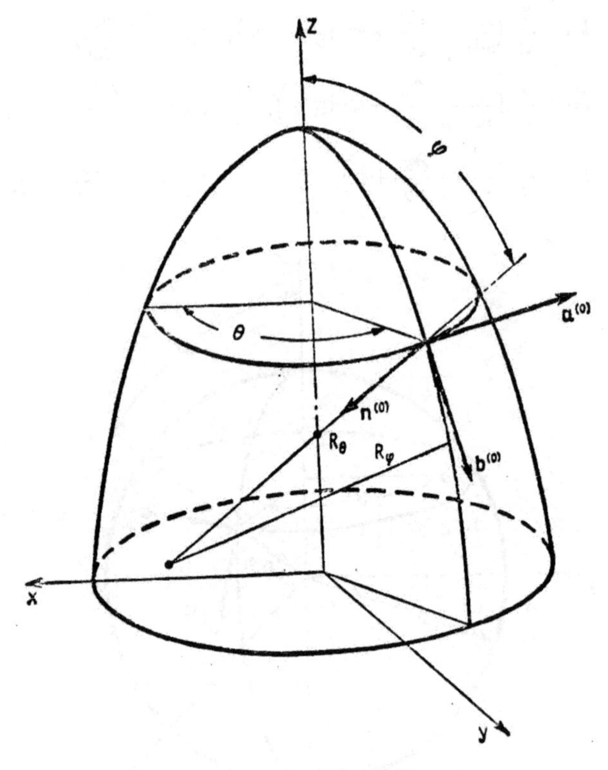

图 E-4　旋转对称壳

附录F 关于 Haar–Kármán 原理的注释

方程(11.42)表明,在一般的意义上 Haar–Kármán 原理并不具备驻值性质. 但是,如果按不等式形式的约束条件

$$\sigma'_{ij}\sigma'_{ij}-2k^2\leqslant 0 \tag{1}$$

被写成为

$$2k^2-\sigma'_{ij}\sigma'_{ij}-z^2=0, \tag{2}$$

式中 z 是一个实变数,那么就可以把泛函(11.35)推广如下[1,2]:

$$\begin{aligned}\Pi_R^* = &-\iiint_V\left[\frac{3(1-2\nu)}{2E}\sigma^2+\frac{1}{4G}\sigma'_{ij}\sigma'_{ij}\right]dV+\iint_{S_2}\sigma_{ij}n_j\bar{u}_i\,dS\\ &+\iiint_V[-\sigma_{ij,j}u_i+(\lambda/2)(2k^2-\sigma'_{ij}\sigma'_{ij}-z^2)]dz\\ &+\iint_{S_1}(\sigma_{ij}n_j-F_i)u_i\,dS,\end{aligned} \tag{3}$$

式中 u_i 和 λ 是 Lagrange 乘子,它们把平衡方程、力学边界条件和屈服条件引进了变分表达式中. 值得注意的是,泛函(3)对于 σ_{ij} 和 z 的驻值条件给出

$$\frac{1}{2}(u_{i,j}+u_{j,i})=\frac{(1-2\nu)}{E}\sigma\delta_{ij}+\frac{1}{2G}\sigma'_{ij}+\lambda\sigma'_{ij}, \tag{4}$$

$$z\lambda=0. \tag{5}$$

方程(5)的解是

$$z=0,\qquad \lambda=0. \tag{6a, b}$$

第一个解相当于塑性状态,而第二个解相当于弹性状态.

参考文献

[1] F. A. Valentine, The Problem of Lagrange with Differential Inequalities as Added Side Conditions, in *Contributions to the Calculus of Variations*, 1933—1937, University of Chicago Press, 1937.

[2] A. Miele, The Calculus of Variations in Applied Aerodynamics and Flight Mechanics, in *Optimization Techniques with Applications to Aerospace Systems*, edited by G. Leitmann, Academic Press, 1962.

附录G 蠕变理论中的变分原理

材料的变形不仅由弹性应变和塑性应变组成，而且还有随时间变化的一部分，特别是在高温的情况下. 即使外载荷不变，这一部分变形也随着时间的推移而继续发展，这就是通常所说的蠕变现象[1). 结构中的蠕滑变形导致形状的改变、应力分布的变化和象蠕变屈曲这类的不稳定性. 因此，蠕变被看成是高温下结构分析中的决定性因素之一.

在蠕变理论中，关于变分原理的建立已经有过若干建议. Wang 和 Prager 推导过如下定义（应用第十二章的记号）的一个边值问题的变分原理[6]. 假定一个加工硬化塑性材料的物体曾经变过形(包括蠕变性态)，而且在时间为 t 时占有一个由表面 S 包围的区域 V. 同时还假定温度 θ, 应力 σ_{ij} 和应变硬化状态 f 在整个 V 内都是已知的. 现在我们规定: 在整个 V 内给定一个无限小的温度变化 $d\theta$, 给 S_1 上的面力一些无限小的变化 $d\overline{F}_i$, 并给 S_2 上的表面位移一些无限小的变化 $d\overline{U}_i$. 给出了弹性、塑性、蠕变及热的应变增量分量(它们分别用 $d\varepsilon_{ij}^e$, $d\varepsilon_{ij}^p$, $d\varepsilon_{ij}^c$ 和 $d\varepsilon_{ij}^\theta$ 表示)和应力分量、温度及时间的增量之间的关系式，于是这里的问题就是找出物体内所引起的应力增量 $d\sigma_{ij}$ 和位移增量 du_i. 当然，热应变和蠕变应变的总和 $d\varepsilon_{ij}^\theta+d\varepsilon_{ij}^c$ 可以作为初应变增量来处理，于是问题就被简化为塑性力学流动理论中某一具有初应变增量物体的边值问题[7].

Sanders, McComb 和 Schlechte 推导过有关边值问题的另一变分原理，这个问题可定义(应用第5.5节的记号)如下[8]. 设想在时间为 t 时的应力 $\sigma^{\lambda\mu}$ 和位移 u^λ 都是已知的. 给出了面力速率 $\dot{F}^\lambda$, 表面位移速率 $\dot{\bar{u}}^\lambda$, 体力速率 $\dot{P}^\lambda$, 以及应力速率与应变速率之间

1) 见参考文献[1—5]

的关系，求在物体内产生的应力速率 $\dot{\sigma}^{\lambda\mu}$ 和位移速率 u^{λ}. 当然，蠕变应变速率 $\dot{e}^{c}_{\lambda\mu}$ 可以作为初应变速率来处理[9]，而且可以用第 5.5 节所导出的原理来建立变分原理.

参 考 文 献

[1] F. K. G. Odgvist, Recent Advances in Theories of Creep of Engineering Materials, *Applied Mechanics Reviews*, pp. 517—19, December 1954.

[2] H. J. Hoff, Approximate Analysis of Structures in the Presence of Moderately Large Creep Deformations, *Quarterly of Applied Mathematics*, Vol. 12, No. 1, pp. 49—55, April 1954.

[3] T. H. H. Pian, *Stress Distribution and Deformation Due to Creep*, Aerodynamic Heating of Aircraft Structures in High Speed Flight, Notes for a Special Summer Program, Department of Aeronautical Engineering, Massachusetts Institute of Technology, pp. 15—1 to 15—34, June 25—July 6, 1956.

[4] W. Prager, Total Creep and Varying Loads, *Journal of the Aeronautical Sciences*, Vol. 24, No. 2, pp. 153—5, February 1957.

[5] N. J. Hoff, editor, *High Temperature Effects in Aircraft Structures*, AGARDograph 28, Pergamon Press, 1958.

[6] A. J. Wang and W. Prager, Thermal and Creep Effects in Work-Hardening Elastic-Plastic Solids, *Journal of the Aeronautical Sciences*, Vol. 21, No. 5 pp. 343—4, May 1954.

[7] K. Washizu, *On the Variational Principles of Elasticity and Plasticity*, Aeroelastic and Structures Research Laboratory, Massachusetts Institute of Technology, Technical Report 25—18, March 1955.

[8] J. L. Sanders, Jr., H. G. McComb, Jr., and F. R. Schlechte, *A Variational Theorem for Creep with Application to Plates and Columns*, NACA TN 4003, 1957.

[9] T. H. H. Pian, On the Variational Theorem for Creep, *Journal of the Aeronautical Sciences*, Vol. 24, No. 11, pp. 846—7, November 1957.

附录 H 习　　题

第　一　章

关于第 1.1 和 1.2 节的习题

1. 试证明利用方程(1.5)和(1.10)，我们可以用位移分别表示方程(1.4)和(1.12)如下：

$$
\begin{aligned}
&\Delta u+\frac{1}{1-2\nu}\frac{\partial e}{\partial x}+\frac{\bar{X}}{G}=0,\\
&\Delta v+\frac{1}{1-2\nu}\frac{\partial e}{\partial y}+\frac{\bar{Y}}{G}=0,\\
&\Delta w+\frac{1}{1-2\nu}\frac{\partial e}{\partial z}+\frac{\bar{Z}}{G}=0,
\end{aligned}
\tag{i}
$$

和

$$
\begin{aligned}
&G\left[\left(2\frac{\partial u}{\partial x}+\frac{2\nu}{1-2\nu}e\right)l+\left(\frac{\partial u}{\partial y}+\frac{\partial v}{\partial x}\right)m\right.\\
&\qquad\left.+\left(\frac{\partial u}{\partial z}+\frac{\partial w}{\partial x}\right)n\right]=\bar{X}_\nu,\\
&G\left[\left(\frac{\partial v}{\partial x}+\frac{\partial u}{\partial y}\right)l+\left(2\frac{\partial v}{\partial y}+\frac{2\nu}{1-2\nu}e\right)m\right.\\
&\qquad\left.+\left(\frac{\partial v}{\partial z}+\frac{\partial w}{\partial y}\right)n\right]=\bar{Y}_\nu,\\
&G\left[\left(\frac{\partial w}{\partial x}+\frac{\partial u}{\partial z}\right)l+\left(\frac{\partial w}{\partial y}+\frac{\partial v}{\partial z}\right)m\right.\\
&\qquad\left.+\left(2\frac{\partial w}{\partial z}+\frac{2\nu}{1-2\nu}e\right)n\right]=\bar{Z}_\nu,
\end{aligned}
\tag{ii}
$$

式中 $\Delta(\ )=(\ )_{,xx}+(\ )_{,yy}+(\ )_{,zz}$, $e=u_{,x}+v_{,y}+w_{,z}$, $(\ )_{,x}=\partial(\ )/\partial x$, $(\ )_{,y}=\partial(\ )/\partial y$, 和 $(\ )_{,z}=\partial(\ )/\partial z$. 并试证明这个弹性力学问题被简化为在边界条件方程(ii)和方程(1.14)下求解方程(i).

2. 试证明如果不存在体力，可利用方程(1.11)和(1.20)把相容条件方程(1.15)变换成

$$\begin{aligned}
&\Delta\sigma_x+\frac{1}{1+\nu}\frac{\partial^2\Theta}{\partial x^2}=0, \qquad \Delta\tau_{yz}+\frac{1}{1+\nu}\frac{\partial^2\Theta}{\partial y\partial z}=0,\\
&\Delta\sigma_y+\frac{1}{1+\nu}\frac{\partial^2\Theta}{\partial y^2}=0, \qquad \Delta\tau_{zx}+\frac{1}{1+\nu}\frac{\partial^2\Theta}{\partial z\partial x}=0, \qquad \text{(i)}\\
&\Delta\sigma_z+\frac{1}{1+\nu}\frac{\partial^2\Theta}{\partial z^2}=0, \qquad \Delta\tau_{xy}+\frac{1}{1+\nu}\frac{\partial^2\Theta}{\partial x\partial y}=0,
\end{aligned}$$

式中 $\Delta(\ )=(\ )_{,xx}+(\ )_{,yy}+(\ )_{,zz}$，$\Theta=\sigma_x+\sigma_y+\sigma_z$. 并试证明，如果进一步假定边界条件完全用力来表示，这个弹性力学问题就被简化为在 S 上的边界条件 $X_\nu=\overline{X}_\nu$, $Y_\nu=\overline{Y}_\nu$, 和 $Z_\nu=\overline{Z}_\nu$ 下，求解方程(i)和方程(1.20).

3. 我们考虑两组直角笛卡儿坐标系(x, y, z)和$(\bar{x}, \bar{y}, \bar{z})$，并分别用 ε_x, ε_y, $\cdots$, γ_{xy}; σ_x, σ_y, $\cdots$, τ_{xy} 和 $\bar{\varepsilon}_x$, $\bar{\varepsilon}_y$, $\cdots$, $\bar{\gamma}_{xy}$; $\bar{\sigma}_x$, $\bar{\sigma}_y$, $\cdots$, $\bar{\tau}_{xy}$ 来表示对这些坐标系所定义的应变和应力分量，其中字母上的横线是用来区别这两个坐标系的. 为简便起见，我们也常常采用下列记号：

$$x=x_1,\ y=x_2,\ z=x_3,\ \bar{x}=\bar{x}_1,\ \cdots,\ \bar{z}=\bar{x}_3;$$

$$\varepsilon_x=\varepsilon_{11},\quad \varepsilon_y=\varepsilon_{22},\quad \varepsilon_z=\varepsilon_{33},$$

$$\frac{1}{2}\gamma_{yz}=\varepsilon_{23}=\varepsilon_{32},\ \frac{1}{2}\gamma_{zx}=\varepsilon_{31}=\varepsilon_{13},\ \frac{1}{2}\gamma_{xy}=\varepsilon_{12}=\varepsilon_{21},$$

$$\bar{\varepsilon}_x=\bar{\varepsilon}_{11},\cdots,\frac{1}{2}\bar{\gamma}_{xy}=\bar{\varepsilon}_{12}=\bar{\varepsilon}_{21};$$

$$\sigma_x=\sigma_{11},\ \sigma_y=\sigma_{22},\ \sigma_z=\sigma_{33},\ \tau_{yz}=\sigma_{23},\ \tau_{zy}=\sigma_{32},$$

$$\tau_{zx}=\sigma_{31},\ \tau_{xz}=\sigma_{13},\ \tau_{xy}=\sigma_{12},\ \tau_{yx}=\sigma_{21},$$

$$\bar{\sigma}_x=\bar{\sigma}_{11},\ \cdots,\ \bar{\tau}_{yx}=\bar{\sigma}_{21}.$$

(1) 试证明下列关系式成立：

$$\begin{aligned}
&\bar{\varepsilon}_{ij}=\sum_{m=1}^{3}\sum_{n=1}^{3}\cos(\bar{x}_i, x_m)\cos(\bar{x}_j, x_n)\varepsilon_{mn},\\
&\bar{\sigma}_{ij}=\sum_{m=1}^{3}\sum_{n=1}^{3}\cos(\bar{x}_i, x_m)\cos(\bar{x}_j, x_n)\sigma_{mn}.
\end{aligned} \qquad \text{(i)}$$

(2) 试证明对于从一组直角笛卡儿坐标变换到另一组直角笛

卡儿坐标，下列各量都是一些不变量：

$$
\begin{aligned}
&\varepsilon_x+\varepsilon_y+\varepsilon_z,\\
&\varepsilon_y\varepsilon_z+\varepsilon_z\varepsilon_x+\varepsilon_x\varepsilon_y-\frac{1}{4}(\gamma_{yz}^2+\gamma_{zx}^2+\gamma_{xy}^2),\\
&\varepsilon_x\varepsilon_y\varepsilon_z+\frac{1}{4}(\gamma_{yz}\gamma_{zx}\gamma_{xy}-\varepsilon_x\gamma_{yz}^2-\varepsilon_y\gamma_{zx}^2-\varepsilon_z\gamma_{xy}^2),\\
&\sigma_x+\sigma_y+\sigma_z,\\
&\sigma_y\sigma_z+\sigma_z\sigma_x+\sigma_x\sigma_y-(\tau_{yz}^2+\tau_{zx}^2+\tau_{xy}^2),\\
&\sigma_x\sigma_y\sigma_z+2\tau_{yz}\tau_{zx}\tau_{xy}-(\sigma_x\tau_{yz}^2+\sigma_y\tau_{zx}^2+\sigma_z\tau_{xy}^2).
\end{aligned}
\tag{ii}
$$

并试证明这些量可分别写出如下：

$$
\begin{gathered}
\sum_{i=1}^{3}\varepsilon_{ii},\quad \frac{1}{2}\left[\left(\sum_{i=1}^{3}\varepsilon_{ii}\right)^2-\sum_{i,j=1}^{3}\sum\varepsilon_{ij}\varepsilon_{ij}\right],\\
\frac{1}{3!}\sum\sum\sum_{i,j,k,r,s,t=1}^{3}\sum\sum\sum e^{ijk}e^{rst}\varepsilon_{ir}\varepsilon_{js}\varepsilon_{kt},\\
\sum_{i=1}^{3}\sigma_{ii},\quad \frac{1}{2}\left[\left(\sum_{i=1}^{3}\sigma_{ii}\right)^2-\sum_{i,j=1}^{3}\sum\sigma_{ij}\sigma_{ij}\right],\\
\frac{1}{3!}\sum\sum\sum_{i,j,k,r,s,t=1}^{3}\sum\sum\sum e^{ijk}e^{rst}\sigma_{ir}\sigma_{js}\sigma_{kt},
\end{gathered}
\tag{iii}
$$

式中，

$$
\begin{aligned}
&\text{当 } i,\ j,\ k \text{ 中的任何两个相等时，} && e^{ijk}=0,\\
&\text{当 } i,\ j,\ k \text{ 是 } 1,\ 2,\ 3 \text{ 的偶排列时，} && e^{ijk}=+1,\\
&\text{当 } i,\ j,\ k \text{ 是 } 1,\ 2,\ 3 \text{ 的奇排列时，} && e^{ijk}=-1.
\end{aligned}
\tag{iv}
$$

(3) 试证明对于各向同性的弹性体，只存在两个独立的弹性常数.

关于相容条件的习题

4. 试证明

$$
\begin{aligned}
u(Q)&=u(P)+\int_P^Q\left\{\varepsilon_x dx+\left(\frac{1}{2}\gamma_{xy}-\overline{\omega}_z\right)dy+\left(\frac{1}{2}\gamma_{zx}+\overline{\omega}_y\right)dz\right\},\\
v(Q)&=v(P)+\int_P^Q\left\{\left(\frac{1}{2}\gamma_{xy}+\overline{\omega}_z\right)dx+\varepsilon_y dy+\left(\frac{1}{2}\gamma_{yz}-\overline{\omega}_x\right)dz\right\},\\
w(Q)&=w(P)+\int_P^Q\left\{\left(\frac{1}{2}\gamma_{zx}-\overline{\omega}_y\right)dx+\left(\frac{1}{2}\gamma_{yz}+\overline{\omega}_x\right)dy+\varepsilon_z dz\right\},
\end{aligned}
\tag{i}
$$

和

$$\bar{\omega}_x(Q)=\bar{\omega}_x(P)+\int_P^Q\left\{\frac{1}{2}\left(\frac{\partial\gamma_{zx}}{\partial y}-\frac{\partial\gamma_{xy}}{\partial z}\right)dx+\left(\frac{1}{2}\frac{\partial\gamma_{yz}}{\partial y}-\frac{\partial\varepsilon_y}{\partial z}\right)dy+\left(\frac{\partial\varepsilon_z}{\partial y}-\frac{1}{2}\frac{\partial\gamma_{yz}}{\partial z}\right)dz\right\},$$

$$\bar{\omega}_y(Q)=\bar{\omega}_y(P)+\int_P^Q\left\{\left(\frac{\partial\varepsilon_x}{\partial z}-\frac{1}{2}\frac{\partial\gamma_{zx}}{\partial x}\right)dx+\frac{1}{2}\left(\frac{\partial\gamma_{xy}}{\partial z}-\frac{\partial\gamma_{yz}}{\partial x}\right)dy+\left(\frac{1}{2}\frac{\partial\gamma_{zx}}{\partial z}-\frac{\partial\varepsilon_z}{\partial x}\right)dz\right\},\qquad\text{(ii)}$$

$$\bar{\omega}_z(Q)=\bar{\omega}_z(P)+\int_P^Q\left\{\left(\frac{1}{2}\frac{\partial\gamma_{xy}}{\partial x}-\frac{\partial\varepsilon_x}{\partial y}\right)dx+\left(\frac{\partial\varepsilon_y}{\partial x}-\frac{1}{2}\frac{\partial\gamma_{xy}}{\partial y}\right)dy+\frac{1}{2}\left(\frac{\partial\gamma_{yz}}{\partial x}-\frac{\partial\gamma_{zx}}{\partial y}\right)dz\right\},$$

式中 $\bar{\omega}_x$, $\bar{\omega}_y$ 和 $\bar{\omega}_z$ 是由下式定义的转动分量：

$$2\bar{\omega}_x=\frac{\partial w}{\partial y}-\frac{\partial v}{\partial z},\quad 2\bar{\omega}_y=\frac{\partial u}{\partial z}-\frac{\partial w}{\partial x},\quad 2\bar{\omega}_z=\frac{\partial v}{\partial x}-\frac{\partial u}{\partial y},\qquad\text{(iii)}$$

而 P 和 Q 是物体内的两个任意点，积分是沿着 P 和 Q 两点之间任一路线进行的.

其次，利用这些关系式，试证明对于一个单连通物体，相容条件可由方程(1.15)给出.

5. 考虑一个双连通物体如图 H-1 所示，用一块阻隔面 Ω 把它简化为一个单连通物体.取一条任意的封闭线路 C，它的起点和

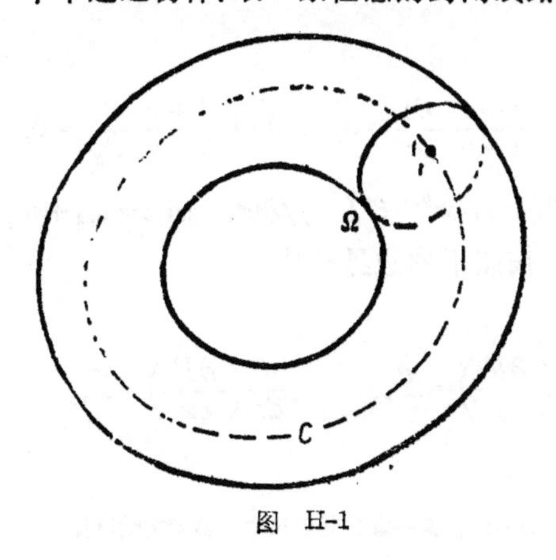

图 H-1

终点都在 Ω 上，而且只要线路不越出体外，这两点就不能收缩到一点．将习题 4 的方程(i)和(ii)应用于线路 C，试证明即使物体的应变是连续的，并满足相容条件方程(1.15)，我们也有

$$u_f - u_i = l_1 + p_2 z - p_3 y,$$

$$v_f - v_i = l_2 + p_3 x - p_1 z,$$

$$w_f - w_i = l_3 + p_1 y - p_2 x,$$

式中 l_1, l_2, l_3 和 p_1, p_2, p_3 都是常数，下标 f 和 i 分别指终值和初值．注：见参考文献[1.1]第 221—228 页和参考文献 [1.20] 第 99—110 页[1]．

关于第 1.6 和 1.7 节的习题

6．试证明第 1.7 节所讨论的二维弹性力学问题可简化为求解下列的方程：

(1) 位移法：按照下列边界条件：

在 C 上，

$$\begin{aligned} &\frac{E}{(1-\nu^2)}\left[\left(\frac{\partial u}{\partial x}+\nu\frac{\partial v}{\partial y}\right)l+\frac{1-\nu}{2}\left(\frac{\partial v}{\partial x}+\frac{\partial u}{\partial y}\right)m\right]=\overline{X}_\nu, \\ &\frac{E}{(1-\nu^2)}\left[\frac{1-\nu}{2}\left(\frac{\partial v}{\partial x}+\frac{\partial u}{\partial y}\right)l+\left(\nu\frac{\partial u}{\partial x}+\frac{\partial v}{\partial y}\right)m\right]=\overline{Y}_\nu, \end{aligned} \tag{i}$$

求解微分方程：

在 S 内，

$$\Delta u+\frac{1+\nu}{1-\nu}\frac{\partial e}{\partial x}=0, \quad \Delta v+\frac{1+\nu}{1-\nu}\frac{\partial e}{\partial y}=0, \tag{ii}$$

式中 $\Delta(\quad)=\partial^2(\quad)/\partial x^2+\partial^2(\quad)/\partial y^2$，而 $e=u_{,x}+v_{,y}$．

(2) 力法：按照下列边界条件：

在 C 上，

$$\frac{d}{ds}\left(\frac{\partial F}{\partial y}\right)=\overline{X}_\nu, \quad -\frac{d}{ds}\left(\frac{\partial F}{\partial x}\right)=\overline{Y}_\nu, \tag{iii}$$

求解微分方程：

---

1) 参考文献[1.1]表示在第一章文献目录中的参考文献[1]．

在 S 内,

$$\Delta\Delta F=0, \tag{iv}$$

式中 $\Delta\Delta(\ )=\partial^4(\ )/\partial x^4+2\partial^4(\ )/\partial x^2\partial y^2+\partial^4(\ )/\partial y^4$.

7. 试证明第 1.7 节所讨论的二维问题的余虚功原理可由下式给出:

$$\iint_S(\varepsilon_x\delta\sigma_x+\varepsilon_y\delta\sigma_y+\gamma_{xy}\delta\tau_{xy})dx\,dy-\int_C(u\delta X_\nu+v\delta Y_\nu)ds=0,$$

式中 σ_x, σ_y, τ_{xy}, X_ν 和 Y_ν 已经利用方程(1.25)和(1.57)以 F 来表示,而 u, v 是 Lagrange 乘子. 并试证明由上述原理我们可以推导出下列方程:

在 S 内,

$$\varepsilon_{x,yy}+\varepsilon_{y,xx}-\gamma_{xy,xy}=0$$

和

在 C 上,

$$u(s)=\int_0^s\left[\varepsilon_x dx+\left(\frac{1}{2}\gamma_{xy}-\bar{\omega}_z\right)dy\right]+ay+b,$$

$$v(s)=\int_0^s\left[\left(\frac{1}{2}\gamma_{xy}+\bar{\omega}_z\right)dx+\varepsilon_y dy\right]-ax+c,$$

式中

$$\bar{\omega}_z=\int_0^s\left[\left(\frac{1}{2}\gamma_{xy,x}-\varepsilon_{x,y}\right)dx+\left(\varepsilon_{y,x}-\frac{1}{2}\gamma_{xy,y}\right)dy\right],$$

而 a, b, c 是任意常数, s 是沿边界 C 来量取的.

关于第 1.9 节的习题

8. 作为方程(1.77)的一个例子, 我们来考虑一个二维问题, 其应力场是连续的,而位移场有一条不连续的线, 如图 H-2 所示. 首先, 假定这条用 $C_{(12)}$表示不连续线把这个二维物体 R 划分为两个子区域 $R_{(1)}$ 和 $R_{(2)}$. 在 $C_{(12)}$上定义这样两个单位向量 $\boldsymbol{\nu}_{(12)}$ 和 $\mathbf{t}_{(12)}$, 即 $\boldsymbol{\nu}_{(12)}$ 是从 $R_{(1)}$ 画向 $R_{(2)}$ 的单位法线向量, 而 $\mathbf{t}_{(12)}$ 则是把 $\boldsymbol{\nu}_{(12)}$ 按反时针方向转动 90° 而得出的. 假定应力分量(σ_x, σ_y, τ_{xy})在整个物体 R 内是连续的,并且满足方程(1.24)和(1.53). 从

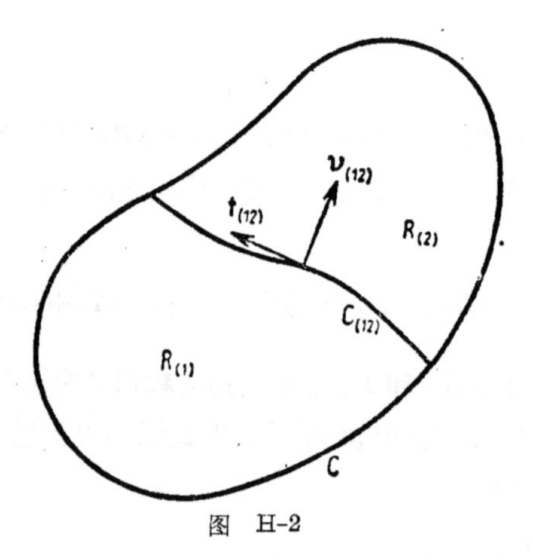

图 H-2

$R_{(2)}$ 越过 $C_{(12)}$ 线传递到 $R_{(1)}$ 的切向应力用 $T_{(12)}$ 表示，当它沿 $\mathbf{t}_{(12)}$ 方向作用时取为正. 在每一个子区域内，位移分量(u, v)都假定是连续的. 在子区域 $R_{(1)}$ 和 $R_{(2)}$ 的 $C_{(12)}$ 上的位移分量(取沿 $\boldsymbol{\nu}_{(12)}$ 和 $\mathbf{t}_{(12)}$ 的方向)分别用 $v_{\nu(1)}$, $v_{\nu(2)}$ 和 $v_{t(1)}$, $v_{t(2)}$ 来表示，并假定了法向分量的连续性，即 $v_{\nu(1)}=v_{\nu(2)}$. 由此试证明我们有如下的散度定理:

$$\iint\limits_R (\sigma_x\varepsilon_x+\sigma_y\varepsilon_y+\tau_{xy}\gamma_{xy})\,dx\,dy$$

$$=\int\limits_C (\overline{X}_\nu u+\overline{Y}_\nu v)\,ds+\int\limits_{C_{(12)}} T_{(12)}[v_{t(1)}-v_{t(2)}]\,ds_{(12)},$$

在上式中假定方程(1.52)在每一个子区域都成立. 并试证明即使 $C_{(12)}$ 线不是边界上两点之间的连线，而是在 R 区域内的一个线段，上述关系式也是成立的. 注：见参考文献[1.21]第 209—213 页.

第 二 章

关于第 2.1 和 2.2 节的习题

1. 试证明 Kirchhoff 定理，即第 1.1 节所介绍的弹性力学问题的解是唯一的.

2．试证明对于各向同性体，方程(2.9)所定义的 Π 的驻值条件和第一章习题 1 的方程(i)及(ii)是一致的．

3．试证明对于第 1.7 节所讨论的二维问题，最小余能原理的泛函由下式给出：

$$\Pi_c=\iint\frac{1}{2E}\left\{\left(\frac{\partial^2F}{\partial x^2}+\frac{\partial^2F}{\partial y^2}\right)^2+2(1+\nu)\left[\left(\frac{\partial^2F}{\partial x\partial y}\right)^2-\frac{\partial^2F}{\partial x^2}\frac{\partial^2F}{\partial y^2}\right]\right\}dxdy,$$

而且上式的驻值条件和第一章习题 6 的方程(iii)是一致的．

关于二次函数的习题

4．我们考虑有 n 个变量 $x_1, x_2, \cdots, x_n$ 的一个二次函数：

$$f(x_1, x_2, \cdots, x_n)=\{x\}'[A]\{x\},$$

式中 $[A]$ 是一个对称矩阵，$\{x\}$ 是一个列矩阵：

$$[A]=\begin{bmatrix}a_{11} & \cdots & a_{1n}\\ \vdots & & \vdots\\ a_{n1} & \cdots & a_{nn}\end{bmatrix},\quad \{x\}=\begin{bmatrix}x_1\\ \vdots\\ x_n\end{bmatrix},$$

而 $\{\ \}'$ 表示 $\{\ \}$ 的转置矩阵．试证明，当且仅当

$$D_1>0,\ D_2>0,\ \cdots,\ D_n>0 \tag{i}$$

时，函数 f 是正定的，式中 $D_1, D_2, \cdots, D_n$ 是矩阵 $[A]$ 的主子式，它们的定义如下：

$$D_1=a_{11},\ D_2=\begin{vmatrix}a_{11} & a_{12}\\ a_{21} & a_{22}\end{vmatrix},\ \cdots,\ D_n=\begin{vmatrix}a_{11} & \cdots & a_{1n}\\ \vdots & & \vdots\\ a_{n1} & \cdots & a_{nn}\end{vmatrix}. \tag{ii}$$

注：见参考文献[2.42]第 304—308 页，关系式(i)是有用的，例如，根据应变能函数是各应变分量的一个正定函数的假设，用它来推导各弹性常数之间的某些不等式关系．

5．我们考虑有 n 个变量 $x_1, x_2, \cdots, x_n$ 的一个函数：

$$f(x_1, x_2, \cdots, x_n)=\frac{1}{2}\{x\}'[A]\{x\}-\{b\}'\{x\}, \tag{i}$$

式中 $[A]$ 是一个正定对称矩阵，$\{x\}$ 是一个列矩阵，而 $\{b\}'$ 是一个行矩阵：

$$\{b\}'=[b_1,\ b_2,\ \cdots,\ b_n].$$

试证明f的驻值条件由下式给出:

$$[A]\{x\}=\{b\}, \tag{ii}$$

而且f的极小值由下式给出:

$$f_{\min}=-\frac{1}{2}\left\{x_{st}\right\}'\left[A\right]\left\{x_{st}\right\}=-\frac{1}{2}\left\{b\right\}'\left\{x_{st}\right\}, \tag{iii}$$

式中$\{x_{st}\}$表示方程(ii)的解.

关于函数空间的概念的习题

在这里我们考虑第1.1节所定义的弹性力学问题，但为了简便起见,假设体力都不存在.

6. 试证明最小余能原理和最小势能原理可分别用向量符号表示如下:

$$\frac{1}{2}(\mathbf{S}',\ \mathbf{S}')-[\bar{\mathbf{S}},\ \mathbf{S}']_2\geqslant\frac{1}{2}(\mathbf{S},\ \mathbf{S})-[\bar{\mathbf{S}},\ \mathbf{S}]_2 \tag{i}$$

和

$$\frac{1}{2}(\mathbf{S}'',\ \mathbf{S}'')-[\mathbf{S}'',\ \bar{\mathbf{S}}]_1\geqslant\frac{1}{2}(\mathbf{S},\ \mathbf{S})-[\mathbf{S},\ \bar{\mathbf{S}}]_1, \tag{ii}$$

式中$\mathbf{S}$是精确解，$\mathbf{S}'$满足方程(1.20)和(1.12)，$\mathbf{S}''$满足方程(1.5)和(1.14). 方括号$[\quad]_1$和$[\quad]_2$分别表示在S_1和S_2上的表面积分,使得

$$[\mathbf{S}'',\ \bar{\mathbf{S}}]_1=\iint_{S_1}(u''\bar{X}_\nu+v''\bar{Y}_\nu+w''\bar{Z}_\nu)dS,$$

$$[\bar{\mathbf{S}},\ \mathbf{S}']_2=\iint_{S_2}(\bar{u}X'_\nu+\bar{v}Y'_\nu+\bar{w}Z'_\nu)dS.$$

方括号是这样定义的，使它包括第一个向量的位移分量和第二个向量的应力分量. 注:见参考文献[2.20].

7. 我们来考虑弹性力学问题的一个特殊情况,其边界条件由下式给出:

在S_1上,

$$X_\nu=\bar{X}_\nu,\ Y_\nu=\bar{Y}_\nu,\ Z_\nu=\bar{Z}_\nu \tag{i}$$

和

在 S_2 上，

$$u=v=w=0. \qquad \text{(ii)}$$

让我们取

$$\mathbf{S}'=\mathbf{S}'_0+\sum_{p=1}^{m} a_p\mathbf{I}'_p, \quad \mathbf{S}''=\sum_{q=1}^{n} b_q\mathbf{I}''_q, \qquad \text{(iii)}$$

并使

$$\frac{1}{2}(\mathbf{S}', \mathbf{S}') \qquad \text{(iv)}$$

和

$$\frac{1}{2}(\mathbf{S}'', \mathbf{S}'')-[\mathbf{S}'', \bar{\mathbf{S}}]_1 \qquad \text{(v)}$$

分别取极小值，用以确定 a_p $(p=1, 2, \cdots, m)$ 和 b_q $(q=1, 2, \cdots, n)$，式中：

$\mathbf{S}'_0$ 满足方程(1.20)和方程(i)，

$\mathbf{I}'_p$ 满足方程(1.20)和在 S_1 上齐次的边界条件，即

$$X_\nu=Y_\nu=Z_\nu=0,$$

$\mathbf{I}''_q$ 满足方程(1.5)和方程(ii)。

由此，试证明我们有如下的不等式：

$$(\mathbf{S}'', \mathbf{S}'')\leqslant(\mathbf{S}, \mathbf{S})\leqslant(\mathbf{S}', \mathbf{S}'). \qquad \text{(vi)}$$

8. 我们来考虑弹性力学问题的另一个特殊情况，其边界条件由下式给出：

在 S_1 上，

$$X_\nu=Y_\nu=Z_\nu=0 \qquad \text{(i)}$$

和

在 S_2 上，

$$u=\bar{u}, \ v=\bar{v}, \ w=\bar{w}. \qquad \text{(ii)}$$

让我们取

$$\mathbf{S}'=\sum_{p=1}^{m} a_p\mathbf{I}'_p, \quad \mathbf{S}''=\mathbf{S}''_0+\sum_{q=1}^{n} b_q\mathbf{I}''_q, \qquad \text{(iii)}$$

并使

$$\frac{1}{2}(\mathbf{S}', \mathbf{S}')-[\bar{\mathbf{S}}, \mathbf{S}']_2 \qquad \text{(iv)}$$

和

$$\frac{1}{2}(\mathbf{S}'', \mathbf{S}'') \tag{v}$$

分别取极小值，用以确定 $a_p(p=1, 2, \cdots, m)$ 和 $b_q(q=1,2,\cdots,n)$，式中：

$\mathbf{I}'_p$ 满足方程(1.20)和方程(i)，

$\mathbf{S}''_0$ 满足方程(1.5)和方程(ii)，

$\mathbf{I}''_q$ 满足方程(1.5)和在 S_2 上齐次的边界条件，即

$$u=v=w=0.$$

由此，试证明我们有如下的不等式：

$$(\mathbf{S}', \mathbf{S}') \leqslant (\mathbf{S}, \mathbf{S}) \leqslant (\mathbf{S}'', \mathbf{S}''). \tag{vi}$$

注：由习题 7 的方程(vi)和习题 8 的方程(vi)，可以象第 6.5 节实例所示的那样得到某些纯量的上下界公式．也可看参考文献[2.43]．

9．试求下列的向量方程：

$$(\mathbf{S}'', \mathbf{S}) = [\mathbf{S}'', \bar{\mathbf{S}}]_1 + [\mathbf{S}'', \mathbf{S}]_2 \tag{i}$$

和

$$(\mathbf{S}, \mathbf{S}') = [\mathbf{S}, \mathbf{S}']_1 + [\bar{\mathbf{S}}, \mathbf{S}']_2, \tag{ii}$$

式中 $\mathbf{S}$, $\mathbf{S}'$, $\mathbf{S}''$ 和习题 6 一样定义．试讨论方程(i)和单位位移法的关系，以及方程(ii)和单位载荷法的关系．注：关于单位位移法和单位载荷法，见参考文献[2.14]．

10．我们选择一个向量 $\mathbf{S}^*$，它具有如下的位移分量：

$$\begin{aligned} u^* &= a_{11}x + a_{12}y + a_{13}z, \\ v^* &= a_{21}x + a_{22}y + a_{23}z, \\ w^* &= a_{31}x + a_{32}y + a_{33}z, \end{aligned} \tag{i}$$

式中 $a_{ik}(i, k=1, 2, 3)$ 都是常数．试证明我们有

$$\begin{aligned} (\mathbf{S}, \mathbf{S}^*) &= \iiint_V [\sigma_x a_{11} + \sigma_y a_{22} + \cdots + \tau_{xy}(a_{21} + a_{12})] dV \\ &= \iint_{S_1+S_2} [u^* X_\nu + v^* Y_\nu + w^* Z_\nu] dS \end{aligned} \tag{ii}$$

或

$$(\mathbf{S}, \mathbf{S}^*) = \iiint_V [\sigma_x^* \varepsilon_x + \sigma_y^* \varepsilon_y + \cdots + \tau_{xy}^* \gamma_{xy}] dV$$

$$= \iint_{S_1+S_2} [u X_\nu^* + v Y_\nu^* + w Z_\nu^*] dS, \qquad \text{(iii)}$$

式中 $\mathbf{S}$ 是精确解．注：上述关系式表明，如果给定的边界条件全部用力或全部用位移来表示，我们就可以算出精确解的应力或应变的平均值．

关于第 2.6 节的习题

11．我们考虑一个弹性体，它被固持在 S_2 处．对这个弹性体独立地施加两组体力系和 S_1 面上的面力系：

$$\overline{X}, \overline{Y}, \overline{Z}, \quad \overline{X}_\nu, \overline{Y}_\nu, \overline{Z}_\nu; \quad \overline{X}^*, \overline{Y}^*, \overline{Z}^*, \quad \overline{X}_\nu^*, \overline{Y}_\nu^*, \overline{Z}_\nu^*,$$

由这些力系引起的位移分量分别用

$$u, v, w; \quad u^*, v^*, w^*$$

来表示．由此试证明 Maxwell-Betti 定理

$$\iiint_V (\overline{X}u^* + \overline{Y}v^* + \overline{Z}w^*) dV + \iint_{S_1} (\overline{X}_\nu u^* + \overline{Y}_\nu v^* + \overline{Z}_\nu w^*) dS$$

$$= \iiint_V (\overline{X}^* u + \overline{Y}^* v + \overline{Z}^* w) dV + \iint_{S_1} (\overline{X}_\nu^* u + \overline{Y}_\nu^* v + \overline{Z}_\nu^* w) dS$$

在这些力和位移之间成立．

12．试证明对于在 S_1 上的一个集中力矩 $\overline{M}$，Castigliano 定理给出：

$$\frac{\partial V}{\partial \overline{M}} = \theta, \qquad \text{(i)}$$

式中 θ 是 $\overline{M}$ 作用处局部表面沿 $\overline{M}$ 方向的转角．

13．试考察单位位移法和方程 (2.49) 之间的关系．并考察单位载荷法和 Castigliano 定理之间的关系．

关于弹性力学变分原理的习题

14．我们假想地把第 1.1 节所讨论的弹性体分为 $V_{(1)}$ 和 $V_{(2)}$

两部分，并以 $S_{(12)}$ 表示它们的分界面.

(1) 试证明可将最小势能原理的泛函即方程(2.12)用 Lagrange 乘子 p_x, p_y 和 p_z 写成如下:

$$
\begin{aligned}
\Pi = & \iiint_{V_{(1)}} [A(u_{(1)}, v_{(1)}, w_{(1)}) - (\overline{X}u_{(1)} + \overline{Y}v_{(1)} + \overline{Z}w_{(1)})] dV \\
& + \iiint_{V_{(2)}} [A(u_{(2)}, v_{(2)}, w_{(2)}) - (\overline{X}u_{(2)} + \overline{Y}v_{(2)} + \overline{Z}w_{(2)})] dV \\
& - \iint_{S_1} (\overline{X}_\nu u_{(1)} + \overline{Y}_\nu v_{(1)} + \overline{Z}_\nu w_{(1)}) dS \\
& + \iint_{S_{(12)}} [p_x(u_{(1)} - u_{(2)}) + p_y(v_{(1)} - v_{(2)}) + p_z(w_{(1)} - w_{(2)})] dS, \quad \text{(i)}
\end{aligned}
$$

这里假定 S_1 属于 $V_{(1)}$ 而不失其普遍性. 在泛函(i)中经受变分的独立量是 $u_{(1)}$, $v_{(1)}$, $w_{(1)}$, $u_{(2)}$, $v_{(2)}$, $w_{(2)}$, p_x, p_y, p_z, 而带有约束条件方程(1.14). 并试推导泛函(i)的驻值条件.

(2) 试证明利用 Lagrange 乘子 q_x, q_y 和 q_z, 可将最小余能原理的泛函即方程(2.23)写成如下:

$$
\begin{aligned}
\Pi_c = & \iiint_{V_{(1)}} B(\sigma_{x(1)}, \sigma_{y(1)}, \cdots, \tau_{xy(1)}) dV \\
& + \iiint_{V_{(2)}} B(\sigma_{x(2)}, \sigma_{y(2)}, \cdots, \tau_{xy(2)}) dV \\
& - \iint_{S_2} (\overline{u}X_{\nu(2)} + \overline{v}Y_{\nu(2)} + \overline{w}Z_{\nu(2)}) dS \\
& + \iint_{S_{(12)}} [q_x(X_{\nu(1)} + X_{\nu(2)}) + q_y(Y_{\nu(1)} + Y_{\nu(2)}) \\
& + q_z(Z_{\nu(1)} + Z_{\nu(2)})] dS, \quad \text{(ii)}
\end{aligned}
$$

这里假定 S_2 属于 $V_{(2)}$ 而不失其普遍性. 在分界面上定义 $X_{\nu(1)}, \cdots$ 和 $Z_{\nu(2)}$ 时, 采用的外向法线是: 定义 $X_{\nu(1)}$, $Y_{\nu(1)}$ 和 $Z_{\nu(1)}$ 时用从 $V_{(1)}$ 画向 $V_{(2)}$ 的单位法线, 而定义 $X_{\nu(2)}$, $Y_{\nu(2)}$ 和 $Z_{\nu(2)}$ 时则用从 $V_{(2)}$ 画向 $V_{(1)}$ 的单位法线. 在泛函(ii)中经受变分的独立量是 $\sigma_{x(1)}, \cdots, \tau_{xy(1)}, \sigma_{x(2)}, \cdots, \tau_{xy(2)}$, q_x, q_y 和 q_z, 而带有约束条件方

程(1.4)和(1.12). 并试推导泛函(ii)的驻值条件.

关于变分公式推导的习题

15. 我们考虑带有边界条件

$$u'(a)-\alpha u(a)=0, \quad u'(b)+\beta u(b)=0, \tag{i}$$

而在 $a\leqslant x\leqslant b$ 内定义的一个函数 $u(x)$ 的特征值问题:

$$-\frac{d}{dx}\left[p(x)\frac{du}{dx}\right]+r(x)u-\lambda u=0, \tag{ii}$$

式中 λ 是与特征值有关的参数, α 和 β 是给定的常数. 试证明对这个特征值问题我们有变分表达式如下:

$$\Pi=\frac{1}{2}\int_a^b\left[p\left(\frac{du}{dx}\right)^2+ru^2-\lambda u^2\right]dx$$

$$+\frac{1}{2}\alpha p(a)[u(a)]^2+\frac{1}{2}\beta p(b)[u(b)]^2, \tag{iii}$$

式中经受变分的函数是 $u(x)$.

16. 我们考虑一个热传导问题,它的场方程由下式给出:

$$Q_{x,x}+Q_{y,y}+Q_{z,z}=\bar{q}(x, y, z), \tag{i}$$

式中 (Q_x, Q_y, Q_z) 是热通量, $\bar{q}$ 是热源. 假定热通量和温度梯度之间的关系式是

$$\begin{bmatrix}Q_x\\Q_y\\Q_z\end{bmatrix}=-\begin{bmatrix}c_{11} & c_{12} & c_{13}\\c_{21} & c_{22} & c_{23}\\c_{31} & c_{32} & c_{33}\end{bmatrix}\begin{bmatrix}\theta_{,x}\\\theta_{,y}\\\theta_{,z}\end{bmatrix}, \tag{ii}$$

式中 θ 是温度, c_{ij} 是常数而且是对称的:

$$c_{ij}=c_{ji}; \qquad i, j=1, 2, 3. \tag{iii}$$

假定边界条件是

在 S_1 上,

$$Q_xl+Q_ym+Q_zn=-K(\bar{\theta}_a-\theta) \tag{iv}$$

和

在 S_2 上,

$$\theta=\bar{\theta}, \tag{v}$$

式中 (l, m, n) 是边界外向法线的方向余弦, K 是常数, 而 $\bar{\theta}_a$ 和 $\bar{\theta}$

是给定的．由此试证明对这个问题我们有下列的变分表达式：

$$\begin{aligned}\Pi=\frac{1}{2}\iiint\limits_V&[c_{11}\theta_{,x}^2+c_{22}\theta_{,y}^2+c_{33}\theta_{,z}^2\\&+2c_{23}\theta_{,y}\theta_{,z}+2c_{31}\theta_{,z}\theta_{,x}+2c_{12}\theta_{,x}\theta_{,y}]dV\\&-\iiint\limits_V\bar{q}\theta dV-\iint\limits_{S_1}K\left(\bar{\theta}_a\theta-\frac{1}{2}\theta^2\right)dS,\end{aligned}\qquad\text{(vi)}$$

式中经受变分的函数是 $\theta(x, y, z)$，而带有约束条件(v)．

第　四　章

关于第 4.1 节的习题

1．向量和张量都是数或函数的系统，当空间内的坐标变量受到变换而使得

$$\bar{\alpha}^\lambda=\bar{\alpha}^\lambda(\alpha^1,\ \alpha^2,\ \alpha^3);\quad \lambda=1,\ 2,\ 3\qquad\text{(i)}$$

时，它们的分量遵从一定的变换规律．字母上的横线是用来区别两个坐标系 α^λ 和 $\bar{\alpha}^\lambda$ 的．如果一个系统的分量 $\bar{v}^\lambda$ 在新的变量中满足关系式

$$\bar{v}^\lambda=\frac{\partial\bar{\alpha}^\lambda}{\partial\alpha^\mu}v^\mu,\qquad\text{(ii)}$$

则这个系统 v^λ 称为逆变向量．同样，我们根据

$$\bar{v}_\lambda=\frac{\partial\alpha^\mu}{\partial\bar{\alpha}^\lambda}v_\mu\qquad\text{(iii)}$$

来定义协变向量 v_λ，根据

$$\bar{a}^{\alpha\beta}=\frac{\partial\bar{\alpha}^\alpha}{\partial\alpha^\lambda}\frac{\partial\bar{\alpha}^\beta}{\partial\alpha^\mu}a^{\lambda\mu}\qquad\text{(iv)}$$

来定义二阶逆变张量 $a^{\alpha\beta}$，根据

$$\bar{a}^{\alpha\cdot}_{\cdot\beta}=\frac{\partial\bar{\alpha}^\alpha}{\partial\alpha^\lambda}\frac{\partial\alpha^\mu}{\partial\bar{\alpha}^\beta}a^{\lambda\cdot}_{\cdot\mu}\qquad\text{(v)}$$

来定义二阶混合张量 $a^{\alpha\cdot}_{\cdot\beta}$，根据

$$\bar{a}_{\alpha\beta}=\frac{\partial\alpha^\lambda}{\partial\bar{\alpha}^\alpha}\frac{\partial\alpha^\mu}{\partial\bar{\alpha}^\beta}a_{\lambda\mu}\qquad\text{(vi)}$$

来定义二阶协变张量 $a_{\alpha\beta}$．一般说来，当一个系统的分量 $\bar{a}^{\alpha\cdots\cdots}_{\cdot\beta\gamma\cdots}$ 在

新的变量中满足关系式

$$\bar{a}^{\alpha\cdots\cdots}_{\cdot\beta\gamma\cdots}=\frac{\partial\bar{\alpha}^{\alpha}}{\partial\alpha^{\lambda}}\frac{\partial\alpha^{\mu}}{\partial\bar{\alpha}^{\beta}}\frac{\partial\alpha^{\nu}}{\partial\bar{\alpha}^{\gamma}}\cdots a^{\lambda\cdots\cdots}_{\cdot\mu\nu\cdots}, \tag{vii}$$

则这个系统 $a^{\lambda\cdots\cdots}_{\cdot\mu\nu\cdots}$ 称为一个张量.

(1) 试证明由方程(4.15)定义的量 v^{λ} 和由方程(4.18)定义的量 v_{λ} 分别是逆变向量和协变向量.

(2) 试证明由方程(4.6)定义的量 $g_{\lambda\mu}$ 和由方程(4.7)定义的量 $g^{\lambda\mu}$ 分别是二阶协变张量和二阶逆变张量.

(3) 试证明由

$$\varepsilon^{\lambda\mu\nu}=\frac{e^{\lambda\mu\nu}}{\sqrt{g}} \tag{viii}$$

定义的量是三阶逆变张量，式中 $e^{\lambda\mu\nu}$ 由第一章习题3的方程(iv)来定义，g 由方程(4.28) 给出. 注：见参考文献[4.1]第10—12页.

(4) 一个二阶张量可由下列三种形式中任一种给出：$a^{\lambda\mu}$, $a^{\lambda\cdot}_{\cdot\mu}$ 和 $a_{\lambda\mu}$. 试证明利用提升和降低张量分量指标的原理，从而使

$$a^{\lambda\mu}=g^{\lambda\kappa}a^{\cdot\mu}_{\kappa\cdot},\quad a_{\lambda\mu}=g_{\lambda\kappa}a^{\kappa\cdot}_{\cdot\mu},$$

则这三种形式中任一种都可变为另一种形式.

2. 我们再次采用习题1的方程(i)所表示的变换. 利用关系式

$$\mathbf{g}_{\lambda}=\frac{\partial\mathbf{r}^{(0)}}{\partial\alpha^{\lambda}},\quad \mathbf{g}_{\bar{\lambda}}=\frac{\partial\mathbf{r}^{(0)}}{\partial\bar{\alpha}^{\lambda}}=\frac{\partial\alpha^{\kappa}}{\partial\bar{\alpha}^{\lambda}}\mathbf{g}_{\kappa},$$

$$\mathbf{g}_{\bar{\lambda},\bar{\nu}}=\frac{\partial^{2}\mathbf{r}^{(0)}}{\partial\bar{\alpha}^{\lambda}\partial\bar{\alpha}^{\mu}}=\frac{\partial}{\partial\bar{\alpha}^{\mu}}\left(\frac{\partial\alpha^{\kappa}}{\partial\bar{\alpha}^{\lambda}}\mathbf{g}_{\kappa}\right),$$

试证明我们有

$$\frac{\partial\alpha^{\kappa}}{\partial\bar{\alpha}^{\lambda}}\overline{\begin{Bmatrix}\lambda\\ \mu\ \nu\end{Bmatrix}}=\frac{\partial^{2}\alpha^{\kappa}}{\partial\bar{\alpha}^{\lambda}\partial\bar{\alpha}^{\nu}}+\frac{\partial\alpha^{\rho}}{\partial\bar{\alpha}^{\mu}}\frac{\partial\alpha^{\omega}}{\partial\bar{\alpha}^{\nu}}\begin{Bmatrix}\kappa\\ \rho\ \omega\end{Bmatrix}, \tag{i}$$

式中 $\overline{\begin{Bmatrix}\lambda\\ \mu\ \nu\end{Bmatrix}}$ 是 $\bar{\alpha}^{\lambda}$ 坐标系的第二类 Christoffel 三指标符号. 利用方程(i)，试证明由方程(4.17)定义的 $v^{\lambda}_{;\nu}$ 和由方程(4.21)定义的 $v_{\lambda;\nu}$ 都是二阶张量. 并试证明由方程 (4.22) 定义的 $T^{\lambda_1\cdots\lambda_r}_{\mu_1\cdots\mu_s;\nu}$ 是一个张量.

3. 试讨论由方程(4.5)和(4.8)所分别定义的 $\mathbf{g}_\lambda$ 和 $\mathbf{g}^\mu$ 之间的几何关系，并证明

$$\mathbf{g}_1\times\mathbf{g}_2=\sqrt{g}\,\mathbf{g}^3,\quad \mathbf{g}_2\times\mathbf{g}_3=\sqrt{g}\,\mathbf{g}^1,\quad \mathbf{g}_3\times\mathbf{g}_1=\sqrt{g}\,\mathbf{g}^2.$$

4. 我们考虑曲线坐标系的一个特殊情况:

$$(ds^{(0)})^2=g_{11}(d\alpha^1)^2+2g_{12}d\alpha^1d\alpha^2+g_{22}(d\alpha^2)^2+(d\alpha^3)^2,$$

式中 g_{11}, g_{12} 和 g_{22} 都仅仅是 α^1 和 α^2 的函数. 试求 Christoffel 符号的下列关系式:

$$\begin{Bmatrix}1\\1\ 1\end{Bmatrix}=\frac{1}{2}(g^{11}g_{11,1}+2g^{12}g_{21,1}-g^{12}g_{11,2}),$$

$$\begin{Bmatrix}2\\1\ 1\end{Bmatrix}=\frac{1}{2}(g^{21}g_{11,1}+2g^{22}g_{21,1}-g^{22}g_{11,2}),$$

$$\begin{Bmatrix}1\\2\ 2\end{Bmatrix}=\frac{1}{2}(g^{12}g_{22,2}+2g^{11}g_{12,2}-g^{11}g_{22,1}),$$

$$\begin{Bmatrix}2\\2\ 2\end{Bmatrix}=\frac{1}{2}(g^{22}g_{22,2}+2g^{21}g_{12,2}-g^{21}g_{22,1}),$$

$$\begin{Bmatrix}1\\1\ 2\end{Bmatrix}=\begin{Bmatrix}1\\2\ 1\end{Bmatrix}=\frac{1}{2}(g^{11}g_{11,2}+g^{12}g_{22,1}),$$

$$\begin{Bmatrix}2\\1\ 2\end{Bmatrix}=\begin{Bmatrix}2\\2\ 1\end{Bmatrix}=\frac{1}{2}(g^{22}g_{22,1}+g^{21}g_{11,2})$$

而所有其他 $\begin{Bmatrix}\lambda\\\mu\ \nu\end{Bmatrix}$ 都是零.

并试证明如果变量 (α^1,α^2) 构成一个正交曲线系统，即 $g_{12}=0$，则我们有

$$\begin{Bmatrix}1\\1\ 1\end{Bmatrix}=\frac{1}{A}\frac{\partial A}{\partial\alpha},\qquad \begin{Bmatrix}2\\2\ 2\end{Bmatrix}=\frac{1}{B}\frac{\partial B}{\partial\beta},$$

$$\begin{Bmatrix}2\\1\ 1\end{Bmatrix}=-\frac{A}{B^2}\frac{\partial A}{\partial\beta},\qquad \begin{Bmatrix}1\\2\ 2\end{Bmatrix}=-\frac{B}{A^2}\frac{\partial B}{\partial\alpha},$$

$$\begin{Bmatrix}1\\1\ 2\end{Bmatrix}=\begin{Bmatrix}1\\2\ 1\end{Bmatrix}=\frac{1}{A}\frac{\partial A}{\partial\beta},\quad \begin{Bmatrix}2\\1\ 2\end{Bmatrix}=\begin{Bmatrix}2\\2\ 1\end{Bmatrix}=\frac{1}{B}\frac{\partial B}{\partial\alpha},$$

式中 $\alpha^1=\alpha$, $\alpha^2=\beta$, $g_{11}=A^2$ 和 $g_{22}=B^2$.

5. 我们考虑由下式定义的一个正交曲线坐标系,

$$(ds^{(0)})^2=A^2\left(1-\frac{\zeta}{R_\alpha}\right)^2(d\alpha)^2+B^2\left(1-\frac{\zeta}{R_\beta}\right)^2(d\beta)^2+(d\zeta)^2,$$

式中 A, B, R_α 和 R_β 都仅仅是 $(\alpha,\ \beta)$ 的函数. 选定 $\alpha^1=\alpha$, $\alpha^2=\beta$,

$\alpha^3=\zeta$, 试证明在 $\zeta=0$ 处可求得 Christoffel 符号如下:

$$\begin{Bmatrix}1\\1\ 1\end{Bmatrix}_0=\frac{1}{A}\frac{\partial A}{\partial\alpha},\qquad \begin{Bmatrix}2\\1\ 1\end{Bmatrix}_0=-\frac{A}{B^2}\frac{\partial A}{\partial\beta},$$

$$\begin{Bmatrix}1\\1\ 2\end{Bmatrix}_0=\begin{Bmatrix}1\\2\ 1\end{Bmatrix}_0=\frac{1}{A}\frac{\partial A}{\partial\beta},\quad \begin{Bmatrix}2\\1\ 2\end{Bmatrix}_0=\begin{Bmatrix}2\\2\ 1\end{Bmatrix}_0=\frac{1}{B}\frac{\partial B}{\partial\alpha},$$

$$\begin{Bmatrix}1\\1\ 3\end{Bmatrix}_0=\begin{Bmatrix}1\\3\ 1\end{Bmatrix}_0=-\frac{1}{R_\alpha},\quad \begin{Bmatrix}2\\1\ 3\end{Bmatrix}_0=\begin{Bmatrix}2\\3\ 1\end{Bmatrix}_0=0,$$

$$\begin{Bmatrix}1\\2\ 2\end{Bmatrix}_0=-\frac{B}{A^2}\frac{\partial B}{\partial\alpha},\qquad \begin{Bmatrix}2\\2\ 2\end{Bmatrix}_0=\frac{1}{B}\frac{\partial B}{\partial\beta},$$

$$\begin{Bmatrix}1\\2\ 3\end{Bmatrix}_0=\begin{Bmatrix}1\\3\ 2\end{Bmatrix}_0=0,\qquad \begin{Bmatrix}2\\2\ 3\end{Bmatrix}_0=\begin{Bmatrix}2\\3\ 2\end{Bmatrix}_0=-\frac{1}{R_\beta},$$

$$\begin{Bmatrix}1\\3\ 3\end{Bmatrix}_0=0,\qquad \begin{Bmatrix}2\\3\ 3\end{Bmatrix}_0=0,$$

$$\begin{Bmatrix}3\\1\ 1\end{Bmatrix}_0=\frac{A^2}{R_\alpha},\qquad \begin{Bmatrix}3\\2\ 2\end{Bmatrix}_0=\frac{B^2}{R_\beta},$$

$$\begin{Bmatrix}3\\1\ 2\end{Bmatrix}_0=\begin{Bmatrix}3\\2\ 1\end{Bmatrix}_0=\begin{Bmatrix}3\\1\ 3\end{Bmatrix}_0=\begin{Bmatrix}3\\3\ 1\end{Bmatrix}_0=\begin{Bmatrix}3\\2\ 3\end{Bmatrix}_0=\begin{Bmatrix}3\\3\ 2\end{Bmatrix}_0$$
$$=\begin{Bmatrix}3\\3\ 3\end{Bmatrix}_0=0,$$

式中 $\begin{Bmatrix}\lambda\\\mu\ \nu\end{Bmatrix}_0$ 表示在 $\zeta=0$ 处 $\begin{Bmatrix}\lambda\\\mu\ \nu\end{Bmatrix}$ 的值.

关于相容条件和应力函数的习题

6. 我们考虑一个单连通物体, 假定给出的应变分量 $f_{\lambda\mu}$ 是 $(\alpha^1, \alpha^2, \alpha^3)$ 的函数, 并利用方程 (4.34) 和 (4.36) 以 $f_{\alpha\beta}$ 表示 $\left\{\begin{Bmatrix}\lambda\\\mu\ \nu\end{Bmatrix}\right\}$. 试证明方程 (4.42) 是使下列方程可积的必要和充分条件,

$$d\mathbf{r}=\mathbf{G}_\lambda d\alpha^\lambda,\qquad d\mathbf{G}_\lambda=\left\{\begin{Bmatrix}\varkappa\\\lambda\ \mu\end{Bmatrix}\right\}\mathbf{G}_\varkappa d\alpha^\mu.\tag{i}$$

也就是说, 方程(4.42)是单值向量函数 $\mathbf{r}$ 和 $\mathbf{G}_\lambda$ 存在的必要和充分条件. 试求上述方程(i)与第一章习题4的方程(i)和(ii)之间的关系式.

7. 试证明变形前相容条件由下式给出:

$$R^{(0)\lambda}{}_{\cdot\mu\nu\omega}=0, \tag{i}$$

式中 $R^{(0)\lambda}{}_{\cdot\mu\nu\omega}$ 是用 $\left\{\begin{matrix}\lambda\\ \mu\ \nu\end{matrix}\right\}$, …代替方程(4.43)中的 $\left\{\left\{\begin{matrix}\lambda\\ \mu\ \nu\end{matrix}\right\}\right\}$, …而定义的,并讨论这些条件的物理意义.

8. 我们将问题限于小位移理论.试证明方程(4.40)和(4.53)可分别简化为

$$\begin{aligned}f_{\lambda\mu}&=\frac{1}{2}(g_{\lambda\varkappa}v^{\varkappa}{}_{;\mu}+g_{\mu\varkappa}v^{\varkappa}{}_{;\lambda})\\&=\frac{1}{2}(v_{\lambda;\mu}+v_{\mu;\lambda})\end{aligned} \tag{i}$$

和

$$\tau^{\lambda\varkappa}{}_{;\varkappa}+\overline{P}^{\lambda}_{g}=0. \tag{ii}$$

并试证明利用余虚功原理可由方程(ii)推导出方程(i). 注:

$$\left\{\begin{matrix}\lambda\\ \lambda\ \nu\end{matrix}\right\}=\frac{1}{\sqrt{g}}\frac{\partial\sqrt{g}}{\partial\alpha^{\nu}}.$$

9. 我们将问题限于小位移理论.试证明 Riemann-Christoffel 曲率张量可简化为

$$\begin{aligned}R_{\lambda\mu\nu\omega}=&f_{\lambda\omega,\mu\nu}+f_{\mu\nu,\lambda\omega}-f_{\lambda\nu,\mu\omega}-f_{\mu\omega,\lambda\nu}\\&-2\left[\left\{\begin{matrix}\alpha\\ \mu\ \nu\end{matrix}\right\}\left\{\begin{matrix}\beta\\ \lambda\ \omega\end{matrix}\right\}-\left\{\begin{matrix}\alpha\\ \mu\ \omega\end{matrix}\right\}\left\{\begin{matrix}\beta\\ \lambda\ \nu\end{matrix}\right\}\right]f_{\alpha\beta}\\&+2\left[\left\{\begin{matrix}\alpha\\ \mu\ \nu\end{matrix}\right\}\gamma_{\lambda\omega\alpha}+\left\{\begin{matrix}\alpha\\ \lambda\ \omega\end{matrix}\right\}\gamma_{\mu\nu\alpha}-\left\{\begin{matrix}\alpha\\ \mu\ \omega\end{matrix}\right\}\gamma_{\lambda\nu\alpha}-\left\{\begin{matrix}\alpha\\ \lambda\ \nu\end{matrix}\right\}\gamma_{\mu\omega\alpha}\right]\end{aligned} \tag{i}$$

或

$$R_{\lambda\mu\nu\omega}=f_{\lambda\omega;\mu\nu}+f_{\mu\nu;\lambda\omega}-f_{\lambda\nu;\mu\omega}-f_{\mu\omega;\lambda\nu}, \tag{ii}$$

由定义,式中

$$\gamma_{\lambda\mu\nu}=\frac{1}{2}(f_{\nu\lambda,\mu}+f_{\nu\mu,\lambda}-f_{\lambda\mu,\nu}). \tag{iii}$$

并试证明,如果

$$S^{\lambda\mu}=\varepsilon^{\lambda\alpha\varkappa}\varepsilon^{\mu\beta\rho}f_{\alpha\beta;\varkappa\rho}, \tag{iv}$$

则相容条件由下式给出:

$$S^{\lambda\mu}=0\quad(\lambda,\ \mu=1,\ 2,\ 3), \tag{v}$$

其中 $\varepsilon^{\lambda\mu\nu}$ 由习题 1 的方程(viii)来定义. 注: (1) $\gamma_{\lambda\mu\nu}$ 如方程(iii)所

定义的，而不是张量(见参考文献[4.1]第61—62页)．(2) $f_{\lambda\mu;\nu\omega}=[f_{\lambda\mu;\nu}]_{;\omega}$.

10．我们将问题限于小位移理论．试证明虚功原理可以写成如下：

$$\iiint \tau^{\lambda\mu}\delta f_{\lambda\mu}\sqrt{g}\,d\alpha^1 d\alpha^2 d\alpha^3$$
$$-\iiint \psi_{\lambda\mu}\varepsilon^{\lambda\alpha\varkappa}\varepsilon^{\mu\beta\rho}\delta f_{\alpha\beta;\varkappa\rho}\sqrt{g}\,d\alpha^1 d\alpha^2 d\alpha^3+\cdots=0, \tag{i}$$

式中 $\psi_{\lambda\mu}$ 是 Lagrange 乘子．并试证明由这个原理我们可得到

$$\tau^{\lambda\mu}=\varepsilon^{\lambda\alpha\varkappa}\varepsilon^{\mu\beta\rho}\psi_{\alpha\beta;\varkappa\rho}, \tag{ii}$$

这就表明，在用曲线坐标表示的小位移理论中，对称协变张量 $\psi_{\alpha\beta}$ 起着应力函数的作用．注：(1) $\varepsilon^{\lambda\mu\nu}{}_{;\alpha}=0$．(2)类似的论述见第1.8节．

关于二维斜坐标系的习题[1)]

11．我们考虑一个二维斜坐标系(ξ,η)：

$$x=\xi+\eta\cos\alpha,\qquad y=\eta\sin\alpha,$$

如图H-3所示，式中 α 是常数．我们将以下的公式推导限于小位移理论，并选定 $\alpha^1=\xi$, $\alpha^2=\eta$.

(1) 试推导下列关系式：

$$x_{,\xi}=1,\quad x_{,\eta}=\cos\alpha,\qquad y_{,\xi}=0,\quad y_{,\eta}=\sin\alpha,$$
$$\xi_{,x}=1,\quad \xi_{,y}=-\operatorname{ctg}\alpha,\quad \eta_{,x}=0,\quad \eta_{,y}=\csc\alpha,$$
$$g_{11}=1,\quad g_{22}=1,\quad g_{12}=g_{21}=\cos\alpha,\quad \sqrt{g}=\sin\alpha,$$
$$g^{11}=\csc^2\alpha,\quad g^{22}=\csc^2\alpha,\quad g^{12}=g^{21}=-\cos\alpha\csc^2\alpha,$$
$$f_{11}=\varepsilon_x,\quad f_{22}=\varepsilon_x\cos^2\alpha+\varepsilon_y\sin^2\alpha+\gamma_{xy}\sin\alpha\cos\alpha,$$
$$2f_{12}=2f_{21}=2\varepsilon_x\cos\alpha+\gamma_{xy}\sin\alpha,$$
$$\tau^{11}=\sigma_x+\sigma_y\operatorname{ctg}^2\alpha-2\tau_{xy}\operatorname{ctg}\alpha,\qquad \tau^{22}=\sigma_y\csc^2\alpha,$$
$$\tau^{12}=\tau^{21}=-\sigma_x\operatorname{ctg}\alpha+\tau_{xy}\csc\alpha.$$

(2) 位移向量由下式表示：

$$\mathbf{u}=u\mathbf{g}_1+v\mathbf{g}_2,$$

1) 见参考文献[4.14]．

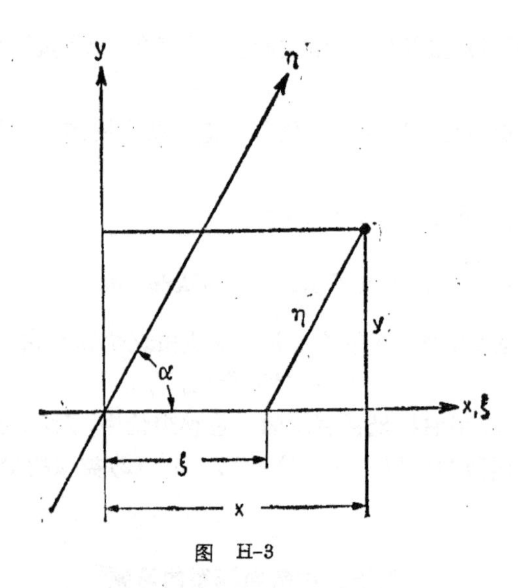

图 H-3

式中 $\mathbf{g}_1$ 和 $\mathbf{g}_2$ 分别是沿 ξ 轴和 η 轴的单位向量，试证明

$$f_{11}=(u+v\cos\alpha)_{,\xi},\qquad f_{22}=(u\cos\alpha+v)_{,\eta},$$

$$2f_{12}=(u+v\cos\alpha)_{,\eta}+(u\cos\alpha+v)_{,\xi}.$$

(3) 试证明相容条件由下式给出：

$$f_{11,\eta\eta}+f_{22,\xi\xi}-2f_{12,\xi\eta}=0.$$

(4) 利用虚功原理，试证明平衡方程由下式给出：

$$\tau^{11}_{,\xi}+\tau^{21}_{,\eta}=0,\qquad \tau^{12}_{,\xi}+\tau^{22}_{,\eta}=0.$$

(5) 兼用虚功原理和相容条件：

$$\iint[\tau^{\lambda\mu}\delta f_{\lambda\mu}-F(\delta f_{11,\eta\eta}+\delta f_{22,\xi\xi}-2\delta f_{12,\xi\eta})]\sin\alpha\, d\xi d\eta+\cdots=0,$$

试证明用应力函数 F 表示应力分量如下：

$$\tau^{11}=F_{,\eta\eta},\qquad \tau^{22}=F_{,\xi\xi},\qquad \tau^{12}=\tau^{21}=-F_{,\xi\eta}.$$

(6) 试证明，如果用 $(x,\ y)$ 坐标系表示的应力-应变关系是

$$\begin{bmatrix}\sigma_x\\ \sigma_y\\ \tau_{xy}\end{bmatrix}=\frac{E}{(1-\nu^2)}\begin{bmatrix}1 & \nu & 0\\ \nu & 1 & 0\\ 0 & 0 & \dfrac{1-\nu}{2}\end{bmatrix}\begin{bmatrix}\varepsilon_x\\ \varepsilon_y\\ \gamma_{xy}\end{bmatrix},$$

或者反转过来,

$$\begin{bmatrix} \varepsilon_x \\ \varepsilon_y \\ \gamma_{xy} \end{bmatrix} = \frac{1}{E}\begin{bmatrix} 1 & -\nu & 0 \\ -\nu & 1 & 0 \\ 0 & 0 & 2(1+\nu) \end{bmatrix}\begin{bmatrix} \sigma_x \\ \sigma_y \\ \tau_{xy} \end{bmatrix},$$

则由方程(4.76)我们有用 (ξ, η) 坐标系表示的应力-应变关系如下:

$$\begin{bmatrix} \tau^{11} \\ \tau^{22} \\ \tau^{12} \end{bmatrix} = \frac{E\csc^4\alpha}{(1-\nu^2)}\begin{bmatrix} 1 & \cos^2\alpha+\nu\sin^2\alpha & -\cos\alpha \\ \cos^2\alpha+\nu\sin^2\alpha & 1 & -\cos\alpha \\ -\cos\alpha & -\cos\alpha & \dfrac{1+\cos^2\alpha-\nu\sin^2\alpha}{2} \end{bmatrix}\begin{bmatrix} f_{11} \\ f_{22} \\ 2f_{12} \end{bmatrix},$$

或者反转过来,

$$\begin{bmatrix} f_{11} \\ f_{22} \\ 2f_{12} \end{bmatrix} = \frac{1}{E}\begin{bmatrix} 1 & \cos^2\alpha-\nu\sin^2\alpha & 2\cos\alpha \\ \cos^2\alpha-\nu\sin^2\alpha & 1 & 2\cos\alpha \\ 2\cos\alpha & 2\cos\alpha & 2(1+\cos^2\alpha+\nu\sin^2\alpha) \end{bmatrix}\begin{bmatrix} \tau^{11} \\ \tau^{22} \\ \tau^{12} \end{bmatrix}.$$

关于正交曲线坐标的习题

12. 试推导下列关系式:

$$\frac{\partial \mathbf{j}_1}{\partial \alpha^1} = -\frac{1}{\sqrt{g_{22}}}\frac{\partial\sqrt{g_{11}}}{\partial \alpha^2}\mathbf{j}_2 - \frac{1}{\sqrt{g_{33}}}\frac{\partial\sqrt{g_{11}}}{\partial \alpha^3}\mathbf{j}_3,$$

$$\frac{\partial \mathbf{j}_1}{\partial \alpha^2} = \frac{1}{\sqrt{g_{11}}}\frac{\partial\sqrt{g_{22}}}{\partial \alpha^1}\mathbf{j}_2, \qquad \frac{\partial \mathbf{j}_1}{\partial \alpha^3} = \frac{1}{\sqrt{g_{11}}}\frac{\partial\sqrt{g_{33}}}{\partial \alpha^1}\mathbf{j}_3,$$

$$\frac{\partial \mathbf{j}_2}{\partial \alpha^1} = \frac{1}{\sqrt{g_{22}}}\frac{\partial\sqrt{g_{11}}}{\partial \alpha^2}\mathbf{j}_1,$$

$$\frac{\partial \mathbf{j}_2}{\partial \alpha^2} = -\frac{1}{\sqrt{g_{33}}}\frac{\partial\sqrt{g_{22}}}{\partial \alpha^3}\mathbf{j}_3 - \frac{1}{\sqrt{g_{11}}}\frac{\partial\sqrt{g_{22}}}{\partial \alpha^1}\mathbf{j}_1,$$

$$\frac{\partial \mathbf{j}_2}{\partial \alpha^3} = \frac{1}{\sqrt{g_{22}}}\frac{\partial\sqrt{g_{33}}}{\partial \alpha^2}\mathbf{j}_3, \qquad \frac{\partial \mathbf{j}_3}{\partial \alpha^1} = \frac{1}{\sqrt{g_{33}}}\frac{\partial\sqrt{g_{11}}}{\partial \alpha^3}\mathbf{j}_1,$$

$$\frac{\partial \mathbf{j}_3}{\partial \alpha^2} = \frac{1}{\sqrt{g_{33}}}\frac{\partial\sqrt{g_{22}}}{\partial \alpha^3}\mathbf{j}_2,$$

$$\frac{\partial \mathbf{j}_3}{\partial \alpha^3} = -\frac{1}{\sqrt{g_{11}}}\frac{\partial\sqrt{g_{33}}}{\partial \alpha^1}\mathbf{j}_1 - \frac{1}{\sqrt{g_{22}}}\frac{\partial\sqrt{g_{33}}}{\partial \alpha^2}\mathbf{j}_2,$$

式中 $\mathbf{j}_i(i=1, 2, 3)$ 由方程 (4.95) 定义. 试按柱面坐标系和极坐标系写出这些关系式.

13. 试证明对于用柱面坐标 r, θ 和 $z(x=r\cos\theta, y=r\sin\theta, z=z$, 见图 H-4) 表示的小位移理论, 我们有

$$\alpha^1=r,\qquad \alpha^2=\theta,\qquad \alpha^3=z,$$

$$g_{11}=1,\qquad g_{22}=r^2,\qquad g_{33}=1,$$

$$\varepsilon_r=\frac{\partial u_r}{\partial r},\qquad \varepsilon_\theta=\frac{1}{r}\left(\frac{\partial u_\theta}{\partial\theta}+u_r\right),$$

$$\varepsilon_z=\frac{\partial u_z}{\partial z},\qquad \gamma_{r\theta}=\frac{\partial u_\theta}{\partial r}+\frac{1}{r}\frac{\partial u_r}{\partial\theta}-\frac{u_\theta}{r},$$

$$\gamma_{rz}=\frac{\partial u_z}{\partial r}+\frac{\partial u_r}{\partial z},\qquad \gamma_{z\theta}=\frac{1}{r}\frac{\partial u_z}{\partial\theta}+\frac{\partial u_\theta}{\partial z},$$

$$\frac{\partial\sigma_r}{\partial r}+\frac{1}{r}\frac{\partial\tau_{r\theta}}{\partial\theta}+\frac{\partial\tau_{rz}}{\partial z}+\frac{1}{r}(\sigma_r-\sigma_\theta)+\overline{Y}_r=0,$$

$$\frac{\partial\tau_{r\theta}}{\partial r}+\frac{1}{r}\frac{\partial\sigma_\theta}{\partial\theta}+\frac{\partial\tau_{\theta z}}{\partial z}+\frac{2}{r}\tau_{r\theta}+\overline{Y}_\theta=0,$$

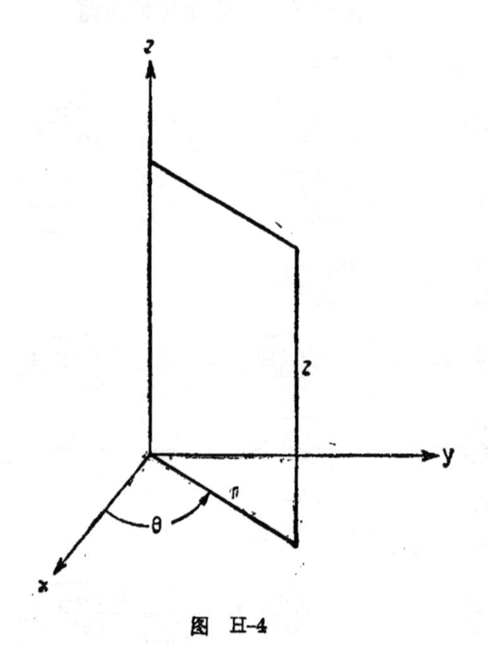

图 H-4

$$\frac{\partial \tau_{rz}}{\partial r}+\frac{1}{r}\frac{\partial \tau_{\theta z}}{\partial \theta}+\frac{\partial \sigma_z}{\partial z}+\frac{\tau_{rz}}{r}+\overline{Y}_z=0.$$

14. 试证明对于用极坐标 r, θ 和 φ($x=r\sin\varphi\cos\theta$, $y=r\sin\varphi\sin\theta$, $z=r\cos\varphi$, 见图 H-5)表示的小位移理论，我们有

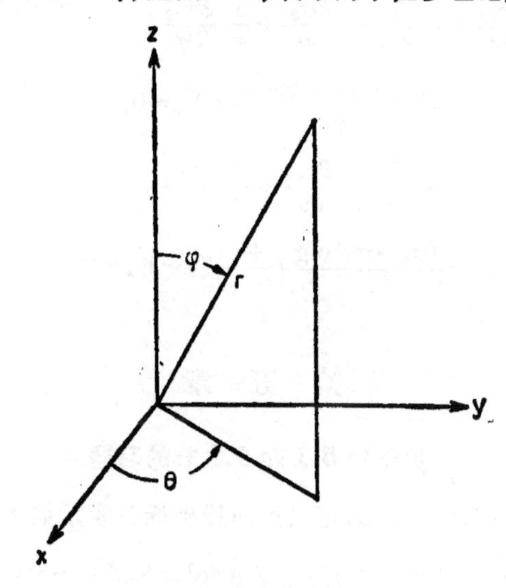

图 H-5

$$\alpha^1=r,\qquad \alpha^2=\theta,\qquad \alpha^3=\varphi,$$

$$g_{11}=1,\qquad g_{22}=(r\sin\varphi)^2,\qquad g_{33}=r^2,$$

$$\varepsilon_r=\frac{\partial u_r}{\partial r},$$

$$\varepsilon_\theta=\frac{1}{r\sin\varphi}\frac{\partial u_\theta}{\partial \theta}+\frac{u_\varphi}{r}\cos\varphi+\frac{u_r}{r},$$

$$\varepsilon_\varphi=\frac{1}{r}\frac{\partial u_\varphi}{\partial \varphi}+\frac{u_r}{r},$$

$$\gamma_{\varphi\theta}=\frac{1}{r\sin\varphi}\frac{\partial u_\varphi}{\partial \theta}+\frac{1}{r}\frac{\partial u_\theta}{\partial \varphi}-\frac{u_\theta}{r}\operatorname{ctg}\varphi,$$

$$\gamma_{r\varphi}=\frac{1}{r}\frac{\partial u_r}{\partial \varphi}-\frac{u_\varphi}{r}+\frac{\partial u_\varphi}{\partial r},$$

$$\gamma_{r\theta}=\frac{1}{r\sin\varphi}\frac{\partial u_r}{\partial \theta}-\frac{u_\theta}{r}+\frac{\partial u_\theta}{\partial r},$$

$$\frac{\partial \sigma_r}{\partial r}+\frac{1}{r\sin\varphi}\frac{\partial \tau_{r\theta}}{\partial \theta}+\frac{1}{r}\frac{\partial \tau_{r\varphi}}{\partial \varphi}$$

$$+\frac{2\sigma_r-\sigma_\theta-\sigma_\varphi+\tau_{r\varphi}\operatorname{ctg}\varphi}{r}+\overline{Y}_r=0,$$

$$\frac{\partial \tau_{r\theta}}{\partial r}+\frac{1}{r\sin\varphi}\frac{\partial \sigma_{\theta}}{\partial \theta}+\frac{1}{r}\frac{\partial \tau_{\varphi\theta}}{\partial \varphi}$$

$$+\frac{3\tau_{r\theta}+2\,\tau_{\varphi\theta}\operatorname{ctg}\varphi}{r}+\overline{Y}_\theta=0,$$

$$\frac{\partial \tau_{r\varphi}}{\partial r}+\frac{1}{r\sin\varphi}\frac{\partial \tau_{\theta\varphi}}{\partial \theta}+\frac{1}{r}\frac{\partial \sigma_{\varphi}}{\partial \varphi}$$

$$+\frac{(\sigma_\varphi-\sigma_\theta)\operatorname{ctg}\varphi+3\tau_{r\varphi}}{r}+\overline{Y}_\varphi=0.$$

第　五　章

关于第 5.1 和 5.2 节的习题

1. 试证明原理(5.5)可以用曲线坐标系表示如下:

$$\iiint\limits_V (\tau^{(0)\lambda\mu}+\tau^{\lambda\mu})\delta f_{\lambda\mu}\sqrt{g}\,d\alpha^1 d\alpha^2 d\alpha^3+\cdots=0,$$

式中 $\tau^{(0)\lambda\mu}$ 和 $\tau^{\lambda\mu}$ 分别是对于曲线坐标系的初应力和应力增量,而且已经代入了方程(4.40)或(4.41).

2. 试证明对于初应力问题, 由方程(5.5)导出的驻值势能原理泛函的另一表达式为

$$\Pi=\iiint\limits_V [\sigma^{(0)\lambda\mu}e_{\lambda\mu}+A(e_{\lambda\mu};\sigma^{(0)\lambda\mu})-\overline{P}^{(0)\lambda}u^\lambda+\Phi(u^\lambda)]\,dV$$

$$+\iint\limits_{S_1}[-\overline{F}^{(0)\lambda}u^\lambda+\Psi(u^\lambda)]\,dS$$

式中 $A(e_{\lambda\mu};\sigma^{(0)\lambda\mu})$ 由方程 (5.10) 给出, 而且已经代入了方程 (5.6).

3. 我们在第 3.10, 3.11 和 5.2 节中已经阐述过稳定性问题. 试讨论这些提法之间的关系.

关于第 5.3 和 5.4 节的习题

4. 试证明如果方程(5.32)和(5.33)分别由下式给出:

$$\sigma^{\lambda\mu}=\sigma^{\lambda\mu}(\epsilon_{\alpha\beta})$$

和

$$\epsilon_{\lambda\mu}=\epsilon_{\lambda\mu}(\sigma^{\alpha\beta}),$$

则对于第 5.3 节所讨论的初应变问题,我们可以得到

$$dA=\sigma^{\lambda\mu}d\epsilon_{\lambda\mu},$$

$$dB=(e_{\lambda\mu}^{(0)}+\epsilon_{\lambda\mu})\,d\sigma^{\lambda\mu},$$

因此,

$$A=\int\sigma^{\lambda\mu}d\epsilon_{\lambda\mu},$$

$$B=e_{\lambda\mu}^{(0)}\sigma^{\lambda\mu}+\int\epsilon_{\lambda\mu}d\sigma^{\lambda\mu},$$

试将这些关系式和方程(5.43)到(5.53)作一比较.

5. 试说明如果我们将初应变问题限于小位移理论,则可以证明真实解可由总势能以及总余能的极小性给出.

6. 我们考虑小位移理论中各向同性体的热应力问题. 试证明对于有自由边界表面的物体,最小势能原理的泛函由下式给出:

$$\Pi=\iiint_V\left[A(u,\ v,\ w)-\Theta\left(\frac{\partial u}{\partial x}+\frac{\partial v}{\partial y}+\frac{\partial w}{\partial z}\right)\right]dxdydz,$$

式中 $\Theta=E\alpha\theta/(1-2\nu)$. 并试证明利用 Green 定理,上述方程就变换成

$$\Pi=\iiint_V\left[A(u,\ v,\ w)+\left(\frac{\partial\Theta}{\partial x}u+\frac{\partial\Theta}{\partial y}\ v+\frac{\partial\Theta}{\partial z}\ w\right)\right]dxdydz$$

$$-\iint_S(\Theta lu+\Theta mv+\Theta nw)\,dS,$$

上式表明,这个问题等价于在体力$(-\partial\Theta/\partial x,\ -\partial\Theta/\partial y,\ -\partial\Theta/\partial z)$和沿物体整个表面分布的静水压力 $-\Theta$ 作用下的弹性体问题.

关于第 5.7 节的习题

7. 我们用

	X^1	X^2	X^3
x^1	l_1	m_1	n_1
x^2	l_2	m_2	n_2
x^3	l_3	m_3	n_3

表示两个直角笛卡儿坐标系$(x^1,\ x^2,\ x^3)$和$(X^1,\ X^2,\ X^3)$之间的方向余弦,并用下式定义方向余弦矩阵$[L]$:

$$[L]=\begin{bmatrix} l_1 & m_1 & n_1 \\ l_2 & m_2 & n_2 \\ l_3 & m_3 & n_3 \end{bmatrix}.$$

试证明如果$(x^1,\ x^2,\ x^3)$系统分别以ϕ, θ和ψ的角度绕x^1, x^2和x^3轴转动,则新的$(x^1,\ x^2,\ x^3)$系统的方向余弦矩阵分别是

$$[\rho_1(\phi)][L],\quad [\rho_2(\theta)][L],\quad [\rho_3(\psi)][L],$$

其中

$$[\rho_1(\phi)]=\begin{bmatrix} 1 & 0 & 0 \\ 0 & \cos\phi & \sin\phi \\ 0 & -\sin\phi & \cos\phi \end{bmatrix},$$

$$[\rho_2(\theta)]=\begin{bmatrix} \cos\theta & 0 & -\sin\theta \\ 0 & 1 & 0 \\ \sin\theta & 0 & \cos\theta \end{bmatrix},$$

$$[\rho_3(\psi)]=\begin{bmatrix} \cos\psi & \sin\psi & 0 \\ -\sin\psi & \cos\psi & 0 \\ 0 & 0 & 1 \end{bmatrix}.$$

并试证明由下列矩阵相乘就得到方程(5.102),

$$[\rho_1(\phi)][\rho_2(\theta)][\rho_3(\psi)].$$

8. 为了由方程(5.112)推导出方程(5.113)和(5.114),我们已经选定向量$\delta\mathbf{r}_G$和三个纯量$\delta\phi$, $\delta\theta$和$\delta\psi$作为独立量. 试证明:将向量$\mathbf{r}$分解为

$$\mathbf{r}_G=x_G\mathbf{i}_1+y_G\mathbf{i}_2+z_G\mathbf{i}_3$$

或

$$\mathbf{r}_G=\xi\mathbf{k}_1+\eta\mathbf{k}_2+\zeta\mathbf{k}_3,$$

并分别把$(x_G, y_G, z_G, \phi, \theta, \psi)$或$(\xi, \eta, \zeta, \phi, \theta, \psi)$看作是广义坐标系，就可以得到同样的方程.

第　六　章

关于第6.1节的习题

1. 试证明如果方程

$$u=-\theta yz,\quad v=\theta xz,\quad w=\theta\varphi(x, y) \tag{i}$$

是 St. Venant 扭转问题的解，则位移族

$$\begin{aligned}&u=-\theta z(y-y_0),\quad v=\theta z(x-x_0),\\&w=\theta\varphi(x, y)-\theta(y_0x-x_0y)-\theta\varphi_0\end{aligned} \tag{ii}$$

（式中 x_0, y_0 和 φ_0 是任意常数）也是这个扭转问题的解，而且就 St. Venant 扭转问题而论，扭心仍然是未定的.

2. 试证明

$$J=I_p-D,$$

并因此

$$J\leqslant I_p,$$

式中 J 由方程(6.20)来定义，I_p 是极惯矩，即 $I_p=\iint\limits_S(x^2+y^2)dx\,dy$，而 $D=\iint\limits_S[(\varphi_{,x})^2+(\varphi_{,y})^2]dxdy$.

3. 我们考虑一个双对称的横截面. 取 x 轴和 y 轴与横截面的形心主轴相重合，并取 z 轴作为旋转轴. 使 $\iint\limits_S\varphi dxdy=0$ 以确定 St. Venant 翘曲函数的附加常数［见习题1的方程(ii)］. 由此，试证明这样确定的翘曲函数具有下列特性：

$$\varphi(x, y)=-\varphi(-x, y)=-\varphi(x, -y)=\varphi(-x, -y).$$

4. 我们考虑如图 H-6 所示薄壁开口截面的 St. Venant 翘曲函数的近似确定法. 壁的中线用 C 表示. 沿 C 取坐标 s，并由中线的一端量起. 取两个单位向量 $\mathbf{t}$ 和 $\mathbf{n}$ 分别与中线相切和垂

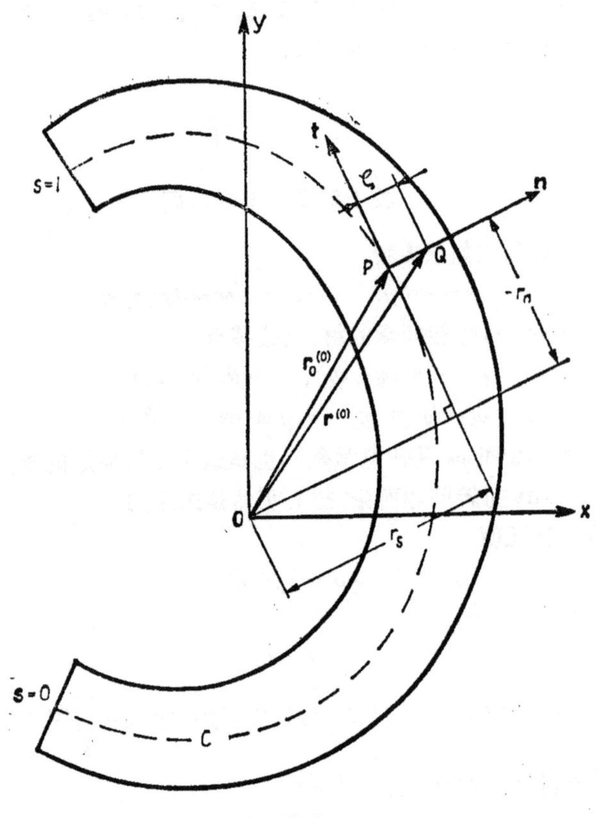

图 H-6

直，这就使三个单位向量 $\mathbf{n}$, $\mathbf{t}$ 和 $\mathbf{i}_3$ 构成一个右手系统．用 $\mathbf{r}_0^{(0)}$ 表示在 C 上任一点 P 的位置向量，而用 $\mathbf{r}^{(0)}$ 表示在 P 处的法线上任一点 Q 的位置向量，我们就可以写出

$$\mathbf{r}^{(0)}=\mathbf{r}_0^{(0)}+\zeta\mathbf{n}, \tag{i}$$

式中 ζ 由中线量起．方程(i)揭示出，可以取一组参数(s, ζ)作为确定这个截面的曲线坐标系．用 τ_t 表示中线上切线方向的剪应力，用 τ_n 表示法线方向的剪应力，并利用关系式

$$\tau_{xz}=G\theta\left(\frac{\partial\varphi}{\partial x}-y\right), \qquad \tau_{yz}=G\theta\left(\frac{\partial\varphi}{\partial y}+x\right), \tag{ii}$$

我们有：沿中线由 $s=0$ 至 P，

$$\int_0^s \tau_t ds = G\theta \int_0^s \left(\frac{\partial\varphi}{\partial x}dx + \frac{\partial\varphi}{\partial y}dy\right) + G\theta \int_0^s r_s ds, \qquad \text{(iii)}$$

而沿法线由 P 至 Q，

$$\int_0^\zeta \tau_n d\zeta = G\theta \int_0^\zeta \left(\frac{\partial\varphi}{\partial x}dx + \frac{\partial\varphi}{\partial y}dy\right) + G\theta \int_0^\zeta r_n d\zeta, \qquad \text{(iv)}$$

式中

$$r_s = \mathbf{r}_0^{(0)} \cdot \mathbf{n}, \quad r_n = -\mathbf{r}_0^{(0)} \cdot \mathbf{t}. \qquad \text{(v, vi)}$$

位于点 P 的 r_s 和 r_n 的几何解释示于图 H–6 中．根据这些初步讨论，试证明由于在薄壁开口截面中可以近似地取 τ_t 和 τ_n 等于零，所以我们由方程(iii)和(iv)就得到在 Q 处 φ 的值如下：

$$\varphi = -\int_0^s r_s ds - \int_0^\zeta r_n d\zeta + \varphi_0, \qquad \text{(vii)}$$

式中 φ_0 是任意常数．方程(vii)就确定这个截面的 St. Venant 翘曲函数．并试考察由 St. Venant 扭转所引起的薄壁开口截面的剪应力分布．注：见参考文献[6.2]第 272—275 页，和参考文献[6.7]，[6.8]，[6.19]．

关于第 6.2 节的习题

5．试证明从方程(6.7)消去 w，然后利用方程(6.8)和(6.27)以 ϕ 表示 γ_{xz} 和 γ_{yz}，可以推导出方程(6.32)．

关于第 6.3 节的习题

6．利用关系式

$$M = \iint_S (\tau_{yz}x - \tau_{xz}y)dxdy = -\iint_S \left(\frac{\partial\phi}{\partial x}x + \frac{\partial\phi}{\partial y}y\right)dxdy,$$

试证明我们有：对于单连通横截面

$$M = 2\iint_S \phi dxdy,$$

而对于由外边界 C_0 和内边界 C_1，C_2，…，C_n 组成的多连通横截面(见图 H–7)：

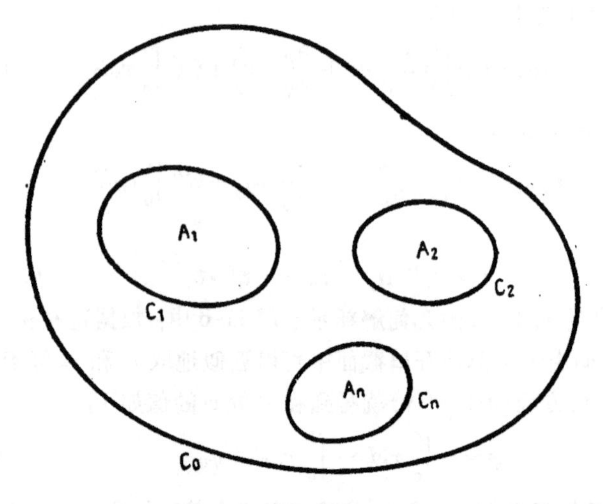

图 H-7

$$M=2\iint_S \phi dxdy+2\sum_{k=1}^{n} c_k A_k,$$

式中 c_k 是在边界 C_k 上的 ϕ 值，A_k 是曲线 C_k 所包围的面积. 在外边界 C_0 上取 ϕ 的值等于零.

7. 试证明对于图 H–8 所示的薄壁封闭截面，其剪应力 τ 和扭转刚度 GJ 分别由下式给出：

$$\tau=\frac{M}{2A_0 t} \tag{i}$$

和

$$GJ=\frac{4A_0^2 G}{\oint_C \frac{ds}{t}}, \tag{ii}$$

式中 A_0 是曲线 C（它是内、外边界的中线）所包围的面积，s 沿 C 量取，$t(s)$ 是壁厚，而 $\oint_C$ 是沿闭路 C 的积分. 注：见参考文献[6.2]第 298—299 页.

8. 我们考虑如图 H8 所示薄壁封闭截面的 St.Venant 翘曲函数的近似确定法. 利用习题 4 的方程(iii)和(iv) 以及习题 7

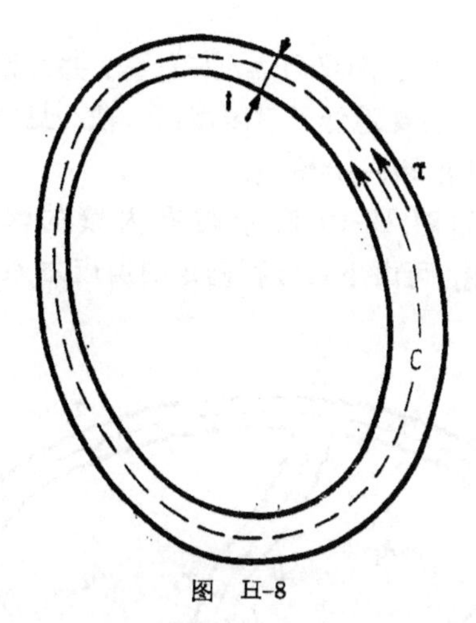

图 H-8

的方程(i)和(ii),试证明我们有

$$\varphi=\frac{2A_0}{\oint_C \frac{ds}{t}}\int_0^s\frac{ds}{t}-\int_0^s r_s ds-\int_0^\zeta r_n d\zeta+\varphi_0, \tag{i}$$

上式就确定这个截面的 St. Venant 翘曲函数,式中 φ_0 是任意常数.

9. 考虑两个薄壁圆形横截面,其中一个是封闭的而另一个是开口的,如图 H-9 所示. 试证明扭转刚度由下式给出:

$$\text{对于封闭截面,}\qquad GJ=2\pi a^3 tG,$$

和

$$\text{对于开口截面,}\qquad GJ=\frac{2}{3}\pi a t^3 G.$$

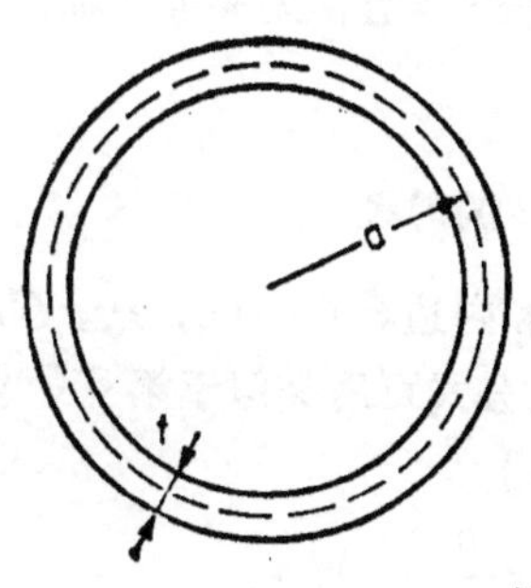

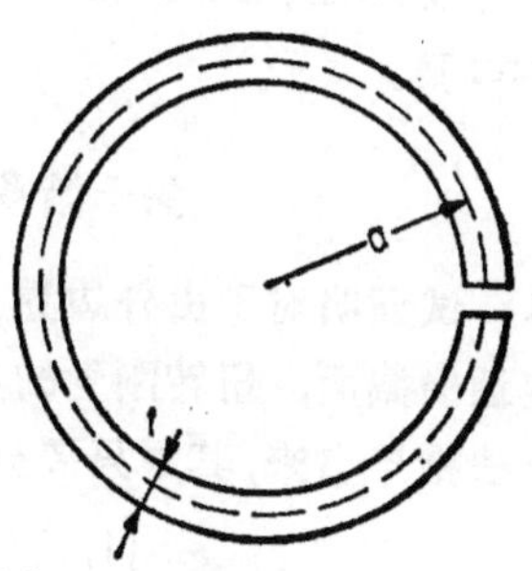

图 H-9

试计算对 $a/t=10$ 的比率 $(GJ)_{封闭}/(GJ)_{开口}$，并讨论为什么开口截面的扭转刚度如此悬殊地低于封闭截面. 注：见参考文献[6.2]第 272—275 页和第 298—299 页.

10. 试证明如图 H-10 所示带有内壁的薄壁截面的 St. Venant 扭转问题，可由下列方程确定的剪应力 τ_1, τ_2, τ_3 和扭角 θ 来求解：

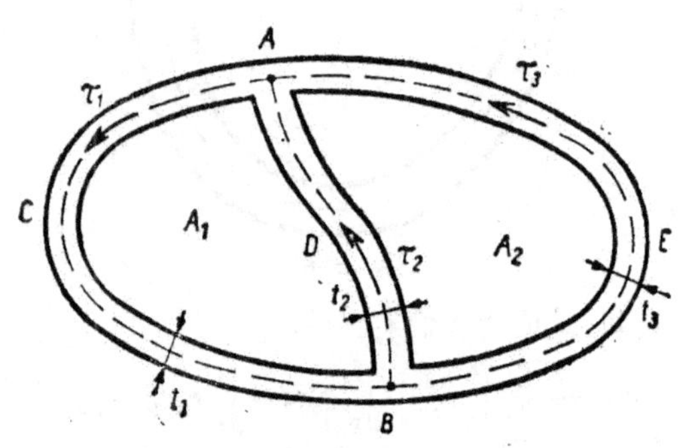

图 H-10

$$t_1\tau_1-t_2\tau_2-t_3\tau_3=0,$$

$$2A_1t_1\tau_1+2A_2t_3\tau_3=\overline{M},$$

$$\tau_1s_1+\tau_2s_2=2G\theta A_1,$$

$$\tau_3s_3-\tau_2s_2=2G\theta A_2,$$

式中假定厚度 t_1, t_2, t_3 分别沿 ACB, ADB, AEB 是常数. A_1 和 A_2 分别是封闭曲线 $ACBD$ 和 $ADBE$ 所包围的面积，而 s_1, s_2, s_3 分别是曲线 ACB, ADB, AEB 的长度. 注：见参考文献[6.2]第 301—302 页.

关于第 6.5 节的习题

11. 试证明对于由外边界 C_0 和内边界 C_1, C_2, …, C_n 组成的多连通横截面，扭转刚度的界限公式可用类似于第 6.5 节所叙述的方法推导出来，其中只要分别用

$$\overline{M}=-\iint\left(\frac{\partial\phi^*}{\partial x}x+\frac{\partial\phi^*}{\partial y}y\right)dxdy$$

和

$$\text{在 } C_0 \text{ 上}, \qquad \phi^* = 0,$$

$$\text{在 } C_k \text{ 上}, \qquad \phi^* = c_k,\ k = 1,\ 2,\ \cdots,\ n$$

代替方程(6.72)和(6.73)即可；式中 c_k 是一些常数.

12. 研究如图 H-11 所示的空心正方形截面. 考虑到 ϕ 和 w 的对称性，我们只考虑区域 $ABCD$，并选定

$$\phi^* = a_1\phi_1(x,\ y) + a_2\phi_2(x,\ y),$$

$$\phi_1(x,\ y) = b(x-b),$$

$$\phi_2(x,\ y) = (x-b)^2$$

和

$$w^{**} = b_1 w_1(x,\ y),$$

$$w_1(x,\ y) = x^3 y - x y^3.$$

由此试证明我们有下列扭转刚度的界限*：

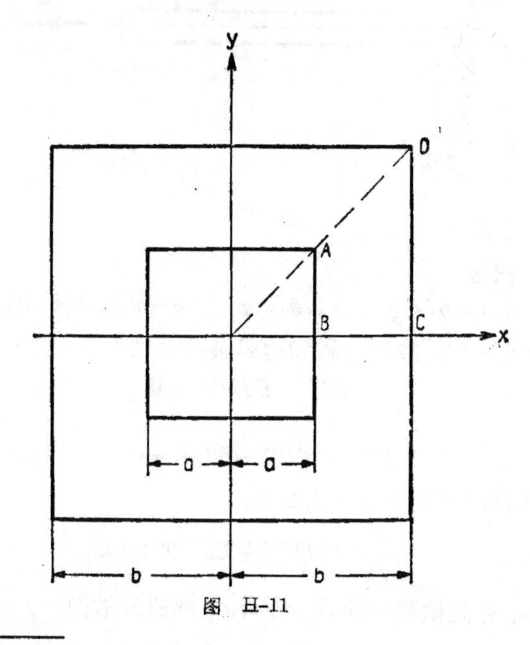

图 H-11

---

* 这里按文献 [6.14] 定义的扭转刚度 $J = \dfrac{M}{\theta G}$，与本书 6.1 节定义的扭转刚度 GJ 略有不同. ——译者注

$$2(b^4-a^4)\leqslant J\leqslant \frac{8}{3}(b^4-a^4)-\frac{56}{135}\frac{(b^6-a^6)^2}{b^8-a^8}.$$

注: 见参考文献[6.14].

关于非均匀扭转的习题

13. 我们考虑一端($z=0$)固定另一端($z=l$)受到扭矩 $\overline{M}$ 作用的杆件扭转问题，如图 H-12 所示. 假定这根杆具有双对称横截面. 按照 Reissner 的论文(参考文献[6.4])，并利用虚功原理或最小势能原理，推导下列关系式:

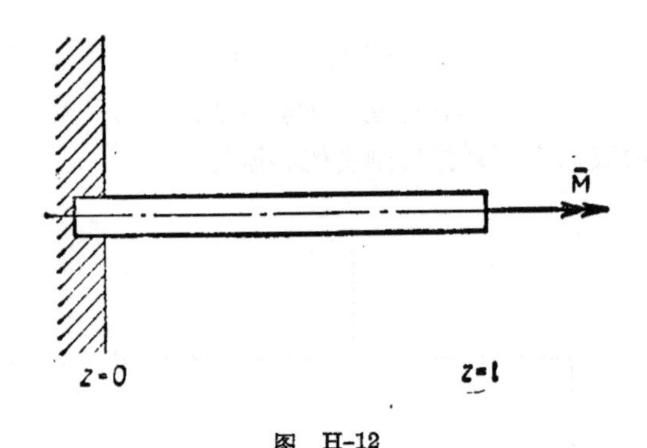

图 H-12

(1) 假定

$$u=-\vartheta(z)y,\quad v=\vartheta(z)x,\quad w=\vartheta'(z)\varphi(x,y),\tag{i}$$

试证明对于 $\vartheta(z)$，控制方程和边界条件分别由下式给出:

$$GJ\vartheta'-E\Gamma\vartheta'''=\overline{M}\tag{ii}$$

和

$$\vartheta(0)=\vartheta'(0)=\vartheta''(l)=0,\tag{iii}$$

而杆中储存的应变能由下式给出:

$$\frac{1}{2}\int_0^l[GJ(\vartheta')^2+E\Gamma(\vartheta'')^2]dz,\tag{iv}$$

式中 $\varphi(x,y)$ 是横截面的 St. Venant 翘曲函数，$(\ \ )'=d(\ \ )/dz$，而

$$\Gamma=\iint\varphi^2dxdy.\tag{v}$$

函数 $\varphi(x, y)$ 及 x 轴和 y 轴如习题 3 那样选定. 并试证明现在的提法在 $z=0$ 附近并不接近于精确解, 因为方程(i)和(iii)连同应力-应变关系式使得在 $z=0$ 处 $\tau_{xz}=\tau_{yz}=0$.

(2) 假定

$$u=-\vartheta(z)y, \quad v=\vartheta(z)x, \quad w=\alpha(z)\varphi(x, y), \tag{vi}$$

试证明对于 ϑ 和 α, 控制方程和边界条件分别由下式给出:

$$GJ\vartheta'-GD(\alpha-\vartheta')=\overline{M}, \tag{vii}$$

$$E\Gamma\alpha''-GD(\alpha-\vartheta')=0$$

和

$$\vartheta(0)=\alpha(0)=\alpha'(l)=0, \tag{viii}$$

而杆中储存的应变能由下式给出:

$$\frac{1}{2}\int_0^l [GJ(\vartheta')^2+GD(\alpha-\vartheta')^2+E\Gamma(\alpha')^2]dz, \tag{ix}$$

式中

$$D=\iint[(\varphi_{,x})^2+(\varphi_{,y})^2]dxdy.$$

并试证明现在的提法仅提供一个近似解.

14. 我们考虑一端($z=0$)固定另一端($z=l$)受到临界轴向载荷 P_{cr} 作用的杆件扭转屈曲问题, 如图 H-13 所示. 假定这根杆具有双对称横截面, 且当屈曲发生时力 P_{cr} 不改变它的大小和方向.

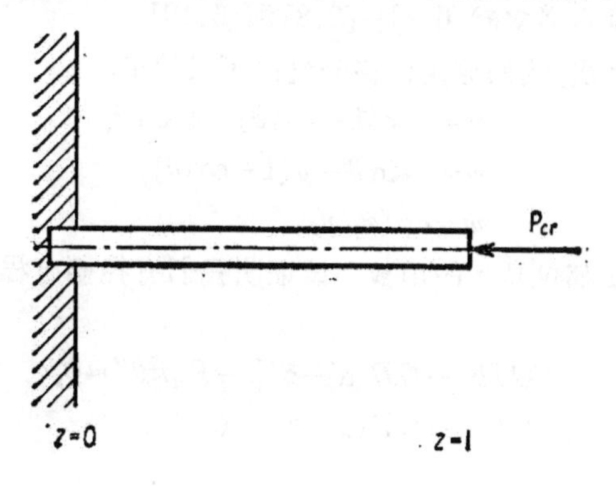

图 H-13

(1) 我们假定位移分量由下式给出:

$$u=-x(1-\cos\vartheta)-y\sin\vartheta,$$
$$v=x\sin\vartheta-y(1-\cos\vartheta), \tag{i}$$
$$w=\vartheta'\varphi(x, y),$$

式中 u, v, w 是从屈曲刚发生前量起的，$\varphi(x, y)$ 是横截面的 St. Venant 翘曲函数，ϑ 仅是 z 的函数，而 $(\ )'=d(\ )/dz$. 函数 $\varphi(x, y)$ 及 x 轴和 y 轴如习题 3 那样选定. 利用方程(5.5)并略去各高阶项，试证明控制方程最后简化为

$$GJ\vartheta''-E\Gamma\vartheta''''-P_{cr}i_p^2\vartheta''=0, \tag{ii}$$

而边界条件为

在 $z=0$ 处，$\qquad \vartheta=\vartheta'=0$

和

在 $z=l$ 处，$\qquad E\Gamma\vartheta''=0,\ GJ\vartheta'-E\Gamma\vartheta'''-P_{cr}i_p^2\vartheta'=0, \qquad$ (iii)

式中 $\Gamma=\iint\varphi^2dxdy$, $I_p=\iint(x^2+y^2)dxdy$, $A_0=\iint dxdy$, $i_p^2=I_p/A_0$.

注：在上述公式推导中使用的应变–位移关系式是

$$e_{zz}=\vartheta''\varphi+\frac{1}{2}(x^2+y^2)(\vartheta')^2, \qquad \varepsilon_z=\vartheta''\varphi,$$
$$\gamma_{xz}=\vartheta'(\varphi_{,x}-y), \qquad \gamma_{yz}=\vartheta'(\varphi_{,y}+x),$$

在 e_{zz} 的表达式中 $\frac{1}{2}(\vartheta''\varphi)^2$ 项由于它对最终结果的影响很小而被略去. 见参考文献[6.7], [6.8]和[6.19].

(2) 其次，我们假定位移分量由下式给出:

$$u=-x(1-\cos\vartheta)-y\sin\vartheta,$$
$$v=x\sin\vartheta-y(1-\cos\vartheta), \tag{iv}$$
$$w=\alpha\varphi(x, y),$$

式中 ϑ 和 α 都仅是 z 的函数. 试证明我们有控制方程和边界条件如下:

$$GJ\vartheta''-GD(\alpha'-\vartheta'')-P_{cr}i_p^2\vartheta''=0,$$
$$E\Gamma\alpha''-GD(\alpha-\vartheta')=0 \tag{v}$$

和

在 $z=0$ 处，$\qquad \alpha=\vartheta=0,$

在 $z=l$ 处, $\alpha'=0$, $GJ\vartheta'-GD(\alpha-\vartheta')-P_{cr}i_p^2\vartheta'=0$. (vi)

第 七 章

关于第 7.4 节的习题

1. 我们考虑一端($x=0$)固定另一端($x=l$)支承在刚度为 k 的弹簧上的梁的自由横向振动. 试证明这个问题的驻值势能原理的泛函由下式给出:

$$\Pi=\frac{1}{2}\int_0^l EI(w'')^2dx+\frac{1}{2}k[w(l)]^2-\frac{1}{2}\omega^2\int_0^l mw^2dx,$$

而且带有约束条件 $w(0)=w'(0)=0$, 同时试推导控制方程和边界条件. 并试证明这个问题的 Rayleigh 商由下式给出:

$$\omega^2=\frac{\frac{1}{2}\int_0^l EI(w'')^2dx+\frac{1}{2}k[w(l)]^2}{\frac{1}{2}\int_0^l mw^2dx}.$$

2. 我们考虑具有 n 个约束条件的梁的横向振动:

$$\int_0^l mw\phi_i dx=0 \qquad (i=1, 2, 3, \cdots, n), \tag{i}$$

式中 $\phi_i(x)$, $(i=1, 2, \cdots, n)$ 是给定的函数. 试证明这个问题驻值势能原理的泛函由下式给出:

$$\Pi=\frac{1}{2}\int_0^l EI(w'')^2dx-\frac{1}{2}\omega^2\int_0^l mw^2dx +\sum_{i=1}^n\mu_i\int_0^l mw\phi_i dx, \tag{ii}$$

式中 $\mu_i(i=1, 2, \cdots, n)$ 是 Lagrange 乘子, 同时试推导泛函 (ii) 的驻值条件. 并试证明如果约束由下式给出:

$$w(a)=0, \qquad 0<a<l, \tag{iii}$$

则我们有

$$\Pi=\frac{1}{2}\int_0^l EI(w'')^2dx-\frac{1}{2}\omega^2\int_0^l mw^2dx+\mu w(a), \tag{iv}$$

式中 μ 是 Lagrange 乘子, 同时试推导泛函(iv)的驻值条件.

3. 我们考虑如图 H–14 所示以等角速度 Ω 转动的悬臂梁的自由横向振动. 试证明这个问题驻值势能原理的泛函由下式给出:

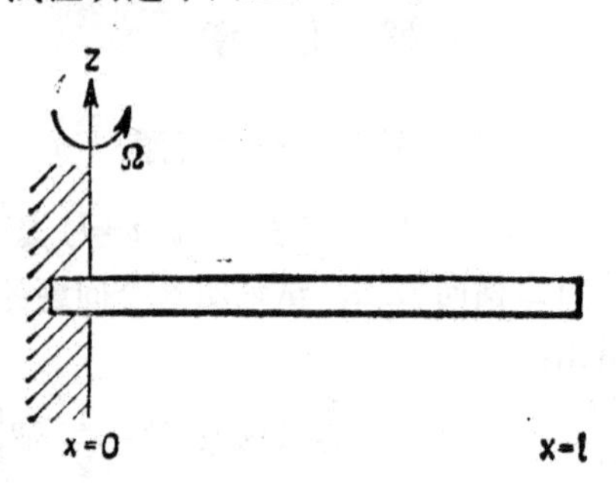

图 H–14

$$\Pi=\frac{1}{2}\int_0^l EI(w'')^2dx+\frac{1}{2}\int_0^l \sigma_x^{(0)}A_0(w')^2dx-\frac{1}{2}\omega^2\int_0^l mw^2dx,$$

而且带有约束条件 $w(0)=w'(0)=0$, 式中 $\sigma_x^{(0)}$ 是由于离心力引起的梁中初应力

$$\sigma_x^{(0)}A_0=\int_x^l m\Omega^2xdx,$$

A_0 是横截面的面积. 并试证明由这个原理可以得出控制方程和边界条件如下:

$$(EIw'')''-(\sigma_x^{(0)}A_0w')'-m\omega^2w=0,$$

和

$$\text{在 } x=0 \text{ 处,}\qquad w=w'=0,$$
$$\text{在 } x=l \text{ 处,}\qquad EIw''=(EIw'')'=0.$$

关于第 7.5 节的习题

4. 利用方程(3.19),(7.11)和(7.12), 试证明基于 Bernoulli–Euler 假说的有限位移理论中, 梁的应变 e_{xx} 由下式给出:

$$e_{xx}=u'+\frac{1}{2}[(u')^2+(w')^2]-z(1+\varepsilon_0)\theta'+\frac{1}{2}z^2(\theta')^2, \tag{i}$$

式中 $1+\varepsilon_0=\sqrt{(1+u')^2+(w')^2}$, $\mathbf{n}=-\sin\theta\mathbf{i}_1+\cos\theta\mathbf{i}_3$.

5. 利用虚功原理和习题 4 的方程(i), 试证明有限位移理论中梁的平衡方程由下式给出：

$$\left\{N_x(1+u')-M_x\theta'\cos\theta-\frac{\sin\theta}{1+\varepsilon_0}[M_x(1+\varepsilon_0)-M_{xx}\theta']'\right\}'$$
$$+\bar{X}=0,$$
$$\left\{N_xw'-M_x\theta'\sin\theta+\frac{\cos\theta}{1+\varepsilon_0}[M_x(1+\varepsilon_0)-M_{xx}\theta']'\right\}'+\bar{Z}=0,$$

式中 $N_x=\iint\sigma_x dydz$, $M_x=\iint\sigma_x zdydz$, $M_{xx}=\iint\sigma_x z^2 dydz$, $\bar{X}$ 和 $\bar{Z}$ 分别是未变形的形心轨迹每单位长度上沿 x 轴和 z 轴方向的外载荷．其次，试证明从梁元素的平衡条件来考虑也可以得到同样的方程．注：每单位未变形的面积上，垂直于梁横截面的内力是 $\sigma_x(\partial\mathbf{r}/\partial x)$．

6．试证明如果假定形心轨迹是没有伸长的，即 $\varepsilon_0=0$，并略去包括 z^2 的项，则习题 4 的方程(i)简化为

$$e_{xx}=-\frac{w''}{\sqrt{1-(w')^2}}z.$$

并试证明利用上述方程和虚功原理，我们可以推出称为 Euler 弹性线的梁方程．注：见参考文献[3.1]第 347—351 页和参考文献[3.21]第 183—186 页．

关于第 7.6 节的习题

7．我们考虑如图 7.6 所示的梁，并求出对于屈曲后的位形，这个系统的总势能由下式给出：

$$\Pi=\frac{1}{2}\int_0^l\left\{EA_0\left[u'+\frac{1}{2}(w')^2\right]^2+EI(w'')^2\right\}dx+P_{cr}u(l),$$

式中 u 和 w 都是从未变形的状态量起的．将第 3.10 节的结果特别是方程(3.85)应用到这个问题，试推导屈曲的控制方程和边界条件，并与第 7.6 节所得的结果作一比较．注：见参考文献[3.1]第 358—360 页．

8．悬臂梁在随动力 $\bar{P}$ 作用下正在进行小干扰运动，如图 H-15 所示，图中 $\theta=w'(l)$，α 是给定的常数．利用虚功原理，试证

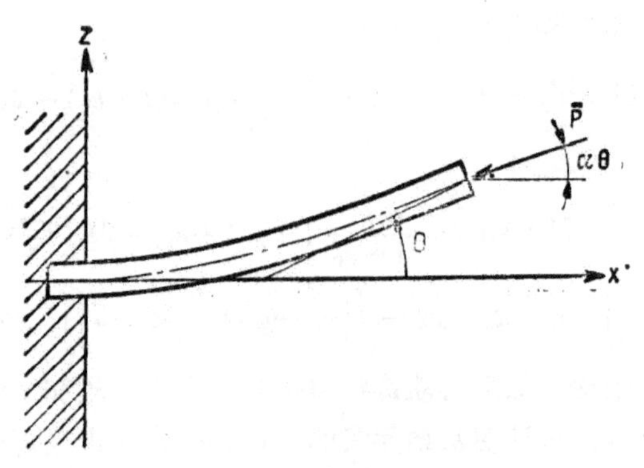

图 H-15

明运动方程和边界条件分别是

$$(EIw'')''+\bar{P}w''+m\ddot{w}=0,$$

和

$$\text{在 } x=0 \text{ 处}, \quad w=0, \quad w'=0,$$
$$\text{在 } x=l \text{ 处}, \ EIw''=0, \ (EIw'')'+\bar{P}(1-\alpha)w'=0,$$

式中的点表示对时间的微分．并试讨论对这个问题是否可以推导出变分原理的公式．注：见参考文献[3.23]．

9．试证明如果把横向剪变形的影响考虑进去，则泛函(7.87)由下式代替：

$$\Pi=\frac{1}{2}\int_0^l[EI(u_1')^2+GkA_0(w'+u_1)^2]dx$$
$$-\frac{1}{2}P_{cr}\int_0^l(w')^2dx, \tag{i}$$

式中 u_1 和 w 按第 7.7 节来定义．并试证明利用泛函 (i)，我们得到第 7.6 节所讨论问题的控制方程和边界条件如下：

$$\left.\begin{aligned}&[EIu_1']'-GkA_0(w'+u_1)=0,\\&[GkA_0(w'+u_1)]'-P_{cr}w''=0\end{aligned}\right\} \tag{ii}$$

和

$$\left.\begin{aligned}&\text{在 } x=0 \text{ 处}, \ u_1=0, \ w=0,\\&\text{在 } x=l \text{ 处}, \ EIu_1'=0, \ w=0.\end{aligned}\right\} \tag{iii}$$

关于弯曲和扭转耦合的习题[1]

10. 仿照 Trefftz (参考文献[7.3]和[7.4]), 试证明由

$$y_s=-\frac{1}{I_y}\iint z\varphi\,dy\,dz,\qquad z_s=\frac{1}{I_z}\iint y\varphi\,dy\,dz \tag{i}$$

定义的点(y_s, z_s)与等截面杆的横截面剪心和扭心相重合, 式中取 y 轴和 z 轴与形心主轴相重合, 而

$$I_y=\iint z^2\,dy\,dz,\quad I_z=\iint y^2\,dy\,dz.$$

函数$\varphi(y, z)$是以 x 轴作为旋转轴的横截面St. Venant翘曲函数, 并使$\iint\varphi\,dy\,dz=0$来选择这个函数. 并试证明如$\varphi_s(y, z)$是以点(y_s, z_s)的轨迹作为旋转轴的St. Venant翘曲函数, 并使$\iint\varphi_s(y, z)\,dy\,dz=0$来选择它, 则我们有

$$\varphi_s(y, z)=\varphi(y, z)-z_s y+y_s z,$$

$$\Gamma_s=\Gamma-y_s^2 I_y-z_s^2 I_z,$$

式中 $\Gamma_s=\iint\varphi_s^2(y, z)\,dy\,dz,\qquad \Gamma=\iint\varphi^2(y, z)\,dy\,dz.$

11. 兼用第六章习题 4 的方程(vii)和第七章习题 10 的方程(i), 我们可以算出薄壁开口截面的点(y_s, z_s)如下:

$$y_s=\frac{1}{I_y}\int_0^l\left(\int_0^s r_s\,ds\right)zt\,ds,$$

$$z_s=-\frac{1}{I_z}\int_0^l\left(\int_0^s r_s\,ds\right)yt\,ds,$$

其中 $-\int_0^\zeta r_n\,d\zeta$ 项由于它的影响微小已被略去. 试证明这样得到的点(y_s, z_s), 和由无扭转的弯曲所引起的剪应力分布而推导出来的剪心相重合. 注: 关于无扭转的弯曲所引起的剪应力分布和薄壁开口截面的剪心, 见参考文献[7.32]第 210 页.

12. 兼用第六章习题 8 的方程(i)和第七章习题 10 的方程

---

1) 在习题 10 到 15 中, 假定梁沿 x 轴具有等截面.

(i)，我们可以算出图 H8 所示薄壁封闭截面的点(y_s, z_s)如下，

$$y_s=-\frac{2A_0}{I_y}\frac{\oint_C\left(\int_0^s\frac{ds}{t}\right)zt\,ds}{\oint_C\frac{ds}{t}}+\frac{1}{I_y}\oint_C\left(\int_0^s r_s\,ds\right)zt\,ds,$$

$$z_s=\frac{2A_0}{I_z}\frac{\oint_C\left(\int_0^s\frac{ds}{t}\right)yt\,ds}{\oint_C\frac{ds}{t}}-\frac{1}{I_z}\oint_C\left(\int_0^s r_s\,ds\right)yt\,ds,$$

其中 $-\int_0^\zeta r_n d\zeta$ 项由于它的影响微小已被略去．试证明这样得到的点(y_s, z_s)，和由无扭转的弯曲所引起的剪应力分布而推导出来的剪心相重合．注：关于无扭转的弯曲所引起薄壁封闭截面的剪应力分布，见参考文献[7.7]第 474 页．

13．我们考虑一端$(x=0)$固定另一端$(x=l)$受有端点载荷

$$X_\nu=0,\quad Y_\nu=\overline{Y}_x,\quad Z_\nu=\overline{Z}_x \tag{i}$$

的悬臂梁弯曲-扭转问题的近似公式推导．

我们假定位移分量由下式给出：

$$\begin{aligned}U&=u-yv'-zw'+\vartheta'\varphi,\\V&=v-z\vartheta,\\W&=w+y\vartheta,\end{aligned} \tag{ii}$$

式中 u, v, w 和 ϑ 都仅是 x 的函数．取 y 轴和 z 轴与横截面的形心主轴相重合．函数 $\varphi(y, z)$是横截面的 St. Venant 翘曲函数，并象习题 10 所讲的那样来选择．试证明下列关系式：

(1) 利用方程(1.32)和方程(ii)，虚功原理可以写成

$$\int_0^l[N\,\delta u'+M_z\,\delta v''-M_y\,\delta w''+H\delta\vartheta''+M_T\delta\vartheta']dx$$
$$-\overline{P}_y\delta v(l)-\overline{P}_z\delta w(l)-\overline{M}\delta\vartheta(l)=0, \tag{iii}$$

式中

$$N=\iint\sigma_x\,dy\,dz,\qquad M_z=-\iint\sigma_x y\,dy\,dz, \tag{iv}$$

$$M_y=\iint\sigma_x z\,dy\,dz,\qquad H=\iint\sigma_x\varphi\,dy\,dz,$$

$$M_T=\iint[\tau_{xy}(\varphi_{,y}-z)+\tau_{xz}(\varphi_{,z}+y)]\,dy\,dz, \tag{iv}$$

和

$$\overline{P}_y=\iint\overline{Y}_x\,dy\,dz, \quad \overline{P}_z=\iint\overline{Z}_x\,dy\,dz,$$

$$\overline{M}=\iint(\overline{Z}_x y-\overline{Y}_x z)\,dy\,dz. \tag{v}$$

注：由于上述方程(iv)中

$$\iint[\tau_{xy}\varphi_{,y}+\tau_{xz}\varphi_{,z}]\,dy\,dz$$

项最后得出为零，所以我们有

$$M_T=\iint[\tau_{xz}y-\tau_{xy}z]\,dy\,dz.$$

(2) 由方程(iii)得出控制方程为

$$N'=0, \quad M_z''=0, \quad M_y''=0, \quad M_T'-H''=0, \tag{vi}$$

以及

$$\begin{aligned}
&\text{在 } x=0 \text{ 处，} \quad u=v=v'=w=w'=\vartheta=\vartheta'=0;\\
&\text{在 } x=l \text{ 处，} \quad N=0,\ M_z=0,\ M_z'=-\overline{P}_y,\ M_y=0,\\
&\qquad M_y'=\overline{P}_z,\ H=0,\ M_T-H'=\overline{M}.
\end{aligned} \tag{vii}$$

(3) 利用方程(7.2)以及方程(ii)和(iv)，应力合力-位移关系式给出如下：

$$\begin{aligned}
N&=EA_0u',\\
M_z&=EI_z(v''-z_s\vartheta''),\\
M_y&=-EI_y(w''+y_s\vartheta''),\\
H&=E(\Gamma\vartheta''-z_sI_zv''+y_sI_yw''),\\
M_T&=GJ\vartheta',
\end{aligned} \tag{viii}$$

式中 I_y, I_z, y_s, z_s 和 Γ 象习题10一样来定义.

(4) 因此，这个问题简化为在下列边界条件下：

$$\begin{aligned}
&\text{在 } x=0 \text{ 处，} \quad v=v'=w=w'=\vartheta=\vartheta'=0,\\
&\text{在 } x=l \text{ 处，} \quad EI_z(v-z_s\vartheta)''=0,\\
&\qquad EI_y(w+y_s\vartheta)''=0,\\
&\qquad E(\Gamma\vartheta-z_sI_zv+y_sI_yw)''=0,
\end{aligned} \tag{ix}$$

求解微分方程:

$$
\begin{aligned}
&EI_z(v-z_s\vartheta)'''+\overline{P}_y=0,\\
&EI_y(w+y_s\vartheta)'''+\overline{P}_z=0,\\
&E(\Gamma\vartheta-z_sI_zv+y_sI_yw)'''-GJ\vartheta'+\overline{M}=0.
\end{aligned}
\tag{x}
$$

(5) 方程(x)可以变换成

$$
\begin{aligned}
&-EI_zv_s'''=\overline{P}_y,\\
&-EI_yw_s'''=\overline{P}_z,\\
&-E\Gamma_s\vartheta'''+GJ\vartheta'=\overline{M}+z_s\overline{P}_y-y_s\overline{P}_z,
\end{aligned}
\tag{xi}
$$

式中

$$
v_s=v-z_s\vartheta,\quad w_s=w+y_s\vartheta,
\tag{xii}
$$

而 Γ_s 按习题 10 来定义. 方程(xi)表示出点 (y_s, z_s) 的物理意义: 选择点(y_s, z_s)的轨迹作为参考轴, 就把控制方程分离为两组, 使我们可以分开处理梁的弯曲和扭转. 注: 见参考文献[7.33] 第 35 到 38 节. 也可见参考文献[7.28].

其次, 假定

$$
\begin{aligned}
&U=u-yv'-zw'+\alpha\varphi,\\
&V=v-z\vartheta,\\
&W=w+y\vartheta,
\end{aligned}
\tag{xiii}
$$

式中 u, v, w, α 和 ϑ 都仅是 x 的函数, 试推导这个问题的另一近似公式.

14. 我们考虑梁的扭转–弯曲屈曲问题的近似公式推导, 这根梁一端($x=0$)固定另一端($x=l$) 受有轴力 P_{cr}, 如图 H–13 所示. 不再假定横截面的对称性. 位移分量从屈曲刚发生前的状态量起, 并假定是

$$
\begin{aligned}
&U=u-yv'-zw'+\vartheta'\varphi,\\
&V=v-y(1-\cos\vartheta)-z\sin\vartheta,\\
&W=w+y\sin\vartheta-z(1-\cos\vartheta),
\end{aligned}
\tag{i}
$$

式中 u, v, w 和 ϑ 都仅是 x 的函数. 取 y 轴和 z 轴与横截面的形心主轴相重合. 函数$\varphi(y, z)$是横截面的 St. Venant 翘曲函数, 并象习题 10 那样来选择. 利用方程 (5.5) 并略去各高阶项, 试

证明屈曲问题的控制方程由下式给出：

$$
\begin{aligned}
&[EI_z(v''-z_s\vartheta'')+P_{cr}v]''=0,\\
&[EI_y(w''+y_s\vartheta'')+P_{cr}w]''=0,\\
&E(\Gamma\vartheta-z_sI_zv+y_sI_yw)''''-GJ\vartheta''+P_{cr}i_p^2\vartheta''=0,
\end{aligned}
\tag{ii}
$$

而边界条件是

在 $x=0$ 处，

$$v=v'=w=w'=\vartheta=\vartheta'=0,$$

在 $x=l$ 处，

$$
\begin{aligned}
&EI_z(v'''-z_s\vartheta''')+P_{cr}v'=0,\ EI_z(v''-z_s\vartheta'')=0,\\
&EI_y(w'''+y_s\vartheta''')+P_{cr}w'=0,\ EI_y(w''+y_s\vartheta'')=0,\\
&E(\Gamma\vartheta-z_sI_zv+y_sI_yw)'''-GJ\vartheta'+P_{cr}i_p^2\vartheta'=0,\\
&E(\Gamma\vartheta-z_sI_zv+y_sI_yw)''=0,
\end{aligned}
\tag{iii}
$$

式中 $\Gamma=\iint\varphi^2\,dy\,dz,\qquad A_0=\iint dydz,$

$$I_p=\iint(y^2+z^2)\,dy\,dz,\qquad i_p^2=I_p/A_0,$$

而 y_s, z_s, I_y, I_z 按习题 10 来定义. 注：见参考文献 [7.30] 到 [7.33].

其次，假定

$$
\begin{aligned}
&U=u-yv'-zw'+\alpha\varphi,\\
&V=v-y(1-\cos\vartheta)-z\sin\vartheta,\\
&W=w+y\sin\vartheta-z(1-\cos\vartheta),
\end{aligned}
\tag{iv}
$$

式中 u, v, w, α 和 ϑ 都仅是 x 的函数，试推导这个问题的另一近似公式.

15. 我们考虑一端($x=0$)固定另一端 ($x=l$) 在集中载荷 P_{cr} 作用下矩形横截面悬臂梁的横向屈曲，如图 H-16 所示. 取 y 轴和 z 轴与横截面的形心主轴相重合. 由 P_{cr} 在梁中引起的应力由下式给出：

$$
\begin{aligned}
&\sigma_x^{(0)}=(P_{cr}/I_y)(l-x)z,\\
&\tau_{xz}^{(0)}=(P_{cr}/\,2I_y)[z^2-(h/2)^2],
\end{aligned}
\tag{i}
$$

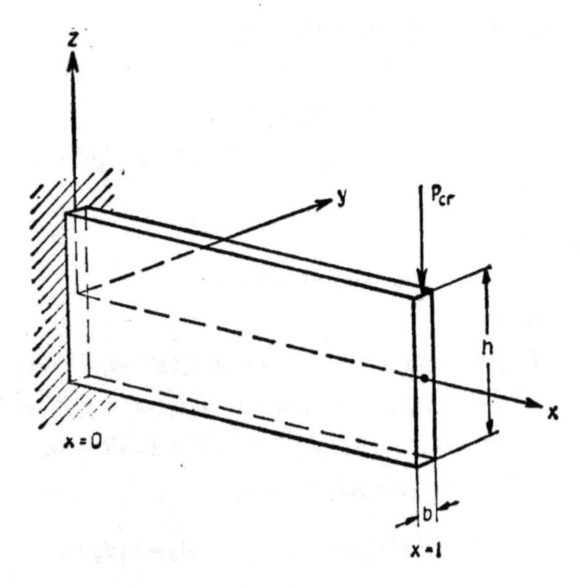

图　H-16

式中
$$I_y=\iint z^2\,dy\,dz=\frac{1}{12}bh^3.$$

假定当屈曲发生时，作用在端面上边中点处的力 P_{cr} 的大小和方向都不变．我们假定

$$\begin{aligned}&U=u-yv'-zw'+\vartheta'\varphi,\\&V=v-y(1-\cos\vartheta)-z\sin\vartheta,\\&W=w+y\sin\vartheta-z(1-\cos\vartheta),\end{aligned}\tag{ii}$$

式中 u, v, w, ϑ 都仅是 x 的函数．函数 $\varphi(y, z)$ 是 St. Venant 翘曲函数，并象习题 10 那样来选择．利用方程 (i)，(ii)和方程 (5.5)，试证明 v 和 ϑ 的控制方程由下式给出：

$$\begin{aligned}&[EI_zv''+P_{cr}(l-x)\vartheta]''=0,\\&E\Gamma\vartheta''''-GJ\vartheta''+P_{cr}(l-x)v''=0,\end{aligned}\tag{iii}$$

而边界条件是

在 $x=0$ 处，

$$v=v'=\vartheta=\vartheta'=0,$$

在 $x=l$ 处,

$$EI_z v''' - P_{cr}\vartheta = 0, \quad EI_z v'' = 0,$$

$$EI\vartheta''' - GJ\vartheta' + \frac{1}{2}hP_{cr}\vartheta = 0, \tag{iv}$$

$$EI\vartheta'' = 0.$$

注：见参考文献[7.16]. 其次，假定

$$U = u - yv' - zw' + \alpha\varphi,$$

$$V = v - y(1-\cos\vartheta) - z\sin\vartheta, \tag{v}$$

$$W = w + y\sin\vartheta - z(1-\cos\vartheta),$$

式中 u, v, w, α 和 ϑ 都仅是 x 的函数，试推导这个问题的另一近似公式.

关于带有微小初挠度的梁的习题

16. 将问题限于在 (x, z) 平面内无扭转的弯曲，我们考虑一梁，其形心轨迹具有微小的初挠度

$$z = z(x), \tag{i}$$

如图 H-17 所示. 我们用下式表示未变形的轨迹上任一点的位置向量：

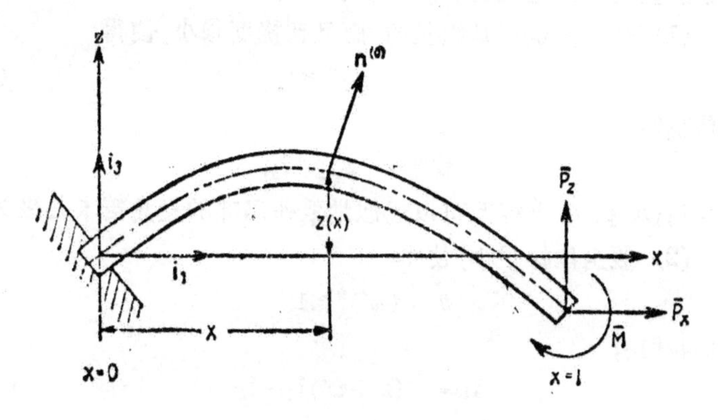

图 H-17

$$\mathbf{r}_0^{(0)}=x\mathbf{i}_1+z(x)\mathbf{i}_3, \tag{ii}$$

而用下式表示未变形的梁上任一点的位置向量:

$$\mathbf{r}^{(0)}=\mathbf{r}_0^{(0)}+y\mathbf{i}_2+\zeta\mathbf{n}^{(0)}, \tag{iii}$$

式中 $\mathbf{i}_1$, $\mathbf{i}_2$ 和 $\mathbf{i}_3$ 分别是沿 x, y 和 z 轴方向的单位向量. 在方程(iii)中, $\mathbf{n}^{(0)}$ 是垂直于未变形轨迹的单位法线向量, 并由下式计算:

$$\mathbf{n}^{(0)}=\mathbf{r}_0^{(0)\prime}\times\mathbf{i}_2/|\mathbf{r}_0^{(0)\prime}|, \tag{iv}$$

式中$(\quad)'=d(\quad)/dx$. 方程(iii)提示, 梁是由形成正交曲线坐标系的坐标(x, y, ζ)来规定的. 因此, 取$\alpha^1=x$, $\alpha^2=y$ 和 $\alpha^3=\zeta$, 我们可以采用第四章推导的公式. 其次, 我们用下式来定义形心的位移向量:

$$\mathbf{u}_0=u\mathbf{i}_1+w\mathbf{i}_3, \tag{v}$$

并采用 Bernoulli-Euler 假说, 就得到

$$\mathbf{r}=\mathbf{r}_0+y\mathbf{i}_2+\zeta\mathbf{n}, \tag{vi}$$

式中

$$\mathbf{r}_0=\mathbf{r}_0^{(0)}+\mathbf{u}_0, \tag{vii}$$

而

$$\mathbf{n}=\mathbf{r}_0'\times\mathbf{i}_2/|\mathbf{r}_0'|. \tag{viii}$$

根据这些初步讨论, 试推导下列关系式:

(1) 今后假定梁是细长的, 而且初挠度很小, 使得

$$(z')^2\ll 1. \tag{ix}$$

于是我们有

$$\mathbf{n}^{(0)}=-z'\mathbf{i}_1+\mathbf{i}_3, \tag{x}$$

并看到(x, y, ζ)坐标系可以近似地取作局部的直角笛卡儿坐标.

(2) 假定位移很小, 使得

$$u'\sim(w')^2\ll 1. \tag{xi}$$

于是我们有

$$\mathbf{n}=-(z'+w')\mathbf{i}_1+\mathbf{i}_3 \tag{xii}$$

和

$$f_{11}=\frac{1}{2}(\mathbf{r}'\cdot\mathbf{r}'-\mathbf{r}^{(0)\prime}\cdot\mathbf{r}^{(0)\prime})=u'+z'w'+\frac{1}{2}(w')^2-\zeta w''. \quad \text{(xiii)}$$

在推导方程 (xii) 和 (xiii) 以及方程 (x) 中，各高阶项已被略去.

(3) 利用方程(4.80)和方程(xiii)，就得到平衡方程如下：

$$N'+\bar{p}_x=0, \qquad M''+[(z'+w')N]'+\bar{p}_z=0, \qquad \text{(xiv)}$$

式中定义

$$N=\iint \tau^{11}dyd\zeta, \qquad M=\iint \tau^{11}\zeta\, dy\, d\zeta, \qquad \text{(xv)}$$

而 $\bar{p}_x$ 和 $\bar{p}_z$ 分别是 x 轴每单位长度上沿 x 和 z 轴方向的分布外载荷.

(4) 如果给定在 $x=l$ 处的力学边界条件，则我们有

在 $x=l$ 处，

$$\left.\begin{aligned} N=\bar{P}_x, \quad (z'+w')N+M'=\bar{P}_z,\\ M=\bar{M}, \end{aligned}\right\} \qquad \text{(xvi)}$$

式中 $\bar{P}_x$ 和 $\bar{P}_z$ 分别是沿 x 和 z 轴方向的集中外力.

(5) 由于 (x, y, ζ) 系统近似地取作局部的直角笛卡儿系统，所以我们可以取

$$\tau^{11}=Ef_{11}, \qquad \text{(xvii)}$$

并得到应力合力-位移关系式如下：

$$\left.\begin{aligned} N=EA_0\left[u'+z'w'+\frac{1}{2}(w')^2\right],\\ M=-EIw''. \end{aligned}\right\} \qquad \text{(xviii)}$$

注：应用于扁薄壳的类似推导，见第 8.9 节.

17. 我们将习题 16 的结果应用于图 H-18 所示的突越问题.这个系统的总势能由下式给出：

$$\Pi=\frac{EA_0}{2}\int_0^l\left\{\left[u'+z'w'+\frac{1}{2}(w')^2\right]^2 + i^2(w'')^2\right\}dx+\bar{P}w(l/2),$$

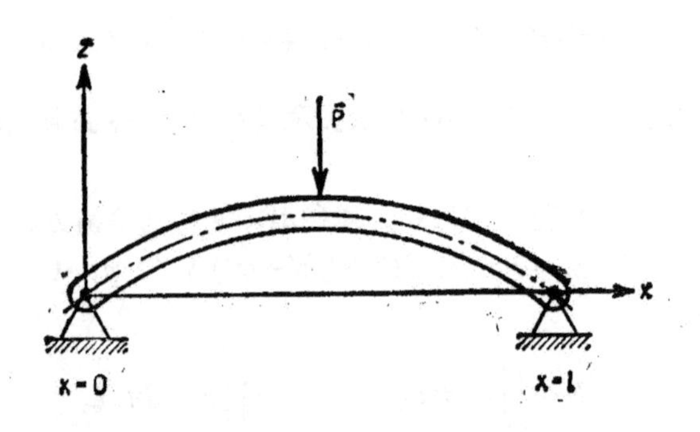

图 H-18

式中 $z=z(x)$ 是梁的微小初挠度，l 是梁的跨度，$i^2=I/A_0$，而 $\overline{P}$ 是在 $x=l/2$ 处沿 z 轴负方向作用的外力.

(1) 试推导泛函 Π 的驻值条件，其中经受变分的独立函数是 u 和 w，附加上边界条件：

在 $x=0$ 和 $x=l$ 处，

$$u=w=0.$$

(2) 假定

$$z=f_0\sin\frac{\pi x}{l},\quad w=-f_1\sin\frac{\pi x}{l}-f_2\sin\frac{2\pi x}{l},$$

并注意到

$$\Pi=\frac{\pi^4 i^4 EA_0}{4l^3}\left[\lambda_1^2+16\lambda_2^2+\frac{1}{2}\left(\lambda_1\lambda_0-\frac{1}{2}\lambda_1^2-2\lambda_2^2\right)^2-\overline{p}\lambda_0\lambda_1\right],$$

式中 $\lambda_0=f_0/i,\quad \lambda_1=f_1/i,\quad \lambda_2=f_2/i,\quad \overline{p}=(4l/\pi^2 f_0)(\overline{P}/P_e)$，$P_e=\pi^2EI/l^2$，试推导一近似解．并试证明对于突越问题我们有下列的临界载荷：

$$\overline{P}_{cr}=P_e\frac{\pi^2 f_0}{4l}\left[2+\frac{1}{\lambda_0}\left(\sqrt{\frac{\lambda_0^2-4}{3}}\right)^3\right];\quad \lambda_0\leqslant\sqrt{22},$$

$$\overline{P}_{cr}=P_e\frac{\pi^2 f_0}{4l}\left[2+\frac{6}{\lambda_0}\sqrt{\lambda_0^2-16}\right];\quad \lambda_0\geqslant\sqrt{22}.$$

注：见参考文献[7.34]．也可见参考文献[3.19]和[3.20].

第八章[1]

关于第8.2和8.4节的习题

1. 我们考虑受有均匀压力 $\bar{p}$ 的四边固定正方形板的弯曲. 为寻找一个近似解, 我们假定

$$w=c(1-\xi^2)^2(1-\eta^2)^2,$$

式中 c 是一个任意常数, $\xi=x/(a/2)$, $\eta=y/(a/2)$, 而 a 是正方形的边长. 利用最小势能原理并应用 Rayleigh-Ritz 法, 试证明我们可得到

$$c=0.001329\,\bar{p}a^4/D$$

和

	精确解
$(w)_{x=0,\,y=0}=0.00133\bar{p}a^4/D$	$0.00126\,\bar{p}a^4/D$
$(M_x)_{x=a/2,\,y=0}=-0.0425\,\bar{p}a^2$	$-0.0513\,\bar{p}a^2$
$(M_x)_{x=0,\,y=0}=0.0276\,\bar{p}a^2$	$0.0231\,\bar{p}a^2$

其中取 $\nu=0.3$. 近似解的精确度示于图 H-19 以供参考, 图中引进如下式定义的量:

$$\Delta=\frac{D}{\bar{p}}\left(\frac{\partial^4 w}{\partial x^4}+2\frac{\partial^4 w}{\partial x^2\partial y^2}+\frac{\partial^4 w}{\partial y^4}\right)-1.$$

注: 关于精确解的详细叙述, 见参考文献 [8.2] 第 197—202 页. 也可见参考文献[8.45]第 413—419页.

2. 我们考虑在分布压力 $\bar{p}(x, y)$ 作用下变厚度的悬臂实心机翼(见图 H-20)的弯曲. 假定

$$w(x, y)=w(y)-\theta(y)x,$$

利用泛函(8.51), 试推导关于 $w(y)$ 和 $\theta(y)$ 的控制微分方程和边界条件, 并解释这些方程的物理意义. 注: 见参考文献[8.10]第 60—66 页.

---

1) 除非另有说明, 在习题 1 到 11 中假定板具有不变的厚度和密度.

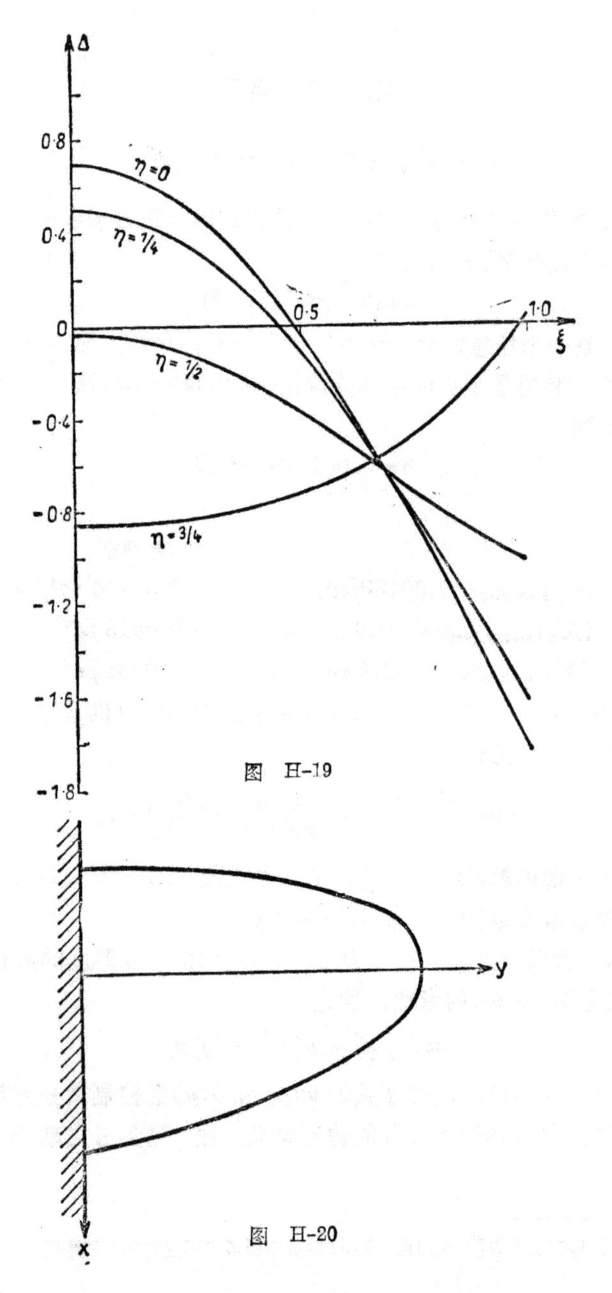

图 H-19

图 H-20

关于第 8.5 和 8.6 节的习题

3. 试证明通过利用恒等式

$$\frac{\partial^2}{\partial y^2}\left(\frac{\partial u}{\partial x}\right)+\frac{\partial^2}{\partial x^2}\left(\frac{\partial v}{\partial y}\right)=\frac{\partial^2}{\partial x\partial y}\left(\frac{\partial u}{\partial y}+\frac{\partial v}{\partial x}\right)$$

以消去 u 和 v, 并利用方程(8.46)和(8.66) 以 F 表示 e_{xx0}, e_{yy0} 和 e_{xy0}, 就可由方程(8.67)直接得到方程(8.71).

4. 我们考虑图 H-21 所示均匀受压圆板的屈曲问题. 这块板在 $r=a$ 处是简支的. 将问题限于旋转对称屈曲模态, 试证明虚功原理最后简化为

$$\int_0^a [rM_r\,\delta w''+M_\theta\,\delta w'+rN_{cr}w'\,\delta w']\,dr=0,$$

由此我们得到确定临界载荷的微分方程

$$r^2\Phi''+r\Phi'+(r^2\alpha^2-1)\Phi=0$$

和边界条件

$$\lim_{r\to 0}(r\Phi'+\nu\Phi)=0,$$

$$a\Phi'(a)+\nu\Phi(a)=0,$$

式中 $(\ )'=d(\ )/dr$, $\alpha^2=N_{cr}/D$ 和 $\Phi=w'$. 注: 用柱面坐标表示的应变-位移关系式见本章习题 17.

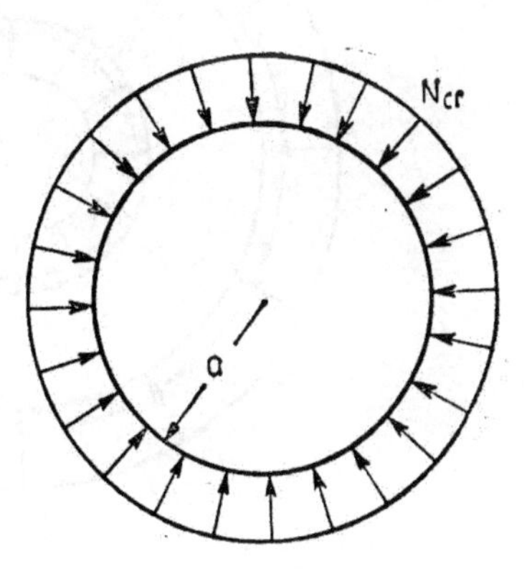

图 H-21

5. 我们考虑受有内、外压力和剪力而带有同心圆孔的圆板屈曲问题, 如图 H-22 所示. 试证明屈曲的控制方程由下式给出:

$$D\Delta\Delta w=\frac{1}{r}\frac{\partial}{\partial r}\left(r\sigma_r^{(0)}h\frac{\partial w}{\partial r}\right)+\frac{1}{r}\frac{\partial}{\partial r}\left(\tau_{r\theta}^{(0)}h\frac{\partial w}{\partial \theta}\right)$$

$$+\frac{1}{r}\frac{\partial}{\partial \theta}\left(\tau_{r\theta}^{(0)}h\frac{\partial w}{\partial r}\right)+\frac{1}{r}\frac{\partial}{\partial \theta}\left(\sigma_\theta^{(0)}h\frac{\partial w}{\partial \theta}\right),\qquad\text{(i)}$$

式中

$$\Delta(\ )=\frac{\partial^2(\ )}{\partial r^2}+\frac{1}{r}\frac{\partial(\ )}{\partial r}+\frac{1}{r^2}\frac{\partial^2(\ )}{\partial \theta^2}.\qquad\text{(ii)}$$

在方程(i)中，$\sigma_r^{(0)}$，$\sigma_\theta^{(0)}$ 和 $\tau_\theta^{(0)}$ 是由内压力 p_i，外压力 p_e 加上剪力 τ_i 和 τ_e 所引起的初应力，并由下式给出：

$$\begin{aligned}
\sigma_r^{(0)} &= \frac{a^2b^2(p_e-p_i)}{b^2-a^2}\frac{1}{r^2}+\frac{p_ia^2-p_eb^2}{b^2-a^2},\\
\sigma_\theta^{(0)} &= -\frac{a^2b^2(p_e-p_i)}{b^2-a^2}\frac{1}{r^2}+\frac{p_ia^2-p_eb^2}{b^2-a^2},\\
\tau_{r\theta}^{(0)} &= \frac{b^2\tau_e}{r^2}.
\end{aligned} \tag{iii}$$

下标 i 和 e 分别表示与内边界和外边界有关的量.

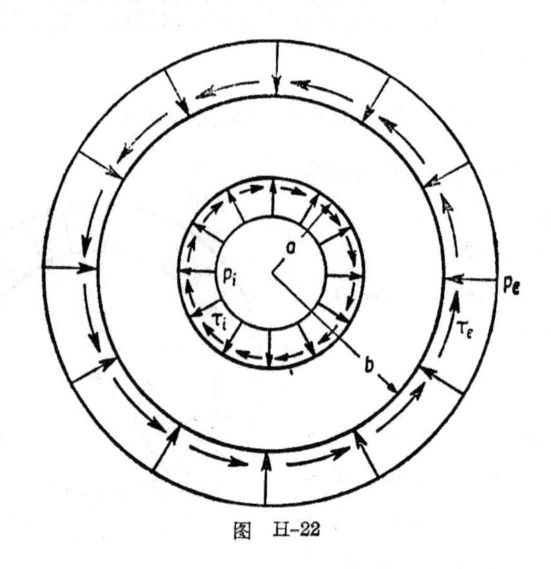

图 H-22

关于第 8.7 节的习题

6. 一块圆板受到一种温度分布 $\theta(r)$ 作用. 这块圆板的表面可以自由伸缩. 试从最小余能原理推导出 σ_r 和 σ_θ 的控制方程

$$[r(r\sigma_r)']'-\sigma_r+\alpha Er\theta'=0, \quad (r\sigma_r)'=\sigma_\theta$$

和边界条件

$$\lim_{r\to 0}[r^3\sigma_r'+(1-\nu)r^2\sigma_r]=0, \quad \sigma_r(a)=0,$$

式中 α 是热膨胀系数，a 是板的半径，而$(\ )'=d(\ )/dr$. 试证

明如果假定 $\theta(r)$ 是 r 的多项式，即

$$\theta=\sum_{k=0}^{n} b_k r^k,$$

则我们有

$$\sigma_r=-\alpha E\sum_{k=1}^{n}\frac{b_k}{k+2}(r^k-a^k),$$

$$\sigma_\theta=-\alpha E\sum_{k=1}^{n}\frac{b_k}{k+1}[(k+1)r^k-a^k].$$

7. 试证明分别用 e_{xx}, e_{yy}和 $2e_{xy}$ 代替 ε_x, ε_y 和 γ_{xy}, 可以由小位移理论所导出的方程(见第 8.7 节)来推导大挠度板热应力问题的公式，而且方程(8.70)和(8.71)可推广到包括热效应如下：

$$D\Delta\Delta w+\frac{1}{1-\nu}\Delta M_T=\bar{p}+F_{,yy}w_{,xx}+F_{,xx}w_{,yy}-2F_{,xy}w_{,xy},$$

$$\Delta\Delta F+\Delta N_T=Eh(w_{,xy}^2-w_{,xx}w_{,yy}).$$

关于板的横向振动的习题

8. 第 2.8 节里提到 Weinstein 的方法可以应用于一块固支板的自由横向振动. 过渡问题可定义如下：选择一系列线性无关的函数 $p_1(x, y)$, $p_2(x, y)$, $\cdots$ 和 $p_n(x, y)$, 所有这些函数取为平面调和函数，并放松原问题的几何边界条件：

$$\text{在 } C \text{ 上},\quad w=0,\quad \partial w/\partial\nu=0, \tag{i}$$

即由下式代替上式：

$$\text{在 } C \text{ 上},\quad w=0,\quad \int_C p_i(\partial w/\partial\nu)ds=0,\quad i=1, 2, \cdots, n. \tag{ii}$$

试证明可由下列变分表达式导出这个过渡问题的公式，

$$\Pi=\frac{1}{2}D\iint_{S_m}(w_{,xx}+w_{,yy})^2dx\,dy-\frac{1}{2}\rho h\omega^2\iint_{S_m}w^2dxdy$$

$$-\sum_{i=1}^{n}a_i\int_C p_i(\partial w/\partial\nu)\,ds+\int_C qw\,ds, \tag{iii}$$

式中 $a_i(i=1, 2, \cdots, n)$和 $q(s)$ 都是 Lagrange 乘子. 并试证明得到下列关系式作为泛函(iii)的自然边界条件：

$$D\Delta w=\sum_{i=1}^{n}a_i p_i. \tag{iv}$$

注：见参考文献[2.27].

9．试证明对于带有初膜应力 $N_x^{(0)}$，$N_y^{(0)}$ 和 $N_{xy}^{(0)}$ 的平板自由横向振动问题，驻值势能原理的泛函由下式给出：

$$\Pi=\frac{1}{2}\iint_{S_m}\{D[(w_{,xx}+w_{,yy})^2+2(1-\nu)(w_{,xy}^2-w_{,xx}w_{,yy})]$$

$$+N_x^{(0)}(w_{,x})^2+N_y^{(0)}(w_{,y})^2+2N_{xy}^{(0)}w_{,x}w_{,y}-\rho h\omega^2 w^2\}dxdy,$$

这里假定在上、下表面($z=\pm h/2$)和侧面边界的 C_1 部分上这块板可以自由伸缩，而在侧面边界的剩余部分 C_2 上板是几何固定的．初膜应力是使它们满足下式来选择的：

在 S_m 内，$N_{x,x}^{(0)}+N_{xy,y}^{(0)}=0$，$N_{xy,x}^{(0)}+N_{y,y}^{(0)}=0$，

和

在 C_1 上，$N_x^{(0)}l+N_{xy}^{(0)}m=0$，$N_{xy}^{(0)}l+N_y^{(0)}m=0$.

10．我们考虑受有下列初应力系的圆板自由横向振动，

$$N_r^{(0)}=\beta(a^2-r^2),\quad N_\theta=\beta(a^2-3r^2),\quad N_{r\theta}^{(0)}=0,$$

式中 β 是常数，a 是板的半径．假定这块板可以自由伸缩．将问题限于旋转对称振动模态，其中除去刚体模态，试证明这个问题的驻值势能原理的泛函由下式给出：

$$\Pi=\pi\int_0^a\left\{D\left[\left(w''+\frac{w'}{r}\right)^2-2(1-\nu)\frac{w'w''}{r}\right]\right.$$

$$\left.+N_r^{(0)}(w')^2-\rho h\omega^2 w^2\right\}rdr,$$

式中经受变分的量是 $w(r)$，而带有约束条件

$$\int_0^a wr\,dr=0.$$

并试证明控制方程和边界条件分别由下式给出：

$$D\left(\frac{d^2}{dr^2}+\frac{1}{r}\frac{d}{dr}\right)\left(\frac{d^2w}{dr^2}+\frac{1}{r}\frac{dw}{dr}\right)=\frac{1}{r}\left[rN_r^{(0)}w'\right]'+\rho h\omega^2 w,$$

和在 $r=0$ 及 $r=a$ 处，

$$D(rw''+\nu w')=0,$$

$$D(rw''+\nu w')'-D\left(\nu w''+\frac{w'}{r}\right)-rN_r^{(0)}w'=0.$$

11．通过选定

$$w=c\left(r^2-\frac{1}{2}a^2\right)$$

和应用 Rayleigh-Ritz 法，我们来考虑习题 10 的一个近似解，式中 c 是任意常数．试证明我们可得到下列最低模态的近似特征频率：

(1) 由 Rayleigh-Ritz 法，得到

$$\rho h\omega^2=96(1+\nu)\,(D/a^4)+8\beta.$$

(2) 由修正 Rayleigh-Ritz 法，得到

$$\rho h\omega^2=\frac{480(1+\nu)}{7+2\nu}\frac{D}{a^4}+8\beta.$$

注：(1) 当初应力不存在时，最低模态特征频率的 $\varkappa$ 值是：对于 $\nu=\frac{1}{4}$，$\varkappa=8.8896$；对于 $\nu=\frac{1}{3}$，$\varkappa=9.0760$．式中 $\omega=\varkappa\sqrt{D/\rho ha^4}$．

(2) 引起最低模态屈曲的临界值 β 是：对于 $\nu=0.3$，$\beta=-(3.135)^2(D/a^4)$（见参考文献[8.46]）．

关于相容条件和应力函数的习题

12．我们假定位移分量如方程(8.99)所给出那样：

$$U=u+zu_1,\quad V=v+zv_1,\quad W=w,\tag{i}$$

式中 u, v, w, u_1 和 v_1 都仅是 (x,y) 的函数．试证明我们有

$$\begin{aligned}&\varepsilon_x=u_{,x}+zu_{1,x}, &&\gamma_{yz}=w_{,y}+v_1,\\&\varepsilon_y=v_{,y}+zv_{1,y}, &&\gamma_{xz}=w_{,x}+u_1,\\&\varepsilon_z=0, &&\gamma_{xy}=u_{,y}+v_{,x}+z(u_{1,y}+v_{1,x}).\end{aligned}\tag{ii}$$

并试证明利用虚功原理

$$\iiint_V(\sigma_x\delta\varepsilon_x+\sigma_y\delta\varepsilon_y+\tau_{xy}\delta\gamma_{xy}+\tau_{xz}\delta\gamma_{xz}+\tau_{yz}\delta\gamma_{yz})dxdydz$$

$$-\iint_{S_m}\bar{p}\delta wdxdy+\cdots=0\tag{iii}$$

和方程(ii),第 8.2 节所提出问题的平衡方程可由下式给出：

$$
\begin{gathered}
N_{x,x}+N_{xy,y}=0, \quad N_{xy,x}+N_{y,y}=0, \\
M_{x,x}+M_{xy,y}-Q_x=0, \quad M_{xy,x}+M_{y,y}-Q_y=0, \\
Q_{x,x}+Q_{y,y}+\bar{p}=0,
\end{gathered} \tag{iv}
$$

式中 N_x, N_y, …, M_{xy} 由方程 (8.17)定义，而 Q_x 和 Q_y 由下式定义：

$$
Q_x=\int_{-h/2}^{h/2}\tau_{xz}dz, \quad Q_y=\int_{-h/2}^{h/2}\tau_{yz}dz. \tag{v}
$$

试将方程(iv)同方程(8.22)和(8.30)作一比较.

13. 我们考虑和习题 12 相同的问题，并考虑到习题 12 的方程(ii)而写出

$$
\begin{aligned}
&\varepsilon_x=\varepsilon_{x0}-z\kappa_x, && \gamma_{yz}=\gamma_{yz0}, \\
&\varepsilon_y=\varepsilon_{y0}-z\kappa_y, && \gamma_{xz}=\gamma_{xz0}, \\
&\varepsilon_z=0, && \gamma_{xy}=\gamma_{xy0}-2z\kappa_{xy},
\end{aligned} \tag{i}
$$

式中 ε_{x0}, ε_{y0}, …, 和 κ_{xy} 都仅是(x, y)的函数. 于是，对本问题的方程(1.16)写出如下：

$$
\begin{aligned}
&R_x=R_y=U_z=0, \\
&R_z=\varepsilon_{y0,xx}+\varepsilon_{x0,yy}-\gamma_{xy0,xy}-z(\kappa_{y,xx}+\kappa_{x,yy}-2\kappa_{xy,xy}), \\
&U_x=\kappa_{x,y}+\frac{1}{2}(-\gamma_{yz0,xx}+\gamma_{xz0,yx}-2\kappa_{xy,x}), \\
&U_y=\kappa_{y,x}+\frac{1}{2}(\gamma_{yz0,xy}-\gamma_{xz0,yy}-2\kappa_{xy,y}).
\end{aligned} \tag{ii}
$$

试证明利用 Lagrange 乘子 χ_3, ψ_1 和 ψ_2, 可以将虚功原理写成

$$
\begin{aligned}
&\iint\Big\{N_x\delta\varepsilon_{x0}+N_y\delta\varepsilon_{y0}+N_{xy}\delta\gamma_{xy0}+Q_x\delta\gamma_{xz0}+Q_y\delta\gamma_{yz0} \\
&\qquad -M_x\delta\kappa_x-M_y\delta\kappa_y-2M_{xy}\delta\kappa_{xy}\Big\}dx\,dy \\
&\qquad -\iiint\Big\{\chi_3\delta R_z+\psi_1\delta U_x+\psi_2\delta U_y\Big\}dx\,dy\,dz+\cdots=0,
\end{aligned} \tag{iii}
$$

同时证明由方程(iii)中 $\delta\varepsilon_{x0}$, $\delta\varepsilon_{y0}$, … 的系数必须为零的要求，我们就得到

$$N_x = F_{,yy}, \quad N_y = F_{,xx}, \quad N_{xy} = -F_{,xy},$$

$$M_x = \Psi_{1,y}, \quad M_y = \Psi_{2,x}, \quad M_{xy} = -\frac{1}{2}(\Psi_{1,x} + \Psi_{2,y}), \tag{iv}$$

$$Q_x = \frac{1}{2}(\Psi_{1,xy} - \Psi_{2,yy}), \quad Q_y = \frac{1}{2}(-\Psi_{1,xx} + \Psi_{2,xy}),$$

式中

$$F(x, y) = \int \chi_3 dz, \quad \Psi_1(x, y) = \int \psi_1 dz, \quad \Psi_2(x, y) = \int \psi_2 dz. \tag{v}$$

其次，将方程(iv)代入习题 12 的方程(iv)，试证明这样引入的函数 F, Ψ_1 和 Ψ_2 起着应力函数的作用．并试讨论方程(iii)中函数 F^* 所起的作用，这里 $F^*(x, y) = \int \chi_3 z dz$.

关于曲线坐标的习题

14．我们用非正交曲线坐标系(α^1, α^2)来表示板的中面，使得

$$(ds^{(0)})^2 = g_{ij} d\alpha^i d\alpha^j + (dz)^2, \tag{i}$$[1]

式中 $g_{ij}(i, j=1, 2)$ 都仅是 (α^1, α^2) 的函数．利用第 4.1, 4.2 和 8.1 节所推导的公式，试证明我们就得到基于 Kirchhoff 假说的板理论如下：

(1) 位移向量由下式给出：

$$\mathbf{u} = \mathbf{u}_0 + (\mathbf{n} - \mathbf{i}_3) z. \tag{ii}$$

利用关系式

$$\mathbf{u}_0 = v^1 \mathbf{g}_1 + v^2 \mathbf{g}_2 + w \mathbf{i}_3, \tag{iii}$$

$$\mathbf{r}_0 = \mathbf{r}_0^{(0)} + \mathbf{u}_0, \tag{iv}$$

$$\mathbf{n} = \frac{\partial \mathbf{r}_0}{\partial \alpha^1} \times \frac{\partial \mathbf{r}_0}{\partial \alpha^2} \bigg/ \left| \frac{\partial \mathbf{r}_0}{\partial \alpha^1} \times \frac{\partial \mathbf{r}_0}{\partial \alpha^2} \right|, \tag{v}$$

式中 $\mathbf{g}_1 = \partial \mathbf{r}_0^{(0)} / \partial \alpha^1$, $\mathbf{g}_2 = \partial \mathbf{r}_0^{(0)} / \partial \alpha^2$, 而 v^1, v^2, w 都仅是(α^1, α^2)的函数，我们就得到

$$\mathbf{u} = (v^1 + l^1 z) \mathbf{g}_1 + (v^2 + l^2 z) \mathbf{g}_2 + w \mathbf{i}_3, \tag{vi}$$

1) 这里要注意：在习题 14 和 18 中用一个罗马字母代替 (1, 2)．采用求和的约定。这样，一个两次出现的罗马字母意味着对(1, 2)求和。

$$l^i = -g^{ij}w_{,j};\quad i=1,2 \tag{vii}$$

和 $g^{11}=g_{22}/g$, $g^{22}=g_{11}/g$, $g^{12}=g^{21}=-g_{12}/g$, $(\ )_{,i}=\partial(\ )/\partial\alpha^i$.

(2) Kármán 理论的应变-位移关系式由下式给出:

$$f_{11}=g_{1k}v^k{}_{;1}+\underline{\frac{1}{2}(w_{,1})^2}+g_{1k}l^k{}_{;1}z,$$

$$f_{22}=g_{2k}v^k{}_{;2}+\underline{\frac{1}{2}(w_{,2})^2}+g_{2k}l^k{}_{;2}z, \tag{viii}$$

$$2f_{12}=g_{1k}v^k{}_{;2}+g_{2k}v^k{}_{;1}+\underline{w_{,1}w_{,2}}$$
$$+(g_{1k}l^k{}_{;2}+g_{2k}l^k{}_{;1})z,$$

式中 $v^k{}_{;j}=v^k{}_{,j}+\begin{Bmatrix}k\\ ij\end{Bmatrix}v^i$. 略去方程(viii)中下面划线的各项就可得到小位移理论的应变-位移关系式.

(3) 利用这些关系式和虚功原理方程(4.80), 就可得到基于 Kirchhoff 假说的板理论.

15. 我们用斜坐标系(ξ,η)来表示板的中面, 使得

$$(ds^{(0)})^2=(d\xi)^2+2\cos\alpha\, d\xi d\eta+(d\eta)^2+(dz)^2, \tag{i}$$

式中 α 是常数. 中面的位移向量由下式表示:

$$\mathbf{u}_0=u\mathbf{g}_1+v\mathbf{g}_2+w\mathbf{i}_3, \tag{ii}$$

式中 $\mathbf{g}_1$ 和 $\mathbf{g}_2$ 分别是沿 ξ 轴和 η 轴方向的单位向量, 而 u, v, w 都仅是(ξ,η)的函数. 利用第四章习题 11 和第八章习题 14 的结果, 并将问题限于小位移理论, 试证明我们可得到下列基于 Kirchhoff 假说的关系式:

(1) 我们有位移和应变-位移关系式如下:

$$\mathbf{u}=[u-(\csc^2\alpha w_{,\xi}-\operatorname{ctg}\alpha\csc\alpha w_{,\eta})z]\mathbf{g}_1$$
$$+[v-(-\operatorname{ctg}\alpha\csc\alpha w_{,\xi}+\csc^2\alpha w_{,\eta})z]\mathbf{g}_2+w\mathbf{i}_3, \tag{iii}$$

$$f_{11}=(u+v\cos\alpha)_{,\xi}-w_{,\xi\xi}z,$$
$$f_{22}=(u\cos\alpha+v)_{,\eta}-w_{,\eta\eta}z, \tag{iv}$$
$$2f_{12}=(u+v\cos\alpha)_{,\eta}+(u\cos\alpha+v)_{,\xi}-2w_{,\xi\eta}z.$$

(2) 利用方程(4.80), 得到平衡方程如下:

$$N^{11}{}_{,\xi}+N^{21}{}_{,\eta}=0, \quad N^{12}{}_{,\xi}+N^{22}{}_{,\eta}=0,$$
$$M^{11}{}_{,\xi\xi}+2M^{12}{}_{,\xi\eta}+M^{22}{}_{,\eta\eta}+\bar{p}=0, \tag{v}$$

式中

$$[N^{11}, N^{22}, N^{12}, N^{21}]=\int[\tau^{11}, \tau^{22}, \tau^{12}, \tau^{21}]dz,$$

和

$$[M^{11}, M^{22}, M^{12}, M^{21}]=\int[\tau^{11}, \tau^{22}, \tau^{12}, \tau^{21}]zdz.$$

(3) 得到分别相当于方程(8.49)和(8.34)而用(ξ, η)坐标系表示的方程如下:

$$\Delta_{(\xi\eta)}\Delta_{(\xi\eta)}F=0, \tag{vi}$$

和

$$D\Delta_{(\xi\eta)}\Delta_{(\xi\eta)}w=\bar{p}\sin^4\alpha, \tag{vii}$$

式中

$$\Delta_{(\xi\eta)}=\frac{\partial^2}{\partial\xi^2}-2\cos\alpha\frac{\partial^2}{\partial\xi\partial\eta}+\frac{\partial^2}{\partial\eta^2},$$

$$\Delta_{(\xi\eta)}\Delta_{(\xi\eta)}=\frac{\partial^4}{\partial\xi^4}-4\cos\alpha\frac{\partial^4}{\partial\xi^3\partial\eta}+2(1+2\cos^2\alpha)\frac{\partial^4}{\partial\xi^2\partial\eta^2}$$
$$-4\cos\alpha\frac{\partial^4}{\partial\xi\partial\eta^3}+\frac{\partial^4}{\partial\eta^4}.$$

注:见参考文献[8.47].

16. 我们用正交曲线坐标系(α, β)来表示板的中面,使得

$$(ds^{(0)})^2=A^2(d\alpha)^2+B^2(d\beta)^2+(dz)^2, \tag{i}$$

式中A和B都仅是(α, β)的函数. 利用习题14的结果, 并分别用$\mathbf{a}^{(0)}$和$\mathbf{b}^{(0)}$表示沿α和β坐标的单位向量, 试证明我们有下列基于 Kirchhoff 假说的关系式:

(1) 我们用下式表示中面的位移向量:

$$\mathbf{u}_0=u\mathbf{a}^{(0)}+v\mathbf{b}^{(0)}+w\mathbf{n}^{(0)}, \tag{ii}$$

式中u, v, w都仅是(α, β)的函数,并得到

$$\mathbf{u}=\left(u-\frac{1}{A}\frac{\partial w}{\partial\alpha}z\right)\mathbf{a}^{(0)}+\left(v-\frac{1}{B}\frac{\partial w}{\partial\beta}z\right)\mathbf{b}^{(0)}+w\mathbf{n}^{(0)}. \tag{iii}$$

(2) Kármán 理论的应变-位移关系由下式给出:

$$e_{\alpha\alpha}=\frac{1}{A}\frac{\partial u}{\partial\alpha}+\frac{v}{AB}\frac{\partial A}{\partial\beta}+\underline{\frac{1}{2A^2}\left(\frac{\partial w}{\partial\alpha}\right)^2}-z\left[\frac{1}{A}\frac{\partial}{\partial\alpha}\left(\frac{1}{A}\frac{\partial w}{\partial\alpha}\right)\right.$$
$$\left.+\frac{1}{AB^2}\frac{\partial A}{\partial\beta}\frac{\partial w}{\partial\beta}\right],$$
$$e_{\beta\beta}=\frac{1}{B}\frac{\partial v}{\partial\beta}+\frac{u}{AB}\frac{\partial B}{\partial\alpha}+\underline{\frac{1}{2B^2}\left(\frac{\partial w}{\partial\beta}\right)^2}-z\left[\frac{1}{B}\frac{\partial}{\partial\beta}\left(\frac{1}{B}\frac{\partial w}{\partial\beta}\right)\right.$$
$$\left.+\frac{1}{A^2B}\frac{\partial B}{\partial\alpha}\frac{\partial w}{\partial\alpha}\right], \tag{iv}$$
$$2e_{\alpha\beta}=\frac{1}{A}\frac{\partial v}{\partial\alpha}-\frac{u}{AB}\frac{\partial A}{\partial\beta}+\frac{1}{B}\frac{\partial u}{\partial\beta}-\frac{v}{AB}\frac{\partial B}{\partial\alpha}+\underline{\frac{1}{AB}\frac{\partial w}{\partial\alpha}\frac{\partial w}{\partial\beta}}$$
$$-z\left[\frac{1}{A}\frac{\partial}{\partial\alpha}\left(\frac{1}{B}\frac{\partial w}{\partial\beta}\right)-\frac{1}{A^2B}\frac{\partial A}{\partial\beta}\frac{\partial w}{\partial\alpha}\right.$$
$$\left.+\frac{1}{B}\frac{\partial}{\partial\beta}\left(\frac{1}{A}\frac{\partial w}{\partial\alpha}\right)-\frac{1}{AB^2}\frac{\partial B}{\partial\alpha}\frac{\partial w}{\partial\beta}\right].$$

略去下面划线的各项就可得到小位移理论的应变-位移关系式.

注：显然，令 $1/R_\alpha=1/R_\beta=0$，这些关系式和由第九章习题 9 的方程所得的式子相同.

17. 试证明用柱面坐标系

$$x=r\cos\theta,\quad y=r\sin\theta,\quad z=z \tag{i}$$

来表示 Kármán 理论的位移和应变-位移关系式给出如下：

$$\mathbf{u}=\left(u-\frac{\partial w}{\partial r}z\right)\mathbf{a}^{(0)}+\left(v-\frac{1}{r}\frac{\partial w}{\partial\theta}z\right)\mathbf{b}^{(0)}+w\mathbf{i}_3,$$

$$e_{rr}=\frac{\partial u}{\partial r}+\underline{\frac{1}{2}\left(\frac{\partial w}{\partial r}\right)^2}-z\frac{\partial^2 w}{\partial r^2},$$

$$e_{\theta\theta}=\frac{1}{r}\frac{\partial v}{\partial\theta}+\frac{u}{r}+\underline{\frac{1}{2r^2}\left(\frac{\partial w}{\partial\theta}\right)^2}-z\left[\frac{1}{r^2}\frac{\partial^2 w}{\partial\theta^2}+\frac{1}{r}\frac{\partial w}{\partial r}\right],$$

$$2e_{r\theta}=\frac{\partial v}{\partial r}+\frac{1}{r}\frac{\partial u}{\partial\theta}-\frac{v}{r}+\underline{\frac{1}{r}\frac{\partial w}{\partial r}\frac{\partial w}{\partial\theta}}$$
$$-z\left[\frac{\partial}{\partial r}\left(\frac{1}{r}\frac{\partial w}{\partial\theta}\right)+\frac{1}{r}\frac{\partial}{\partial\theta}\left(\frac{\partial w}{\partial r}\right)-\frac{1}{r^2}\frac{\partial w}{\partial\theta}\right],$$

式中 $\mathbf{a}^{(0)}$ 和 $\mathbf{b}^{(0)}$ 分别是沿 r 和 θ 坐标的单位向量. 显然，略去下面划线的各项就可得到小位移理论的应变-位移关系式.

18. 我们用非正交曲线坐标系 (α^1, α^2) 来表示板的中面，使得

$$(ds^{(0)})^2 = g_{ij}d\alpha^i d\alpha^j + (dz)^2, \tag{i}$$

并提出包括横向剪变形影响的板理论，这时假定

$$\mathbf{u} = (v_0^1 + v_①^1 z)\mathbf{g}_1 + (v_0^2 + v_①^2 z)\mathbf{g}_2 + w\mathbf{i}_3, \tag{ii}$$

式中 v_0^1, v_0^2, w, $v_①^1$, $v_①^2$ 都仅是(α^1, α^2)的函数，而 $\mathbf{g}_1, \mathbf{g}_2$ 象习题 14 那样定义．将问题限于小位移理论，试证明应变-位移关系由下式给出：

$$\begin{aligned}
&f_{11} = g_{1i}v_{0;1}^i + g_{1i}v_{①;1}^i z,\\
&f_{22} = g_{2i}v_{0;2}^i + g_{2i}v_{①;2}^i z,\\
&f_{33} = 0,\\
&2f_{12} = (g_{1i}v_{0;2}^i + g_{2i}v_{0;1}^i) + (g_{1i}v_{①;2}^i + g_{2i}v_{①;1}^i)z,\\
&2f_{13} = g_{1i}v_①^i + w_{,1},\\
&2f_{23} = g_{2i}v_①^i + w_{,2}.
\end{aligned} \tag{iii}$$

并试证明利用这些关系式和虚功原理方程 (4.80)，可以得到用非正交曲线坐标系表示的包括横向剪变形影响的板理论．

第 九 章

关于第 9.1 节的习题

1．试证明由第四章习题 7 引用过的条件

$$R^{(0)\lambda}{}_{\cdot\mu\nu\omega} = 0$$

可以导出方程(9.7)和(9.8)．

关于第 9.2, 9.3 和 9.4节的习题

2．我们假定位移分量象方程(9.30)所给出的那样：

$$U = u + \zeta u_1, \quad V = v + \zeta v_1, \quad W = w. \tag{i}$$

将问题限于小位移理论，试证明下列关系式：

(1) 应变-位移关系由下式给出：

$$\begin{aligned}
&f_{11} = A^2(1 - \zeta/R_\alpha)(l_{11} + \zeta m_{11}),\\
&f_{22} = B^2(1 - \zeta/R_\beta)(l_{22} + \zeta m_{22}),\\
&f_{33} = 0,
\end{aligned} \tag{ii}$$

$$2f_{12}=AB[(1-\zeta/R_\alpha)(l_{12}+\zeta m_{12})+(1-\zeta/R_\beta)(l_{21}+\zeta m_{21})],$$
$$2f_{13}=A(u_1+l_{31}),\qquad 2f_{23}=B(v_1+l_{32}).$$

(2) 利用方程(ii),我们有

$$\iiint \tau^{\lambda\mu}\delta f_{\lambda\mu}\sqrt{g}\,d\alpha^1 d\alpha^2 d\alpha^3$$
$$=\iint[N_\alpha\delta l_{11}+N_\beta\delta l_{22}+N_{\alpha\beta}\delta l_{21}+N_{\beta\alpha}\delta l_{12}$$
$$+M_\alpha\delta m_{11}+M_\beta\delta m_{22}+M_{\alpha\beta}\delta m_{21}+M_{\beta\alpha}\delta m_{12}$$
$$+Q_\alpha\delta(u_1+l_{31})+Q_\beta\delta(v_1+l_{32})]AB d\alpha d\beta, \qquad \text{(iii)}$$

式中 N_α, N_β, $N_{\alpha\beta}$, $N_{\beta\alpha}$, M_α, M_β, $M_{\alpha\beta}$, $M_{\beta\alpha}$ 由方程(9.58)和(9.59)定义,而 Q_α 和 Q_β 由下式定义:

$$Q_\alpha=\int\tau_{\alpha\zeta}\left(1-\frac{\zeta}{R_\beta}\right)d\zeta,\quad Q_\beta=\int\tau_{\beta\zeta}\left(1-\frac{\zeta}{R_\alpha}\right)d\zeta. \qquad \text{(iv)}$$

(3) 利用方程(iii)和虚功原理,我们可以按下列形式推导出第9.4节所提问题的平衡方程:

$$\frac{\partial}{\partial\alpha}(BN_\alpha)+\frac{\partial}{\partial B}(AN_{\beta\alpha})+\frac{\partial A}{\partial\beta}N_{\alpha\beta}-\frac{\partial\beta}{\partial\alpha}N_\beta-\frac{AB}{R_\alpha}Q_\alpha$$
$$+\overline{Y}_\alpha AB=0,$$
$$\frac{\partial}{\partial\beta}(AN_\beta)+\frac{\partial}{\partial\alpha}(BN_{\alpha\beta})+\frac{\partial B}{\partial\alpha}N_{\beta\alpha}-\frac{\partial A}{\partial\beta}N_\alpha-\frac{AB}{R_\beta}Q_\beta$$
$$+\overline{Y}_\beta AB=0,$$
$$\frac{\partial}{\partial\alpha}(BQ_\alpha)+\frac{\partial}{\partial\beta}(AQ_\beta)+AB\left(\frac{N_\alpha}{R_\alpha}+\frac{N_\beta}{R_\beta}\right)+\overline{Y}_n AB=0, \qquad \text{(v)}$$
$$\frac{\partial}{\partial\alpha}(BM_\alpha)+\frac{\partial}{\partial\beta}(AM_{\beta\alpha})+\frac{\partial A}{\partial\beta}M_{\alpha\beta}-\frac{\partial B}{\partial\alpha}M_\beta-ABQ_\alpha=0,$$
$$\frac{\partial}{\partial\beta}(AM_\beta)+\frac{\partial}{\partial\alpha}(BM_{\alpha\beta})+\frac{\partial B}{\partial\alpha}M_{\beta\alpha}-\frac{\partial A}{\partial\beta}M_\alpha-ABQ_\beta=0.$$

试将这些方程同方程(9.60)和(9.68)作一比较.

3. 试证明从下列向量方程按不同的方法可以得到习题 2 的方程(v),

$$\frac{\partial}{\partial\alpha}[(N_\alpha\mathbf{a}^{(0)}+N_{\alpha\beta}\mathbf{b}^{(0)}+Q_\alpha\mathbf{n}^{(0)})Bd\beta]d\alpha$$

$$+\frac{\partial}{\partial\beta}[(N_{\beta\alpha}\mathbf{a}^{(0)}+N_{\beta}\mathbf{b}^{(0)}+Q_{\beta}\mathbf{n}^{(0)})\,A\,d\alpha]\,d\beta$$

$$+[\overline{Y}_{\alpha}\mathbf{a}^{(0)}+\overline{Y}_{\beta}\mathbf{b}^{(0)}+\overline{Y}_{n}\mathbf{n}^{(0)}]\,AB\,d\alpha\,d\beta=0, \qquad \text{(i)}$$

和

$$\frac{\partial\mathbf{r}_0^{(0)}}{\partial\alpha}d\alpha\times[N_{\alpha}\mathbf{a}^{(0)}+N_{\alpha\beta}\mathbf{b}^{(0)}+Q_{\alpha}\mathbf{n}^{(0)}]\,Bd\beta$$

$$+\frac{\partial\mathbf{r}_0^{(0)}}{\partial\beta}d\beta\times[N_{\beta\alpha}\mathbf{a}^{(0)}+N_{\beta}\mathbf{b}^{(0)}+Q_{\beta}\mathbf{n}^{(0)}]\,A\,d\alpha$$

$$+\frac{\partial}{\partial\alpha}[(-M_{\alpha\beta}\mathbf{a}^{(0)}+M_{\alpha}\mathbf{b}^{(0)})\,Bd\beta]\,d\alpha$$

$$+\frac{\partial}{\partial\beta}[(-M_{\beta}\mathbf{a}^{(0)}+M_{\beta\alpha}\mathbf{b}^{(0)})\,A\,d\alpha]\,d\beta=0, \qquad \text{(ii)}$$

它们是对图 9.5 所示壳元素考虑关于力和力矩的平衡条件而推导出来的.

4. 我们用

$$\mathbf{a},\ \mathbf{b},\ \mathbf{n} \qquad \text{(i)}$$

分别表示沿 α 和 β 坐标方向的单位向量, 以及垂直于变形后中面的单位向量:

$$\mathbf{a}=\frac{\mathbf{r}_{0,\alpha}}{|\mathbf{r}_{0,\alpha}|}, \qquad \mathbf{b}=\frac{\mathbf{r}_{0,\beta}}{|\mathbf{r}_{0,\beta}|}, \qquad \mathbf{n}=\frac{\mathbf{a}\times\mathbf{b}}{|\mathbf{a}\times\mathbf{b}|}. \qquad \text{(ii)}$$

试证明方程(ii)的线性化导致

$$\begin{bmatrix}\mathbf{a}\\ \mathbf{b}\\ \mathbf{n}\end{bmatrix}=\begin{bmatrix}1 & l_{21} & l_{31}\\ l_{12} & 1 & l_{32}\\ -l_{31} & -l_{32} & 1\end{bmatrix}\begin{bmatrix}\mathbf{a}^{(0)}\\ \mathbf{b}^{(0)}\\ \mathbf{n}^{(0)}\end{bmatrix}, \qquad \text{(iii)}$$

假定壳的位移是微小的, 式中关于位移分量$(u,\ v,\ w)$高于二阶的各项已被略去. 并试证明方程(iii)对 α 和 β 的微分导致

$$\frac{\partial}{\partial\alpha}\begin{bmatrix}\mathbf{a}\\ \mathbf{b}\\ \mathbf{n}\end{bmatrix}=\begin{bmatrix}\frac{l_{21}}{B}\frac{\partial A}{\partial\beta}-\frac{Al_{31}}{R_{\alpha}}, & -\frac{1}{B}\frac{\partial A}{\partial\beta}+\frac{\partial l_{21}}{\partial\alpha}, & \frac{A}{R_{\alpha}}+\frac{\partial l_{31}}{\partial\alpha}\\ \frac{1}{B}\frac{\partial A}{\partial\beta}+\frac{\partial l_{12}}{\partial\alpha}-\frac{Al_{32}}{R_{\alpha}}, & -\frac{l_{12}}{B}\frac{\partial A}{\partial\beta}, & \frac{\partial l_{32}}{\partial\alpha}+\frac{Al_{12}}{R_{\alpha}}\\ -\frac{A}{R_{\alpha}}-\frac{\partial l_{31}}{\partial\alpha}-\frac{l_{32}}{B}\frac{\partial A}{\partial\beta}, & -\frac{\partial l_{32}}{\partial\alpha}+\frac{l_{31}}{B}\frac{\partial A}{\partial\beta}, & -\frac{Al_{31}}{R_{\alpha}}\end{bmatrix}\begin{bmatrix}\mathbf{a}^{(0)}\\ \mathbf{b}^{(0)}\\ \mathbf{n}^{(0)}\end{bmatrix},$$

和

$$\frac{\partial}{\partial\beta}\begin{bmatrix}\mathbf{a}\\ \mathbf{b}\\ \mathbf{n}\end{bmatrix}=\begin{bmatrix}-\frac{l_{21}}{A}\frac{\partial B}{\partial\alpha}, & \frac{1}{A}\frac{\partial B}{\partial\alpha}+\frac{\partial l_{21}}{\partial\beta}-\frac{Bl_{31}}{R_\beta}, & \frac{\partial l_{31}}{\partial\beta}+\frac{Bl_{21}}{R_\beta}\\ -\frac{1}{A}\frac{\partial B}{\partial\alpha}+\frac{\partial l_{12}}{\partial\beta}, & \frac{l_{12}}{A}\frac{\partial B}{\partial\alpha}-\frac{Bl_{32}}{R_\beta}, & \frac{B}{R_\beta}+\frac{\partial l_{32}}{\partial\beta}\\ -\frac{\partial l_{31}}{\partial\beta}+\frac{l_{32}}{A}\frac{\partial B}{\partial\alpha}, & -\frac{B}{R_\beta}-\frac{\partial l_{32}}{\partial\beta}-\frac{l_{31}}{A}\frac{\partial B}{\partial\alpha}, & -\frac{Bl_{32}}{R_\beta}\end{bmatrix}\begin{bmatrix}\mathbf{a}^{(0)}\\ \mathbf{b}^{(0)}\\ \mathbf{n}^{(0)}\end{bmatrix}. \tag{iv}$$

关于相容条件和应力函数的习题

5．利用第四章习题 9 的结果和习题 2 的方程 (ii)，试写出用 l_{11}, l_{22}, l_{12}, l_{21}, m_{11}, m_{22}, m_{12}, m_{21}, u_1+l_{31} 和 v_1+l_{32} 表示的 Riemann–Christoffel 曲率张量

$$R_{2323}\quad R_{3131}\quad R_{1212}$$
$$R_{1231}\quad R_{2312}\quad R_{3123}.$$

在注意到这样得到的 Riemann–Christoffel 曲率张量可以展开为关于 ζ 的幂级数之后，试求出这些张量分量在 $\zeta=0$ 处的表达式.

6．运用 Lagrange 乘子 χ_3, ψ_1, ψ_2 和 ψ_3，虚功原理可以写成

$$\begin{aligned}&\iint[N_\alpha\delta l_{11}+N_\beta\delta l_{22}+\cdots+Q_\beta\delta(v_1+l_{32})]AB\,d\alpha\,d\beta\\ &\quad-\iiint[\chi_3\delta R_{1212}+\psi_1\delta R_{1231}+\psi_2\delta R_{2312}+\psi_3\delta R_{3123}]\sqrt{g}\,d\alpha\,d\beta\,d\zeta\\ &\quad+\cdots=0,\end{aligned} \tag{i}$$

式中已代入了习题 5 所得的 Riemann–Christoffel 曲率张量的表达式. 我们将 Christoffel 符号和 $\sqrt{g}$ 展开为 ζ 的幂级数，并引入下列记号：

$$F=\int\chi_3 d\zeta,\quad \Psi_1=\int\psi_1 d\zeta,\quad \Psi_2=\int\psi_2 d\zeta,\quad \Psi_3=\int\psi_3 d\zeta. \tag{ii}$$

试证明由方程 (i) 中 δl_{11}, δl_{22}, …的系数必须为零的要求，我们得到用 F, Ψ_1, Ψ_2 和 Ψ_3 表示的 N_α, N_β, …和 Q_β，于是发现在基于习题 2 方程 (i) 的壳体小位移理论中，F, Ψ_1, Ψ_2 和 Ψ_3 起着应力函数的作用. 并试证明这样得到的应力函数等价于参考文献 [9.2] 第 33—36 页所推导的应力函数.

关于其他壳理论的习题

7. 参考文献[9.16]第5.2节叙述了一种薄壳的近似非线性理论，它假定

$$U=u-l_{31}\zeta,\quad V=v-l_{32}\zeta,\quad W=w, \tag{i}$$

$$e_{\alpha\alpha}=e_{\alpha\alpha0}-\zeta\varkappa_\alpha,\ e_{\beta\beta}=e_{\beta\beta0}-\zeta\varkappa_\beta,\ \ e_{\alpha\beta}=e_{\alpha\beta0}-\zeta\varkappa_{\alpha\beta}, \tag{ii}$$

式中 $e_{\alpha\alpha0}$, $e_{\beta\beta0}$, $e_{\alpha\beta0}$; $\varkappa_\alpha$, $\varkappa_\beta$; 和 $\varkappa_{\alpha\beta}$ 由方程 (9.82); (9.50); 以及下式给出：

$$2\varkappa_{\alpha\beta}=-\hat{m}_{21}-\hat{m}_{12}. \tag{iii}$$

同时采用假设 (9.77) 和(9.78). 试推导本近似理论的平衡方程、力学边界条件和应力合力-位移关系式，并和第9.7节所推导的那些方程作一比较.

8. 通过下列假设可得到一种薄壳的近似小位移理论：

$$U=u-\frac{1}{A}\frac{\partial w}{\partial\alpha}\zeta,\ \ V=v-\frac{1}{B}\frac{\partial w}{\partial\beta}\zeta,\ \ W=w, \tag{i}$$

$$\varepsilon_\alpha=\varepsilon_{\alpha0}-\zeta\varkappa_\alpha,\quad \varepsilon_\beta=\varepsilon_{\beta0}-\zeta\varkappa_\beta,\quad \gamma_{\alpha\beta}=\gamma_{\alpha\beta0}-2\zeta\varkappa_{\alpha\beta}, \tag{ii}$$

式中 $\varepsilon_{\alpha0}$, $\varepsilon_{\beta0}$, $\gamma_{\alpha\beta0}$; $\varkappa_\alpha$, $\varkappa_\beta$ 和 $\varkappa_{\alpha\beta}$ 由方程(9.36); 以及下式给出：

$$\begin{aligned}
\varkappa_\alpha&=\frac{1}{A}\frac{\partial}{\partial\alpha}\left(\frac{1}{A}\frac{\partial w}{\partial\alpha}\right)+\frac{1}{AB^2}\frac{\partial A}{\partial\beta}\frac{\partial w}{\partial\beta},\\
\varkappa_\beta&=\frac{1}{B}\frac{\partial}{\partial\beta}\left(\frac{1}{B}\frac{\partial w}{\partial\beta}\right)+\frac{1}{A^2B}\frac{\partial B}{\partial\alpha}\frac{\partial w}{\partial\alpha},\\
2\varkappa_{\alpha\beta}&=\frac{1}{B}\frac{\partial}{\partial\beta}\left(\frac{1}{A}\frac{\partial w}{\partial\alpha}\right)-\frac{1}{AB^2}\frac{\partial B}{\partial\alpha}\frac{\partial w}{\partial\beta}\\
&\quad+\frac{1}{A}\frac{\partial}{\partial\alpha}\left(\frac{1}{B}\frac{\partial w}{\partial\beta}\right)-\frac{1}{A^2B}\frac{\partial A}{\partial\beta}\frac{\partial w}{\partial\alpha}.
\end{aligned} \tag{iii}$$

同时采用假设(9.77) 和 (9.78). 利用这些方程和虚功原理，试证明对于本近似理论，平衡方程由下式给出：

$$\begin{aligned}
&[BN_\alpha]_{,\alpha}+[AN_{\beta\alpha}]_{,\beta}+\frac{\partial A}{\partial\beta}N_{\alpha\beta}-\frac{\partial B}{\partial\alpha}N_\beta+\overline{Y}_\alpha AB=0,\\
&[AN_\beta]_{,\beta}+[BN_{\alpha\beta}]_{,\alpha}+\frac{\partial B}{\partial\alpha}N_{\beta\alpha}-\frac{\partial A}{\partial\beta}N_\alpha+\overline{Y}_\beta AB=0,\\
&[B\widetilde{Q}_\alpha]_{,\alpha}+[A\widetilde{Q}_\beta]_{,\beta}+AB\left(\frac{N_\alpha}{R_\alpha}+\frac{N_\beta}{R_\beta}\right)+\overline{Y}_nAB=0,
\end{aligned} \tag{iv}$$

力学边界条件是

$$N_{\alpha\nu}=\overline{N}_{\alpha\nu},\quad N_{\beta\nu}=\overline{N}_{\beta\nu},$$

$$\tilde{Q}_{\alpha}l+\tilde{Q}_{\beta}m+\frac{\partial M_{\nu s}}{\partial s}=\overline{V}_{n}+\frac{\partial \overline{M}_{\nu s}}{\partial s},\quad M_{\nu}=\overline{M}_{\nu},\tag{v}$$

应力合力-位移关系式是

$$N_{\alpha}=\frac{Eh}{(1-\nu^{2})}[\varepsilon_{\alpha 0}+\nu\varepsilon_{\beta 0}],\quad N_{\beta}=\frac{Eh}{(1-\nu^{2})}[\nu\varepsilon_{\alpha 0}+\varepsilon_{\beta 0}],$$
$$N_{\alpha\beta}=N_{\beta\alpha}=Gh\gamma_{\alpha\beta 0},\tag{vi}$$

$$M_{\alpha}=-D[\varkappa_{\alpha}+\nu\varkappa_{\beta}],\quad M_{\beta}=-D[\nu\varkappa_{\alpha}+\varkappa_{\beta}],$$
$$M_{\alpha\beta}=M_{\beta\alpha}=-D(1-\nu)\varkappa_{\alpha\beta}.\tag{vii}$$

上述的近似理论等价于 Муштари-Власов 理论（见参考文献[9.1]）.

9. 通过下列假设可得到一种薄壳的近似非线性理论,

$$U=u-\frac{1}{A}\frac{\partial w}{\partial\alpha}\zeta,\quad V=v-\frac{1}{B}\frac{\partial w}{\partial\beta}\zeta,\ W=w,\tag{i}$$

$$e_{\alpha\alpha}=e_{\alpha\alpha 0}-\zeta\varkappa_{\alpha},\quad e_{\beta\beta}=e_{\beta\beta 0}-\zeta\varkappa_{\beta},\quad e_{\alpha\beta}=e_{\alpha\beta 0}-\zeta\varkappa_{\alpha\beta},\tag{ii}$$

式中 $e_{\alpha\alpha 0}$, $e_{\beta\beta 0}$, $e_{\alpha\beta 0}$; $\varkappa_{\alpha}$, $\varkappa_{\beta}$, $\varkappa_{\alpha\beta}$ 分别由下式以及习题 8 的方程(iii)给出,

$$e_{\alpha\alpha 0}=\frac{1}{A}\frac{\partial u}{\partial\alpha}+\frac{v}{AB}\frac{\partial A}{\partial\beta}-\frac{w}{R_{\alpha}}+\frac{1}{2A^{2}}\left(\frac{\partial w}{\partial\alpha}\right)^{2},$$
$$e_{\beta\beta 0}=\frac{1}{B}\frac{\partial v}{\partial\beta}+\frac{u}{AB}\frac{\partial B}{\partial\alpha}-\frac{w}{R_{\beta}}+\frac{1}{2B^{2}}\left(\frac{\partial w}{\partial\beta}\right)^{2},\tag{iii}$$
$$2e_{\alpha\beta 0}=\frac{1}{A}\frac{\partial v}{\partial\alpha}-\frac{u}{AB}\frac{\partial A}{\partial\beta}+\frac{1}{B}\frac{\partial u}{\partial\beta}-\frac{v}{AB}\frac{\partial B}{\partial\alpha}+\frac{1}{AB}\frac{\partial w}{\partial\alpha}\frac{\partial w}{\partial\beta}.$$

同时采用假设(9.77)和(9.78). 借助于虚功原理，试证明对于本近似理论,如果 $\tilde{Q}_{\alpha}$ 和 $\tilde{Q}_{\beta}$ 分别由下式代替,

$$\tilde{Q}_{\alpha}+N_{\alpha}\frac{1}{A}\frac{\partial w}{\partial\alpha}+N_{\alpha\beta}\frac{1}{B}\frac{\partial w}{\partial\beta}\tag{iv}$$

和

$$\tilde{Q}_{\beta}+N_{\beta\alpha}\frac{1}{A}\frac{\partial w}{\partial\alpha}+N_{\beta}\frac{1}{B}\frac{\partial w}{\partial\beta},\tag{v}$$

则平衡方程和力学边界条件可由习题 8 的方程(iv)和(v)给出；分别用 $e_{\alpha\alpha0}$, $e_{\beta\beta0}$, $2e_{\alpha\beta0}$ 代替 $\varepsilon_{\alpha0}$, $\varepsilon_{\beta0}$, $\gamma_{\alpha\beta0}$，就可从习题 8 的方程(vi)和(vii)得到应力合力-位移关系式．注：见参考文献[9.29]第 189 页．

10．我们考虑图 9.5 所示壳元素的平衡条件，就得到下列的向量方程：

$$\begin{aligned}&\frac{\partial}{\partial\alpha}[(N_\alpha\mathbf{a}+N_{\alpha\beta}\mathbf{b}+Q_\alpha\mathbf{n})Bd\beta]d\alpha\\&\quad+\frac{\partial}{\partial\beta}[(N_{\beta\alpha}\mathbf{a}+N_\beta\mathbf{b}+Q_\beta\mathbf{n})A\,d\alpha]d\beta\\&\quad+[\overline{Y}_\alpha\mathbf{a}^{(0)}+\overline{Y}_\beta\mathbf{b}^{(0)}+\overline{Y}_n\mathbf{n}^{(0)}]AB\,d\alpha\,d\beta=0,\end{aligned}\tag{i}$$

和

$$\begin{aligned}&\frac{\partial\mathbf{r}_0}{\partial\alpha}d\alpha\times[N_\alpha\mathbf{a}+N_{\alpha\beta}\mathbf{b}+Q_\alpha\mathbf{n}]B\,d\beta\\&\quad+\frac{\partial\mathbf{r}_0}{\partial\beta}d\beta\times[N_{\beta\alpha}\mathbf{a}+N_\beta\mathbf{b}+Q_\beta\mathbf{n}]A\,d\alpha\\&\quad+\frac{\partial}{\partial\alpha}[(-M_{\alpha\beta}\mathbf{a}+M_\alpha\mathbf{b})B\,d\beta]d\alpha\\&\quad+\frac{\partial}{\partial\beta}[(-M_\beta\mathbf{a}+M_{\beta\alpha}\mathbf{b})A\,d\alpha]d\beta=0,\end{aligned}\tag{ii}$$

式中 $\mathbf{a}$, $\mathbf{b}$ 和 $\mathbf{n}$ 按习题 4 定义(试将这些方程同习题 3 的方程 (i)和(ii)作一比较)．利用这样得到的方程(i)和(ii)，加上习题 4 的方程(iii)和(iv)，试推导基于 Kirchhoff 假说薄壳的近似非线性理论按纯量形式的平衡方程，并与方程(9.94)作一比较．

关于非正交曲线坐标的习题[1),2)]

11．我们用一对参数$(\alpha^1,\ \alpha^2)$表示变形前壳的中面，因而

$$\mathbf{r}_0^{(0)}=\mathbf{r}_0^{(0)}(\alpha^1,\ \alpha^2)\tag{i}$$

并由下式定义中面内两个基向量和垂直于中面的单位向量：

1) 见参考文献[10.2]，[10.4]，[10.8]和[10.14]．

2) 这里要注意：在习题 11 和 12 中指定一个希腊字母代替(1, 2, 3)，一个罗马字母代替(1, 2)．采用求和的约定．这样，一个两次出现的希腊或罗马字母分别意味着对(1, 2, 3)或(1, 2)求和．

$$\mathbf{g}_1=\frac{\partial \mathbf{r}_0^{(0)}}{\partial \alpha^1}, \quad \mathbf{g}_2=\frac{\partial \mathbf{r}_0^{(0)}}{\partial \alpha^2}, \quad \mathbf{g}_3. \tag{ii}$$ [1]

利用这些向量,我们用下式定义 $g_{\lambda\mu}$ 和 $g^{\lambda\mu}$:

$$g_{\lambda\mu}=\mathbf{g}_\lambda\cdot\mathbf{g}_\mu=g_{\mu\lambda}, \quad g^{\lambda\nu}g_{\nu\mu}=\delta_\mu^\lambda. \tag{iii}$$ [1]

其次,我们用下式表示变形前壳的任一点的位置向量,

$$\mathbf{r}^{(0)}=\mathbf{r}_0^{(0)}+\zeta\mathbf{g}_3, \tag{iv}$$

并采用一组三个参数$(\alpha^1, \alpha^2, \zeta)$作为曲线坐标系,每当方便时写成$\zeta=\alpha^3$. 用这些初步的讨论,试证明下列几何关系:

(1) 关于向量 $\mathbf{g}_\lambda$ 的导数,在微分几何理论中我们有著名的 Gauss 和 Weingarten 公式:

$$\frac{\partial \mathbf{g}_j}{\partial \alpha^k}=\left\{\begin{matrix} i \\ jk \end{matrix}\right\}_0 \mathbf{g}_i+H_{jk}\mathbf{g}_3, \tag{v}$$

$$\frac{\partial \mathbf{g}_3}{\partial \alpha^k}=-g^{ij}H_{jk}\mathbf{g}_i, \tag{vi}$$

式中

$$\left\{\begin{matrix} i \\ jk \end{matrix}\right\}_0=\frac{1}{2}g^{ia}(g_{aj,k}+g_{ak,j}-g_{jk,a}), \tag{vii}$$

$$H_{ij}=\frac{\partial^2 \mathbf{r}_0^{(0)}}{\partial \alpha^i \partial \alpha^j}\cdot\mathbf{g}_3=H_{ji}. \tag{viii}$$

显然,按第 9.1 节所引用的正交曲线坐标系,我们有

$$H_{11}=\frac{1}{R_\alpha}, \quad H_{22}=\frac{1}{R_\beta}, \quad H_{12}=H_{21}=0. \tag{ix}$$

(2) 两个相邻点$(\alpha^1, \alpha^2, \alpha^3)$和$(\alpha^1+d\alpha^1, \alpha^2+d\alpha^2, \alpha^3+d\alpha^3)$之间的距离由下式给出:

$$(ds^{(0)})^2=(g_{ij}-2H_{ij}\zeta+g^{pq}H_{pi}H_{qj}\zeta^2)d\alpha^i d\alpha^j+(d\zeta)^2. \tag{x}$$

(3) 我们计算在由方程(x) 所定义空间内的 Christoffel 符号 $\left\{\begin{matrix} \lambda \\ \mu\nu \end{matrix}\right\}$, 并用 $\left\{\begin{matrix} \lambda \\ \mu\nu \end{matrix}\right\}_0$ 表示它在 $\zeta=0$ 处的值. 我们有

1) 要注意这里定义的 $\mathbf{g}_\lambda$, $g_{\lambda\mu}$ 和 $g^{\lambda\mu}$ 和第四章所引用的不同. 为了一致性起见,分别写成 $\mathbf{g}_{0\lambda}$, $g_{0\lambda\mu}$ 和 $g_0^{\lambda\mu}$ 以代替 $\mathbf{g}_\lambda$, $g_{\lambda\mu}$ 和 $g^{\lambda\mu}$ 或许更好. 然而,对习题 11 和 12 来说,我们宁愿用较简单的记号.

$$\left\{\begin{matrix} i \\ jk \end{matrix}\right\}_0 = \frac{1}{2} g^{ia}(g_{aj,k}+g_{ak,j}-g_{jk,a}),$$

$$\left\{\begin{matrix} i \\ j3 \end{matrix}\right\}_0 = \left\{\begin{matrix} i \\ 3j \end{matrix}\right\}_0 = -g^{ia}H_{aj},$$

$$\left\{\begin{matrix} 3 \\ ij \end{matrix}\right\}_0 = \left\{\begin{matrix} 3 \\ ji \end{matrix}\right\}_0 = H_{ij}, \tag{xi}$$

$$\left\{\begin{matrix} 1 \\ 33 \end{matrix}\right\}_0 = \left\{\begin{matrix} 2 \\ 33 \end{matrix}\right\}_0 = \left\{\begin{matrix} 3 \\ 33 \end{matrix}\right\}_0 = \left\{\begin{matrix} 3 \\ 13 \end{matrix}\right\}_0$$

$$= \left\{\begin{matrix} 3 \\ 31 \end{matrix}\right\}_0 = \left\{\begin{matrix} 3 \\ 23 \end{matrix}\right\}_0 = \left\{\begin{matrix} 3 \\ 32 \end{matrix}\right\}_0 = 0.$$

(4) 引入 $H_{\varkappa 3}=H_{3\varkappa}=0(\varkappa=1, 2, 3)$的约定，我们可以写出

$$\left\{\begin{matrix} \lambda \\ 3\mu \end{matrix}\right\}_0 = -g^{\lambda\varkappa}H_{\varkappa\mu}, \tag{xii}$$

$$\mathbf{g}_{\lambda,k} = \left\{\begin{matrix} \mu \\ \lambda k \end{matrix}\right\}_0 \mathbf{g}_\mu, \tag{xiii}$$

$$\mathbf{r}^{(0)}{}_{,\lambda} = \mathbf{g}_\lambda + \zeta \left\{\begin{matrix} \mu \\ 3\lambda \end{matrix}\right\}_0 \mathbf{g}_\mu. \tag{xiv}$$

(5) 定义一个向量 $\mathbf{u}(\alpha^1, \alpha^2, \alpha^3)$的分量如下：

$$\mathbf{u} = v^\lambda \mathbf{g}_\lambda. \tag{xv}$$

于是我们有

$$\mathbf{u}_{,k} = v^\lambda{}_{;k}\mathbf{g}_\lambda, \tag{xvi}$$

式中以及在整个习题 11 和 12 中，定义

$$v^\lambda{}_{;k} = \frac{\partial v^\lambda}{\partial \alpha^k} + \left\{\begin{matrix} \lambda \\ \mu k \end{matrix}\right\}_0 v^\mu. \tag{xvii}$$

12. 我们假定位移向量 $\mathbf{u}$ 用 ζ 的幂级数表示，使得

$$\mathbf{u} = \sum_{n=0}^{m} v^\lambda_{ⓝ} \zeta^n \mathbf{g}_\lambda, \tag{i}$$

式中 $v^\lambda_{ⓝ}$仅是(α^1, α^2)的函数．利用方程(i)，可以通过虚功原理推导出中等厚度壳的一种近似理论的公式．例如，我们可以假定

$$\mathbf{u} = (v^1_0+\zeta v^1_{①})\mathbf{g}_1 + (v^2_0+\zeta v^2_{①})\mathbf{g}_2 + v^3_0\mathbf{g}_3, \tag{ii}$$

就得到

$$f_{ij} = {}_0f_{ij} + \zeta_{①}f_{ij} + \zeta^2_{②}f_{ij},$$
$$f_{i3} = {}_0f_{i3}, \quad f_{33} = 0, \tag{iii}$$

式中

$$2_0f_{ij} = g_{\lambda j}v^{\lambda}_{0;i} + g_{\lambda i}v^{\lambda}_{0;j},$$
$$2_{①}f_{ij} = g_{\lambda j}v^{\lambda}_{①;i} + g_{\lambda i}v^{\lambda}_{①;j},$$
$$+ g_{\lambda\mu}\left[\left\{\begin{matrix}\mu\\3\,j\end{matrix}\right\}_0 v^{\lambda}_{0;i} + \left\{\begin{matrix}\mu\\3\,i\end{matrix}\right\}_0 v^{\lambda}_{0;j}\right], \tag{iv}$$
$$2_{②}f_{ij} = g_{\lambda\mu}\left[\left\{\begin{matrix}\mu\\3\,j\end{matrix}\right\}_0 v^{\lambda}_{①;i} + \left\{\begin{matrix}\mu\\3\,i\end{matrix}\right\}_0 v^{\lambda}_{0;j}\right],$$
$$2_0f_{i3} = g_{i\lambda}v^{\lambda}_{①} + g_{3\lambda}v^{\lambda}_{0;i}$$

和 $v^3_{①}=0$. 在推导方程(iv)中, 将问题限于小位移理论, 只保留各线性项. 利用这些方程和虚功原理, 我们可以得到包括横向剪变形影响并用非正交曲线坐标系表示的薄壳小位移理论.

第 十 章

关于第 10.2, 10.3 和 10.4 节的习题

1. 试证明结合方程(10.36), (10.39)和(10.41)可得出

$$\{u\} = [[K] - [H]'[G]^{-1}[H]]\{\overline{X}\},$$

它提供挠度影响系数, 式中

$$[K] = [\alpha]'[C][\alpha].$$

2. 我们在第 10.2 节中考虑过一个桁架问题, 它的几何边界条件由方程 (10.17) 给定, 并得到了相容条件 (10.34) 和关系式 (10.40). 试证明如果给定几何边界条件, 使得

$$u_i = \overline{u}_i, \quad v_i = \overline{v}_i, \quad w_i = \overline{w}_i, \quad (i = k+1, \cdots, n)$$

则相容条件由下式给出:

$$\sum_{(ij)} a_{ijp}\delta_{ij} - \sum_{i=k+1}^{J} \left[\sum_{j}(\overline{u}_i\lambda_{ij} + \overline{v}_i\mu_{ij} + \overline{w}_i\nu_{ij})a_{ijp}\right] = 0,$$
$$p = 1, 2, \cdots, R,$$

且 Castigliano 定理给出了下式:

$$\sum_{(ij)} \alpha_{ijl}\delta_{ij} - \sum_{i=k+1}^{J} [\bar{u}_i \sum_j (\lambda_{ij}\alpha_{ijl}) + \bar{v}_i \sum_j (\mu_{ij}\alpha_{ijl}) + \bar{w}_i \sum_j (\nu_{ij}\alpha_{ijl})] = u_l,$$

$$\sum_{(ij)} \beta_{ijl}\delta_{ij} - \sum_{i=k+1}^{J} [\bar{u}_i \sum_j (\lambda_{ij}\beta_{ijl}) + \bar{v}_i \sum_j (\mu_{ij}\beta_{ijl}) + \bar{w}_i \sum_j (\nu_{ij}\beta_{ijl})] = v_l,$$

$$\sum_{(ij)} \gamma_{ijl}\delta_{ij} - \sum_{i=k+1}^{J} [\bar{u}_i \sum_j (\lambda_{ij}\gamma_{ijl}) + \bar{v}_i \sum_j (\mu_{ij}\gamma_{ijl}) + \bar{w}_i \sum_j (\nu_{ij}\gamma_{ijl})] = w_l,$$

$$l=1, 2, \cdots, k.$$

关于第 10.7 节的习题

3. 我们考虑图 10.5 所示的梁元素, 假定力 $\bar{P}$ 不存在. 试证明储存在梁内的应变能由下式给出:

$$U_{12} = \frac{EA_0}{2l}(u_2-u_1)^2 + \frac{6EI}{l^3}[(v_2+\theta_1 l - v_1)^2 + l(v_2+\theta_1 l - v_1)(\theta_2-\theta_1) + \frac{1}{3}l^2(\theta_2-\theta_1)^2]. \tag{i}$$

4. 我们考虑图 10.6 所示的框架结构, 假想地把它分割成四个构件 ⑭, ⑮, ㊾, 和 ㉓, 其中截面 ⑤ 选定在外力 $\bar{P}$ 的作用点处且垂直于框架的形心轨迹. 试证明对本问题最小势能原理的 Π 的表达式由下式给出:

$$\Pi = U_{15} + U_{52} + U_{14} + U_{23} + \bar{P}v_5, \tag{i}$$

式中 $U_{15}(u_1, v_1, \theta_1, u_5, v_5, \theta_5)$, $U_{52}(u_5, v_5, \theta_5, u_2, v_2, \theta_2)$, $U_{14}(u_1, v_1, \theta_1)$ 和 $U_{23}(u_2, v_2, \theta_2)$ 分别是储存在这些梁元素内的应变能, 利用习题 3 的方程(i)可以得到它们的表达式. u_1, v_1, θ_1; u_2, v_2, θ_2; u_5, v_5, θ_5 的物理意义分别是沿 x 和 y 方向的位移分量, 以及结点 ①, ② 和截面 ⑤ 顺时针方向的转角.

并试证明利用 Π 对于 u_5, v_5 和 θ_5 的驻值条件:

$$\frac{\partial \Pi}{\partial u_5}=0, \quad \frac{\partial \Pi}{\partial v_5}=0, \quad \frac{\partial \Pi}{\partial \theta_5}=0, \tag{ii}$$

我们可以由 Π 消去 u_5, v_5 和 θ_5 而得到

$$\Pi^*=U_{12}+U_{14}+U_{23}-\frac{1}{384}\frac{\bar{P}^2 l^3}{EI}$$
$$+\bar{P}\left[\frac{1}{2}(v_1+v_2)+\frac{l}{8}(\theta_2-\theta_1)\right], \tag{iii}$$

这样得到的函数 Π^* 和方程(10.68)是一致的.

5. 我们考虑受有集中力和力矩的一个框架结构, 如图 H-23 所示. 试证明对这个框架问题我们有下式以代替方程(10.66),

$$\begin{aligned}\Pi_c^* = & V_{12}+V_{23}+V_{14}+(N_{12}+Q_{14}+\bar{X}_1)u_1 \\ & +(Q_{12}-N_{14}-\bar{P}+\bar{Y}_1)v_1 \\ & +(M_{12}-M_{14}-Q_{12}l+\frac{1}{2}\bar{P}l+\bar{M}_1)\theta_1 \\ & +(-N_{12}+Q_{23}+\bar{X}_2)u_2 \\ & +(-Q_{12}-N_{23}+\bar{Y}_2)v_2 \\ & +(-M_{12}-M_{23}+\bar{M}_2)\theta_2.\end{aligned}$$

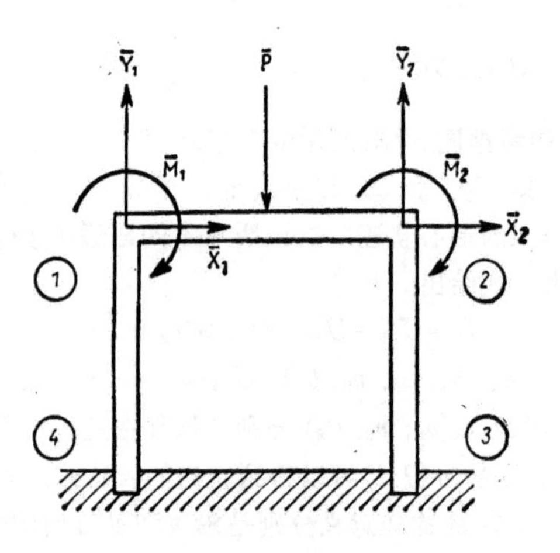

图 H-23

6. 我们考虑一个平面框架结构，如图 H-24 所示. 根据初等的梁理论，记得储存在曲梁内的余能由下式给出：

$$V=\int\left(\frac{N^2}{2A_0E}+\frac{M^2}{2EI}\right)ds,$$

式中 s 沿曲梁的形心量取，试证明以类似于第 10.6 节叙述的方式，可以把力法应用于本问题.

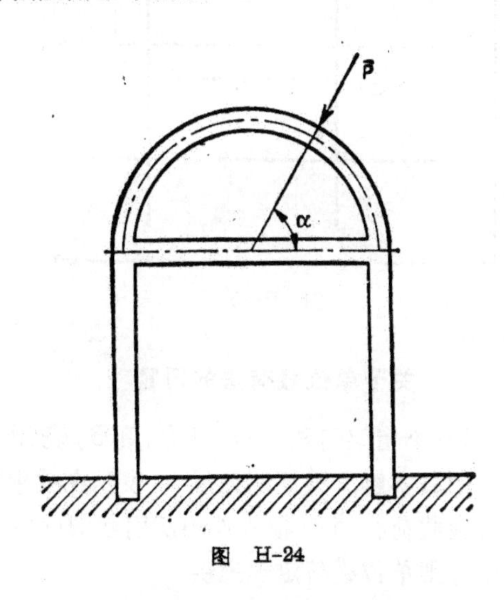

图 H-24

关于第 10.8 节的习题

7. 我们考虑由板和桁条组成的一个半硬壳式平面结构，如图 H-25 所示，并假定这些构件的内力如图 10.8 和 10.9 所示. 试证明利用最小余能原理，其中已利用 Lagrange 乘子引入构件之间的平衡条件，我们有下列相容条件：

$$\gamma_{板}=\frac{1}{l_1}\left(\frac{1}{l_2}\int_0^{l_2}v_{12}dy-\frac{1}{l_2}\int_0^{l_2}v_{34}dy\right)+\frac{1}{l_2}\left(\frac{1}{l_1}\int_0^{l_1}u_{14}dx-\frac{1}{l_1}\int_0^{l_1}u_{23}dx\right),$$

式中 $\gamma_{板}$是板①的剪应变，而 $u_{14}(x)$，$u_{23}(x)$和$v_{12}(y)$，$v_{34}(y)$ 分别是这四根桁条沿 x 轴和 y 轴的位移.

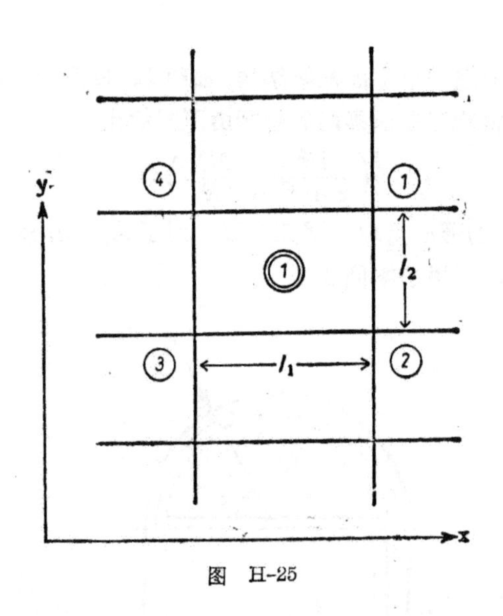

图 H-25

关于单位载荷法的习题

8. 我们考虑一个桁架问题，分别用 P_{ij} 和 δ_{ij} 表示第 ij 根构件的内力和伸长的真实解. 试证明如果 p_{ij} 表示在欲求挠度的结点处作用的单位虚载荷在第 ij 根构件中所引起的内力（虚载荷沿挠度的方向作用），则单位载荷定理提供

$$\delta=\sum_{(ij)}\left(\frac{pPl}{A_0E}\right)_{ij}. \tag{i}$$

其次，试证明如果我们把关系式

$$\delta_{ij}=(Pl/A_0E)_{ij} \tag{ii}$$

代入方程(i)，并写出

$$\delta=\sum_{(ij)}(p\delta)_{ij}, \tag{iii}$$

则不论载荷-伸长关系式如何，方程（iii）都成立. 即是说，方程(iii)可以用于塑性和弹性桁架问题. 并试证明应用单位载荷法可以得到方程(10.47).

9. 我们考虑由直构件组成的一个平面框架结构，分析这个结构时采用初等的梁理论，并假定由轴力引起的变形和由弯矩所引起的变形相比可以略去．分别用 $\varkappa_{ij}(x)$ 和 $M_{ij}(x)$ 表示第 ij 根构件的曲率和弯矩的真实解，其中 x 沿形心轨迹量取．试证明如果 $m_{ij}(x)$ 表示在欲求挠度 δ 的点处作用的单位虚载荷在第 ij 根构件中所引起的弯矩（虚载荷沿挠度的方向作用），则单位载荷定理提供

$$\delta=\sum_{(ij)}\int_{ij}\frac{mM}{EI}dx. \tag{i}$$

并试证明如果 $m_{ij}(x)$ 表示在欲求转角 θ 的点处作用的单位虚外力矩在第 ij 根构件中所引起的弯矩（虚外力矩沿转角的方向作用），则单位载荷定理提供：

$$\theta=\sum_{(ij)}\int_{ij}\frac{mM}{EI}dx. \tag{ii}$$

其次，试证明如果我们把关系式

$$M_{ij}=-(EI\varkappa)_{ij} \tag{iii}$$

代入方程(i)和(ii)，并分别写出

$$\delta=-\sum_{(ij)}\int_{ij}m\varkappa\,dx, \tag{iv}$$

和

$$\theta=-\sum_{(ij)}\int_{ij}m\varkappa\,dx, \tag{v}$$

则不论弯矩-曲率关系式如何，方程(iv)和(v)都成立．即是说，这些方程可以用于塑性和弹性框架问题．并试证明应用单位载荷法可以得到方程(10.65)．

10．试证明单位载荷法亦可应用于带有自然弯曲的构件的三维框架结构．余能表达式

$$\int\left(\frac{N^2}{2EA_0}+\frac{M_x^2}{2EI_x}+\frac{M_y^2}{2EI_y}+\frac{T^2}{2GJ}+\frac{Q_x^2}{2Gk_xA_0}+\frac{Q_y^2}{2Gk_yA_0}\right)ds$$

对于单位载荷法公式的推导是会有用的，式中 N 是轴力，M_x 和 M_y 是关于两个主轴的弯矩，T 是扭矩，Q_x 和 Q_y 是剪力，而 s 沿形心轨迹量取．并试证明通过象习题 8 和 9 中提到的那种置换，我

们就得到也可以应用于塑性框架问题的单位载荷公式. 注: 关于单位载荷法的数字例题和进一步的应用, 见参考文献 [10.1], [10.2], [10.3] 和[10.9].

关于初应变的习题

11. 我们考虑一个桁架问题, 假定第 ij 根构件具有初始过量长度 $\delta_{ij}^{(0)}$. 试证明把力法用于这个问题时, 余能

$$\left(\frac{P^2 l}{2 A_0 E}\right)_{ij}$$

由下式代替,

$$\left(\frac{P^2 l}{2 A_0 E}+P\,\delta^{(0)}\right)_{ij}.$$

12. 我们考虑一个平面框架问题, 假定第 ij 根构件具有初应变 $\varepsilon_x^{(0)}(z)$, 这里以类似于第七章的方式选取(x, z)坐标系. 试证明把力法用于这个问题时, 余能

$$\frac{N^2}{2 A_0 E}+\frac{M^2}{2 EI}$$

由下式代替,

$$\frac{N^2}{2 A_0 E}+\frac{N}{A_0}\iint \varepsilon_x^{(0)}\, dy\, dz+\frac{M^2}{2 EI}+\frac{M}{I}\iint \varepsilon_x^{(0)} z\, dy\, dz.$$

附录I 作为有限元素法一项基础的变分原理

第一节 引 言

对一个连续体的问题，通常是用微分方程来列出它的数学公式，就象在第三章里介绍的有限位移弹性理论所表明的那样，把连续体的力学量或物理量(如位移、应力、应变等等)设想成为空间坐标 $x_i(i=1, 2, 3)$ 的连续函数，而将连续体看作是无限小量的许多假想元素的一种集合体，如图 3.1 所示.

在另一方面，把连续体划分成为许多有限量的假想元素(“有限元素”)，而将连续体看作是这些元素的一种集合体，来推导有限元素法的公式. 这时用在每一元素内光滑、但在整个物体里连续而分段光滑的近似函数，来代替力学量或物理量的连续函数. 这些近似函数是兼用一些未知参数(例如在所谓结点处这些量的值)和插值函数而构成的，按这种办法，一旦定出了这些未知参数的值，就可以唯一地确定每个元素中这些量的分布. 这样，我们就用控制这些未知参数的许多代数方程代替了原来的微分方程. 所以，下一个问题就是怎样求得这些未知参数的控制方程.

早就充分肯定，变分法为推导关于这些未知数的控制方程提供了一个有效而系统的工具. 我们记得在第十章里对变分法和有限元素法之间的相互关系，已经作了一些叙述. 在那里已经表明，以虚功原理为基础的广义 Галёркин 法和以最小势能原理、最小余能原理为基础的 Rayleigh-Ritz 法等等，都适用于各种有限元素的集合体(例如桁架、框架和半硬壳式结构)的结构分析. 这里指明一下，有限元素法这个名词可以包括基于广义 Галёркин 法以及

Rayleigh-Ritz 法的那些技巧[1].

现在已广泛承认 Courant 是发展有限元素法的先驱数家学之一. 他提出了 St. Venant 扭转问题的一个近似解,用最小余能原理进行推导,而在三角形元素集合体的每一元素中假定一种线性分布的应力函数[1]. 另一方面, Turner, Clough, Martin 和 Topp 的论文[2] 以及 Argyris 和 Kelsey 的著作[3], 被视为在结构领域里对有限元素法的开拓工作的几个最重要、最有历史意义的贡献. 自从这些文献出现以来,有限元素法的数学公式推导中已广泛采用了变分法. 反过来,有限元素法的惊人发展也大大地促进了变分法的进展. 在最近十年中,已经建立了一些新的变分原理,例如放松连续性要求的变分原理[4-8], Herrmann 原理(用于不可压缩材料和接近不可压缩的材料[9,10] 以及用于板的弯曲[11,12]),等等. 这个新附录的目的是对若干变分原理的最新发展提出一个简要综述,而这些原理为在弹性和塑性力学中推导有限元素法的公式提供了基础. 关于用这些原理推导有限元素法公式的许多实际应用,建议读者查阅有关文献,例如参考文献[5], [6]和[7].

正如参考文献[2]和[3]的内容所表明,这些著作的主要目的是建立一种分析弹性飞机的应力和刚度的数值方法. 自从这些开拓性著作问世以来,已发表了大量的论文,涉及到有限元素法在工程科学广阔领域里的应用[13-16]. 现在有限元素法不仅广泛应用于弹-塑性结构应力和位移的数值分析,而且也应用到各种非结构问题,例如流体动力学、热传导、渗流等等. 这样,借助于数字计算机的惊人进展,有限元素法的技术已经对许多实际应用作出了巨大的贡献,而且还会在将来有更大的发展和更多的应用.

这个简短附录中的文献目录,并不企图臻于完备. 作者满足于只引用和本附录所介绍的数学推导直接而密切有关的为数极少的论文. 关于有限元素法的完整文献目录,建议读者查阅有关文献,例如参考文献[17]和[18].

---

1) 为简便起见,本附录中把广义 Галеркин 法叫作 Галеркин 法.

第二节 用于弹性静力学小位移理论的传统变分原理

本附录的第一个论题是回顾一下用于弹性静力学小位移理论的一些传统变分原理，其控制方程可给出如下[1]：

(1) 平衡方程：

$$\sigma_{ij,j}+\bar{f}_i=0. \tag{I-2.1}$$ [2]

(2) 应变-位移关系：

$$\varepsilon_{ij}=\frac{1}{2}(u_{i,j}+u_{j,i}). \tag{I-2.2}$$

(3) 应力-应变关系：

$$\sigma_{ij}=a_{ijkl}\varepsilon_{kl}, \tag{I-2.3}$$

或者反转过来，

$$\varepsilon_{ij}=b_{ijkl}\sigma_{kl}. \tag{I-2.4}$$

(4) 力学边界条件：

$$\text{在 } S_\sigma \text{ 上，} T_i=\bar{T}_i, \tag{I-2.5}$$ [3),5)]

式中

$$T_i=\sigma_{ij}n_j. \tag{I-2.6}$$ [4]

(5) 几何边界条件：

$$\text{在 } S_u \text{ 上，} u_i=\bar{u}_i. \tag{I-2.7}$$ [5]

上列的方程 (I-2.3) 和 (I-2.4) 分别与方程 (1.6) 和 (1.8) 等价．为了以后方便，方程(1.6)和(1.8)用矩阵形式表达如下：

$$\{\sigma\}=[A]\{\varepsilon\}, \tag{I-2.8}$$

$$\{\varepsilon\}=[B]\{\sigma\}, \tag{I-2.9}$$

其中

$$\{\sigma\}^T=[\sigma_x,\ \sigma_y,\ \sigma_z,\ \tau_{yz},\ \tau_{zx},\ \tau_{xy}],$$

$$\{\varepsilon\}^T=[\varepsilon_x,\ \varepsilon_y,\ \varepsilon_z,\ \gamma_{yz},\ \gamma_{zx},\ \gamma_{xy}],$$

---

1) 除非另有说明，本附录中采用求和的约定．关于这个约定见第 257 页的脚注．

2) 用记号 $\bar{f}_i(i=1, 2, 3)$ 分别代替 $\bar{X}, \bar{Y}, \bar{Z}$.

3) 用记号 T_i 和 $\bar{T}_i$ $(i=1, 2, 3)$ 分别代替 X_ν, Y_ν, Z_ν 和 $\bar{X}_\nu, \bar{Y}_\nu, \bar{Z}_\nu$.

4) 用记号 $n_i(i=1, 2, 3)$ 分别代替 l, m, n.

5) 用记号 S_σ 和 S_u 分别代替 S_1 和 S_2.

而式中[A]和[B]是正定对称矩阵，服从下列关系：

$$[B]=[A]^{-1}. \qquad (I\text{-}2.10)$$

应变能函数A和余能函数B可以写成

$$A(\varepsilon_{mn})=\frac{1}{2}a_{ijkl}\varepsilon_{ij}\varepsilon_{kl}, \qquad (I\text{-}2.11)$$

$$B(\sigma_{mn})=\frac{1}{2}b_{ijkl}\sigma_{ij}\sigma_{kl}, \qquad (I\text{-}2.12)$$

也可以写成

$$A(\varepsilon_{mn})=\frac{1}{2}\{\varepsilon\}^T[A]\{\varepsilon\}, \qquad (I\text{-}2.13)^{1)}$$

$$B(\sigma_{mn})=\frac{1}{2}\{\sigma\}^T[B]\{\sigma\}. \qquad (I\text{-}2.14)^{1)}$$

为了以后方便，这里引用一个记号$A(u_i)$. 它可通过把方程(I-2.2)代入方程(I-2.11)求得，从而用位移分量表达应变能函数：

$$A(u_i)=\frac{1}{8}a_{klmn}(u_{k,l}+u_{l,k})(u_{m,n}+u_{n,m}). \qquad (I\text{-}2.15)$$

有了这些初步概括，第二章里所提到的一些传统变分原理可以归纳如下.

2.1 虚功原理

虚功原理可以写成

$$\iiint\limits_V\sigma_{ij}\delta\varepsilon_{ij}dV-\iiint\limits_V\bar{f}_i\delta u_i dV-\iint\limits_{S_\sigma}\bar{T}_i\delta u_i dS=0, \qquad (I\text{-}2.16)^{2)}$$

这里约束条件是

$$\delta\varepsilon_{ij}=\frac{1}{2}(\delta u_{i,j}+\delta u_{j,i}), \qquad (I\text{-}2.17)$$

和

$$\text{在 } S_u \text{ 上,}\quad \delta u_i=0. \qquad (I\text{-}2.18)$$

2.2 最小势能原理

最小势能原理的泛函可以写成

1) 试分别与方程(2.2)和(2.20)作一比较.

2) 试与方程(1.32)作一比较.

$$\Pi_P=\iiint_V [A(u_i)-\bar{f}_i u_i]dV-\iint_{S_\sigma}\bar{T}_i u_i dS, \quad \text{(I-2.19)}^{1)}$$

这里约束条件是

$$\text{在 } S_u \text{ 上，} u_i=\bar{u}_i. \quad \text{(I-2.20)}$$

2.3 广义原理

广义原理的泛函可以写成

$$\Pi_{G1}=\iiint_V \left\{A(\varepsilon_{ij})-\bar{f}_i u_i-\sigma_{ij}\left[\varepsilon_{ij}-\frac{1}{2}(u_{i,j}+u_{j,i})\right]\right\}dV$$
$$-\iint_{S_\sigma}\bar{T}_i u_i dS-\iint_{S_u}p_i(u_i-\bar{u}_i)dS, \quad \text{(I-2.21)}^{2)}$$

而没有约束条件，式中 σ_{ij} 和 p_i 是 Lagrange 乘子，它们的物理意义分别由方程(2.28)和(2.33)给出.

广义原理的另一种表达式可以写成下列形式：

$$\Pi_{G2}=\iiint_V \left\{A(\varepsilon_{ij})-\bar{f}_i u_i-\sigma_{ij}\left[\varepsilon_{ij}-\frac{1}{2}(u_{i,j}+u_{j,i})\right]\right\}dV$$
$$-\iint_{S_\sigma}\bar{T}_i u_i dS-\iint_{S_u}T_i(u_i-\bar{u}_i)dS, \quad \text{(I-2.22)}^{3)}$$

而没有约束条件．用方程(I-2.21)和(I-2.22)表示的广义原理，有时称为胡海昌-鷲津原理.

2.4 Hellinger-Reissner 原理

Hellinger-Reissner 原理的泛函可以写成

$$\Pi_R=\iiint_V \left[\frac{1}{2}\sigma_{ij}(u_{i,j}+u_{j,i})-B(\sigma_{ij})-\bar{f}_i u_i\right]dV$$
$$-\iint_{S_\sigma}\bar{T}_i u_i dS-\iint_{S_u}T_i(u_i-\bar{u}_i)dS, \quad \text{(I-2.23)}^{4)}$$

---

1) 试与方程(2.12)作一比较．记号 Π_P 现在被广泛用来表示势能原理的泛函.

2) 试与方程(2.26)作一比较．记号 Π_G 将在本附录里用来表示广义原理的泛函.

3) 试与方程(2.34)作一比较.

4) 试与方程(2.37)作一比较．要注意方程(2.37)中的 p_i 在方程(I-2.23)里已由 T_i 所代替.

而没有约束条件．通过分部积分导致该原理的另一表达式如下：

$$-\Pi_R^* = \iiint_V [B(\sigma_{ij}) + (\sigma_{ij,j} + \bar{f}_i) u_i] dV$$

$$- \iint_{S_\sigma} (T_i - \bar{T}_i) u_i dS - \iint_{S_u} T_i \bar{u}_i dS, \quad \text{(I-2.24)}^{1)}$$

这里也不带约束条件．

2.5 最小余能原理

最小余能原理的泛函可以写出如下：

$$\Pi_c = \iiint_V B(\sigma_{ij}) dV - \iint_{S_u} T_i \bar{u}_i dS, \quad \text{(I-2.25)}^{2)}$$

这里约束条件是

$$\text{在}\,V\,\text{内，}\ \sigma_{ij,j} + \bar{f}_i = 0, \quad \text{(I-2.26)}$$

和

$$\text{在}\,S_\sigma\,\text{上，}\ T_i = \bar{T}_i. \quad \text{(I-2.27)}$$

2.6 余虚功原理

这一原理可以写成

$$\iiint_V \varepsilon_{ij} \delta\sigma_{ij} dV - \iint_{S_u} \delta T_i \bar{u}_i dS = 0, \quad \text{(I-2.28)}^{3)}$$

这里约束条件是

$$\text{在}\,V\,\text{内，}\ (\delta\sigma_{ij})_{,j} = 0, \quad \text{(I-2.29)}$$

和

$$\text{在}\,S_\sigma\,\text{上，}\ \delta T_i = 0. \quad \text{(I-2.30)}$$

这些变分原理以流程图的形式表示于图 I-1 的左列中．

1) 试与方程(2.41)作一比较．

2) 试与方程(2.23)作一比较．

3) 试与方程(1.50)作一比较．

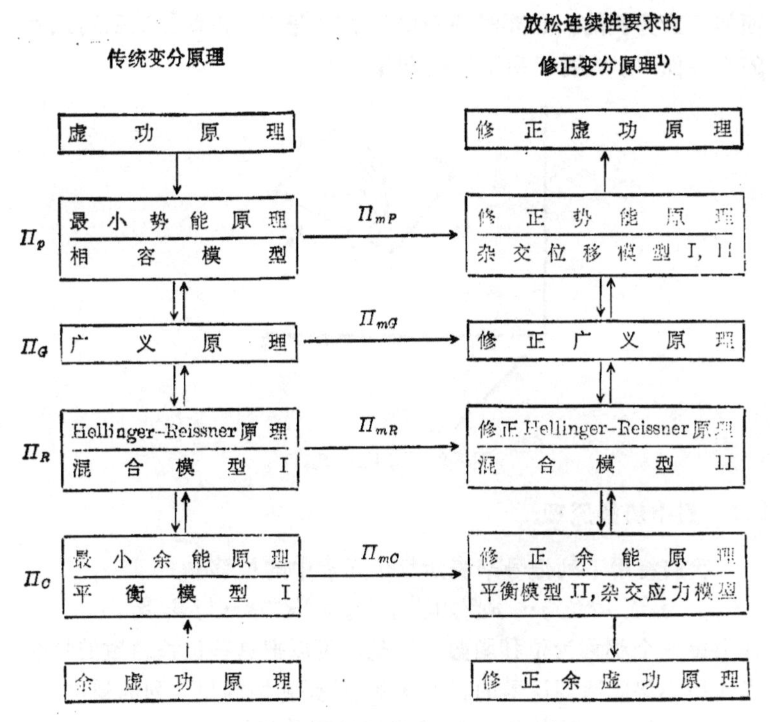

图 I-1 弹性静力学小位移理论的流程图

第三节 从最小势能原理进行修正变分原理的推导

本节的目的是按照图 I-1 的一条途径，从最小势能原理出发，导致修正势能原理和修正广义原理，最后得出修正 Hellinger-Reissner 原理．我们将讨论一个固体问题，它和前节所定义的一样，只是现在假想把区域V划分为有限数目的元素：$V_1, V_2, V_3, \cdots, V_N$．为了以后方便，我们用$V_a$和$V_b$表示两个任意的相邻元素，并用$S_{ab}$表示$V_a$和$V_b$元素的交界面，如图 I-2 所示，图中是以四

1) modified variational principle 译为变相变分原理，或许更好．——译者注

面体元素为例的．必要时分别用两个符号 S_{ab}^{*} 和 S_{ba}^{*}，来区别元素的交界面 S_{ab} 是属于 ∂V_a 还是 ∂V_b 的[1]．

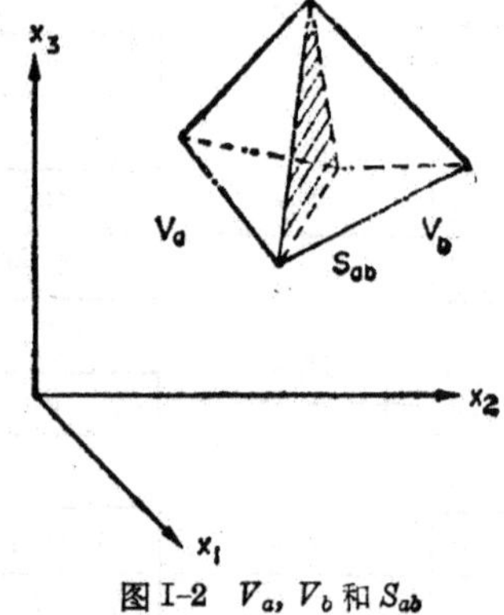

图 I-2 V_a, V_b 和 S_{ab}

3.1 最小势能原理

我们将用下列记号来表示每个元素中的位移 u_i:

$$u_i^{(1)},\ u_i^{(2)},\ \cdots,\ u_i^{(a)},\ u_i^{(b)},\ \cdots,\ u_i^{(N)};\quad i=1,\ 2,\ 3,$$

其中每一个都称为位移函数．于是，可以把这些位移函数的集合当作最小势能原理泛函的容许函数，只要它们满足下列的要求：

(i) 在每一元素中，它们是连续的和单值的．

(ii) 在元素的交界面上，它们是相容的[2]：

$$\text{在 } S_{ab} \text{ 上},\quad u_i^{(a)}=u_i^{(b)}. \tag{I-3.1}$$

(iii) 凡属于包含有 S_u 的某一元素的这类函数都满足方程(I-2.7)．

因而，如果位移函数选择得满足 (i), (ii) 和(iii) 的要求，那么，最小势能原理的泛函就由下式给出：

$$\Pi_P=\sum\iiint_{V_a}[A(u_i)-\bar{f}_iu_i]\,dV-\iint_{S_\sigma}\bar{T}_iu_idS, \tag{I-3.2}$$ [3]

式中记号 $\sum$ 意思是对所有的元素求和．在 Π_P 中经受变分的独立

1) ∂V_a 表示 V_a 的整个边界．

2) 关于相容(conforming)这个术语的定义，见参考文献 [14, 19]．

3) 试与方程 (I-2.19) 作一比较．

量是 $u_i^{(1)}, u_i^{(2)}, \cdots, u_i^{(a)}, u_i^{(b)}, \cdots, u_i^{(N)}$ (以后缩写为 $u_i^{(a)}$).

3.2 修正势能原理

下面,我们把约束条件 (I-3.1) 引入变分表达式的骨架中去,以推导出一种变分原理的公式. 利用定义在 S_{ab} 上的 Lagrange 乘子 λ_i, 就为一个修正原理得到如下的泛函:

$$\Pi_{mP1} = \Pi_P - \sum H_{ab1}, \tag{I-3.3}$$

式中 Π_P 由方程 (I-3.2) 给出,而

$$H_{ab1} = \iint_{S_{ab}} \lambda_i (u_i^{(a)} - u_i^{(b)}) dS. \tag{I-3.4}$$

在方程 (I-3.3) 中, H_{ab1}前面的记号 $\sum$ 意思是对所有元素的交界面求和. 在 Π_{mP1} 中, 经受变分的独立量是 $u_i^{(a)}$ 和 λ_i, 而带有约束条件即方程 (I-2.7). 关于泛函 Π_{mP1} 的原理称为放松连续性要求的第一修正势能原理,因为在 Π_{mP1} 中放松了 (ii) 的要求, 每一元素内的位移函数可以独自选择而不涉及相容性的要求. 经过若干计算,包括分部积分,表明在 S_{ab} 上 Π_{mP1} 的一次变分是

$$\delta \Pi_{mP1} = \cdots + \iint_{S_{ab}} \{[T_i^{(a)}(u_j^{(a)}) - \lambda_i] \delta u_i^{(a)} + [T_i^{(b)}(u_j^{(b)}) + \lambda_i] \delta u_i^{(b)} - (u_i^{(a)} - u_j^{(b)}) \delta \lambda_i\} dS + \cdots, \tag{I-3.5}$$

从而在 S_{ab} 上我们得到下列驻值条件:

$$T_i^{(a)}(u_j^{(a)}) = -T_i^{(b)}(u_j^{(b)}) = \lambda_i, \tag{I-3.6}$$

$$u_i^{(a)} = u_i^{(b)}, \tag{I-3.7}$$

式中 $T_i^{(a)}(u_j^{(a)})$ 和 $T_i^{(b)}(u_j^{(b)})$ 可以从下式求得

$$T_i^{(a)} = \sigma_{ij}^{(a)} n_j^{(a)}, \quad T_i^{(b)} = \sigma_{ij}^{(b)} n_j^{(b)}, \tag{I-3.8}$$

其中通过代入方程 (I-2.2) 和 (I-2.3), 以便用 $u_i^{(a)}$ 和 $u_i^{(b)}$ 分别表示 $\sigma_{ij}^{(a)}$ 和 $\sigma_{ij}^{(b)}$. 不言而喻, $n_i^{(a)}$ 和 $n_i^{(b)}$ 分别是 S_{ab}^* 和 S_{ba}^* 上外向法线的方向余弦,而且我们有

$$n_i^{(a)} = -n_i^{(b)}. \tag{I-3.9}$$

驻值条件 (I-3.6) 指出了 Lagrange 乘子的物理意义: λ_i 等于 S_{ab} 上的 $T_i^{(a)}(u_j^{(a)})$. 这里要指出, 这个修正原理不再是一个最小原理

了，而仅仅保持其驻值性质．泛函 Π_{mP1} 最早是由 Jones[20] 提出的，后来山本善之[21] 又作了进一步的发展．

把泛函 Π_{mP1} 略加修正．我们引进两个函数 $\lambda_i^{(a)}$ 和 $\lambda_i^{(b)}$，它们是分别定义在 S_{ab}^* 和 S_{ba}^* 上的，而且服从下列关系式：

$$\lambda_i^{(a)}+\lambda_i^{(b)}=0. \tag{I-3.10}$$

然后，写出

$$\lambda_i=\lambda_i^{(a)}, \quad -\lambda_i=\lambda_i^{(b)}, \tag{I-3.11}$$

方程 (I-3.4) 的被积函数就可表示为 $\lambda_i^{(a)}u_i^{(a)}+\lambda_i^{(b)}u_i^{(b)}$，而带有约束条件(I-3.10)．因此，引入一个在 S_{ab} 上定义的新 Lagrange 乘子 μ_i，我们就可以把方程(I-3.4)写成用 H_{ab2} 表示的一个等价形式如下：

$$H_{ab2}=\iint_{S_{ab}}[\lambda_i^{(a)}u_i^{(a)}+\lambda_i^{(b)}u_i^{(b)}-\mu_i(\lambda_i^{(a)}+\lambda_i^{(b)})]dS, \tag{I-3.12}$$

或

$$H_{ab2}=\iint_{S_{ab}^*}\lambda_i^{(a)}(u_i^{(a)}-\mu_i)dS+\iint_{S_{ba}^*}\lambda_i^{(b)}(u_i^{(b)}-\mu_i)dS. \tag{I-3.13}$$

用这样定义的 H_{ab2}，方程(I-3.3)可以写成另一形式如下：

$$\Pi_{mP2}=\Pi_P-\sum H_{ab2}. \tag{I-3.14}$$

这个原理称为放松连续性要求的第二修正势能原理，式中经受变分的独立量是 $u_i^{(a)}$，$\lambda_i^{(a)}$ 和 μ_i，而带有约束条件即方程(I-2.7)．在这些量当中，V_a 内的 $u_i^{(a)}$ 和 S_{ab}^* 上的 $\lambda_i^{(a)}$ 可以分别与 V_b 内的 $u_i^{(b)}$ 和 S_{ba}^* 上的 $\lambda_i^{(b)}$ 无关而各自选择，可是在 S_{ab} 上定义的 μ_i 对于 S_{ab}^* 和 S_{ba}^* 却必须是共同的．经过若干计算，包括分部积分，表明在 S_{ab} 上 Π_{mP2} 的一次变分是

$$\begin{aligned}\delta\Pi_{mP2}=\cdots+\iint_{S_{ab}}\{&[T_i^{(a)}(u_j^{(a)})-\lambda_i^{(a)}]\delta u_i^{(a)}+[T_i^{(b)}(u_j^{(b)})\\&-\lambda_i^{(b)}]\delta u_i^{(b)}+(u_i^{(a)}-\mu_i)\delta\lambda_i^{(a)}+(u_i^{(b)}-\mu_i)\delta\lambda_i^{(b)}\\&-(\lambda_i^{(a)}+\lambda_i^{(b)})\delta\mu_i\}dS+\cdots\end{aligned} \tag{I-3.15}$$

从而在 S_{ab} 上我们得到下列驻值条件：

$$\lambda_i^{(a)}=T_i^{(a)}(u_j^{(a)}), \quad \lambda_i^{(b)}=T_i^{(b)}(u_j^{(b)}), \tag{I-3.16}$$

$$u_i^{(a)}=\mu_i, \quad u_i^{(b)}=\mu_i, \tag{I-3.17}$$

$$\lambda_i^{(a)}+\lambda_i^{(b)}=0. \tag{I-3.18}$$

驻值条件(I-3.16)和(I-3.17)指出了 Lagrange 乘子的物理意义：$\lambda_i^{(a)}$，$\lambda_i^{(b)}$ 和 μ_i 分别等于 S_{ab}^* 上的 $T_i^{(a)}(u_j^{(a)})$，S_{ba}^* 上的 $T_i^{(b)}(u_j^{(b)})$ 和 S_{ab} 上的 u_i.

如果我们引用驻值条件(I-3.16)以便消去 $\lambda_i^{(a)}$ 和 $\lambda_i^{(b)}$，就可以把 H_{ab2} 写成另一形式如下：

$$H_{ab3}=\iint_{S_{ab}^*} T_i^{(a)}(u_j^{(a)})(u_i^{(a)}-\mu_i)dS$$

$$+\iint_{S_{ba}^*} T_i^{(b)}(u_j^{(b)})(u_i^{(b)}-\mu_i)dS, \tag{I-3.19}$$

并得到

$$\Pi_{mP3}=\Pi_P-\sum H_{ab3}. \tag{I-3.20}$$

这个原理称为**放松连续性要求的第三修正势能原理**，式中经受变分的独立量是 $u_i^{(a)}$ 和 μ_i，而带有约束条件方程(I-2.7)．在这些经受变分的量当中，V_a 内的 $u_i^{(a)}$ 可以与 V_b 内的 $u_i^{(b)}$ 无关而自行选择，可是 μ_i 对于 S_{ab}^* 和 S_{ba}^* 就应该是共同的．泛函 Π_{mP2} 和 Π_{mP3} 等价于董平 [22] 原先推导的那些泛函．为简便起见，此后把一些放松连续性要求的修正原理简称为修正原理.

3.3 修正广义原理

象这样导出的修正势能原理可以按熟悉的方式加以推广．我们将从泛函 Π_{mP2} 出发为一种广义原理求得泛函如下：

$$\Pi_{mG1}=\sum\iiint_{V_a}\{A(\varepsilon_{ij})-\bar{f}_i u_i-\sigma_{ij}[\varepsilon_{ij}-\frac{1}{2}(u_{i,j}+u_{j,i})]\}dV$$

$$-\sum H_{ab2}-\iint_{S_\sigma}\bar{T}_i u_i dS-\iint_{S_u} p_i(u_i-\bar{u}_i)dS. \tag{I-3.21}$$ [1]

式中经受变分的独立量是 $\varepsilon_{ij}^{(a)}$，$\sigma_{ij}^{(a)}$，$u_i^{(a)}$，$\lambda_i^{(a)}$ 和 μ_i，而没有约束条件．可以证明，在 S_{ab} 上，Π_{mG1} 的驻值条件给出

1) 试与方程 (I-2.21) 作一比较。

$$\lambda_i^{(a)}=T_i^{(a)}, \quad \lambda_i^{(b)}=T_i^{(b)}, \tag{I-3.22}$$

以及方程(I-3.17)和(I-3.18). 因此, 我们可以把属于这一广义原理的泛函写成另一等价形式如下:

$$\Pi_{mG2}=\sum\iiint_{V_a}\left\{A(\varepsilon_{ij})-\bar{f}_iu_i-\sigma_{ij}\left[\varepsilon_{ij}-\frac{1}{2}(u_{i,j}+u_{j,i})\right]\right\}dV$$
$$-\sum H_{ab4}-\iint_{S_\sigma}\bar{T}_iu_i\,dS-\iint_{S_u}T_i(u_i-\bar{u}_i)\,dS, \tag{I-3.23}$$ [1]

式中

$$H_{ab4}=\iint_{S_{ab}}\left[T_i^{(a)}u_i^{(a)}+T_i^{(b)}u_i^{(b)}-\mu_i(T_i^{(a)}+T_i^{(b)})\right]dS, \tag{I-3.24}$$

或

$$H_{ab4}=\iint_{S_{ab}^*}T_i^{(a)}(u_i^{(a)}-\mu_i)\,dS+\iint_{S_{ba}^*}T_i^{(b)}(u_i^{(b)}-\mu_i)\,dS. \tag{I-3.25}$$

在方程(I-3.23)中, 经受变分的独立量是 $\varepsilon_{ij}^{(a)}$, $\sigma_{ij}^{(a)}$, $u_i^{(a)}$ 和 μ_i, 而没有约束条件.

3.4 修正 Hellinger-Reissner 原理

利用驻值条件 (I-2.4), 从泛函 Π_{mG2} 消去 ε_{ij} 就导致修正 Hellinger-Reissner 泛函:

$$\Pi_{mR}=\sum\iiint_{V_a}\left[-B(\sigma_{ij})+\frac{1}{2}\sigma_{ij}(u_{i,j}+u_{j,i})-\bar{f}_iu_i\right]dV$$
$$-\sum\iint_{S_{ab}}\left[T_i^{(a)}u_i^{(a)}+T_i^{(b)}u_i^{(b)}-\mu_i(T_i^{(a)}+T_i^{(b)})\right]dS$$
$$-\iint_{S_\sigma}\bar{T}_iu_i\,dS-\iint_{S_u}T_i(u_i-\bar{u}_i)\,dS, \tag{I-3.26}$$ [2]

式中经受变分的独立量是 $\sigma_{ij}^{(a)}$, $u_i^{(a)}$ 和 μ_i, 而没有约束条件, 经过分部积分, 我们可以为修正 Hellinger-Reissner 泛函得出另一表达式:

$$-\Pi_{mR}^*=\sum\iiint_{V_a}\left[B(\sigma_{ij})+(\sigma_{ij,j}+\bar{f}_i)u_i\right]dV$$

---

1) 试与方程 (I-2.22) 作一比较.

2) 试与方程(I-2.23)作一比较.

$$-\sum G_{ab}-\iint_{S_\sigma}(T_i-\bar{T}_i)u_i dS-\iint_{S_u}T_i\bar{u}_i dS, \qquad (\text{I–3.27})^{1)}$$

式中

$$G_{ab}=\iint_{S_{ab}}\mu_i(T_i^{(a)}+T_i^{(b)})dS, \qquad (\text{I–3.28})$$

而经受变分的独立量是 $\sigma_{ij}^{(a)}$, $u_i^{(a)}$ 和 μ_i，并没有约束条件.

第四节　从最小余能原理进行修正变分原理的推导

本节的目的是按照图 I–1 的一条途径，从最小余能原理出发，导致修正余能原理，最后得出修正 Hellinger–Reissner原理. 我们将讨论的问题和第三节开头所定义的一样，并为有限元素的集合体进行最小余能原理的公式推导.

4.1　最小余能原理

我们将用下列记号来表示每个元素中的应力：

$$\sigma_{ij}^{(1)}\sigma_{ij}^{(2)}, \cdots, \sigma_{ij}^{(a)}, \sigma_{ij}^{(b)}, \cdots, \sigma_{ij}^{(N)}; \quad i, j=1, 2, 3,$$

其中每一个都称为关于应力的函数 (function for stresses). 可以把这些关于应力的函数的集合当作最小余能原理泛函的容许函数，只要它们满足下列要求：

(i) 在每一元素中，它们是连续的和单值的，并且满足方程 (I–2.1).

(ii) 在元素的交界面上，它们满足平衡条件：

$$\text{在 } S_{ab} \text{ 上}, \ T_i^{(a)}+T_i^{(b)}=0, \qquad (\text{I–4.1})$$

式中 $T_i^{(a)}$ 和 $T_i^{(b)}$ 是由方程 (I–3.8) 定义的.

(iii) 凡属于包含有 S_σ 的某一元素的这类函数都满足方程 (I–2.5).

因而，如果关于应力的函数选择得满足 (i), (ii) 和 (iii) 的要求，那么，最小余能原理的泛函就由下式给出：

---

1) 试与方程 (I–2.24) 作一比较.

$$\Pi_C=\sum\iiint_{V_a} B(\sigma_{ij})dV-\iint_{S_u} T_i\bar{u}_i dS, \qquad \text{(I-4.2)}^{1)}$$

式中经受变分的独立量是 $\sigma_{ij}^{(a)}$.

下面，我们把约束条件(I-4.1)引入变分表达式的骨架中去，以推导一种变分原理的公式. 利用定义在 S_{ab} 上的 Lagrange乘子 μ_i, 就为一个修正原理得到如下的泛函:

$$\Pi_{mC}=\Pi_C-\sum G_{ab}, \qquad \text{(I-4.3)}$$

式中 Π_C 由方程(I-4.2)给出，并定义

$$G_{ab}=\iint_{S_{ab}} \mu_i(T_i^{(a)}+T_i^{(b)})dS, \qquad \text{(I-4.4)}$$

而经受变分的独立量是 $\sigma_{ij}^{(a)}$ 和 μ_i, 带有约束条件即方程(I-2.1)和(I-2.5). 关于泛函 Π_{mC} 的原理称为放松连续性要求的修正余能原理，因为在 Π_{mC} 中放松了(ii)的要求，每一元素内关于应力的函数可以独自选择而不涉及元素交界面上的平衡要求. 这里要指出，这个修正原理不再是一个最小原理了，而仅仅保持它的驻值性质. 泛函 Π_{mC} 最早是由卞学璜推出的[4,5].

4.2 修正 Hellinger-Reissner 原理

下面，我们利用 Lagrange 乘子 u_i 把约束条件 (I-2.1) 和 (I-2.5)引入泛函表达式 Π_{mC} 的骨架中去. 于是，可以得到与方程(I-3.27)所给出的修正 Hellinger-Reissner 原理的泛函 $-\Pi_{mR}^*$ 相同的泛函. 不言而喻，通过分部积分，就可以简单地把这样得到的 $-\Pi_{mR}^*$ 变换成为方程(I-3.26)所定义的 Π_{mR}.

到此为止，已经跟踪了图 I-1 的流程图中两条途径. 图中的箭头表明从一个原理导致另一个原理的惯常途径. 建议读者跟随这些箭头自己去熟悉这些变换.

在流程图中，还列举了几种典型的有限元素模型，它们同作为这些模型基础的变分原理放在一起. 详细描绘这些变分原理与相应的有限元素模型间的相互关系，已超出了本附录意图的范围.

1) 试与方程(I-2.25)作一比较。

因此，这里仅就基于虚功原理的有限元素模型作一简要叙述．对于这类相互关系的细节，建议读者查阅有关文献，例如参考文献[5]到[8]以及[23]．

正如在本书绪论中提到过的，基于虚功原理的一个近似解法称为Галёркин 法，可以认为它是加权残余法的一种应用．就小位移理论弹性静力学问题而言，这个方法所提供的有限元素公式，和采用相容模型所得的公式是等价的．但是，在应用到小位移弹性力学问题以外的一些问题时，虚功原理或它的等价原理就提供了比变分原理更为广阔的基础．对于以余虚功原理、修正虚功原理和修正余虚功原理为基础的有限元素公式推导，也可以作出类似的结论．

习题 1．试证明修正虚功原理是由下式给出的：

$$\sum\iiint_{V_a}[\sigma_{ij}\delta\varepsilon_{ij}-\bar{f}_i\delta u_i]dV-\sum\delta\iint_{S_{ab}}\lambda_i(u_i^{(a)}-u_i^{(b)})dS$$
$$-\iint_{S_\sigma}\bar{T}_i\delta u_i dS=0, \qquad (\text{I-4.5})$$

这里约束条件由方程(I–2.17)和(I–2.18)给出．

习题 2．试证明修正余虚功原理是由下式给出的：

$$\sum\iiint_{V_a}\varepsilon_{ij}\delta\sigma_{ij}dV-\sum\delta\iint_{S_{ab}}\mu_i(T_i^{(a)}+T_i^{(b)})dS$$
$$-\iint_{S_u}\delta T_i\bar{u}_i dS=0, \qquad (\text{I-4.6})$$

这里约束条件由方程(I–2.29)和(I–2.30)给出．

习题 3．阅读参考文献[5]，[6]，[7]和[22]，并表明：

(a) 假定了沿所有的元素交界面的位移 $\mu_i(=u_i)$，通过最小势能原理，采用以 Π_{mP2} 或 Π_{mP3} 为基础的杂交位移模型 II，可求出每个元素的刚度矩阵．

(b) 假定了沿所有的元素交界面的位移 $\mu_i(=u_i)$，通过最小余能原理，采用以 Π_{mC} 为基础的杂交应力模型，可求出每个元素的刚度矩阵．

习题 4. 试证明，通过引进一个由下式定义的新量 e：

$$3e=\varepsilon_x+\varepsilon_y+\varepsilon_z,$$

方程(2.3)所给出的应变能函数 A，可以推广如下：

$$\begin{aligned}
&A(\varepsilon_x,\ \varepsilon_y,\ \cdots,\ \gamma_{xy};\ e,\ H)\\
&=\frac{G\nu}{(1-2\nu)}(3e)^2+G(\varepsilon_x^2+\varepsilon_y^2+\varepsilon_z^2)\\
&\quad+\frac{1}{2}G(\gamma_{yz}^2+\gamma_{zx}^2+\gamma_{xy}^2)-2\nu GH[3e-(\varepsilon_x+\varepsilon_y+\varepsilon_z)],
\end{aligned}$$

式中 H 是一个 Lagrange 乘子，对它乘以 $2\nu G$ 是为了计算方便.

其次，试证明：通过利用 $A(\varepsilon_x,\ \varepsilon_y,\ \cdots,\ \gamma_{xy};\ e,\ H)$ 对于 e 的驻值条件，即

$$3e=(1-2\nu)H,$$

以便消去e，就可把 $A(\varepsilon_x,\ \varepsilon_y,\ \cdots,\ \gamma_{xy};\ e,\ H)$ 变换成为

$$\begin{aligned}
&A(\varepsilon_x,\ \varepsilon_y,\ \cdots,\ \gamma_{xy};\ H)\\
&=G[\varepsilon_x^2+\varepsilon_y^2+\varepsilon_z^2+\frac{1}{2}(\gamma_{yz}^2+\gamma_{zx}^2+\gamma_{xy}^2)\\
&\quad+2\nu H(\varepsilon_x+\varepsilon_y+\varepsilon_z)-\nu(1-2\nu)H^2].
\end{aligned}$$

最后，试表明 $A(\varepsilon_x,\ \varepsilon_y,\ \cdots,\ \gamma_{xy};\ H)$ 等价于由 Herrmann 导出的对于接近不可压缩材料的应变能函数[9,10].

第五节　用于薄板弯曲的传统变分原理

我们将把本节和下一节专门用于对第 8.1 节所定义的问题(即基于 Kirchhoff 假说的薄板弯曲)，进行传统和修正变分原理的推导，这是因为在各种有限元素模型的数字例题中，常常要研究板的弯曲问题. 我们首先来复习一下这个问题的几个基本关系式. 除非另有说明，这里将采用第八章里用过的同样记号.

我们记得，在薄板弯曲理论中，应力-应变关系是由方程(8.2)给出的，而应变能函数 A 和余能函数 B 分别是

$$A=\frac{E}{2(1-\nu^2)}(\varepsilon_x+\varepsilon_y)^2+\frac{G}{2}(\gamma_{yz}^2+\gamma_{zx}+\gamma_{xy}^2-4\varepsilon_x\varepsilon_y),\quad \text{(I-5.1)}^{1)}$$

1) 参看附录 B 的方程(3)和(4).

和

$$B=\frac{1}{2E}\left[(\sigma_x+\sigma_y)^2+2(1+\nu)(\tau_{yz}^2+\tau_{zx}^2+\tau_{xy}^2-\sigma_x\sigma_y)\right].$$

(I-5.2)[1)]

我们还记得 Kirchhoff 假说强加了几何约束，使得

$$U=-zw_{,x},\quad V=-zw_{,y},\quad W=w,\qquad \text{(I-5.3)}$$ [2)]

其结果是

$$\begin{aligned}&\varepsilon_x=-zw_{,xx},\quad \varepsilon_y=-zw_{,yy},\\&\gamma_{xy}=-2zw_{,xy},\quad \varepsilon_z=\gamma_{xz}=\gamma_{yz}=0,\end{aligned}\qquad \text{(I-5.4)}$$ [3)]

式中 $w(x, y)$ 是中面沿 z 轴方向的位移. 这里要注明两个关系式，因为在随后的一些公式推导中常常用到它们：

$$\begin{aligned}&(\ )_{,x}=l(\ )_{,\nu}-m(\ )_{,s},\\&(\ )_{,y}=m(\ )_{,\nu}+l(\ )_{,s},\end{aligned}\qquad \text{(I-5.5)}$$ [4)]

上式在边界 C 上成立；还有

$$\begin{aligned}&\iint_{S_m}[M_xw_{,xx}+2M_{xy}w_{,xy}+M_yw_{,yy}]dxdy\\&=\int_{C_\sigma+C_u}[-V_zw+M_\nu w_{,\nu}+M_{\nu s}w_{,s}]ds\\&\quad+\iint_{S_m}[M_{x,xx}+2M_{xy,xy}+M_{y,yy}]wdxdy,\end{aligned}\qquad \text{(I-5.6)}$$ [5)]

式中 V_z, M_ν 和 $M_{\nu s}$ 是由方程 (8.24) 和 (8.25) 通过 M_x, M_y 和 M_{xy} 定义的.

5.1 最小势能原理

对于板的弯曲问题，最小势能原理的泛函给出如下：

1) 参看附录 B 的方程 (3) 和 (4).

2) 参看方程 (8.14).

3) 参看方程 (8.15).

4) 参看方程 (8.20).

5) 参看方程 (8.19), (8.20) 和 (8.21). 这里用了记号 C_σ 和 C_u 来分别代替 C_1 和 C_2.

$$\Pi_P = \iint_{S_m} [\hat{A}(w) - \bar{p}w]\, dxdy + \int_{C_\sigma} [-\bar{V}_z w + \bar{M}_\nu w_{,\nu} + \bar{M}_{\nu s} w_{,s}]\, ds, \tag{I-5.7}$$

式中

$$\hat{A}(w) = \frac{D}{2}[(w_{,xx} + w_{,yy})^2 + 2(1-\nu)(w_{,xy}^2 - w_{,xx}w_{,yy})], \tag{I-5.8}$$

而约束条件是

$$\text{在 } C_u \text{ 上,} \quad w = \bar{w}, \quad w_{,\nu} = \overline{w_{,\nu}}. \tag{I-5.9}$$

泛函(I-5.7)可以按类似于第8.2节的推演方式,从方程(I-2.19)导出,步骤是首先把方程(I-5.1),(I-5.3)和(I-5.4)代入方程(I-2.19),然后完成对z的积分,其中注意到

$$dS = dzds. \tag{I-5.10}$$

在第8.2节里曾进一步完成了分部积分,以便求出按方程(8.31)方式给出的力学边界条件.然而,象方程(I-5.7)那样写成在C_σ上的积分,对于后面的公式推导就更加合适.

5.2 广义原理

泛函(I-5.7)可以经过熟悉的步骤加以变换,而得到用于一个广义原理的泛函:

$$\begin{aligned}\Pi_{G1} = &\iint_{S_m} [\hat{A}(\varkappa_x, \varkappa_y, \varkappa_{xy}) + (\varkappa_x - w_{,xx})M_x \\ &+ (\varkappa_y - w_{,yy})M_y + 2(\varkappa_{xy} - w_{,xy})M_{xy} - \bar{p}w]\, dxdy \\ &+ \int_{C_\sigma} [-\bar{V}_z w + \bar{M}_\nu w_{,\nu} + \bar{M}_{\nu s} w_{,s}]\, ds \\ &+ \int_{C_u} [-(w - \bar{w})P_3 + (w_{,\nu} - \overline{w_{,\nu}})P_1 \\ &+ (w_{,s} - \bar{w}_{,s})P_2]\, ds,\end{aligned} \tag{I-5.11}$$

式中

$$\hat{A}(\varkappa_x, \varkappa_y, \varkappa_{xy}) = \frac{D}{2}[(\varkappa_x + \varkappa_y)^2 + 2(1-\nu)(\varkappa_{xy}^2 - \varkappa_x\varkappa_y)], \tag{I-5.12}$$

而P_1, P_2和P_3是在C_u上的Lagrange乘子,由后面的方程

(I-5.17)来定义．方程(I-5.11)右边的末项，可以从第二章方程(2.26)右边的末项求得，对于本问题，把它列出如下：

$$-\int_{C_u}\int_{-h/2}^{h/2}[(U-\overline{U})p_x+(V-\overline{V})p_y+(W-\overline{W})p_z]dzds, \quad \text{(I-5.13)}$$

式中 p_x, p_y 和 p_z 是 Lagrange 乘子，它们把几何边界条件引进了变分表达式．利用方程(I-5.3)，(I-5.5)和(I-5.9)，我们可以导出下列在边界 C_u 上的几何关系式：

$$\begin{aligned}&U=-zw_{,x}=-z(lw_{,\nu}-mw_{,s}),\\&V=-zw_{,y}=-z(mw_{,\nu}+lw_{,s}),\\&W=w,\end{aligned} \quad \text{(I-5.14)}$$

和

$$\begin{aligned}&\overline{U}=-z(l\overline{w}_{,\nu}-m\overline{w}_{,s}),\\&\overline{V}=-z(m\overline{w}_{,\nu}+l\overline{w}_{,s}),\\&\overline{W}=\overline{w}.\end{aligned} \quad \text{(I-5.15)}$$

将方程(I-5.14)和(I-5.15)代入积分(I-5.13)，并对 z 进行积分，就把该积分转换为

$$\int_{C_u}[-(w-\overline{w})P_3+(w_{,\nu}-\overline{w_{,\nu}})P_1+(w_{,s}-\overline{w}_{,s})P_2]ds, \quad \text{(I-5.16)}$$

式中

$$\begin{aligned}&P_1=l\int p_xzdz+m\int p_yzdz,\\&P_2=-m\int p_xzdz+l\int p_yzdz,\\&P_3=\int p_zdz,\end{aligned} \quad \text{(I-5.17)}$$

从而得到了方程(I-5.11)中的末项．这里提一下，方程(I-5.11)中的 Lagrange 乘子 P_2 和 P_3 不能认为是独立的，因为在 C_u 上 w 和 $w_{,s}$ 不是独立的[1]．

在消去了 Lagrange 乘子 P_1, P_2 和 P_3 后，我们可以得到广义变分原理的另一种表达式．为此目的，可以要求 $\delta\Pi_{G1}$ 中在 C_u 上的 δw 和 $\delta w_{,\nu}$ 的系数为零．经过若干运算，包括分部积分，以及利用方程(I-5.6)之后，我们看到在 C_u 上 Π_{G1} 的一次变分取下列形

1) 见第8.2节。

式:

$$\int_{C_u}[(V_s-P_3)\delta w-(M_\nu-P_1)\delta w_{,\nu}-(M_{\nu s}-P_2)\delta w_{,s}]ds+\cdots$$
$$=-(M_{\nu s}-P_2)\delta w|_{C_u}+\int_{C_u}\{[(V_s+M_{\nu s,s})$$
$$-(P_3+P_{2,s})]\delta w-(M_\nu-P_1)\delta w_{,\nu}\}ds+\cdots. \qquad (I-5.18)$$

因此，关于在 C_u 上 δw 和 $\delta w_{,\nu}$ 的系数必须为零的要求给出：

$$在\ C_u\ 上, \quad V_s+M_{\nu s,s}=P_3+P_{2,\nu}, \quad M_\nu=P_1, \qquad (I-5.19)$$

和

$$在\ C_u\ 的端点上, \quad M_{\nu s}=P_2. \qquad (I-5.20)$$

我们从方程(I-5.19)和(I-5.20)看到，在积分(I-5.16)中，可以用 M_ν, $M_{\nu s}$ 和 V_s 分别代替 P_1, P_2 和 P_3. 这样，就可以把 Π_{G1} 变换为

$$\Pi_{G2}=\iint_{S_m}[\hat{A}(\varkappa_x, \varkappa_y, \varkappa_{xy})+(\varkappa_x-w_{,xx})M_x$$
$$+(\varkappa_y-w_{,yy})M_y+2(\varkappa_{xy}-w_{,xy})M_{xy}-\bar{p}w]dxdy$$
$$+\int_{C_\sigma}[-\bar{V}_sw+\bar{M}_\nu w_{,\nu}+\bar{M}_{\nu s}w_{,s}]ds$$
$$+\int_{C_u}[-V_s(w-\bar{w})+M_\nu(w_{,\nu}-\overline{w_{,\nu}})$$
$$+M_{\nu s}(w_{,s}-\bar{w}_{,s})]ds, \qquad (I-5.21)$$

式中经受变分的独立量是 $\varkappa_x$, $\varkappa_y$, $\varkappa_{xy}$, w, M_x, M_y 和 M_{xy}，而带有的约束条件是在 C_u 的端点上 $w=\bar{w}$[1].

5.3 Hellinger-Reissner 原理

我们通过利用驻值条件即方程(8.54)，可以从泛函 Π_{G2} 中消去 $\varkappa_x$, $\varkappa_y$ 和 $\varkappa_{xy}$，从而得到 Hellinger-Reissner 原理的泛函

$$\Pi_R=\iint_{S_m}[-M_xw_{,xx}-M_yw_{,yy}-2M_{xy}w_{,xy}$$

---

1) 利用在 $C_\sigma+C_u$ 上 Π_{G1} 的驻值条件消去 P_1, P_2 和 P_3，可得到不带约束条件的泛函 Π_{G2}. 这是通过在方程(I-5.21)右边附加上 $-\sum(w-\bar{w})(M_{\nu s}-\bar{M}_{\nu s})|_{C_u}$ 的项而给出的，其中 $\sum$ 意思是对所有的 C_u 求和。

$$
\begin{aligned}
&-\hat{B}(M_x,\ M_y,\ M_{xy})-\bar{p}w]\,dxdy\\
&+\int_{C_\sigma}[-\bar{V}_z w+\bar{M}_\nu w_{,\nu}+\bar{M}_{\nu s}w_{,s}]\,ds\\
&+\int_{C_u}[-V_z(w-\bar{w})+M_\nu(w_{,\nu}-\overline{w_{,\nu}})\\
&+M_{\nu s}(w_{,s}-\bar{w}_{,s})]\,ds,
\end{aligned}
\tag{I-5.22}
$$

式中

$$
\begin{aligned}
\hat{B}(M_x,\ M_y,\ M_{xy})=\frac{1}{2}\ \frac{12}{Eh^3}[&(M_x+M_y)^2\\
&+2(1+\nu)(M_{xy}^2-M_xM_y)].
\end{aligned}
\tag{I-5.23}
$$

利用方程(I-5.6),可以把泛函(I-5.22)变换成 Hellinger-Reissner 原理泛函的另一种表达式:

$$
\begin{aligned}
-\Pi_R^*=&\iint_{S_m}[\hat{B}(M_x,\ M_y,\ M_{xy})+(M_{x,xx}+2M_{xy,xy}\\
&+M_{y,yy}+\bar{p})w]\,dx\,dy+\int_{C_\sigma}[-(V_z-\bar{V}_z)w\\
&+(M_\nu-\bar{M}_\nu)w_{,\nu}(M_{\nu s}-\bar{M}_{\nu s})w_{,s}]\,ds+\\
&+\int_{C_u}[-V_z\bar{w}+M_\nu\overline{w_{,\nu}}+M_{\nu s}\bar{w}_{,s}]\,ds.
\end{aligned}
\tag{I-5.24}
$$

显然,最小余能原理的泛函可以从方程(I-5.24)导出.这里我们再次指出,在 Kirchhoff 假说下为平板弯曲问题推导力学边界条件的公式时,一定要特别小心.

第六节 用于薄板弯曲的修正变分原理的推导

我们来继续讨论上一节定义的问题,只是区域 S_m 现在是划分成若干有限元素:$S_1,\ S_2,\ \cdots,\ S_N$,而整个区域是作为这些元素的集合体来处理的.为了以后的方便,我们用 S_a 和 S_b 表示两个任意的相邻元素,而用 C_{ab} 表示 S_a 和 S_b 元素的交界面,如图 I-3 所示.必要时分别用两个符号 C_{ab}^* 和 C_{ba}^*,来区别元素的交界面 C_{ab} 是属于 ∂S_a 还是 ∂S_b 的.在同一个图里,标有 s_a 和 s_b 的箭头,分别表示沿着 ∂S_a 和 ∂S_b 的边界来量取 s 的方向.此外,标有 ν_a 和

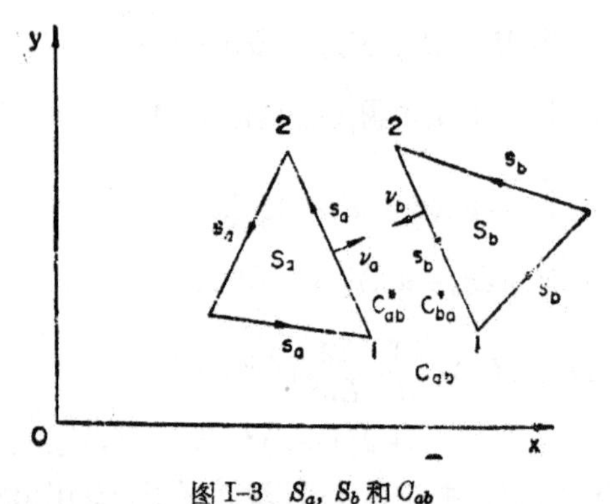

图 I-3　S_a, S_b 和 C_{ab}

ν_b 的两个箭头分别表示 C^*_{ab} 和 C^*_{ba} 上的外向法线.

6.1　最小势能原理

我们将用下列记号来表示每个元素中的挠度 $w(x, y)$:

$$w^{(1)}, w^{(2)}, \cdots, w^{(a)}, w^{(b)}, \cdots, w^{(N)}.$$

可以把这些位移函数的集合当作最小势能原理泛函的容许函数, 只要它们满足下列要求:

（i）在每一元素中, 它们是连续的和单值的.

（ii）在元素的交界面上, 它们是相容的:

$$\text{在 } C_{ab} \text{ 上,}\quad w^{(a)}=w^{(b)},\quad w^{(a)}_{,\nu_a}=-w^{(b)}_{,\nu_b}. \tag{I-6.1}$$

(iii) 凡属于包含有 C_u 的某一元素的这类函数都满足方程(I-5.9).

因而, 如果位移函数选择得满足(i), (ii)和(iii)的要求, 那么, 最小势能原理的泛函就由下式给出:

$$\Pi_P=\sum\iint_{S_a}[\hat{A}(w)-\bar{p}w]\,dxdy$$
$$+\int_{C_\sigma}[-\bar{V}_s w+\bar{M}_\nu w_{,\nu}+\bar{M}_{\nu s}w_{,s}]\,ds, \qquad \text{(I-6.2)}^{1)}$$

式中记号 $\sum$ 意思是对所有的元素求和. 在 Π_P 中经受变分的独立量是 $w^{(a)}$, 而带有约束条件(ii)和(iii).

1) 试与方程(I-5.7)作一比较.

6.2 修正势能原理

下面，我们把约束条件(I-6.1)引入变分表达式的骨架中去，以推导一种变分原理的公式. 利用由方程(I-3.4)定义的H_{ab1},并记住

$$U^{(a)}=-zw^{(a)}_{,x},\quad U^{(b)}=-zw^{(b)}_{,x},$$
$$V^{(a)}=-zw^{(a)}_{,y},\quad V^{(b)}=-zw^{(b)}_{,y},$$
$$W^{(a)}=w^{(a)},\quad W^{(b)}=w^{(b)},$$

和

$$(\ )_{,x}=l(\ )_{,\nu_a}-m(\ )_{,s_a},$$
$$(\ )_{,y}=m(\ )_{,\nu_a}+l(\ )_{,s_a},$$
$$(\ )_{,x}=-l(\ )_{,\nu_b}+m(\ )_{,s_b},$$
$$(\ )_{,y}=-m(\ )_{,\nu_b}-l(\ )_{,s_b},$$

式中l和m是法线ν_a的方向余弦,我们可以把H_{ab1}变换为

$$H_{ab1}=\int_{C^*_{ab}}[\Lambda_3w^{(a)}-\Lambda_1w^{(a)}_{,\nu_a}-\Lambda_2w^{(a)}_{,s_a}]ds_a$$
$$+\int_{C^*_{ba}}[-\Lambda_3w^{(b)}-\Lambda_1w^{(b)}_{,\nu_b}-\Lambda_2w^{(b)}_{,s_b}]ds_b,\qquad\text{(I-6.3)}$$

式中

$$\Lambda_1=l\int\lambda_1zdz+m\int\lambda_2zdz,$$
$$\Lambda_2=-m\int\lambda_1zdz+l\int\lambda_2zdz,\qquad\text{(I-6.4)}$$
$$\Lambda_3=\int\lambda_3dz,$$

它们是从(λ_1, λ_2, λ_3)导出的 Lagrange 乘子. 因此,我们就为修正势能原理得到如下的泛函:

$$\Pi_{mP1}=\Pi_P-\sum H_{ab1},\qquad\text{(I-6.5)}$$

式中Π_P和H_{ab1}分别由方程 (I-6.2) 和 (I-6.3) 给出. 这里提一下，在H_{ab1}中的 Lagrange 乘子Λ_2和Λ_3不能认为是独立的，因为在C_{ab}上,$w^{(a)}$和$w^{(a)}_{,s_a}$以及$w^{(b)}$和$w^{(b)}_{,s_b}$都不是独立的.

习题　试证明H_{ab1}可以通过分部积分变换成如下形式:

$$H_{ab1}=\int_{C_{ab}^{*}}[(\Lambda_3+\Lambda_{2,s_a})w^{(a)}-\Lambda_1 w_{,\nu_a}^{(a)}]ds_a$$

$$+\int_{C_{ba}^{*}}[-(\Lambda_3+\Lambda_{2,s_a})w^{(b)}-\Lambda_1 w_{,\nu_b}^{(b)}]ds_b$$

$$-\Lambda_2(w^{(a)}-w^{(b)})|_1^2, \tag{I-6.6}$$

式中记号$|_1^2$的意思是取C_{ab}端点的值. 附注: 见方程(8.27).

6.3 修正广义原理

我们注明(略去代数细节), 属于修正广义原理的下列泛函可以从方程(I-6.5)导出,

$$\Pi_{mG}=\sum\iint_{S_a}[\hat{A}(\varkappa_x, \varkappa_y, \varkappa_{xy})+(\varkappa_x-w_{,xx})M_x$$

$$+(\varkappa_y-w_{,yy})M_y+2(\varkappa_{xy}-w_{,xy})M_{xy}-\bar{p}w]dxdy$$

$$-\sum H_{ab1}+\int_{C_\sigma}[-\bar{V}_s w+\bar{M}_\nu w_{,\nu}+\bar{M}_{\nu s}w_{,s}]ds$$

$$+\int_{C_u}[-P_3(w-\bar{w})+P_1(w_{,\nu}-\overline{w_{,\nu}})+P_2(w_{,s}-\bar{w}_{,s})]ds. \tag{I-6.7}$$

[1]

6.4 修正 Hellinger-Reissner 原理

利用方程(8.54), 我们可以从方程 (I-6.7) 中消去$\varkappa_x$, $\varkappa_y$和$\varkappa_{xy}$, 从而得到修正 Hellinger-Reissner 原理的泛函:

$$\Pi_{mR}=\sum\iint_{S_a}[-M_x w_{,xx}-M_y w_{,yy}-2M_{xy}w_{,xy}$$

$$-\hat{B}(M_x, M_y, M_{xy})-\bar{p}w]dxdy$$

$$-\sum H_{ab1}+\int_{C_\sigma}[-\bar{V}_s w+\bar{M}_\nu w_{,\nu}+\bar{M}_{\nu s}w_{,s}]ds+\int_{C_u}[-P_3(w$$

$$-\bar{w})+P_1(w_{,\nu}-\overline{w_{,\nu}})+P_2(w_{,s}-\bar{w}_{,s})]ds. \tag{I-6.8}$$

[2]

---

1) 试与方程(I-5.21)作一比较.

2) 试与方程(I-5.22)作一比较.

习题 1. 通过引入新的函数：

在 C^*_{ab} 上定义 $\Lambda_1^{(a)}, \Lambda_2^{(a)}, \Lambda_3^{(a)}$,

在 C^*_{ba} 上定义 $\Lambda_1^{(b)}, \Lambda_2^{(b)}, \Lambda_3^{(b)}$,

和

在 C_{ab} 上定义 μ_1, μ_2.

试证明表达式(I-6.3)可以写成用 H_{ab2} 表示的一种等价形式如下：

$$H_{ab2}=\int_{C^*_{ab}}[\Lambda_3^{(a)}(w^{(a)}-\mu_1)-\Lambda_1^{(a)}(w^{(a)}_{,\nu_a}-\mu_2)-\Lambda_2^{(a)}(w^{(a)}-\mu_1)_{,s_a}]ds_a+\int_{C^*_{ba}}[\Lambda_3^{(b)}(w^{(b)}-\mu_1)-\Lambda_1^{(b)}(w^{(b)}_{,\nu_b}+\mu_2)-\Lambda_2^{(b)}(w^{(b)}-\mu_1)_{,s_b}]ds_b. \tag{I-6.9}$$

习题 2. 在方程(I-6.8)中，用方程(I-6.9)的 H_{ab2} 代替 H_{ab1}，试证明方程(I-6.8)在 C_{ab} 上对于 $w^{(a)}$ 和 $w^{(b)}$ 的驻值条件，允许我们在方程(I-6.9)中令

$$\begin{aligned}&\Lambda_3^{(a)}=V_z^{(a)}, \quad \Lambda_1^{(a)}=M_\nu^{(a)}, \quad \Lambda_2^{(a)}=M_{\nu s}^{(a)},\\&\Lambda_3^{(b)}=V_z^{(b)}, \quad \Lambda_1^{(b)}=M_\nu^{(b)}, \quad \Lambda_2^{(b)}=M_{\nu s}^{(b)},\end{aligned} \tag{I-6.10}$$ [1)]

从而可以把 H_{ab2} 写成用 H_{ab4} 表示的一种等价形式如下：

$$H_{ab4}=\int_{C^*_{ab}}[V_z^{(a)}(w^{(a)}-\mu_1)-M_\nu^{(a)}(w^{(a)}_{,\nu_a}-\mu_2)-M_{\nu s}^{(a)}(w^{(a)}-\mu_1)_{,s_a}]ds_a+\int_{C^*_{ba}}[V_z^{(b)}(w^{(b)}-\mu_1)-M_\nu^{(b)}(w^{(b)}_{,\nu_b}+\mu_2)-M_{\nu s}^{(b)}(w^{(b)}-\mu_1)_{,s_b}]ds_b. \tag{I-6.11}$$

6.5 修正 Hellinger–Reissner 原理的另一种推导

到这里为止，我们已经从修正势能原理推导出修正 Hellinger-Reissner 原理. 现在，我们跟踪另一途径，从方程(I-3.27)来推导修正 Hellinger–Reissner 原理，该方程中的 G_{ab} 项给出如下：

$$G_{ab}=\iint_{S_{ab}}\mu_i(T_i^{(a)}+T_i^{(b)})dS. \tag{I-6.12}$$

考虑到方程(I-6.12)中的函数 μ_1, μ_2 和 μ_3 分别和 S_{ab} 上的 U, V

1) 如果 C_{ab} 的一个或两个端点是在 $C_\sigma+C_u$ 上，则方程(I-6.10)一般就不适用，因为用泛函 Π_{mG} 或 Π_{mR} 的驻值条件确定这些 Lagrange 乘子时，H_{ab1} 被 H_{ab2} 所代替。

和 W 相对应，而且 U, V 和 W 可以由方程(I-5.3)表示，我们可以写出方程(I-6.12)如下：

$$G_{ab}=\iint\limits_{C_{ab}}\int_{-h/2}^{h/2}[(X_{\nu}^{(a)}+X_{\nu}^{(b)})(-zw_{,x})+(Y_{\nu}^{(a)}+Y_{\nu}^{(b)})(-zw_{,y})+(Z_{\nu}^{(a)}+Z_{\nu}^{(b)})w]\,dzds. \tag{I-6.13}$$

经过一番运算，就得到

$$G_{ab}=\int_{C_{ab}^{*}}[V_{z}^{(a)}\mu_1-M_{\nu}^{(a)}\mu_2-M_{\nu s}^{(a)}\mu_{1,s_a}]\,ds_a+\int_{C_{ba}^{*}}[V_{z}^{(b)}\mu_1+M_{\nu}^{(b)}\mu_2-M_{\nu s}^{(b)}\mu_{1,s_b}]\,ds_b, \tag{I-6.14}$$

式中，我们使

$$w=\mu_1,\quad w_{,\nu_a}=\mu_2. \tag{I-6.15}$$

在方程(I-6.14)中，μ_1 和 μ_2 应该取作在 C_{ab} 上定义的 Lagrange 乘子．这样，我们就得到修正 Hellinger-Reissner 泛函的表达式如下：

$$\begin{aligned}-\Pi_{mR}^{*}=&\sum\iint\limits_{S_a}[\hat{B}(M_x,\ M_y,\ M_{xy})\\&+(M_{x,xx}+2M_{xy,xy}+M_{y,yy}+\bar{p})w]\,dxdy\\&-\sum G_{ab}+\int_{C_\sigma}[-(V_z-\bar{V}_z)w+(M_\nu-\bar{M}_\nu)w_{,\nu}\\&+(M_{\nu s}-\bar{M}_{\nu s})w_{,s}]\,ds+\int_{C_u}[-V_z\bar{w}+M_\nu\overline{w_{,\nu}}\\&+M_{\nu s}\bar{w}_{,s}]\,ds,\end{aligned} \tag{I-6.16}$$

式中 G_{ab} 由方程(I-6.14)给出．

完成了分部积分，就可以把方程(I-6.16)给出的泛函变换为另一种形式：

$$\begin{aligned}\Pi_{mR}=&\sum\iint\limits_{S_a}[-M_xw_{,xx}-M_yw_{,yy}-2M_{xy}w_{,xy}\\&-\hat{B}(M_x,\ M_y,\ M_{xy})-\bar{p}w]\,dxdy\\&-\sum\Big\{\int_{C_{ab}^{*}}[V_{z}^{(a)}(w^{(a)}-\mu_1)-M_{\nu}^{(a)}(w_{,\nu_a}^{(a)}-\mu_2)\\&-M_{\nu s}^{(a)}(w_{,s_a}^{(a)}-\mu_{1,s_a})]\,ds_a\end{aligned}$$

$$
+\int_{C_{ba}^{*}}[V_{z}^{(b)}(w^{(b)}-\mu_{1})-M_{\nu}^{(b)}(w_{,\nu_{b}}^{(b)}+\mu_{2})
$$

$$
-M_{\nu s}^{(b)}(w_{,s_{b}}^{(b)}-\mu_{1,s_{b}})]ds_{b}\Big\}+\int_{C_{\sigma}}[-\overline{V}_{z}w+\overline{M}_{\nu}w_{,\nu}
$$

$$
+\overline{M}_{\nu s}w_{,s}]ds+\int_{C_{u}}[-V_{z}(w-\overline{w})+M_{\nu}(w_{,\nu}
$$

$$
-\overline{w_{,\nu}})+M_{\nu s}(w_{,s}-\overline{w}_{,s})]ds, \qquad \text{(I-6.17)}^{1)}
$$

如果用方程(I-6.11)给出的 H_{ab4} 代替 H_{ab1}, 那么泛函(I-6.17)就等价于方程(I-6.8)中的泛函.

6.6 用于薄板弯曲的修正变分原理的一个特殊情况

作为本节的最后一个论题，我们来研究修正变分原理的一个特殊情况，即选定的位移函数沿整个元素交界面上连续，此时

$$
\text{在 } C_{ab} \text{ 上,} \quad w^{(a)}=w^{(b)}. \qquad \text{(I-6.18)}
$$

于是, 方程(I-6.3)就简化为

$$
H_{ab1}=-\int_{C_{ab}}\Lambda_{1}(w_{,\nu_{a}}^{(a)}+w_{,\nu_{b}}^{(b)})ds. \qquad \text{(I-6.19)}
$$

引入分别定义在 C_{ab}^{*} 和 C_{ba}^{*} 上新的函数 $\Lambda_{1}^{(a)}$ 和 $\Lambda_{1}^{(b)}$，以及新的 Lagrange 乘子 μ, 方程(I-6.19)可以写成一种等价的形式如下:

$$
H_{ab2}=-\int_{C_{ab}}[\Lambda_{1}^{(a)}w_{,\nu_{a}}^{(a)}+\Lambda_{1}^{(b)}w_{,\nu_{b}}^{(b)}-\mu(\Lambda_{1}^{(a)}-\Lambda_{1}^{(b)})]ds, \qquad \text{(I-6.20)}
$$

或

$$
H_{ab2}=-\int_{C_{ab}^{*}}\Lambda_{1}^{(a)}(w_{,\nu_{a}}^{(a)}-\mu)ds_{a}-\int_{C_{ba}^{*}}\Lambda_{1}^{(b)}(w_{,\nu_{b}}^{(b)}+\mu)ds_{b}. \qquad \text{(I-6.21)}
$$

利用方程(I-6.21)，修正势能原理的泛函即方程(I-6.5)，可以写出如下:

$$
\Pi_{mP2}=\Pi_{P}-\sum H_{ab2}, \qquad \text{(I-6.22)}
$$

式中经受变分的独立量是 $w^{(a)}$, $\Lambda_{1}^{(a)}$ 和 μ, 而带有约束条件即方程(I-5.9). 对这些量取变分，我们看到在 C_{ab} 上 Π_{mP2} 的驻值条件

1) 泛函(I-6.16)和(I-6.17)受到约束条件的支配, 其足够的条件可以给出如下: (i)对于 C_{σ} 上所有结点 $w^{(a)}=w^{(b)}=\mu_{1}$, 和(ii)对于 C_{u} 上所有结点 $w^{(a)}=w^{(b)}=\mu_{1}=\overline{w}$.

给出

$$\Lambda_1^{(a)}=M_\nu^{(a)}(w^{(a)}),\quad \Lambda_1^{(b)}=M_\nu^{(b)}(w^{(b)}),\tag{I-6.23}$$

$$w_{,\nu_a}^{(a)}=-w_{,\nu_b}^{(b)}=\mu,\tag{I-6.24}$$

式中 $M_\nu^{(a)}(w^{(a)})$和 $M_\nu^{(b)}(w^{(b)})$是这样求得的，即通过把应力合力和位移的关系式即方程(8.33)，分别代入 $M_\nu^{(a)}$ 和 $M_\nu^{(b)}$ 以达到只用位移来表示它们. 方程(I-6.23)和 (I-6.24) 指明了 Lagrange 乘子 $\Lambda_1^{(a)}$, $\Lambda_1^{(b)}$ 和 μ 的物理意义. 我们还看到，利用驻值条件即方程(I-6.23)，可以消去 $\Lambda_1^{(a)}$ 和 $\Lambda_1^{(b)}$，以便把泛函 Π_{mP2} 简化为

$$\Pi_{mP3}=\Pi_P-\sum H_{ab3},\tag{I-6.25}$$

式中

$$H_{ab3}=-\int_{C_{ab}^*}M_\nu^{(a)}(w^{(a)})(w_{,\nu_a}^{(a)}-\mu)ds_a-\int_{C_{ba}^*}M_\nu^{(b)}(w^{(b)})(w_{,\nu_b}^{(b)}+\mu)ds_b.\tag{I-6.26}$$

对于这种特殊情况，我们可以得到修正广义原理和修正 Hellinger–Reissner 原理，只要用方程(I-6.20)或方程(I-6.21)代替 H_{ab1}，分别代入方程(I-6.7)和(I-6.8). 我们发现，通过这种代入而得出的泛函，在 C_{ab} 上的驻值条件给出

$$\Lambda_1^{(a)}=M_\nu^{(a)},\quad \Lambda_1^{(b)}=M_\nu^{(b)}.\tag{I-6.27}$$

由此，我们看到，可以把方程(I-6.7)和(I-6.8)中的 H_{ab1} 用下列方程所定义的 H_{ab4} 来代替,

$$H_{ab4}=-\int_{C_{ab}^*}M_\nu^{(a)}(w_{,\nu_a}^{(a)}-\mu)ds_a-\int_{C_{ba}^*}M_\nu^{(b)}(w_{,\nu_b}^{(b)}+\mu)ds_b,\tag{I-6.28}$$

就得到由方程(I-6.18)指定的特殊情况下，修正广义原理和修正 Hellinger–Reissner 原理的另一种的表达式.

我们将把问题进一步特殊化，即假定不仅 w，而且 M_ν 也是沿整个元素的交界保持连续的:

在 C_{ab} 上,

$$w^{(a)}=w^{(b)},\quad M_\nu^{(a)}=M_\nu^{(b)}.\tag{I-6.29}$$

于是，方程(I-6.28)就简化为

$$H_{ab\bar{b}}=-\int_{C_{ab}^*} M_\nu^{(a)} w_{,\nu_a}^{(a)} ds_a-\int_{C_{ba}^*} M_\nu^{(b)} w_{,\nu_b}^{(b)} ds_b, \qquad \text{(I-6.30)}$$

从而得到修正 Hellinger-Reissner 原理的泛函的表达式如下：

$$\begin{aligned}\Pi_{mR}=&\sum\iint_{S_a}[-M_x w_{,xx}-M_y w_{,yy}-2M_{xy} w_{,xy}\\&-\hat{B}(M_x,\ M_y,\ M_{xy})-\bar{p}w]dxdy\\&+\sum\left\{\int_{C_{ab}^*} M_\nu^{(a)} w_{,\nu_a}^{(a)} ds_a+\int_{C_{ba}^*} M_\nu^{(b)} w_{,\nu_b}^{(b)} ds_b\right\}\\&+\int_{C_\sigma}[-\bar{V}_z w+\bar{M}_\nu w_{,\nu}+\bar{M}_{\nu s} w_{,s}]ds\\&+\int_{C_u}[-V_z(w-\bar{w})+M_\nu(w_{,\nu}-\overline{w_{,\nu}})\\&+M_{\nu s}(w_{,s}-\bar{w}_{,s})ds.\end{aligned} \qquad \text{(I-6.31)}$$

通过分部积分，我们可以把方程(I-6.31)变换成另一种形式：

$$\begin{aligned}\Pi_{mR}^*=&\sum\iint_{S_a}[-\hat{B}(M_x,\ M_y,\ M_{xy})+w_{,x}(M_{x,x}+M_{xy,y})\\&+w_{,y}(M_{xy,x}+M_{y,y})-\bar{p}w]dxdy\\&-\sum\left\{\int_{C_{ab}^*} M_{\nu s}^{(a)} w_{,s_a}^{(a)} ds_a+\int_{C_{ba}^*} M_{\nu s}^{(b)} w_{,s_b}^{(b)} ds_b\right\}\\&+\int_{C_\sigma}[-\bar{V}_z w+(\bar{M}_\nu-M_\nu)w_{,\nu}+(\bar{M}_{\nu s}-M_{\nu s})w_{,s}]ds\\&+\int_{C_u}[-V_z(w-\bar{w})-M_\nu\overline{w_{,\nu}}-M_{\nu s}\bar{w}_{,s}]ds.\end{aligned} \qquad \text{(I-6.32)}^{1)}$$

泛函(I-6.32)最早是由 Herrmann 提出并把它应用于板弯曲问题的有限元素分析[11,12].

第七节　用于弹性动力学小位移理论的变分原理

我们的下一个论题是关于弹性动力学小位移理论的变分原

1) 泛函(I-6.31)和(I-6.32)受到约束条件的支配，其足够的条件可以给出如下：对于 C_u 上所有结点 $w^{(a)}=w^{(b)}=w$。

理，有关的控制方程可以给出如下：

(1) 运动方程：

$$\sigma_{ij,j}+\bar{f}_i=\rho\ddot{u}_i. \tag{I-7.1}$$

(2) 应变-位移关系：

$$\varepsilon_{ij}=\frac{1}{2}(u_{i,j}+u_{j,i}). \tag{I-7.2}$$

(3) 应力-应变关系：

$$\sigma_{ij}=a_{ijkl}\varepsilon_{kl}. \tag{I-7.3}$$

或者反转过来，

$$\varepsilon_{ij}=b_{ijkl}\sigma_{kl}. \tag{I-7.4}$$

(4) 力学边界条件：

$$在 S_\sigma 上, \qquad T_i=\bar{T}_i. \tag{I-7.5}$$

(5) 几何边界条件：

$$在 S_u 上, \qquad u_i=\bar{u}_i. \tag{I-7.6}$$

在这些方程里出现的量，即 σ_{ij}，ε_{ij}，u_i，$\bar{f}_i$，$\bar{T}_i$ 和 $\bar{u}_i$ 都是时间 t 和空间坐标 $x_i(i=1,\ 2,\ 3)$ 的函数．为了完整地定义弹性动力学问题，对以上诸方程还应当加上下列初始条件：

$$\begin{aligned} u_i(x_1,\ x_2,\ x_3,\ 0)&=\overline{u_i(0)},\\ \dot{u}_i(x_1,\ x_2,\ x_3,\ 0)&=\overline{\dot{u}_i(0)}, \end{aligned} \tag{I-7.7}$$

式中 $\overline{u_i(0)}$ 和 $\overline{\dot{u}_i(0)}$ 是空间坐标的给定函数．

第 5.6 节介绍过的 Hamilton 原理，在那些为弹性动力学问题导出的各种变分原理中，是最成熟和最常用的．通过类似于那

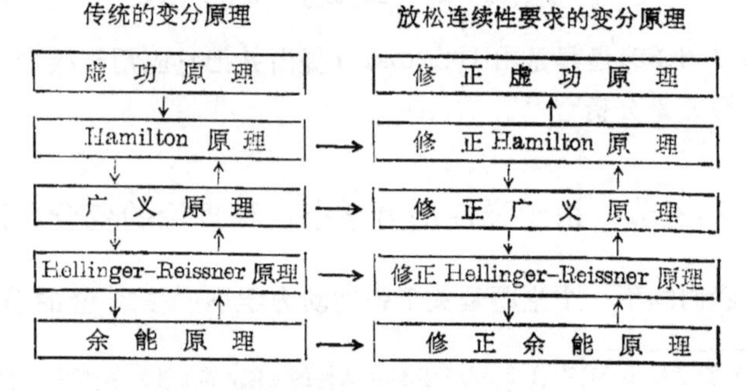

图 I-4 弹性动力学小位移理论的流程图

些对弹性静力学问题进行的变换和推广，我们可以为一整族与 Hamilton 原理有关的变分原理制订一个流程图，如图 I-4 所示．有关此图的若干论文已列举在本附录的文献目录中[24-30]．我们在这里只准备跟踪一条从虚功原理到余能原理的途径．至于另外的一些途径，包括放松连续性要求的一些修正变分原理，建议读者查阅参考文献[27]和[29]．

7.1 虚功原理

用 $\delta u_i(t)$ 表示在 t 瞬间 $u_i(t)$ 的虚变分，我们有[1)]

$$-\iiint_V(\sigma_{ij,j}+\bar{f}_i-\rho\ddot{u}_i)\delta u_i dV+\iint_{S_\sigma}(T_i-\bar{T}_i)\delta u_i dS=0, \qquad \text{(I-7.8)}$$

式中的积分在 t 瞬间遍及整个 V 和 S_σ 的区域．把方程(I-7.8)对时间在两个时限 $t=t_1$ 和 $t=t_2$ 之间积分，并采用约定，即给定 u_i 在 $t=t_1$ 和 $t=t_2$ 时的值，使得

$$\delta u_i(t_1)=0, \quad \delta u_i(t_2)=0, \qquad \text{(I-7.9)}^{2)}$$

连同若干运算，包括对于时间和空间坐标的分部积分，我们就得到弹性动力学问题的虚功原理如下：

$$\int_{t_1}^{t_2}\{\delta T-\iiint_V\sigma_{ij}\delta\varepsilon_{ij}dV+\iiint_V\bar{f}_i\delta u_i dV+\iint_{S_\sigma}\bar{T}_i\delta u_i dS\}dt=0, \qquad \text{(I-7.10)}$$

式中

$$T=\frac{1}{2}\iiint_V\rho\dot{u}_i\dot{u}_i dV \qquad \text{(I-7.11)}$$

是弹性体的动能，而该式的约束条件是

$$\delta\varepsilon_{ij}=\frac{1}{2}(\delta u_{i,j}+\delta u_{j,i}), \qquad \text{(I-7.12)}$$

---

1) 再重复一遍，$\delta u_i(t)$ 是 $u_i(t)$ 在 t 瞬间的虚变分．读者会发现，函数 $u_i(t)+\delta u_i(t)$ 在方程(I-7.14)中起着一个容许函数的作用．

2) 这个约定意味着对初始条件即方程(I-7.7)，在 Hamilton 原理族中并未作严格的考虑．可以说，对于该族原理主要关心的是在 t 瞬间运动方程和边界条件的推导；而初始条件只有次要的意义．

和

在 S_u 上，

$$\delta u_i=0,\tag{I-7.13}$$

以及方程(I-7.9)。

7.2 Hamilton 原理

如果体力 $\bar{f}_i$ 和在 S_σ 上的外力 $\bar{T}_i$ 都假定为已经给定而不经受变分，那么我们可以从方程（I-7.10）导出驻值势能原理或 Hamilton 原理如下：

$$\delta\int_{t_1}^{t_2}\{T-\Pi_P\}dt=0,\qquad (\text{I-7.14})^{1)}$$

式中 T 和 Π_P 分别由方程(I-7.11)和(I-2.19)给出，而约束条件则由方程(I-7.6)和(I-7.9)给出.

7.3 广义原理

下面，我们要引入一些新的函数 v_i，其定义为

$$v_i-\dot{u}_i=0,\tag{I-7.15}$$

并把动能 T 写成一种广义的形式如下：

$$T_G=\iiint\limits_V\left[\frac{1}{2}\rho v_iv_i-p_i(v_i-\dot{u}_i)\right]dV,\tag{I-7.16}$$

式中 p_i 是 Lagrange 乘子，它把约束条件即方程(I-7.15)引进了动能表达式的骨架中去．于是，就得到一个广义原理如下：

$$\delta\int_{t_1}^{t_2}\{T_G-\Pi_{G2}\}dt=0,\tag{I-7.17}$$

式中 T_G 和 Π_{G2} 分别由方程(I-7.16)和(I-2.22)给出，而约束条件则由方程(I-7.9)给出.

7.4 Hellinger-Reissner 原理

利用对于 v_i 和 ε_{ij} 的驻值条件，即

1) 参看方程(5.86)。

$$\rho v_i = p_i \tag{I-7.18}$$

和方程(I-7.3),从方程(I-7.17)中消去 v_i 和 e_{ij},就得到 Hellinger-Reissner 原理:

$$\delta \int_{t_1}^{t_2} \left\{ \iiint_V \left(p_i \dot{u}_i - \frac{1}{2\rho} p_i p_i \right) dV - \Pi_R \right\} dt = 0, \tag{I-7.19}$$

式中 Π_R 由方程 (I-2.23) 给出,而约束条件则由方程(I-7.9)给出.

通过对于时间和空间坐标的分部积分,我们得到 Hellinger-Reissner 原理的另一表达式:

$$\delta \int_{t_1}^{t_2} \left\{ -\iiint_V \left(\dot{p}_i u_i + \frac{1}{2\rho} p_i p_i \right) dV - \Pi_R^* \right\} dt = 0, \tag{I-7.20}$$

式中 Π_R^* 由方程(I-2.24)给出,而约束条件则由下式给出:

$$\delta p_i(t_1) = 0, \qquad \delta p_i(t_2) = 0. \tag{I-7.21}$$

7.5 驻值余能原理

通过取方程(I-7.8)对于位移的驻值条件,即

$$\sigma_{ij,j} + \bar{f}_i = \dot{p}_i, \tag{I-7.22}$$

和

在 S_σ 上,

$$T_i = \bar{T}_i, \tag{I-7.23}$$

并把它们取作约束条件,就可得到驻值余能原理:

$$\delta \int_{t_1}^{t_2} \left\{ -\iiint_V \frac{1}{2\rho} p_i p_i dV + \iiint_V B(\sigma_{ij}) dV - \iint_{S_u} T_i \bar{u}_i dS \right\} dt = 0, \tag{I-7.24}$$

这里方程(I-7.21),(I-7.22)和(I-7.23)被认为是约束条件.

7.6 驻值余能原理的另一表达式

下面,我们来求出驻值余能原理的另一种表达式. 首先,引用下列新的记号:

$$\tau_{ij}=\int_0^t \sigma_{ij}dt, \qquad t_i=\tau_{ij}n_j,$$

$$\tilde{\bar{f}}_i=\int_0^t \bar{f}_i dt, \qquad \bar{t}_i=\int_0^t \bar{T}_i dt, \qquad \text{(I–7.25)}^{1)}$$

$$v_i=\dot{u}_i, \qquad \bar{v}_i=\dot{\bar{u}}_i.$$

假定在 $t=0$ 时 $p_i=0$，我们就可以用下列方程来代替方程(I–7.22)和(I–7.23)，

$$\tau_{ij,j}+\tilde{\bar{f}}_i=p_i \qquad \text{(I–7.26)}$$

和

$$t_i=\bar{t}_i. \qquad \text{(I–7.27)}$$

利用方程(I–7.26)可以从方程(I–7.24)中消去 p_i，并完成对于时间的分部积分，从而得到

$$\delta\int_{t_1}^{t_2}\left\{-\iiint_V \frac{1}{2\rho}(\tau_{ij,j}+\tilde{\bar{f}}_i)(\tau_{ik,k}+\tilde{\bar{f}}_i)dV + \iiint_V B(\dot{\tau}_{ij})dV+\iint_{S_u} t_i v_i dS\right\}dt=0, \qquad \text{(I–7.28)}$$

这里约束条件是方程(I–7.27)以及

$$\delta\tau_{ij}(t_1)=0, \quad \delta\tau_{ij}(t_2)=0. \qquad \text{(I–7.29)}$$

方程(I–7.28)就是驻值余能原理的另一表达式，它是用冲量和速度代替了力和位移来表达的[27].

在这里指出，Hamilton 原理和虚功原理常常被用到涉及动力响应问题的有限元素法的数学公式推导中．把所研究的弹性体划分为若干个有限元素，并应用 Hamilton 原理求得一组线性代数方程，这组方程可写成矩阵形式如下：

$$[M]\{\ddot{q}\}+[C]\{\dot{q}\}+[K]\{q\}=\{\bar{Q}\}, \qquad \text{(I–7.30)}$$

式中 $[M]$，$[C]$ 和 $[K]$ 分别是惯性、阻尼和刚度矩阵，而 $\{q\}$ 则是结点位移的列向量，$\{\bar{Q}\}$ 是外载荷向量．方程(I–7.30)可以用模态叠加法或逐步积分法求解．进一步的详细情形建议读者查阅有关文献，例如参考文献[31]和[32]．这里还要提一下，驻值余能原理最近已经用到有关有限元素法的应用中[26–28].

---

1) 关于 τ_{ij}, t_i, $\tilde{\bar{f}}_i$, $\bar{t}_i$, v_i 和 $\bar{v}_i$ 的这些定义，只是在本附录第 7.6 节中采用。

7.7 Gurtin 原理[33,34]

我们已经看到,在与 Hamilton 原理有关的变分原理族中,初始条件即方程(I-7.7)并没有被严格地考虑过,在这个意义上说,用变分表达式的形式来定义弹性动力学问题时,变分原理族中没有一个是完整的. Gurtin 建立了一些变分原理,和那些属于 Hamilton 原理族的变分原理不同,它们完满地表征了弹性动力学问题的解答. Gurtin 的公式推导首先从定义两个函数 $\vartheta(\mathbf{x}, t)$ 和 $\omega(\mathbf{x}, t)$ 的卷积开始:

$$[\vartheta * \omega](\mathbf{x}, t)=\int_0^t \vartheta(\mathbf{x}, t-t')\omega(\mathbf{x}, t')dt', \quad \text{(I-7.31)}$$

然后注意到当且仅当

$$g * \sigma_{ij,j}+\hat{f}_i=\rho u_i \quad \text{(I-7.32)}$$

时, σ_{ij} 和 u_i 才会满足运动方程. 这里 $\mathbf{x}$ 表示空间坐标 (x_1, x_2, x_3), 而

$$g(t)=t, \quad \text{(I-7.33)}$$

$$\hat{f}_i(\mathbf{x}, t)=[g * \bar{f}_i](\mathbf{x}, t)+\rho(\mathbf{x}, t)[t\bar{u}(\mathbf{x}, 0)+\bar{v}_i(\mathbf{x}, 0)]. \quad \text{(I-7.34)}$$

利用这些关系式, Gurtin 导出了一族变分原理,它们的形式同那些表示在图 I-1 中的相似,所不同的是 g 的存在、卷积的应用以及初始条件和 ρ 项的出现. 详细情形建议读者查阅 Gurtin 的原始论文. 最后指出,采用了卷积积分的一些变分公式,近来已被引用到和时间有关问题的有限元素法基本理论的推导中[35-38].

第八节 弹性静力学有限位移理论

在第 3.5 节中我们曾定义过一个弹性静力学有限位移理论的问题,通常把它称为几何非线性问题,因为尽管位移是有限的而不再是微小的,但固体仍然呈弹性. 在第三章的第一部分,利用 Kirchhoff 应力张量 $\sigma^{\lambda\mu}$ 和 Green 应变张量 $e_{\lambda\mu}$ 推导过这个问题的

公式[1]. 在那一章的以后各节里，我们又为这个问题的虚功原理、驻值势能原理、广义原理和 Hellinger–Reissner 原理推导了相应的公式，分别如方程(3.49)，(3.68)，(3.70)和(3.71)所示. 这些变分原理可以修正成为放松了连续性要求的形式，并由此得到说明这些变分原理之间相互关系的流程图，如图 I–5 所示.

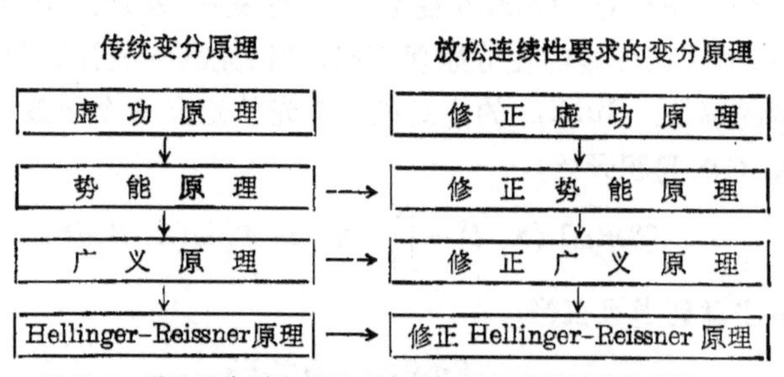

图 I–5 弹性静力学和弹性动力学有限位移理论的流程图

8.1 对流程图的几点说明

这里对流程图要作三点说明. 第一点说明是关于非线性弹性静力学问题的余能原理. 可以证明，利用平衡方程(3.27)以及力学边界条件即方程(3.42)，我们可以把方程(3.71)的泛函简化为

$$\Pi_c=\iiint\limits_V\left[B(\sigma_{ij})+\frac{1}{2}\sigma_{ij}u_{k,i}u_{k,j}\right]dV-\iint\limits_{S_u}F_i\bar{u}_i dS. \quad (\text{I–8.1})$$ [2],[3]

但是，由于位移和应力分量的耦合，使 Π_c 的表达式和约束条件[方程(3.27)和(3.42)]复杂化了，因此按方程(I–8.1)所表示的形式来推导关于 Π_c 的表达式，看来价值不大. 因而，没有把余能原理

1) 在式(3.23)的脚注中，曾把应力张量 $\sigma^{\lambda\mu}$ 定名为伪应力或广义应力. 在参考文献[39]中亦称为第二 Piola–Kirchhoff 应力张量.

2) 在本附录的第八和第九节中，我们将使用罗马字母的下标来代替在第三章所用的希腊字母的上标或下标. 这样，我们就写出 u_i, σ_{ij}, e_{ij}, F_i, …用来分别代替 u^λ, $\sigma^{\lambda\mu}$, $e_{\lambda\mu}$, F^λ, ….

3) 假定一些体力和 S_σ 上的外力都是静载.

列进图 I-5 的流程图中[1]．

第二点说明是关于放松连续性要求的变分原理．不难看出，用来推导有限元素公式的驻值势能原理，它的有关泛函可给出如下：

$$\Pi_P=\sum\iiint_{V_a}[A(u_i)+\Phi(u_i)]dV+\iint_{S_\sigma}\Psi(u_i)dS, \qquad \text{(I-8.2)}$$

而对于放松连续性要求的修正势能原理的泛函由下式给出：

$$\Pi_{mP1}=\Pi_P-\sum H_{ab1}, \qquad \text{(I-8.3)}$$

式中 Π_P 由方程(I-8.2)给出，而

$$H_{ab1}=\iint_{S_{ab}}\lambda_i(u_i^{(a)}-u_i^{(b)})dS. \qquad \text{(I-8.4)}$$

在方程(I-8.4)中，新引进的函数 λ_i $(i=1, 2, 3)$ 是 Lagrange 乘子，而 $u_i^{(a)}$ 和 $u_i^{(b)}$ 是分别属于两个相邻元素 a 和 b 的位移分量．

泛函 Π_{mP1} 可以变换成另一个等价的泛函 Π_{mP2} 如下：

$$\Pi_{mP2}=\Pi_P-\sum H_{ab2}, \qquad \text{(I-8.5)}$$

式中

$$H_{ab2}=\iint_{S_{ab}}[\lambda_i^{(a)}u_i^{(a)}+\lambda_i^{(b)}u_i^{(b)}-u_i(\lambda_i^{(a)}+\lambda_i^{(b)})]dS, \qquad \text{(I-8.6)}$$

或者等价地

$$H_{ab2}=\iint_{S_{ab}^*}\lambda_i^{(a)}(u_i^{(a)}-u_i)dS+\iint_{S_{ba}^*}\lambda_i^{(b)}(u_i^{(b)}-u_i)dS. \qquad \text{(I-8.7)}$$

修正势能原理可以按通常的方式加以推广，从而得到广义原理的泛函

$$\begin{aligned}\Pi_{mG1}=&\sum\iiint_{V_a}\{A(e_{ij})+\Phi(u_i)\\&-\sigma_{ij}[e_{ij}-\frac{1}{2}(u_{i,j}+u_{j,i}+u_{k,i}u_{k,j})]\}dV\\&-\sum H_{ab2}+\iint_{S_\sigma}\Psi(u_i)dS-\iint_{S_u}p_i(u_i-\bar{u}_i)dS. \qquad \text{(I-8.8)}\end{aligned}$$

从 Π_{mG1} 中消去 e_{ij}，于是得出修正 Hellinger-Reissner 原理的泛函

1) 然而，这种提法并不降低驻值余能原理的价值，可以把它推导出来用于几何非线性问题的增量理论．

$$\begin{aligned}\Pi_{mR}=\sum\iiint\limits_{V_n}\Big[\frac{1}{2}(u_{i,j}+u_{j,i}+u_{k,i}u_{k,j})\sigma_{ij}\\-B(\sigma_{ij})+\Phi(u_i)\Big]dV-\sum H_{ab2}\\+\iint\limits_{S_\sigma}\Psi(u_i)dS-\iint\limits_{S_u}p_i(u_i-\bar{u}_i)dS.\end{aligned}\qquad\text{(I–8.9)}$$

习题　试证明方程 (I–8.8) 的泛函 Π_{mG1} 在 S_{ab} 上的驻值条件给出:

$$\lambda_i^{(a)}=F_i^{(a)},\qquad \lambda_i^{(b)}=F_i^{(b)},\qquad\text{(I–8.10)}$$

式中

$$F_i^{(a)}=\sigma_{km}^{(a)}n_k^{(a)}(\delta_{im}+u_{i,m}^{(a)}),\qquad\text{(I–8.11)}$$

$$F_i^{(b)}=\sigma_{km}^{(b)}n_k^{(b)}(\delta_{im}+u_{i,m}^{(b)}).\qquad\text{(I–8.12)}$$

并证明方程(I–8.5)的泛函 Π_{mP2} 在 S_{ab} 上的驻值条件给出:

$$\lambda_i^{(a)}=F_i^{(a)}(u_j^{(a)}),\qquad \lambda_i^{(b)}=F_i^{(b)}(u_j^{(b)}),\qquad\text{(I–8.13)}$$

式中 $F_i^{(a)}(u_j^{(a)})$ 和 $F_i^{(b)}(u_j^{(b)})$ 可以分别从方程 (I–8.11) 和 (I–8.12) 得出，即把方程(3.33)和(3.18)依次代入上二式，从而完全用位移 $u_i^{(a)}$ 和 $u_i^{(b)}$ 来分别表示 $F_i^{(a)}$ 和 $F_i^{(b)}$.

第三点说明是关于第 5.6 节所定义的弹性动力学有限位移理论的问题. 显而易见，我们可以为弹性动力学问题得到一个类似于图 I–5 所示的流程图，只要把惯性项考虑进去.

至此，对于图 I–5 的流程图已经作了几点说明. 自然可以断定，按照类似于小位移弹性静力学问题的方式，我们可以为对应于这些变分原理的有限元素模型推导公式. 在这样列出的有限元素模型中，最常用的是以驻值势能原理为基础的相容模型. 下一节将简要讨论这种模型.

8.2　相容模型的公式推导和修正增量刚度法 [40]

相容模型的公式推导，首先是借助于相容的形状函数 $[S]$，在每个元素内用

$$\{u\}=[S]\{q\}\qquad\text{(I–8.14)}$$

来近似表示 u_i，式中 $\{u\}^T=[u_1,\ u_2,\ u_3]$，而 $\{q\}$ 是结点位移的列向量. 如果用结点位移 q_i 来表示总应变能 U:

$$U=\sum\iiint_{V_0} A(q_i)dV, \tag{I-8.15}$$

我们可以利用驻值势能原理得到下列方程:

$$\left\{\frac{\partial U}{\partial q}\right\}=\{\bar{Q}\}, \tag{I-8.16}$$

式中$\{\bar{Q}\}$是广义力的列向量. 由于方程(I-8.16)是非线性的,所以曾经提出过若干迭代解法.

这里,我们要概述一种迭代法,称为修正增量刚度法. 为简便起见,假定弹性体在S_u处被固定. 把总应变能分成两部分,使

$$U=U_L+U_{NL}, \tag{I-8.17}$$

式中U_L是一种线性项,包含关于位移的所有二次项,而U_{NL}是一种非线性项,包含其余的所有高阶乘积. 于是,刚度矩阵$[K]$就从下式导出,

$$\left\{\frac{\partial U_L}{\partial q}\right\}=[K]\{q\}. \tag{I-8.18}$$

现在我们把固体问题的加载途径划分成若干段状态:

$$\Omega^{(0)},\ \Omega^{(1)},\ \Omega^{(2)},\ \cdots,\ \Omega^{(N)},\ \Omega^{(N+1)},\ \cdots,\ \Omega^{(f)},$$

其中$\Omega^{(0)}$和$\Omega^{(f)}$分别是变形的初始状态和最终状态,而$\Omega^{(N)}$则是一个任意的中间状态. 为了确定状态$\Omega^{(N+1)}$,我们要推导出一个增量公式,假定这种状态是紧接着状态$\Omega^{(N)}$而增加的,而且状态$\Omega^{(N)}$是已知的. 用$\{\bar{Q}^{(N)}\}$, $\{q^{(N)}\}$和$\{\bar{Q}^{(N)}+\Delta\bar{Q}\}$, $\{q^{(N)}+\Delta q\}$分别表示对应于状态$\Omega^{(N)}$和$\Omega^{(N+1)}$的广义力和广义位移,并利用方程(I-8.17)和(I-8.18),就可以把表明状态$\Omega^{(N+1)}$的方程(I-8.16)列出如下:

$$[K](\{q^{(N)}\}+\{\Delta q\})+\left\{\frac{\partial U_{NL}(q^{(N)}+\Delta q)}{\partial q}\right\}=\{\bar{Q}^{(N)}\}+\{\Delta\bar{Q}\}. \tag{I-8.19}$$

利用 Taylor 级数展开式

$$\frac{\partial U_{NL}(q_k^{(N)}+\Delta q_k)}{\partial q_i}=\frac{\partial U_{NL}(q_k^{(N)})}{\partial q_i}+\sum_j\frac{\partial^2 U_{NL}}{\partial q_i\partial q_j}\Delta q_j+\cdots$$

式中各高阶项均被略去,我们就会有

$$\left([K]+\left[\frac{\partial^2 U_{NL}}{\partial q_i \partial q_j}\right]\right)\{\Delta q\}$$

$$=\{\Delta\bar{Q}\}+\{\bar{Q}^{(N)}\}-[K]\{q^{(N)}\}-\left\{\frac{\partial \bar{U}_{NL}(q^{(N)})}{\partial q}\right\}. \quad \text{(I–8.20)}$$

求解方程(I–8.20)就得到了$\{\Delta q\}$，而对应于状态$\Omega^{(N+1)}$的位移则是由$\{q^{(N)}+\Delta q\}$给出的.

修正增量刚度法的唯一特征是，为了平衡校核，在方程(I–8.20)的右边保留了下列的项：

$$\{\bar{Q}^{(N)}\}-[K]\{q^{(N)}\}-\left\{\frac{\partial \bar{U}_{NL}(q^{(N)})}{\partial q}\right\}. \quad \text{(I–8.21)}$$

在参考文献[40]里提到这种平衡校核的项，认为它对于防止以增量公式为基础的近似解偏离精确解，起着重要的作用.

在参考文献[41]这篇述评里，探讨了关于数值求解几何非线性问题的各种公式推导. 其中包括增量刚度法、自校正增量法(修正增量刚度法)、Newton–Raphson 法、摄动法以及初值公式法，讨论了每种公式推导的不同特征，并对那些方法最为适用作了介绍. 该文献还提到，把非线性问题作为一种初值问题来处理，给许多解题方法打开了门路. 有关这些公式推导的细节及其对于有限元素法的应用，建议读者查阅参考文献[40]到[44].

8.3 利用 Piola 应力张量的一种广义变分原理

本节的最后一个论题是，从驻值势能原理即方程(3.69)推导出另一种广义原理. 首先，我们看到应变e_{ij}是$u_{m,n}$的一种函数，并可写作

$$e_{ij}=\frac{1}{2}(\alpha_{ij}+\alpha_{ji}+\alpha_{ki}\alpha_{kj}), \quad \text{(I–8.22)}$$

式中根据定义

$$\alpha_{ij}=u_{i,j}. \quad \text{(I–8.23)}$$

利用方程(I–8.22)，我们可以用α_{kl}来表达应变能函数$A(e_{ij})$，并为简便起见写成

$$A[e_{ij}(\alpha_{kl})]\equiv A(\alpha_{ij}).$$

然后，引入 Lagrange 乘子$\tilde{\sigma}_{ij}$和$\tilde{p}_i$，就可以从方程(3.69)推出下列

广义泛函:

$$\widetilde{\Pi}_{G1}=\iiint_V\{A(\alpha_{ij})+\Phi(u_i)-\widetilde{\sigma}_{ji}(\alpha_{ij}-u_{i,j})\}dV$$

$$+\iint_{S_\sigma}\Psi(u_i)dS-\iint_{S_u}\widetilde{p}_i(u_i-\bar{u}_i)dS, \tag{I-8.24}$$

式中经受变分的独立量是 α_{ij}, u_i, $\widetilde{\sigma}_{ij}$ 和 $\widetilde{p}_i$, 而没有约束条件. 就这些量对上式取变分, 我们得到下列驻值条件:

$$\frac{\partial A}{\partial e_{mn}}\frac{\partial e_{mn}}{\partial \alpha_{ij}}=\widetilde{\sigma}_{ji}, \tag{I-8.25}$$

$$\widetilde{\sigma}_{ji,j}+\bar{P}_i=0, \tag{I-8.26}$$

$$\alpha_{ij}-u_{i,j}=0, \tag{I-8.27}$$

$$\text{在 } S_\sigma \text{ 上,}\quad \widetilde{\sigma}_{ji}n_j=\bar{F}_i, \tag{I-8.28}$$

$$\text{在 } S_\sigma \text{ 上,}\quad \widetilde{\sigma}_{ji}n_j=\widetilde{p}_i, \tag{I-8.29}$$

$$\text{在 } S_u \text{ 上,}\quad u_i=\bar{u}_i. \tag{I-8.30}$$

这些方程指明了 Lagrange 乘子的物理意义. 从方程 (I-8.25) 和 (I-8.26) 可以看出, $\widetilde{\sigma}_{ij}$ 就是 Piola 应力张量1),2).

如果把体力 $\bar{P}_i$ 和 S_σ 上的外力 $\bar{F}_i$ 看成静载, 我们可以利用方程(I-8.26), (I-8.28)和(I-8.29)来消去 u_i, 从而把方程(I-8.24)变换为

$$\widetilde{\Pi}_{G2}=\iiint_V[A(\alpha_{ij})-\widetilde{\sigma}_{ji}\alpha_{ij}]dV$$

$$+\iint_{S_u}\widetilde{\sigma}_{ji}n_j\bar{u}_i dS, \tag{I-8.31}$$

式中经受变分的独立量是 α_{ij} 和 $\widetilde{\sigma}_{ij}$, 而带有约束条件方程(I-8.26)和(I-8.28). 这样, 使用 Piola 应力张量的优点, 就在于约束条件

---

1) Piola 应力张量亦称为 Lagrange 应力张量[45], 或第一 Piola-Kirchhoff 应力张量[39]. 它定义为 $\boldsymbol{\sigma}_i=\widetilde{\sigma}_{ij}\mathbf{i}_j$, 式中 $\boldsymbol{\sigma}_i$ 和 $\mathbf{i}_j$ 同第 3.2 节所引用的 $\boldsymbol{\sigma}^\lambda$ 和 $\mathbf{i}_\mu$ 具有同样的意义. 与 Kirchhoff 应力张量 σ_{ij} 不同, Piola 应力张量一般是不对称的.

2) 把 $\boldsymbol{\sigma}_i=\widetilde{\sigma}_{ij}\mathbf{i}_j$ 与方程(3.17)和(3.23)所给出的 $\boldsymbol{\sigma}_i=\sigma_{ij}(\delta_{kj}+\alpha_{kj})\mathbf{i}_k$ 结合起来, 我们得到 $\widetilde{\sigma}_{ij}=\sigma_{ik}(\delta_{jk}+\alpha_{jk})$, 它等价于方程(I-8.25).

仅仅是由一些线性形式的 $\tilde{\sigma}_{ij}$ 来表示的.

如果有可能利用方程(I-8.25)从方程(I-8.31)中消去 α_{ij}, 我们就可以得到一个泛函, 它完全由 $\tilde{\sigma}_{ij}$ 表示, 并且在形式上和小位移弹性理论中最小余能原理的泛函相类似. 但是, 这种消元法一般是困难的[46]. 因此,为了实际应用有限元素法,看来最好不是努力用消元法去求得驻值余能原理,而是满足于采用泛函 $\tilde{\Pi}_{G2}$,取 $\tilde{\sigma}_{ij}$ 和 α_{ij} 作为经受变分的独立量, 并带有约束条件方程 (I-8.26) 和 (I-8.28).

第九节　两种增量理论

在本节中,我们要就一个非线性固体问题(包括几何的和材料的非线性)推导出两种增量理论公式. 物体变形所呈现的特点是,不仅它的位移是有限的,而且它的应变也不再是微小的了,并且材料性质是弹-塑性的.

增量理论的公式推导, 首先把固体问题的加载途径划分成若干段平衡状态:

$$\Omega^{(0)},\ \Omega^{(1)},\ \cdots,\ \Omega^{(N)},\ \Omega^{(N+1)},\ \cdots,\ \Omega^{(f)},$$

其中 $\Omega^{(0)}$ 和 $\Omega^{(f)}$ 分别是变形的初始状态和最终状态, 而 $\Omega^{(N)}$ 则是一个任意的中间状态. 假定一直到状态 $\Omega^{(N)}$,所有的状态变量,例如应力、应变和位移,连同加载的历史, 都是已知的. 其次我们的问题是,拟定一个增量理论,用以确定状态 $\Omega^{(N+1)}$ 中的全部状态变量,这里假定了状态 $\Omega^{(N+1)}$ 是紧接着状态 $\Omega^{(N)}$ 而增加的,而且所有的控制方程可以对于这些增量加以线性化. 表征从状态 $\Omega^{(N)}$ 到状态 $\Omega^{(N+1)}$ 的变形过程的步骤,称为第$(N+1)$步.

把物体的任一质点在状态 $\Omega^{(0)}$, $\Omega^{(N)}$ 和 $\Omega^{(N+1)}$ 中的位置,分别用 $P^{(0)}$, $P^{(N)}$ 和 $P^{(N+1)}$ 来表示,而这些点的位置向量则分别用 $\mathbf{r}^{(0)}$, $\mathbf{r}^{(N)}$ 和 $\mathbf{r}^{(N+1)}$ 表示,如图 I-6 所示,并且分别用 x_i, X_i 和 Y_i 来表示位置 $P^{(0)}$, $P^{(N)}$ 和 $P^{(N+1)}$ 的直角笛卡儿坐标. 于是,我们有

$$\mathbf{r}^{(0)}=x_i\mathbf{i}_i, \tag{I-9.1}$$

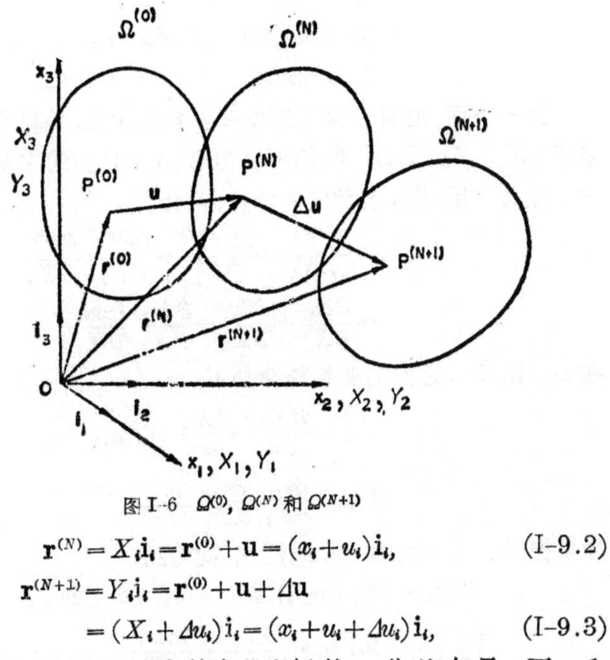

图 I-6　$\Omega^{(0)}$, $\Omega^{(N)}$ 和 $\Omega^{(N+1)}$

$$\mathbf{r}^{(N)}=X_i\mathbf{i}_i=\mathbf{r}^{(0)}+\mathbf{u}=(x_i+u_i)\mathbf{i}_i, \tag{I-9.2}$$

$$\begin{aligned}\mathbf{r}^{(N+1)}&=Y_i\mathbf{i}_i=\mathbf{r}^{(0)}+\mathbf{u}+\Delta\mathbf{u}\\&=(X_i+\Delta u_i)\mathbf{i}_i=(x_i+u_i+\Delta u_i)\mathbf{i}_i,\end{aligned} \tag{I-9.3}$$

式中 $\mathbf{i}_i$ $(i=1, 2, 3)$ 是直角笛卡儿坐标的一些基向量，而 $\mathbf{u}$ 和 $\mathbf{u}+\Delta\mathbf{u}$，以及 u_i 和 $u_i+\Delta u_i (i=1, 2, 3)$ 分别是状态 $\Omega^{(N)}$ 和 $\Omega^{(N+1)}$ 中该点的位移向量以及它们的分量.

9.1　应变的定义

我们将用 e_{ij} 和 $e_{ij}+\Delta e_{ij}$ 分别表示在状态 $\Omega^{(N)}$ 和 $\Omega^{(N+1)}$ 下的常用的 Green 应变张量. 它们分别定义为

$$\begin{aligned}2e_{ij}&=\mathbf{r}^{(N)}_{,i}\cdot\mathbf{r}^{(N)}_{,j}-\mathbf{r}^{(0)}_{,i}\cdot\mathbf{r}^{(0)}_{,j}\\&=u_{i,j}+u_{j,i}+u_{k,i}+u_{k,j},\end{aligned} \tag{I-9.4}$$

和

$$\begin{aligned}2(e_{ij}+\Delta e_{ij})&=\mathbf{r}^{(N+1)}_{,i}\cdot\mathbf{r}^{(N+1)}_{,j}-\mathbf{r}^{(0)}_{,i}\cdot\mathbf{r}^{(0)}_{,j}\\&=(u_i+\Delta u_i)_{,j}+(u_j+\Delta u_j)_{,i}\\&\quad+(u_k+\Delta u_k)_{,i}(u_k+\Delta u_k)_{,j}\end{aligned} \tag{I-9.5}$$

式中$(\ )_{,i}=\partial(\ )/\partial x_i$，从方程(I-9.4) 和 (I-9.5)不难得出

$$2\Delta e_{ij} = \mathbf{r}_{,i}^{(N+1)} \cdot \mathbf{r}_{,j}^{(N+1)} - \mathbf{r}_{,i}^{(N)} \cdot \mathbf{r}_{,j}^{(N)}$$
$$= (\delta_{kj} + u_{k,j}) \Delta u_{k,i} + (\delta_{ki} + u_{k,i}) \Delta u_{k,j}$$
$$+ \Delta u_{k,i} \Delta u_{k,j}. \tag{I-9.6}$$

另一方面，把状态 $\Omega^{(N)}$ 当作一种初始状态，并利用直角笛卡儿坐标 (X_1, X_2, X_3)，我们可以为第 $(N+1)$ 步的应变增量得到另一个定义．用 $\Delta^* e_{ij}$ 表示应变增量，就会有

$$2\Delta^* e_{ij} = \frac{\partial \mathbf{r}^{(N+1)}}{\partial X_i} \cdot \frac{\partial \mathbf{r}^{(N+1)}}{\partial X_j} - \frac{\partial \mathbf{r}^{(N)}}{\partial X_i} \cdot \frac{\partial \mathbf{r}^{(N)}}{\partial X_j}$$
$$= \frac{\partial \Delta u_i}{\partial X_j} + \frac{\partial \Delta u_j}{\partial X_i} + \frac{\partial \Delta u_k}{\partial X_i} \frac{\partial \Delta u_k}{\partial X_j}. \tag{I-9.7}$$

在 Δe_{ij} 和 $\Delta^* e_{ij}$ 之间的变换规律如下：

$$\Delta e_{ij} = \frac{\partial X_m}{\partial x_i} \frac{\partial X_n}{\partial x_j} \Delta^* e_{mn}, \tag{I-9.8}$$

$$\Delta^* e_{ij} = \frac{\partial x_m}{\partial X_i} \frac{\partial x_n}{\partial X_j} \Delta e_{mn}. \tag{I-9.9}$$

如果把 Δe_{ij} 和 $\Delta^* e_{ij}$ 对 Δu_k 线性化，就得到

$$2\Delta \varepsilon_{ij} = (\delta_{kj} + u_{k,j}) \Delta u_{k,i} + (\delta_{ki} + u_{k,i}) \Delta u_{k,j}, \tag{I-9.10}$$

$$2\Delta^* \varepsilon_{ij} = \frac{\partial \Delta u_i}{\partial X_j} + \frac{\partial \Delta u_j}{\partial X_i}. \tag{I-9.11}$$

这里我们摘录一些几何关系式，它们对开展后面的公式推导是有用的．首先，定义 Jacobi 行列式如下：

$$D^{(N)} = \frac{\partial(X_1, X_2, X_3)}{\partial(x_1, x_2, x_3)} = |X_{i,j}|,$$
$$D^{(N+1)} = \frac{\partial(Y_1, Y_2, Y_3)}{\partial(x_1, x_2, x_3)} = |Y_{i,j}|, \tag{I-9.12}$$

从而得到

$$\frac{\partial(Y_1, Y_2, Y_3)}{\partial(X_1, X_2, X_3)} = \frac{\partial(Y_1, Y_2, Y_3)}{\partial(x_1, x_2, x_3)} \Bigg/ \frac{\partial(X_1, X_2, X_3)}{\partial(x_1, x_2, x_3)}$$
$$= \frac{D^{(N+1)}}{D^{(N)}}. \tag{I-9.13}$$

其次，下列关系式也是值得注意的，

$$X_{i,j} = \delta_{ij} + u_{i,j},$$
$$Y_{i,j} = \delta_{ij} + (u_i + \Delta u_i)_{,j} \tag{I-9.14}$$

和

$$
\begin{bmatrix}
\frac{\partial X_1}{\partial x_1} & \frac{\partial X_1}{\partial x_2} & \frac{\partial X_1}{\partial x_3} \\
\frac{\partial X_2}{\partial x_1} & \frac{\partial X_2}{\partial x_2} & \frac{\partial X_2}{\partial x_3} \\
\frac{\partial X_3}{\partial x_1} & \frac{\partial X_3}{\partial x_2} & \frac{\partial X_3}{\partial x_3}
\end{bmatrix}
\begin{bmatrix}
\frac{\partial x_1}{\partial X_1} & \frac{\partial x_1}{\partial X_2} & \frac{\partial x_1}{\partial X_3} \\
\frac{\partial x_2}{\partial X_1} & \frac{\partial x_2}{\partial X_2} & \frac{\partial x_2}{\partial X_3} \\
\frac{\partial x_3}{\partial X_1} & \frac{\partial x_3}{\partial X_2} & \frac{\partial x_3}{\partial X_3}
\end{bmatrix}
=[I], \tag{I-9.15}
$$

式中$[I]$是单位矩阵．第三，如果假定Δu_i是微小的，我们就可以写出

$$
\frac{\partial(Y_1,\ Y_2,\ Y_3)}{\partial(X_1,\ X_2,\ X_3)}=1+\Delta^* \varepsilon_{ii}+O(\Delta u_i \Delta u_j), \tag{I-9.16}
$$

式中 $\Delta^* \varepsilon_{ii}=\sum_{i=1}^{3}[\partial(\Delta u_i)/\partial X_i]$．

9.2 应力的定义

首先，我们利用$(x_1,\ x_2,\ x_3)$坐标来定义 Kirchhoff 应力张量，并用σ_{ij}和$\sigma_{ij}+\Delta\sigma_{ij}$分别表示那些定义在点$P^{(N)}$和$P^{(N+1)}$处的应力张量，如图 I-7所示[1)]．就像第三章所介绍的，这些应力张量是按状态$\Omega^{(0)}$的每单位面积定义的．

其次，我们来定义在点$P^{(N)}$处的 Euler 应力张量[45]，并用σ_{ij}^E予以表示；Euler 应力是这样的一些应力，它们作用在含有点$P^{(N)}$的一个无限小长方体的下列六个表面上：

$$
X_i=\text{常数}, \quad X_i+dX_i=\text{常数}; \quad i=1,\ 2,\ 3,
$$

如图 I-8 所示．必须指出，Euler 应力张量σ_{ij}^E是按状态$\Omega^{(N)}$的每单位面积定义的，而且是沿着直角笛卡儿坐标轴定向的，亦即沿着$\mathbf{i}_i(i=1,\ 2,\ 3)$的方向．按照参考文献[45]，在$\sigma_{ij}^E$和$\sigma_{ij}$之间有如

1) 这里所定义的应力张量σ_{ij}和$\sigma_{ij}+\Delta\sigma_{ij}$分别与第3.11节所定义的$\sigma^{\lambda\mu}$和$\sigma^{\lambda\mu}+\sigma_*^{\lambda\mu}$相同．

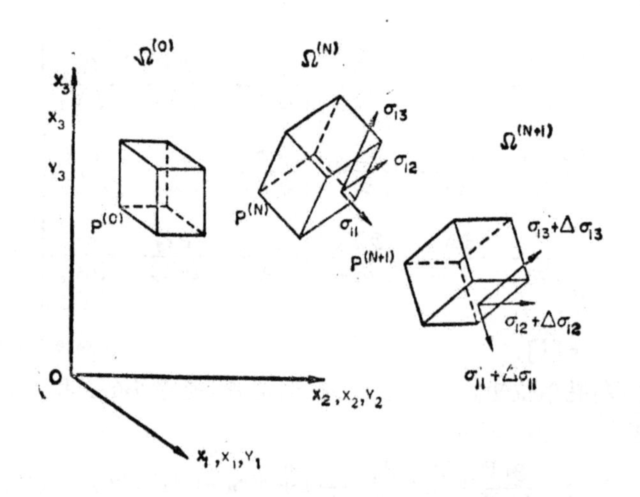

图 I-7 用(x_1, x_2, x_3)坐标系表示的 Kirchhoff 应力张量的定义

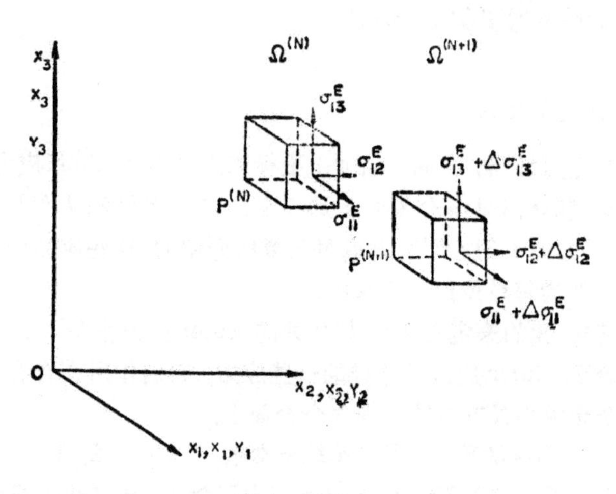

图 I-8 Euler 应力张量的定义

下的变换规律:

$$\sigma_{ij}^E=\frac{1}{D^{(N)}}\frac{\partial X_i}{\partial x_k}\frac{\partial X_j}{\partial x_l}\sigma_{kl}. \tag{I-9.17}$$

第三,我们来定义在点 $P^{(N+1)}$ 处的 Euler 应力张量$\sigma_{ij}^E+\Delta\sigma_{ij}^E$,

并得到在 $\sigma_{ij}^E+\Delta\sigma_{ij}^E$ 和 $\sigma_{ij}+\Delta\sigma_{ij}$ 之间的变换规律如下:

$$\sigma_{ij}^E+\Delta\sigma_{ij}^E=\frac{1}{D^{(N+1)}}\frac{\partial Y_i}{\partial x_k}\frac{\partial Y_j}{\partial x_l}(\sigma_{kl}+\Delta\sigma_{kl}). \quad \text{(I-9.18)}$$

第四,我们利用 (X_1, X_2, X_3) 坐标来定义在点 $P^{(N+1)}$ 处的另一组 Kirchhoff 应力张量. 用 $\sigma_{ij}^E+\Delta^*\sigma_{ij}$ 来表示它的分量,如图 I-9 所示[1]. 在 $\sigma_{ij}^E+\Delta^*\sigma_{ij}$ 和 $\sigma_{ij}^E+\Delta\sigma_{ij}^E$ 之间的变换规律,可以写成如下形式:

$$\sigma_{ij}^E+\Delta\sigma_{ij}^E=\frac{1}{\dfrac{\partial(Y_1, Y_2, Y_3)}{\partial(X_1, X_2, X_3)}}\frac{\partial Y_i}{\partial X_k}\frac{\partial Y_j}{\partial X_l}(\sigma_{kl}^E+\Delta^*\sigma_{kl}). \quad \text{(I-9.19)}$$

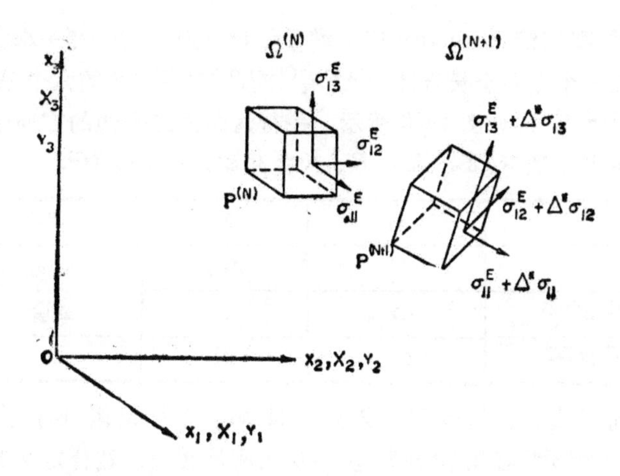

图 I-9 用 (X_1, X_2, X_3) 坐标系表示的 Kirchhoff 应力张量的定义

结合方程(I-9.18)和(I-9.19),并利用关系式(I-9.13),得到

$$\sigma_{ij}^E+\Delta^*\sigma_{ij}=\frac{1}{D^{(N)}}\frac{\partial X_i}{\partial x_k}\frac{\partial X_j}{\partial x_l}(\sigma_{kl}+\Delta\sigma_{kl}). \quad \text{(I-9.20)}$$

因此,从方程(I-9.17)和(I-9.20),就得到

1) 显然,这里所定义的 σ_{ij}^E 和 $\Delta^*\sigma_{ij}$ 分别与第 5.1 节所定义的 $\sigma^{(0)\lambda\mu}$ 和 $\sigma^{\lambda\mu}$ 相同. 也可看出,由方程(I-9.7)定义的 Δ^*e_{ij} 与由方程 (5.6) 定义的 $e_{\lambda\mu}$ 是一样的. $\Delta^*\sigma_{ij}$ 有时称为 Truesdell 应力增量张量[47].

$$\Delta^{*}\sigma_{ij}=\frac{1}{D^{(N)}}\frac{\partial X_i}{\partial x_k}\frac{\partial X_j}{\partial x_l}\Delta\sigma_{kl}. \tag{I-9.21}$$

在这里提一下，略去位移增量 Δu_i 和应力增量 $\Delta\sigma_{ij}^E$ 的各高阶乘积项，可以从方程(I-9.19)导出下列关系式:

$$\begin{aligned}\Delta^{*}\sigma_{ij}=&\Delta\sigma_{ij}^{E}-\sigma_{ip}^{E}\Delta\omega_{pj}-\sigma_{jp}^{E}\Delta\omega_{pi}\\&-\sigma_{ik}^{E}\Delta^{*}\varepsilon_{jk}-\sigma_{jk}^{E}\Delta^{*}\varepsilon_{ik}+\sigma_{ij}^{E}\Delta^{*}\varepsilon_{kk},\end{aligned} \tag{I-9.22}$$

式中定义

$$\Delta\omega_{ij}=\frac{1}{2}\left(\frac{\partial\Delta u_j}{\partial X_i}-\frac{\partial\Delta u_i}{\partial X_j}\right). \tag{I-9.23}$$

在推导中已经用到方程(I-9.16)以及下列关系式:

$$\frac{\partial\Delta u_i}{\partial X_j}=\Delta^{*}\varepsilon_{ij}-\Delta\omega_{ij}. \tag{I-9.24}$$

最后，我们给 Jaumann 应力增量张量下定义. 用 $\sigma_{ij}^E+\Delta\sigma_{ij}^J$ 表示作用在一个无限小长方体 $P^{(N+1)}Q^{(N+1)}R^{(N+1)}S^{(N+1)}$ 的六个表面上的 Euler 应力，如图 I-10 所示. 平行六面体三个边的方向余弦和直角笛卡儿坐标(X_1, X_2, X_3)的关系详列在下表中[1]:

	X_1	X_2	X_3
$\overrightarrow{P^{(N+1)}Q^{(N+1)}}$	1	$\Delta\omega_{12}$	$-\Delta\omega_{31}$
$\overrightarrow{P^{(N+1)}R^{(N+1)}}$	$-\Delta\omega_{12}$	1	$\Delta\omega_{23}$
$\overrightarrow{P^{(N+1)}S^{(N+1)}}$	$\Delta\omega_{31}$	$-\Delta\omega_{23}$	1

表中 $\Delta\omega_{ij}$ 已由方程(I-9.23)定义. 量 $\Delta\omega_{ij}$ 代表无限小长方体 $P^{(N)}Q^{(N)}R^{(N)}S^{(N)}$ 在第 $(N+1)$ 步经历的刚体转动. 这样定义的应力增量 $\Delta\sigma_{ij}^J$ 就称为 Jaumann 应力增量张量[47].

下面，我们来推导 $\Delta\sigma_{ij}^J$, $\Delta\sigma_{ij}^E$ 和 $\Delta^{*}\sigma_{ij}$ 间的关系式. 用 $[\sigma^E+\Delta\sigma^J]$ 和 $[\sigma^E+\Delta\sigma^E]$ 分别表示在点 $P^{(N+1)}$ 处 $\sigma_{ij}^E+\Delta\sigma_{ij}^J$ 和 $\sigma_{ij}^E+\Delta\sigma_{ij}^E$ 的矩阵[2]. 变换规律可以写成如下形式:

---

1) 此表指明，向量 $\overrightarrow{P^{(N+1)}Q^{(N+1)}}$ 的方向余弦和 (X_1, X_2, X_3) 坐标轴的关系是 (1, $\Delta\omega_{12}$, $-\Delta\omega_{31}$)，并以此类推.

2) $$[\sigma]=\begin{bmatrix}\sigma_{11}&\sigma_{12}&\sigma_{13}\\\sigma_{21}&\sigma_{22}&\sigma_{23}\\\sigma_{31}&\sigma_{32}&\sigma_{33}\end{bmatrix}.$$

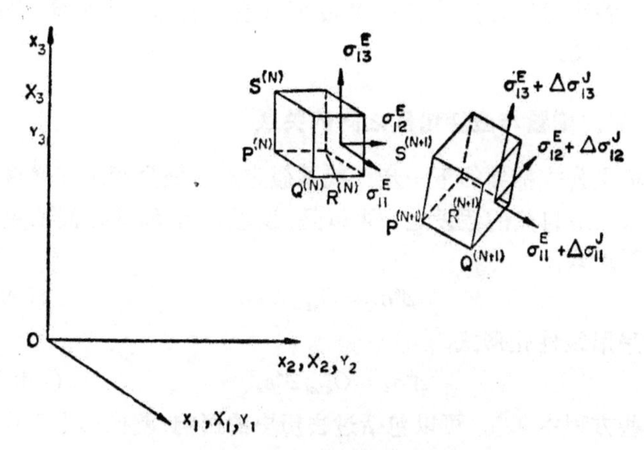

图 I-10 Jaumann 应力增量张量的定义

$$[\sigma^E+\Delta\sigma^J]=[L][\sigma^E+\Delta\sigma^E][L]^T, \tag{I-9.25}$$

式中

$$[L]=\begin{bmatrix} 1 & \Delta\omega_{12} & -\Delta\omega_{31} \\ -\Delta\omega_{12} & 1 & \Delta\omega_{23} \\ \Delta\omega_{31} & -\Delta\omega_{23} & 1 \end{bmatrix}, \tag{I-9.26}$$

它可分解成如下形式:

$$[L]=[I]+[\Delta\omega], \tag{I-9.27}$$

其中

$$[\Delta\omega]=\begin{bmatrix} 0 & \Delta\omega_{12} & -\Delta\omega_{31} \\ -\Delta\omega_{12} & 0 & \Delta\omega_{23} \\ \Delta\omega_{31} & -\Delta\omega_{23} & 0 \end{bmatrix}. \tag{I-9.28}$$

略去各高阶乘积项,我们从方程(I-9.25)就得到下列关系式:

$$[\Delta\sigma^J]=[\Delta\sigma^E]+[\sigma^E][\Delta\omega]^T+[\Delta\omega][\sigma^E], \tag{I-9.29}$$

或

$$\Delta\sigma_{ij}^J=\Delta\sigma_{ij}^E-\sigma_{ip}^E\Delta\omega_{pj}-\sigma_{jp}^E\Delta\omega_{pi}. \tag{I-9.30}$$

把方程(I-9.22)和(I-9.30)结合起来,就得到

$$\Delta^*\sigma_{ij}=\Delta\sigma_{ij}^J-\sigma_{ik}^E\Delta^*\varepsilon_{jk}-\sigma_{jk}^E\Delta^*\varepsilon_{ik}+\sigma_{ij}^E\Delta^*\varepsilon_{kk}. \tag{I-9.31}$$

方程(I-9.22),(I-9.30)和(I-9.31)表明了 $\Delta\sigma_{ij}^J$, $\Delta\sigma_{ij}^E$ 和 $\Delta^*\sigma_{ij}$ 间

的相互关系. 显然, 如果应变 $\Delta^{*}\varepsilon_{kl}$ 可以被假定成一些小量, $\Delta^{*}\sigma_{ij}$ 就化简为 $\Delta\sigma_{ij}^{J}$.

9.3 应力增量与应变增量之间的关系

增量公式推导的下一步, 就是假定应力增量和应变增量之间的关系. 最自然的假设之一可以是, 设想 $\Delta^{*}\sigma_{ij}$ 和 $\Delta^{*}e_{kl}$ 间的关系具有如下形式:

$$\Delta^{*}\sigma_{ij}=C_{ijkl}^{*}\Delta^{*}e_{kl}, \tag{I-9.32}$$

或者采用线性化形式:

$$\Delta^{*}\sigma_{ij}=C_{ijkl}^{*}\Delta^{*}\varepsilon_{kl}. \tag{I-9.33}$$ 1)

在这些方程中, C_{ijkl}^{*} 可以包括过去历史的影响, 就像第十二章介绍塑性力学流动理论时讲过的那样. 这里指出, 由于在塑性力学流动理论中 C_{ijkl}^{*} 可以是多值的, 所以如果把这个增量理论应用到有限元素分析, 就需要某些技巧, 为所研究的元素选择适当的 C_{ijkl}^{*} 值[48]. 我们可以借助于方程(I-9.9), (I-9.21)和(I-9.32), 推导出 $\Delta\sigma_{ij}$ 和 Δe_{kl} 间的关系式. 其结果可以写成如下形式:

$$\Delta\sigma_{ij}=C_{ijkl}\Delta e_{kl}, \tag{I-9.34}$$

或者采用线性化形式:

$$\Delta\sigma_{ij}=C_{ijkl}\Delta\varepsilon_{kl}, \tag{I-9.35}$$

式中

$$C_{ijkl}=D^{(N)}C_{pqrs}^{*}\frac{\partial x_{i}}{\partial X_{p}}\frac{\partial x_{j}}{\partial X_{q}}\frac{\partial x_{k}}{\partial X_{r}}\frac{\partial x_{l}}{\partial X_{s}}. \tag{I-9.36}$$

另一个自然的假设可以是, 设想 $\Delta\sigma_{ij}^{J}$ 和 $\Delta^{*}\varepsilon_{kl}$ 间的关系具有如下形式:

$$\Delta\sigma_{ij}^{J}=C_{ijkl}^{J}\Delta^{*}\varepsilon_{kl}. \tag{I-9.37}$$

方程(I-9.37)常常在弹-塑性问题的理论推演和分析中用到.

如果以方程(I-9.37)为出发点, 我们可以利用方程(I-9.31)和(I-9.37)推导出 $\Delta^{*}\sigma_{ij}$ 和 $\Delta^{*}\varepsilon_{kl}$ 间的关系式, 并求得 C_{ijkl}^{*} 如下:

---

1) 在第十二章中, 为塑性力学流动理论导出的 $d\sigma_{ij}$ 和 de_{kl} 之间的线性关系式, 既可以被解释为方程(I-9.33)的 $\Delta^{*}\sigma_{ij}$ 和 $\Delta^{*}e_{kl}$ 间的关系式, 亦可以被解释为方程(I-9.37)的 $\Delta\sigma_{ij}^{J}$ 和 $\Delta^{*}e_{kl}$ 间的关系式.

$$C^{*}_{ijkl}=C^{J}_{ijkl}-\sigma^{E}_{ik}\delta_{jl}-\sigma^{E}_{jk}\delta_{il}+\sigma^{E}_{ij}\delta_{kl}, \tag{I-9.38}$$

这些都是供方程(I-9.33)使用的．现在我们可以借助于方程(I-9.36)和(I-9.38)来确定 C_{ijkl}．其结果是

$$C_{ijkl}=D^{(N)}\frac{\partial x_i}{\partial X_p}\frac{\partial x_j}{\partial X_q}\frac{\partial x_k}{\partial X_r}\frac{\partial x_l}{\partial X_s}\cdot[C^{J}_{pqrs}-\sigma^{E}_{pr}\delta_{qs}-\sigma^{E}_{qr}\delta_{ps}+\sigma^{E}_{pq}\delta_{rs}], \tag{I-9.39}$$

这些都是供方程(I-9.35)使用的．有了这些准备工作，我们现在就要着手推导增量理论公式了．

9.4 根据 Lagrange 法的一种增量理论

首先，我们将根据 Lagrange 法来推导一种增量理论．一开始我们分别定义状态 $\Omega^{(N)}$ 和 $\Omega^{(N+1)}$ 中的应力、应变、位移、体力、作用在 S_σ 上的外力以及给定在 S_u 上的位移如下：

$$\sigma_{ij},\ e_{ij},\ u_i,\ \bar{P}_i,\ \bar{F}_i,\ \bar{u}_i,$$

和

$$\sigma_{ij}+\Delta\sigma_{ij},\quad e_{ij}+\Delta e_{ij},\quad u_i+\Delta u_i,$$
$$\bar{P}_i+\Delta\bar{P}_i,\quad \bar{F}_i+\Delta\bar{F}_i,\quad \bar{u}_i+\Delta\bar{u}_i.$$

然后，按照类似于第 3.11 节的推演方式，对于状态 $\Omega^{(N+1)}$ 的虚功原理就表达为

$$\iiint_V[(\sigma_{ij}+\Delta\sigma_{ij})\delta(e_{ij}+\Delta e_{ij})-(\bar{P}_i+\Delta\bar{P}_i)\delta\Delta u_i]dV^{(0)}-\iint_{S_\sigma}(\bar{F}_i+\Delta\bar{F}_i)\delta\Delta u_i dS^{(0)}=0, \tag{I-9.40}$$

式中

在 S_u 上，

$$\Delta u_i=\Delta\bar{u}_i, \tag{I-9.41}$$

而 $e_{ij}+\Delta e_{ij}$ 则由方程(I-9.5)给出．这里我们重复一下，体力和 S_σ 上的面力是按状态 $\Omega^{(0)}$ 的每单位体积和每单位面积定义的，而 $dV^{(0)}=dx_1dx_2dx_3$ 和 $dS^{(0)}$ 分别是状态 $\Omega^{(0)}$ 下的体积元素和表面面积元素．略去位移增量的各高阶乘积项，经过若干运算就得到

$$\iiint\limits_V \{\Delta\sigma_{ij}\delta\Delta\varepsilon_{ij}+\sigma_{ij}\delta\left(\frac{1}{2}\Delta u_{k,i}\Delta u_{k,j}\right)$$

$$-\Delta\bar{P}_i\delta\Delta u_i+[\sigma_{ij}\delta\Delta\varepsilon_{ij}-\bar{P}_i\delta\Delta u_i]\}dV^{(0)}$$

$$-\iint\limits_{S_\sigma}(\Delta\bar{F}_i+\bar{F}_i)\delta\Delta u_i dS^{(0)}=0. \quad \text{(I-9.42)}$$

如果确保状态 $\Omega^{(N)}$ 是处于平衡的，那么方程(I-9.42)中的下列各项将为零：

$$\iiint\limits_V[\sigma_{ij}\delta\Delta\varepsilon_{ij}-\bar{P}_i\delta\Delta u_i]dV^{(0)}$$

$$-\iint\limits_{S_\sigma}\bar{F}_i\delta\Delta u_i dS^{(0)}. \quad \text{(I-9.43)}$$

然而,在这类增量理论中,由于略去了各高阶项和计算的不准确性，状态 $\Omega^{(N)}$ 不大可能是完全平衡的. 因此，为了平衡校核，在方程(I-9.42)中保留这些项是必要的，就象本附录的前一节讲过的那样. 这样建立的虚功原理，不管应力增量-应变增量关系如何，都是成立的.

在这里准备简要讨论一下方程(I-9.42)对于一个有限元素公式推导的应用. 首先,把每个有限元素内的 Δu_i 近似表示为

$$\Delta u_i=\sum_k\phi_{ik}\Delta q_k, \quad \text{(I-9.44)}$$

式中 $\phi_{ik}(x_1, x_2, x_3)$是形状函数，而 Δq_k 是结点的位移增量. 我们假定这些形状函数的选定，使得由方程(I-9.44)给出的 Δu_i 与相邻各元素的 Δu_i 都是相容的. 把方程(I-9.10), (I-9.35)和(I-9.44)代入方程(I-9.42)，我们看到,代表任一有限元素对方程(I-9.42)左边的贡献的各项，可以表示为如下形式：

$$\sum_i\left\{\sum_j(k_{ij}^{(0)}+k_{ij}^{(1)}+k_{ij}^{(2)})\Delta q_j-\Delta\bar{Q}_i-\Delta\epsilon_i\right\}\delta\Delta q_i,$$

也可以用矩阵形式表示为

$$\{\delta\Delta q\}^T\left[([k^{(0)}]+[k^{(1)}]+[k^{(2)}])\{\Delta q\}-\{\Delta\bar{Q}\}-\{\Delta\epsilon\}\right],$$

式中

$$k_{ij}^{(0)}=\iiint\limits_{V_n} C_{klpq}\phi_{ki,l}\phi_{pj,q}dV^{(0)},$$

$$k_{ij}^{(1)}=\iiint\limits_{V_n} C_{klpq}(u_{r,k}\delta_{sp}+u_{s,p}\delta_{rk}+u_{r,k}u_{s,p})\phi_{ri,s}\phi_{sj,q}dV^{(0)},$$

$$k_{ij}^{(2)}=\iiint\limits_{V_n}\sigma_{kl}\phi_{pi,k}\phi_{pj,l}dV^{(0)},\tag{I-9.45}$$

$$\Delta\bar{Q}_i=\iiint\limits_{V_n}\Delta\bar{P}_k\phi_{ki}dV^{(0)}+\iint\limits_{S_{\sigma_n}}\Delta\bar{F}_k\phi_{ki}dS^{(0)},$$

$$\Delta\epsilon_i=\iiint\limits_{V_n}[-\sigma_{kl}(\delta_{pl}+u_{p,l})\phi_{pi,k}+\bar{P}_k\phi_{ki}]dV^{(0)}+\iint\limits_{S_{\sigma_n}}\bar{F}_k\phi_{ki}dS^{(0)},$$

而V_n和S_{σ_n}分别属于所研究的元素的区域和S_σ的部分.矩阵$[k^{(0)}]$是增量刚度矩阵. 矩阵$[k^{(1)}]$和$[k^{(2)}]$分别称为初始位移刚度矩阵和初始应力刚度矩阵[49]. 矩阵$\{\Delta\epsilon\}$可以称为残余矩阵. 通常的作法是把代表所有元素的贡献的各项集合起来，为整个结构得出一个线性增量平衡方程组,随后就求解这个方程组，确定状态$\Omega^{(N+1)}$的各种状态变量,例如应力$\sigma_{ij}+\Delta\sigma_{ij}$,结点位移的增量$\Delta u_i$,等等.

习题 1. 试证明，如果把上述理论应用于几何非线性问题,而对于这类问题驻值势能原理是成立的，那么这里所开展的公式推导,就等价于本附录第八节所讨论的修正增量刚度法.

习题 2. 试将本方法与第三章第3.11节所介绍的关于稳定性问题的 Euler 法作一比较.

9.5 兼用 Euler 法和 Lagrange 法的另一增量理论

我们准备结合 Euler 法和 Lagrange 法来推导第二种增量理论[50]. 就象本附录第9.2节讲过的那样,在状态$\Omega^{(N)}$中引用(X_1, X_2, X_3)坐标,并在状态$\Omega^{(N)}$中,用σ_{ij}^E表示Euler应力张量,$\bar{P}_i$表示体力,$\bar{F}_i$表示S_σ上的面力. 这里指出，σ_{ij}^E和$\bar{F}_i$是按状态$\Omega^{(N)}$的每单位面积、而$\bar{P}_i$是按状态$\Omega^{(N)}$的每单位体积定义的. 另一方

面，我们在状态 $\Omega^{(N+1)}$ 中定义 Kirchhoff 应力张量 $\sigma^E_{ij}+\Delta^*\sigma_{ij}$，体力 $\bar{P}_i+\Delta\bar{P}_i$ 以及 S_σ 上的面力 $\bar{F}_i+\Delta\bar{F}_i$，所有这些量都应理解为按状态 $\Omega^{(N)}$ 的每单位面积和每单位体积定义的. 于是，对于状态 $\Omega^{(N+1)}$，可以写出虚功原理如下：

$$\iiint_V [(\sigma^E_{ij}+\Delta^*\sigma_{ij})\delta\Delta^* e_{ij}-(\bar{P}_i+\Delta\bar{P}_i)\delta\Delta u_i]dV^{(N)}$$

$$-\iint_{S_\sigma}(\bar{F}_i+\Delta\bar{F}_i)\delta\Delta u_i dS^{(N)}=0, \qquad (\text{I–9.46})^{1)}$$

式中

在 S_u 上，

$$\Delta u_i=\Delta\bar{u}_i, \qquad (\text{I–9.47})$$

而 $dV^{(N)}=dX_1dX_2dX_3$ 和 $dS^{(N)}$ 分别是状态 $\Omega^{(N)}$ 的体积元素和表面面积元素. 略去位移增量的各高阶乘积项，经过若干运算我们就得到

$$\iiint_V\Big\{\Delta^*\sigma_{ij}\delta\Delta^*\varepsilon_{ij}+\frac{1}{2}\sigma^E_{ij}\delta\Big(\frac{\partial\Delta u_k}{\partial X_i}\frac{\partial\Delta u_k}{\partial X_j}\Big)$$

$$-\Delta\bar{P}_i\delta\Delta u_i+[\sigma^E_{ij}\delta\Delta^*\varepsilon_{ij}-\bar{P}_i\delta\Delta u_i]\Big\}dV^{(N)}$$

$$-\iint_{S_\sigma}(\Delta\bar{F}_i+\bar{F}_i)\delta\Delta u_i dS^{(N)}=0. \qquad (\text{I–9.48})$$

利用方程(I–9.48)，我们可以按类似于本附录第 9.4 节的推演方式，来建立一套有限元素的公式推导. 把每个元素内的 Δu_i 近似表示为

$$\Delta u_i=\sum_k\phi_{ik}\Delta q_k, \qquad (\text{I–9.49})$$

式中 $\phi_{ik}(X_1, X_2, X_3)$ 是一些相容的形状函数，并利用方程(I–9.11)和(I–9.33)，我们看到，代表任一有限元素对方程(I–9.48)左边的贡献的各项，可以表示为如下形式：

$$\sum_i\{\sum_j(k_{ij}+k^{(G)}_{ij})\Delta q_j-\Delta\bar{Q}_i-\Delta\epsilon_i\}\delta\Delta q_i,$$

也可以用矩阵形式表示为

$$\{\delta\Delta q\}^T[([k]+[k^{(G)}])\{\Delta q\}-\{\Delta\bar{Q}\}-\{\Delta\epsilon\}],$$

1) 方程(I–9.46)等价于第五章的方程(5.5).

式中

$$
\begin{aligned}
k_{ij} &= \iiint\limits_{V_n} C^*_{klpq} \frac{\partial \phi_{ki}}{\partial X_l} \frac{\partial \phi_{pj}}{\partial X_q} dV^{(N)}, \\
k^{(G)}_{ij} &= \iiint\limits_{V_n} \sigma^E_{kl} \frac{\partial \phi_{pi}}{\partial X_k} \frac{\partial \phi_{pj}}{\partial X_l} dV^{(N)}, \\
\Delta \overline{Q}_i &= \iiint\limits_{V_n} \Delta \overline{P}_k \phi_{ki} dV^{(N)} + \iint\limits_{S_{\sigma_n}} \Delta \overline{F}_k \phi_{ki} dS^{(N)}, \qquad \text{(I-9.50)} \\
\Delta \epsilon_i &= \iiint\limits_{V_n} [-\sigma^E_{kl} \phi_{ki,l} + \overline{P}_k \phi_{ki}] dV^{(N)} \\
&\quad + \iint\limits_{S_{\sigma_n}} \overline{F}_k \phi_{ki} dS^{(N)},
\end{aligned}
$$

而$[k^{(G)}]$称为增量几何刚度矩阵.

把代表所有元素的贡献的各项集合起来，为整个结构得出一个线性方程组，求解这个方程组，我们就可以求得状态$\Omega^{(N+1)}$中的状态变量. 这样得到的应力$\sigma^E_{ij}+\Delta^*\sigma_{ij}$，现在可利用方程(I-9.19)转换成$\sigma^E_{ij}+\Delta\sigma^E_{ij}$，为第$(N+2)$步提供了初始应力. 这里应当指出，在完成了每一个后续步骤之后，计算总位移时要加进所有增量的贡献以便适时修正结点的坐标，而且对于每一步，刚度矩阵$[k]$和$[k^{(G)}]$都要重新计算.

上面是发表在参考文献[50]中的增量理论的一个概要. 文献中提到，如果结构的响应是高度非线性的，那么即使采用上述程序也还会导致错误的计算结果. 文献还提示，对这类问题，Newton-Raphson 迭代法可以用来把结点平衡中出现的误差，减小到任何预期的程度. 关于增量理论和其他公式推导的细节，以及它们在几何的与材料的非线性问题中的实际应用，建议读者查阅参考文献[48]到[51].

习题 1. 在第九节里，参照直角笛卡儿坐标系作出了两种增量理论的公式推导. 试按第四章所介绍的一般曲线坐标系来引申和发展上述理论.

习题 2. 试证明如果结构的响应是高度非线性的，就必须采用方程(I-9.32)所给出的应力增量和应变增量间的关系式，或者采用更普遍的形式：

$$\Delta^{*}\sigma_{ij}=f_{ij}(\Delta^{*}e_{kl})$$

并且必须采用由方程(I-9.40)和方程(I-9.46)表示的虚功原理，而不能略去各高阶乘积项.

习题 3. 试证明方程(I-9.46)与方程(I-9.40)等价. 提示：像方程(I-9.9)和(I-9.20)以及$dV^{(N)}=D^{(N)}dV^{0}$那样的关系式，对于证明是有用的.

习题 4. 试把本附录第 9.5 节推出的增量理论公式与第十二章介绍的塑性力学流动理论作一对比.

第十节 关于离散分析的几点讨论

离散分析这个名词似乎概括了广泛的数值分析法领域，在这些方法中，具有无限自由度数的系统是用一种具有有限自由度数的系统来近似表示的. 这样，为连续体问题所建立的微分或积分方程，在离散分析中就简化为有限数量的代数方程[1). 众所周知，加权残余法(method of weighted residuals 缩写为 MWR)[56-59]和有限差分法(finite difference method 缩写为 FDM)是两种主要的离散分析方法[2). 作为这个附录最后的论题，我们来研究一下加权残余法，因为它对于有限元素法的公式推导，比变分法提供了一个较为广阔和更加灵活的基础.

仿照参考文献[58]，我们取一个二维热传导问题为例，这个问题是由下列微分方程和边界条件定义的：微分方程是

在 S 内，

$$\frac{\partial}{\partial x}\left(K\frac{\partial\theta}{\partial x}\right)+\frac{\partial}{\partial y}\left(K\frac{\partial\theta}{\partial y}\right)+\bar{Q}=0, \qquad \text{(I-10.1)}$$

给定的边界条件是

1) 关于应用于积分方程的离散分析，例如见参考文献[52—55].

2) 参考文献[58]中提到有限差分法，原先是以一种不同的方法出现的，近来已在变分的基础上导出，并可和有限元素法的术语取得一致.

在 C_1 上,

$$K\frac{\partial\theta}{\partial n}=\bar{q}, \tag{I-10.2}$$

在 C_2 上,

$$\theta=\bar{\theta}, \tag{I-10.3}$$

式中 θ, K 和 $\bar{Q}$ 分别是温度、热传导率和热源强度,而 n 是边界上的外向法线,$\bar{q}$ 和 $\bar{\theta}$ 是空间坐标的给定函数.

10.1 一个变分原理

这里就这个问题来推导一个变分原理供以后参考. 按类似于线弹性力学问题的推演方式,我们首先写出下列方程:

$$-\iint_S\left[\frac{\partial}{\partial x}\left(K\frac{\partial\theta}{\partial x}\right)+\frac{\partial}{\partial y}\left(K\frac{\partial\theta}{\partial y}\right)+\bar{Q}\right]\delta\theta\,dxdy$$
$$+\int_{C_1}\left(K\frac{\partial\theta}{\partial n}-\bar{q}\right)\delta\theta\,ds=0, \tag{I-10.4}$$

式中 $\delta\theta$ 是 θ 的虚变分,而取方程(I-10.3)作为约束条件. 如果假定 $\delta\theta$ 是在 S 内的一个连续函数,分部积分就把方程(I-10.4)转换成

$$\iint_S\left[K\left(\frac{\partial\theta}{\partial x}\frac{\partial\delta\theta}{\partial x}+\frac{\partial\theta}{\partial y}\frac{\partial\delta\theta}{\partial y}\right)-\bar{Q}\,\delta\theta\right]dxdy$$
$$-\int_{C_1}\bar{q}\,\delta\theta\,ds=0. \tag{I-10.5}$$

如果进一步假定 K, $\bar{Q}$ 和 $\bar{q}$ 都不经受变分, 我们从方程 (I-10.5) 得到下列变分原理:

$$\delta\Pi=0, \tag{I-10.6}$$

式中

$$\Pi=\iint_S\left\{\frac{1}{2}K\left[\left(\frac{\partial\theta}{\partial x}\right)^2+\left(\frac{\partial\theta}{\partial y}\right)^2\right]-\bar{Q}\theta\right\}dxdy-\int_{C_1}\bar{q}\,\theta\,ds. \tag{I-10.7}$$

10.2 加权残余法

回到加权残余法这个论题,让我们用 $\tilde{\theta}$ 表示 θ 的一个近似解,

并把它表示如下:

$$\tilde{\theta}=\sum_{i=1}^{N}a_i\phi_i(x,\ y)+\phi_0(x,\ y), \tag{I-10.8}$$

式中$\phi_i(x,\ y)(i=1,\ 2,\ \cdots,\ N)$是定义在$S$域内的坐标函数，而$a_i(i=1,\ 2,\ \cdots,\ N)$是待定参数.方程(I-10.8)所包括的函数$\phi_0(x,\ y)$,是用来照管在方程(I-10.1), (I-10.2)和(I-10.3)中出现的某些非齐次项的. 把方程(I-10.8)引入方程(I-10.1), (I-10.2)和(I-10.3),就得到一些所谓的残数,其定义如下:

在S内,

$$-R_S\equiv\frac{\partial}{\partial x}\left(K\frac{\partial\tilde{\theta}}{\partial x}\right)+\frac{\partial}{\partial y}\left(K\frac{\partial\tilde{\theta}}{\partial y}\right)+\bar{Q}, \tag{I-10.9}$$

在C_1上,

$$R_{C_1}\equiv K\frac{\partial\tilde{\theta}}{\partial n}-\bar{q}, \tag{I-10.10}$$

在C_2上,

$$R_{C_2}\equiv\tilde{\theta}-\bar{\theta}. \tag{I-10.11}$$

除非$\tilde{\theta}$碰巧是一个精确解，否则这些残数是不会为零的. 加权残余法提议按加权平均的意义使残数减低到零,用以确定a_i值,即

$$\iint_S R_S W_i dxdy+\int_{C_1}R_{C_1}W_i ds+\int_{C_2}R_{C_2}W_i ds=0,$$

$$i=1,\ 2,\ \cdots,\ N, \tag{I-10.12}$$

式中$W_i(i=1,\ 2,\ \cdots,\ N)$就是所谓的加权函数. 它们可以是任意函数而没有连续性要求. 它们可以是包括δ函数的不连续函数. 有几种选择加权函数的办法.不同的选择就导致不同的公式形式. 下面来阐明这些选择的一些特殊情况.

10.3 点配置和子域配置

如果按下列方式选择δ函数为加权函数,使得

$$W_i=\delta(x-x_i,\ y-y_i);\quad i=1,\ 2,\ \cdots,\ N, \tag{I-10.13}$$

式中δ是δ函数，而$(x_i,\ y_i)$是在S内，或者在C_1或C_2上一点的坐标,我们就得到一种称为点配置的公式.

其次，我们把区域 S 以及边界 C_1 和 C_2 划分成许多子域 Ω_1, Ω_2, …, 并按下列方式选择加权函数, 使得

在子域 Ω_i 内,

$$W_i=1,$$

在其他地方,

$$W_i=0,$$

就得到一种称为子域配置的公式.

10.4 Галёркин 法

现在, 我们用这样的一种方法来选择方程 (I-10.8) 的 $\tilde{\theta}$, 使得它满足方程(I-10.3), 并把方程(I-10.12)列出如下:

$$\iint_S R_s W_i dxdy+\int_{C_1} R_{C_1} W_i ds=0;$$

$$i=1,\ 2,\ \cdots,\ N. \qquad \text{(I-10.14)}^{1)}$$

如果假定了加权函数的连续性, 分部积分就把方程(I-10.14)转换成

$$\iint_S\left[K\left(\frac{\partial \tilde{\theta}}{\partial x} \frac{\partial W_i}{\partial x}+\frac{\partial \tilde{\theta}}{\partial y} \frac{\partial W_i}{\partial y}\right)-\bar{Q} W_i\right] dxdy$$

$$-\int_{C_1} \bar{q} W_i ds=0. \qquad \text{(I-10.15)}^{2)}$$

Галёркин 法提出, 采用方程 (I-10.14) 或者方程 (I-10.15), 并取

$$W_i=\phi_i(x,\ y);\quad i=1,\ 2,\ \cdots,\ N \qquad \text{(I-10.16)}$$

来确定未知参数 a_i. 换句话说, 在 Галёркин 法中, 所取的加权函数与坐标函数一致.

10.5 Rayleigh-Ritz 法

不言而喻, Rayleigh-Ritz 法要求:

$$\frac{\partial \Pi}{\partial a_i}=0;\quad i=1,\ 2,\ \cdots,\ N, \qquad \text{(I-10.17)}$$

1) 试与方程(I-10.4)作一比较.

2) 试与方程(I-10.5)作一比较.

式中

$$\Pi=\iint_S\left\{\frac{1}{2}K\left[\left(\frac{\partial\tilde{\theta}}{\partial x}\right)^2+\left(\frac{\partial\tilde{\gamma}}{\partial y}\right)^2\right]-\bar{Q}\tilde{\theta}\right\}dxdy$$

$$-\int_{C_1}\bar{q}\,\tilde{\theta}\,ds, \tag{I-10.18}$$

而 $\tilde{\theta}$ 是由方程 (I-10.8) 给出的，同时取方程(I-10.3)作为约束条件. 如所预料，从方程(I-10.17)得出的一些方程，等价于根据方程(I-10.15)利用 Галёркин 法所得的那些方程.

前面已经提过，就方程(I-10.12) 而言，对加权函数并没有连续性要求. 但是，把方程(I-10.14) 变换到方程 (I-10.15) 的过程中，对于加权函数是要求连续性的. 在参考文献[58]中提到，通过分部积分把方程(I-10.14) 变换到方程 (I-10.15) 时，减少了对坐标函数的连续性要求，但却增加了对加权函数的连续性要求.

至此，我们已经看到，加权残余法包括了几种方法，例如配置法，Галёркин 法和变分法，都给离散分析技术提供了一个广阔的基础，并且阐明了各个方法的特征. 在工程科学中，几乎任何问题都可以列出加权残余法的公式，因而对于许多实际问题的应用具有普遍性. 有关进一步的细节，建议读者查阅有关文献，例如参考文献[56]到[59].

参 考 文 献

[1] R. Courant, Variational Methods for the Solution of Problems of Equilibrium and Vibrations, *Bulletin of the American Mathematical Society*, Vol. 49, pp. 1—23, January 1943.

[2] M. J. Turner, R. W. Clough, H. C. Martin and L. J. Topp, Stiffness and Deflection Analysis of Complex Structures, *Journal of the Aeronautical Sciences*, Vol. 23, No. 9, pp. 805—823, 1956.

[3] J. H. Argyris, Energy Theorems and Structural Analysis. Part I. General Theory, *Aircraft Engineering*, Vol. 26, pp. 347—356, October 1954; pp. 383—387, 394, November 1954; and Vol. 27, pp. 42—58, February 1955; pp. 80—94, March 1955; pp. 125—134, April 1955; pp. 145—158, May 1955. J. H. Argyris and S. Kelsey, Energy Theorems and Structural Analysis. Part II. Applications to Thermal Stress Analysis and to Upper

and Lower Limits of Saint-Venant Torsion Constant, *Aircraft Engineering*, Vol. 26, pp. 410—422, December 1954. (再版成单行本，如绪论的参考文献[17]，有中译本)

[4] T. H. H. Pian, Derivation of Element Stiffness Matrices by Assumed Stress Distribution, *AIAA Journal*, Vol. 2, No. 7, pp. 1333—1336, July 1964.

[5] T. H. H. Pian and P. Tong, Basis of Finite Element Methods for Solid Continua, *International Journal for Numerical Methods in Engineering*, Vol. 1, No. 1, pp. 3—28, January—March 1969. (卞学璜、董平，《固体连续介质有限元素法的基础》，见《固体力学中的有限元素法译文集》下集，科学出版社，1977 年)

[6] T. H. H. Pian, Formulation of Finite Element Methods for Solid Continua, in *Recent Advances in Matrix Methods of Structural Analysis and Design*, edited by R. H. Gallagher, Y. Yamada and J. T. Oden, The University of Alabama in Huntsville Press, pp. 49—83, 1971.

[7] T. H. H. Pian, Finite Element Methods by Variational Principles with Relaxed Continuity Requirements, in *Variational Methods in Engineering*, edited by C. A. Brebbia and H. Tottenham, Southampton University Press, pp. 3/1—3/24, 1973.

[8] T. H. H. Pian and P. Tong, Finite Element Methods in Continuum Mechanics, in *Advances in Applied Mechanics*, edited by C. S. Yih, Academic Press, Vol. 12, pp. 1—58, 1972.

[9] L. R. Herrmann and R. M. Toms, A Reformulation of the Elastic Field Equations, in Terms of Displacements, Valid for All Admissible Value of Poisson's Ratio, *Transactions of the ASME, Journal of Applied Mechanics*, Vol. 86, Ser. E, pp. 140—141, 1964.

[10] L. R. Herrmann, Elasticity Equations for Incompressible and Nearly Incompressible Materials by a Variational Theorem, *AIAA Journal*, Vol. 3, No. 10, pp. 1896—1900, October 1965.

[11] L. R. Herrmann, A Bending Analysis for Plates, *Proceedings of the Conference on Matrix Methods in Structural Mechanics*, AFFDL-TR-66-80, pp. 577—601, 1965.

[12] L. R. Herrmann, Finite Element Bending Analysis for Plates, *Journal of Engineering Mechanics Division, Proceedings of the American Society of Civil Engineers*, Vol. EM5, pp. 13—26, October 1967.

[13] O. C. Zienkiewicz, The Finite Element Method: From Intuition to Generality, *Applied Mechanics Reviews*, Vol. 23, No. 3, pp. 249—256, March 1970. (《有限元素法——从直觉到概括》，见《固体力学中的有限元素法译文集》上集，科学出版社，1975 年)

[14] O. C. Zienkiewicz and Y. K. Cheung, *The Finite Element Method in Structural and Continuum Mechanics*, McGraw-Hill, 1967. (《结构和连续力学中的有限单元体法》,国防工业出版社, 1973 年)

[15] O. C. Zienkiewicz, *The Finite Element Method in Engineering Science* McGraw-Hill, 1971.

[16] J. H. Argyris, The Impact of the Digital Computer on Engineering Sciences, *Aeronautical Journal of the Royal Society*, Vol. 74, pp. 13—41, 1970 and Vol. 74, pp. 111—127, 1970. (《电子计算机对工程科学的冲击》, 见《固体力学中的有限元素法译文集》上集, 科学出版社, 1975 年)

[17] J. R. Whiteman, *A Bibliography for Finite Element Methods*, Department of Mathematics, Brunel University, TR/9, March 1972.

[18] J. E. Akin, D. L. Fenton and W. C. T. Stoddart, *The Finite Element Method, A Bibliography of its Theory and Applications*, Department of Engineering Mechanics, the University of Tennessee, Knoxville, Report EM 72-1, February 1972.

[19] G. Strang and G. Fix, *An Analysis of the Finite Element Method*, Prentice Hall, 1973.

[20] R. E. Jones, A Generalization of the Discrete-Stiffness Method of Structural Analysis, *AIAA Journal*, Vol. 2, No. 5, pp. 821—826, May 1964.

[21] Y. Yamamoto, *A Formulation of Matrix Displacement Method*, Department of Aeronautics and Astronautics, Massachusetts Institute of Technology, 1966.

[22] P. Tong, New Displacement Hybrid Finite Element Models for Solid Continua, *International Journal for Numerical Methods in Engineering*, Vol. 2, No. 1, pp. 73—83, January-March 1970.

[23] 鷲津久一郎, 弹性学の变分原理概論, コンピュータによる構造工学講座 II-3-A, 培風館, 東京, 1972 年.

[24] R. A. Toupin, A. Variational Principle for the Mesh-Type Analysis of Mechanical Systems, *Transactions of ASME, Journal of Applied Mechanics*, Vol. 74, pp. 151—152, 1952.

[25] K. Washizu, *On the Variational Principles Applied to Dynamic Problems of Elastic Bodies*, Aeroelastic and Structures Research Laboratory, Massachusetts Institute of Technology, March 1957.

[26] R. L. Sakaguchi and B. Tabarrok, Calculation of Plate Frequencies from Complementary Energy Formulation, *International Journal for Numerical Methods in Engineering*, Vol. 2, No. 2, pp. 283—293, April—June 1970.

[27] B. Tabarrok, Complementary Energy Method in Elastodynamics, in *High Speed Computing of Elastic Structures*, edited by B. Fraeijs de Veubeke,

University of Liège, Belgium, pp. 625—662, 1971.

[28] M. Geradin, Computation Efficiency of Equilibrium Models in Eigenvalue Analysis, in *High Speed Computing of Elastic Structures*, edited by B. Fraeijs de Veubeke, University of Liège, Belgium, pp. 589—623, 1971.

[29] K. Washizu, Some Considerations on Basic Theory for the Finite Element Method, in *Advances in Computational Methods in Structural Mechanics and Design*, edited by R. W. Clough, Y. Yamamoto and J. T. Oden, The University of Alabama in Huntsville Press, pp. 39—53, 1972.

[30] B. Fraeijs de Veubeke, The Duality Principles of Elastodynamics Finite Element Applications, in *Lectures on Finite Element Methods in Continuum Mechanics*, edited by J. T. Oden and E. R. de Arantes e Oliveira, The University of Alabama in Huntsville Press, pp. 357—377, 1973.

[31] R. W. Clough and K. J. Bathe, Finite Element Analysis of Dynamic Response, in *Advances in Computational Methods in Structural Mechanics and Design* edited by R. W. Clough, Y. Yamamoto and J. T. Oden, The University of Alabama in Huntsville Press, pp. 153—179, 1972. («动态响应的有限元素分析», 见«固体力学中的有限元素法译文集»下集, 科学出版社, 1977年)

[32] R. W. Clough, Basic Principles of Structural Dynamics, pp. 495—511; Vibration Analysis of Finite Element Systems, pp. 513—523; Numerical Integration of the Equations of Motion, pp. 525—533. in *Lectures on Finite Element Methods in Continuum Mechanics*, edited by J. T. Oden and E. R. de Arantes e Oliveira, The University of Alabama in Huntsville Press, 1973.

[33] M. E. Gurtin, Variational Principles for Linear Elastodynamics, *Archiv for Rational Mechanics and Analysis*, Vol. 16, pp. 34—50, 1964.

[34] M. E. Gurtin, Variational Principles for the Linear Theory of Viscoelastictiy, *Archiv for Rational Mechanics and Analysis*, Vol. 13, pp. 179—191, 1963.

[35] E. L. Wilson and R. E. Nickel, Application of the Finite Element Method to Heat Conduction Analysis, *Nuclear Engineering and Design*, Vol. 4, pp. 276—286, North-Holland Publishing Co., Amsterdam, 1966.

[36] R. S. Dunham, R. E. Nickel and D. C. Strickler, Integration Operators for Transient Structural Response, *Computers and Structures*, Vol. 2, pp. 1—15, 1972.

[37] J. Ghaboussi and E. L. Wilson, Variational Formulation of Dynamics of Fluid-Saturated Porous Elastic Solids, *Proceedings of the American Society of Civil Engineers, Journal of the Engineering Mechanics Division*, Vol. EM4, pp. 947—963, August 1972.

[38] S. Atluri, An Assumed Stress Hybrid Finite Element Model for Linear Elastodynamic Analysis, *AIAA Journal*, Vol. 11, No. 7, pp. 1028--1031, July 1973.

[39] C. Truesdell and W. Noll, The Non-Linear Field Theories of Mechanics, in *Handbuch der Physik*, Band 111/3,edited by S. Flügge, Springer Verlag, 1965.

[40] J. A. Stricklin, W. E. Haisler and W. A. von Riesemann, Geometrically Nonlinear Structural Analysis by Direct Stiffness Method, *Journal of the Structural Division, ASCE*, Vol. 97, No. ST9, pp. 2299—2314, Sept. 1971.

[41] W. Haisler, J. A. Stricklin and F. J. Stebbins, Development and Evaluation of Solution Procedures for Geometrically Nonlinear Structural Analysis, *AIAA Journal*, Vol. 10, No. 3, pp. 264—272, March 1972.

[42] J. T. Oden, *Finite Elements of Nonlinear Continua*, McGraw-Hill, 1972.

[43] R. H. Gallagher, Finite Element Analysis of Geometrically Nonlinear Problems, in *Theory and Practice in Finite Element Structural Analysis*, edited by Y. Yamada and R. H. Gallagher, The University of Tokyo Press, pp. 109—124, 1973.

[44] H. C. Martin and G. F. Carey, *Introduction to Finite Element Analysis Theory and Application*, McGraw-Hill Company, 1973.

[45] Y. C. Fung, *Foundations of Solid Mechanics*, Prentice-Hall, 1965.

[46] W. T. Koiter, *On the Principle of Stationary Complementary Energy in the Nonlinear Theory of Elasticity*, Report No. 488, Laboratory of Engineering Delft University of Technology, the Netherland, January 1973, and also. *SIAM Journal on Applied Mathematics*, Vol. 25, No. 3, pp. 424—434, November 1973.

[47] W. Prager, *Introduction to Mechanics of Continua*, Ginn and Company, 1961.

[48] Yamada, T. Kawai, N. Yoshimura and T. Sakurai, Analysis of the Elastic-Plastic Problem by the Matrix Displacement Method, *Proceedings of the Second Conference on Matrix Methods in Structural Mechanics*, Wright-Patterson Air Force Base, Ohio, Oct. 15—17, 1968, AFFDL-68-150, Dec 1969, pp. 1271—1299.

[49] P. V. Marcal, Large Strain, Large Displacement Analysis, pp. 535—543; Instability Analysis Using the Incremental Stiffness Matrices, pp. 545—561. In *Lectures on Finite Element Methods in Continuum Mechanics*, edited by J. T. Oden and E. R. de Arantes e Oliveira, The University of Alabama in Huntsville Press, 1973.

[50] L. D. Hofmeister, G. A. Greenbaum and D. A. Evensen, Large Strain, Elasto-Plastic Finite Element Analysis, *AIAA Journal*, Vol. 9, No. 7, pp.

1248—1254, July 1971.

[51] J. A. Stricklin, W. S. von Riesmann, J. R. Tillerson and W. E. Haisler, Static Geometric and Material Nonlinear Analysis, in *Advances in Computational Methods in Structural Mechanics and Design,* edited by R. W. Clough, Y. Yamamoto and J. T. Oden, The University of Alabama in, Huntsville Press, pp. 301—324, 1972.

[52] R. L. Bisplinghoff and H. Ashley, *Principles of Aeroelasticity,* John Wiley & Sons, New York, 1962.

[53] H. Ashley, S. Widnall and M. T. Landahl, New Directions in Lifting Surface Theory, *AIAA Journal*, Vol. 3, No. 1, pp. 3—16, January 1965.

[54] H. Ashley, Some Considerations Relative to the Predictions of Unsteady Airloads in Lifting Configuration, *Journal of Aircraft,* Vol. 8, No. 10, pp. 747—756, October 1971.

[55] J. L. Hess and A. M. O. Smith, Calculation of Potential Flow about Arbitrary Bodies, in *Progress in Aeronautical Sciences,* Vol. 8, edited by D. Küchemann, Pergamon Press, pp. 1—138, 1967.

[56] S. H. Crandall, *Engineering Analysis*, McGraw-Hill, 1956.

[57] B. A. Finlayson, *The Method of Weighted Residuals and Variational Principles*, Academic Press, 1972.

[58] O. C. Zienkiewicz, *Note on the Finite Element Method and Its Applications,* Industrial Center of Technology, Japan, 1972.

[59] O. C. Zienkiewicz, Weighted Residual Processes in Finite Element with Particular Reference to Some Transient and Coupled Problems, in *Lectures on Finite Element Methods in Continuum Mechanics,* edited by J. T. Oden and E. R. de Arantes e Oliveira, The University of Alabama in Huntsville Press, pp. 415—458, 1973.

附录J　关于虚功原理的注释

在这里，我们将对方程(1.32)所表示的虚功原理作两个简短的说明．第一个说明与方程(1.28)有关．这就是，像出现在方程(1.28)中的一些项，如

$$\left(\frac{\partial\sigma_x}{\partial x}+\frac{\partial\tau_{xy}}{\partial y}+\frac{\partial\tau_{zx}}{\partial z}+\overline{X}\right),\ (\cdots),\ (\cdots);$$

$$(X_\nu-\overline{X}_\nu),\ (\cdots),\ (\cdots)$$

都是取自方程(1.26)和(1.27)，即施加虚位移 δu, δv 和 δw 以前，固体 V 内的平衡方程和 S_1 上的力学边界条件．换句话说，$(\sigma_x, \sigma_y, \cdots, \tau_{xy})$ 和 $(\delta u, \delta v, \delta w)$ 是互不相关的．

第二个说明是，方程(1.32)并不是表示热力学第一定律，而仅仅陈述了一种散度定理，它是方程(1.76)的一个特殊情况．方程(1.32)的物理解释可以给出如下：在施加无限小虚位移

$$\delta\mathbf{u}=\delta u\mathbf{i}+\delta v\mathbf{j}+\delta w\mathbf{k} \tag{J-1}$$

以前的物体 V 内，我们考虑一个由下列六个面包围的无限小长方体：

$$x=常数,\quad x+dx=常数;$$

$$y=常数,\quad y+dy=常数;$$

$$z=常数,\quad z+dz=常数,$$

并用下式分别表示作用在这六个面上的应力

$$\begin{aligned}&-(\sigma_x\mathbf{i}+\tau_{xy}\mathbf{j}+\tau_{xz}\mathbf{k}),\\&\sigma_x\mathbf{i}+\tau_{xy}\mathbf{j}+\tau_{xz}\mathbf{k}+\frac{\partial}{\partial x}(\sigma_x\mathbf{i}+\tau_{xy}\mathbf{j}+\tau_{xz}\mathbf{k})dx;\ \cdots\end{aligned} \tag{J-2}$$

于是，在施加虚位移的过程中，这些作用在这个无限小长方体上的应力和体力所作的虚功由下式给出

$$-(\sigma_x\mathbf{i}+\tau_{xy}\mathbf{j}+\tau_{xz}\mathbf{k})\cdot\delta\mathbf{u}dydz$$

$$+\left[\sigma_x\mathbf{i}+\tau_{xy}\mathbf{j}+\tau_{xz}\mathbf{k}+\frac{\partial}{\partial x}(\sigma_x\mathbf{i}+\tau_{xy}\mathbf{j}+\tau_{xz}\mathbf{k})dx\right]$$

$$\cdot\left[\delta\mathbf{u}+\frac{\partial\delta\mathbf{u}}{\partial x}dx\right]dydz+\cdots+(\bar{X}\delta u+\bar{Y}\delta v+\bar{Z}\delta w)dxdydz$$

$$=\left[\sigma_x\frac{\partial\delta u}{\partial x}+\sigma_y\frac{\partial\delta v}{\partial y}+\cdots+\tau_{xy}\left(\frac{\partial\delta u}{\partial y}+\frac{\partial\delta v}{\partial x}\right)\right]dxdydz, \quad \text{(J–3)}$$

式中各高阶项已被略去，而且已代入了方程(1.2).

现在，我们设想把固体划分成大量的无限小长方体，并为所有平行六面体列出象方程(J–3)所给定的关系式. 如果我们把所有这些平行六面体的关系式加起来，就会发现作用在相邻平行六面体的界面上的应力所作的各项虚功是相互抵消的. 因此，利用在边界上成立的四个关系式，即是关系式

$$\begin{aligned}&(X_\nu\delta u+Y_\nu\delta v+Z_\nu\delta w)dS\\&=(\sigma_x\delta u+\tau_{xy}\delta v+\tau_{xz}\delta w)ldS+(\tau_{yx}\delta u+\sigma_y\delta v+\tau_{yz}\delta w)mdS\\&\quad+(\tau_{zx}\delta u+\tau_{zy}\delta v+\sigma_z\delta w)ndS\end{aligned} \quad \text{(J–4)}$$

以及方程(1.29)，(1.30)和(1.12)，我们最后找到出现在方程(J–3)左边各项的总和，等于施加虚位移的过程中全部体力和 S_1 上给定的面力所作的虚功. 这样，我们得到：

$$\begin{aligned}&\iiint_V(\sigma_x\delta\varepsilon_x+\sigma_y\delta\varepsilon_y+\cdots+\tau_{xy}\delta\gamma_{xy})dxdydz\\&=\iiint_V(\bar{X}\delta u+\bar{Y}\delta v+\bar{Z}\delta w)dxdydz\\&\quad+\iint_{S_1}(\bar{X}_\nu\delta u+\bar{Y}_\nu\delta v+\bar{Z}_\nu\delta w)dS,\end{aligned} \quad \text{(J–5)}$$

式中 $\delta\varepsilon_x$，$\delta\varepsilon_y$，…和 $\delta\gamma_{xy}$ 是用 δu，δv 和 δw 表示的，如方程(1.33)所示. 方程(J–5)指出：内力所作的虚功等于外力对满足给定的几何边界条件的任意无限小虚位移所作的虚功. 这就是对于方程(1.32)所表示的虚功原理的一种解释.

习题 1. 试证明上面的解释与方程(1.31)的脚注中所介绍的 Gauss 散度定理相类似.

习题 2. 试证明在方程 (3.47) 中首项的被积表达式 $\boldsymbol{\sigma}^{\lambda}\cdot(\delta\mathbf{r})_{,\lambda}dV$, 可以解释为施加无限小虚位移的过程中, 作用在变了形的无限小平行六面体上体力和面力所作的虚功.

附注:

$$-\boldsymbol{\sigma}^{1}\cdot\delta\mathbf{r}dx^{2}dx^{3}+(\boldsymbol{\sigma}^{1}+\boldsymbol{\sigma}^{1}_{,1}dx^{1})\cdot[\delta\mathbf{r}+(\delta\mathbf{r})_{,1}dx^{1}]dx^{2}dx^{3}$$
$$+\cdots+\overline{\mathbf{P}}\cdot\delta\mathbf{r}dx^{1}dx^{2}dx^{3}$$
$$=\boldsymbol{\sigma}^{\lambda}\cdot(\delta\mathbf{r})_{,\lambda}dx^{1}dx^{2}dx^{3}+(\text{各高阶项}).$$